U0185044

国家出版基金资助项目

现代数学中的著名定理纵横谈丛书

丛书主编　王梓坤

TAYLOR FORMULA

Taylor公式

刘培杰数学工作室　编

哈爾濱工業大學出版社
HITP HARBIN INSTITUTE OF TECHNOLOGY PRESS

内容简介

本书从一道土耳其数学奥林匹克不等式题的解答谈起，给出了泰勒公式的证明、应用及泰勒公式的推广与拓展，阐述了泰勒公式中间点的渐近性的若干研究.

本书适合大中师生及数学爱好者参考阅读.

图书在版编目(CIP)数据

Taylor 公式/刘培杰数学工作室编. －哈尔滨：哈尔滨工业大学出版社，2024.3

(现代数学中的著名定理纵横谈丛书)

ISBN 978－7－5767－0503－4

Ⅰ.①T… Ⅱ.①刘… Ⅲ.①Taylor 公式 Ⅳ.①O173.1

中国国家版本馆 CIP 数据核字(2023)第 012358 号

TAYLOR GONGSHI

策划编辑　刘培杰　张永芹
责任编辑　王勇钢
封面设计　孙茵艾
出版发行　哈尔滨工业大学出版社
社　　址　哈尔滨市南岗区复华四道街 10 号　邮编 150006
传　　真　0451－86414749
网　　址　http://hitpress.hit.edu.cn
印　　刷　辽宁新华印务有限公司
开　　本　787 mm×960 mm　1/16　印张 51.25　字数 551 千字
版　　次　2024 年 3 月第 1 版　2024 年 3 月第 1 次印刷
书　　号　ISBN 978－7－5767－0503－4
定　　价　298.00 元

⊙代序

读书的乐趣

你最喜爱什么——书籍.

你经常去哪里——书店.

你最大的乐趣是什么——读书.

这是友人提出的问题和我的回答.真的,我这一辈子算是和书籍,特别是好书结下了不解之缘.有人说,读书要费那么大的劲,又发不了财,读它做什么?我却至今不悔,不仅不悔,反而情趣越来越浓.想当年,我也曾爱打球,也曾爱下棋,对操琴也有兴趣,还登台伴奏过.但后来却都一一断交,"终身不复鼓琴".那原因便是怕花费时间,玩物丧志,误了我的大事——求学.这当然过激了一些.剩下来唯有读书一事,自幼至今,无日少废,谓之书痴也可,谓之书橱也可,管它呢,人各有志,不可相强.我的一生大志,便是教书,而当教师,不多读书是不行的.

读好书是一种乐趣,一种情操;一种向全世界古往今来的伟人和名人求教的方法,一种和他们展开讨论的方式;一封出席各种活动、体验各种生活、结识各种人物的邀请信;一张迈进科学官殿和未知世界的入场券;一股改造自己、丰富自己的强大力量.书籍是全人类有史以来共同创造的财富,是永不枯竭的智慧的源泉.失意时读书,可以使人重整旗鼓;得意时读书,可以使人头脑清醒;疑难时读书,可以得到解答或启示;年轻人读书,可明奋进之道;年老人读书,能知健神之理.浩浩乎!洋洋乎!如临大海,或波涛汹涌,或清风微拂,取之不尽,用之不竭.吾于读书,无疑义矣,三日不读,则头脑麻木,心摇摇无主.

潜能需要激发

我和书籍结缘,开始于一次非常偶然的机会.大概是八九岁吧,家里穷得揭不开锅,我每天从早到晚都要去田园里帮工.一天,偶然从旧木柜阴湿的角落里,找到一本蜡光纸的小书,自然很破了.屋内光线暗淡,又是黄昏时分,只好拿到大门外去看.封面已经脱落,扉页上写的是《薛仁贵征东》.管它呢,且往下看.第一回的标题已忘记,只是那首开卷诗不知为什么至今仍记忆犹新:

日出遥遥一点红,飘飘四海影无踪.

三岁孩童千两价,保主跨海去征东.

第一句指山东,二、三两句分别点出薛仁贵(雪、人贵).那时识字很少,半看半猜,居然引起了我极大的兴趣,同时也教我认识了许多生字.这是我有生以来独立看的第一本书.尝到甜头以后,我便千方百计去找书,向小朋友借,到亲友家找,居然断断续续看了《薛丁山征西》《彭公案》《二度梅》等,樊梨花便成了我心中的女英雄.我真入迷了.从此,放牛也罢,车水也罢,我总要带一本书,还练出了边走田间小路边读书的本领,读得津津有味,不知人间别有他事.

当我们安静下来回想往事时,往往会发现一些偶然的小事却影响了自己的一生.如果不是找到那本《薛仁贵征东》,我的好学心也许激发不起来.我这一生,也许会走另一条路.人的潜能,好比一座汽油库,星星之火,可以使它雷声隆隆、光照天地;但若少了这粒火星,它便会成为一潭死水,永归沉寂.

抄,总抄得起

好不容易上了中学,做完功课还有点时间,便常光顾图书馆.好书借了实在舍不得还,但买不到也买不起,便下决心动手抄书.抄,总抄得起.我抄过林语堂写的《高级英文法》,抄过英文的《英文典大全》,还抄过《孙子兵法》,这本书实在爱得狠了,竟一口气抄了两份.人们虽知抄书之苦,未知抄书之益,抄完毫末俱见,一览无余,胜读十遍.

始于精于一,返于精于博

关于康有为的教学法,他的弟子梁启超说:"康先生之教,专标专精、涉猎二条,无专精则不能成,无涉猎则不能通也."可见康有为强烈要求学生把专精和广博(即"涉猎")相结合.

在先后次序上,我认为要从精于一开始.首先应集中精力学好专业,并在专业的科研中做出成绩,然后逐步扩大领域,力求多方面的精.年轻时,我曾精读杜布(J. L. Doob)的《随机过程论》,哈尔莫斯(P. R. Halmos)的《测度论》等世界数学名著,使我终身受益.简言之,即"始于精于一,返于精于博".正如中国革命一样,必须先有一块根据地,站稳后再开创几块,最后连成一片.

丰富我文采,澡雪我精神

辛苦了一周,人相当疲劳了,每到星期六,我便到旧书店走走,这已成为生活中的一部分,多年如此.一次,偶然看到一套《纲鉴易知录》,编者之一便是选编《古文观止》的吴楚材.这部书提纲挈领地讲中国历史,上自盘古氏,直到明末,记事简明,文字古雅,又富于故事性,便把这部书从头到尾读了一遍.从此启发了我读史书的兴趣.

我爱读中国的古典小说,例如《三国演义》和《东周列国志》.我常对人说,这两部书简直是世界上政治阴谋诡计大全.即以近年来极时髦的人质问题(伊朗人质、劫机人质等),这些书中早就有了,秦始皇的父亲便是受害者,堪称“人质之父”.

《庄子》超尘绝俗,不屑于名利.其中“秋水”“解牛”诸篇,诚绝唱也.《论语》束身严谨,勇于面世,“己所不欲,勿施于人”,有长者之风.司马迁的《报任少卿书》,读之我心两伤,既伤少卿,又伤司马;我不知道少卿是否收到这封信,希望有人做点研究.我也爱读鲁迅的杂文,果戈理、梅里美的小说.我非常敬重文天祥、秋瑾的人品,常记他们的诗句:“人生自古谁无死,留取丹心照汗青”“休言女子非英物,夜夜龙泉壁上鸣”.唐诗、宋词、《西厢记》《牡丹亭》,丰富我文采,澡雪我精神,其中精粹,实是人间神品.

读了邓拓的《燕山夜话》,既叹服其广博,也使我动了写《科学发现纵横谈》的心.不料这本小册子竟给我招来了上千封鼓励信.以后人们便写出了许许多多的“纵横谈”.

从学生时代起,我就喜读方法论方面的论著.我想,做什么事情都要讲究方法,追求效率、效果和效益,方法好能事半而功倍.我很留心一些著名科学家、文学家写的心得体会和经验.我曾惊讶为什么巴尔扎克在51年短短的一生中能写出上百本书,并从他的传记中去寻找答案.文史哲和科学的海洋无边无际,先哲们的明智之光沐浴着人们的心灵,我衷心感谢他们的恩惠.

读书的另一面

以上我谈了读书的好处,现在要回过头来说说事情的另一面.

读书要选择.世上有各种各样的书:有的不值一看,有的只值看20分钟,有的可看5年,有的可保存一辈子,有的将永远不朽.即使是不朽的超级名著,由于我们的精力与时间有限,也必须加以选择.决不要看坏书,对一般书,要学会速读.

读书要多思考.应该想想,作者说得对吗?完全吗?适合今天的情况吗?从书本中迅速获得效果的好办法是有的放矢地读书,带着问题去读,或偏重某一方面去读.这时我们的思维处于主动寻找的地位,就像猎人追找猎物一样主动,很快就能找到答案,或者发现书中的问题.

有的书浏览即止,有的要读出声来,有的要心头记住,有的要笔头记录.对重要的专业书或名著,要勤做笔记,“不动笔墨不读书”.动脑加动手,手脑并用,既可加深理解,又可避忘备查,特别是自己的灵感,更要及时抓住.清代章学诚在《文史通义》中说:“札记之功必不可少,如不札记,则无穷妙绪如雨珠落大海矣.”

许多大事业、大作品,都是长期积累和短期突击相结合的产物.涓涓不息,将成江河;无此涓涓,何来江河?

爱好读书是许多伟人的共同特性,不仅学者专家如此,一些大政治家、大军事家也如此.曹操、康熙、拿破仑、毛泽东都是手不释卷,嗜书如命的人.他们的巨大成就与毕生刻苦自学密切相关.

王梓坤

目录

第一编 泰勒与泰勒公式

第一章 从一道土耳其数学奥林匹克不等式题的解答谈起 //6
第二章 泰勒公式在高考题中的运用 //9
第三章 简说泰勒公式 //25
第四章 泰勒公式在考研中的应用 //38
第五章 由两道数学竞赛题谈泰勒公式及其应用 //43
第六章 美国 Putnam 数学竞赛中两道行列式证明题的泰勒公式解法 //50
第七章 用基变换方法求多项式的泰勒公式 //58
第八章 泰勒公式与含高阶导数的证明题 //64
第九章 关于泰勒公式的注记 //69
第十章 泰勒公式定义的函数的区间扩展 //78
第十一章 从重要极限到泰勒公式 //89
第十二章 浅谈竞赛中泰勒公式的应用技巧 //101
第十三章 泰勒公式在证明不等式中的应用 //108

第十四章　泰勒公式与牛顿插值的一个注记　//120
第十五章　泰勒公式的几何意义及其表达式中 n! 的非唯一性　//124
第十六章　一道涉及泰勒公式的典型例题及其应用　//135
第十七章　由泰勒公式和中值定理谈一元函数微分学与多元函数微分学形式的统一　//145
第十八章　泰勒多项式下的一类高考数学题探究　//151

第二编　泰勒公式的证明

第十九章　关于泰勒公式的几点讨论　//159
第二十章　对泰勒公式的进一步探讨　//168
第二十一章　关于泰勒公式　//177
第二十二章　求多项式的泰勒公式的一种简便方法　//181
第二十三章　利用积分证明泰勒公式　//191
第二十四章　强条件下泰勒公式的一个证明方法　//195
第二十五章　带有拉格朗日型余项的泰勒公式的证明　//201
第二十六章　关于泰勒公式的一个注记　//214
第二十七章　泰勒公式逼近精度的研究　//220
第二十八章　关于泰勒公式中拉格朗日型余项的再研究　//227
第二十九章　一个广义的柯西型的泰勒公式　//232
第三十章　泰勒公式及其余项的证明　//236
第三十一章　关于泰勒公式的余项及泰勒级数的研究　//243
第三十二章　泰勒公式的一种新证法　//252
第三十三章　基于泰勒公式的数值积分公式的改进　//258
第三十四章　多项式逼近可微函数的误差探讨与泰勒公式证明　//267
第三十五章　从多项式逼近函数引出泰勒公式　//276

第三编　泰勒公式的应用

第三十六章　泰勒公式在无穷小(大)量阶的估计中的应用　//287

第三十七章　泰勒公式的应用　//294

第三十八章　泰勒公式在函数凹凸性理论中的应用　//301

第三十九章　泰勒公式在判定级数及广义积分敛散性中的应用　//306

第四十章　泰勒公式在不等式中的应用　//312

第四十一章　泰勒公式在判断级数及积分敛散性中的应用　//320

第四十二章　泰勒公式的行列式表示与应用　//326

第四十三章　泰勒公式在判定二元函数极限存在性中的应用　//333

第四十四章　泰勒公式的应用例举　//338

第四十五章　泰勒公式在 n 阶行列式计算中的应用　//347

第四十六章　泰勒公式的应用　//354

第四十七章　泰勒公式在不等式和行列式中的应用　//361

第四十八章　用泰勒公式研究实系数多项式函数的对称性　//372

第四十九章　应用泰勒公式分析常微分方程初值问题数值求解公式的精度　//379

第五十章　论述利用泰勒公式求极限和利用等价无穷小的代换求极限及二者的关系　//384

第五十一章　关于泰勒公式及其应用的思考与讨论　//390

第五十二章　带有拉格朗日型余项的泰勒公式的应用探讨

//400
第五十三章　泰勒公式在解题中的应用　//406
第五十四章　泰勒公式在判定交错级数敛散性中的应用 //413
第五十五章　对泰勒公式的理解及其广泛运用　//419
第五十六章　利用泰勒公式妙解未定式的极限　//429
第五十七章　用泰勒公式解偏微分方程　//438
第五十八章　利用泰勒公式证明函数图形凹凸性判定定理 //444
第五十九章　泰勒公式及其应用技巧　//449
第六十章　泰勒公式在高等数学解题中的应用举例　//457
第六十一章　泰勒公式及其应用　//470
第六十二章　泰勒公式在极值点偏移问题中的应用　//479
第六十三章　泰勒公式在积分学中的应用　//486
第六十四章　数学建模:进制观点下的分类、距离与解析 //494

第四编　泰勒公式的推广与拓展

第六十五章　关于泰勒公式的推广及其应用　//511
第六十六章　泰勒公式的一种推广　//519
第六十七章　一种用泰勒公式代换求极限的方法　//523
第六十八章　关于泰勒公式的两个证明及柯西中值定理推广的猜想　//528
第六十九章　泰勒公式的推广　//534
第七十章　用泰勒公式研究函数凹凸性的一种再拓广　//541

第七十一章　带有皮亚诺型余项的泰勒公式的推广与应用 //548
第七十二章　分数微积分下泰勒公式的一种推广　//554
第七十三章　泰勒公式的若干推广　//563
第七十四章　泰勒公式的推广及其应用　//573
第七十五章　基于对称偏导数的多元函数泰勒公式及可微性分析　//582
第七十六章　泰勒公式的推广　//592
第七十七章　牛顿－莱布尼兹公式与泰勒公式的拓展与应用 //601
第七十八章　积分型余项的泰勒公式与分数阶导数　//614

第五编　关于泰勒公式中间点的渐近性的若干研究

第七十九章　多元函数泰勒公式中间值 θ 的渐近性　//623
第八十章　广义泰勒公式新证法及“中间点”的渐近性　//629
第八十一章　泰勒公式中 ξ 位置的确定　//638
第八十二章　关于广义泰勒公式“中间点”的渐近性//644
第八十三章　改进泰勒公式“中间点”的渐近性　//649
第八十四章　利用微分中值定理“中间点”的渐近性改进泰勒公式　//669
第八十五章　泰勒公式中间点的渐近性态　//691
第八十六章　n 元函数泰勒公式的中间点的极限　//695
第八十七章　多元函数泰勒公式中间点的渐近性　//701
第八十八章　广义泰勒公式的渐近性质　//709

第八十九章　关于泰勒公式中间点函数的可微性　//718
第九十章　泰勒公式中中值位置的研究　//728
第九十一章　二元函数泰勒公式“中间点”的渐近估计式
//733
第九十二章　泰勒公式“中间点函数”的一个注记　//741
第九十三章　泰勒公式的再推广及其“中间点”的渐近性
//752
第九十四章　泛函泰勒公式“中间点”的渐近性　//763
第九十五章　泰勒公式余项的推广及其“中间点”的渐近性
//773
第九十六章　广义柯西型泰勒公式“中间点”的渐近性　//782
第九十七章　线性赋范空间中的泰勒公式和极值的研究
//790
参考文献　//799

第一编

泰勒与泰勒公式

著名数学家 Y. B. 沙万(Y. B. Chavan)曾指出:

> 应该根据数学充满智力的背景以及它在现代文明中作为主要驱动这两点来评价数学. 即使一个外行人也能看到在数学不断增长的发展中所反映出来的西方国家的久远历史. 数学的巨大发展是与 4 个世纪的历史相吻合的,这正好是希腊文化的高峰期以及文艺复兴所带来的智力活动和独立思维的惊人爆发期. 另外,中世纪所标志的智力上的思想停滞以及缺乏首创也在直至 16 世纪以前的数学萧条期中得到反映.

数学是一种文化,是科学文化中最硬核的部分.

科学文化是自近代科学复兴以来,基于科学实践而逐渐形成的一种新型文化.

科学文化作为文化家族中的后起之秀,之所以能在与各种历史悠久的传统文化的竞争中胜出,是由科学文化所呈现出的生产力与释放出的自由与福祉决定的.

这就涉及文化的比较与演化问题. 如何判断两种文化孰优孰劣呢? 其判据是什么?

在我们看来,两种文化 C_1 与 C_2 之间,如果 C_1 比 C_2 优秀,主要的判据有两点:其一,对于整个社会而言,C_1 比 C_2 呈现出更高的生产力;其二,对于个体而言,如果生活在 C_1 比生活在 C_2 能获得更多的自由、福祉和尊严，那么，满足这两个条件，就可以说文化 C_1 比文化 C_2 优秀.

科学在短短的四百年间所创造的奇迹，完全改变了人类社会的样貌.

正如经济学家罗伯特·福格尔（Robert Fogel）所指出：

> 从耕犁的发明到学会用马拖犁，人们花了四千多年的时间，而从第一架飞机成功上天到人类登上月球只用了 65 年.

这个现象被经济学家黛尔德拉·麦克洛斯基（Deirdre MeCloskey）称作"伟大的事实".

那些由诸多伟大事实堆积起来的社会，渐渐成为人类文明的高地，自然会以润物细无声的方式形塑人们的认知，并由此形成一种进步的认知模式与习性，而这些的总和就构成了科学文化.

科学文化作为人类文化的一个子集，它的结构与传统文化的结构是趋同的.

本书论及的是古典数学的第一个高峰微积分中的一个被誉为顶峰的公式——泰勒（Taylor，1685—1731）公式.

为了更全面地理解这个公式，我们先来了解一下此公式的提出者——泰勒.

泰勒，英国人，出生于英国埃德蒙顿，受教于剑桥的圣约翰学院. 起初泰勒专攻法律，后来转学数学. 由

于他在《皇家学会学报》发表的一些论文显示了他的才华,1712 年他被选为皇家学会会员. 1714 年至 1718 年他担任皇家学会的秘书.

泰勒的主要著作是 1715 年发表的《增量法及其逆》一书. 在这本名著中,他力图阐述清楚微积分的基本思想,以补充牛顿-莱布尼兹(Newton-Leibniz)所创建的微积分的遗漏. 由于泰勒的阐述是建立在有限差分的基础上的,本质上是对有限量的算术运算,所以得不到许多支持者. 在这本书中,泰勒导出了他在 1712 年曾经叙述过的一个结果:函数 $f(x)$ 可以表示为下列形式

$$\begin{aligned} f(x) = & f(a) + f'(a)(x-a) + \\ & \frac{f''(a)}{2!}(x-a)^2 + \cdots + \\ & \frac{f^{(n-1)}(a)}{(n-1)!}(x-a)^{n-1} + R_n \end{aligned}$$

(式中 R_n 称为 n 项后的余项). 这一结果称为泰勒定理. 尽管泰勒对上述定理的证明是不严格的,但他把牛顿内插法大大向前推进了一步,为把一个函数表示为无穷级数奠定了基础.

从一道土耳其数学奥林匹克不等式题的解答谈起

第一章

宋庆老师在其博客中介绍了"土耳其数学奥林匹克不等式题欣赏",其中一道三角不等式题如下:

求证: $\sin 40^{\circ} < \frac{2}{3}$.

证明:由 $\sin x$ 的泰勒展开式易得

$$\sin x \leqslant x - \frac{1}{6}x^3$$

故

$$\sin 40^{\circ} = \sin \frac{2\pi}{9} \leqslant \frac{2\pi}{9} - \frac{1}{6} \cdot \left(\frac{2\pi}{9}\right)^3$$

$$\approx 0.642 < \frac{2}{3}$$

广东广雅中学的杨志明指出:关于

$\sin x \leqslant x-\frac{1}{6}x^3$ 的证明，可参考 2006 年湖南高考题第 20 题第(2)问. 下面给出其详细的证明.

题 已知函数 $f(x)=x-\sin x$，数列 $\{a_n\}$ 满足：$0<a_1<1$，$a_{n+1}=f(a_n)$，$n=1,2,3,\cdots$

证明：

(1) $0<a_{n+1}<a_n<1$；

(2) $a_{n+1}<\frac{1}{6}a_n^3$.

证 (1)先用数学归纳法证明 $0<a_n<1$，$n=1,2,3,\cdots$

①当 $n=1$ 时，由已知显然结论成立.

②假设当 $n=k$ 时结论成立，即 $0<a_k<1$.

因为 $0<x<1$ 时，$f'(x)=1-\cos x>0$，所以 $f(x)$ 在 $(0,1)$ 上是增函数.

又 $f(x)$ 在 $[0,1]$ 上连续，从而 $f(0)<f(a_k)<f(1)$，即 $0<a_{k+1}<1-\sin 1<1$.

故当 $n=k+1$ 时，结论成立.

由①②可知，$0<a_n<1$ 对一切正整数都成立.

又因为当 $0<a_n<1$ 时

$$a_{n+1}-a_n=a_n-\sin a_n-a_n=-\sin a_n<0$$

所以 $a_{n+1}<a_n$，综上所述，$0<a_{n+1}<a_n<1$.

(2)设函数 $g(x)=\sin x-x+\frac{1}{6}x^3$，$0<x<1$.

由(1)知，当 $0<x<1$ 时，$\sin x<x$，从而

$$g'(x)=\cos x-1+\frac{x^2}{2}=-2\sin^2\frac{x}{2}+\frac{x^2}{2}$$

$$>-2\left(\frac{x}{2}\right)^2+\frac{x^2}{2}=0$$

所以 $g(x)$ 在 $(0,1)$ 上是增函数.

又 $g(x)$ 在 $[0,1]$ 上连续,且 $g(0)=0$,所以当 $0<x<1$ 时,$g(x)>0$ 成立.

于是 $g(a_n)>0$,即 $\sin a_n-a_n+\frac{1}{6}a_n^3>0$.

故 $a_{n+1}<\frac{1}{6}a_n^3$.

泰勒公式在高考题中的运用

第二章

“改行追数学　数学大卡车”微信公众号在2019年3月24日发布了泰勒公式在高考题中的运用.下面举一些例子,我们一起来看.

例1(2013年全国Ⅱ卷理21(2),已简化)　当$m\leqslant 2$时,证明

$$e^x>\ln(x+m)$$

分析　我们的常规做法是构造“差函数”,找极值点来求解,而本题的极值点又不易求出.我们可以“设而不求”,这也是近些年高考题中常用到的方法.泰勒公式在这些不等式证明问题中显示出其优越性,我们一起来看.

解　当$m\leqslant 2$时,显然有

$$\ln(x+2)\geqslant\ln(x+m)$$

故只须证明

$$e^x > \ln(x+2)$$

我们联想到 e^x,$\ln(x+2)$的泰勒展开式.

e^x 在 $x=0$ 处展开

$$e^x = \underset{\cdot}{1} \underset{\cdot}{+} \underset{\cdot}{x} + \frac{x^2}{2} + o(x^2)$$

$\ln(x+2)$在 $x=-1$ 处展开

$$\begin{aligned}\ln(x+2) &= \ln[1+(x+1)] \\ &= \underset{\cdot}{1} \underset{\cdot}{+} \underset{\cdot}{x} - \frac{(1+x)^2}{2} + o(x^2)\end{aligned}$$

我们不难发现二者展开后都有“$1+x$”项,因此我们考虑用“$1+x$”建立中间桥梁.

考虑证明

$$e^x \geqslant 1+x \geqslant \ln(2+x) \quad (x>-2)$$

设

$$f(x) = e^x - x - 1 \quad (x>-2)$$

$$f'(x) = e^x - 1$$

当 $x \in (-2,0)$时

$$f'(x) < 0$$

当 $x \in (0,+\infty)$时

$$f'(x) > 0$$

所以

$$f(x) \geqslant f(0) = 0$$

所以

$$e^x \geqslant x+1 \quad (\text{当 } x=0 \text{ 时等号成立})$$

令

$$x = \ln(2+x)$$

得

$$e^{\ln(2+x)} \geqslant \ln(2+x)+1$$

即

$$x+1 \geqslant \ln(2+x)$$

（当 $x=-1$ 时等号成立）

所以

$$e^x \geqslant x+1 \geqslant \ln(2+x)$$

（前后等号分别于 $x=0$，$x=-1$ 时取得）

所以

$$e^x > \ln(2+x) \geqslant \ln(x+m)$$

得证.

例 2（2014 年全国Ⅱ卷 21）　已知 $f(x)=e^x-e^{-x}-2x$，$1.4142<\sqrt{2}<1.4143$，估计 $\ln 2$ 的近似值（精确到 0.001）.

解　不难想到

$$\ln(1+x)=x-\frac{x^2}{2}+\frac{x^3}{3}-\frac{x^4}{4}+\cdots \quad (1)$$

$$\ln(1-x)=-x-\frac{x^2}{2}-\frac{x^3}{3}-\frac{x^4}{4}-\cdots \quad (2)$$

式(1)－(2)得

$$\ln\frac{1+x}{1-x}=2\left(x+\frac{x^3}{3}+\frac{x^5}{5}+\cdots\right)$$

取展开式前三项，令 $x=\dfrac{\sqrt{2}-1}{\sqrt{2}+1}$，可得

$$\frac{1}{2}\ln 2 \approx 2\left[\frac{\sqrt{2}-1}{\sqrt{2}+1}+\frac{1}{3}\left(\frac{\sqrt{2}-1}{\sqrt{2}+1}\right)^3+\frac{1}{5}\left(\frac{\sqrt{2}-1}{\sqrt{2}+1}\right)^5\right]$$

所以

$$\ln 2 \approx \frac{14\ 172}{5} - \frac{30\ 056\sqrt{2}}{15} \approx 0.693$$

实际上,本题出题的原型就是泰勒展开式.

泰勒展开式往往在高考题中作为压轴题的原型出现,特别是在某些不等式的证明中.很多证明不等式的问题是在泰勒展开式的某一项上发生了放缩,我们找到这一项,便可很好地解决问题.

练习(2014 年全国 Ⅰ 卷理 21(2),已简化)

证明

$$e^x \ln x + \frac{2e^{x-1}}{x} > 1 \quad (x > 0)$$

在 2014 年高考理科数学(新课标 Ⅱ)试题中有如下题目:

已知函数

$$f(x) = e^x - e^{-x} - 2x$$

(1)讨论 $f(x)$ 的单调性;

(2)设

$$g(x) = f(2x) - 4bf(x)$$

当 $x > 0$ 时,$g(x) > 0$,求 b 的最大值;

(3)已知 $1.414\ 2 < \sqrt{2} < 1.414\ 3$,估计 $\ln 2$ 的近似值(精确到 0.001).

解:(1)略.

(2)当 $x > 0$ 时,$g(x) > 0$,参数分离可得

$$q(x) = \frac{e^{2x} - e^{-2x} - 4x}{e^x - e^{-x} - 2x} > 4b$$

先求函数 $q(x)$ 在 $x = 0$ 处的极限

$$\lim_{x\to 0} q(x)=8$$

所以函数 $q(x)$ 可以趋近于 8. 以下证明当 $x>0$ 时, $q(x)>8$,即

$$\begin{aligned}&e^{2x}-e^{-2x}-4x\\&>8e^{x}-8e^{-x}-16x\\&\Leftrightarrow e^{2x}-e^{-2x}-8e^{x}+8e^{-x}+12x\\&>0\end{aligned}$$

设函数

$$h(x)=e^{2x}-e^{-2x}-8e^{x}+8e^{-x}+12x$$

对函数 $h(x)$ 进行求导可得

$$\begin{aligned}h'(x)&=2e^{2x}+2e^{-2x}-8(e^{x}+e^{-x})+12\\&=2(e^{x}+e^{-x})^{2}-8(e^{x}+e^{-x})+8\\&>0\end{aligned}$$

所以函数 $h(x)$ 单调递增,即当 $x>0$ 时, $h(x)>h(0)=0$. 所以当 $x>0$ 时, $q(x)>8$. $4b\leqslant 8$,即 $b\leqslant 2$.

(3)由

$$\begin{aligned}&\ln(1+x)\\&=x-\frac{x^{2}}{2}+\frac{x^{3}}{3}-\frac{x^{4}}{4}+\cdots+(-1)^{n-1}\frac{x^{n}}{n}+\\&\quad(-1)^{n}\frac{x^{n+1}}{n+1}\frac{1}{(1+\xi)^{n+1}}\quad(\xi\in(0,x))\end{aligned}$$

其中 $(-1)^{n}\frac{x^{n+1}}{n+1}\frac{1}{(1+\xi)^{n+1}}(\xi\in(0,x))$ 为余项,如果在上式中令 $x=1$,可得出

$$\ln 2=1-\frac{1}{2}+\frac{1}{3}-\frac{1}{4}+\cdots$$

以下我们估计误差,令 $n=10$, $\xi\in(0,1)$,余项

Taylor 公式

$$\left|(-1)^{10}\frac{1}{11}\frac{1}{(1+\xi)^{10+1}}\right|<\frac{1}{11}$$

所以

$$\ln 2=1-\frac{1}{2}+\frac{1}{3}-\frac{1}{4}+\cdots-\frac{1}{10}$$

的误差不超过$\frac{1}{11}$,但是这并不符合题干的要求.

将 $\ln(1+x)$ 的泰勒展开式中的 x 替换为 $-x$,可得

$$\begin{aligned}&\ln(1-x)\\=&-x-\frac{x^2}{2}-\frac{x^3}{3}-\frac{x^4}{4}-\cdots-\frac{x^n}{n}-\\&\frac{x^{n+1}}{n+1}\frac{1}{(1-\xi)^{n+1}}\quad(\xi\in(0,x))\end{aligned}$$

所以 $\ln(1+x)$ 与 $\ln(1-x)$ 的两个泰勒公式相减可得

$$\ln(1+x)-\ln(1-x)=\ln\frac{1+x}{1-x}$$

$$=2\left(x+\frac{x^3}{3}+\frac{x^5}{5}+\cdots+\frac{x^{2n-1}}{2n-1}+\cdots\right)$$

其余项为

$$(-1)^n\frac{x^{n+1}}{n+1}\frac{1}{(1+\xi)^{n+1}}+\frac{x^{n+1}}{n+1}\frac{1}{(1-\xi)^{n+1}}$$
$$(\xi\in(0,x))$$

令 $\ln\frac{1+x}{1-x}$的泰勒公式中的 $x=\frac{1}{3}$,即可得到 $\ln 2$,令泰勒公式中的 $n=5$,此时的余项

$$\frac{1}{6\cdot 3^6}\frac{1}{(1-\xi)^6}-\frac{1}{6\cdot 3^6}\frac{1}{(1+\xi)^6}<\frac{1}{6\cdot 3^6}<0.000\ 3$$
$$\left(\xi\in\left(0,\frac{1}{3}\right)\right)$$

所以此时如果用 $\ln\frac{1+x}{1-x}$ 的泰勒公式展开后，令 $n=5$，误差要比 0.000 3 小，即

$$\ln 2=2\left(\frac{1}{3}+\frac{1}{3^4}+\frac{1}{5\cdot 3^5}\right)\approx 0.693$$

2022 年 6 月 18 日在“math 教学研究”上的一篇题为“Taylor 展开式在函数中的应用”的网文中还有两个例子.

例 3(2018 年全国Ⅲ卷理 21) 已知函数 $f(x)=(2+x+ax^2)\ln(1+x)-2x$.

(1)若 $a=0$，证明：当 $-1<x<0$ 时，$f(x)<0$；当 $x>0$ 时，$f(x)>0$.

(2)若 $x=0$ 是 $f(x)$ 的极大值点，求 a 值.

大学视角 用泰勒展开式

$$\ln(1+x)=x-\frac{x^2}{2}+\frac{x^3}{3}-\frac{x^4}{4}+\cdots$$

得

$$\begin{aligned}f(x)&=(2+x+ax^2)\left(x-\frac{x^2}{2}+\frac{x^3}{3}-\frac{x^4}{4}+\cdots\right)-2x\\&=\left(a+\frac{1}{6}\right)x^3+\left(-\frac{a}{2}-\frac{1}{6}\right)x^4+\cdots\end{aligned}$$

如果三次项系数 $a+\frac{1}{6}\neq 0$，在 0 附近足够小的区间 $(-d,d)$ 内，三次以上各项和绝对值比三次项小，$f(x)$ 的正负号与三次项 $\left(a+\frac{1}{6}\right)x^3$ 相同，$f(x)$ 与 $f(-x)$ 异号，总有一个大于 0，$f(0)=0$ 不是极大值.

要使$f(0)$极大，必须三次项系数$a+\frac{1}{6}=0$，$a=-\frac{1}{6}$. 此时$f(x)=-\frac{1}{12}x^4+\cdots$的最低次非零项是四次项$-\frac{1}{12}x^4$. 在 0 附近足够小的区间内，$f(x)$的正负号与四次项$-\frac{1}{12}x^4$相同，当$x\neq 0$时其值都小于 0，$f(0)$确实是极大值.

一般的，设$f(x)=f(c)+a_m(x-c)^m+a_{m+1}(x-c)^{m+1}+\cdots$是无穷级数且$a_m\neq 0$是除常数项之外最低次非零项的系数. 当$x\to c$时

$$f(x)-f(c)=(x-c)^m[a_m+a_{m+1}(x-c)+\cdots]$$

方括号内的

$$\lambda(x)=a_m+a_{m+1}(x-c)+\cdots\to a_m$$

在c附近足够小的区间$(c-d,c+d)$内，$|x-c|$足够小，$\lambda(x)$足够接近a_m，正负号与a_m相同. $f(x)-f(c)$与m次项$a_m(x-c)^m$正负号相同.

当m是奇数，$x-c<0$与$x-c>0$时，$f(x)-f(c)$的正负号相反，一正一负，$f(c)$既不是极大值，也不是极小值.

当m是偶数时，只要$x-c\neq 0$，都有$(x-c)^m>0$. 当$a_m<0$时，都有$f(x)-f(c)<0$，$f(c)$是极大值. 当$a_m>0$时，都有$f(x)-f(c)>0$，$f(c)$是极小值.

中学生只要背熟了泰勒展开式

$$\ln(1+x)=x-\frac{x^2}{2}+\frac{x^3}{3}-\cdots+(-1)^{n-1}\frac{x^n}{n}+\cdots$$

就不难在草稿上完成以上解答,知道此题的正确答案.考生不能将这个解答写在高考试卷上,但既然知道了 $f(x)$ 展开式中的三次以下的项都等于 0,就知道了 $f(x)$ 在 $x=0$ 的一阶与二阶导数 $f'(0)=f''(0)=0$,也知道了应该根据三阶导数 $f^{(3)}(0)=0$ 得到 $a=-\dfrac{1}{6}$,并且根据 0 附近的三阶导数 $f^{(3)}(x)<0$ 来论证 $f(0)$ 确实是极大值.考生已经胸有成竹,只须按照既定路线一步一步算导数达到预定目标.别的考生也在一步一步算导数,却茫然不知前面的道路会遇到什么障碍,算出一阶和二阶导数都等于 0 就可能不知所措了.

中学解法 首先,$f(x)=0$.

(1) $a=0$, $h(x)=f'(x)=\ln(1+x)+\dfrac{2+x}{1+x}-2=\ln(1+x)+\dfrac{1}{1+x}-1$.

$h(0)=0$, $h'(x)=\dfrac{1}{1+x}-\dfrac{1}{(1+x)^2}=\dfrac{x}{(1+x)^2}$.

当 $x>0$ 时,$h'(t)>0$ 对区间 $(0,x]$ 内所有 t 成立.$h(t)$ 在区间 $[0,x]$ 内由 $h(0)=0$ 递增到 $h(x)=f'(x)>0$.区间 $(0,x)$ 内所有 $f'(t)>0$.$f(t)$ 在区间 $[0,x]$ 内由 $f(0)$ 递增到 $f(x)>0$.这证明了 $f(x)>0$ 对所有 $x>0$ 成立.

当 $-1<x<0$ 时,$h'(t)<0$ 对区间 $[-1,0)$ 内所有 t 成立.$h(t)$ 由 $h(x)$ 单调递减到 $h(0)=0$,可知 $h(x)=f'(x)>0$.

这说明 $f'(t)>0$ 对区间 $[-1,0)$ 内所有 t 成立,

$f(t)$在区间内单调递增到$f(0)=0$,可知$f(x)<0$对所有$-1\leqslant x<0$成立.

(2)$f(x)$在定义域$(-1,+\infty)$有任意阶导数. $f(0)$是极大值,就是说0附近某区间$(-d,d)$内其他值$f(x)<f(0)(x\neq 0)$.

当x由小于0到0,$f(x)$由小于$f(0)$递增到$f(0)$,$f'(x)>0$,令$x\to 0$,得$f'(0)\geqslant 0$. $x=0$到$x>0$,$f(0)$到$f(x)<f(0)$递减,$f'(x)<0$,令$x\to 0$,得$f'(0)\leqslant 0$. 迫使$f'(0)=0$,这是$f(0)$是极大值的必要条件. $f'(x)$由正递减到0再递减到负,$f''(x)$都是负,如表1所示.

表1

x	$-$	↗	0	↗	$+$
$f(x)$	$<f(0)$	↗	$f(0)$	↘	$<f(0)$
$f'(x)$	$+$	↘	0	↘	$-$
$f''(x)$	$-$		$f''(0)$		$-$

$f'(0)=0$,且$f''(x)<0$对0附近某区间内$x\neq 0$都成立,这是$f(0)$为极大值的充分必要条件.

计算得

$$f'(x)=(1+2ax)\ln(1+x)+\frac{2+x+ax^2}{1+x}-2$$

$$=(1+2ax)\ln(1+x)+\frac{ax^2-x}{1+x}$$

$$f'(0)=0$$

$$f''(x)=2a\ln(1+x)+\frac{1+2ax}{1+x}+\frac{2ax-1}{1+x}-\frac{ax^2-x}{(1+x)^2}$$

$$=2a\ln(1+x)+\frac{(4a+1)x+ax^2}{(1+x)^2}$$

$$f''(0)=0$$

$f(0)$是极大值$\Leftrightarrow$在 $x=0$ 附近有

$$g(x)=f''(x)<0=g(0)$$

这又要求 $g(0)$是极大值,必须$g'(0)=0$

$$g'(x)=\frac{2a}{1+x}+\frac{4a+1+2ax}{(1+x)^2}-\frac{2(4a+1)x+2ax^2}{(1+x)^2}$$

$$\Rightarrow g'(0)=\frac{2a}{1}+\frac{4a+1}{1}+\frac{0}{1}$$

$$=6a+1=0$$

$$\Rightarrow a=-\frac{1}{6}$$

$$g'(x)=\frac{-\frac{1}{3}(1+x)^2+\frac{1}{3}(1-x)(1+x)-\frac{2}{3}x+\frac{1}{3}x^2}{(1+x)^3}$$

$$=-\frac{x(4-x)}{(1+x)^3}$$

$$=-x\lambda(x)$$

$$\lambda(x)=\frac{4-x}{(1+x)^3}$$

区间$(-1,4)$内 $\lambda(x)>0$,$g'(x)=-x\lambda(x)$的正负号与 x 相反;区间$(-1,0)$内 $g'(x)>0$;区间$(0,4)$内 $g'(x)<0$. $g(x)$在区间$(-1,4)$递增到$g(0)=0$再递减,当 $x\neq0$ 时,都有$f''(x)=g(x)<0$,这与$f'(x)=0$一起保证了 $f(0)$在$(-1,4)$内是最大值,也是极大值.

第(2)小题解法 2 当 $x\to0$ 时,$2+x+ax^2\to2>0$. 在 0 附近足够小区间$(-d,d)$内,$2+x+ax^2$ 足够接近 2,也有 $2+x+ax^2>0$. $f(x)$在区间$(-d,d)$内的正负号与

$$q(x)=\frac{f(x)}{2+x+ax^2}=\ln(1+x)-\frac{2x}{2+x+ax^2}$$

相同. $f(0)$是极大值$\Leftrightarrow q(0)$是极大值$\Leftrightarrow 0$附近某区间$(-h,0)$内

$$\begin{aligned} q'(x)&=\frac{1}{1+x}-\frac{2(2+x+ax^2)-2x(1+2ax)}{(2+x+ax^2)^2}\\ &=\frac{1}{1+x}-\frac{4-2ax^2}{(2+x+ax^2)^2}\\ &=\frac{(2+x+ax^2)^2-(1+x)(4-2ax^2)}{(1+x)(2+x+ax^2)^2}\\ &=\frac{(6a+1)x^2+4ax^3+a^2x^4}{(1+x)(2+x+ax^2)^2}\\ &>0 \end{aligned}$$

且在$(0,h)$内 $q'(x)<0\Rightarrow 6a+1=0$, $a=-\frac{1}{6}$.

此时 $q'(x)=\dfrac{-\frac{2}{3}x^3+\frac{1}{36}x^4}{(1+x)\left(2+x-\frac{1}{6}x^2\right)^2}$符合要求, $h(0)$与$f(0)$都是极大值.

答案: $a=-\frac{1}{6}$.

点评 解法2的优点:先用除法将与$\ln(1+x)$相乘的$2+x+ax^2$剥离,只求一阶导数就把对数函数消去,化成分式. 容易判定$q'(x)$在$x=0$附近取值的正负号,不需要高阶导数,也不需要再求极限.

例4 已知函数$f(x)=\frac{a\ln x}{x+1}+\frac{b}{x}$,曲线$y=f(x)$在点$(1,f(1))$处的切线方程为$x+2y-3=0$.

(1)求 a,b 的值.

(2)当 $x>0$ 且 $x\neq 1$ 时,$f(x)>\frac{\ln x}{x-1}+\frac{k}{x}$. 求 k 的取值范围.

解 (1)过点$(1,f(1))$的切线方程为 $x+2y-3=0$,即 $y=-\frac{1}{2}x+\frac{3}{2}$,就是要求

$$f(1)=-\frac{1}{2}+\frac{3}{2}=1,f'(1)=-\frac{1}{2}$$

对函数$f(x)$计算得$f(1)=b=1,f'(1)=\frac{a}{2}-b=-\frac{1}{2}\Rightarrow a=1.$

(2)题目要求当 $x>0$ 且 $x\neq 1$ 时

$$f(x)=\frac{\ln x}{x+1}+\frac{1}{x}>g(x)=\frac{\ln x}{x-1}+\frac{k}{x}$$

$$d(x)=f(x)-g(x)=\frac{-2\ln x}{x^2-1}+\frac{1-k}{x}>0$$

令

$$\begin{aligned}h(x)&=(x^2-1)d(x)\\&=-2\ln x+(1-k)\left(x-\frac{1}{x}\right)\end{aligned}$$

则

$$h(1)=0$$

$$\begin{aligned}h'(x)&=-\frac{2}{x}+(1-k)\left(1+\frac{1}{x^2}\right)\\&=\left(1-\frac{1}{x}\right)^2-k\left(1+\frac{1}{x^2}\right)\end{aligned}$$

$$h'(1)=-2k$$

当 $x>0$ 且 $x\neq1$ 时,由 $x+1>0,d(x)>0$,得

$$\frac{h(x)-h(1)}{x-1}=\frac{h(x)}{x-1}=(x+1)d(x)>0$$

当 $x\to1$ 时,上式左边的极限为 $h'(1)=-2k\geqslant0$,必须 $k\leqslant0$.

设 $k\leqslant0$,则 $h'(x)=\left(1-\frac{1}{x}\right)^2-k\left(1+\frac{1}{x^2}\right)\geqslant0$.

当 $x\neq1$ 时,$h'(x)>0$.

当 $x>1$ 时,$h(1)=0$ 单调递增到 $h(x)>0$

$$d(x)=\frac{h(x)}{x^2-1}>0$$

当 $0<x<1$ 时,$h(x)<0$ 单调递增到 $h(1)=0$

$$d(x)=\frac{h(x)}{x^2-1}>0$$

故 k 的取值范围为$(-\infty,0]$.

点评 本题解法与例 3 第(2)小题解法 2 如出一辙:$d(x)$乘 x^2-1 将$\frac{-2\ln x}{x^2-1}$的分母剥离,一次求导就消掉了对数函数,容易讨论函数的正负.

本题函数 $d(x)$在 $x=1$ 处无意义,无法由 $d(1)$的值和区间$(0,+\infty)$上的导数 $d'(x)$判定区间各点的 $d(x)$值.乘 x^2-1 之后得到的 $h(x)$在所有点(包括$x=1$)都有函数值和导数值,而且导数 $h'(x)$不含对数函数.将 $h(x)$在各点的值判断清楚了,$d(x)$在 $x\neq1$ 的各点的值也都清楚了.

举一反二 具备了基础知识的考生都知道 $f(0)$是极大值的一个必要条件是 $f'(0)=0$.常规考试题一

般都有 $f''(0)<0$ 来保证 0 左右两边的 $f''(x)<0$，$f'(x)$ 左正右负，从而保证 $f(0)$ 是极大值. 本题却故意让 $f''(0)=0$ 来增大难度，把只会用现成方法的考生刷下去，帮助能够灵活运用现成方法的考生脱颖而出. 所谓“灵活运用现成方法”，当然不是让你用泰勒展开，也不是让你用洛必达（L'Hospital）法则，因为泰勒展开和洛必达法则都不是现成方法，而是新的知识和方法. 我们不能猜测出题人希望你用哪一种现成方法. 我们能想到：当 $f''(0)=0$ 时，如果二阶导数 $g(x)=f''(x)$ 在 $x=0$ 左右两边的取值都为负，那么 $g(0)$ 是极大值. 将 $f(0)$ 取极值的条件 $f'(0)=0$ 用到 $g(x)$ 身上得到 $g'(0)=0$，当 $g''(0)<0$ 时，就得到 $g(0)=0$ 是极大值，从而 $f(0)$ 也是极大值. 这是将现成方法用两次，可以叫作举一反二，还不是举一反三.

利用导数算极限　可惜很多考生不会举一反三，也不会举一反二，能够依样画葫芦举一反一就不错了. 他们分析出 $f(0)$ 是极大值的条件应该是 0 左右两边的二阶导数 $f''(x)$ 都为负，与 x 之比 $\mu(x)=\dfrac{f''(x)}{x}$ 左正右负，当 $x\to 0$ 时的极限 $\mu(x)\to\mu=0$. 这个想法不错. 问题在于怎么求极限 μ?

假如我们认识到当 $x\to 0$ 时

$$\mu(x)=\frac{f''(x)}{x}=\frac{f''(x)-f''(0)}{x-0}\to\mu=f'''(0)$$

的极限就是函数 $f''(x)$ 在 $x=0$ 的导数 $f'''(0)$，就不必费尽心机去求极限，只要套公式求 $f''(x)$ 的导数就行了.

假如你不懂三阶导数,或者怕使用了三阶导数被判为超纲而扣分,那很好办:将二阶导数$f''(x)$改个名字记为$g(x)$,忘掉它是二阶导数,再求导数就变成一阶导数$g'(x)$,而没有三阶导数了. 甚至如果你对二阶导数都感到害怕,可以将一阶导数$f'(x)$记为$h(x)$,二阶导数$f''(x)=h'(x)$就变成一阶导数了. 不需要学习新知识,没有新困难.

简说泰勒公式

第三章

在信息化高度发达的今天,科普比拼的已经不是比对资料的占有,即有没有的问题,而是对素材讲述的是否通俗,即浅不浅的问题.

如何通俗地解释泰勒公式?

化名“马同学”的网友在“奇趣数学苑”微信公众号中指出:泰勒公式用一句话描述就是用多项式函数去逼近光滑函数.

先来感受一下(图1(本章的图像不甚精确,只为表示图像的大概走向)).

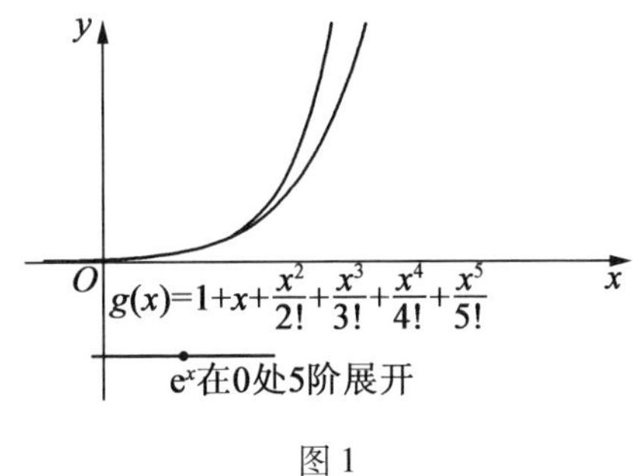

图1

Taylor 公式

> 设 n 是一个正整数. 如果定义在一个包含 a 的区间上的函数 f 在 a 点处 $n+1$ 次可导,那么对于这个区间上的任意 x 都有
>
> $$f(x)=\sum_{k=0}^{n}\frac{f^{(k)}(a)}{k!}(x-a)^{k}+R_{n}(x)$$
>
> 其中的多项式称为函数在 a 处的泰勒展开式,$R_n(x)$ 是泰勒公式的余项且是 $(x-a)^n$ 的高阶无穷小.
>
> ——维基百科

泰勒公式的定义看起来气势磅礴,高端大气. 如果 $a=0$ 的话,就是麦克劳林(Maclaurin)公式,即

$$f(x)=\sum_{k=0}^{n}\frac{f^{(k)}(0)}{k!}x^{k}+R_{n}(x)$$

这个公式看起来简单一点,我们下面只讨论麦克劳林公式,可以认为和泰勒公式等价.

1. 多项式的函数图像特点

$\sum_{k=0}^{n}\frac{f^{(k)}(0)}{k!}x^{k}$ 展开来就是

$$f(0)+f'(0)x+\frac{f''(0)}{2!}x^{2}+\cdots+\frac{f^{(n)}(0)}{n!}x^{n}$$

$f(0)$,$\frac{f''(0)}{2!}$这些都是常数,我们暂时不管,先看看其中最基础的组成部分,即幂函数有什么特点(图 2).

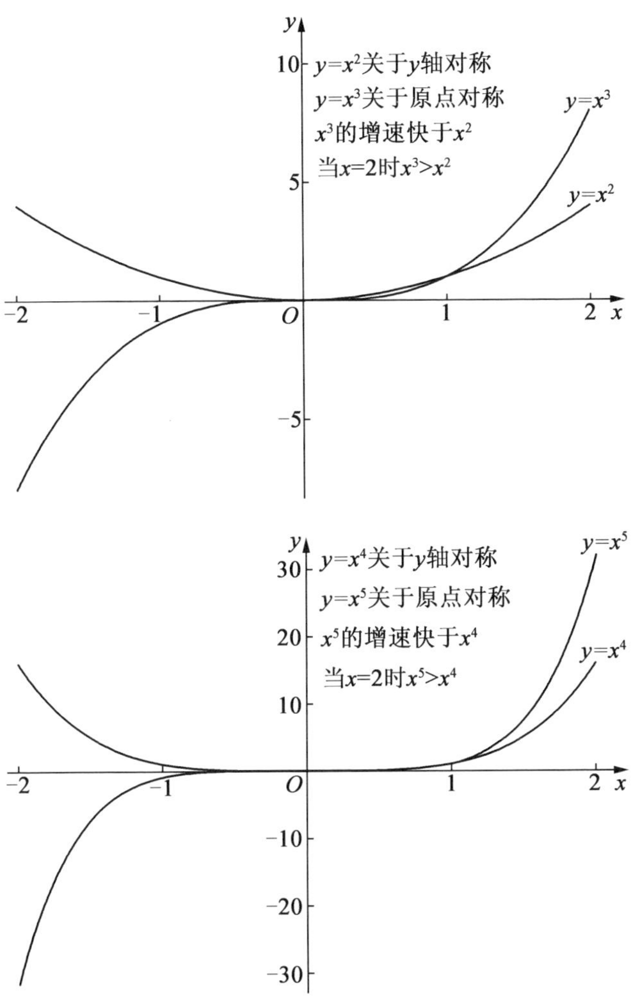

图 2

可以看到,幂函数其实只有两种形态:一种是关于 y 轴对称,一种是关于原点对称,并且指数越大,增长速度越大.

那么幂函数组成的多项式函数有什么特点呢(图 3)?

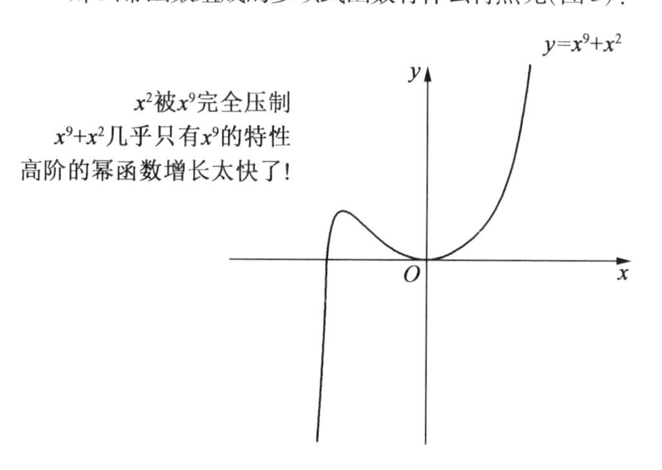
$y=x^9+x^2$
x^2被x^9完全压制
x^9+x^2几乎只有x^9的特性
高阶的幂函数增长太快了!
y
O
x

图 3

怎么才能让 x^2 和 x^9 的图像特性结合起来呢(图 4)?

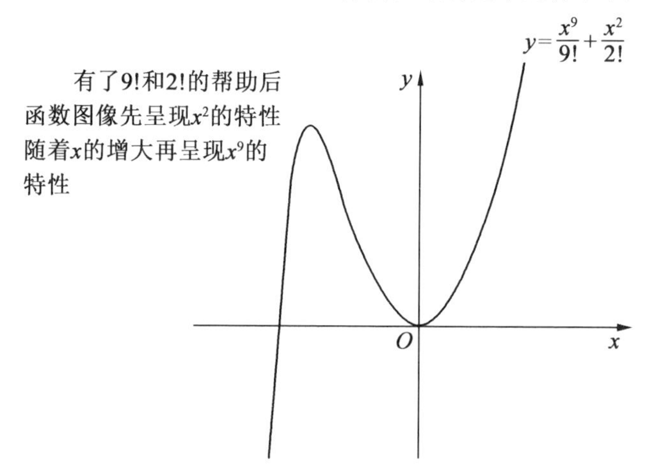
$y=\frac{x^9}{9!}+\frac{x^2}{2!}$
有了9!和2!的帮助后
函数图像先呈现x^2的特性
随着x的增大再呈现x^9的
特性
y
O
x

图 4

我们来动手看看系数之间是如何压制的(图 5).

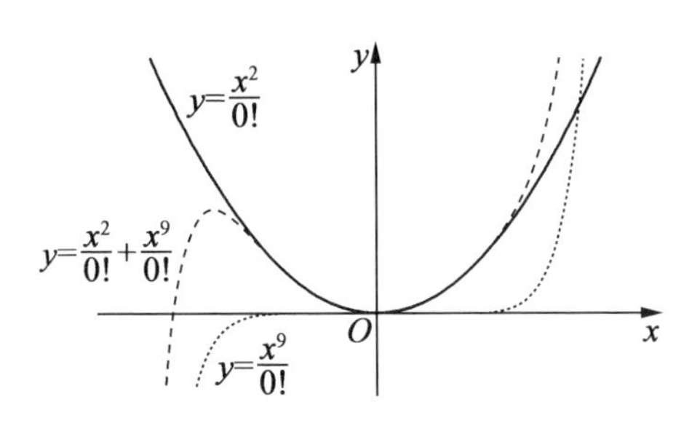

图 5

通过改变系数,多项式可以像铁丝一样弯成任意的函数曲线. 送你一颗心!(图 6)

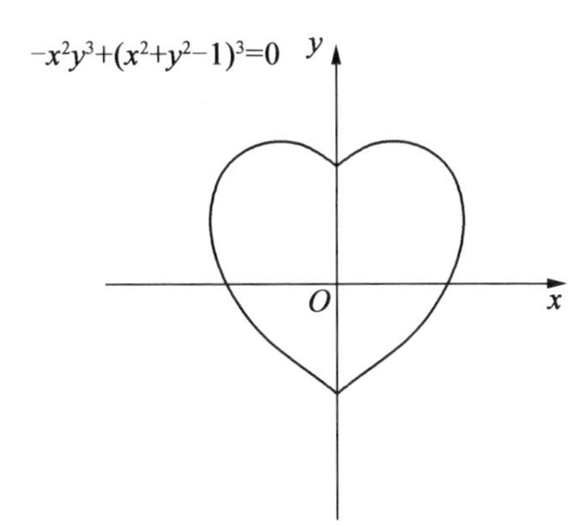

图 6

2. 多项式对 e^x 进行逼近

e^x 是麦克劳林展开形式上最简单的函数,有(图 7)

$$e^x=1+x+\frac{1}{2!}x^2+\cdots+\frac{1}{n!}x^n+R_n(x)$$

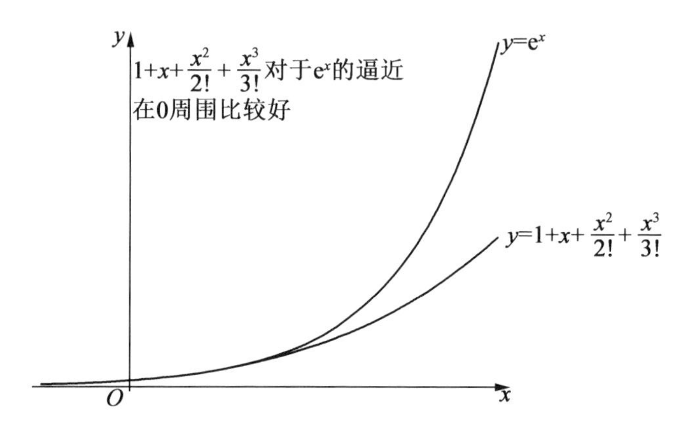

图 7

增加一个$\frac{1}{4!}x^4$ 看看(图 8).

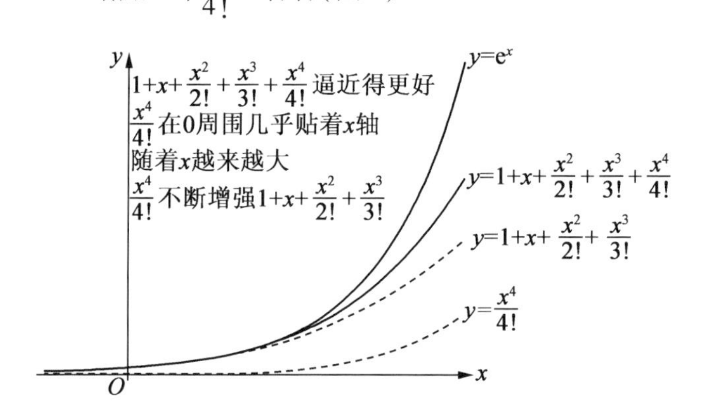

图 8

增加一个$\frac{1}{5!}x^5$ 看看(图 9).

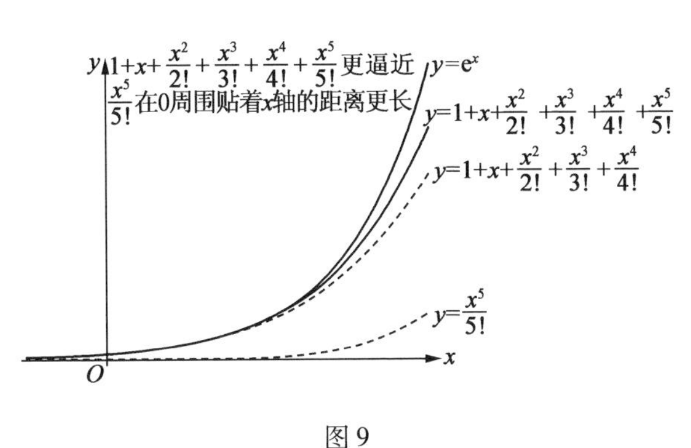

图 9

可以看出，$\frac{1}{n!}x^n$ 不断地弯曲着那根多项式形成的“铁丝”去逼近 e^x，并且 n 越大，起作用的区域距离 0 越远.

3. 用多项式对 $\sin x$ 进行逼近

$\sin x$ 是周期函数，有非常多的弯曲，难以想象它可以用多项式进行逼近(图 10)

$$\sin x = x - \frac{1}{3!}x^3 + \cdots + \frac{(-1)^n}{(2n+1)!}x^{2n+1} + R_n(x)$$

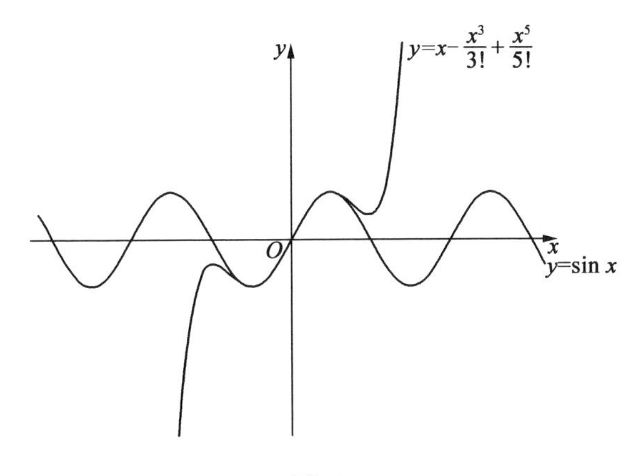

图 10

同样的,我们再增加一个 $-\frac{1}{7!}x^7$ 试试(图 11).

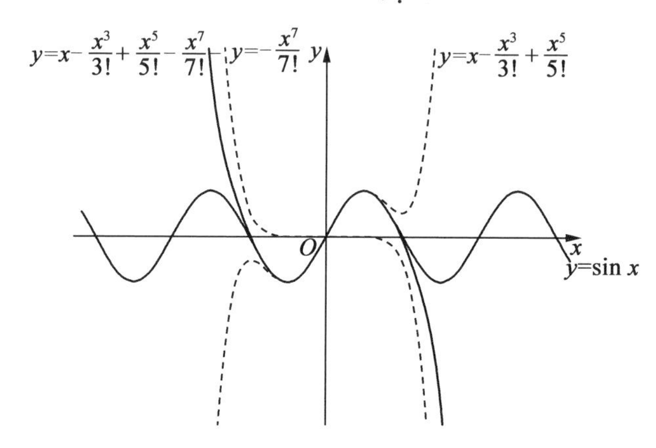

图 11

可以看到 $-\frac{1}{7!}x^7$ 在适当的位置改变了 $x-\frac{1}{3!}x^3+\frac{1}{5!}x^5$ 的弯曲方向,最终让 $x-\frac{1}{3!}x^3+\frac{1}{5!}x^5-\frac{1}{7!}x^7$ 更好地逼近了 $\sin x$.

一图胜千言,动手看看 $\sin x$ 的展开吧(图 12).

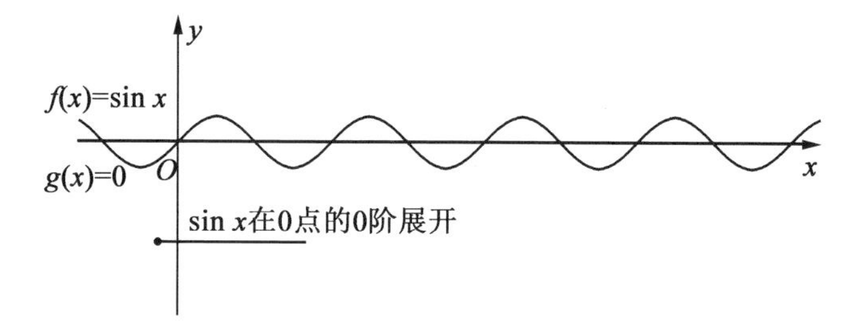

图 12

4. 泰勒公式与拉格朗日中值定理的关系

拉格朗日(Lagrange)中值定理：如果函数 $f(x)$ 满足，在 $[a,b]$ 上连续，在 (a,b) 上可导，那么至少有一点 $(a<\theta<b)$ 使等式 $f'(\theta)=\frac{f(a)-f(b)}{a-b}$ 成立.

——维基百科

数学定义的文字描述总是非常严格、拗口，我们来看拉格朗日中值定理的几何意义(图 13).

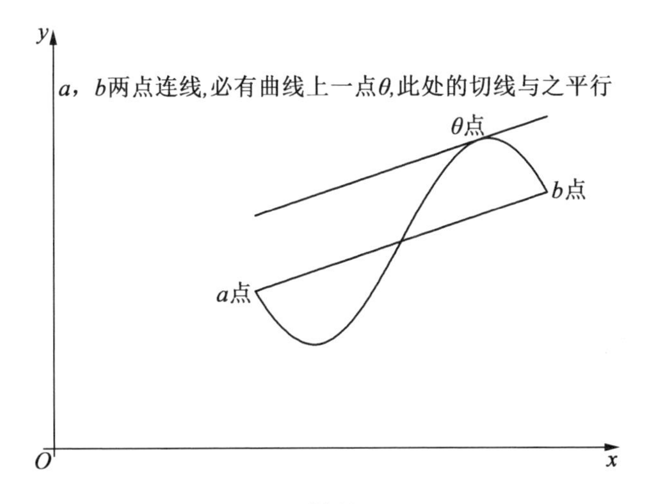

图 13

这个和泰勒公式有什么关系？泰勒公式有个余项 $R_n(x)$ 我们一直没有提.

余项即使用泰勒公式估算的误差，即

Taylor 公式

$$f(x)-\sum_{k=0}^{n}\frac{f^{(k)}(a)}{n!}(x-a)^{k}=R_n(x)$$

余项的代数式是

$$R_n(x)=\frac{f^{(n+1)}(\theta)}{(n+1)!}(x-a)^{n+1}$$

其中 $a<\theta<x$. 是不是看着有点像了?

当 $n=0$ 的时候,根据泰勒公式有

$$f(x)=f(a)+f'(\theta)(x-a)$$

把拉格朗日中值定理中的 b 换成 x,那么拉格朗日中值定理根本就是 $n=0$ 时的泰勒公式.

结合拉格朗日中值定理,我们来看看当 $n=0$ 的时候,泰勒公式的几何意义(图 14).

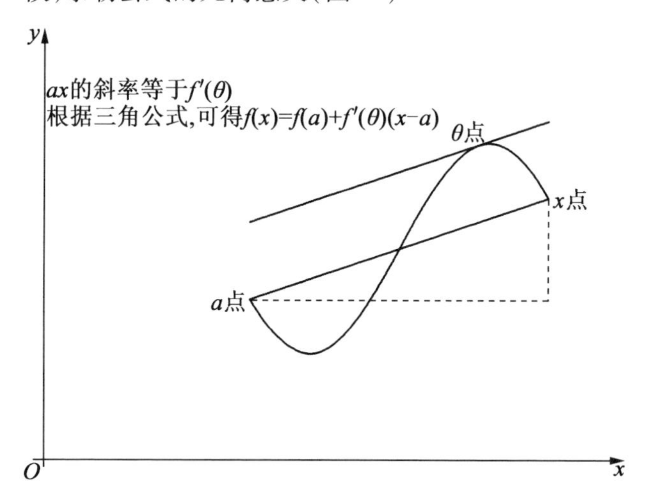

图 14

当 $n=0$ 的时候,泰勒公式几何意义很好理解,那么当 $n=1,2,\cdots$ 呢?

这个问题我是这么理解的:首先让我们去想象高

阶导数的几何意义,一阶是斜率,二阶是曲率,三阶、四阶已经没有明显的几何意义了,或许高阶导数的几何意义不是在三维空间里面呈现的,穿过更高维的时空才能俯视它的含义. 现在的我们只是通过代数证明,发现了高维投射到我们的平面上的秘密.

还可以这么来思考泰勒公式,泰勒公式让我们可以通过一个点来窥视整个函数的发展,为什么呢? 因为点的发展趋势蕴含在导数之中,而导数的发展趋势蕴含在二阶导数之中……是不是很有道理?

5. 泰勒公式是怎么推导的?

根据“以直代曲、化整为零”的数学思想,产生了泰勒公式.

如图 15 所示,把曲线等分为 n 份,分别为 $a_1, a_2, \cdots, a_n$,令 $a_2 = a + \Delta x, \cdots, a_n = a + (n-1)\Delta x$. 我们可以推出($\Delta^2, \Delta^3$ 可以认为是二阶、三阶微分,其准确的数学用语是差分,和微分相比,一个是有限量,另一个是极限量)

$$f(a_2) = f(a + \Delta x) = f(a) + \Delta f(x)$$

$$\begin{aligned} f(a_3) &= f(a + 2\Delta x) = f(a + \Delta x) + \Delta f(a + \Delta x) \\ &= f(a) + 2\Delta f(x) + \Delta^2 f(x) \end{aligned}$$

$$\begin{aligned} f(a_4) &= f(a + 3\Delta x) \\ &= f(a) + 4\Delta f(x) + 6\Delta^2 f(x) + 4\Delta^3 f(x) + \Delta^4 f(x) \end{aligned}$$

也就是说,$f(x)$ 全部可以由 a 和 Δx 来决定,这个就是泰勒公式提出的基本思想. 据此思想,加上极限 $\Delta x \to 0$,就可以推出泰勒公式.

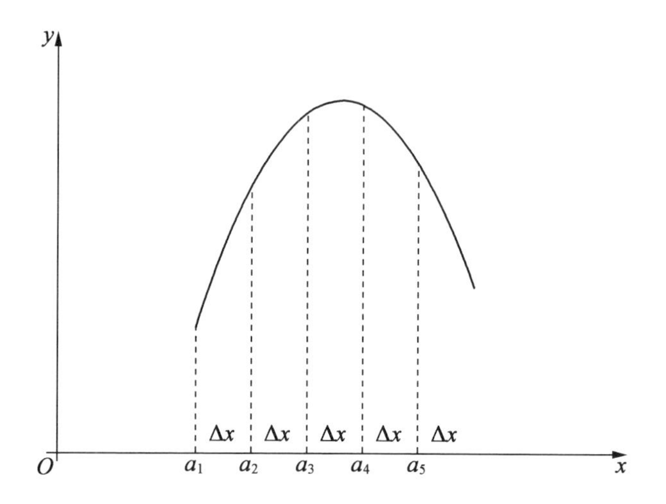

图 15

6. 泰勒公式的用处

多项式这种函数是我们可以亲近的函数，它们很开放、很坦白，心里想什么就说什么，比如$f(x)=2-3x$，这个多项式会告诉我们想问的任何消息，甚至更多，譬如，我们问："嘿，老兄，你在 4 那点的值是多少？"这时$f(x)$会毫不犹豫地回答："你把 4 代进来，就会得到$2-3\times4=-10$，顺便告诉你，我最近长了奇怪的疹子，痒得要命，还好这两天症状减轻了……"但是$\ln x$阴暗、多疑，要是问它："嗨，你在 3 的值是多少啊？"你得到的答案可能是："你要干什么？为什么打听别人的私事？你以为凭着你那点加、减、乘、除的三脚

猫功夫就可以查出我的底细？况且我在3的值是多少，关你什么事！”

——《微积分之倚天宝剑》

泰勒公式在考研中的应用

第四章

泰勒定理毫无疑问是数学分析中最重要的定理之一,在史济怀的书上有这么一段话:“我不想把话说得太绝对,但至少可以说:凡是用一元微分学中的定理、技巧能解决的问题,其中的大部分都可以用泰勒定理来解决,掌握了泰勒定理之后,回过头去看前面的那些理论,似乎一切都在你的掌握之中,使你有一种‘会当凌绝顶,一览众山小’的意境,从这个意义上说‘泰勒定理是一元微分学的顶峰’并不过分.”

举一个形象的例子吧!很多学习高等数学的同学都喜欢洛必达法则,但是说实话,洛必达在泰勒面前“一无是处”!数学专业考研的函数极限题目,基本上都是用泰勒展开式,而极少用洛必达法则.

考研数学老师李扬曾举了两个泰勒定理以及对应的两个题目：

1. 在一个点处有 k 阶导函数，只能用带有皮亚诺(Peano)型余项的泰勒展开式；在一个区间上有 k 阶导函数，多用带有拉格朗日型余项的泰勒展开式.

2. 计算题多用带有皮亚诺型余项的泰勒展开式；证明题多用带有拉格朗日型余项的泰勒展开式.

定理 1(泰勒定理)　(1)$f(x)$ 在点 x_0 有 n 阶导数，就有

$$f(x)=f(x_0)+f'(x_0)(x-x_0)+\cdots+\frac{f^{(n)}(x_0)}{n!}(x-x_0)^n+o((x-x_0)^n)$$

(2)$f(x)$ 在区间 (a,b) 有 $n+1$ 阶导数，$x_0\in(a,b)$，则 $\forall x\in(a,b)$，存在 $\xi\in(a,b)$，使

$$f(x)=f(x_0)+f'(x_0)(x-x_0)+\cdots+\frac{f^{(n)}(x_0)}{n!}(x-x_0)^n+\frac{f^{(n+1)}(\xi)}{(n+1)!}(x-x_0)^{n+1}$$

其中 ξ 是与 x 有关的数.

例 1　$h>0$，$f(x)$ 在 $U(a,h)$ 上具有 $n+2$ 阶连续导数，且 $f^{(n+2)}(a)\neq0$，$f(x)$ 在 $U(a,h)$ 的泰勒公式为

$$f(a+h)=f(a)+f'(a)h+\cdots+\frac{f^{(n)}(a)}{n!}h^n+\frac{f^{(n+1)}(a+\theta h)}{(n+1)!}h^{n+1}\quad(0<\theta<1)$$

证明：$\lim\limits_{h\to 0}\theta=\dfrac{1}{n+2}$.

证　已知条件是$f(x)$具有 $n+2$ 阶导数，所以可以展开到 h^{n+2}，即有

$$f(a+h)=f(a)+f'(a)h+\cdots+\frac{f^{(n)}(a)}{n!}h^n+\frac{f^{(n+1)}(a+\theta h)}{(n+1)!}h^{n+1}$$

$$f(a+h)=f(a)+f'(a)h+\cdots+\frac{f^{(n)}(a)}{n!}h^n+\frac{f^{(n+1)}(a)}{(n+1)!}h^{n+1}+\frac{f^{(n+2)}(\eta)}{(n+2)!}h^{n+2}$$

其中 $\eta\in(a,a+h)$，上面两式相减，并化简得

$$\frac{f^{(n+2)}(\eta)}{n+2}h=f^{(n+1)}(a+\theta h)-f^{(n+1)}(a)\qquad(1)$$

利用拉格朗日中值定理，有

$$f^{(n+1)}(a+\theta h)-f^{(n+1)}(a)=f^{(n+2)}(\xi)\cdot\theta h$$

这里 $\xi\in(a,a+h)$，代入式(1)化简得

$$\frac{f^{(n+2)}(\eta)}{n+2}=f^{(n+2)}(\xi)\cdot\theta$$

现在利用$f^{(n+2)}(x)$的连续性，结合 $\xi,\eta\to a(h\to 0)$，取极限有

$$\lim_{h\to 0}f^{(n+2)}(\xi)=\lim_{h\to 0}f^{(n+2)}(\eta)=f^{(n+2)}(a)\neq 0$$

从而得到

$$\lim_{h\to 0}\theta=\frac{1}{n+2}$$

注　以上证明过程中，n 始终是一个固定的数，没有 $n\to\infty$ 的事！

例 2 $f(x)$在$(x_0-\delta,x_0+\delta)$内有n阶连续导数，且$f^{(2)}(x_0)=f^{(3)}(x_0)=\cdots=f^{(n-1)}(x_0)=0$，同时$f^{(n)}(x_0)\neq 0$，且$0\neq|h|<\delta$时，有

$$\frac{f(x_0+h)-f(x_0)}{h}=f'(x_0+\theta h)$$

证明：$\lim\limits_{h\to 0}\theta=\sqrt[n-1]{\frac{1}{n}}$.

通过例1的方法，解决例2按说是一件很容易的事，但总是有很多同学不会做，所以李扬老师直接给大家看裴礼文给出的一道相似题的答案.

例 3 设：

(1)$f(x)$在$(x_0-\delta,x_0+\delta)$内是n阶连续可微函数，此处$\delta>0$；

(2)当$k=2,3,\cdots,n-1$时，有$f^{(k)}(x_0)=0$，但是$f^{(n)}(x_0)\neq 0$；

(3)当$0\neq|h|<\delta$时，有

$$\frac{f(x_0+h)-f(x_0)}{h}=f'(x_0+h\cdot\theta(h)) \qquad (2)$$

其中$0<\theta(h)<1$.

证明：$\lim\limits_{h\to 0}\theta(h)=\sqrt[n-1]{\frac{1}{n}}$.

证 我们要设法从式(2)中解出$\theta(h)$. 为此，我们将式(2)左边的$f(x_0+h)$及右边的$f'(x_0+h\cdot\theta(h))$在x_0处展开. 注意条件(2)，知$\exists\,\theta_1,\theta_2\in(0,1)$使得

Taylor 公式

$$f(x_0+h)=f(x_0)+hf'(x_0)+\frac{h^n}{n!}f^{(n)}(x_0+\theta_1 h)$$

$$f'(x_0+h\cdot\theta(h))=f'(x_0)+\frac{h^{n-1}\cdot(\theta(h))^{n-1}}{(n-1)!}\cdot f^{(n)}(x_0+\theta_2 h\cdot\theta(h))$$

于是式(2)变成

$$f'(x_0)+\frac{h^{n-1}}{n!}f^{(n)}(x_0+\theta_1 h)$$

$$=f'(x_0)+\frac{h^{n-1}\cdot(\theta(h))^{n-1}}{(n-1)!}\cdot f^{(n)}(x_0+\theta_2 h\cdot\theta(h))$$

从而

$$\theta(h)=\sqrt[n-1]{\frac{f^{(n)}(x_0+\theta_1 h)}{n\cdot f^{(n)}(x_0+\theta_2 h\cdot\theta(h))}}$$

因 $\theta_1,\theta_2,\theta(h)\in(0,1)$,利用$f^{(n)}(x)$的连续性,由此可得

$$\lim_{h\to 0}\theta(h)=\sqrt[n-1]{\frac{1}{n}}$$

由两道数学竞赛题谈泰勒公式及其应用[①]

第五章

1. 引言

在高等数学中，泰勒公式作为微分中值定理的一种推广，有着重要的应用，它提供了一种用导数值多项式近似表示一般函数的方法. 泰勒展开为解决一些求解极限、判定级数敛散性、证明导数相关结论等问题提供了一种非常有效的方法. 但是在学习过程中，很多同学觉得泰勒公式在证明等式和不等式中的运用比较难懂，特别是感觉技巧性太强，根本不会去联想到答案中的方法，总感觉有些方法是空穴来风. 一般来说，泰勒公式的证明是有一定难度的，证明确实是有一定的技巧性，但这种技巧也并不是无迹可

① 本章摘自《教育教学论坛》,2016 年,第 5 期.

寻的，大部分的证明题所要证的结论和题干中的信息还是很具有暗示性的，如果能敏锐地观察到这些暗示信息，可能你就会找到突破口在哪里，焦点就在于这个泰勒公式到底在什么点展开，展开到几阶的问题. 西南财经大学天府学院的张现强教授 2016 年通过两道全国大学生数学竞赛试题分析泰勒公式在证明一些导数相关结论时的应用，为学生学习掌握泰勒公式提供一种帮助.

2. 泰勒公式进行函数展开的定理

定理 1 设函数 $f(x)$ 在点 x_0 的某个邻域内有直到 $n+1$ 阶的导数，则对此邻域内任意点 x 均有

$$f(x)=f(x_0)+f'(x_0)(x-x_0)+\frac{f''(x_0)}{2!}(x-x_0)^2+\cdots+\frac{f^{(n)}(x_0)}{n!}(x-x_0)^2+R_n(x) \quad (1)$$

且

$$R_n(x)=\frac{f^{(n+1)}(\xi)}{(n+1)!}(x-x_0)^{n+1}$$

$$(\xi \text{ 介于 } x_0 \text{ 与 } x \text{ 之间}) \quad (2)$$

式(1)称为函数 $f(x)$ 在 $x=x_0$ 处的泰勒公式或泰勒展开式，式(2)称为 $f(x)$ 在 $x=x_0$ 处的拉格朗日型余项. 也可记 $R_n(x)=o(x-x_0)^n$，称之为 $f(x)$ 在 x_0 处的皮亚诺型余项.

特别的，在式(1)中令 $x_0=0$，则得到

$$f(x)=f(0)+f'(0)x+\frac{f''(0)}{2!}x^2+\cdots+$$

$$\frac{f^{(n)}(0)}{n!}x^n + R_n(x)$$

$$R_n(x) = \frac{f^{(n+1)}(\xi)}{(n+1)!}x^{n+1}$$

(ξ 介于 0 与 x 之间)

称之为 $f(x)$ 的麦克劳林展开式.

应用上面的定理可以将函数 $f(x)$ 在一个合适的点 x_0 展开,从而完成关于一些导数结论的证明. 下面从两道竞赛题来看.

3. 两道全国大学生数学竞赛试题

例 1(第 3 届全国大学生数学竞赛预赛) 设函数 $f(x)$ 在闭区间 $[-1,1]$ 上具有连续的三阶导数,且 $f(-1)=0$,$f(1)=1$,$f'(0)=0$,求证:在开区间 $(-1,1)$ 内至少存在一点 x_0,使得 $f'''(x_0)=3$.

分析 结论是关于存在性的证明,并且是关于三阶导数,从而可以想到的是应用泰勒公式,而且最好展开至最高阶即三阶导数,题目条件中给出了函数在 0 点的一阶导数值,从而我们可以考虑将函数在 0 点展开,即考虑函数 $f(x)$ 的麦克劳林展开式. 结论中只出现了三阶导数,从而展开式中的前三项肯定要经过适当处理化简掉. 若注意到条件 $f(-1)=0$,$f(1)=1$ 应该就不难想到是将点 $-1,1$ 分别代入展开式中,两式相减即可. 详细证明如下:

证 将函数 $f(x)$ 应用麦克劳林公式展开,得

$$f(x) = f(0) + f'(0)x + \frac{f''(0)}{2!}x^2 + \frac{f'''(\xi)}{3!}x^3$$

ξ 介于 0 与 x 之间,$x \in [-1,1]$.

在上式中分别取 $x=1$ 和 $x=-1$，再由 $f'(0)=0$ 得

$$1=f(1)=f(0)+\frac{1}{2!}f''(0)+\frac{1}{3!}f'''(\xi_1)\quad(0<\xi_1<1)$$

$$0=f(-1)=f(0)+\frac{1}{2!}f''(0)-\frac{1}{3!}f'''(\xi_2)\quad(-1<\xi_2<0)$$

上面两式相减，得

$$f'''(\xi_1)+f'''(\xi_2)=6$$

由于 $f'''(x)$ 在闭区间 $[-1,1]$ 上连续，因此 $f'''(x)$ 在闭区间 $[\xi_2,\xi_1]$ 上有最大值 M 和最小值 m，从而

$$m\leqslant\frac{1}{2}(f'''(\xi_1)+f'''(\xi_2))\leqslant M$$

再由连续函数的介值定理，至少存在一点 $x_0\in[\xi_2,\xi_1]\subset(-1,1)$，使得

$$f'''(x_0)=\frac{1}{2}(f'''(\xi_1)+f'''(\xi_2))=3$$

例 2（第 5 届全国大学生数学竞赛决赛） 设 $f\in C^4(-\infty,+\infty)$，且

$$f'''(x+h)=f(x)+f'(x)h+\frac{1}{2}f''(x+\theta h)h^2$$

其中 θ 是与 x,h 无关的常数，证明：f 是不超过三次的多项式.

分析 结论表面看起来与导数无关，但是证明 f 是不超过三次的多项式，我们很容易想到只要说明 f 的四阶导数等于零即可. 另外条件中已经出现了 $f(x+h)$ 的泰勒公式，我们自然也就会沿着这一思路进行分析. 但是条件只是展开到二阶导数，而证明我们的结论

需要四阶导数,从而我们可以重新对函数 $f(x+h)$ 进行四阶泰勒展开,之后想办法说明 f 的四阶导数等于零. 详细证明如下:

证 将 $f(x+h)$ 在点 x 处泰勒展开

$$f(x+h)=f(x)+f'(x)h+\frac{1}{2!}f''(x)h^2+\frac{1}{3!}f'''(x)h^3+\frac{1}{4!}f^{(4)}(\xi)h^4 \quad (3)$$

其中 ξ 介于 x 与 $x+h$ 之间.

再将 $f''(x+\theta h)$ 在点 x 处泰勒展开

$$f''(x+\theta h)=f''(x)+f'''(x)\theta h+\frac{1}{2}f^{(4)}(\eta)\theta^2h^2 \quad (4)$$

其中 η 介于 x 与 $x+\theta h$ 之间.

由式(3)(4)及已知条件

$$f(x+h)=f(x)+f'(x)h+\frac{1}{2}f''(x+\theta h)h^2$$

得

$$4(1-3\theta)f'''(x)=[6f^{(4)}(\eta)\theta^2-f^{(4)}(\xi)]h$$

当 $\theta\neq\frac{1}{3}$ 时,令 $h\to0$,得 $f'''(x)=0$,此时 f 是不超过二次的多项式;

当 $\theta=\frac{1}{3}$ 时,有 $\frac{2}{3}f^{(4)}(\eta)=f^{(4)}(\xi)$,令 $h\to0$,此时 $\xi\to x,\eta\to x$,有 $f^{(4)}(x)=0$.

从而 f 是不超过三次的多项式.

4. 应用举例

关于导数结论的证明的题目一般分为关于存在性和关于任意性的证明两类. 由上面两道竞赛题来看,使用泰勒公式时关键是确定出对哪个函数在哪一点进行泰勒展开,展开到几阶导数. 一般来讲,题目中若有关于某点导数的信息,或者哪个点的导数值比较好确定,就将函数在这一点展开,若有给定点的函数值,就将这点代入展开式. 下面我们再通过两道例题进行分析.

例3 设 $f(x)$ 在 $[0,1]$ 上二阶可导,且 $f(0)=f(1)=0$, $\min\limits_{0\leqslant x\leqslant 1}f(x)=-1$,证明:存在 $\eta\in(0,1)$ 使得 $f''(\eta)\geqslant 8$.

分析 结论仍然是关于存在性的证明,并且是关于二阶导数,所以可以考虑将函数泰勒展开到二阶导数. 题目给出了最小值,且可确定该点是内点,那么该点的一阶导数必然为0,自然考虑将函数在该点展开,然后代入0,1点的值进行分析. 详细证明如下:

证 由条件知存在 $x_0\in(0,1)$ 使得 $f(x_0)=-1$ 为 $f(x)$ 在 $[0,1]$ 上的最小值,且 $f'(x_0)=0$.

将 $f(x)$ 在点 x_0 处泰勒展开

$$f(x)=f(x_0)+f'(x_0)(x-x_0)+\frac{f''(\xi)}{2!}(x-x_0)^2$$

(ξ 介于 x_0 与 x 之间)

再由 $f(0)=f(1)=0$ 可得

$$0=f(0)=-1+\frac{f''(\xi_1)}{2!}x_0^2 \quad (\xi_1 \text{ 介于 } x_0 \text{ 与 } 0 \text{ 之间})$$

$$0=f(1)=-1+\frac{f''(\xi_2)}{2!}(1-x_0)^2$$

(ξ_2 介于 x_0 与 1 之间)

所以

$$f''(\xi_1)=\frac{2}{x_0^2}$$

$$f''(\xi_2)=\frac{2}{(1-x_0)^2}$$

又因为 $x_0\in(0,1)$,所以

$$f''(\eta)=\max\left\{\frac{2}{x_0^2},\frac{2}{(1-x_0)^2}\right\}\geqslant\frac{2}{(\frac{1}{2})^2}=8\quad(\eta\in(0,1))$$

第六章 美国 Putnam 数学竞赛中两道行列式证明题的泰勒公式解法[1]

解放军理工大学理学院的李静教授 2016 年考查了美国 Putnam 数学竞赛中两道关于行列式的证明题，其基本思路是利用初等变换及行列式的性质将行列式化为易于计算的形式. 注意到，这两道试题中的行列式都含有多个参数（字母记号），可将其视为以其中某个参数（字母记号）为变量的多项式，因此，利用泰勒公式有可能简化行列式的计算.

首先介绍行列式的求导法则，今有 n 阶行列式

$$D=\sum(-1)^{t}a_{p_1 1}a_{p_2 2}\cdots a_{p_n n}$$

其中各元素 a_{ij} 是某个变量的可导函数，则行列式的一阶导数应为

① 本章摘自《大学数学》，2016 年，第 32 卷，第 4 期.

$$D' = \sum (-1)^t (a'_{p_1 1} a_{p_2 2} \cdots a_{p_n n} + a_{p_1 1} a'_{p_2 2} \cdots a_{p_n n} + \cdots + a_{p_1 1} a_{p_2 2} \cdots a'_{p_n n})$$

$$= \sum (-1)^t a'_{p_1 1} a_{p_2 2} \cdots a_{p_n n} + \sum (-1)^t a_{p_1 1} a'_{p_2 2} \cdots a_{p_n n} + \cdots + \sum (-1)^t a_{p_1 1} a_{p_2 2} \cdots a'_{p_n n}$$

表示成行列式形式如下

$$\frac{\mathrm{d}}{\mathrm{d}x}\begin{vmatrix} a_{11} & a_{12} & \cdots & a_{1n} \\ a_{21} & a_{22} & \cdots & a_{2n} \\ \vdots & \vdots & & \vdots \\ a_{n1} & a_{n2} & \cdots & a_{nn} \end{vmatrix}$$

$$= \sum_{k=1}^{n} \begin{vmatrix} a_{11} & a_{12} & \cdots & a'_{1k} & \cdots & a_{1n} \\ a_{21} & a_{22} & \cdots & a'_{2k} & \cdots & a_{2n} \\ \vdots & \vdots & & \vdots & & \vdots \\ a_{n1} & a_{n2} & \cdots & a'_{nk} & \cdots & a_{nn} \end{vmatrix} \quad (1)$$

行列式的求导法则就是先对行列式逐列求导,其他列不变,然后再对 n 个行列式求和,类似地也可进行逐行求导,下面给出这两道竞赛题的新证法.

例 1(1940 年第 3 届 Putnam 数学竞赛) 求证行列式

$$D(k) = \begin{vmatrix} a_1^2 + k & a_1 a_2 & \cdots & a_1 a_n \\ a_2 a_1 & a_2^2 + k & \cdots & a_2 a_n \\ \vdots & \vdots & & \vdots \\ a_n a_1 & a_n a_2 & \cdots & a_n^2 + k \end{vmatrix} \quad (2)$$

能被 k^{n-1} 除尽，并求其他因子.

分析 行列式中的 $k, a_i(1\leqslant i\leqslant n)$ 都是常数，但题目是判断关于 k 的因子，所以把 k 看作变量，其余的都作为常数. 最简单的二阶行列式情形，可直接按对角线法则计算

$$\begin{vmatrix} a_1^2+k & a_1a_2 \\ a_2a_1 & a_2^2+k \end{vmatrix} = (a_1^2+a_2^2)k+k^2 \tag{3}$$

显然可以被 k^{2-1} 除尽，注意到等号右边正好是关于 k 的多项式，很容易联想到，微积分学的泰勒公式正是把满足条件的函数展开成幂函数.

证 该行列式可看作以 k 为自变量的 n 次多项式，其余 $a_i(1\leqslant i\leqslant n)$ 均看作常数，该多项式函数在实数域内连续且含有任意阶导数，由泰勒展开式

$$D(k)=D(0)+D'(0)\cdot k+\frac{D''(0)}{2!}\cdot k^2+\cdots+\frac{D^{(n)}(0)}{n!}\cdot k^n \tag{4}$$

下面考查不同次幂的系数，主要过程就是计算各阶导数，由行列式求导法则，一阶导数为

$$D'(k)=\begin{vmatrix} 1 & a_1a_2 & \cdots & a_1a_n \\ 0 & a_2^2+k & \cdots & a_2a_n \\ \vdots & \vdots & & \vdots \\ 0 & a_na_2 & \cdots & a_n^2+k \end{vmatrix}+$$

$$\begin{vmatrix} a_1^2+k & 0 & \cdots & a_1a_n \\ a_2a_1 & 1 & \cdots & a_2a_n \\ \vdots & \vdots & & \vdots \\ a_na_1 & 0 & \cdots & a_n^2+k \end{vmatrix} + \cdots +$$

$$\begin{vmatrix} a_1^2+k & a_1a_2 & \cdots & 0 \\ a_2a_1 & a_2^2+k & \cdots & 0 \\ \vdots & \vdots & & \vdots \\ a_na_1 & a_na_2 & \cdots & 1 \end{vmatrix}$$

再把以上各 n 阶行列式分别按第 $1,2,\cdots,n$ 列展开,可降为 $n-1$ 阶

$$\begin{vmatrix} a_2^2+k & \cdots & a_2a_n \\ \vdots & & \vdots \\ a_na_2 & \cdots & a_n^2+k \end{vmatrix} + \begin{vmatrix} a_1^2+k & \cdots & a_1a_n \\ \vdots & & \vdots \\ a_na_1 & \cdots & a_n^2+k \end{vmatrix} + \cdots +$$

$$\begin{vmatrix} a_1^2+k & \cdots & a_1a_{n-1} \\ \vdots & & \vdots \\ a_{n-1}a_1 & \cdots & a_{n-1}^2+k \end{vmatrix} \tag{5}$$

即原式关于 k 的一阶导数为 n 个 $n-1$ 阶行列式之和,其中每一个行列式的形式和原行列式一致,主对角元为 a_i^2+k,其他元素分别为 $a_ia_j(i\neq j)$.

再求原行列式的二阶导数,即对式(5)的变量 k 求导,每个行列式可化为 $n-1$ 个 $n-2$ 阶行列式(形式也不变)相加,从而二阶导数是 $n(n-1)$ 个 $n-2$ 阶行列式之和. 继续求导直到 $n-2$ 阶,应为 $n(n-1)\cdots3$ 个二阶行列式相加,而每个行列式的形式均类似式

(3)的左边(当然也与原式一致). 直到 $n-1$ 阶导数, 应为 $n(n-1)\cdots 3\cdot 2=n!$ 个一阶行列式相加,其中一阶行列式分别为

$$a_1^2+k, a_2^2+k, \cdots, a_n^2+k$$

所以以上每一个行列式的系数为 $(n-1)!$. 最后的 n 阶导数肯定是 0 次多项式

$$D^{(n-1)}(k)=(n-1)!\left[(a_1^2+k)+(a_2^2+k)+\cdots+(a_n^2+k)\right] \tag{6}$$

$$D^{(n)}(k)=n! \tag{7}$$

代入 $k=0$ 可得各项系数

$$D(0)=\begin{vmatrix} a_1^2 & a_1a_2 & \cdots & a_1a_n \\ a_2a_1 & a_2^2 & \cdots & a_2a_n \\ \vdots & \vdots & & \vdots \\ a_na_1 & a_na_2 & \cdots & a_n^2 \end{vmatrix} = a_1a_2\cdots a_n\begin{vmatrix} a_1 & a_2 & \cdots & a_n \\ a_1 & a_2 & \cdots & a_n \\ \vdots & \vdots & & \vdots \\ a_1 & a_2 & \cdots & a_n \end{vmatrix} = 0 \tag{8}$$

$$D'(0)=\begin{vmatrix} a_2^2 & \cdots & a_2a_n \\ \vdots & & \vdots \\ a_na_2 & \cdots & a_n^2 \end{vmatrix} + \begin{vmatrix} a_1^2 & \cdots & a_1a_n \\ \vdots & & \vdots \\ a_na_1 & \cdots & a_n^2 \end{vmatrix} + \cdots +$$

$$\begin{vmatrix} a_1^2 & \cdots & a_1 a_{n-1} \\ \vdots & & \vdots \\ a_{n-1}a_1 & \cdots & a_{n-1}^2 \end{vmatrix}$$

$$=0 \tag{9}$$

$$\vdots$$

$$D^{(n-2)}(0)=0$$

$$D^{(n-1)}(0)=(n-1)!\ \cdot(a_1^2+a_2^2+\cdots+a_n^2)$$

$$D^{(n)}(0)=n!$$

于是

$$\begin{vmatrix} a_1^2+k & a_1a_2 & \cdots & a_1a_n \\ a_2a_1 & a_2^2+k & \cdots & a_2a_n \\ \vdots & \vdots & & \vdots \\ a_na_1 & a_na_2 & \cdots & a_n^2+k \end{vmatrix}$$

$$=(a_1^2+a_2^2+\cdots+a_n^2)k^{n-1}+k^n \tag{10}$$

所以原行列式可被 k^{n-1} 除尽.

例 2(1951 年第 11 届 Putnam 数学竞赛)　如果 a,b,c,d,e,f 皆为实数,求证:行列式

$$\begin{vmatrix} 0 & a & b & c \\ -a & 0 & d & e \\ -b & -d & 0 & f \\ -c & -e & -f & 0 \end{vmatrix} \tag{11}$$

是非负的.

分析　因为四阶行列式已没有对角线法则,想直接按定义计算出结果并不容易,该行列式包含 12 个非零元,每个元素的地位相似,出现且只出现了两次,那

么行列式就可以表示为某个变量的二次函数.

证 不妨设行列式是仅以 a 为自变量的二次多项式,其他变量相当于常数,由泰勒展开式可得

$$g(a)=g(0)+g'(0)\cdot a+\frac{g''(0)}{2!}\cdot a^2 \tag{12}$$

下面就依次求各项系数,先求行列式的各阶导数.由行列式求导法则可知

$$g'(a)=\begin{vmatrix}0 & a & b & c\\ -1 & 0 & d & e\\ 0 & -d & 0 & f\\ 0 & -e & -f & 0\end{vmatrix}+\begin{vmatrix}0 & 1 & b & c\\ -a & 0 & d & e\\ -b & 0 & 0 & f\\ -c & 0 & -f & 0\end{vmatrix} \tag{13}$$

行列式按列展开可得

$$g'(a)=\begin{vmatrix}a & b & c\\ -d & 0 & f\\ -e & -f & 0\end{vmatrix}-\begin{vmatrix}-a & d & e\\ -b & 0 & f\\ -c & -f & 0\end{vmatrix} \tag{14}$$

继续求导

$$g''(a)=\begin{vmatrix}1 & b & c\\ 0 & 0 & f\\ 0 & -f & 0\end{vmatrix}-\begin{vmatrix}-1 & d & e\\ 0 & 0 & f\\ 0 & -f & 0\end{vmatrix}$$

$$=2f^2 \tag{15}$$

于是各项系数应为

$$g(0)=\begin{vmatrix}0&0&b&c\\0&0&d&e\\-b&-d&0&f\\-c&-e&-f&0\end{vmatrix}=(be-cd)^2\quad(16)$$

$$g'(0)=\begin{vmatrix}0&b&c\\-d&0&f\\-e&-f&0\end{vmatrix}-\begin{vmatrix}0&d&e\\-b&0&f\\-c&-f&0\end{vmatrix}$$

$$=2f(cd-be)\quad(17)$$

$$g''(0)=2f^2$$

从而原行列式可表示为

$$g(a)=(be-cd)^2-2af(be-cd)+a^2f^2$$

$$=(be-cd-af)^2$$

显见

$$g(a)\geqslant 0$$

第七章 用基变换方法求多项式的泰勒公式[①]

无锡商业职业技术学院基础教学部的冯其明教授2003年通过分析多项式函数$f(x)$在不同点处的泰勒公式与线性空间基变换的联系，得到了多项式在同点处泰勒公式的一种求解方法.

定理1 实数域上的线性空间$P[x]_n$中，$1, x+x_0, (x+x_0)^2, \cdots, (x+x_0)^{n-1}$是一组基.

证 令

$$\lambda_1+\lambda_2(x+x_0)+\lambda_3(x+x_0)^2+\cdots+\lambda_n(x+x_0)^{n-1}=0$$

上式中x^{n-1}项的系数为λ_n，根据多

① 本章摘自《无锡商业职业技术学院学报》，2003年，第3卷，第2期.

项式为 0,则 $x^k(k=0,1,2,\cdots,n-1)$ 的系数皆为 0,可知 $\lambda_n=0$,于是 $\lambda_1+\lambda_2(x+x_0)+\lambda_3(x+x_0)^2+\cdots+\lambda_{n-1}(x+x_0)^{n-2}=0$,依此类推,便有

$$\lambda_{n-1}=0,\lambda_{n-2}=0,\cdots,\lambda_1=0$$

因此,$1,x+x_0,(x+x_0)^2,\cdots,(x+x_0)^{n-1}$ 线性无关. 而 $P[x]_n$ 的维数是 n,故 $1,x+x_0,(x+x_0)^2,\cdots,(x+x_0)^{n-1}$ 构成一组基.

任一多项式的泰勒公式就是此多项式本身. 由上述定理知多项式在不同点处的泰勒公式,即多项式的这种恒等变形可利用线性空间的基变换方法来实现.

例 1　设 $f(x)=3x^3-11x^2+14x-7$,求 $f(x)$ 在 $x=1$ 处的泰勒公式.

解　$1,x,x^2,x^3$ 与 $1,x-1,(x-1)^2,(x-1)^3$ 是 $P[x]_4$ 中的两组基,我们可得 $1,x-1,(x-1)^2,(x-1)^3$ 到 $1,x,x^2,x^3$ 的过渡矩阵. 由

$$\begin{aligned}1&=1+0(x-1)+0(x-1)^2+0(x-1)^3\\&=(1,0,0,0)\begin{pmatrix}1\\x-1\\(x-1)^2\\(x-1)^3\end{pmatrix}\end{aligned}$$

$$\begin{aligned}x&=(x-1)+1=1+1(x-1)+0(x-1)^2+0(x-1)^3\\&=(1,1,0,0)\begin{pmatrix}1\\x-1\\(x-1)^2\\(x-1)^3\end{pmatrix}\end{aligned}$$

Taylor 公式

$$
\begin{aligned}
x^2 &= (x-1)^2+2(x-1)+1 \\
&= 1+2(x-1)+1(x-1)^2+0(x-1)^3 \\
&= (1,2,1,0)\begin{pmatrix} 1 \\ x-1 \\ (x-1)^2 \\ (x-1)^3 \end{pmatrix}
\end{aligned}
$$

$$
\begin{aligned}
x^3 &= 1+3(x-1)+3(x-1)^2+(x-1)^3 \\
&= (1,3,3,1)\begin{pmatrix} 1 \\ x-1 \\ (x-1)^2 \\ (x-1)^3 \end{pmatrix}
\end{aligned}
$$

得

$$
\begin{pmatrix} 1 \\ x \\ x^2 \\ x^3 \end{pmatrix} = \begin{pmatrix} 1 & 0 & 0 & 0 \\ 1 & 1 & 0 & 0 \\ 1 & 2 & 1 & 0 \\ 1 & 3 & 3 & 1 \end{pmatrix}\begin{pmatrix} 1 \\ x-1 \\ (x-1)^2 \\ (x-1)^3 \end{pmatrix}
$$

故

$$
\begin{aligned}
f(x) &= (-7 \quad 14 \quad -11 \quad 3)\begin{pmatrix} 1 \\ x \\ x^2 \\ x^3 \end{pmatrix} \\
&= (-7 \quad 14 \quad -11 \quad 3)\begin{pmatrix} 1 & 0 & 0 & 0 \\ 1 & 1 & 0 & 0 \\ 1 & 2 & 1 & 0 \\ 1 & 3 & 3 & 1 \end{pmatrix}\begin{pmatrix} 1 \\ x-1 \\ (x-1)^2 \\ (x-1)^3 \end{pmatrix}
\end{aligned}
$$

$$=(-1\quad 1\quad -2\quad 3)\begin{pmatrix}1\\x-1\\(x-1)^2\\(x-1)^3\end{pmatrix}$$

即

$$f(x)=-1+(x-1)-2(x-1)^2+3(x-1)^3$$

由上例可知,写出由基 $1,x+x_0,(x+x_0)^2,\cdots,(x+x_0)^{n-1}$ 到基 $1,x,x^2,\cdots,x^{n-1}$ 的过渡矩阵是这一方法的关键,然而当 $n>3$ 时,用上述“凑化”法找过渡矩阵是比较困难的. 根据二项式定理,我们可得由基 $1,x,x^2,\cdots,x^{n-1}$ 到基 $1,x+x_0,(x+x_0)^2,\cdots,(x+x_0)^{n-1}$ 的过渡矩阵

$$\begin{pmatrix}1\\x+x_0\\(x+x_0)^2\\\vdots\\(x+x_0)^{n-2}\\(x+x_0)^{n-1}\end{pmatrix}=\begin{pmatrix}1&0&0&\cdots&0&0\\C_1^0x_0^1&1&0&\cdots&0&0\\C_2^0x_0^2&C_2^1x_0^1&1&\cdots&0&0\\\vdots&\vdots&\vdots&&\vdots&\vdots\\C_{n-2}^0x_0^{n-2}&C_{n-2}^1x_0^{n-3}&C_{n-2}^2x_0^{n-4}&\cdots&1&0\\C_{n-1}^0x_0^{n-1}&C_{n-1}^1x_0^{n-2}&C_{n-1}^2x_0^{n-3}&\cdots&C_{n-1}^{n-2}x_0^1&1\end{pmatrix}\cdot\begin{pmatrix}1\\x\\x^2\\\vdots\\x^{n-2}\\x^{n-1}\end{pmatrix}$$

其中过渡矩阵

$$\boldsymbol{A}=\begin{pmatrix}1 & 0 & 0 & \cdots & 0 & 0\\ C_1^0x_0^1 & 1 & 0 & \cdots & 0 & 0\\ C_2^0x_0^2 & C_2^1x_0^1 & 1 & \cdots & 0 & 0\\ \vdots & \vdots & \vdots & & \vdots & \vdots\\ C_{n-2}^0x_0^{n-2} & C_{n-2}^1x_0^{n-3} & C_{n-2}^2x_0^{n-4} & \cdots & 1 & 0\\ C_{n-1}^0x_0^{n-1} & C_{n-1}^1x_0^{n-2} & C_{n-1}^2x_0^{n-3} & \cdots & C_{n-1}^{n-2}x_0^1 & 1\end{pmatrix}$$

而 $\boldsymbol{A}$ 的逆矩阵

$$\boldsymbol{A}^{-1}=\begin{pmatrix}1 & 0 & 0 & \cdots & 0 & 0\\ C_1^0(-x_0)^1 & 1 & 0 & \cdots & 0 & 0\\ C_2^0(-x_0)^2 & C_2^1(-x_0)^1 & 1 & \cdots & 0 & 0\\ \vdots & \vdots & \vdots & & \vdots & \vdots\\ C_{n-2}^0(-x_0)^{n-2} & C_{n-2}^1(-x_0)^{n-3} & C_{n-2}^2(-x_0)^{n-4} & \cdots & 1 & 0\\ C_{n-1}^0(-x_0)^{n-1} & C_{n-1}^1(-x_0)^{n-2} & C_{n-1}^2(-x_0)^{n-3} & \cdots & C_{n-1}^{n-2}(-x_0)^1 & 1\end{pmatrix}$$

即为由基 $1,x+x_0,(x+x_0)^2,\cdots,(x+x_0)^{n-1}$ 到基 $1,x,x^2,\cdots,x^{n-1}$ 的过渡矩阵（根据 $x^n=[(x+x_0)+(-x_0)]^n=C_n^0(-x_0)^n(x+x_0)^0+C_n^1(-x_0)^{n-1}(x+x_0)^1+\cdots+C_n^n(-x_0)^0(x+x_0)^n,n=1,2,\cdots,n-1$，即可得 $\boldsymbol{A}^{-1}$）. 因此

$$f(x)=(a_0\quad a_1\quad\cdots\quad a_{n-1})\begin{pmatrix}1\\ x\\ x^2\\ \vdots\\ x^{n-2}\\ x^{n-1}\end{pmatrix}=(a_0\quad a_1\quad\cdots\quad a_{n-1})\cdot$$

$$\begin{pmatrix} 1 & 0 & 0 & \cdots & 0 & 0 \\ C_1^0(-x_0)^1 & 1 & 0 & \cdots & 0 & 0 \\ C_2^0(-x_0)^2 & C_2^1(-x_0)^1 & 1 & \cdots & 0 & 0 \\ \vdots & \vdots & \vdots & & \vdots & \vdots \\ C_{n-2}^0(-x_0)^{n-2} & C_{n-2}^1(-x_0)^{n-3} & C_{n-2}^2(-x_0)^{n-4} & \cdots & 1 & 0 \\ C_{n-1}^0(-x_0)^{n-1} & C_{n-1}^1(-x_0)^{n-2} & C_{n-1}^2(-x_0)^{n-3} & \cdots & C_{n-1}^{n-2}(-x_0)^1 & 1 \end{pmatrix} \cdot \begin{pmatrix} 1 \\ x+x_0 \\ (x+x_0)^2 \\ \vdots \\ (x+x_0)^{n-2} \\ (x+x_0)^{n-1} \end{pmatrix}$$

泰勒公式与含高阶导数的证明题[①]

第八章

高等数学中关于微分学方面的证明题是重点,同时也是难点,特别是题目中含高阶导数的,尤为难处理. 常用的方法是利用一次或多次微分中值定理来解决. 而泰勒公式一方面体现了复杂函数可用多项式函数逼近的原则,另一方面也反映了函数与高阶导数之间的关系,利用这种关系可简化问题的证明. 对此,河北工业大学数学系的邵泽玲教授2013年给出一般思路,即若题目中含有 $n+1$ 阶导数,则利用泰勒公式,将函数在相应点(选定的点应与其他给定的条件有联系)处展成 n 阶导数及拉格朗日型余项的形式,然后再根据其他条件,代入,整

① 本章摘自《高等数学研究》,2013 年,第 16 卷,第 4 期.

理,得出结果,以例子说明,以期学生能理解得更深刻.

下面采用泰勒公式证明《微积分典型问题分析与习题精选》(于新凯,金少华,郭献洲主编,天津大学出版社,2009)中的几个例子,并与已给方法作比较.

例 1 设 $f(x)$ 在 $[0,1]$ 上具有三阶连续导数,且

$$f(0)=f(1)=0$$

试证函数

$$F(x)=x^3f(x)$$

在 $(0,1)$ 内至少有一点 ξ,使

$$F'''(\xi)=0$$

证法 1 由于

$$F'(x)=x^2[3f(x)+xf'(x)]$$

$$F''(x)=6xf(x)+6x^2f'(x)+x^3f''(x)$$

所以

$$F(0)=F'(0)=F''(0)=0$$

$$F(1)=f(1)=0$$

从而由罗尔(Rolle)定理,有 $\xi_1\in(0,1)$,使

$$F'(\xi_1)=0$$

对 $F'(x)$ 在 $[0,\xi_1]$ 上使用罗尔定理,有 $\xi_2\in(0,\xi_1)$,使

$$F''(\xi_2)=0$$

再由

$$F''(0)=F''(\xi_2)=0$$

有 $\xi_3\in(0,\xi_2)$,使

$$F'''(\xi_3)=0$$

$$\xi_3\in(0,\xi_2)\subset(0,\xi_1)\subset(0,1)$$

证法 2 由于

$$F'(x)=x^2[3f(x)+xf'(x)]$$

$$F''(x)=6xf(x)+6x^2f'(x)+x^3f''(x)$$

所以

$$F(0)=F'(0)=F''(0)=0$$

根据泰勒公式,当 $x=1$ 时,有

$$F(1)=F(0)+F'(0)+\frac{F''(0)}{2}+\frac{F'''(\xi)}{3!}$$

$$(0<\xi<1)$$

所以

$$F'''(\xi)=6F(1)=6f(1)=0$$

例 2 设 $f(x)$ 在 $[a,b]$ 上二阶可导,且

$$f(a)=f(b)=0$$

内有一点 $c\in(a,b)$,使

$$f(c)>0$$

证明:在 (a,b) 内至少有一点 ξ,使

$$f''(\xi)<0$$

证法 1 由拉格朗日中值定理,在 $[a,c]$ 上,有

$$f(c)-f(a)=f'(\xi_1)(c-a)\quad(a<\xi_1<c)$$

所以

$$f'(\xi_1)=\frac{f(c)-f(a)}{c-a}=\frac{f(c)}{c-a}>0$$

同理有 $\xi_2\in(c,b)$,使

$$f'(\xi_2)=\frac{f(b)-f(c)}{b-c}=-\frac{f(c)}{b-c}<0$$

再对 $f'(x)$ 在 $[\xi_1,\xi_2]$ 上使用拉格朗日中值定理得

$$f''(\xi)=\frac{f'(\xi_2)-f'(\xi_1)}{\xi_2-\xi_1}$$

$$(a<\xi_1<\xi<\xi_2<b)$$

因为

$$f'(\xi_2)-f'(\xi_1)<0,\xi_2-\xi_1>0$$

所以

$$f''(\xi)<0\quad(a<\xi<b)$$

证法2　由泰勒公式,在 c 与 x 之间存在 ξ 使得

$$f(x)=f(c)+f'(c)(x-c)+\frac{f''(\xi)}{2}(x-c)^2$$

所以有

$$f(a)=f(c)+f'(c)(a-c)+\frac{f''(\xi_1)}{2}(a-c)^2$$

$$f(b)=f(c)+f'(c)(b-c)+\frac{f''(\xi_2)}{2}(b-c)^2$$

其中

$$\xi_1\in(a,c),\xi_2\in(c,b)$$

进而可得

$$f''(\xi_1)(a-c)>f''(\xi_2)(b-c)$$

又因为

$$a-c<0,b-c>0$$

所以 $f''(\xi_1)$ 与 $f''(\xi_2)$ 中至少有一个小于0.

例2若采用拉格朗日中值定理来解决,每次的区间选择仍是个难点,极易出问题.而利用泰勒公式,c 点是给定的与其他条件都有联系的条件,故在此点展开,一个公式便可联系函数与各阶导数.进而,只须把已知条件代入便可得结果.

例 3 设函数 $f(x)$ 在闭区间 $[-1,1]$ 上具有三阶连续导数，且

$$f(-1)=0, f(1)=1, f'(0)=0$$

证明：在开区间 $(-1,1)$ 内至少存在一点 ξ，使

$$f'''(\xi)=3$$

证 由泰勒公式，对于 $x\in[-1,1]$，在 0 与 x 之间存在 η，使得

$$f(x)=f(0)+f'(0)x+\frac{f''(0)}{2!}x^2+\frac{f'''(\eta)}{3!}x^3$$

分别令 $x=-1$ 和 $x=1$，再由 $f'(0)=0$，得

$$0=f(-1)=f(0)+\frac{f''(0)}{2}-\frac{f'''(\eta_1)}{6}$$

$$1=f(1)=f(0)+\frac{f''(0)}{2}+\frac{f'''(\eta_2)}{6}$$

其中 $\eta_1\in(-1,0)$，$\eta_2\in(0,1)$，从而有

$$f'''(\eta_1)+f'''(\eta_2)=6$$

由于 $f'''(x)$ 在 $[\eta_1,\eta_2]$ 上连续，从而在 $[\eta_1,\eta_2]$ 上有最大值和最小值，设它们分别为 m 和 M，则有

$$m\leqslant\frac{1}{2}[f'''(\eta_1)+f'''(\eta_2)]\leqslant M$$

再由闭区间上连续函数的介值定理推论知，至少存在 $\xi\in[\eta_1,\eta_2]\subset(-1,1)$，使

$$f'''(\xi)=\frac{1}{2}[f'''(\eta_1)+f'''(\eta_2)]=3$$

由上述例子的证明可以看出，此类涉及高阶导数的证明问题，都可考虑采用泰勒公式的方法，思路比较直观，计算比较简单.

关于泰勒公式的注记[①]

第九章

南京农业大学工学院的王凡、河海大学理学院的钱江两位教授2014年介绍了带皮亚诺型余项的泰勒公式在极限计算中的应用,以及带拉格朗日型余项的泰勒公式在导数估计中的应用,并对带变上限积分形式余项的泰勒公式,利用分部积分法给出一种证明.

在高等数学、工科数学分析或数学分析授课内容中,泰勒定理向来是教学的重难点之一,如何在有限的教学课时内,全面地介绍并使学生充分理解这一重要数学知识很值得探讨.

泰勒定理的历史悠久.在讲解新的知识点泰勒定理之前,简要介绍这一人类数学瑰宝的历史可以提高学生们的学

① 本章摘自《高等数学研究》,2014年,第17卷,第4期.

习积极性，促使他们重视并珍惜它，激励他们学习泰勒定理的主观能动性.

17 世纪后期和 18 世纪，为了适应航海、天文学和地理学的进展，人们要求三角函数、对数函数和航海表的插值有较大的精确度. 格雷戈里(Gregory)，牛顿及莱布尼兹等在有限差方面做了开创性的工作，而泰勒将格雷戈里 - 牛顿公式

$$f(a+h)=f(a)+\frac{h}{c}\Delta f(a)+\frac{1}{1\times 2}\frac{h}{c}\left(\frac{h}{c}-1\right)\Delta^2 f(a)+\cdots \tag{1}$$

中的 c 换成 Δx，再令式(1)右端每项中 $\Delta x\to 0$，其中 h 为点 $x=a$ 处的增量，$\Delta f(a)$ 是相应的函数增量或差分，于是便得到

$$f(a+h)=f(a)+hf'(a)+\frac{h^2}{2!}f''(a)+\frac{h^3}{3!}f'''(a)+\cdots \tag{2}$$

他于 1712 年将此成果发表在研究有限差计算的出版物《增量法及其逆》. 当然，泰勒这一方法不严密，他没有考虑收敛问题. 其实早在 1670 年，格雷戈里与后来的莱布尼兹也曾分别独立地发现过这一结论，但都没发表. 虽然伯努利(John Bernoulli)曾于 1694 年在《教师学报》上发表过相同的结果，但此定理至今仍用泰勒的名字命名.

麦克劳林继承了格雷戈里任爱丁堡的教授之后，于 1742 年在《流数论》中给出了 $a=0$ 的特殊情形，这就是麦克劳林公式. 斯特林(Stirling)于 1717 年对代数

函数,以及 1730 年在《微分法》中对一般函数,也给出了这个特殊情形.

设$f(x)$于$U(x_0)$内充分高阶可导,如何寻求 n 次多项式

$$p_n(x)=a_0+a_1(x-x_0)+a_2(x-x_0)^2+\cdots+a_n(x-x_0)^n \tag{3}$$

逼近$f(x)$,使得误差尽可能小? 如此,泰勒公式的推导就转化为确定泰勒多项式(3)的系数与误差估计.

在高等数学、工科数学分析或数学分析授课内容中,一般介绍的都是带皮亚诺与带拉格朗日型余项的情形,而在数值逼近课程中,则需要介绍变限积分形式的余项估计. 当然,教师在介绍完定积分分部积分法知识点后,将后者作为课余练习留给学生也未尝不可,同时可加深学生对泰勒定理的认识,更能让学生了解到泰勒公式在数值逼近等领域方面的深刻理论应用.

若要寻求多项式(3)逼近$f(x)$时,误差满足

$$f(x)-p_n(x)=o[(x-x_0)^n]\quad(x\to x_0) \tag{4}$$

则由高阶无穷小的定义可证明带皮亚诺型余项的泰勒公式

$$f(x)=\sum_{k=0}^{n}\frac{f^{(k)}(x_0)}{k!}(x-x_0)^k+o[(x-x_0)^n]\quad(x\to x_0) \tag{5}$$

其中泰勒多项式系数唯一,从而公式唯一.

作为特例,当 $n=1$ 时,式(5)表明$f(x)$于 x_0 处可微,即

$$f(x)=f(x_0)+f'(x_0)(x-x_0)+$$

$$o(x-x_0) \quad (x \to x_0) \tag{6}$$

例 1 设函数 $g(x)$ 于 $U(0)$ 内有连续导数,且

$$\lim_{x \to 0}\left(\frac{\tan x}{x^2}+\frac{g(x)}{x}\right)=3$$

求 $g(0)$ 及 $g'(0)$.

分析 题设所给极限式的极限类型为"$\frac{0}{0}$"型,而极限式左端可转化为

$$\lim_{x \to 0}\frac{\tan x + xg(x)}{x^2}=$$

$$\lim_{x \to 0}\frac{\sec^2 x + g(x) + xg'(x)}{2x}$$

此极限未必存在,故不可使用洛必达法则,但可考虑使用 $\tan x$ 和 $g(x)$ 的带皮亚诺型余项的麦克劳林公式来求解.

解 因为当 $x \to 0$ 时,有

$$\tan x + xg(x) = x + o(x^2) +$$
$$x[g(0) + g'(x)x + o(x)]$$

因此

$$\lim_{x \to 0}\frac{\tan x + xg(x)}{x^2}=$$

$$\lim_{x \to 0}\frac{[1+g(0)]x + g'(0)x^2 + o(x^2)}{x^2}$$

由题设所给极限结果可知

$$1+g(0)=0, g'(0)=3$$

故所求结果为

$$g(0) = -1, g'(0)=3$$

带拉格朗日型余项的泰勒公式给出了式(5)中含有高阶导数信息的具体余项估计

$$f(x)=\sum_{k=0}^{n}\frac{f^{(k)}(x_0)}{k!}(x-x_0)^k+\frac{f^{(n+1)}(\xi)}{(n+1)!}(x-x_0)^{n+1} \tag{7}$$

其中 ξ 位于 x 与 x_0 之间.

带拉格朗日型余项的泰勒公式一般用于估计导数(或高阶导数),但题目中往往不会明说何为式(7)中的被展开点 x 或展开点 x_0,因此这类问题处理的关键是展开点与被展开点的选取,注意到需要展开点处导数的已知信息.

例 2 设函数 $f(x)\in C^{(2)}[0,1]$,且

$$f(0)=0=f(1)$$

$$\min_{x\in[0,1]}f(x)=-2$$

证明:存在 $\xi\in(0,1)$,使得

$$f''(\xi)\leqslant 16$$

证法 1 将 $f(0)$ 和 $f(1)$ 分别于 $x_0=\frac{1}{2}$ 处展开,得到

$$f(0)=f\left(\frac{1}{2}\right)-\frac{1}{2}f'\left(\frac{1}{2}\right)+\frac{1}{2}f''(\xi_1)\left(-\frac{1}{2}\right)^2\quad\left(0<\xi_1<\frac{1}{2}\right)$$

$$f(1)=f\left(\frac{1}{2}\right)+\frac{1}{2}f'\left(\frac{1}{2}\right)+\frac{1}{2}f''(\xi_2)\left(\frac{1}{2}\right)^2\quad\left(\frac{1}{2}<\xi_2<1\right)$$

两式相加,由题设及介值定理得到

$$-8f\left(\frac{1}{2}\right)=\frac{1}{2}\left[f''(\xi_1)+f''(\xi_2)\right]=f''(\xi)$$

$$(\xi_1<\xi<\xi_2)$$

又由$f(x)$在$[0,1]$上的最小值为-2,得到

$$f''(\xi)=-8f\left(\frac{1}{2}\right)\leqslant 16$$

其中$\xi\in(\xi_1,\xi_2)\subset(0,1)$.

证法 2 由题设,设有$x_0\in[0,1]$满足

$$f(x_0)=\min_{x\in[0,1]}f(x)=-2$$

则x_0为$f(x)$的一个极小值点,故由费马(Fermat)引理知

$$f'(x_0)=0$$

将$f(0)$和$f(1)$分别于x_0处展开,得到

$$f(0)=-2+\frac{1}{2}f''(\xi_1)x_0^2\quad(0<\xi_1<x_0)$$

$$f(1)=-2+\frac{1}{2}f''(\xi_2)(1-x_0)^2\quad(x_0<\xi_2<1)$$

因此

$$f''(\xi_1)>0,f''(\xi_2)>0$$

且当$x_0\in\left[0,\frac{1}{2}\right]$时,有

$$2=\frac{1}{2}f''(\xi_2)(1-x_0)^2\geqslant\frac{1}{8}f''(\xi_2)$$

故只须令$\xi=\xi_2\in(x_0,1)\subset(0,1)$,即知待证结论成立. 而当$x_0\in\left[\frac{1}{2},1\right)$时,有

$$2=\frac{1}{2}f''(\xi_1)x_0^2\geqslant\frac{1}{8}f''(\xi_1)$$

故只须令 $\xi=\xi_1\in(0,x_0)\subset(0,1)$，即得待证结论.

泰勒公式还是数值分析、数值逼近中处理误差估计的有效理论工具，其余项估计除前面提及的两种表达式之外，还有便是带截断多项式积分或变限积分形式.

定义1 令 $x,t\in\mathbf{R},k\in\mathbf{Z},k\geqslant0$，当 t 固定时，称

$$(x-t)_+^k=\begin{cases}(x-t)^k & (x\geqslant t)\\0 & (x<t)\end{cases}\tag{8}$$

为 x 的截断多项式(或称之为截断幂).

截断多项式在样条函数或径向基函数表示中有广泛应用，这里考虑其在泰勒公式中的应用.

定理1 设 $f(x)\in C^{(n)}[a,b]$，则有

$$f(x)=\sum_{k=0}^{n-1}\frac{f^{(k)}(a)}{k!}(x-a)^k+R_n(x)\tag{9}$$

其中余项估计

$$\begin{aligned}R_n(x)&=\frac{1}{(n-1)!}\int_a^b(x-t)_+^{n-1}f^{(n)}(t)\mathrm{d}t\\&=\frac{1}{(n-1)!}\int_a^x(x-t)^{n-1}f^{(n)}(t)\mathrm{d}t\end{aligned}\tag{10}$$

证 由截断多项式的定义易知式(10)右端的两式相等，又由分部积分法知

$$\begin{aligned}R_n(x)&=\frac{1}{(n-1)!}\int_a^x(x-t)^{n-1}f^{(n)}(t)\mathrm{d}t\\&=\frac{1}{(n-1)!}\int_a^x(x-t)^{n-1}\mathrm{d}[f^{(n-1)}(t)]\end{aligned}$$

$$= \frac{1}{(n-1)!}(x-t)^{n-1}f^{(n-1)}(t)\Big|_{t=a}^{t=x} + \frac{1}{(n-2)!}\int_a^x (x-t)^{n-2}f^{(n-1)}(t)\mathrm{d}t$$

$$= -\frac{(x-a)^{n-1}}{(n-1)!}f^{(n-1)}(a) + \frac{(x-t)^{n-2}}{(n-2)!}f^{(n-2)}(t)\Big|_{t=a}^{t=x}$$

$$= \cdots$$

$$= -\frac{(x-a)^{n-1}}{(n-1)!}f^{(n-1)}(a) - \frac{(x-a)^{n-2}}{(n-2)!}f^{(n-2)}(a) - \cdots + \int_a^x f'(t)\mathrm{d}t$$

$$= f(x) - \sum_{k=0}^{n-1}\frac{f^{(k)}(a)}{k!}(x-a)^k$$

故待证结论成立.

带有变限积分形式余项估计(10)的泰勒公式(9)在数值逼近,如插值问题和核函数理论中,往往非常有用.

对于包含插值节点 $\alpha, x_0, x_1, \cdots, x_n$ 的最小区间 $[a,b]$,当函数 $f(x)$ 具有 m 阶分段连续导数时,存在一个仅依赖上述插值节点的核函数

$$K_m(t) = \frac{1}{(m-1)!}\left[(\alpha-t)_+^{m-1} - \sum_{k=0}^{n} l_k(\alpha)(x_k-t)_+^{m-1}\right] \tag{11}$$

使得插值余项为

$$E(f;\alpha) = \int_a^b K_m(t) f^{(m)}(t)\,\mathrm{d}t \tag{12}$$

其中诸 $l_k(x)$ 是拉格朗日插值基函数.

利用式(10)可以证明上述关于核函数的结论，由此进一步可针对不同函数类研究核函数的性质与插值余项的界.

泰勒公式定义的函数的区间扩展[①]

第十章

厦门大学嘉庚学院信息科学与技术学院的周小林、王少辉、肖筱南三位教授2015年利用函数的泰勒公式定义函数的区间扩展,证明了这种区间扩展具有包含单调性,给出了几个基本初等函数的区间扩展的表达式,并举例说明对非线性方程的区间牛顿法的应用.

1966年美国数学家摩尔(Moore)提出了区间分析理论,其初始目的是实现误差的自动分析,之后该理论得到不断的发展,成为计算数学的一个活跃分支.区间分析以区间形式实现对数据的存储与运算,其运算的结果可以保证包含了所有的可能真实值,因此结果是准

① 本章摘自《高等数学研究》,2015年,第18卷,第6期.

确可靠的. 另外,人们可以很方便地把某些不确定性计算参数表述为区间,并直接包含在区间算法之中,其在实际应用中也具有重要意义. 区间分析理论从产生至今,已经在科学计算和工程中有了大量的应用,国外还研制出了一些专用软件.

区间分析理论应用得较早、较为成功的一个领域是非线性方程和方程组的区间算法. 在这些区间算法中,区间函数的单调性起了十分重要的作用. 区间函数的单调性有不同的定义,本章用的是包含单调性. 本章第一部分给出区间、区间函数及函数的区间扩展的定义. 第二部分用函数的泰勒公式定义它的区间扩展,证明了这种区间扩展具有包含单调性. 第三部分给出了几个基本初等函数的区间扩展的表达式. 第四部分举例说明对非线性方程的区间牛顿法的应用.

1. 区间、区间函数及函数的区间扩展

定义 1 若对于给定的数对$\underline{x},\overline{x}\in\mathbf{R}$,满足$\underline{x}\leqslant\overline{x}$,则

$$X=[\underline{x},\overline{x}]=\{x\in\mathbf{R}\mid\underline{x}\leqslant x\leqslant\overline{x}\}$$

就称为有界闭区间,其中的$\underline{x}$称为区间 X 的下端点,$\overline{x}$称为区间 X 的上端点,把 $\mathbf{R}$ 上的所有有界闭区间的集合记作 $I(\mathbf{R})$. 若区间 X 的上、下端点相等,$X=[\underline{x},\overline{x}]$中$\underline{x}=\overline{x}$时,区间数就退化为一实数,此时称 $X=[\underline{x},\overline{x}]$为点区间.

定义 2 对于任意给定的区间

$$X=[\underline{x},\overline{x}],Y=[\underline{y},\overline{y}]\in I(\mathbf{R})$$

定义区间中点

$$m(X)=(\underline{x}+\overline{x})/2$$

Taylor 公式

区间宽度

$$W(X)=\overline{x}-\underline{x}$$

区间绝对值

$$|X|=\max\{|\underline{x}|,|\overline{x}|\}$$

区间的交

$$X\cap Y=[\max\{\underline{x},\underline{y}\},\min\{\overline{x},\overline{y}\}]$$

区间的并

$$X\cup Y=[\min\{x,y\},\max\{\overline{x},\overline{y}\}]$$

区间比较,当$\underline{x}\leqslant\overline{x}<\underline{y}\leqslant\overline{y}$

$$X<Y$$

区间包含,当$\underline{y}\leqslant\underline{x}\leqslant\overline{x}\leqslant\overline{y}$时

$$X\subseteq Y$$

定义 3(区间的四则运算) 在 $I(\mathbf{R})$上定义四则运算:对于任意给定的区间 $X=[\underline{x},\overline{x}]$,$Y=[\underline{y},\overline{y}]\in I(\mathbf{R})$,其四则运算定义为

$$X+Y=[\underline{x}+\underline{y},\overline{x}+\overline{y}]$$

$$X-Y=[\underline{x}-\overline{y},\overline{x}-\underline{y}]$$

$$X\cdot Y=[\min\{\underline{x}\,\underline{y},\underline{x}\,\overline{y},\overline{x}\underline{y},\overline{x}\,\overline{y}\},\max\{\underline{x}\,\underline{y},\underline{x}\,\overline{y},\overline{x}\underline{y},\overline{x}\,\overline{y}\}]$$

$$X/Y=[\underline{x},\overline{x}]\cdot\left[\frac{1}{\overline{y}},\frac{1}{\underline{y}}\right]$$

其中若 $0\notin Y$.

在上述的定义之下容易证明区间加法、乘法运算满足结合律和交换律,但不满足分配律,而代之以次分配律:

设区间 $X,Y,Z\in I(\mathbf{R})$,则

$$X\cdot(Y+Z)\subseteq X\cdot Y+X\cdot Z$$

当 X 为点区间或 $YZ>0$ 时,有

$$X\cdot(Y+Z)=X\cdot Y+X\cdot Z$$

成立.

定义 4(区间距离)　设 $X,Y\in I(\mathbf{R})$,定义这两个区间的距离为

$$d(X,Y)=\max\{|\underline{x}-\underline{y}|,|\overline{x}-\overline{y}|\}$$

易知,有:

(1) $d(X,Y)\geqslant 0$.

(2) $d(X,Y)=d(Y,X)$.

(3) $d(X,J)\leqslant d(X,Y)+d(Y,J)$.

定义 5(区间收敛)　设有区间序列 $\{X^{(k)}\}_{k\in\mathbf{N}^*}$,若存在 $X\in I(\mathbf{R})$,使 $\lim\limits_{k\to\infty}d(X^{(k)},X)=0$,则称 $\{X^{(k)}\}$ 收敛,极限为 X,显然极限唯一.

定义 6(区间函数)　区间函数就是以区间 X 为自变量而取值为区间 Y 的函数 $Y=F(X)$,也可以说是区间值映射 $F:I(\mathbf{R})\to I(\mathbf{R})$.

定义 7(函数的区间扩展)　设 $f:\mathbf{R}\to\mathbf{R}$,若存在区间函数 $Y=F(X)$,使得对任意的 $x\in X$,成立 $F(x)=f(x)$,则称 F 为 f 的区间扩展.

由区间运算的性质,容易看出实函数 $f(x)$ 的区间扩展 $F(X)$ 不是唯一的. 例如 F 是 f 的某一区间扩展,则 $F_1(X)=F(x)+X-X$ 是 f 的另一不同的区间扩展.

2. 用泰勒级数定义函数的区间扩展

定义 8　设函数 $f(x)$ 的泰勒级数为

$$f(x)=a_0+a_1x+\cdots+a_nx^n+\cdots\quad(-\infty<x<+\infty)$$

则对 $X \in I(\mathbf{R})$,定义

$$f_n(X) = a_0 + a_1 X + \cdots + a_n X^n$$

若区间序列$\{f_n(X)\}$收敛,则定义其极限为

$$F(X) = \lim_{n \to \infty} f_n(X) = a_0 + a_1 X + \cdots + a_n X^n + \cdots$$

即 $F(X)$ 是收敛的“区间幂级数”的和函数. 显然,$F(X)$是$f(x)$的区间扩展.

定义 9(区间函数的包含单调性)　设 $F: I(\mathbf{R}) \to I(\mathbf{R})$,若对任意的 $X, Y \in I(\mathbf{R})$,$X \subseteq Y$,成立 $F(X) \subseteq F(Y)$,则称区间函数 F 具有包含单调性.

可以证明以下事实成立.

当 $X_1, X_2, Y_1, Y_2 \in I(\mathbf{R})$ 且满足 $X_1 \subseteq Y_1$,$X_2 \subseteq Y_2$,则必成立

$$X_1 * X_2 \subseteq Y_1 * Y_2$$

其中 $* \in \{+, -, \cdot, /\}$,当 $* = /$时,要求 $0 \notin X_2$,$0 \notin Y_2$.

这一事实说明,区间的四则运算具有包含单调性. 因此可推出,若 F 是一个有理区间函数,则 F 也具有包含单调性. 因为所有的有理区间函数都是由有限个区间通过四则运算组合而成的.

另一个明显的事实是区间函数的复合运算保持包含单调性:若 $F: I(\mathbf{R}) \to I(\mathbf{R})$,$G: I(\mathbf{R}) \to I(\mathbf{R})$ 具有包含单调性,则对任意的 $X, Y \in I(\mathbf{R})$,$X \subseteq Y$,成立 $G(X) \subseteq G(Y)$,从而 $F(G(X)) \subseteq F(G(Y))$.

定理 1　函数 $f(x)$ 按泰勒级数定义的区间扩展 $F(X)$ 具有包含单调性.

证　设函数 $f(x)$ 的泰勒级数为

$$f(x)=a_0+a_1x+\cdots+a_nx^n+\cdots \quad (-\infty<x<+\infty)$$

又设 $X,Y\in I(\mathbf{R})$, $X\subseteq Y$，记

$$f_n(X)=a_0+a_1X+\cdots+a_nX^n=[l_n,r_n]$$

$$f_n(Y)=a_0+a_1Y+\cdots+a_nY^n=[p_n,q_n]$$

则由定义 8

$$F(X)=\lim_{n\to\infty}f_n(X),F(Y)=\lim_{n\to\infty}f_n(Y)$$

记

$$F(X)=[l,r],F(Y)=[p,q]$$

即有

$$[l,r]=\lim_{n\to\infty}[l_n,r_n],[p,q]=\lim_{n\to\infty}[p_n,q_n]$$

由定义 4，定义 5 得

$$\lim_{n\to\infty}l_n=l,\lim_{n\to\infty}r_n=r,\lim_{n\to\infty}p_n=p,\lim_{n\to\infty}q_n=q$$

由四则运算的包含单调性，得 $f_n(X)\subseteq f_n(Y)$，即

$$p_n\leqslant l_n\leqslant r_n\leqslant q_n$$

令 $n\to\infty$，得 $p\leqslant l\leqslant r\leqslant q$，即 $F(X)\subseteq F(Y)$，F 具有包含单调性，证毕.

3. 基本初等函数的区间扩展

指数函数 $f(x)=\mathrm{e}^x$ 在 $x=0$ 处的泰勒公式为

$$\mathrm{e}^x=1+x+\frac{x^2}{2!}+\frac{x^3}{3!}+\cdots+\frac{x^n}{n!}+\cdots$$

设 $X=[x_1,x_2]$，则有

$$\mathrm{e}^X\triangleq F(X)=\lim_{n\to\infty}\left(1+X+\frac{X^2}{2!}+\frac{X^3}{3!}+\cdots+\frac{X^n}{n!}\right)$$

$X^i(i>1)$ 按区间乘法定义计算可得：

(1) 当 $0\leqslant x_1\leqslant x_2$ 时，$X^i=[x_1^i,x_2^i]$.

(2) 当 $x_1<0<x_2$ 且 $|x_1|>x_2$ 时，有

$$X^i=\begin{cases}[x_1^i,x_1^{i-1}x_2] & (i\text{ 为奇数})\\ [x_1^{i-1}x_2,x_1^i] & (i\text{ 为偶数})\end{cases}$$

(3)当 $x_1<0<x_2$ 且 $|x_1|\leqslant x_2$ 时

$$X^i=[x_1x_2^{i-1},x_2^i]$$

(4)当 $x_1\leqslant x_2\leqslant 0$ 时,有

$$X^i=\begin{cases}[x_1^i,x_2^i] & (i\text{ 为奇数})\\ [x_2^i,x_1^i] & (i\text{ 为偶数})\end{cases}$$

由此可以推得

$$\mathrm{e}^X=\begin{cases}[\mathrm{e}^{x_1},\mathrm{e}^{x_2}] & (0\leqslant x_1\leqslant x_2)\\ [A(x),B(x)] & (x_1<0<x_2\text{ 且 }|x_1|>x_2)\\ \left[1+\dfrac{x_1}{x_2}(\mathrm{e}^{x_2}-1),\mathrm{e}^{x_2}\right] & (x_1<0<x_2\text{ 且 }|x_1|\leqslant x_2)\\ [C(x),D(x)] & (x_1\leqslant x_2\leqslant 0)\end{cases}$$

其中

$$A(x)=\sinh x_1+1+\frac{x_2}{x_1}(\cosh x_1-1)$$

$$B(x)=\cosh x_1+\frac{x_2}{x_1}\sinh x_1$$

$$C(x)=\sinh x_1+\cosh x_2$$

$$D(x)=\sinh x_2+\cosh x_1$$

例如在第(3)种情形下,$x_1<0<x_2$ 且 $|x_1|\leqslant x_2$,故

$$\begin{aligned}\mathrm{e}^X&=\lim_{n\to\infty}\left(1+[x_1,x_2]+\frac{[x_1x_2,x_2^2]}{2!}+\right.\\&\qquad\left.\frac{[x_1x_2^2,x_2^3]}{3!}+\cdots+\frac{[x_1x_2^{n-1},x_2^n]}{n!}\right)\\&=\lim_{n\to\infty}\left[1+x_1+\frac{x_1x_2}{2!}+\frac{x_1x_2^2}{3!}+\cdots+\frac{x_1x_2^{n-1}}{n!},\right.\end{aligned}$$

$$1+x_2+\frac{x_2^2}{2!}+\frac{x_2^3}{3!}+\cdots+\frac{x_2^n}{n!}\Big]$$

$$=\left[1+\frac{x_1}{x_2}(e^{x_2}-1),e^{x_2}\right]$$

同样地可以推出

$$\sin X\triangleq\lim_{n\to\infty}\Big(X-\frac{X^3}{3!}+\frac{X^5}{5!}-\cdots+$$

$$(-1)^{n-1}\frac{X^{2n-1}}{(2n-1)!}\Big)$$

的表达式如下：

(1)当$0\leqslant x_1<x_2$时，有

$$\sin X=\Big[\frac{1}{2}(\sin x_1+\sin x_2+\sinh x_1-\sinh x_2),$$

$$\frac{1}{2}(\sin x_1+\sin x_2+\sinh x_2-\sinh x_1)\Big]$$

(2)当$x_1<0<x_2$且$|x_1|>x_2$时，有

$$\sin X=\Big[\frac{\sinh x_1+\sin x_1}{2}-\frac{x_2}{x_1}\frac{\sinh x_1-\sin x_1}{2},$$

$$\frac{x_2}{x_1}\frac{\sinh x_1+\sin x_1}{2}-\frac{\sinh x_1-\sin x_1}{2}\Big]$$

(3)当$x_1<0<x_2$且$|x_1|\leqslant x_2$时，有

$$\sin X=\Big[\frac{x_1}{x_2}\frac{\sinh x_2+\sin x_2}{2}-\frac{\sinh x_2-\sin x_2}{2},$$

$$\frac{\sinh x_2+\sin x_2}{2}-\frac{x_1}{x_2}\frac{\sinh x_2-\sin x_2}{2}\Big]$$

(4)当$x_1<x_2\leqslant 0$时，有

$$\sin X=\Big[\frac{1}{2}(\sin x_1+\sin x_2+\sinh x_1-\sinh x_2),$$

$$\frac{1}{2}(\sin x_1+\sin x_2+\sinh x_2-\sinh x_1)\Big]$$

同理可得 $\cos X$ 的表达式. 至于对数函数 $\ln(1+x)$和二项式$(1+x)^{\alpha}$,它们的泰勒级数只在区间 $A=(-1,1)\subset\mathbf{R}$ 上收敛,故它们的区间扩展应为映射 F: $I(A)\to I(\mathbf{R})$,其中

$$I(A)=\{X\in I(\mathbf{R})\mid X\subseteq A\}$$

为 A 上的所有有界闭区间的集合. 例如由

$$\ln(1+x)=x-\frac{x^2}{2}+\frac{x^3}{3}-\cdots+(-1)^{n-1}\frac{x^n}{n}+\cdots\quad(-1<x\leqslant 1)$$

可知,当 $X=[x_1,x_2](-1<x_1\leqslant x_2\leqslant 0)$时,有

$$\ln(1+X)=[\ln(1+x_1),\ln(1+x_2)]$$

而$(1+X)^{\alpha}$ 的推导必须分 $\alpha<0$ 及 $i<\alpha<i+1(i=0,1,2,\cdots)$多种情形来讨论. 例如,当 $1<\alpha<2$, $X=[x_1,x_2](-1<x_1\leqslant x_2\leqslant 0)$时,有

$$(1+X)^{\alpha}=[(1+x_2)^{\alpha}+\alpha x_1-\alpha x_2,\ (1+x_1)^{\alpha}+\alpha x_2-\alpha x_1]$$

由区间函数包含单调性的性质,经过以上几个基本初等函数的四则运算和复合运算而成的初等函数,其区间扩展也具有包含单调性.

4. 应用举例

摩尔提出的新型区间算法的基本思想与牛顿法相似. 设 $f(x)$为区间 $A=[a,b]$上的连续可微函数,F'为f'的具有包含单调性的区间扩展. 设 $f(x)$在某个区间$X^{(0)}\subseteq A$ 中有唯一的零点 x^*,把 $X^{(0)}$ 作为区间迭代法

的初始区间,则区间牛顿法的迭代程序为

$$\begin{cases}X^{(k+1)}=X^{(k)}\mathrm{I}N(X^{(k)})\\N(X^{(k)})=m(X^{(k)})-f(m(X^{(k)}))/F'(X^{(k)})\\k=0,1,2,\cdots\end{cases}$$

若 $N(X^{(0)})\subseteq X^{(0)}$,且 $0\notin F'(X^{(0)})$,则由此产生的区间序列 $\{X^{(k)}\}$ 收敛于 $f(x)$ 的零点 x^*.

例 1 设 $f(x)=xe^x+e^{x+1}-\cos x+x^2-3$,则

$$f'(x)=(x+1+e)e^x+\sin x+2x$$

它的区间扩展为

$$F'(X)=(X+1+e)e^X+\sin X+2X$$

$f(x)$ 在区间 $X^{(0)}=[-2,-1.6]$ 内有唯一的零点,计算得

$$N(X^{(0)})=[-1.720\,7,-0.753\,6]\subset X^{(0)}$$

且

$$0\notin F(X^{(0)})=[-7.803\,0,-0.591\,5]$$

上述牛顿迭代程序产生的区间序列为

$$X^{(1)}=[-1.720\,672\,4,-1.600\,000]$$

$$X^{(2)}=[-1.650\,638\,0,-1.644\,346]$$

$$X^{(3)}=[-1.648\,269\,3,-1.648\,250]$$

$$X^{(4)}=[-1.648\,259\,3,-1.648\,259]$$

$$\vdots$$

可见,该区间序列收敛于 $f(x)$ 的零点

$$x^*\approx-1.648\,259\,3$$

在国外的一些区间算法软件中,如 INTLAB,已包含了基本初等函数的泰勒公式区间算法,且使得它们的区间扩展的区间函数值长度尽量短,故本章结果未

必有计算方面的实用价值. 但是作为具体举出一个区间扩展的实例是有用的,作为高等数学的练习也很好. 比如,由 e^X 的表达式,已经证明了不等式:当 $x_1 < 0 < x_2$ 且 $|x_1| > x_2$ 时

$$\sinh x_1 + 1 + \frac{x_2}{x_1}(\cosh x_1 - 1) \leqslant \cosh x_1 + \frac{x_2}{x_1}\sinh x_1$$

由包含单调性亦可得到一些不等式. 此外,由区间距离可以定义区间函数的连续性,可以看出以上几个基本初等区间函数是连续的. 但是,区间函数的定义集合 $I(\mathbf{R})$ 不是一个域,甚至不是一个环,区间函数的可微性难以讨论.

从重要极限到泰勒公式[①]

第十一章

运城师范高等专科学校的李惠琴教授2015年指出:学习三角函数时,一些特殊角的三角函数值可以根据函数定义直接求出,如0,$\frac{\pi}{6}$,$\frac{\pi}{3}$,$\frac{\pi}{2}$,π等,其他角的三角函数值则要通过查表求出,那这些数据是如何得出的呢?在接近特殊角时,可以用一次线性函数近似求出,而其他的,则需要用泰勒多项式.多项式是各类函数中最简单的一种,用泰勒多项式近似表达函数是近似计算中的一个重要内容.利用它可以计算出一些常见的数值,如π,e等.

① 本章摘自《洛阳师范学院学报》,2015年,第34卷,第8期.

1. 重要极限$\lim\limits_{x\to 0}\dfrac{\sin x}{x}=1$

作单位圆，如图 1 所示，设$0<x<\dfrac{\pi}{2}$，由初等几何知识有：弦 DD' < 弧 DD' < 切线段 BB'，又弦$\dfrac{DD'}{2}=\sin x$，弧$\dfrac{DD'}{2}=x$，切线段$\dfrac{BB'}{2}=\tan x$，有

$$\sin x<x<\tan x$$

除以 $\sin x$ 得到

$$1<\frac{x}{\sin x}<\frac{1}{\cos x} \text{或} 1>\frac{\sin x}{x}>\cos x$$

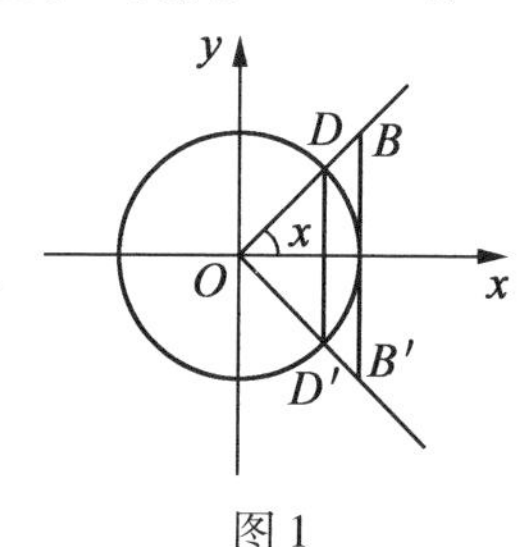

图 1

此式虽是在$0<x<\dfrac{\pi}{2}$下得到的，但当 x 改变符号时，$\dfrac{\sin x}{x}$与 $\cos x$ 的值均不变，故此式对于一切满足不等式$0<|x|<\dfrac{\pi}{2}$的 x 都成立，应用函数极限的迫敛性定理

$$\lim_{x\to 0} 1=1, \lim_{x\to 0}\cos x=1$$

所以

$$\lim_{x\to 0}\frac{\sin x}{x}=1$$

其实在弧长定义中,弧长就是用其内接折线长来定义的,所以当 $x\to0$ 时,$\sin x$ 与 x 的比值极限为 1,其绝对误差很小. 绝对误差 $\partial(x)=x-\sin x>0$,两边求导

$$\partial'(x)=1-\cos x=2\sin^2\frac{x}{2}<\frac{x^2}{2}$$

两边积分得 $0<\partial(x)<\frac{x^3}{6}$,即绝对误差不超过 $\frac{x^3}{6}$,为 x 的高阶无穷小.

求 $\sin 1°$,$1°$ 与 $0°$ 很接近,可用 $\sin x\approx x$,$1°$ 等于 $\frac{\pi}{180}$ 弧度,所以

$$\sin 1°=\sin\frac{\pi}{180}\approx\frac{\pi}{180}\approx0.017\ 45$$

2. 局部线性化

$\lim\limits_{x\to0}\frac{\sin x}{x}=1$,即当 $x\to0$ 时,$\sin x\approx x$,也就是说,在 0 的充分小的邻域内,函数 $f(x)=\sin x$ 可以用一次线性函数 $f(x)=x$ 来逼近,一次项系数就是函数 $f(x)=\sin x$ 在 0 点处的导数 $\cos 0=1$. 一些常见函数在 $x_0=0$ 的邻域内的一次近似式,如 $\tan x\approx x$,$\ln(1+x)\approx x$,$e^x\approx1+x$,一次函数是最简单的函数,把不熟悉的函数如对数函数、指数函数、三角函数等化成熟悉的一次函数,利用这些可以做一些近似计算. 一般的,如果函数 $y=f(x)$ 在点 x_0 处可导,那么其在 x_0 的邻域内可局部线性化为

$$f(x)\approx f(x_0)+f'(x_0)(x-x_0)$$

这样就可以求一些与特殊值接近的三角函数值.

例 1 求 $\sin 29°$ 的近似值.

解 取

$$f(x)=\sin x$$

$$x_0=30°=\frac{\pi}{6}$$

$$x=29°=\frac{\pi}{6}-\frac{\pi}{180}$$

$$(\sin x)'=\cos x$$

$$\sin 29°=\sin\left(\frac{\pi}{6}-\frac{\pi}{180}\right)\approx\sin\frac{\pi}{6}-\cos\frac{\pi}{6}\cdot\frac{\pi}{180}$$

$$=\frac{1}{2}-\frac{\sqrt{3}}{2}\times\frac{\pi}{180}$$

$$\approx\frac{1}{2}-\frac{1}{2}\times 1.732\times 0.0175$$

$$\approx 0.485$$

(由数学用表查出近似值是 0.484 8.).

例 2 求 tan 46°的近似值.

解 取函数

$$f(x)=\tan x$$

$$x_0=45°=\frac{\pi}{4}$$

$$x=46°=\frac{\pi}{4}+\frac{\pi}{180}$$

$$(\tan x)'=\frac{1}{\cos^2 x}$$

$$\tan 46°=\tan\left(\frac{\pi}{4}+\frac{\pi}{180}\right)$$

$$\approx\tan\frac{\pi}{4}+\frac{1}{\cos^2\frac{\pi}{4}}\cdot\frac{\pi}{180}$$

$$=1+2\times\frac{\pi}{180}$$
$$\approx 1+0.034\ 5$$
$$=1.034\ 5$$

3. 泰勒公式

如果函数 $y=f(x)$ 在点 x_0 处可导，那么其在 x_0 的邻域内可近似地表示为

$$f(x)\approx f(x_0)+f'(x_0)(x-x_0)$$

若用一次式

$$P_1(x)=f(x_0)+f'(x_0)(x-x_0)$$

表示，其误差为 $x-x_0$ 的高阶无穷小量. 在许多实际问题中，常常要求误差为 $x-x_0$ 的二阶甚至更高阶无穷小量，这时用 $P_1(x)$ 去逼近函数 $f(x)$ 就不合适了，作为一次近似式，$P_1(x)$ 满足条件

$$P_1(x_0)=f(x_0),P'_1(x_0)=f'(x_0)$$

因此在选择作为 $f(x)$ 的更精确近似表达式的多项式 $P_n(x)$ 时，自然可让它满足下面条件

$$P_n(x_0)=f(x_0)$$
$$P'_n(x_0)=f'(x_0)$$
$$P''_n(x_0)=f''(x_0),\cdots,P_n^{(n)}(x_0)=f^{(n)}(x_0)$$

现在设

$$P_n(x)=a_0+a_1(x-x_0)+a_2(x-x_0)^2+\cdots+a_n(x-x_0)^n$$

那么由条件逐一求得

$$a_0=f(x_0),a_1=f'(x_0),a_2=\frac{f''(x_0)}{2!},\cdots,a_n=\frac{f^{(n)}(x_0)}{n!}$$

这样满足条件的 n 次多项式为

$$P_n(x)=f(x_0)+f'(x_0)(x-x_0)+$$

$$\frac{f''(x_0)}{2!}(x-x_0)^2+\cdots+\frac{f^{(n)}(x_0)}{n!}(x-x_0)^n$$

这个多项式就称为函数$f(x)$在点x_0处的n次泰勒多项式. 有下面著名的泰勒定理:如果函数$f(x)$在含有点x_0的某开区间(a,b)内具有直到$n+1$阶导数,那么成立

$$\begin{aligned}f(x)=f(x_0)+f'(x_0)(x-x_0)+\\ \frac{f''(x_0)}{2!}(x-x_0)^2+\cdots+\\ \frac{f^{(n)}(x_0)}{n!}(x-x_0)^n+\\ \frac{f^{(n+1)}(\xi)}{(n+1)!}(x-x_0)^{n+1}\end{aligned}$$

其中ξ在x_0和x之间,此式称为函数$f(x)$的泰勒公式,$P_n(x)$称为$f(x)$的泰勒多项式

$$R_n(x)=\frac{f^{(n+1)}(\xi)}{(n+1)!}(x-x_0)^{n+1}$$

称为$f(x)$的泰勒公式的余项,当$n=0$时,泰勒定理就是拉格朗日中值定理

$$f(x)=f(x_0)+f'(\xi)(x-x_0)$$

因而可以说,泰勒定理是含有高阶导数的中值定理. 泰勒公式的余项$R_n(x)=o((x-x_0)^n)(x\to x_0)$,从而用$P_n(x)$来近似代替$f(x)$在$x_0$附近的值时,其误差为较$(x-x_0)^n$高阶的无穷小量. 泰勒公式在$x_0=0$时,称为麦克劳林公式,即

$$\begin{aligned}f(x)=f(0)+f'(0)x+\frac{f''(0)}{2!}x^2+\cdots+\\ \frac{f^{(n)}(0)}{n!}x^n+\frac{f^{(n+1)}(\xi)}{(n+1)!}x^{n+1}\quad(0<\xi<x)\end{aligned}$$

4. 用泰勒公式近似计算

泰勒公式能将复杂的函数用多项式近似表达，因此是近似计算的一个重要内容.

(1)函数$f(x)=\sin x$.

由

$$f^{(n)}(x)=\sin\left(x+\frac{n\pi}{2}\right)$$

$$f^{(n)}(0)=\sin\frac{n\pi}{2}=\begin{cases}0 & (n=2m)\\(-1)^{m-1} & (n=2m-1)\end{cases}$$

于是函数 $\sin x$ 的麦克劳林公式是

$$\sin x=x-\frac{x^3}{3!}+\frac{x^5}{5!}-\frac{x^7}{7!}+\cdots+(-1)^{m-1}\frac{x^{2m-1}}{(2m-1)!}+R_{2m}(x)$$

因为

$$|f^{(2m+1)}(x)|\leqslant 1$$

所以

$$|R_{2m}(x)|\leqslant\frac{|x|^{2m+1}}{(2m+1)!}$$

若取 $m=1$，即仅用一项来做近似表达，得 $\sin x\approx x$，当要求误差不超过 0.001 时，只要

$$\frac{|x|^3}{3!}<0.001,\ |x|^3<0.006,\ |x|<0.1817$$

即大约在原点左右 10°的范围内均达到要求；若取二项来近似表达，即 $m=2$，$\sin x\approx x-\frac{x^3}{3!}$，也同样要求误差不超过 0.001 时，只要

$$\frac{|x|^5}{5!}<0.001,\ |x|^5<0.12,\ |x|<0.6544$$

即大约在原点左右 37°30′范围内均达到要求. 易看到如果用更高次的泰勒多项式来近似代替函数时,不仅更精确,且在更大范围内表达了原来的函数.

(2)求数 e.

设

$$f(x)=e^x$$
$$f(0)=f'(0)=f''(0)=\cdots=f^{(n)}(0)=1$$
$$f^{(n+1)}(x)=e^x$$

于是函数 $f(x)=e^x$ 的麦克劳林公式是

$$e^x=1+\frac{x}{1}+\frac{x^2}{2!}+\cdots+\frac{x^n}{n!}+\frac{e^{\theta x}}{(n+1)!}x^{n+1}$$

$0<\theta<1$,取 $x=1$ 得

$$e=1+1+\frac{1}{2!}+\frac{1}{3!}+\cdots+\frac{1}{n!}+\frac{e^{\theta}}{(n+1)!}\quad(0<\theta<1)$$

由于

$$R_n(1)=\frac{e^{\theta}}{(n+1)!}<\frac{3}{(n+1)!}$$

当 $n=9$ 时,则有

$$R_9(1)<\frac{3}{10!}=\frac{3}{3\ 628\ 800}<0.000\ 001$$

即用

$$1+1+\frac{1}{2!}+\frac{1}{3!}+\cdots+\frac{1}{9!}=2.718\ 281\cdots$$

代替 e 的值时,其误差不超过 0.000 001.

(3)计算 π 的近似值.

因为

$$\frac{1}{1+x^2}=1-x^2+x^4-x^6+\cdots$$

两边积分

$$\arctan x = x - \frac{x^3}{3} + \frac{x^5}{5} - \frac{x^7}{7} + \cdots + (-1)^{n-1}\frac{x^{2n-1}}{2n-1} + \cdots$$

$$(x \in [-1,1])$$

如果令 $x=1$,便得

$$\frac{\pi}{4} = 1 - \frac{1}{3} + \frac{1}{5} - \frac{1}{7} + \cdots + (-1)^{n-1}\frac{1}{2n-1} + \cdots$$

这是莱布尼兹交错级数,若取近似值

$$\frac{\pi}{4} \approx 1 - \frac{1}{3} + \frac{1}{5} - \frac{1}{7} + \cdots + (-1)^{n-1}\frac{1}{2n-1}$$

则所产生的误差 $|R| \leqslant \frac{1}{2n+1}$.

问题是其收敛太慢,例如,要使计算结果精确到 $\frac{1}{10\ 000}$,则由

$$|R| \leqslant \frac{1}{2n+1} \leqslant \frac{1}{10\ 000}$$

得 $n > 4\ 999$,即要取 $n = 5\ 000$ 才行. 现在 $x \in (0,1)$,则其通项 $\frac{x^{2n+1}}{2n+1}$ 变小的速度要快一些,如取

$$x = \frac{1}{2}, \tan\alpha = \frac{1}{2}, \alpha + \beta = \frac{\pi}{4}$$

$$\tan\beta = \tan\left(\frac{\pi}{4} - \alpha\right) = \frac{1 - \tan\alpha}{1 + \tan\alpha} = \frac{1 - \frac{1}{2}}{1 + \frac{1}{2}} = \frac{1}{3}$$

即

$$\frac{\pi}{4} = \arctan\frac{1}{2} + \arctan\frac{1}{3}$$

将 $x = \frac{1}{2}$ 及 $x = \frac{1}{3}$ 代入,级数将收敛得非常快. 或者就

取特殊值，令 $x=\frac{1}{\sqrt{3}}$，代入上面的展开式，得

$$\frac{\pi}{6}=\frac{1}{\sqrt{3}}-\frac{1}{3}\cdot\frac{1}{(\sqrt{3})^3}+\frac{1}{5}\cdot\frac{1}{(\sqrt{3})^5}-\frac{1}{7}\cdot\frac{1}{(\sqrt{3})^7}+\cdots$$

所以

$$\pi=2\sqrt{3}\left(1-\frac{1}{3\cdot 3}+\frac{1}{5\cdot 3^2}-\frac{7}{7\cdot 3^3}+\cdots\right)$$

这是莱布尼兹交错级数，如取前 8 项，即

$$\pi\approx 2\sqrt{3}\left(1-\frac{1}{3\cdot 3}+\frac{1}{5\cdot 3^2}-\frac{1}{7\cdot 3^3}+\frac{1}{9\cdot 3^4}-\frac{1}{11\cdot 3^5}+\frac{1}{13\cdot 3^6}-\frac{1}{15\cdot 3^7}\right)$$

则其误差

$$|R|\leqslant 2\sqrt{3}\cdot\frac{1}{17\cdot 3^8}=\frac{2\sqrt{3}}{111\ 537}<\frac{1}{10^4}$$

此时可求得 π 的近似值为 3.141 6.

5. 利用泰勒公式需注意的问题

设 $f(x)$ 在 $(-\infty,+\infty)$ 内无穷次可微，则对任意自然数 n 和任意实数 x_0

$$\lim_{x\to x_0}\frac{\mathrm{d}^n}{\mathrm{d}x^n}\left[\frac{f(x)-f(x_0)}{x-x_0}\right]=\frac{f^{(n+1)}(x_0)}{n+1}\tag{1}$$

有人认为此题很容易，只须几行便可得证.

在点 x_0 把 $f(x)$ 展成泰勒级数

$$f(x)=\sum_{k=0}^{\infty}f^{(k)}(x_0)\frac{(x-x_0)^k}{k!}\tag{2}$$

便有

$$\frac{f(x)-f(x_0)}{x-x_0}=\sum_{k=0}^{\infty}f^{(k)}(x_0)\frac{(x-x_0)^{k-1}}{k!}$$

逐项微分几次,再令 $x=x_0$,便得式(1).

但是这个证明是错的,因为在题设条件下,展开式(2)未必成立. 例如无穷次可微函数

$$f(x)=\begin{cases}e^{-\frac{1}{n^2}} & (x\neq 0)\\ 0 & (x=0)\end{cases}$$

在点 $x_0=0$ 便不能展成式(2).

所以我们换一种方法.

在 $x=x_0$ 附近用泰勒公式

$$f(x)=\sum_{k=0}^{n+1}\frac{f^{(k)}(x_0)}{k!}(x-x_0)^k+R_{n+1}(x)$$

其中 $R_{n+1}(x)$ 表示积分型余项

$$R_{n+1}=\frac{1}{(n+1)!}\int_{x_0}^{x}f^{(n+2)}(t)(x-t)^{n+1}\mathrm{d}t$$

注意到

$$\frac{\mathrm{d}^n}{\mathrm{d}x^n}\left[\frac{f(x)-f(x_0)}{x-x_0}\right]=\frac{f^{(n+1)}(x_0)}{n+1}+\frac{\mathrm{d}^n}{\mathrm{d}x^n}\left[\frac{R_{n+1}(x)}{x-x_0}\right]$$

而由莱布尼兹公式

$$\frac{\mathrm{d}^n}{\mathrm{d}x^n}\left[\frac{R_{n+1}(x)}{x-x_0}\right]=\sum_{k=0}^{n}\mathrm{C}_n^kR_{n+1}^{(k)}(x)\frac{(-1)^{n-k}(n-k)!}{(x-x_0)^{n-k+1}}$$

因此,为证式(1),只要知

$$\lim_{x\to x_0}\frac{R_{n+1}^{(k)}(x)}{(x-x_0)^{n-k+1}}=0\quad(k=0,1,\cdots,n)$$

由公式知

$$\begin{aligned}R_{n+1}^{(k)}(x)&=\frac{\mathrm{d}^{k-1}}{\mathrm{d}x^{k-1}}R'_{n+1}(x)\\&=\frac{\mathrm{d}^{k-1}}{\mathrm{d}x^{k-1}}\left[\frac{1}{n!}\int_{x_0}^{x}f^{(n+2)}(t)(x-t)^n\mathrm{d}t\right]\\&=\cdots\end{aligned}$$

$$= \frac{1}{(n+1-k)!}\int_{x_0}^{x} f^{(n+2)}(x-t)^{n+1-t}\mathrm{d}t$$

$$(k=0,1,\cdots,n)$$

再注意到$f^{(n+2)}(t)$在x_0附近有界,即可得证.

浅谈竞赛中泰勒公式的应用技巧[①]

第十二章

南京农业大学的张德明教授2015年结合几道泰勒公式应用于不同方面的竞赛题,讨论泰勒公式在运用时的关键点和注意事项.

1. 利用泰勒公式求极限

例1(第2届全国大学生数学竞赛非数学专业组试题) 求极限$\lim\limits_{x\to\infty} e^{-x}(1+\frac{1}{x})^{x^2}$.

分析 解答本题的第一想法是利用洛必达法则,但是发现难以解决,所以可以用泰勒公式试试.

注意:对于$(1+\frac{1}{x})^{x^2}$的处理是将其化为$e^{x^2\ln(1+\frac{1}{x})}$.

① 本章摘自《数学学习与研究》,2015年,第11期.

解 可得

$$
\begin{aligned}
\text{原式} &= \lim_{x \to \infty} \mathrm{e}^{-x} \mathrm{e}^{x^2 \ln(1+\frac{1}{x})} \\
&= \lim_{x \to \infty} \mathrm{e}^{x^2 \ln(1+\frac{1}{x}) - x} \\
&= \lim_{x \to \infty} \mathrm{e}^{x^2[\frac{1}{x} - \frac{1}{2x^2} + \frac{1}{3x^3} + O(\frac{1}{x^3})] - x} \\
&= \lim_{x \to \infty} \mathrm{e}^{-\frac{1}{2} + \frac{1}{3x} + O(\frac{1}{x})} \\
&= \mathrm{e}^{-\frac{1}{2}}
\end{aligned}
$$

从上述例题可以看出,在利用泰勒公式求解极限问题时,我们通常使用皮亚诺型余项,且通常要将原式经过一定的变形之后才能运用泰勒公式. 在本题中将 $\ln(1+\frac{1}{x})$ 展开时,需要考虑应该展开到哪一项,有时候这需要结合题目去尝试,比如在本题中,展开后刚好可以留下 $O(\frac{1}{x})$,使得 $\lim\limits_{x \to \infty} O(\frac{1}{x}) = 0$,从而问题顺利解决. 在求解极限问题时,也会遇到泰勒公式结合函数的奇偶性、单调性(一般是放缩后使用夹逼准则来处理)甚至周期性解题的情况,对此,需要深刻理解泰勒公式的代数意义,即逼近原理.

2. 利用泰勒公式的级数收敛性证明

由于泰勒公式与泰勒级数有着密切的关联,而且泰勒公式与级数都有逼近的数学意义,所以利用泰勒公式证明级数的收敛性在竞赛中是常见的. 在证明过程中我们应该在何处展开泰勒公式,展开到几阶,是运用皮亚诺型余项还是拉格朗日型余项是难点,同时也

是关键点,而且证明过程往往伴随着对函数的变形以及放缩,这又是难点,下面我们对比两道例题.

例 2(第5届全国大学生数学竞赛非数学专业组试题) 设函数 $f(x)$ 在 $x=0$ 处存在二阶导数,且 $\lim\limits_{x\to 0}\dfrac{f(x)}{x}=0$,求证:级数 $\sum\limits_{n=1}^{\infty}\left|f\left(\dfrac{1}{n}\right)\right|$ 收敛.

证 因为

$$\lim_{x\to 0}\frac{f(x)}{x}=0$$

所以

$$f(0)=0$$

则

$$f'(0)=\lim_{x\to 0}\frac{f(x)-f(0)}{x-0}=\lim_{x\to 0}\frac{f(x)}{x}=0$$

将 $f(x)$ 在0处展开到二阶得

$$f(x)=f(0)+f'(0)x+\frac{f''(0)}{2}x^2+O(x^2)$$

$$=\frac{f''(0)}{2}x^2+O(x^2)$$

所以

$$\left|f\left(\frac{1}{n}\right)\right|=\left|\frac{f''(0)}{2}\,\frac{1}{n^2}+O\left(\frac{1}{n^2}\right)\right|$$

所以

$$\frac{\left|f\left(\frac{1}{n}\right)\right|}{\frac{1}{n^2}}=\left|\frac{f''(0)}{2}+0\right|=\frac{|f''(0)|}{2}$$

又因为 $\sum\limits_{n=1}^{\infty}\dfrac{1}{n^2}$ 收敛,所以级数 $\sum\limits_{n=1}^{\infty}\left|f\left(\dfrac{1}{n}\right)\right|$ 收敛.

例 3 设函数$f(x)$在$x=0$的某个邻域内具有二阶连续导数,且$\lim\limits_{x\to 0}\frac{f(x)}{x}=0$,求证:级数$\sum\limits_{n=1}^{\infty}\left|f\left(\frac{1}{n}\right)\right|$收敛.

证 因为

$$\lim_{x\to 0}\frac{f(x)}{x}=0$$

所以

$$f(0)=0$$

则

$$f'(0)=\lim_{x\to 0}\frac{f(x)-f(0)}{x-0}=0$$

将$f(x)$在 0 处展开

$$f(x)=f(0)+f'(0)x+\frac{f''(\xi)}{2}x^2=\frac{f''(\xi)}{2}x^2$$

所以

$$\left|f\left(\frac{1}{n}\right)\right|=\left|\frac{f''(\xi)}{2}\right|\frac{1}{n^2}$$

其中$\xi\in\left(0,\frac{1}{n}\right)$.

因为$f(x)$在$x=0$的某个邻域内具有二阶连续导数,所以$\exists\alpha>0,M>0$,使得在$[-\alpha,\alpha]$上有$|f''(\xi)|\leqslant M$,所以$\left|f\left(\frac{1}{n}\right)\right|\leqslant\frac{M}{2}\frac{1}{n^2}$($n$ 足够大时),而$\sum\limits_{n=1}^{\infty}\frac{1}{n^2}$收敛,所以级数$\sum\limits_{n=1}^{\infty}\left|f\left(\frac{1}{n}\right)\right|$收敛.

综合上面两道例题,能够看出,通常在已知点或者已知导数的点处展开泰勒公式,而且展开的阶次为题干中所给出的最高阶次. 对比两道例题,可以发现,例

2 中只给出了函数 $f(x)$ 在 $x=0$ 处存在二阶导数,所以例 2 不能用例 3 的方法,即不能用拉格朗日型余项,只能用皮亚诺型余项来表示.

3. 利用泰勒公式证明不等式

例 4 已知:在区间 I 上,$f''(x)>0$,$x_1,x_2,x_3,\cdots,x_n\in I$,求证

$$\frac{1}{n}[f(x_1)+f(x_2)+\cdots+f(x_n)]\geqslant f\left(\frac{x_1+x_2+\cdots+x_n}{n}\right)$$

证 令 $x_0=\dfrac{x_1+x_2+\cdots+x_n}{n}$,将 $f(x)$ 在 x_0 处展开,得

$$f(x)=f(x_0)+f'(x_0)(x-x_0)+\frac{f''(\xi)}{2}(x-x_0)^2$$

其中 ξ 介于 x 与 x_0 之间.

又因为 $f''(x)>0$,所以

$$f(x_i)\geqslant f(x_0)+f'(x_0)(x-x_0)\quad(i=1,2,3,\cdots,n)$$

n 个不等式相加,得

$$f(x_1)+\cdots+f(x_n)\geqslant nf(x_0)+f'(x_0)\cdot(x_1+x_2+\cdots+x_n-nx_0)$$

即

$$\frac{1}{n}[f(x_1)+f(x_2)+\cdots+f(x_n)]\geqslant f(x_0)=f\left(\frac{x_1+x_2+\cdots+x_n}{n}\right)$$

本题很有特色,它包含了运用泰勒公式的基本原则,同时又有创新,通过 n 个不等式相加得出结论是不容易想到的.

不等式的证明在高等数学中是重点,且具有很强的技巧性. 证明不等式的方法很多,常见的就是作差法、作商法以及构造函数法,也会出现构造函数法与中值定理结合使用以及利用凸函数的性质证明不等式的情况,但是其中利用泰勒公式证明不等式始终是个重点和难点,因为它涉及的内容多,与其他知识点结合的也较多,所以一旦运用不当,问题就得不到有效解决.

4. 泰勒公式的其他应用

例 5(莫斯科铁路运输工程学院 1977 年竞赛试题) 不查表,求方程 $x^2\sin\frac{1}{x}=2x-1\ 977$ 的近似解,精确到 0. 001.

解 当 $x\neq0$ 时,令 $u=\frac{1}{x}$,应用 $\sin u$ 的麦克劳林公式,得

$$\sin u=u+\frac{1}{2}[-\sin(\theta u)]u^2\quad(0<\theta<1)$$

所以

$$\sin\frac{1}{x}=\frac{1}{x}-\frac{1}{2x^2}\sin\frac{\theta}{x}$$

代入原方程,得

$$x=1\ 977-\frac{1}{2}\sin\frac{\theta}{x}$$

令

$$\alpha=-\frac{1}{2}\sin\frac{\theta}{x}$$

因为

$$-\frac{1}{2}<\alpha<\frac{1}{2}$$

所以

$$x>1\ 976,0<\frac{1}{x}<\frac{1}{1\ 976},0<\frac{\theta}{x}<\frac{1}{1\ 976}$$

所以

$$|\alpha|=\frac{1}{2}\sin\frac{\theta}{x}<\frac{1}{2}\cdot\frac{\theta}{x}<\frac{1}{2\times 1\ 976}<0.001$$

所以

$$x=1\ 977+\alpha\approx 1\ 977$$

泰勒公式可以化繁为简,这使得它成为分析和研究其他数学问题的有力杠杆.借助泰勒公式,我们可以求函数在某点的近似解,而这种近似思想已经在各个领域内广泛应用,所以在一些大型数学竞赛中也会时常出现求近似解的题目,并且常常是难题,这也值得我们注意.

泰勒公式在证明不等式中的应用[①]

第十三章

安徽建筑大学数理学院的姚志健教授2015年研究了泰勒公式在证明数学不等式中的应用,获得了若干重要而有趣的不等式.

推论1 当$x>0$时,有不等式

$$e^{x}-e^{-x}>2x+\frac{1}{3}x^{3}$$

证 设$f(x)=e^{x}$,利用泰勒公式,可得

$$f(x)=f(0)+f'(0)x+\frac{f''(0)}{2!}x^{2}+\frac{f'''(0)}{3!}x^{3}+$$

① 本章摘自《兰州文理学院学报(自然科学版)》,2015年,第29卷,第1期.

$$\frac{f^{(4)}(\xi)}{4!}x^4$$

$$=1+x+\frac{1}{2}x^2+$$

$$\frac{1}{3!}x^3+\frac{e^{\xi}}{4!}x^4$$

$$(0<\xi<x)$$

以及

$$f(-x)=f(0)+f'(0)(-x)+$$

$$\frac{f''(0)}{2!}(-x)^2+$$

$$\frac{f'''(0)}{3!}(-x)^3+\frac{f^{(4)}(\eta)}{4!}(-x)^4$$

$$=1-x+\frac{1}{2}x^2-$$

$$\frac{1}{3!}x^3+\frac{e^{\eta}}{4!}x^4$$

$$(-x<\eta<0)$$

从而

$$f(x)-f(-x)=2x+\frac{1}{3}x^3+\frac{x^4}{4!}(e^{\xi}-e^{\eta})$$

$$>2x+\frac{1}{3}x^3$$

即

$$e^x-e^{-x}>2x+\frac{1}{3}x^3\quad(x>0)$$

推论 2 当 $0<x<1$ 时,有不等式

$$\frac{(1+x)^{1+x}}{(1-x)^{1-x}}<e^{2x}<\frac{1+x}{1-x}$$

证　先证 $e^{2x}<\frac{1+x}{1-x}$，即须证不等式

$$2x<\ln\frac{1+x}{1-x}$$

设 $f(t)=\ln t$，利用泰勒公式，可得

$$f(t)=f(1)+f'(1)(t-1)+\frac{f''(\xi)}{2!}(t-1)^2$$

$$(\xi\text{ 介于 }1\text{ 与 }t\text{ 之间})$$

从而

$$f(1+x)=f(1)+f'(1)x+\frac{f''(\xi_1)}{2!}x^2$$

$$(1<\xi_1<1+x)$$

$$f(1-x)=f(1)+f'(1)(-x)+\frac{f''(\xi_2)}{2!}(-x)^2$$

$$(1-x<\xi_2<1)$$

即

$$\ln(1+x)=x-\frac{1}{\xi_1^2}\frac{x^2}{2}$$

$$1<\xi_1<1+x$$

$$\ln(1-x)=-x-\frac{1}{\xi_2^2}\frac{x^2}{2}$$

$$1-x<\xi_2<1$$

于是

$$\ln(1+x)-\ln(1-x)=2x+\left(\frac{1}{\xi_2^2}-\frac{1}{\xi_1^2}\right)\frac{x^2}{2}>2x$$

即 $\ln\frac{1+x}{1-x}>2x$，从而不等式 $e^{2x}<\frac{1+x}{1-x}$ 得证.

下面证明不等式 $\frac{(1+x)^{1+x}}{(1-x)^{1-x}}<e^{2x}$，即须证

$$\ln\frac{(1+x)^{1+x}}{(1-x)^{1-x}}<2x$$

也即证

$$(1+x)\ln(1+x)-(1-x)\ln(1-x)<2x$$

设 $g(t)=t\ln t$,由泰勒公式得

$$g(t)=g(1)+g'(1)(t-1)+\frac{g''(\eta)}{2!}(t-1)^2$$

$$(\eta \text{ 介于 } 1 \text{ 与 } t \text{ 之间})$$

从而有

$$g(1+x)=g(1)+g'(1)x+\frac{g''(\eta_1)}{2!}x^2$$

$$(1<\eta_1<1+x)$$

$$g(1-x)=g(1)+g'(1)(-x)+\frac{g''(\eta_2)}{2!}(-x)^2$$

$$(1-x<\eta_2<1)$$

即

$$(1+x)\ln(1+x)=x+\frac{1}{2\eta_1}x^2$$

$$1<\eta_1<1+x$$

$$(1-x)\ln(1-x)=-x+\frac{1}{2\eta_2}x^2$$

$$1-x<\eta_2<1$$

于是有

$$(1+x)\ln(1+x)-(1-x)\ln(1-x)$$

$$=2x+\left(\frac{1}{\eta_1}-\frac{1}{\eta_2}\right)\frac{x^2}{2}<2x$$

即

$$\ln \frac{(1+x)^{1+x}}{(1-x)^{1-x}} < 2x$$

从而不等式

$$\frac{(1+x)^{1+x}}{(1-x)^{1-x}} < e^{2x}$$

得证.

推论 3 当 $0 < x < 1$ 时,有不等式

$$\sqrt{1+x} + \sqrt{1-x} < 2 - \frac{1}{4}x^2$$

证 设 $f(t) = \sqrt{t}$,利用泰勒公式,可得

$$f(t) = f(1) + f'(1)(t-1) + \frac{f''(1)}{2!}(t-1)^2 + \frac{f'''(\xi)}{3!}(t-1)^3$$

$$(\xi \text{ 介于 } 1 \text{ 与 } t \text{ 之间})$$

从而

$$f(1+x) = f(1) + f'(1)x + \frac{f''(1)}{2!}x^2 + \frac{f'''(\xi_1)}{3!}x^3$$

$$(1 < \xi_1 < 1+x)$$

$$f(1-x) = f(1) + f'(1)(-x) + \frac{f''(1)}{2!}(-x)^2 + \frac{f'''(\xi_2)}{3!}(-x)^3$$

$$(1-x < \xi_2 < 1)$$

即

$$\sqrt{1+x} = 1 + \frac{1}{2}x - \frac{1}{8}x^2 + \frac{1}{16}\xi_1^{-\frac{5}{2}}x^3$$

$$(1 < \xi_1 < 1+x)$$

$$\sqrt{1-x}=1-\frac{1}{2}x-\frac{1}{8}x^2-\frac{1}{16}\xi_2^{-\frac{5}{2}}x^3$$

$$(1-x<\xi_2<1)$$

于是有

$$\sqrt{1+x}+\sqrt{1-x}=2-\frac{1}{4}x^2+(\xi_1^{-\frac{5}{2}}-\xi_2^{-\frac{5}{2}})\frac{x^3}{16}$$

$$<2-\frac{1}{4}x^2$$

推论4 当$0<x<1$时,有不等式

$$\sqrt[3]{1+x}-\sqrt[3]{1-x}>\frac{2}{3}x$$

证 设$f(t)=\sqrt[3]{t}$,由泰勒公式,可得

$$f(t)=f(1)+f'(1)(t-1)+\frac{f''(\xi)}{2!}(t-1)^2$$

$$(\xi\text{ 介于 }1\text{ 与 }t\text{ 之间})$$

从而

$$f(1+x)=f(1)+f'(1)x+\frac{f''(\xi_1)}{2!}x^2$$

$$(1<\xi_1<1+x)$$

$$f(1-x)=f(1)+f'(1)(-x)+$$
$$\frac{f''(\xi_2)}{2!}(-x)^2$$

$$(1-x<\xi_2<1)$$

即

$$\sqrt[3]{1+x}=1+\frac{1}{3}x-\frac{1}{9}\xi_1^{-\frac{5}{3}}x^2$$

$$(1<\xi_1<1+x)$$

Taylor 公式

$$\sqrt[3]{1-x}=1-\frac{1}{3}x-\frac{1}{9}\xi_2^{-\frac{5}{3}}x^2$$

$$(1-x<\xi_2<1)$$

于是有

$$\sqrt[3]{1+x}-\sqrt[3]{1-x}=$$

$$\frac{2}{3}x+\frac{x^2}{9}(\xi_2^{-\frac{5}{3}}-\xi_1^{-\frac{5}{3}})>\frac{2}{3}x$$

推论 5 当 $0<x<\frac{\pi}{4}$ 时,有不等式

$$\frac{\sin(\frac{\pi}{4}+x)}{\sin(\frac{\pi}{4}-x)}>e^{2x}$$

证 即证

$$\ln\frac{\sin(\frac{\pi}{4}+x)}{\sin(\frac{\pi}{4}-x)}>2x$$

设

$$f(t)=\ln\sin t \quad (t\in\left(0,\frac{\pi}{2}\right))$$

则

$$f'(t)=\cot t, f''(t)=-\csc^2 t$$

利用泰勒公式得

$$f(t)=f\left(\frac{\pi}{4}\right)+f'\left(\frac{\pi}{4}\right)\left(t-\frac{\pi}{4}\right)+$$

$$\frac{f''(\xi)}{2!}\left(t-\frac{\pi}{4}\right)^2$$

$$(\xi \text{ 介于} \frac{\pi}{4} \text{与 } t \text{ 之间})$$

从而有

$$f\left(\frac{\pi}{4}+x\right)=f\left(\frac{\pi}{4}\right)+f'\left(\frac{\pi}{4}\right)x+\frac{f''(\xi_1)}{2!}x^2$$

$$\left(\frac{\pi}{4}<\xi_1<\frac{\pi}{4}+x<\frac{\pi}{2}\right)$$

$$f\left(\frac{\pi}{4}-x\right)=$$

$$f\left(\frac{\pi}{4}\right)+f'\left(\frac{\pi}{4}\right)(-x)+\frac{f''(\xi_2)}{2!}(-x)^2$$

$$\left(0<\frac{\pi}{4}-x<\xi_2<\frac{\pi}{4}\right)$$

于是有

$$f\left(\frac{\pi}{4}+x\right)-f\left(\frac{\pi}{4}-x\right)$$

$$=2f'\left(\frac{\pi}{4}\right)x+\frac{x^2}{2}[f''(\xi_1)-f''(\xi_2)]$$

$$=2x+\frac{x^2}{2}\left(\frac{1}{\sin^2\xi_2}-\frac{1}{\sin^2\xi_1}\right)>2x$$

即

$$\ln\sin\left(\frac{\pi}{4}+x\right)-\ln\sin\left(\frac{\pi}{4}-x\right)>2x$$

也即得到

$$\ln\frac{\sin\left(\frac{\pi}{4}+x\right)}{\sin\left(\frac{\pi}{4}-x\right)}>2x$$

从而不等式

$$\frac{\sin\left(\frac{\pi}{4}+x\right)}{\sin\left(\frac{\pi}{4}-x\right)}>e^{2x}$$

得证.

注 易知本题的不等式也即为当 $0<x<\frac{\pi}{4}$时,有不等式

$$\frac{\cos x+\sin x}{\cos x-\sin x}>e^{2x}$$

推论 6 当 $0<x<1$ 时,有不等式

$$\frac{\ln(e+x)}{\ln(e-x)}>e^{\frac{2}{e}x}$$

证 即证

$$\ln\left[\frac{\ln(e+x)}{\ln(e-x)}\right]>\frac{2}{e}x$$

设

$$f(t)=\ln\ln t\quad(t\in(1,+\infty))$$

则

$$f'(t)=\frac{1}{t\ln t}$$

$$f''(t)=-\left[\frac{1}{t^2\ln t}+\frac{1}{(t\ln t)^2}\right]$$

由泰勒公式,得

$$f(t)=f(e)+f'(e)(t-e)+\frac{f''(\xi)}{2!}(t-e)^2$$

(ξ 介于 e 与 t 之间)

从而有

$$f(e+x)=f(e)+f'(e)x+\frac{f''(\xi_1)}{2!}x^2$$

$$(e<\xi_1<e+x)$$

$$f(e-x)=f(e)+f'(e)(-x)+\frac{f''(\xi_2)}{2!}(-x)^2$$

$$(1<e-1<e-x<\xi_2<e)$$

易知当 $t>1$ 时，$f''(t)$ 是递增的，因此有

$$f''(\xi_1)>f''(\xi_2)$$

于是得到

$$f(e+x)-f(e-x)=2f'(e)x+\frac{x^2}{2}[f''(\xi_1)-f''(\xi_2)]$$

$$>2f'(e)x=\frac{2}{e}x$$

即

$$\ln\ln(e+x)-\ln\ln(e-x)>\frac{2}{e}x$$

也即

$$\ln\left[\frac{\ln(e+x)}{\ln(e-x)}\right]>\frac{2}{e}x$$

从而 $\frac{\ln(e+x)}{\ln(e-x)}>e^{\frac{2}{e}x}$ 得证.

推论 7　当 $0<x<1$ 时，有不等式

$$(2+x)^{2+x}-(2-x)^{2-x}>8(1+\ln 2)x$$

证　设

$$f(t)=t^t\quad(t\in(1,+\infty))$$

则

$$f'(t)=t^t(1+\ln t)$$

$$f'(t)=t^t\left[(1+\ln t)^2+\frac{1}{t}\right]$$

$$f''(t)=t^t\left[(1+\ln t)^3+\frac{1}{t}(1+\ln t)+\frac{2\ln t}{t}+\frac{2}{t}-\frac{1}{t^2}\right]$$

由泰勒公式,得

$$f(t)=f(2)+f'(2)(t-2)+\frac{f''(\xi)}{2!}(t-2)^2$$

$$(\xi \text{ 介于 } 2 \text{ 与 } t \text{ 之间})$$

从而有

$$f(2+x)=f(2)+f'(2)x+\frac{f''(\xi_1)}{2!}x^2$$

$$(2<\xi_1<2+x)$$

$$f(2-x)=f(2)+f'(2)(-x)+\frac{f''(\xi_2)}{2!}(-x)^2$$

$$(1<2-x<\xi_2<2)$$

当 $t>1$ 时,$f'''(t)>0$,所以 $f''(t)$ 在 $t>1$ 时是递增的,因此有

$$f''(\xi_1)>f''(\xi_2)$$

于是得到

$$\begin{aligned}f(2+x)-f(2-x)&=2f'(2)x+\frac{x^2}{2}[f''(\xi_1)-f''(\xi_2)]\\&>2f'(2)x\\&=8(1+\ln 2)x\end{aligned}$$

即

$$(2+x)^{2+x}-(2-x)^{2-x}>8(1+\ln 2)x$$

运用上述类似的方法,我们可以得到如下一系列的不等式,证明过程略.

推论 8 当 $x\neq 0$ 时,有不等式

$$e^{x}+e^{-x}>2+x^{2}$$

推论 9 当 $0<x<1$ 时,有不等式

$$\sqrt[n]{1+x}-\sqrt[n]{1-x}>\frac{2}{n}x$$

推论 10 当 $0<x<1$ 时,有不等式

$$e^{2x+\frac{2}{3}x^{3}}<\frac{1+x}{1-x}<e^{\frac{2x-x^{3}}{1-x^{2}}}$$

推论 11 当 $0<x<1$ 时,有不等式

$$\frac{1}{\ln(e-x)}-\frac{1}{\ln(e+x)}>\frac{2}{e}x$$

第十四章 泰勒公式与牛顿插值的一个注记[①]

河北联合大学理学院的龚佃选、彭亚绵两位教授2015年结合线性代数中线性空间的基本理论,利用简单的数学方法和手段,给出了泰勒公式和牛顿插值法之间的一个联系,得到泰勒公式可以看作牛顿插值法的极限形式,待定系数法得到的一般插值法也恰好支持了上述观点.

1. 相关概念

设对于正整数 n,函数 $y=f(x)$ 在包含 x^* 的某个闭区间 $[a,b]$ 上 n 阶连续可导,且在 (a,b) 上 $n+1$ 阶可导,则有如下泰勒公式成立

$$f(x)=f(x^*)+\frac{f'(x^*)}{1!}(x-x^*)+\cdots+\frac{f^{(n)}(x^*)}{n!}(x-x^*)^n+o((x-x^*)^n)$$

① 本章摘自《数学学习与研究》,2015年,第5期.

设已知函数在 $n+1$ 个互异点处的函数值 $y_i=f(x_i)$（设 $x_i<x^{i+1}$），$i=0,1,2,\cdots,n$. 记

$$f[x_0,x_1]=\frac{f(x_1)-f(x_0)}{x_1-x_0}$$

为 $f(x)$ 在 x_0,x_1 处的一阶差商，记

$$f[x_0,x_1,\cdots,x_n]=\frac{f[x_1,x_2,\cdots,x_n]-f[x_0,x_1,\cdots,x_{n-1}]}{x_n-x_0}$$

为 $f(x)$ 在 $x_0,x_1,\cdots,x_n$ 处的 n 阶差商，则满足插值条件 $N_n(x_i)=y_i(i=0,1,2,\cdots,n)$ 的牛顿插值多项式可以写成

$$\begin{aligned}N_n(x)=f(x_0)+f[x_0,x_1](x-x_0)+\cdots+\\ f[x_0,x_1,\cdots,x_n](x-x_0)(x-x_1)\cdot\cdots\cdot\\ (x-x_{n-1})\end{aligned}$$

设 $(\varepsilon_1,\varepsilon_2,\cdots,\varepsilon_n)$ 和 $(\varepsilon'_1,\varepsilon'_2,\cdots,\varepsilon'_n)$ 是线性空间的两组基，若矩阵 $\boldsymbol{A}$ 满足

$$(\varepsilon'_1,\varepsilon'_2,\cdots,\varepsilon'_n)=(\varepsilon_1,\varepsilon_2,\cdots,\varepsilon_n)\boldsymbol{A}$$

则称 $\boldsymbol{A}$ 是由 $(\varepsilon_1,\varepsilon_2,\cdots,\varepsilon_n)$ 到 $(\varepsilon'_1,\varepsilon'_2,\cdots,\varepsilon'_n)$ 的过渡矩阵.

2. 泰勒公式与牛顿插值的转换

根据差商与导数的关系，存在 $\xi\in(x_0,x_n)$，使得

$$f[x_0,x_1,\cdots,x_n]=\frac{f^{(n)}(\xi)}{n!}$$

显然，当所有的节点 $x_i\to x^*(i=0,1,2,\cdots,n)$ 时，有

$$f[x_0,x_1,\cdots,x_n]\to\frac{f^{(n)}(x^*)}{n!}$$

同时有

$$(x-x_0)\cdot(x-x_1)\cdot\cdots\cdot(x-x_{n-1})\to(x-x^*)^n$$

于是泰勒公式就可以看作牛顿插值法在所有节点都趋向于同一个点时的极限形式. 下面从另一个方面证明这一点. 我们知道

$$\{1,x-x^*,(x-x^*)^2,\cdots,(x-x^*)^n\}$$

与

$$\{1,x-x_0,(x-x_0)(x-x_1),\cdots,\\(x-x_0)(x-x_1)\cdots(x-x_n)\}$$

是同一个多项式空间的基函数系,不妨分别称作泰勒基函数和牛顿基函数. 由牛顿基函数到泰勒基函数的过渡矩阵 $\boldsymbol{A}$ 可以表示为

$$\begin{pmatrix} 1 & 0 & \cdots & 0 \\ -(x^*-x_0) & 1 & \cdots & 0 \\ (x^*-x_0)^2 & -(x^*-x_0)-(x^*-x_1) & \cdots & 0 \\ \vdots & \vdots & & \vdots \\ (-1)^n(x^*-x_0)^n & \sum\limits_{0\leqslant i_1\leqslant\cdots\leqslant i_{n-1}\leqslant 1}(-1)^{n-1}\prod\limits_{k=1}^{n-1}(x^*-x_{i_k}) & \cdots & 1 \end{pmatrix}$$

即(泰勒基函数) = (牛顿基函数)$\boldsymbol{A}$. 根据线性代数理论,若设插值多项式分别用泰勒基函数和牛顿基函数表示时的坐标向量(系数)为 $\boldsymbol{X}$ 和 $\boldsymbol{Y}$,则有 $\boldsymbol{AX}=\boldsymbol{Y}$. 考查过渡矩阵 $\boldsymbol{A}$,当所有节点 x_i,都趋向于 x^* 时,有

$$\lim_{x_i\to x^*}\boldsymbol{A}=\boldsymbol{I}_{n+1}$$

即当 $x_i\to x^*(i=0,1,2,\cdots,n)$ 时,牛顿插值基函数→泰勒基函数,且 $\boldsymbol{Y}\to\boldsymbol{X}$. 此结论与利用差商性质得到的一致. 特别的,当 $x^*=0$ 时,过渡矩阵 $\boldsymbol{A}$ 变成

$$\begin{pmatrix} 1 & 0 & 0 & \cdots & 0 \\ x_0 & 1 & 0 & \cdots & 0 \\ x_0^2 & x_0 + x_1 & 1 & \cdots & 0 \\ \vdots & \vdots & \vdots & & \vdots \\ x_0^n & \sum\limits_{i=0}^{n-1} x_0^{n-1-i} x_1^i & \sum\limits_{0 \leqslant i_1 \leqslant \cdots \leqslant i_{n-2} \leqslant 2} \prod\limits_{k=1}^{n-2} x_{i_k} & \cdots & 1 \end{pmatrix}$$

此时得到的是泰勒展开的特殊情况叫麦克劳林公式.这个与用待定系数法得到的一般插值多项式是一致的,而事实上此时的过渡矩阵 $\boldsymbol{A}$ 恰好就是由牛顿基函数组到常用基函数组$\{1,x,x^2,\cdots,x^n\}$的过渡矩阵.

泰勒公式的几何意义及其表达式中 $n!$ 的非唯一性[①]

第十五章

泰勒公式(又称泰勒中值定理)在高等数学中占有重要的地位,一方面体现了复杂函数可以用多项式函数逼近的原则;另一方面也反映了函数与高阶导数之间的关系,在物理学、化学等其他学科中也有广泛的应用. 但是目前普遍使用的高等数学教材对该定理的证明过于追求简练,对定理的解释不够清晰,导致学生的理解含糊不清,不能灵活使用,更不利于学生解析思维的培养.

1. 泰勒公式证明过程中存在的不足

高等数学教材中对泰勒公式的证明常采用以下方法:为了近似表达函数 $f(x)$

① 本章摘自《教育教学论坛》,2016 年,第 25 期.

在点 x 的值,先在 x 的邻域内找一点 x_0,然后构造一个含有 $x-x_0$ 的 n 次多项式的函数.假设这两个函数从零阶直到 n 阶导数在点 x_0 的值分别相等(而这个假设并非必须,详见下面的分析),再证明余项就是 $f(x)$ 与 $x-x_0$ 的 n 次多项式的差;或直接通过柯西(Cauchy)中值定理证明,这样的证明无疑是简洁的,缺点是几何意义模糊,掩盖了泰勒公式中值的含义,也没有体现出分析从而逼近这一重要的数学思想,更重要的是会使人误解泰勒公式中 $n!$ 为唯一、必然的选择.山东建筑大学理学院的庞岩涛、薛炳修、赵俊卿、李鲁艳、张宝金5位教授2016年对泰勒公式的几何意义的讨论,对学生更好地理解泰勒公式有极大的帮助,但是从几何意义上推演泰勒公式的过程中,常常会不假思索地利用本段提到的假设,仍然会使人误解泰勒公式中的系数 $n!$ 是唯一的选择.

2. 泰勒公式的几何意义及 $n!$ 的非唯一性

泰勒公式:若函数 $f(x)$ 在含有 x_0 的某个开区间 (a,b) 内具有直到 $n+1$ 阶导数,则当 $x\in(a,b)$ 时,$f(x)$ 可以表示成

$$f(x)=f(x_0)+f'(x_0)(x-x_0)+\frac{f''(x_0)}{2!}(x-x_0)^2+\frac{f'''(x_0)}{3!}(x-x_0)^3+\cdots+\frac{f^{(n)}(x_0)}{n!}(x-x_0)^n+R_n(x)$$

$$R_n(x)=\frac{f^{(n+1)}(\xi)}{(n+1)!}(x-x_0)^{n+1}$$

（ξ 介于 x_0 与 x 之间）

（1）当 $n=0$ 时，其几何意义是明显的，根据拉格朗日中值定理，得

$$\frac{f(x)-f(x_0)}{x-x_0}=f'(\xi_0)$$

其中 ξ_0 为 (x_0,x) 内的某个点，满足函数 $f(x)$ 在点 ξ_0 的切线平行于割线 AM，如图 1 所示. 由上式得

$$f(x)=f(x_0)+f'(\xi_0)(x-x_0)=EB+BA$$

$f'(\xi_0)$ 为割线 AM 的斜率，即图 1 中的角 α 的正切值.

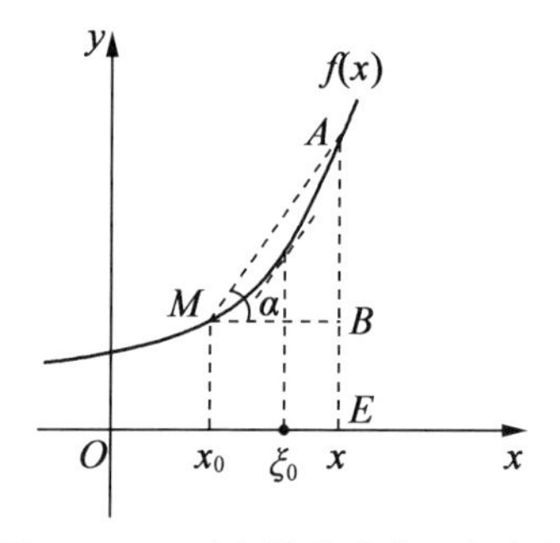

图 1　$n=0$ 时泰勒公式的几何意义

（2）当 $n=1$ 时，根据图 2（注意：图中的 α_0 为函数经过点 x_0 的切线与 x 轴的夹角，与图 1 中的角 α 不等）：C 为函数 $f(x)$ 在点 x_0 的切线与 AE 的交点，点 C 一定会落在 AB 之间而不会落在点 A 的上面，因为从图 1 和图 2 可以看出 $f'(\xi_0)\neq f'(x_0)$，并且有 $f'(\xi_0)>f'(x_0)$（不等式的前一项是割线 AM 的斜率，而后一项是切线的斜率，当函数的割线 AM 的点 A 逐渐靠近点 M 时，割线 AM 就变成函数在点 A 的切线，即割线的极限是切线，在图中，割线斜率要大于切线斜率），所以此时会有

$$f(x) \neq f(x_0) + f'(x_0)(x - x_0)$$

$$\begin{aligned} AC &= f(x) - f(x_0) - f'(x_0)(x - x_0) \\ &= \left\{\left[\frac{f(x) - f(x_0)}{x - x_0}\right] - f'(x_0)\right\}(x - x_0) \\ &= [f'(\xi_0) - f'(x_0)](x - x_0) \end{aligned}$$

式中的 ξ_0 在图 1 和图 2 中的位置相同(为清楚起见,在图 2 中仅保留 ξ_0 而去掉它所对应的两条虚线),对上式(即对原函数 $f(x)$ 的一阶导函数)再次利用拉格朗日中值定理得

$$\begin{aligned} AC &= [f'(\xi_0) - f'(x_0)](x - x_0) \\ &= \left[\frac{f'(\xi_0) - f'(x_0)}{\xi_0 - x_0}\right](\xi_0 - x_0)(x - x_0) \\ &= f''(\xi_1)(\xi_0 - x_0)(x - x_0) \end{aligned}$$

式中 ξ_1 的取值区间为 (x_0, ξ_0),而在区间 (x_0, x) 内总能找到一点 ξ'_1,使其满足

$$\begin{aligned} f''(\xi_1)(\xi_0 - x_0)(x - x_0) &= \frac{f''(\xi'_1)}{2}(x - x_0)(x - x_0) \\ &= \frac{f''(\xi'_1)}{2}(x - x_0)^2 \end{aligned}$$

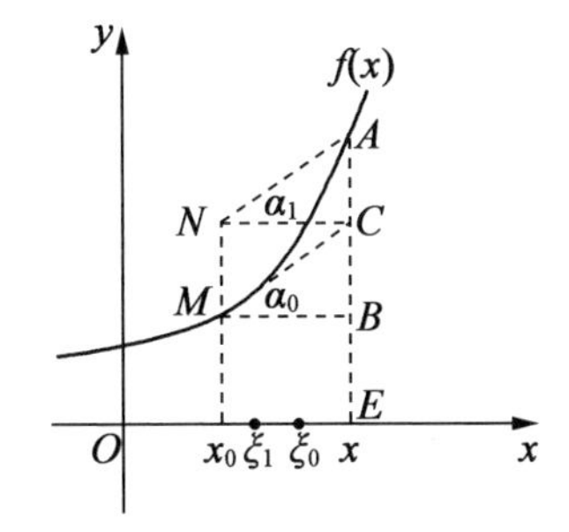

图 2　$n = 1$ 时泰勒公式的几何意义

这是显而易见的，因为上式第一个等号左边的项 ξ_0-x_0 小于右侧的项 $x-x_0$，但等号右侧的导数项小于左边的导数项，并且是在更大的区间内寻找满足上式的 ξ'_1，这总是可以实现的；这同时也意味着，我们同样可以在 (x_0,x) 区间内找到另一点 $\xi''_1,\xi'''_1,\bar{\xi}_1,\cdots$ 使其满足（如图 3 所示，为清楚，将 x 轴放大）

$$f''(\xi_1)(\xi_0-x_0)(x-x_0)=\frac{f''(\xi''_1)}{3}(x-x_0)^2$$

$$f''(\xi_1)(\xi_0-x_0)(x-x_0)=\frac{f''(\xi''_1)}{4}(x-x_0)^2$$

$$f''(\xi_1)(\xi_0-x_0)(x-x_0)=\frac{f''(\bar{\xi}_1)}{\cdots}(x-x_0)^2$$

$$(\xi'_1,\xi''_1,\xi'''_1,\bar{\xi}_1\in(x_0,x))$$

x_0　ξ_1　ξ_0　ξ_1'　ξ_1'''　ξ_1''　x

图 3　在区间 (x_0,x) 上，ξ'_1,ξ''_1,ξ'''_1 可能的位置

这样在 $n=1$ 时，泰勒公式有如下的形式

$$\begin{aligned}f(x)&=AC+f(x_0)+f'(x_0)(x-x_0)\\&=f(x_0)+f'(x_0)(x-x_0)+\frac{f''(\xi'_1)}{2}(x-x_0)^2\\&=f(x_0)+f'(x_0)(x-x_0)+\frac{f''(\xi''_1)}{3}(x-x_0)^2\\&=f(x_0)+f'(x_0)(x-x_0)+\frac{f''(\xi'''_1)}{4}(x-x_0)^2\\&=f(x_0)+f'(x_0)(x-x_0)+\frac{f''(\bar{\xi}_1)}{\cdots}(x-x_0)^2\end{aligned}$$

$$(\xi'_1,\xi''_1,\xi'''_1,\bar{\xi}_1\in(x_0,x))$$

我们选择第一式(二阶导数对应的分母为3)来表达泰勒公式仅仅是为了满足假设:原函数与多项式函数的同阶导函数(含零阶导函数)在点 x_0 的值分别相等,但这并不是对所有能展成多项式函数的原函数的普遍性的要求(读者容易联想到傅里叶(Fourier)级数,在那里原函数在某些点上根本不连续、不可导,所以用展开函数以便逼近的方法中,我们没有理由苛求原函数非得如此不可),因而二阶导数对应的分母“3”不是唯一和必要的选择. 无论选择“3”“4”或其他值,其几何意义如图2所示,其中

$$\begin{aligned}\tan\alpha_1 &= \frac{f''(\xi'_1)}{2}(x-x_0)\\ &= \frac{f''(\xi''_1)}{3}(x-x_0)\\ &= \frac{f''(\xi'''_1)}{4}(x-x_0)\\ &= \frac{f''(\bar{\xi}_1)}{\cdots}(x-x_0)\end{aligned}$$

(3)当 $n=2$ 时,根据图4,此时作角 α_1,使得

$$\tan\alpha_1 = \frac{f''(x_0)}{2}(x-x_0)$$

(注意:α_1 在图4和图2中不同),这种做法看起来带有随意性,读者或许有疑问,为什么角 α_1 的边与 AE 的交点 D 会落在 AC 之间,会不会跑到点 A 的上面?答案是不会. 因为根据图4一定会有:$f''(\xi'_1)\neq f''(x_0)$,并且一般会有 $f''(\xi'_1)>f''(x_0)$,也就是说函数在 x_0 处的二阶导数一定小于在 ξ_1 处的二阶导数,因为函数割

线的极限是切线适用于原函数也同样适用于一阶导函数和高阶导函数.

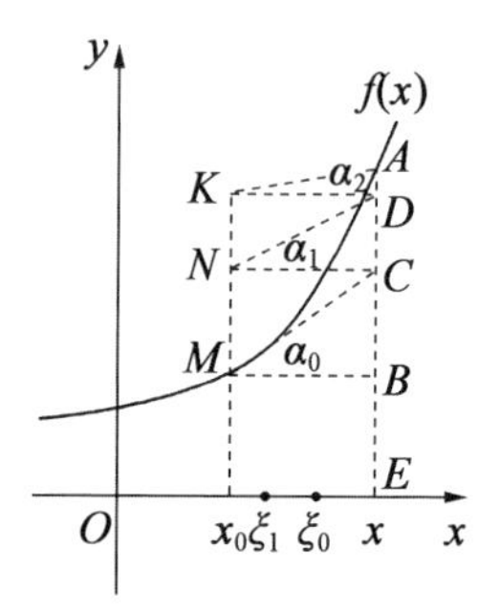

图 4　$n=2$ 时泰勒公式的几何意义

图 4 中的

$$DC=\frac{f''(x_0)}{2}(x-x_0)^2$$

此时,由图 4 得

$$f(x)\neq f(x_0)+f'(x_0)(x-x_0)+\frac{f''(x_0)}{2}(x-x_0)^2$$

$$AD=f(x)-f(x_0)+f'(x_0)(x-x_0)-\frac{f''(x_0)}{2}(x-x_0)^2$$

由(2)的推导过程,可知上式等号右边的前三项可以写成

$$\frac{f''(\xi'_1)}{2}(x-x_0)^2$$

ξ'_1 的取值区间为(x_0,x),因此

$$\begin{aligned}AD&=\frac{f''(\xi'_1)}{2}(x-x_0)^2-\frac{f''(x_0)}{2}(x-x_0)^2\\&=\frac{(x-x_0)^2}{2}(f''(\xi'_1)-f''(x_0))\end{aligned}$$

利用拉格朗日中值定理，得

$$AD=\frac{(x-x_0)^2}{2}\frac{f''(\xi'_1)-f''(x_0)}{\xi'_1-x_0}(\xi'_1-x_0)$$

$$=\frac{(x-x_0)^2}{2}f'''(\xi'_2)(\xi'_1-x_0)$$

其中 ξ'_2 取区间(x_0,ξ'_1)内的一个值，与在(2)中的处理类似，把区间(x_0,ξ'_1)扩大到(x_0,x)，总能找到不同的 $\xi''_2,\xi'''_2,\bar{\xi}_2,\cdots$，使其满足

$$f'''(\xi'_2)(\xi'_1-x_0)=\frac{f'''(\xi''_2)}{2}(x_1-x_0)$$

$$=\frac{f'''(\xi'''_2)}{3}(x_1-x_0)$$

$$=\frac{f'''(\bar{\xi}_2)}{\cdots}(x_1-x_0)$$

$$\vdots$$

那么，选择 2，3 或 4 作为三阶导数的分母就会有

$$AD=\frac{(x-x_0)^2}{2}f'''(\xi'_2)(\xi'_1-x_0)$$

$$=\frac{(x-x_0)^2}{2}\frac{f'''(\xi''_2)}{2}(x-x_0)$$

$$=\frac{f'''(\xi''_2)}{2^2}(x-x_0)^3$$

或者

$$AD=\frac{(x-x_0)^2}{2}f'''(\xi'_2)(\xi'_1-x_0)$$

$$=\frac{(x-x_0)^2}{2}\frac{f'''(\xi''_2)}{3}(x-x_0)$$

$$=\frac{f'''(\xi''_2)}{3!}(x-x_0)^3$$

或者

$$AD=\frac{(x-x_0)^2}{2}f'''(\xi'_2)(\xi'_1-x_0)$$

$$=\frac{(x-x_0)^2}{2}\frac{f'''(\bar{\xi}''_2)}{4}(x-x_0)$$

$$=\frac{f'''(\xi''_2)}{2\times 4}(x-x_0)^3$$

$$(\xi'_2,\xi''_2,\xi'''_2,\bar{\xi}_2\in(x_0,x))$$

这样 $n=2$ 时的泰勒公式就有了下面的表达式

$$f(x)=f(x_0)+f'(x_0)(x-x_0)-\frac{f''(x_0)}{2}(x-x_0)^2+AD$$

$$=f(x_0)+f'(x_0)(x-x_0)-\frac{f''(x_0)}{2}(x-x_0)^2+\frac{f'''(\xi''_2)}{2^2}(x-x_0)^3$$

或者

$$f(x)=f(x_0)+f'(x_0)(x-x_0)-\frac{f''(x_0)}{2}(x-x_0)^2+\frac{f'''(\xi'''_2)}{3!}(x-x_0)^3$$

或者

$$f(x)=f(x_0)+f'(x_0)(x-x_0)-\frac{f''(x_0)}{2}(x-x_0)^2+\frac{f'''(\bar{\xi}_2)}{2\times 4}(x-x_0)^3$$

$$(\xi'_2,\xi''_2,\xi'''_2,\bar{\xi}_2\in(x_0,x))$$

同二阶导数的分母一样，我们选择3！作为三阶导数的分母仅仅是为了满足假设的需要. $n=2$ 时泰勒公式的几何意义如图4所示，其中

$$\begin{aligned}\tan\alpha_2&=\frac{f''(\xi''_2)}{2}(x-x_0)^2\\&=\frac{f''(\xi'''_2)}{3}(x-x_0)^2\\&=\frac{f''(\bar{\xi}_2)}{4}(x-x_0)^2\\&\vdots\end{aligned}$$

同理，取 $n=3,4,5,\cdots,n$ 时，便可以从几何意义上推出泰勒公式. 在推导过程中，如果同时选择2，3或4等其他整数（甚至是非整数）作为各阶导数的分母，可以得到不同形式的泰勒公式，例如：若函数 $f(x)$ 在含有 x_0 的某个开区间 (a,b) 内具有直到 $n+1$ 阶导数，那么当 $x\in(a,b)$ 时，有：

泰勒公式（形式1）

$$\begin{aligned}f(x)=&f(x_0)+f'(x_0)(x-x_0)+\frac{f''(x_0)}{2}(x-x_0)^2+\\&\frac{f'''(x_0)}{2^2}(x-x_0)^3+\cdots+\\&\frac{f^{(n)}(x_0)}{2^{n-1}}(x-x_0)^n+R_n(x)\end{aligned}$$

$$R_n(x)=\frac{f^{(n+1)}(\xi)}{2^n}(x-x_0)^{n+1}$$

（ξ 介于 x_0 与 x 之间）

泰勒公式(形式 2)

$$f(x)=f(x_0)+f'(x_0)(x-x_0)+\frac{f''(x_0)}{3}(x-x_0)^2+\frac{f'''(x_0)}{3^2}(x-x_0)^3+\cdots+\frac{f^{(n)}(x_0)}{3^{n-1}}(x-x_0)^n+R_n(x)$$

$$R_n(x)=\frac{f^{(n+1)}(\xi)}{3^n}(x-x_0)^{n+1}$$

(ξ 介于 x_0 与 x 之间)

泰勒公式(形式 3)

$$f(x)=f(x_0)+f'(x_0)(x-x_0)+\frac{f''(x_0)}{4}(x-x_0)^2+\frac{f'''(x_0)}{4^2}(x-x_0)^3+\cdots+\frac{f^{(n)}(x_0)}{4^{n-1}}(x-x_0)^n+R_n(x)$$

$$R_n(x)=\frac{f^{(n+1)}(\xi)}{4^n}(x-x_0)^{n+1}$$

(ξ 介于 x_0 与 x 之间)

同样的道理,我们还可以写出形式 4,形式 5.

一道涉及泰勒公式的典型例题及其应用[①]

第十六章

张国铭的文章“多项式插值与 Rolle 定理”(《工科数学》,2001,17(2):85-91)借助多项式插值与罗尔定理,对下面的定理1提供了一种证明.牡丹江师范学院数学科学学院的张国铭、许宏文两位教授2016年应用泰勒公式、达布(Darboux)定理、罗尔定理、柯西中值定理,再对下面的定理1提供三种证明.

定理1 若 $f(x)$ 在 $[a,b]$ 上三阶可导,则存在 $c\in(a,b)$,使得

$$f(b)=f(a)+f'\left(\frac{a+b}{2}\right)(b-a)+\frac{1}{24}f'''(c)(b-a)^3 \qquad (1)$$

① 本章摘自《高等数学研究》,2016年,第19卷,第6期.

证法 1 写出 $f(a)$,$f(b)$ 在点 $\frac{a+b}{2}$ 处的二阶泰勒公式

$$f(a)=f\left(\frac{a+b}{2}\right)+f'\left(\frac{a+b}{2}\right)\left(a-\frac{a+b}{2}\right)+\frac{1}{2!}f''\left(\frac{a+b}{2}\right)\left(a-\frac{a+b}{2}\right)^2+\frac{1}{3!}f'''(\xi_1)\left(a-\frac{a+b}{2}\right)^3$$

$$f(b)=f\left(\frac{a+b}{2}\right)+f'\left(\frac{a+b}{2}\right)\left(b-\frac{a+b}{2}\right)+\frac{1}{2!}f''\left(\frac{a+b}{2}\right)\left(b-\frac{a+b}{2}\right)^2+\frac{1}{3!}f'''(\xi_2)\left(b-\frac{a+b}{2}\right)^3$$

其中

$$a<\xi_1<\frac{a+b}{2}<\xi_2<b$$

上面的两个式子又可写成

$$f(a)=f\left(\frac{a+b}{2}\right)-\frac{1}{2}f'\left(\frac{a+b}{2}\right)(b-a)+\frac{1}{2}f''\left(\frac{a+b}{2}\right)\left(\frac{b-a}{2}\right)^2-\frac{1}{48}f'''(\xi_1)(b-a)^3 \tag{2}$$

$$f(b)=f\left(\frac{a+b}{2}\right)+\frac{1}{2}f'\left(\frac{a+b}{2}\right)(b-a)+\frac{1}{2}f''\left(\frac{a+b}{2}\right)\left(\frac{b-a}{2}\right)^2+$$

$$\frac{1}{48}f'''(\xi_2)(b-a)^3 \qquad (3)$$

式(3)-(2)得到

$$f(b)=f(a)+f'\left(\frac{a+b}{2}\right)(b-a)+\frac{1}{24}\frac{f'''(\xi_1)+f'''(\xi_2)}{2}(b-a)^3$$

因为

$$2\min\{f'''(\xi_1),f'''(\xi_2)\}\leqslant f'''(\xi_1)+f'''(\xi_2)\leqslant 2\max\{f'''(\xi_1),f'''(\xi_2)\}$$

所以

$$\min\{f'''(\xi_1),f'''(\xi_2)\}\leqslant\frac{f'''(\xi_1)+f'''(\xi_2)}{2}\leqslant\max\{f'''(\xi_1),f'''(\xi_2)\}$$

根据达布定理,存在 $c\in[\xi_1,\xi_2]\subset(a,b)$,使得

$$f'''(c)=\frac{f'''(\xi_1)+f'''(\xi_2)}{2}$$

证法2 令

$$\frac{f(b)-f(a)-f'\left(\frac{a+b}{2}\right)(b-a)}{\frac{1}{24}(b-a)^3}=k$$

则实数 k 满足

$$f(b)-f(a)-f'\left(\frac{a+b}{2}\right)(b-a)-\frac{1}{24}k(b-a)^3=0$$

这样,所讨论的问题就归为证明:存在 $c\in(a,b)$,使得 $k=f'''(c)$. 作辅助函数

$$g(x)=f(x)-f(a)-f'\left(\frac{a+x}{2}\right)(x-a)-\frac{1}{24}k(x-a)^3$$

则有

$$g(a)=g(b)=0$$

根据罗尔定理,存在$\xi\in(a,b)$,使得$g'(\xi)=0$,即

$$f'(\xi)-f'\left(\frac{a+\xi}{2}\right)-f''\left(\frac{a+\xi}{2}\right)\frac{\xi-a}{2}-\frac{1}{8}k(\xi-a)^2=0 \tag{4}$$

将$f'(\xi)$在点$\frac{a+\xi}{2}$处展开成一阶泰勒公式

$$f'(\xi)=f'\left(\frac{a+\xi}{2}\right)+f''\left(\frac{a+\xi}{2}\right)\left(\xi-\frac{a+\xi}{2}\right)+\frac{1}{2!}f'''(c)\left(\xi-\frac{a+\xi}{2}\right)^2 \tag{5}$$

亦即

$$f'(\xi)-f'\left(\frac{a+\xi}{2}\right)-f''\left(\frac{a+\xi}{2}\right)\frac{\xi-a}{2}-\frac{1}{8}f'''(c)(\xi-a)^2=0 \tag{6}$$

其中$a<\frac{a+\xi}{2}<c<\xi<b$. 比较式(4)和式(6),得$k=f'''(c)$.

证法3　作辅助函数

$$F(x)=f(x)-f(a)-f'\left(\frac{a+x}{2}\right)(x-a)$$

$$G(x)=(x-a)^3$$

对$F(x)$,$G(x)$求导数,得到

$$F'(x)=f'(x)-f'\left(\frac{a+x}{2}\right)-\frac{1}{2}f''\left(\frac{a+x}{2}\right)(x-a)$$

$$G'(x)=3(x-a)^2$$

由柯西中值定理,在区间(a,b)内至少存在一点ξ,使得

$$\frac{F(b)}{G(b)}=\frac{F(b)-F(a)}{G(b)-G(a)}=\frac{F'(\xi)}{G'(\xi)}$$

因为

$$F'(\xi)=f'(\xi)-f'\left(\frac{a+\xi}{2}\right)-\frac{1}{2}f''\left(\frac{a+\xi}{2}\right)(\xi-a)$$

$$G'(\xi)=3(\xi-a)^2$$

所以

$$\begin{aligned}\frac{F'(\xi)}{G'(\xi)}&=\frac{f'(\xi)-f'\left(\frac{a+\xi}{2}\right)-\frac{1}{2}f''\left(\frac{a+\xi}{2}\right)(\xi-a)}{3(\xi-a)^2}\\&=\frac{1}{24}\frac{f'(\xi)-f'\left(\frac{a+\xi}{2}\right)-f''\left(\frac{a+\xi}{2}\right)\left(\xi-\frac{a+\xi}{2}\right)}{\frac{1}{2!}\left(\xi-\frac{a+\xi}{2}\right)^2}\\&=\frac{1}{24}f'''(c)\end{aligned}\tag{7}$$

其中

$$a<\frac{a+\xi}{2}<c<\xi<b$$

式(7)是式(5)的一种变形,而式(5)为$f'(\xi)$在点$\frac{a+\xi}{2}$处的一阶泰勒公式.

例1 设f在$[0,1]$上具有三阶导数,且$f(0)=1$,$f(1)=2$,$f'\left(\frac{1}{2}\right)=0$,则在开区间$(0,1)$内至少存在一点$\xi$,使得$f'''(\xi)=24$.

证 把所给的数据代入式(1)，就有 $2=1+\frac{1}{24}f''(\xi)$，从而 $f''(\xi)=24$.

例 2 设 $f(x)$ 在闭区间 $[-1,1]$ 上有三阶连续导数，且满足

$$f(-1)=0, f(1)=1, f'(0)=0$$

则存在 $\xi\in(-1,1)$，使得 $f'''(\xi)=3$.

证 把所给的数据代入式(1)，便得 $f'''(\xi)=3$.

推论 1 若 $f(x)$ 在 $[a,b]$ 上有二阶导数，则存在 $\xi\in(a,b)$，使得

$$\int_a^b f(x)\,\mathrm{d}x=f\left(\frac{a+b}{2}\right)(b-a)+\frac{1}{24}f''(\xi)(b-a)^3$$

这里提供两种证明方法：

证法 1 设 $F(x)=\int_a^x f(t)\,\mathrm{d}t$. 对函数 $F(x)$ 应用上面的定理 1 即可.

证法 2 因为 $f(x)$ 在 $[a,b]$ 上连续，所以 $f(x)$ 在 $[a,b]$ 上有原函数，记 $f(x)$ 在 $[a,b]$ 上的原函数为 $F(x)$，对 $F(x)$ 应用上面的定理 1，得到

$$F(b)=F(a)+F'\left(\frac{a+b}{2}\right)(b-a)+\frac{1}{24}F'''(\xi)(b-a)^3$$

亦即

$$F(b)-F(a)=f\left(\frac{a+b}{2}\right)(b-a)+\frac{1}{24}f''(\xi)(b-a)^3 \tag{8}$$

对式(8)等号左边应用牛顿 - 莱布尼兹公式，得到

$$\int_a^b f(x)\,\mathrm{d}x=f\left(\frac{a+b}{2}\right)(b-a)+\frac{1}{24}f''(\xi)(b-a)^3$$

下面的例 3、例 4 可以从推论 1 直接得到.

例 3 设函数 $f(x)$ 在闭区间 $[-a,a]$ $(a>0)$ 上具有二阶导数,且 $f(0)=0$. 试证至少存在一点 $\xi\in(-a,a)$,使得 $f''(\xi)=\dfrac{3}{a^3}\displaystyle\int_{-a}^{a}f(x)\,\mathrm{d}x$.

例 4 设函数 $f(x)$ 在闭区间 $[-1,1]$ 上具有导数,且 $f(0)=0$. 试证:至少存在一点 $\xi\in(-1,1)$,使得 $f''(\xi)=3\displaystyle\int_{-1}^{1}f(x)\,\mathrm{d}x$.

推论 2 若函数 $f(x)$ 在闭区间 $[a,b]$ 上具有二阶连续导数,且 $f\left(\dfrac{a+b}{2}\right)=0$,则

$$\left|\int_a^b f(x)\,\mathrm{d}x\right|\leqslant\frac{M}{24}(b-a)^3$$

其中 $M=\max\limits_{x\in[a,b]}|f''(x)|$.

这里提供两种证明方法:

证法 1 直接应用推论 1 即可.

证法 2 因为 $M=\max\limits_{x\in[a,b]}|f''(x)|$,所以对任何 $\xi\in(a,b)$,有 $|f''(\xi)|\leqslant M$,亦即

$$-M\leqslant f''(\xi)\leqslant M$$

从而

$$-\frac{1}{2!}M\left(x-\frac{a+b}{2}\right)^2\leqslant\frac{1}{2!}f''(\xi)\left(x-\frac{a+b}{2}\right)^2\leqslant\frac{1}{2!}M\left(x-\frac{a+b}{2}\right)^2 \tag{9}$$

写出 $f(x)$ 在点 $\dfrac{a+b}{2}$ 处的一阶泰勒公式,有

$$f(x)=f\left(\frac{a+b}{2}\right)+f'\left(\frac{a+b}{2}\right)\left(x-\frac{a+b}{2}\right)+\frac{1}{2!}f''(\xi)\left(x-\frac{a+b}{2}\right)^2$$

亦即

$$f(x)-f'\left(\frac{a+b}{2}\right)\left(x-\frac{a+b}{2}\right)=\frac{1}{2!}f''(\xi)\left(x-\frac{a+b}{2}\right)^2 \tag{10}$$

注意到式(9)(10),就得

$$\begin{aligned}&-\frac{1}{2!}M\left(x-\frac{a+b}{2}\right)^2\\ \leqslant\ & f(x)-f'\left(\frac{a+b}{2}\right)\left(x-\frac{a+b}{2}\right)\\ \leqslant\ & \frac{1}{2!}M\left(x-\frac{a+b}{2}\right)^2\end{aligned} \tag{11}$$

式(11)对 $x=\frac{a+b}{2}$ 也成立,尽管在式(10)中 $x\neq\frac{a+b}{2}$.

对式(11)从 a 到 b 积分,得到

$$-\frac{1}{24}M(b-a)^3\leqslant\int_a^b f(x)\,\mathrm{d}x\leqslant\frac{1}{24}M(b-a)^3$$

亦即

$$\left|\int_a^b f(x)\,\mathrm{d}x\right|\leqslant\frac{M}{24}(b-a)^3$$

下面的例 5、例 6 可以从推论 2 直接得到.

例 5 设函数 $f(x)$ 在闭区间 $[0,2]$ 上具有二阶连续导数,且 $f(1)=0$. 证明

$$\left|\int_0^2 f(x)\,\mathrm{d}x\right|\leqslant\frac{M}{3},M=\max_{x\in[0,2]}|f''(x)|$$

例 6 设函数 $f(x)$ 在闭区间 $[0,1]$ 上具有二阶连

续导数,且$f(\frac{1}{2})=0$. 证明

$$\left|\int_0^1 f(x)\,\mathrm{d}x\right|\leqslant\frac{1}{8},\ \max_{x\in[0,1]}|f''(x)|=3$$

仿照定理 1 的证法 1,不难证明定理 1 的如下推广.

推广 1 若$f(x)$在$[a,b]$上存在$2n+1$阶导数,则存在$c\in(a,b)$,使得

$$f(b)-f(a)=$$

$$\sum_{k=1}^{n}\frac{2}{(2k-1)!}f^{(2k-1)}\left(\frac{a+b}{2}\right)\left(\frac{b-a}{2}\right)^{2k-1}+$$

$$\frac{2}{(2n+1)!}f^{(2n+1)}(c)\left(\frac{b-a}{2}\right)^{2n+1}$$

与定理 1 相呼应的是如下的定理 2.

定理 2 若$f(x)$在$[a,b]$上二阶可导,则存在$\xi\in(a,b)$,使得

$$f(a)-2f\left(\frac{a+b}{2}\right)+f(b)=\frac{1}{4}(b-a)^2f''(\xi)$$

证 写出$f(a)$,$f(b)$在点$\frac{a+b}{2}$处的一阶泰勒公式

$$f(a)=f\left(\frac{a+b}{2}\right)+f'\left(\frac{a+b}{2}\right)\left(\frac{a-b}{2}\right)+\frac{1}{2}f''(\eta_1)\left(\frac{b-a}{2}\right)^2$$

$$f(b)=f\left(\frac{a+b}{2}\right)+f'\left(\frac{a+b}{2}\right)\left(\frac{b-a}{2}\right)+\frac{1}{2}f''(\eta_2)\left(\frac{b-a}{2}\right)^2$$

然后将两式相加,就有

$$f(a)-2f\left(\frac{a+b}{2}\right)+f(b)=$$

$$\frac{1}{8}(b-a)^2[f''(\eta_1)+f''(\eta_2)]$$

对$f''(x)$应用达布定理,即有$\xi\in(a,b)$,使得

$$f''(\xi)=\frac{1}{2}[f''(\eta_1)+f''(\eta_2)]$$

仿照定理 2 的证明,不难证明定理 2 的如下推广.

推广 2 若$f(x)$在$[a,b]$上存在 $2n$ 阶导数,则存在$\xi\in(a,b)$,使得

$$\begin{aligned}&f(b)+f(a)\\=&\sum_{k=1}^{n}\frac{2}{(2k-2)!}f^{(2k-2)}\left(\frac{a+b}{2}\right)\left(\frac{b-a}{2}\right)^{2k-2}+\\&\frac{2}{(2n)!}f^{(2n)}(\xi)\left(\frac{b-a}{2}\right)^{2n}\end{aligned}$$

这里

$$f^{(0)}\left(\frac{a+b}{2}\right)=f\left(\frac{a+b}{2}\right)$$

第十七章

由泰勒公式和中值定理谈一元函数微分学与多元函数微分学形式的统一[1]

多元函数微分学是高等数学中的一个重要篇章,目前在几何、物理和经济等多个范畴内都得到了实际应用. 相对于一元函数微分学,由于自变量的增多,多元函数微分学的情况较一元函数而言更加复杂,从而形式也更繁杂,致使很多学生学习起来会感到困惑. 实际上,多元函数微分学是在一元函数微分学的基础上推广得到的. 以二元函数 $u=f(x,y)$ 为例,它的 2 个偏导数 $f_x(x,y)$ 和 $f_y(x,y)$ 本质上仍然是一元函数求导,如 $f_x(x,y)$ 可以看成是把 y 固定不变的一元函数 $f(\cdot,y)$

① 本章摘自《高师理科学刊》,2017 年,第 37 卷,第 1 期.

关于 x 的导函数. 由此,也可以考虑如何将多元函数微分学的其他部分类比成一元函数微分学中相对应的结果. 杭州师范大学理学院的孙庆有、杨凤两位教授 2017 年以多元函数的泰勒公式和中值定理为例,探讨如何从形式上统一多元函数微分学和一元函数微分学.

1. 泰勒公式

如果一元函数 $f(x)$ 在 x_0 处具有 n 阶导数,那么存在 x_0 的一个邻域,对于该邻域内的任一 x,有泰勒公式

$$f(x)=f(x_0)+f'(x_0)(x-x_0)+\frac{f''(x_0)}{2!}(x-x_0)^2+\cdots+\frac{f^{(n)}(x_0)}{n!}(x-x_0)^n+\frac{f^{(n+1)}(\xi)}{(n+1)!}(x-x_0)^{n+1} \tag{1}$$

其中,ξ 是 x_0 与 x 之间的某个值.

记 $\Delta x=x-x_0$,利用一元函数的高阶微分公式

$$\mathrm{d}^n y=f^{(n)}(x)\mathrm{d}x^n=f^{(n)}(x)\Delta x^n \tag{2}$$

则式(1)变为

$$f(x_0+\Delta x)=f(x_0)+\mathrm{d}f|_{x_0}+\frac{1}{2!}\mathrm{d}^2 f|_{x_0}+\cdots+\frac{1}{n!}\mathrm{d}^n f|_{x_0}+\frac{1}{(n+1)!}\mathrm{d}^{n+1}f|_{x_0+\theta\Delta x} \tag{3}$$

其中,$0<\theta<1$.

类似的,对于二元函数,设 $u=f(x,y)$ 在点 (x_0,y_0) 的某一邻域内连续且有 $n+1$ 阶连续偏导数,$(x_0+h,$

y_0+k)为此邻域内任一点,则二元函数的泰勒公式为

$$
\begin{aligned}
&f(x_0+h,y_0+k)\\
&=f(x_0,y_0)+\left(h\frac{\partial}{\partial x}+k\frac{\partial}{\partial y}\right)f(x_0,y_0)+\\
&\frac{1}{2!}\left(h\frac{\partial}{\partial x}+k\frac{\partial}{\partial y}\right)^2 f(x_0,y_0)+\cdots+\\
&\frac{1}{n!}\left(h\frac{\partial}{\partial x}+k\frac{\partial}{\partial y}\right)^n f(x_0,y_0)+\\
&\frac{1}{(n+1)!}\left(h\frac{\partial}{\partial x}+k\frac{\partial}{\partial y}\right)^{n+1} f(x_0+\theta h,y_0+\theta k)
\end{aligned}
\tag{4}
$$

其中,$0<\theta<1$,记号 $\left(h\frac{\partial}{\partial x}+k\frac{\partial}{\partial y}\right)^n f(x_0,y_0)$ 表示 $\sum\limits_{p=0}^{n} C_n^p h^p k^{n-p}\left.\frac{\partial^n f}{\partial x^p\partial y^{n-p}}\right|_{(x_0,y_0)}$.

记 $\Delta x=h,\Delta y=k$,利用高阶全微分公式

$$
\begin{aligned}
d^n f &= \sum_{p=0}^{n} C_n^p\frac{\partial^n f}{\partial x^p\partial y^{n-p}}dx^p dy^{n-p}\\
&= \sum_{p=0}^{n} C_n^p\frac{\partial^n f}{\partial x^p\partial y^{n-p}}\Delta x^p\Delta y^{n-p}
\end{aligned}
\tag{5}
$$

则式(4)变为

$$
\begin{aligned}
f(x_0+\Delta x,y_0+\Delta y)=f(x_0,y_0)&+df|_{(x_0,y_0)}+\\
&\frac{1}{2!}d^2f|_{(x_0,y_0)}+\cdots+\\
&\frac{1}{n!}d^nf|_{(x_0,y_0)}+\\
&\frac{1}{(n+1)!}d^{n+1}f|_{(x_0+\theta\Delta x,y_0+\theta\Delta y)}
\end{aligned}
\tag{6}
$$

其中,$0<\theta<1$. 显然,点$(x_0+\theta\Delta x, y_0+\theta\Delta y)$位于点$(x_0,y_0)$和点$(x_0+\Delta x, y_0+\Delta y)$的连线上,且介于这 2 个点之间.

对照式(3)和式(6),并参考二元泰勒公式的推导思路,可以得到 n 元函数的泰勒公式.

定理 1(n 元函数的泰勒公式) 设 n 元函数 $u=f(x_1,\cdots,x_n)$在点 $P_0(x_1^0,\cdots,x_n^0)$的某一邻域内连续且有 $n+1$ 阶连续偏导数,$P(x_1,\cdots,x_n)$为此邻域内任一点,则

$$f(P)=f(P_0)+\mathrm{d}f|_{P_0}+\frac{1}{2!}\mathrm{d}^2f|_{P_0}+\cdots+\frac{1}{n!}\mathrm{d}^nf|_{P_0}+\frac{1}{(n+1)!}\mathrm{d}^{n+1}f|_{\overline{P}} \tag{7}$$

其中,$\Delta x_i=x_i-x_i^0(i=1,\cdots,n)$,点$\overline{P}$位于点 P_0 和点 P 的连线上,且介于这 2 个点之间.

显然,$n=1$ 和 $n=2$ 时分别对应式(3)和式(6),即一元函数泰勒公式和二元函数泰勒公式.

2. 中值定理

对于式(4),取 $n=0$,并记 $\Delta x=h$,$\Delta y=k$,则二元函数的泰勒公式变为

$$f(x_0+\Delta x,y_0+\Delta y)-f(x_0,y_0)=f_x(x_0+\theta\Delta x,y_0+\theta\Delta y)\Delta x+f_y(x_0+\theta\Delta x,y_0+\theta\Delta y)\Delta y \tag{8}$$

其中,$0<\theta<1$,式(8)就是二元函数的拉格朗日中值定理(简称中值定理).

记平面上 2 个点 $P_0(x_0,y_0)$,$P(x_0+\Delta x,y_0+\Delta y)$,

2 个点间距离为ρ(平面中$\rho=\sqrt{\Delta x^2+\Delta y^2}$),方向$\overrightarrow{P_0P}$记为$\vec{l}$,方向$\vec{l}$与$x,y$坐标轴夹角分别记为$\alpha,\beta$. 利用方向导数,有

$$\begin{aligned}
&f(x_0+\Delta x,y_0+\Delta y)-f(x_0,y_0)=\\
&\left(f_x(x_0+\theta\Delta x,y_0+\theta\Delta y)\frac{\Delta x}{\rho}+\right.\\
&\left.f_y(x_0+\theta\Delta x,y_0+\theta\Delta y)\frac{\Delta y}{\rho}\right)\rho=\\
&(f_x(x_0+\theta\Delta x,y_0+\theta\Delta y)\cos\alpha+\\
&f_y(x_0+\theta\Delta x,y_0+\theta\Delta y)\cos\beta)\rho=\\
&\frac{\partial f}{\partial l}(x_0+\theta\Delta x,y_0+\theta\Delta y)\rho
\end{aligned} \tag{9}$$

其中,$0<\theta<1$,显然,$(x_0+\theta\Delta x,y_0+\theta\Delta y)$是在$P_0P$的连线上,且介于$P_0$与$P$之间的点,记为$\overline{P}$.

对于一元可导函数$f(x)$,设P_0,P分别为区间$[a,b]$的2个端点,则$\overrightarrow{P_0P}$方向恰为x轴方向($\overrightarrow{P_0P}$方向为x轴反方向时也有同样的结果),点P_0和点P之间的距离为$b-a$. 而由中值定理可知,存在(a,b)内(相当于P_0与P之间)一点ξ(可另记为点$\overline{P}$),使得

$$f(b)-f(a)=\frac{\mathrm{d}f}{\mathrm{d}x}(\xi)(b-a) \tag{10}$$

对比式(9)和式(10)可知,式(10)是式(9)限定在一维时的特殊情况. 换句话说,二元函数的中值定理,如果沿着所讨论2个点的方向来看,本质上就是一元函数的中值定理. 类似的,可以得到n元函数的中值

定理.

定理 2（n 元函数的中值定理）　设 n 元函数 $u=f(x_1,\cdots,x_n)$ 在点 $P_0(x_1^0,\cdots,x_n^0)$ 的某一邻域内有连续偏导数，$P(x_1,\cdots,x_n)$ 为此邻域内任一点，$\overrightarrow{P_0P}$ 方向记为 $\vec{l}$，则存在位于点 P_0 和点 P 的连线上且介于点 P_0 与点 P 之间的一点 $\overline{P}$，使得

$$f(P)-f(P_0)=\frac{\partial f}{\partial l}(\overline{P})\,|P_0P| \tag{11}$$

其中，$|P_0P|$ 表示点 P_0 和点 P 之间的距离.

显然，$n=1$ 和 $n=2$ 时分别对应式(9)和式(10)，即一元函数和二元函数的拉格朗日中值定理.

泰勒多项式下的一类高考数学题探究

第十八章

在高考复习的最后阶段，考生需反复巩固知识储备，掌握常规解题的通性、通法. 但高考作为大学入学的选拔考试，其部分题目尤其是压轴题，教师若能从数学分析，甚至从泛函分析等高观点的角度进行透析，往往能更深入地把握试题的背景和本质. 浙江省柯桥中学丁扬恺老师以高考函数压轴题为例，针对解题方法谈一些个人体会.

1. 问题呈现

（浙江省 2017 年新高考 22）已知数列$\{x_n\}$满足：$x_1=1$，$x_n=x_{n+1}+\ln(1=x_{n+1})$（$n\in\mathbf{N}^*$），证明：当$n\in\mathbf{N}^*$时

（1）$0<x_{n+1}<x_n$；

(2) $2x_{n+1}-x_n\leqslant\frac{x_nx_{n+1}}{2}$;

(3) $\frac{1}{2^{n-1}}\leqslant x_n\leqslant\frac{1}{2^{n-2}}$.

这是新高考第一年的浙江省数学数列压轴题，考查学生分析问题和解决问题的能力. 乍一看第一小题可以用常规训练的数学归纳法，不过相比类似模拟卷中直接利用$n=k$ 的结论，高考考查反证的能力. 若 $x_{k+1}\leqslant 0$，则 $0<x_k=x_{k+1}+\ln(1+x_{k+1})\leqslant 0$，矛盾，故 $x_{k+1}>0$.

(2)第二问是本题的核心，官方提供的解法是将双变元 x_n，x_{n+1}化成单变元 x_{n+1} 的函数

$$\begin{aligned}&x_nx_{n-1}-4x_{n+1}+2x_n\\=&x_{n+1}^2-2x_{n+1}+(x_{n+1}+2)\ln(1+x_{n+1})\end{aligned}$$

然后结合导数

$$f(x)=x^2-2x+(x+2)\ln(1+x)\quad(x\geqslant 0)$$

然后判断函数单调性求得最小值来证明，$f(x)$ 在$[0,+\infty)$上单调递增，所以 $f(x)\geqslant f(0)=0$.

细微发现官方消元解法是中学的平级难度，在高观点下若涉及 $x_{n+1}=f(x_n)$ 的齐次式或是二次型关系，都可以依据数列压缩映像定理中的不动点构造类等比数列或是中心化求解，猜想出题者为什么要在题干中加一个 x_{n+1}的对数型，其目的是用泰勒展开来刻画对数的多项式形式. 在高等数学中，依泰勒展开

$$\ln(1+x)=x-\frac{1}{2}x^2+\frac{1}{3}x^3+\cdots+(-1)^{n-1}\frac{1}{n}x^n$$

引入

$$x-\frac{1}{2}x^2\leqslant\ln(1+x)\leqslant x$$

$$x_n=x_{n+1}+\ln(1+x_{n+1})\geqslant x_{n+1}+x_{n+1}-\frac{1}{2}x_{n+1}^2$$

右边整理得

$$2x_{n+1}-x_n\leqslant\frac{1}{2}x_{n+1}^2\leqslant\frac{1}{2}x_{n+1}x_n$$

可见在高观点下破解新高考压轴题事半功倍.

无独有偶,在北京市2015年高考中,已知函数$f(x)=\ln\frac{1+x}{1-x}$.

(1)求曲线$y=f(x)$在$(0,f(0))$处切线方程;

(2)求证:当$x\in(0,1)$时,$f(x)>2(x+\frac{x^3}{3})$;

(3)设实数k,使得$f(x)>k(x+\frac{x^3}{3})$对$x\in(0,1)$恒成立,求k的最大值.

第一问由切线方程的定义不难得:(1)$y=2x$;对于(2)通过移项构造函数,求得该函数在$x\in(0,1)$上的最小值大于0,也属于通解法范畴;对于(3)是笔者研究的焦点,常规法①常采用分离常数,则

$$k<\frac{\ln\frac{1+x}{1-x}}{x+\frac{x^3}{3}}=g(x)$$

目标求出$g(x)$在$(0,1)$的最小值,不过这对于高中学生来说,未免难度比较大,方法②构造函数证明

$$h(x)=\ln\frac{1+x}{1-x}-k(x+\frac{x^3}{3})>0$$

虽然想法比较质朴，但实际需分类讨论，细心发现 $h(0)=0, h'(x)=\frac{kx^4-(k-2)}{1-x^2}$，$(0,\sqrt[4]{\frac{k-2}{k}})$ 函数单调递减，所以 $h(x)>h(0)=0$ 的一个必要条件是 $h'(0)\geqslant 0$，即 $k\leqslant 2$.

2. 问题的逆向探究

对于一道高考题的编制，常让笔者联想到其后面的背景. 笔者对于方法①的 $g(x)$ 所谓的棘手最值进行探讨

$$x\to 1, g(x)=0$$

$$x\to 0, g(x)=\frac{0}{0}$$

为不定式极限，依微积分洛必达定理

$$g(x)=\lim_{x\to 0}\frac{2}{1-x^4}=2$$

即 $g(x)$ 的下确界为 2，故 k 的最大值为 2. 事实上，洛必达定理只是考虑两个函数不定型的一阶导数形式，而对于高考中热门的对数函数、指数函数与多项式的逼近问题常考虑它们的泰勒展开，我们知道

$$\ln(1+x)=x-\frac{x^2}{2}+\frac{x^3}{3}+\cdots+(-1)^{n-1}\frac{x^n}{n}+o$$

$$\ln(1-x)=-x-\frac{x^2}{2}-\frac{x^3}{3}-\cdots-\frac{x^n}{n}+o$$

o 为一个无穷小量，所以

$$\ln\frac{1+x}{1-x}=2\left(x+\frac{x^3}{3}+\cdots\right)$$

至此问题答案立马呈现，$k_{\max}=2$.

3. 试题的编制

(2014 年湖北省模拟)已知函数 $f(x)=\ln(x+a)-x$ 的最大值为 0,其中 $a>0$. (1)求 a 的值;(2)对任意的 $x\in[0,+\infty)$,有 $f(x)\geqslant kx^2$ 成立,求实数 k 的最大值.

易求得 $a=1$,对于(2)标准答案采用构造函数的分类讨论思想,虽然过程简洁,但一般学生难以接受,现分离常数后依 $\ln(x+1)$ 的泰勒展开,寻找 $\frac{f(x)}{x^2}$ 的下确界,由于分母是二阶,故只须对 $\ln(1+x)\sim x-\frac{1}{2}x^2$ 展开到二阶,不难快速得到答案 k 的最大值为 $-\frac{1}{2}$.

(2010 年全国新课程,理 21(2))设函数 $f(x)=e^x-1-x-ax^2$,若当 $x\geqslant 0$ 时,$f(x)\geqslant 0$,求 a 的取值范围.

同理可得

$$a\leqslant\frac{e^x-1-x}{x^2}\sim\frac{1+x+\frac{x^2}{2!}+o-1-x}{x^2}=\frac{1}{2}$$

本题涉及指数函数的泰勒展开,以下欲证结论用求导可以简单证明.

(2008 年全国 Ⅱ,理 22(2))设函数 $f(x)=\frac{\sin x}{2+\cos x}$,若对 $x\geqslant 0$ 时都有 $f(x)\leqslant ax$,求实数 a 的取值范围.

欲求 $a\geqslant\frac{\sin x}{x(2+\cos x)}\triangleq g(x)$,考虑一次洛必达定

理,$x\to0^+$,$g(x)=\frac{1}{3}$,便得所求 $a\geqslant\frac{1}{3}$. 以下用导数可以解决,只须证

$$h(x)=2x+x\cos x-3\sin x>0$$

显然 $h(0)=0$,故只须证 $h'(x)>0$,即

$$T(x)=2-x\sin x-2\cos x>0$$

只须证

$$T'(x)=\sin x-x\cos x>0$$

面对新形势下的高考,常需要对一类常见问题进行细微和居高临下的透彻剖析. 故此借鉴 2017 浙江省高考题求参数范围及这类单、双元的证明,通过指数、对数、三角函数的泰勒展开后的多项式逼近,发现可以大胆猜测 a 的取值范围,再合情推理,笔者认为以上解答比标准答案更易让一般学生接受.

第二编

泰勒公式的证明

第十九章 关于泰勒公式的几点讨论[①]

山东师范大学的朱治教授1987年讨论了泰勒公式的下列问题:(1)关于泰勒公式的引入问题;(2)关于泰勒公式积分型余项的由来问题;(3)关于泰勒公式(带拉格朗日型余项和柯西型余项)的证明框架问题.

泰勒公式是微积分中的重要公式之一,它有着大量的理论方面和实际方面的应用,它的一般形状是

$$f(h)=f(a)+f'(a)(h-a)+\cdots+\frac{f_a^{(n)}}{n!}(h-a)^n+R_n(h,a) \quad (1)$$

① 本章摘自《山东师大学报(自然科学版)》,1987年,第2卷,第2期.

其中余项 $R_n(h,a)$ 通常有四种形式

$$R_n(h,a)=o[(h-a)^n] \tag{2}$$

$$R_n(h,a)=\frac{f_{(c)}^{(n+1)}}{(n+1)!}(h-a)^{n+1}$$

$$(c\text{ 介于 } a \text{ 与 } h \text{ 之间}) \tag{3}$$

$$R_n(h,a)=\frac{f^{(n+1)}[a+\theta(h-a)]}{n!}\cdot$$

$$(1-\theta)^n(h-a)^{n+1}$$

$$(0<\theta<1) \tag{4}$$

$$R_n(h,a)=\frac{1}{n!}\int_a^h f^{(n+1)}(t)(h-t)^n\mathrm{d}t \tag{5}$$

分别称式(2)(3)(4)(5)为皮亚诺型余项、拉格朗日型余项、柯西型余项、积分型余项.

泰勒公式历史上有许多人进行过研究,今天仍有许多应用,因此在教学中能把泰勒公式讲好,对提高学生的分析问题能力,解决问题能力大有好处,本章讨论如下:

1. 关于泰勒公式的引入问题

从公式

$$f(h)=f(a)+f'(a)(h-a)+o(h-a) \tag{6}$$

到泰勒公式(含皮亚诺型余项)

$$f(h)=f(a)+f'(a)(h-a)+\cdots+$$

$$\frac{f^n(a)}{n!}(h-a)^n+o[(h-a)^n] \tag{7}$$

有很大差别,式(6)的几何意义明显,好理解;式(7)的几何意义不太明显,初学起来总觉得较难接受. 如何引入泰勒公式(7),是教学上应考虑的问题. 下面想通过

对式(6)的改进,较自然地分析出式(7)来.

出于精度的要求,自然可提出式(6)中的余项$o(h-a)$是否能继续分下去的问题,比较式(6)与拉格朗日中值公式可得

$$o(h-a)=[f'(a+\theta(h-a))-f'(a)](h-a)\quad(0<\theta<1)\tag{8}$$

若$f'(x)$在a可微,即$f(x)$在a有二阶导数时,则有

$$f'[a+\theta(h-a)]-f'(a)=f''(a)\theta(h-a)+o(\theta(h-a))\tag{9}$$

将式(9)代入(8)后,由式(6)便可得到

$$f(h)=f(a)+f'(a)(h-a)+\theta f''(a)(h-a)^2+o(\theta(h-a)^2)\tag{10}$$

$o(\theta(h-a)^2)$显然是比$(h-a)^2$高阶的无穷小量,因此式(10)比式(6)有所改进,但由于θ的值不确定,式(10)无多大实用价值.是否存在某个确定的数A使得

$$f(h)=f(a)+f'(a)(h-a)+Af''(a)(h-a)^2+o((h-a)^2)$$

即

$$\lim_{h\to a}\frac{f(h)-f(a)-f'(a)(h-a)-Af''(a)(h-a)^2}{(h-a)^2}=0$$

利用洛必达法则及二阶导数定义即可求出$A=\frac{1}{2}$,因此得

$$f(h)=f(a)+f'(a)(h-a)+\frac{1}{2}f''(a)(h-a)^2+o((h-a)^2)$$

将上式继续改进即可得出公式(7).

通过改进式(6)而得出式(7)还向我们提供了一个如何改进已知的数学工具,用来解决更复杂问题的例子.

2. 关于积分型余项(5)的由来问题

在教学中,学生常常不满足于定理的证明本身,而要进一步问或想这个定理是从怎样的分析中归纳出来的,例如带有积分型余项的泰勒公式的证明,许多课本上都是先有积分型余项(5)的形式,再来综合证明,这种证明方法常常证明过程简练,但看不出积分型余项(5)是怎样分析出来的. 若用分析性的讲解,有助于提高学生的分析问题的能力,下面给出积分型余项(5)的一种分析性的推导. 为简单起见,在积分型余项(5)中设 $a=0$.

设 $f(x)$ 在 $[0,b]$ 上有 $n+1$ 阶连续导数,且设

$$f(x)=f(0)+f'(0)x+\cdots+\frac{f^{(n)}(0)}{n!}x^n+R_n(x)\quad (x\in(0,b))\tag{11}$$

于是有

$$R_n(x)=f(x)-f(0)-f'(0)x-\cdots-\frac{f^{(n)}(0)}{n!}x^n\quad (x\in(0,b))\tag{12}$$

从而有

$$\begin{cases}R_n^{(n+1)}(x)=f^{(n+1)}(x),x\in(0,b) & (13)\\ R_n(0)=R'_n(0)=\cdots=R_n^{(n)}(0)=0 & (14)\end{cases}$$

由式(13)(14)得

$$R_n(x)=\int_0^x\mathrm{d}x\int_0^x\mathrm{d}x\cdots\int_0^x f^{(n+1)}(x)\mathrm{d}x\quad (n+1\text{ 次积分})$$

因

$$\int_0^x \mathrm{d}x \int_0^x f^{(n+1)}(x)\,\mathrm{d}x = \int_0^x f^{(n+1)}(t)(x-t)\,\mathrm{d}t$$

由数学归纳法可得

$$R(x) = \frac{1}{n!}\int_0^x f^{(n+1)}(t)(x-t)\,\mathrm{d}t \tag{15}$$

因此推导出积分型余项的形式,若由式(1)出发,类似上述步骤,可得

$$R(x,a) = \frac{1}{n!}\int_a^x f^{(n+1)}(t)(x-t)\,\mathrm{d}t$$

一个定理、公式的产生,常常包含两个阶段:分析过程(可能不严格,但有了猜想)和综合过程(加上适当的条件,严格证出结论成立),但写成定理的形式,常常是倒叙,把分析所得的结果写在前,而分析的思想包含在后面的证明中(也可能不包含在证明中),若证明中不包含分析过程的思路,能在讲解中补上去,效果会更好,有助于分析能力的提高.

3. 关于泰勒公式(带拉格朗日型余项和柯西型余项)证明的框架问题

泰勒公式(带拉格朗日型余项和柯西型余项)的证明与拉格朗日中值定理、柯西中值定理的证明,可以归结到同一个框架中,即造一个满足罗尔中值定理的函数 $F(x)$,所要求的余项 $R_n(h,a)$ 埋伏在 $F(x)$ 中,$F(x)$ 的形式可以统一写成形式

$$F(x) = g(h,a)R(h,x) - g(h,x)R(h,a) \tag{16}$$

其中不妨设 $h > a$,并设 h,a 是定值,x 是自变量,$a \leqslant x \leqslant h$

$$R_n(h,a)=f(h)-f(a)-f'(a)(h-a)-\cdots-\frac{f^{(n)}(a)}{n!}(h-a)^n \tag{17}$$

$$R_n(h,x)=f(h)-f(x)-f'(x)(h-x)-\cdots-\frac{f^{(n)}(x)}{n!}(h-x)^n \tag{18}$$

由式(18)可知 $R_n(h,h)=0$，$n=0$ 时，

$$R_0(b,a)=f(b)-f(a) \tag{19}$$

设$f(x)$，$g(h,x)$满足一定的连续可导性条件，且 $g(h,h)=0$，由上述条件可看出 $F(a)=F(h)=0$，因此由罗尔定理可得 $F'(c)=0$，$a<c<h$，再由式(16)即得

$$R_n(h,a)=[g(h,a)/g'(h,c)]R'_n(h,c) \tag{20}$$

由式(18)得

$$R'_n(h,c)=-\frac{f^{(n+1)}(c)}{n!}(h-c)^n \tag{21}$$

把式(21)代入(20)得

$$R_n(h,a)=-\frac{g(h,a)}{g'(h,c)}\frac{f^{(n+1)}(c)}{n!}(h-c)^n \tag{22}$$

由式(22)进而可得

①在式(22)中当

$$n=0(\text{设 }0!=1),h=b,g(b,x)=(b-x)$$

得

$$f(b)-f(a)=f'(c)(b-a) \tag{23}$$

这就是拉格朗日中值公式.

②在式(22)中当 $n=0$，$h=b$，$g(b,x)=\varphi(b)-\varphi(x)$，$\varphi'(x)\neq 0$，得

$$f(b)-f(a)=\frac{\varphi(b)-\varphi(a)}{\varphi'(c)}f'(c)$$

即

$$\frac{f'(c)}{\varphi'(c)}=\frac{f(b)-f(a)}{\varphi(b)-\varphi(a)} \tag{24}$$

这就是柯西中值公式.

③在式(22)中,当 $g(h,x)=(h-x)^{n+1}$,得

$$R_n(h,a)=\frac{f^{(n+1)}(c)}{(n+1)!}(h-a)^{n+1} \tag{25}$$

这就是拉格朗日型余项.

④在式(22)中,当 $g(h,x)=(h-x)$,得

$$R_n(h,a)=\frac{f^{(n+1)}(c)}{n!}(h-a)(h-c)^n \tag{26}$$

再令 $c=a+\theta(h-a),0<\theta<1$,式(26)变为

$$R_n(h,a)=\frac{f^{(n+1)}(c)}{n!}(1-\theta)^n(h-a)^{n+1} \tag{27}$$

这就是柯西型余项.

一般微积分课本中,式(23)(24)(25)是分别证明的,这样可以由浅入深,但学完微分中值定理和泰勒公式后,概括一个统一框架,这有利于开阔视野,提高学生的概括能力、想象能力、解决问题的能力. 例如,用此框架可以简练证明其他问题.

例 1 若函数 $f(x)$:(1)在区间$[a,b]$上有二阶导函数 $f''(x)$;(2)$f'(a)=f'(b)=0$,则在区间(a,b)内至少存在一点 c,满足

$$|f''(c)|\geqslant\frac{4}{(b-a)^2}|f(b)-f(a)|$$

证 因 $f'(a)=f'(b)=0$,在证明中不妨设

$$\left|f\left(\frac{a+b}{2}\right)-f(a)\right|\geqslant\frac{1}{2}|f(b)-f(a)|$$

（否则设$\left|f(b)-f\left(\frac{a+b}{2}\right)\right|\geqslant\frac{1}{2}|f(b)-f(a)|$，二者必居其一）.

令

$$F(x)=\left(\frac{a+b}{2}-a\right)^2\left[f\left(\frac{a+b}{2}\right)-f(x)-f'(x)\left(\frac{a+b}{2}-x\right)\right]-\left(\frac{a+b}{2}-x\right)^2\left[f\left(\frac{a+b}{2}\right)-f(a)\right]\quad(28)$$

显然

$$F(a)=F\left(\frac{a+b}{2}\right)=0$$

由罗尔定理得

$$F'(c)=0\quad\left(a<c<\frac{a+b}{2}\right)$$

即得

$$f\left(\frac{b+a}{2}\right)-f(a)=\frac{f''(c)}{2}\left(\frac{a+b}{2}-a\right)^2\quad(29)$$

从而

$$|f''(c)|=\left|\frac{8}{(b-a)^2}\left[f\left(\frac{b+a}{2}\right)-f(a)\right]\right|\geqslant\frac{4}{(b-a)^2}|f(b)-f(a)|$$

证毕.

式（28）就是式（16）的特殊情况，其中取

$$R_1\left(\frac{a+b}{2},x\right)=f\left(\frac{a+b}{2}\right)-f(x)-f'(x)\left(\frac{a+b}{2}-x\right)$$

得

$$R_1\left(\frac{a+b}{2},a\right)=f\left(\frac{a+b}{2}\right)-f(a)\quad(因 f'(a)=0)$$

取

$$g\left(\frac{a+b}{2},x\right)=\left(\frac{a+b}{2}-x\right)^2$$

则

$$g\left(\frac{a+b}{2},a\right)=\left(\frac{a+b}{2}-a\right)^2=\frac{(b-a)^2}{4}$$

式(29)就是式(20)的特殊情况,其中 $n=1,h=\frac{a+b}{2}$,

因

$$g'\left(\frac{a+b}{2},c\right)=-2\left(\frac{a+b}{2}-c\right)$$

$$R'_1\left(\frac{a+b}{2},c\right)=-f''(c)\left(\frac{a+b}{2}-c\right)$$

而得式(29),这样的证明思路清楚,当然直接应用泰勒公式就更加简单了,不过此题是微分中值定理的题,所以归结为罗尔定理.

对泰勒公式的进一步探讨[①]

第二十章

泰勒公式及条件 若函数$f(x)$满足:(1)在$[x_0, x_0+h]$上有$n-1$阶的连续导数(其中$h>0$);(2)在(x_0, x_0+h)内有n阶导数,则对任意$x\in[x_0, x_0+h]$,有

$$f(x)=f(x_0)+\sum_{k=1}^{n-1}\frac{f^{(k)}(x_0)}{k!}(x-x_0)^k+\frac{f^{(n)}[x_0+\theta(x-x_0)]}{n!}(x-x_0)^n \quad (0<\theta<1) \tag{1}$$

式(1)称为拉格朗日型余项n阶泰勒公式.条件中$[x_0, x_0+h]$改为$[x_0-h, x_0]$也成立.

① 本章摘自《华南理工大学学报》,1990年,第18卷,第3期.

对泰勒公式华南理工大学应用数学系的林健良教授1990年进一步指出以下结论：

定理1 设函数$f(x)$满足：(1)泰勒公式的条件；(2)$f^{(n+1)}(x_0)$存在且不为零，则对式(1)中的θ有

$$\lim_{x\to x_0}\theta=\frac{1}{n+1} \tag{2}$$

证 令

$$R_n(x)=f(x)-f(x_0)-\sum_{k=1}^{n}\frac{f^{(k)}(x_0)}{k!}(x-x_0)^k$$

求极限$\lim\limits_{x\to x_0}\frac{R_n(x)}{(x-x_0)^{n+1}}$，使用$n$次洛必达法则得

$$\begin{aligned}\lim_{x\to x_0}\frac{R_n(x)}{(x-x_0)^{n+1}}&=\lim_{x\to x_0}\frac{R_n^{(n)}(x)}{(n+1)!\ (x-x_0)}\\&=\frac{1}{(n+1)!}\lim_{x\to x_0}\frac{f^{(n)}(x)-f^{(n)}(x_0)}{x-x_0}\\&=\frac{f^{(n+1)}(x_0)}{(n+1)!}\end{aligned} \tag{3}$$

另一方面，利用式(1)又得

$$\begin{aligned}R_n(x)&=\left[f(x)-f(x_0)-\sum_{k=1}^{n-1}\frac{f^{(k)}(x_0)}{k!}(x-x_0)^k\right]-\\&\quad\frac{f^{(n)}(x_0)}{n!}(x-x_0)^n\\&=\frac{f^{(n)}[x_0+\theta(x-x_0)]}{n!}(x-x_0)^n-\\&\quad\frac{f^{(n)}(x_0)}{n!}(x-x_0)^n\\&=\frac{(x-x_0)^n}{n!}[f^{(n)}(\xi)-f^{(n)}(x_0)]\end{aligned}$$

其中 $\xi=x_0+\theta(x-x_0)$ 介于 x 与 x_0 之间. 而条件(2)保证了当 $|x-x_0|>0$ 且充分小时 $f^{(n)}(\xi)-f^{(n)}(x_0)\neq 0$，所以

$$\frac{n!\dfrac{R_n(x)}{(x-x_0)^n}}{f^{(n)}(\xi)-f^{(n)}(x_0)}=1 \tag{4}$$

所以

$$\theta=\frac{\xi-x_0}{x-x_0}=\frac{\xi-x_0}{x-x_0}\frac{n!\dfrac{R_n(x)}{(x-x_0)^n}}{f^{(n)}(\xi)-f^{(n)}(x_0)}$$

$$=\frac{n!\dfrac{R_n(x)}{(x-x_0)^{n+1}}}{\dfrac{f^{(n)}(\xi)-f^{(n)}(x_0)}{\xi-x_0}}$$

利用式(3)并注意到 $x\to x_0$ 时 $\xi\to x_0$，则

$$\lim_{x\to x_0}\theta\frac{n!\lim\limits_{x\to x_0}\dfrac{R_n(x)}{(x-x_0)^{n+1}}}{\lim\limits_{x\to x_0}\dfrac{f^{(n)}(\xi)-f^{(n)}(x_0)}{\xi-x_0}}$$

$$=\frac{n!\dfrac{f^{(n+1)}(x_0)}{(n+1)!}}{f^{(n+1)}(x_0)}$$

$$=\frac{1}{n+1}$$

值得注意的是，定理中条件(2)是必要的.

例 1 取 $f(x)=x^{5/2}$，$x_0=0$，$n=2$ 代入式(1)得

$$x^{\frac{2}{5}}=\frac{15}{8}(\theta x)^{\frac{1}{2}}x^2$$

所以

$$\theta = \left(\frac{8}{15}\right)^2$$

所以

$$\lim_{x \to 0} \theta \neq \frac{1}{3}$$

这是因为 $f''(0)$ 不存在.

例 2 取 $f(x) = x^5, x_0 = 0, n = 3$ 代入式(1)得

$$x^5 = 10(\theta x)^2 x^3$$

所以

$$\theta = \frac{1}{\sqrt{10}}$$

所以

$$\lim_{x \to 0} \theta \neq \frac{1}{4}$$

这是由于 $f^{(4)}(0) = 0$ 之故.

由定理 1 容易得出拉格朗日中值定理与积分中值定理中 ξ 的趋向.

拉格朗日中值定理指出:若函数 $f(x)$ 满足(1)在 $[a,b]$ 上连续;(2)在 (a,b) 内可导,则在 (a,b) 内至少存在一点 ξ 使

$$f(b) - f(a) = f'(\xi)(b - a)$$

推论 1 设函数 $f(x)$ 满足:(1)拉格朗日中值定理的条件;(2) $f''(a)$ 存在且 $f''(a) \neq 0$,则拉格朗日中值定理中的 ξ 满足

$$\lim_{b \to a} \frac{\xi - a}{b - a} = \frac{1}{2}$$

这结果只要在定理 1 中取 $x_0=a,\theta=\dfrac{\xi-a}{b-a},n=1$ 即可得.

积分中值定理指出：若函数 $f(x)$ 在 $[a,b]$ 上连续，则在 (a,b) 内至少存在一点 ξ 使

$$\int_a^b f(x)\mathrm{d}x=f(\xi)(b-a) \tag{5}$$

推论 2 设函数 $f(x)$ 满足：(1) 在 $[a,b]$ 上连续；(2) $f'(a)$ 存在且 $f'(a)\neq 0$，则积分中值定理中的 ξ 满足

$$\lim_{b\to a}\frac{\xi-a}{b-a}=\frac{1}{2}$$

证 设 $F(x)$ 是 $f(x)$ 在 $[a,b]$ 上的一个原函数，则

$$F(b)-F(a)=\int_a^b f(x)\mathrm{d}x$$

结合式(5)得

$$F(b)-F(a)=F'(\xi)(b-a) \tag{6}$$

式(6)说明式(5)中的 ξ 对函数 $F(x)$ 而言恰好就是拉格朗日中值定理中的 ξ，而此时 $F(x)$ 满足推论 1 中的全部条件，故

$$\lim_{b\to a}\frac{\xi-a}{b-a}=\frac{1}{2}$$

定理 1 的结果也可用来提高近似计算的精度，即若用公式

$$f(x)\approx f(x_0)+\sum_{k=1}^{n-1}\frac{f^{(k)}(x_0)}{k!}(x-x_0)^k+\frac{f^{(n)}\left(x_0+\dfrac{x-x_0}{n+1}\right)}{n!}(x-x_0)^n \tag{7}$$

代替公式

$$f(x) \approx f(x_0) + \sum_{k=1}^{n} \frac{f^{(k)}(x_0)}{k!}(x-x_0)^k \tag{8}$$

虽然项数一样,但可明显地提高近似计算的精度.事实上,我们可以证明以下结果.

定理2 设函数$f(x)$满足定理1的条件,则当$x \to x_0$时式(7)的绝对误差是式(8)的绝对误差的高阶无穷小.

证 设式(7)的误差为

$$r_n(x) = f(x) - f(x_0) - \sum_{k=1}^{n-1} \frac{f^{(k)}(x_0)}{k!}(x-x_0)^k - \frac{f^{(n)}\left(x_0 + \frac{x-x_0}{n+1}\right)}{n!}(x-x_0)^n \tag{9}$$

式(8)的误差为

$$R_n(x) = f(x) - f(x_0) - \sum_{k=1}^{n} \frac{f^{(k)}(x_0)}{k!}(x-x_0)^k \tag{10}$$

由式(9)与(10)可得

$$R_n(x) = r_n(x) + \frac{(x-x_0)^n}{n!} \cdot \left[f^{(n)}\left(x_0 + \frac{x-x_0}{n+1}\right) - f^{(n)}(x_0)\right] \tag{11}$$

把式(1)代入(9)又可得

$$r_n(x)=\frac{(x-x_0)^n}{n!}[f^{(n)}[x_0+\theta(x-x_0)]-$$

$$f^{(n)}\left(x_0+\frac{x-x_0}{n+1}\right)]\quad(0<\theta<1)\qquad(12)$$

再记

$$S_n(x)=\frac{(x-x_0)^n}{n!}\left[f^{(n)}\left(x_0+\frac{x-x_0}{n+1}\right)-f^{(n)}(x_0)\right]$$

(13)

当$|x-x_0|>0$充分小时，由定理1的条件(2)可知$S_n(x)\neq0$，而由式(3)又可知$R_n(x)\neq0$，再由式(11)与(13)得

$$\lim_{x\to x_0}\frac{r_n(x)}{R_n(x)}=\lim_{x\to x_0}\frac{r_n(x)}{r_n(x)+S_n(x)}$$

$$=\frac{\lim\limits_{x\to x_0}\frac{r_n(x)}{S_n(x)}}{\lim\limits_{x\to x_0}\frac{r_n(x)}{S_n(x)}+1}\qquad(14)$$

而由式(12)与(13)得

$$\lim_{x\to x_0}\frac{r_n(x)}{S_n(x)}=\lim_{x\to x_0}\frac{f^{(n)}[x_0+\theta(x-x_0)]-f^{(n)}\left(x_0+\frac{x-x_0}{n+1}\right)}{f^{(n)}\left(x_0+\frac{x-x_0}{n+1}\right)-f^{(n)}(x_n)}$$

$$=\lim_{x\to x_0}\frac{[f^{(n)}[x_0+\theta(x-x_0)]-f^{(n)}(x_0)]-\left[f^{(n)}\left(x_0+\frac{x-x_0}{n+1}\right)-f^{(n)}(x_0)\right]}{f^{(n)}\left(x_0+\frac{x-x_0}{n+1}\right)-f^{(n)}(x_0)}$$

$$=\lim_{x\to x_0}\frac{\dfrac{f^{(n)}[x_0+\theta(x-x_0)]-f^{(n)}(x_0)}{\theta(x-x_0)}\cdot\theta}{\dfrac{f^{(n)}\left(x_0+\dfrac{x-x_0}{n+1}\right)-f^{(n)}(x_0)}{\dfrac{x-x_0}{n+1}}\cdot\dfrac{1}{n+1}}-1$$

$$=\frac{f^{(n+1)}(x_0)\dfrac{1}{n+1}}{f^{(n+1)}(x_0)\dfrac{1}{n+1}}-1=0$$

所以

$$\lim_{x\to x_0}\frac{r_n(x)}{S_n(x)}=0$$

代入式(14)得

$$\lim_{x\to x_0}\frac{r_n(x)}{R_n(x)}=0$$

所以

$$\lim_{x\to x_0}\frac{|r_n(x)|}{R_n(x)}=0$$

最后,举一例子.

例 3 设 $f(x)=\ln(1+x)$, $x_0=0$, $n=4$ 代入式(7)与(8)分别得

$$\ln(1+x)\approx x-\frac{x^2}{2}+\frac{x^3}{3}-\frac{x^4}{4\left(1+\dfrac{x}{5}\right)^4} \qquad (15)$$

与

$$\ln(1+x)\approx x-\frac{x^2}{2}+\frac{x^3}{3}-\frac{x^4}{4} \qquad (16)$$

通过计算可得下列数据(表 1(精确度 10^{-6})).

表 1

x	$\ln(1+x)$	近似值		绝对误差	
		式(15)	式(16)	式(15)	式(16)
1	0.693 147	0.712 770	0.583 333	0.019 623	0.109 814
0.5	0.405 465	0.405 995	0.415 365	0.000 530	0.009 900
0.25	0.223 144	0.223 155	0.222 982	0.000 011	0.000 162

可见式(15)的结果比式(16)的结果明显精确得多.

顺便指出定理 1 的推论 2 在定积分的近似计算中也同样有实用价值.

第二十一章 关于泰勒公式[①]

若函数 $f(x)$ 在区间 $[a,b]$ 上是 $n+1$ 次连续可微,则有

$$f(b)=f(a)+\sum_{k=1}^{n}\frac{f^{(k)}(a)}{k!}(b-a)^{k}+R_{n}(x)$$

其中余项

$$R_{n}=\frac{1}{n!}\int_{a}^{b}f^{(n+1)}(x)(b-x)\mathrm{d}x \quad (1)$$

($R_n(x)$ 可简记为 R_n).

这是大家熟悉的泰勒公式.

丽水师范专科学校数学系的陈继理教授 1995 年 8 月引进参量对此加以推广:

定理 1 设函数 $f(x)$ 在区间 $[a,b]$ 上是 $n+1$ 次连续可微的,则有

① 本章摘自《浙江师大学报(自然科学版)》,1995 年,第 18 卷,第 3 期.

$$f(b)=f(a)+\sum_{k=1}^{n}\frac{1}{k!}\cdot$$
$$[(t-a)^k f^{(k)}(a)-$$
$$(t-b)^k f^{(k)}(b)]+R_n$$

其中余项

$$R_n=\frac{1}{n!}\int_a^b (t-x)^n f^{(n+1)}(x)\mathrm{d}x\quad (t\text{ 表示参量})\qquad (2)$$

证 应用数学归纳法.

(1)当 $n=0$ 时,命题显然成立.

当 $n=1$ 时,由假设 $f(x)$ 在 $[a,b]$ 上是二阶连续可微,根据牛顿-莱布尼兹公式,有

$$\begin{aligned}f(b)-f(a)&=\int_a^b f'(x)\mathrm{d}x\\&=\int_a^b f'(x)\mathrm{d}(x-t)\\&=f'(x)(x-t)\Big|_a^b-\int_a^b (x-t)f''(x)\mathrm{d}x\\&=(t-a)f'(a)-(t-b)f'(b)+\\&\quad\int_a^b (t-x)f''(x)\mathrm{d}x\end{aligned}$$

即式(2)当 $n=1$ 时也成立.

(2)假设当 $n=m-1$ 时式(2)成立,即有

$$f(b)=f(a)+\sum_{k=1}^{m-1}\frac{1}{k!}[(t-a)^k f^{(k)}(a)-$$
$$(t-b)^k f^{(k)}(b)]+R_{m-1}$$

其中

$$R_{m-1}=\frac{1}{(m-1)!}\int_a^b (t-x)^{m-1}f^{(m)}(x)\mathrm{d}x\qquad (3)$$

下面来证明当 $x=m$ 时式(2)也成立. 由于 $f(x)$ 在 $[a,b]$ 上是 $m+1$ 阶连续可微的,故对式(3)余项 R_{m-1} 应用分部积分法,有

$$R_{m-1}=\frac{(-1)^{m-1}}{m(m-1)!}\int_a^b f^{(m)}(x)\mathrm{d}[(x-t)^m]$$

$$=\frac{(-1)^{m-1}}{m!}[(x-t)^m f^{(m)}(x)]\Big|_a^b-$$

$$\int_a^b (x-t)^m f^{(m+1)}(x)\mathrm{d}x$$

$$=\frac{1}{m!}[(t-a)^m f^{(m)}(a)-(t-b)^m f^{(m)}(b)]+$$

$$\frac{1}{m!}\int (t-x)^m f^{(m+1)}(x)\mathrm{d}x$$

将此结果代入式(3),即得所证.

由此式(2)成立.

注记 (1)取参量 $t=b$ 就是泰勒公式(1).

(2)式(2)表明,区间 $[a,b]$ 上 $n+1$ 阶连续可微函数 $f(x)$,在 $[a,b]$ 上增量 $f(b)-f(a)$ 可以用 a,b 两点之各阶导数(到 n 阶为止)为系数的一个多项式近似表达.

(3)由于 $(t-x)^n$ 在 a 与 t 及 t 与 b 之间的 x 值总是保持同号,应用推广的积分中值定理,余项 R_n 就有

$$R_n(x)=\frac{1}{n!}\int_a^b (t-x)^n f^{(n+1)}(x)\mathrm{d}x$$

$$=\frac{1}{n!}\int_a^t (t-x)^n f^{(n+1)}(x)\mathrm{d}x+$$

$$\frac{1}{n!}\int_t^b (t-x)^n f^{(n+1)}(x)\mathrm{d}x$$

$$= \frac{1}{(n+1)!} f^{(n+1)}(\xi_1)(t-a)^{n+1} - \frac{1}{(n+1)!} f^{(n+1)}(\xi_2)(t-b)^{n+1} \quad (4)$$

其中，ξ_1，ξ_2 分别是 a 与 t，t 与 b 之间的某个值，形式上类似拉格朗日型余项.

定理 2 设函数 $f(x)$ 在区间 $[a,b]$ 上有任意阶导数，且 $|f^{(n)}(x)| \leqslant M$（M 是正常数，$n=1,2,\cdots$），则 $f(x)$ 在 $[a,b]$ 上的增量有下面表达式

$$f(b) - f(a) = \sum_{k=1}^{\infty} \frac{(b-a)^k}{(2k)!!} [f^{(k)}(a) - (-1)^k f^{(k)}(b)] \quad (5)$$

证 利用式 (2) 取 $t = \frac{a+b}{2}$ 及注记 (3) 中余项 (4)，并由 $(n!) \cdot 2 = (2n)!!$，得到

$$f(b) - f(a) = \sum_{k=1}^{n} \frac{(b-a)^k}{(2k)!!} \cdot [f^{(k)}(a) - (-1)^k f^{(k)}(b)] + R_n$$

由于

$$|R_n| = \frac{1}{(2n+2)!!} |f^{(n+1)}(\xi_1)(b-a)^{n+1} - f^{(n+1)}(\xi_2)(a-b)^{n+1}|$$

$$\leqslant \frac{M \cdot 2}{(2n+2)!!}(b-a)^{n+1} \to 0 \quad (n \to \infty)$$

从而式 (5) 得证.

求多项式的泰勒公式的一种简便方法[①]

第二十二章

在数学分析中,经常要求一个函数的函数值、各阶导函数、各阶导函数值及函数的泰勒公式.对于求一个特殊的函数或特殊的函数值是容易做到的.但对于求一般的函数或函数值就困难重重了,仅就最简单的函数——多项式而言就是如此,更何况其他的函数呢?受多项式的辗转相除法的启发,南阳师范高等专科学校数学系的杨运平教授1999年给出一种只进行加、乘运算,而不进行导数运算的求多项式函数的函数值、各阶导函数值及泰勒公式的非常实用的、简便的、有效的方法,它是借助于多项式

① 本章摘自《高等函授学报(自然科学版)》,1999年,第3期.

的除法而得到的.

1. 多项式的除法

设

$$f(x)=a_0x^n+a_1x^{n-1}+\cdots+a_{n-1}x+a_n$$

是 x 的一个实系数的多项式,若 c 为一常数,$c\in\mathbf{R}$,则由高等代数知:多项式 $f(x)$ 除以 $x-c$ 所得到的商式与余数可以按下述计算格式求出

$$\begin{array}{c|cccccc} c & a_0 & a_1 & a_2 & \cdots & a_{n-1} & a_n \\ & & b_0c & b_1c & \cdots & b_{n-2}c & b_{n-1}c \\ \hline & b_0 & b_1 & b_2 & \cdots & b_{n-1} & b_n \end{array} \tag{1}$$

其中

$$b_0=a_0,b_i=b_{i-1}c+a_i\quad(i=1,2,\cdots,n) \tag{2}$$

从而求出商式

$$f_1(x)=b_0x^{n-1}+b_1x^{n-2}+\cdots+b_{n-2}x+b_{n-1}$$

余数为 b_n.

2. 多项式的函数值的求法

由多项式的除法知

$$f(x)=(x-2)f_1(x)+b_n \tag{3}$$

其中

$$f_1(x)=b_0x^{n-1}+b_1x^{n-2}+\cdots+b_{n-2}x+b_{n-1}$$

令 $x=c$,得

$$f(x)=b_n \tag{4}$$

因此,求 $f(c)$ 时,只要用多项式的除法(1)求出多项式函数 $f(x)$ 除以 $x-c$ 的余数 b_n 即可.

例 1 已知 $f(x)=x^4+2x^3-3x^2-5$,求 $f(2)$,$f(6)$.

解 列算式

2	1	2	−3	0	−5
		2	8	10	20
	1	4	5	10	15

于是$f(2)=15$. 再列算式

6	1	2	−3	0	−5
		6	48	270	1 620
	1	8	45	270	1 615

故

$$f(6)=1\ 615$$

例 2 已知$f(x)=x^6-2x^5+3x^4+4x^3+10x^2+5x-100$,求$f(11)$.

解 列算式

11	1	−2	3	4	10	5	−100
		11	99	1 122	12 386	136 356	1 499 971
	1	9	102	1 126	12 396	136 361	1 499 871

故

$$f(11)=1\ 499\ 871$$

3. 多项式的各阶导函数值的求法

用式(3)中$f_1(x)$除以$x-c$,则由多项式的除法知

$$f_1(x)=(x-c)f_2(x)+c_{n-1} \tag{5}$$

其中

$$f(x)=c_0x^{n-2}+c_1x^{n-3}+\cdots+c_{n-3}x+c_{n-2}$$

令$x=c$,得

$$f_1(c)=c_{n-1} \tag{6}$$

设$f(x)$在点$x=c$的泰勒公式为

$$f(x)=f(c)+\frac{f'(c)}{1!}(x-c)+\frac{f''(c)}{2!}(x-c)^2+\cdots+\frac{f^{(n)}(c)}{n!}(x-c)^n \tag{7}$$

由式(4)比较(3)及(7),得

$$f_1(x)=\frac{f'(c)}{1!}+\frac{f''(c)}{2!}(x-c)+\cdots+\frac{f^{(n)}(c)}{n!}(x-c)^{n-1} \tag{8}$$

令 $x=c$,得

$$f_1(c)=\frac{f'(c)}{1!} \tag{9}$$

由式(6)及(9)知

$$c_{n-1}=\frac{f'(c)}{1!} \tag{10}$$

继式(5)之后,用 $f_2(x)$ 除以 $x-c$,则由多项式的除法知

$$f_2(x)=(x-c)f_3(x)+d_{n-2} \tag{11}$$

其中

$$f_3(x)=d_0x^{n-3}+d_1x^{n-4}+\cdots+d_{n-4}x+d_{n-3}$$

令 $x=c$,得

$$f_2(c)=d_{n-2} \tag{12}$$

由式(10)比较(5)(8),得

$$f_2(x)=\frac{f''(c)}{2!}+\frac{f''(c)}{3!}(x-c)+\cdots+\frac{f^{(n)}(c)}{n!}(x-c)^{n-2} \tag{13}$$

令 $x=c$,得

$$f_2(c)=\frac{f''(c)}{2!} \tag{14}$$

由式(12)(14)知

$$d_{n-2}=\frac{f''(c)}{2!} \tag{15}$$

如此继续下去,有

$$l_{n-k}=\frac{f^{(k)}(c)}{k!}=f_k(c) \tag{16}$$

是$f_{k-1}(c)$除以$x-c$所得的余数.

因此,为了求多项式函数$f(x)$的各阶导函数值,只要求出各个余数$f(c)$,$f_1(c)$,$f_2(c)$,$\cdots$,$f_k(c)$,$\cdots$,$f_n(c)$,然后分别乘以$0!,1!,2!,3!,\cdots,k!,\cdots,n!$ 即可,这就是要求我们多次使用多项式的除法式(1). 求各个余数的具体做法表示如下,其中,设

$$f(x)=a_0x^n+a_1x^{n-1}+\cdots+a_{n-1}x+a_n$$

c	a_0	a_1	a_2	a_3	$\cdots$	a_{n-2}	a_{n-1}	a_n
	$+$	b_0c	b_1c	b_2c		$b_{n-3}c$	$b_{n-2}c$	$b_{n-1}c$
	$b_0=a_0$	b_1	b_2	b_3	$\cdots$	b_{n-2}	b_{n-1}	$b_n=f(c)$
	$+$	c_0c	c_1c	c_2c	$\cdots$	$c_{n-3}c$	$c_{n-2}c$	
	$c_0=a_0$	c_1	c_2	c_3	$\cdots$	c_{n-2}	$c_{n-1}=\frac{f'(c)}{1!}$	
	$\cdots$		$\cdots$			$\cdots$		
	$l_0=a_0$	l_1	l_2	$\cdots$		$l_{n-k}=\frac{f^{(k)}(c)}{k!}$		
	$\cdots$		$\cdots$			$\cdots$		
	$I_0=a_0$	l_1	$I_2=\frac{f^{(n-2)}(c)}{(n-2)!}$					
	$+$	m_0c						
	$m_0=a_0$	$m_1=\frac{f^{(n-1)}(c)}{(n-1)!}$						
	$n_0=a_0=\frac{f^{(n)}(c)}{n!}$							

(17)

也可以按矩阵的形式，首先在一个$(n+2)\times(n+2)$的方阵的对角线上列出$f(x)$的系数，其中 d 为一个符号，在第一列上全为 a_0，即

$$a_{i,i}=a_{i-1}\quad(i=1,2,\cdots,n+1)$$

$$a_{n+2,n+2}=d$$

$$a_{i,1}=a_0\quad(i=1,2,\cdots,n+2)$$

然后按递推公式

$$a_{i,j}c+a_{i,j+11}=a_{i+1,j+1}$$

$$(i=1,2,\cdots,n+1;j=1,2,\cdots,i-1)\qquad(18)$$

自上而下，自左而右依次计算出对角线下其他各元素之值，则第 $n+2$ 行各元素依次乘

$$n!,(n-1)!,\cdots,1!,0!$$

就可得到各阶导函数值

$$f^{(n)}(c),f^{(n-1)}(c),\cdots,f'(c)\text{及}f(c)$$

即

$$f^{(n)}(c)=n!\ a_{n+2,1}=n!\ a_0$$

$$f^{(n-k)}(c)=(n-k)!\ a_{n+2,k+1}$$

$$(k=1,2,\cdots,n)\qquad(19)$$

如

$$
c\begin{bmatrix}
a_0 & & & & & \\
a_0 & a_1 & & & & \\
a_0 & a_{3,2} & a_2 & & & \\
a_0 & a_{4,2} & a_{4,3} & a_3 & & \\
\vdots & \vdots & \vdots & \vdots & \ddots & \\
a_0 & a_{n+1,2} & a_{n+1,3} & a_{n+1,4} & \cdots & a_n \\
a_0 & a_{n+2,2} & a_{n+2,3} & a_{n+2,4} & \cdots & a_{n+2,n+1} \\
\vdots & \vdots & \vdots & \vdots & & \vdots \\
\frac{1}{n!}f^{(a)}(c) & \frac{f^{n-1}(c)}{(n-1)!} & \frac{f^{(n-2)}(c)}{(n-2)!} & \frac{f^{(n-3)}(c)}{(n-3)!} & \cdots & f(c)
\end{bmatrix} d
\tag{20}
$$

例 3　求 $f(x)=x^3-2x-5$ 在点 $x=2$ 的函数值及各阶导函数值.

解　按式(17)有算式

$$
\begin{array}{r|rrrr}
2 & 1 & 0 & -2 & -5 \\
 & + & 2 & 4 & 4 \\
\hline
 & 1 & 2 & 2 & -1 \\
 & + & 2 & 8 & \\
\hline
 & 1 & 4 & 10 & \\
 & + & 2 & & \\
\hline
 & 1 & 6 & & \\
\hline
 & 1 & & &
\end{array}
$$

从而 $f(2)=-1, f'(2)=10, f''(2)=12, f''(2)=6$.

例 4　求 $x=-5$ 时，函数 $f(x)=x^5+2x^4-2x^2-$

$25x+100$ 及其导数的值.

解 按式(20)有算式

$$
-5\begin{bmatrix}
1 & & & & & & \\
1 & 2 & & & & & \\
1 & -3 & 0 & & & & \\
1 & -8 & 15 & -2 & & & \\
1 & -13 & 55 & -77 & -25 & & \\
1 & -18 & 120 & -352 & 360 & 100 & \\
1 & -23 & 210 & -950 & 2\,120 & -1\,700 & d
\end{bmatrix}
$$

于是

$$f(-5)=-1\,700,f'(-5)=2\,120$$

$$f''(-5)=1\,904,f^{(3)}(-5)=1\,260$$

$$f^{(4)}(-5)=-552,f^{(5)}(-5)=120$$

4. 多项式的泰勒公式的求法

求泰勒公式的关键是求各阶导函数值,式(17)(20)给出了两种求多项式的各阶导函数值的简便方法.不但如此,而且在式(17)(20)中求出的恰好就是泰勒公式的系数,因此,用式(17)(20)去求多项式的泰勒公式是非常方便的,只不过在式(20)中注意按降幂排列将更加方便.

例 5 将

$$f(x)=x^5+2x^4-5x^3-5x^2+5x+1\,000$$

在 $x=-5$ 处展开为泰勒公式.

解 按式(17)有

-5	1	2	-5	-5	5	1 000
	+	-5	15	-50	275	$-1\ 400$
	1	-3	10	-55	280	-400
	+	-5	40	-250	1 525	
	1	-8	50	-305	1 805	
	+	-5	65	-575		
	1	-13	115	-880		
	+	-5	90			
	1	-18	205			
	+	-5				
	1	-23				
	1					

于是

$$f(x)=(x+5)^5-23(x+5)^4+205(x+5)^3-880(x+5)^2+1\ 805(x+5)-400$$

例6 将 $f(x)=x^3+5x-100$ 在点 $x=2$ 处展开为泰勒公式.

解 按式(17)有

$$2\left[\begin{array}{lllll} 1 & & & & \\ 1 & 0 & & & \\ 1 & 2 & 5 & & \\ 1 & 4 & 9 & -100 & \\ 1 & 6 & 17 & -82 & d \end{array}\right]$$

于是

$$f(x)=(x-2)^3+6(x-2)^2+17(x-2)-82$$

例 7　求函数 $f(x)=2x^5-10x^4+3x^3-5x^2-2x+1\ 000$ 在点 $x=2$ 处的泰勒公式.

解　按式(17)有

$$2\begin{bmatrix}2 & & & & & & \\ 2 & -10 & & & & & \\ 2 & -6 & 3 & & & & \\ 2 & -2 & -9 & -5 & & & \\ 2 & 2 & -13 & -23 & -2 & & \\ 2 & 6 & -9 & -49 & -48 & 1\ 000 & \\ 2 & 10 & 3 & -67 & -146 & 904 & d\end{bmatrix}$$

于是

$$\begin{aligned}f(x)=&2(x-2)^5+10(x-2)^4+3(x-2)^3-\\&67(x-2)^2-146(x-2)+904\end{aligned}$$

用多项式的除法去计算多项式的函数值、各阶导函数值及泰勒公式不需要进行微分运算，而只要进行加、乘运算就足够了，因而这种计算方法可方便地用于计算机去进行.

第二十三章 利用积分证明泰勒公式[①]

四川三峡学院数学系的陈小春、刘学飞两位教授2003年利用积分方法给出泰勒公式的一个简捷证明,同时得到泰勒公式余项的重积分形式.

泰勒中值定理 若函数$f(x)$在含有x_0的某个开区间(a,b)内具有直到$n+1$的导数,则当x在(a,b)内时,$f(x)$可表示为$x-x_0$的一个n次多项式与一个余项$R_n(x)$之和

$$f(x)=f(x_0)+f'(x_0)(x-x_0)+\frac{f''(x_0)}{2}(x-x_0)^2+\cdots+\frac{f^{(n)}(x_0)}{n!}(x-x_0)^n+R_n(x)$$

① 本章摘自《数学的实践与认识》,2003年,第33卷,第2期.

其中

$$R_n(x)=\int_{x_0}^{x}\int_{x_0}^{x_1}\cdots\int_{x_0}^{x_n}f^{(n+1)}(x_{n+1})\mathrm{d}x_{n+1}\cdots\mathrm{d}x_2\mathrm{d}x_1$$

证 由牛顿－莱布尼兹公式得

$$f(x)-f(x_0)=\int_{x_0}^{x}f'(x_1)\mathrm{d}x_1$$

即

$$f(x)=f(x_0)+\int_{x_0}^{x}f'(x_1)\mathrm{d}x_1$$

同理

$$f'(x_1)=f'(x_0)+\int_{x_0}^{x_1}f''(x_2)\mathrm{d}x_2$$

$$f''(x_2)=f''(x_0)+\int_{x_0}^{x_2}f'''(x_3)\mathrm{d}x_3$$

$$\vdots$$

$$f^{(n)}(x_n)=f^{(n)}(x_0)+\int_{x_0}^{x_n}f^{(n+1)}(x_{n+1})\mathrm{d}x_{n+1}$$

从而有

$$\begin{aligned}f(x)&=f(x_0)+\int_{x_0}^{x}f'(x_1)\mathrm{d}x_1\\&=f(x_0)+\int_{x_0}^{x}\left[f'(x_0)+\int_{x_0}^{x_1}f''(x_2)\mathrm{d}x_2\right]\mathrm{d}x_1\\&=f(x_0)+f'(x_0)(x-x_0)+\\&\quad\int_{x_0}^{x}\int_{x_0}^{x_1}f''(x_2)\mathrm{d}x_2\mathrm{d}x_1\\&=f(x_0)+f'(x_0)(x-x_0)+\\&\quad\int_{x_0}^{x}\int_{x_0}^{x_1}\left[f''(x_0)+\int_{x_0}^{x_2}f'''(x_3)\mathrm{d}x_3\right]\mathrm{d}x_2\mathrm{d}x_1\\&=f(x_0)+f'(x_0)(x-x_0)+\end{aligned}$$

$$\frac{f''(x_0)}{2}(x-x_0)^2+$$

$$\int_{x_0}^{x}\int_{x_0}^{x_1}\int_{x_0}^{x_2}f'''(x_3)\mathrm{d}x_3\mathrm{d}x_2\mathrm{d}x_1$$

$$\vdots$$

$$=f(x_0)+f'(x_0)(x-x_0)+$$

$$\frac{f''(x_0)}{2}(x-x_0)^2+\cdots+$$

$$\frac{f^{(n)}(x_0)}{n!}(x-x_0)^n+R_n(x)$$

其中

$$R_n(x)=\int_{x_0}^{x}\int_{x_0}^{x_1}\cdots\int_{x_0}^{x_n}f^{(n+1)}(x_{n+1})\mathrm{d}x_{n+1}\cdots\mathrm{d}x_2\mathrm{d}x_1$$

于是,泰勒定理得证.

上述余项 $R^n(x)$ 异于泰勒公式的其他形式的余项,称为泰勒公式的重积分型余项. 不难验证,由上述余项 $R_n(x)$ 可导出其他形式的余项. 事实上将重积分型余项 $R_n(x)$ 的积分顺序依次交换并积分可得积分型余项

$$R_n(x)=\frac{1}{n!}\int_{x_0}^{x}f^{(n+1)}(t)(x-t)^n\mathrm{d}t$$

再由积分中值定理可得柯西型余项

$$R_n(x)=\frac{1}{n!}f^{(n+1)}(Y)(x-Y)^n(x-x_0)$$

其中 Y 在 x_0 与 x_n 之间,或由积分等二中值定理可得拉格朗日型余项

$$R_n(x)=\frac{1}{(n+1)!}f^{(n+1)}(Y)(x-x_0)^{n+1}$$

其中 Y 在 x_0 与 x_n 之间. 利用洛必达法则,由

$$\lim_{x \to x_0} \frac{R_n(x)}{(x - x_0)^n} =$$

$$\lim_{x \to x_0} \frac{\int_{x_0}^{x} \int_{x_0}^{x_1} \cdots \int_{x_0}^{x_n} f^{(n+1)}(x_{n+1}) \mathrm{d}x_{n+1} \cdots \mathrm{d}x_2 \mathrm{d}x_1}{(x - x_0)^n} = 0$$

可得皮亚诺型余项

$$R_n(x) = o[(x - x_0)^n] \quad (x \to x_0)$$

第二十四章 强条件下泰勒公式的一个证明方法[1]

河北工业大学的卢玉文教授2003年在强条件下给出泰勒公式的一个简便证法,并对减弱的条件进行余项分析.

1. 引入

由微分概念

$$f(x)=f(x_0)+f'(x_0)(x-x_0)+o(\Delta x)$$

$$\Delta x=x-x_0$$

当$|\Delta x|$很小时

$$f(x)\approx f(x_0)+f'(x_0)(x-x_0)$$

但在$x_0=0$附近,$\sin x\approx x$,$\tan x\approx x$,$\ln(1+x)\approx x$,$e^x-1\approx x$等近似式同时成立.这表明,使用同一线性函数x可以同

① 本章摘自《河北工业大学成人教育学院学报》,2003年,第18卷,第3期.

时表示不同类的函数的近似值,显然难以分辨且精度极差,于是引入泰勒多项式的逼近.

2. 强条件下的证明

设$f(x)$在x_0的某邻域$U(x_0)$内具有直到$n+1$阶连续导数,称$f^{(n+1)}(x)$连续为强条件,因在强条件下

$$\lim_{x \to x_0} f^{(n)}(x)=f^{(n)}(x_0) \quad (n=1,2,\cdots,n)$$

作如下恒等变换

$$\begin{aligned} f(x) &= f(x_0)+\int_{x_0}^{x} f'(t)\,dt \\ &= f(x_0)+\int_{x_0}^{x} f'(x_0)\,dt+\int_{x_0}^{x}[f'(t)-f'(x_0)]\,dt \\ &= f(x_0)+f'(x_0)(x-x_0)+ \\ &\quad [-(x-t)(f'(t)-f'(x_0))]\Big|_{x_0}^{x}+ \\ &\quad \int_{x_0}^{x} f''(t)(x-t)\,dt \\ &= f(x_0)+f'(x_0)(x-x_0)+\int_{x_0}^{x} f''(t)(x-t)\,dt \quad (1) \end{aligned}$$

记

$$f(x)=P_1(x)+R_1(x) \qquad (2)$$

其中

$$P_1(x)=f(x_0)+f'(x_0)(x-x_0)$$

为$f(x)$的一阶泰勒多项式:$R_1(x)$为$P_1(x)$近似$f(x)$时的余项.

又

$$\begin{aligned} R_1(x) &= \int_{x_0}^{x} f''(t)(x-t)\,dt \\ &= \int_{x_0}^{x} f''(x_0)(x-t)\,dt+ \end{aligned}$$

$$\int_{x_0}^{x}[f''(t)-f''(x_0)](x-t)\mathrm{d}t$$

$$=-f''(x_0)\cdot\frac{(x-t)^2}{2}\Big|_{x_0}^{x}-$$

$$\frac{(x-t)^2}{2}[f''(t)-f''(x_0)]\Big|_{x_0}^{x}+$$

$$\int_{x_0}^{x}f'''(t)\cdot\frac{(x-t)^2}{2}\mathrm{d}t$$

$$=\frac{f''(x_0)}{2!}\cdot(x-x_0)^2+$$

$$\int_{x_0}^{x}f'''(t)\frac{(x-t)^2}{2!}\mathrm{d}t \tag{3}$$

代入式(1)有

$$f(x)=P_2(x)+R_2(x) \tag{4}$$

其中

$$P_2(x)=f(x_0)+f'(x_0)(x-x_0)+\frac{f''(x_0)}{2!}(x-x_0)^2$$

为$f(x)$的二阶泰勒多项式

$$R_2(x)=\int_{x_0}^{x}f'''(t)\frac{(x-t)^2}{2!}\mathrm{d}t \tag{5}$$

继续进行恒等变换,有

$$f(x)=P_2(x)+\int_{x_0}^{x}f'''(x_0)\frac{(x-t)^2}{2!}\mathrm{d}t+$$

$$\int_{x_0}^{x}[f'''(t)-f'''(x_0)]\cdot\frac{(x-t)^2}{2!}\mathrm{d}t$$

$$=P_2(x)+\frac{f'''(x_0)}{3!}\cdot(x-x_0)^3+$$

$$\int_{x_0}^{x}f^{(4)}(t)\cdot\frac{(x-t)^2}{3!}\mathrm{d}t$$

$$=P_3(x)+\int_{x_0}^{x} f^{(4)}(x)\cdot\frac{(x-t)^3}{3!}\mathrm{d}t$$

$$f(x)=P_3(x)+R_3(x) \tag{6}$$

依次类推,有

$$f(x)=P_n(x)+R_n(x) \tag{7}$$

$$P_n(x)=f(x_0)+f'(x_0)(x-x_0)+\frac{f''(x_0)}{2!}(x-x_0)^2+\cdots+\frac{f^{(n)}(x_0)}{n!}(x-x_0)^n \tag{8}$$

$$R_n(x)=\int_{x_0}^{x} f^{(n+1)}(t)\cdot\frac{(x-t)^n}{n!}dt \tag{9}$$

式(8)即为$f(x)$的 n 阶泰勒多项式,式(9)为以 P_n 近似$f(x)$时的余项.

在强条件下,由积分中值公式有

$$\begin{aligned}R_n(x)&=\int_{x_0}^{x} f^{(n+1)}(t)\cdot\frac{(x-t)^n}{n!}\mathrm{d}t\\&=f^{(n+1)}(\xi)\cdot\int_{x_0}^{x}\frac{(x-t)^n}{n!}\mathrm{d}t\\&=f^{(n+1)}(x_0)\cdot\frac{1}{n!}\cdot\left(-\frac{(x-t)^{n+1}}{n+1}\right)\Big|_{x_0}^{x}\\&=\frac{f^{(n+1)}(\xi)}{(n+1)!}\cdot(x-x_0)^{n+1}\end{aligned}$$

$$(\xi\text{ 介于 }x_0\text{ 与 }x\text{ 之间}) \tag{10}$$

式(10)即为泰勒公式中的拉格朗日型余项.

3. 减弱条件下对余项的分析

(1)将强条件减弱为$f(x)$在 $U(x_0)$内具有直到 $n+1$ 阶导数,于是作$f(x)$的 n 阶泰勒多项式

$$P_n(x)=f(x_0)+f'(x_0)(x-x_0)+\frac{f''(x_0)}{2!}(x-x_0)^2+\cdots+\frac{f^{(n)}(x_0)}{n!}(x-x_0)^n \tag{11}$$

记 $R_n(x)=f(x)-P_n(x)$，于是 $R_n^{(n)}(x)=f^{(n)}(x)-P_n^{(n)}(x)$，并且

$$R_n^{(n)}(x_0)=f^{(n)}(x_0)-P_n^{(n)}(x_0)=0$$

$$(n=1,2,3,\cdots,n)$$

对 $R_n(x)$ 与 $(x-x_0)^{n+1}$ 在以 x_0 及 x 为端点的闭区间上连续使用柯西中值公式

$$\frac{R_n(x)}{(x-x_0)^{n+1}}=\frac{f(x)-P_n(x)}{(x-x_0)^{n+1}}=\frac{f^{(n+1)}(\xi)}{(n+1)!}$$

即

$$R_n(x)=\frac{f^{(n+1)}(\xi)}{(n+1)!}(x-x_0)^{n+1}$$

$$(\xi\text{ 介于 }x_0\text{ 与 }x\text{ 之间}) \tag{12}$$

式(12)为减弱条件下的泰勒公式中的拉格朗日型余项.

(2)将强条件再减弱为 $f(x)$ 在点 x_0 具有 n 阶导数.

此时必有 x_0 的某邻域 $U(x_0)$ 存在，使 $f^{(n-1)}(x)$ 有意义；同时，$f(x)$ 具有直到 $n-2$ 阶连续导数. 由于 $f^{(n)}(x_0)$ 有意义，作式(11)，记

$$R_n(x)=f(x)-P_n(x) \tag{13}$$

因为

$$R_n^{(K)}(x)=f^{(K)}(x)-P_n^{(K)}(x)$$

及连续性，故

$$\lim_{x\to x_0} P_n^{(K)}(x)=\lim_{x\to x_0}[f^{(K)}(x)-P_n^{(K)}(x)]$$
$$=f^{(K)}(x_0)-P_n^{(K)}(x_0)$$
$$=0$$
$$(K=0,1,2,\cdots,n-2)$$

而

$$R_n^{(n-1)}(x)=f^{(n-1)}(x)-f^{(n-1)}(x_0)-f^{(n)}(x_0)(x-x_0) \tag{14}$$

故$\lim\limits_{x\to x_0}\dfrac{R_n(x)}{x-x_0}$为“$\dfrac{0}{0}$”型，连续使用洛必达法则

$$\lim_{x\to x_0}\frac{R_n(x)}{(x-x_0)^n}$$
$$=\lim_{x\to x_0}\frac{f^{(n-1)}(x)-f^{(n-1)}(x_0)-f^{(n)}(x_0)(x-x_0)}{(n-1)!\ (x-x_0)}$$
$$=\lim_{x\to x_0}\left[\frac{f^{(n-1)}(x)-f^{(n-1)}(x_0)}{x-x_0}\cdot\frac{1}{(n-1)!}-\frac{f^{(n)}(x_0)}{(n-1)!}\right]$$
$$=\frac{f^{(n)}(x_0)}{(n-1)!}-\frac{f^{(n)}(x_0)}{(n-1)!}$$
$$=0$$

$$R_n(x)=o((x-x_0)^n)$$

此式即为泰勒公式的皮亚诺型余项.

第二十五章 带有拉格朗日型余项的泰勒公式的证明[①]

鞍山师范学院数学系的韩丹教授2004年以柯西定理、罗尔定理为基础，应用构造辅助函数法对带有拉格朗日型余项的泰勒公式进行证明.

在初等函数中，最简单的函数就是多项式函数，对于数值计算和理论分析都很方便，如果将一类复杂的函数用多项式来近似表示出来，其误差又能满足一定的要求，那么，我们就可以表示出此函数. 若函数 $p(x)$ 是 n 次多项式

$$p(x)=a_0+a_1x+a_2x^2+\cdots+a_nx^n$$

将它改写为

① 本章摘自《大连教育学院学报》，2004年，第20卷，第1期.

$$p(x)=b_0+b_1(x-a)+\cdots+b_n(x-a)^n$$

则

$$b_k=\frac{p^{(k)}(a)}{k!}\quad(k=0,1,2,\cdots,n)$$

$$p^{(0)}(a)=p(a)$$

于是

$$p(x)=p(a)+\frac{p'(a)}{1!}(x-a)+\frac{p''(a)}{2!}(x-a)^2+\cdots+\frac{p^{(n)}(a)}{n!}(x-a)^n$$

对任意一个函数$f(x)$,只要函数$f(x)$在点a存在n阶导数,我们就可以写出一个相应的多项式

$$T_n(x)=f(a)+\frac{f'(a)}{1!}(x-a)+\frac{f''(a)}{2!}(x-a)^2+\cdots+\frac{f^{(n)}(a)}{n!}(x-a)^n$$

$T_n(x)$称为函数$f(x)$在点a的n次泰勒多项式,那么n次泰勒多项式$T_n(x)$与函数$f(x)$在点a的邻域上有什么联系呢?下面的定理回答了这个问题.

定理 1 若函数$f(x)$在点a存在n阶导数$f^{(n)}(a)$,则

$$f(x)=f(a)+\frac{f'(a)}{1!}(x-a)+\frac{f''(a)}{2!}(x-a)^2+\cdots+$$

$$\frac{f^{(n)}(a)}{n!}(x-a)^n + R_n(x) \qquad (1)$$

其中 $R_n(x) = o[(x-a)^n](x \to a)$，则上式就为 $f(x)$ 在点 a 的泰勒公式，$R_n(x)$ 为泰勒公式的余项.

证 将式(1)改写为

$$R_n(x) = f(x) - f(a) - \frac{f'(a)}{1!}(x-a) - \frac{f''(a)}{2!}(x-a)^2 - \cdots - \frac{f^{(n)}(a)}{n!}(x-a)^n$$

$$R'_n(x) = f'(x) - f'(a) - \frac{f''(a)}{1!}(x-a) - \frac{f'''(a)}{2!}(x-a)^2 - \cdots - \frac{f^{(n)}(a)}{(n-1)!}(x-a)^{n-1}$$

$$R''_n(x) = f''(x) - f''(a) - \frac{f'''(a)}{1!}(x-a) - \frac{f^{(4)}(a)}{2!} - \cdots - \frac{f^{(n)}(a)}{(n-2)!}(x-a)^{n-2}$$

$$\vdots$$

$$R_n^{(n)}(x) = f^{(n)}(x) - f^{(n)}(a)$$

有

$$R_n(a) = R'_n(a) = R''_n(a) = \cdots = R_n^{(n)}(a) = 0$$

分子是函数 $R_n(x)$，分母是函数 $(x-a)^n$. 应用 $n-1$ 次柯西定理

$$\frac{R_n(x)}{(x-a)^n} = \frac{R_n(x) - R_n(a)}{(x-a)^n - (a-a)^n} = \frac{R'_n(c_1)}{n(c_1-a)^{n-1}} \quad (\text{其中 } a < c_1 < x)$$

$$= \frac{R'_n(c_1) - R'_n(a)}{n(c_1 - a)^{n-1} - n(a-a)^{n-1}}$$

$$= \frac{R''_n(c_2)}{n(n-1)(c_2 - a)^{n-2}} \quad （其中 a < c_2 < c_1）$$

$$\vdots$$

$$= \frac{R_n^{(n-2)}(c_{n-2}) - R_n^{(n-2)}(a)}{n(n-1)\cdots 3(c_{n-2} - a)^2 - n(n-1)\cdots 3(a-a)^2}$$

$$= \frac{R_n^{(n-1)}(c_{n-1})}{n!\ (c_{n-1} - a)}$$

其中，$a < c_{n-1} < c_{n-2} < \cdots < c_2 < c_1 < x$（至此已应用了 $n-1$ 次柯西定理）

$$\frac{R_n^{(n-1)}(c_{n-1}) - R_n^{(n-1)}(a)}{n!\ (c_{n-1} - a) - n!\ (a-a)}$$

$$= \frac{1}{n!}\left[\frac{R_n^{(n-1)}(c_{n-1}) - R_n^{(n-1)}(a)}{(c_{n-1} - a)}\right]$$

当 $x \to a^+$ 时 $c_{n-1} \to a^+$.

根据右导数定义，有

$$\lim_{x \to a^+} \frac{R_n(x)}{(x-a)^n}$$

$$= \lim_{c_{n-1} \to a^+} \frac{1}{n!}\left[\frac{R_n^{(n-1)}(c_{n-1}) - R_n^{(n-1)}(a)}{c_{n-1} - a}\right]$$

$$= \frac{1}{n!} R_n^{(n)}(a)$$

$$= 0$$

同法可证

$$\lim_{x \to a^-} \frac{R_n(x)}{(x-a)^n} = 0$$

于是

$$\lim_{x \to a} \frac{R_n(x)}{(x-a)^n} = 0$$

$R_n(x) = o[(x-a)^n]$表示余项是皮亚诺型，它只是给出余项的定性描述，还不能进行定理的估计，下面的定理解决了定量的估计.

定理2 若函数$f(x)$在$[a,b]$上存在连续的$n+1$阶导数，则$\forall x \in [a,b]$，泰勒公式

$$f(x) = f(a) + \frac{f'(a)}{1!}(x-a) + \frac{f''(a)}{2!}(x-a)^2 + \cdots + \frac{f^{(n)}(a)}{n!}(x-a)^n + R_n(x) \tag{2}$$

其中

$$R_n(x) = \frac{f^{(n+1)}(\zeta)}{(n+1)!}(x-a)^{n+1} \quad (\zeta \in (a,x))$$

称为拉格朗日型余项.

下面给予证明.

证 $\forall x \in [a,b]$，有

$$R_n(x) = f(x) - \left[f(a) + \frac{f'(a)}{1!}(x-a) + \frac{f''(a)}{2!}(x-a)^2 + \cdots + \frac{f^{(n)}(a)}{n!}(x-a)^n\right]$$

显然有

$$R_n(a) = 0, \cdots, R_n^{(n)}(a) = 0$$

$$R_n^{(n+1)}(x) = f^{(n+1)}(x)$$

若令 $\Psi_n(x) = (x-a)^{n+1}$，则有

$$\Psi_n(a)=0,\cdots,\Psi_n^{(n)}(a)=0,\Psi_n^{(n+1)}(x)=(n+1)!$$

证法一:在区间$[a,x](x\leqslant b)$上连续应用柯西中值定理$n+1$次,有

$$\frac{R_n(x)}{\Psi_n(x)}=\frac{R_n(x)-R_n(a)}{\Psi_n(x)-\Psi_n(a)}=\frac{R'_n(\zeta_1)}{\Psi'_n(\zeta_1)}$$

$$=\frac{R'_n(\zeta_1)-R'_n(a)}{\Psi'_n(\zeta_1)-\Psi'_n(a)}=\frac{R''(\zeta_2)}{\Psi''_n(\zeta_2)}$$

$$\vdots$$

$$=\frac{R_n^{(n)}(\zeta_n)-R_n^{(n)}(a)}{\Psi_n^{(a)}(\zeta_n)-\Psi_n^{(n)}(a)}=\frac{R^{(n+1)}(\zeta)}{\Psi_n^{(n+1)}(\zeta)}$$

$$=\frac{f^{(n+1)}(\zeta)}{(n+1)!}$$

(记$\zeta=\zeta_{n+1},a<\zeta<\zeta_n<\cdots<\zeta_3<\zeta_2<\zeta_1<x\leqslant b$)

从而得到

$$R_n(x)=\frac{1}{(n+1)!}f^{(n+1)}(\zeta)(x-a)^{n+1}$$

$$(a<\zeta<x\leqslant b)$$

这就得到所要证明的式(2).

证法二:$\forall t\in[a,x]$,作辅助函数

$$\Psi(t)=f(x)-\Big[f(t)+\frac{f'(t)}{1!}(x-t)+\frac{f''(t)}{2!}(x-t)^2+\cdots+\frac{f^{(n)}(t)}{n!}(x-t)^n\Big]$$

显然,函数 $\Psi(t)$在$[a,x]$连续,在(a,x)可导,且

$$\varphi(a)=R_n(x),\varphi(x)=0$$

$$\varphi'(t) = -f'(t) - \left[\frac{f''(t)}{1!}(x-t) - f'(t)\right] - \left[\frac{f'''(t)}{2!}(x-t)^2 - \frac{f''(t)}{1!}(x-t)\right] - \cdots - \left[\frac{f^{(n+1)}(t)}{n!}(x-t)^n - \frac{f^{(n)}(t)}{(n-1)!}(x-t)^{n-1}\right]$$
$$= -\frac{f^{(n+1)}(t)}{n!}(x-t)^n$$

应用柯西定理,分子是函数 $\varphi(t)$,分母取函数 $\Psi_n(x)$ 将 a 换成 t

$$\Psi(t) = (x-t)^{n+1}$$
$$(\Psi(x)=0, \Psi(a)=(x-a)^{n+1})$$
$$\frac{\varphi(x)-\varphi(a)}{\Psi(x)-\Psi(a)} = \frac{\varphi'(\zeta)}{\Psi'(\zeta)} \quad (a<\zeta<x)$$

即

$$\frac{-R_n(x)}{-(x-a)^{n+1}} = -\frac{f^{(n+1)}(\zeta)}{n!}(x-\zeta)^n \frac{1}{-(n+1)(x-\zeta)^n}$$

于是

$$R_n(x) = \frac{f^{(n+1)}(\zeta)}{(n+1)!}(x-a)^{n+1} \quad (a<\zeta<x)$$

式(2)得证.

这里 $\Psi(t)$,一般考虑函数

$$\Psi(t) = (x-t)^p, p>0, \Psi(x)=0$$
$$\frac{R_n(x)}{\Psi(x)-\Psi(a)} = \frac{\varphi(x)-\varphi(a)}{\Psi(x)-\Psi(a)} = -\frac{\varphi'(\zeta)}{\Psi'(\zeta)}$$

$$(a<\zeta<x)$$

因此有

$$R_n(x)=\frac{\Psi(x)-\Psi(a)}{\Psi'(\zeta)}\frac{f^{(n+1)}(\zeta)}{n!}(x-\zeta)^n$$

$$(a<\zeta<x)$$

取 $p=n+1$ 时,就是上面的证明.

注 (1)记 $\zeta=a+\theta(x-a)$,$0<\theta<1$,这时式(2)中拉格朗日型余项可改写为

$$R_n(x)=\frac{1}{(n+1)!}f^{(n+1)}(a+\theta(x-a))(x-a)^{n+1}$$

$$(0<\theta<1)$$

(2)若再将式(2)中 a 换成 0,则得到麦克劳林公式

$$f(x)=f(0)+f'(0)x+\frac{f''(0)}{2!}x^2+\cdots+$$

$$\frac{f^{(n)}(0)}{n!}x^n+\frac{f^{(n+1)}(\zeta)}{(n+1)!}x^{n+1}(0<\zeta<x)$$

这时拉格朗日型余项为$\frac{f^{(n+1)}(\zeta)}{(n+1)!}x^{n+1}$.

(3)特别是当 $n=0$ 时,式(2)是

$$f(x)=f(a)+f'(\zeta)(x-a)\quad(a<\zeta<x)$$

或是

$$f(x)-f(a)=f'(\zeta)(x-a)\quad(a<\zeta<x)$$

这正是拉格朗日定理,因此泰勒定理是拉格朗日定理的推广.

由此让我们回顾一下拉格朗日中值定理的证明方法.

定理 3(拉格朗日) 设函数$f(x)$在闭区间$[a,b]$上连续,且在开区间(a,b)内具有导数,则在该区间内至少存在一点$\zeta(a<\zeta<b)$,使等式

$$f'(\zeta)=\frac{f(b)-f(a)}{b-a}$$

成立.

写出联结点$A(a,f(a))$,$B(b,f(b))$的直线所确定的一次函数

$$p_1(x)=f(a)+\frac{f(b)-f(a)}{b-a}(x-a)$$

$p_1(x)$与$f(x)$在端点a,b有相同的函数值,构造辅助函数

$$\begin{aligned}\varphi(x)&=f(x)-p_1(x)\\&=f(x)-\left[f(a)+\frac{f(b)-f(a)}{b-a}(x-a)\right]\end{aligned}$$

可知函数$\varphi(x)$在$[a,b]$上符合罗尔定理的条件,故知在a,b之间至少有一点ζ,使得

$$\varphi'(\zeta)=0=f'(\zeta)-\frac{f(b)-f(a)}{b-a}$$

即

$$f(b)=f(a)+f'(\zeta)(b-a)\quad(a<\zeta<b)$$

如果加强$f(x)$的条件,设$f(x)$在闭区间$[a,b]$上有连续导函数,且在开区间(a,b)内有二阶导数,而且将联结$A(a,f(a))$,$B(b,f(b))$两点的直线改为二次曲线,设其函数是

$$p_2(x)=A_0+A_1(x-a)+A_2(x-a)^2$$

使其满足

$$p_2(a)=f(a),p_2(b)=f(b),p'_2(a)=f'(a)$$

那么不难解出

$$p_2(x)=f(a)+f'(a)(x-a)+\frac{R^2}{(b-a)^2}(x-a)^2$$

其中

$$R_2=f(b)-[f(a)+f'(a)(b-a)]$$

同样,类似拉格朗日定理,构造辅助函数

$$\varphi(x)=f(x)-p_2(x)$$

$$=f(x)-\left[f(a)+f'(a)(x-a)+\frac{R_2}{(b-a)^2}(x-a)^2\right]$$

显然 $\varphi(a)=\varphi'(a)=\varphi(b)=0$. $\varphi(x)$,$\varphi'(x)$分别在区间$[a,b]$,$[a,\zeta_1]$上满足罗尔定理,有

$$\varphi'(\zeta_1)=0\quad(a<\zeta_1<b)$$

$$\varphi''(\zeta)=0\quad(a<\zeta<\zeta_1<b)$$

$$\varphi''(x)=f''(x)-\frac{2!\ R_2}{(b-a)^2}$$

所以

$$f''(\zeta)-\frac{2!\ R_2}{(b-a)^2}=0$$

即

$$R_2=\frac{f''(\zeta)}{2!}(b-a)^2\quad(a<\zeta<b)$$

这正是具有拉格朗日型余项的一阶泰勒公式. 如果再进一步加强$f(x)$的条件,将有什么样的结论成立呢?

定理 4 若函数$f(x)$在闭区间$[a,b]$上有连续的n阶导数,在开区间(a,b)内存在$n+1$阶导数,则对任何$x\in(a,b)$,则存在$\zeta\in(a,b)$,使得

$$f(x)=f(a)+f'(a)(x-a)+\frac{f''(a)}{2!}(x-a)^2+\cdots+\frac{f^{(n)}(a)}{n!}(x-a)^n+\frac{f^{(n+1)}(\zeta)}{(n+1)!}(x-a)^{n+1}$$

成立.

证　利用上述思想,设 $n+1$ 次多项式为

$$p_{n+1}(x)=A_0+A_1(x-a)+A_2(x-a)^2+\cdots+A_{n+1}(x-a)^{n+1}$$

把 $A(a,f(a))$,$B(b,f(b))$两点联结起来,使其满足

$$p_{n+1}(a)=f(a)$$

$$p_{n+1}(b)=f(b)$$

$$p_{n+1}^{(k)}(a)=f^{(R)}(a)$$

$$(k=1,2,\cdots,n)$$

可解出

$$p_{n+1}(x)=f(a)+f'(a)(x-a)+\cdots+\frac{f^{(n)}(a)}{n!}(x-a)^n+\frac{R_n}{(b-a)^{n+1}}(x-a)^{n+1}$$

其中

$$R_n=f(b)\left[f(a)+f'(a)(b-a)+\frac{f''(a)}{2!}(b-a)^2+\cdots+\frac{f^{(n)}(a)}{n!}(b-a)^n\right]$$

还是构造辅助函数

$$\varphi(x)=f(x)-p_{n+1}(x)$$

则 $\varphi(x)$ 与 $f(x)$ 的性质一样，且

$$\varphi(a)=\varphi(b)=\varphi^{(k)}(a)=0 \quad (k=1,2,\cdots,n)$$

函数 $\varphi(x),\varphi'(x),\cdots,\varphi^{(n)}(x)$ 分别在区间 $[a,b],[a,\zeta_1],\cdots,[a,\zeta_n]$ $(a<\zeta_n<\cdots<\zeta_1<b)$ 上满足罗尔定理，故可知存在 $\zeta(a<\zeta<b)$ 使得

$$\varphi^{(n+1)}(\zeta)=0$$

$$\varphi^{(n+1)}(\zeta)=f^{(n+1)}(\zeta)-\frac{(n+1)!}{(b-a)^{n+1}}R_n$$

所以

$$R_n=\frac{f^{(n+1)}(\zeta)}{(n+1)!}(b-a)^{n+1} \quad (a<\zeta<b)$$

即

$$\begin{aligned}f(b)=f(a)+f'(a)(b-a)+\\ \frac{f''(a)}{2!}(b-a)^2+\cdots+\\ \frac{f^{(n)}(a)}{n!}(b-a)^n+\\ \frac{f^{(n+1)}(\zeta)}{(n+1)!}(b-a)^{n+1}\\ (a<\zeta<b)\end{aligned}$$

令 $b=x$，有

$$\begin{aligned}f(x)=f(a)+f'(a)(x-a)+\\ \frac{f''(a)}{2!}(x-a)^2+\cdots+\\ \frac{f^{(n)}(a)}{n!}(x-a)^n+\end{aligned}$$

$$\frac{f^{(n+1)}(\zeta)}{(n+1)!}(x-a)^{n+1}$$

$$(a<\zeta<x)$$

证毕.

泰勒公式是沟通函数及其高阶导数之间的桥梁，是应用高阶导数的局部性研究函数在区间上整体性态的重要工具，例如：

求证：若$\forall x\in I, f''(x)=0$，则$\forall x\in I$，有$f(x)=ax+b$.

证明：$\forall x_0\in I$，据泰勒定理，$\forall x\in I$，有

$$f(x)=f(x_0)+\frac{f'(x_0)}{1!}(x-x_0)+\frac{f''(\zeta)}{2!}(x-x_0)^2$$

ζ 在 x, x_0 之间.

显然 $\zeta\in I$，已知 $f''(\zeta)=0$，所以

$$\begin{aligned} f(x) &= f(x_0)+f'(x_0)(x-x_0) \\ &= f'(x_0)x+f(x_0)-f'(x_0)x_0 \end{aligned}$$

设

$$a=f'(x_0), b=f(x_0)-f'(x_0)x_0$$

则

$$f(x)\equiv ax+b$$

同时注意这里给出了以罗尔定理为基础，用像拉格朗日定理的证明那样，引进一个辅助函数的方法来证明带有拉格朗日型余项的泰勒公式.

关于泰勒公式的一个注记[①]

第二十六章

泰勒公式是微积分学中很重要的一个公式,在多项式逼近函数的近似计算和理论分析中起着基础性的作用. 现行的教科书中泰勒公式的证明一般都是采用构造辅助函数再利用微分中值定理来实现的. 安徽师范大学数学与计算机科学学院的任永、胡兰英两位教授 2005 年以微积分学基本定理为工具逐次运用分部积分法得到了带有拉格朗日积分型余项的泰勒公式及其应用,为此首先给出两个引理.

引理 1(微积分学基本定理) 设 f 在 $[a,b]$ 上连续,若 F 是 f 在 $[a,b]$ 上的一个原函数,则有

① 本章摘自《安徽师范大学学报(自然科学版)》,2005 年,第 28 卷,第 3 期.

$$\int_a^b f(x)\mathrm{d}x = F(b) - F(a) \tag{1}$$

引理2 若函数f满足以下条件:

(1)在闭区间$[a,b]$上函数f存在直到n阶连续导数.

(2)在开区间(a,b)内存在f的$n+1$阶导数,则$\forall x \in (a,b)$,至少存在一点$\xi \in (a,b)$使得

$$f(x) = f(a) + f'(a)(x-a) + \frac{f''(a)}{2!}(x-a)^2 + \cdots + \frac{f^{(n)}(a)}{n!}(x-a)^n + \frac{f^{(n+1)}(\xi)}{(n+1)!}(x-a)^{n+1} \tag{2}$$

记

$$R_n(x) = \frac{f^{(n+1)}(\xi)}{(n+1)!}(x-a)^{n+1} \tag{3}$$

此时有

$$f(x) = f(a) + f'(a)(x-a) + \frac{f''(a)}{2!}(x-a)^2 + \cdots + \frac{f^{(n)}(a)}{n!}(x-a)^n + R_n(x) \tag{4}$$

式(2)称为函数f在$x=a$处的泰勒公式,$R_n(x)$称为f在$x=a$处的拉格朗日型泰勒公式余项.

本章的主要结论为:

定理1 假设同引理2,则$\forall x \in (a,b)$,有

$$f(x) = f(a) + f'(a)(x-a) + \frac{f''(a)}{2!}(x-a)^2 + \cdots + \frac{f^{(n)}(a)}{n!}(x-a)^n + R_n(x)$$

其中

$$R_n(x)=\frac{1}{n!}\int_a^x(x-t)^n f^{(n+1)}(t)\,\mathrm{d}t$$

称为泰勒公式的拉格朗日积分型余项.

证 由引理1再利用分部积分法有

$$\begin{aligned}
f(x)-f(a)&=\int_a^x f'(t)\,\mathrm{d}t=-\int_a^x f'(t)\,\mathrm{d}(x-t)\\
&=-(x-t)f'(t)\Big|_a^x+\int_a^x(x-t)f''(t)\,\mathrm{d}t\\
&=(x-a)f'(a)-\frac{(x-t)^2}{2}f''(t)\Big|_a^x+\\
&\quad\frac{1}{2}\int_a^x f'''(t)(x-t)^2\,\mathrm{d}t\\
&=f'(a)(x-a)+\frac{f''(a)}{2}(x-a)^2-\\
&\quad\frac{1}{3!}\int_a^x f'''(t)\,\mathrm{d}(x-t)^3
\end{aligned}$$

重复上述步骤 n 次,有

$$\begin{aligned}
\text{上式}=&f'(a)(x-a)+\frac{f''(a)}{2}(x-a)^2+\cdots+\\
&\frac{f^{(n)}(a)}{n!}(x-a)^n+\frac{1}{n!}\int_a^x f^{(n+1)}(t)(x-t)^n\,\mathrm{d}t
\end{aligned}\tag{5}$$

记

$$R_n(x)=\frac{1}{n!}\int_a^x f^{(n+1)}(t)(x-t)^n\,\mathrm{d}t\tag{6}$$

有

$$f(x)=f(a)+f'(a)(x-a)+$$

$$\frac{f''(a)}{2}(x-a)^2+\cdots+$$

$$\frac{f^{(n)}(a)}{n!}(x-a)^n+R_n(x) \qquad (7)$$

此式即为带有拉格朗日积分型余项的泰勒公式.

由推广的积分第一中值定理,有

$$\begin{aligned}R_n(x) &= \frac{1}{n!}\int_a^x (x-t)^n f^{(n+1)}(t)\mathrm{d}t \\ &= \frac{1}{n!}f^{(n+1)}(\xi)\int_a^x (x-t)^n \mathrm{d}t \\ &\quad (a<\xi<x \text{ 或 } x<\xi<a) \\ &= \frac{1}{n!}f^{(n+1)}(\xi)\left[-\frac{(x-t)^{n+1}}{n+1}\right]\Big|_a^x \\ &= \frac{f^{(n+1)}(\xi)}{(n+1)!}(x-a)^{(n+1)} \\ &= R_n(x)\end{aligned}$$

这就是熟知的拉格朗日型余项.

进一步的,若利用积分第一中值定理于式(6),则有

$$R_n(x)=\frac{1}{n!}f^{(n+1)}(\xi)(x-\xi)^n(x-a)$$

$$\xi=a+\theta(x-a) \quad (0\leqslant\theta\leqslant1)$$

由于

$$\begin{aligned}(x-\xi)^n(x-a) &= [x-a-\theta(x-a)]^n(x-a) \\ &= (1-\theta)^n(x-a)^{n+1}\end{aligned}$$

因此,又可以把 $R_n(x)$ 改写为

$$R_n(x)=\frac{1}{n!}f^{(n+1)}[a+\theta(x-a)](1-\theta)^n(x-a)^{n+1}$$

$$(0\leqslant\theta\leqslant1) \tag{8}$$

特别的，当 $a=0$ 时，有

$$R_n(x)=\frac{1}{n!}f^{(n+1)}(\theta x)(1-\theta)^n x^{n+1} \quad (0\leqslant\theta\leqslant1) \tag{9}$$

式(8)和(9)称为泰勒公式的柯西型余项.

下面给出定理的应用.

例 1 利用公式

$$[\ln(1+x)]^{(n)}=(-1)^{n-1}\frac{(n-1)!}{(1+x)^n}$$

可得带有拉格朗日积分型余项的泰勒公式

$$\ln(1+x)=x-\frac{x^2}{2}+\frac{x^3}{3}-\cdots+(-1)^{n-1}\frac{x^n}{n}+R_n(x)$$

其中

$$R_n(x)=(-1)^n\int_0^x\frac{(x-t)^n}{(1+t)^{n+1}}\mathrm{d}t$$

$$=(-1)^n\int_0^x(x-t)^n\frac{1}{(1+t)^{n+1}}\mathrm{d}t$$

利用推广的积分第一中值定理

$$上式=(-1)^n\frac{x^{n+1}}{(n+1)(1+\xi)^{n+1}}$$

$$(\xi\in(0,x)或\xi\in(x,0))$$

例 2 由公式 e^x 的 n 阶导数为 e^x，可得到 $f(x)=\mathrm{e}^x$ 的麦克劳林公式为

$$\mathrm{e}^x=1+x+\frac{x^2}{2!}+\cdots+\frac{x^n}{n!}+R_n(x)$$

其中

$$R_n(x)=\frac{1}{n!}\int_0^x (x-t)^n f^{(n+1)}(t)\,\mathrm{d}t$$

$$=\frac{1}{n!}\int_0^x (x-t)^n \mathrm{e}^t\,\mathrm{d}t$$

利用推广的积分第一中值定理,有

$$R_n(x)=\frac{\mathrm{e}^{\xi}}{n!}\int_0^x (x-t)^n\,\mathrm{d}t$$

$$=\frac{\mathrm{e}^{\xi}x^{n+1}}{n!\ (n+1)}$$

$$=\frac{\mathrm{e}^{\theta x}}{(n+1)!}x^{n+1}\quad(\xi=\theta x,0<\theta<1)$$

泰勒公式逼近精度的研究[①]

第二十七章

泰勒公式在数值计算中占有很重要的地位;它的余项反映了多项式 $Q_n(x)$ 逼近函数 $f(x)$ 的程度.在数值计算中,逼近精度的提高,往往要提高其误差的阶,包头师范学院数学系的白晓东教授 2004 年对泰勒公式的阶进行了提高,并给出了其误差的表达式.

1. 引理

引理 1 设 $f(x)$ 在 (a,b) 上 $n+1$ 阶导数存在,$\forall x, x_0 \in (a,b)$,则有

$$f(x) = Q_n(x) + R_n(x) \qquad (1)$$

其中

$$Q_n(x) = \sum_{i=0}^{n} \frac{f^{(i)}(x_0)}{i!}(x - x_0)^i$$

① 本章摘自《大学数学》,2004 年,第 20 卷,第 4 期.

$$R_n(x)=\frac{f^{(n+1)}[x_0+\theta(x-x_0)]}{(n+1)!}\cdot$$

$$(x-x_0)^{n+1}\quad(0<\theta<1)$$

引理2 设$f(x)$在(a,b)上$n+2$阶导数存在，且$f^{(n+2)}(x)$在点$x_0\in(a,b)$处连续，$f^{(n+2)}(x_0)\neq 0$，则有

$$\lim_{x\to x_0}\theta=\frac{1}{n+2}$$

证 对$f^{(n+1)}(x)$在$[x_0,x_0+\theta(x-x_0)]$（或$[x_0+\theta(x-x_0),x_0]$）上应用中值定理

$$\frac{f^{(n+1)}[x_0+\theta(x-x_0)]-f^{(n+1)}(x_0)}{\theta(x-x_0)}=f^{(n+2)}(a)$$

$$(x_0<a<x_0+\theta(x-x_0)\text{或}x_0+\theta(x-x_0)<a<x_0)$$

于是

$$f^{(n+1)}[x_0+\theta(x-x_0)]=f^{(n+1)}(x_0)+\theta(x-x_0)f^{(n+2)}(a)\tag{2}$$

式(2)代入(1)中，有

$$f(x)=Q_{n+1}(x)+\frac{\theta f^{(n+2)}(a)}{(n+1)!}(x-x_0)^{n+2}\tag{3}$$

由式(1)得

$$f(x)=Q_{n+1}(x)+\frac{f^{(n+2)}[x_0+\theta_1(x-x_0)]}{(n+2)!}(x-x_0)^{n+2}$$

$$(0<\theta_1<1)\tag{4}$$

比较式(3)与(4)得

$$\frac{\theta f^{(n+2)}(a)}{(n+1)!}(x-x_0)^{n+2}$$

$$=\frac{f^{(n+2)}[x_0+\theta_1(x-x_0)]}{(n+2)!}(x-x_0)^{n+2}$$

在上式两边同时令 $x \to x_0$，由于 $f^{(n+2)}(x_0) \neq 0$，及 $f^{(n+2)}(x)$ 的连续性知 $\lim\limits_{x \to x_0} \theta = \frac{1}{n+2}$.

推论 1　在 x_0 的充分小邻域内，$\theta \approx \frac{1}{n+2}$.

推论 2　在 x_0 的充分小邻域内

$$f(x) \approx Q_n(x) + \frac{f^{(n+1)}\left[x_0 + \frac{x-x_0}{n+2}\right]}{(n+1)!}(x-x_0)^{n+1}$$

记

$$g^n(x) = Q_n + \frac{f^{(n+1)}\left[x_0 + \frac{x-x_0}{n+2}\right]}{(n+1)!}(x-x_0)^{n+1} \quad (5)$$

2. $f(x)$ 与 $g_n(x)$ 误差的阶

定理 1　$f(x) - g_n(x) = O((x-x_0)^{n+2})$ 或 $f(x) - g_n(x) = o((x-x_0)^{n+2})$.

证　由式(4)可得

$$\begin{aligned} f(x) - g_n(x) = & f(x) - Q_n(x) - \\ & \frac{f^{(n+1)}\left[x_0 + \frac{x-x_0}{n+2}\right]}{(n+1)!}(x-x_0)^{n+1} \\ = & \frac{f^{(n+1)}(x_0)}{(n+1)!}(x-x_0)^{n+1} + \\ & \frac{f^{(n+2)}[x_0 + \theta_1(x-x_0)]}{(n+2)!}(x-x_0)^{n+2} - \\ & \frac{f^{(n+1)}\left[x_0 + \frac{x-x_0}{n+2}\right]}{(n+1)!}(x-x_0)^{n+1} \end{aligned}$$

$$=\frac{f^{(n+2)}[x_0+\theta_1(x-x_0)]}{(n+2)!}(x-x_0)^{n+2}-\frac{(x-x_0)^{n+1}}{(n+1)!}\int_{x_0}^{x_0+\frac{x-x_0}{n+2}}f^{(n+2)}(t)\mathrm{d}t$$

$$=\frac{(x-x_0)^{n+1}}{(n+1)!}\left\{\frac{f^{(n+2)}[x_0+\theta_1(x-x_0)]}{n+2}\cdot(x-x_0)-\int_{x_0}^{x_0+\frac{x-x_0}{n+2}}f^{(n+2)}(t)\mathrm{d}t\right\}$$

$$(0<\theta_1<1)$$

由积分中值定理得

$$f(x)-g_n(x)=\frac{(x-x_0)^{n+2}}{(n+2)!}\{f^{(n+2)}[x_0+\theta_1(x-x_0)]-f^{(n+2)}(Z)\} \tag{6}$$

其中 Z 在 x_0 与 $x_0+\frac{x-x_0}{n+2}$ 之间. 因此:

当 $f^{(n+2)}[x_0+\theta_1(x-x_0)]-f^{(n+2)}(Z)\neq 0$ 时

$$f(x)-g_n(x)=O((x-x_0)^{n+2})$$

当 $f^{(n+2)}[x_0+\theta_1(x-x_0)]-f^{(n+2)}(Z)=0$ 时

$$f(x)-g_n(x)=o((x-x_0)^{n+2})$$

定理 1 说明,用 $g_n(x)$ 逼近 $f(x)$ 比用 $Q_n(x)$ 逼近 $f(x)$ 的精度高. 由式(6)还可得到 $g_n(x)$ 逼近 $f(x)$ 的误差估计范围:

推论 3 若 $f^{(n+2)}(x)$ 有界,则

$$|f(x)-g_n(x)|\leqslant M|x-x_0|^{n+2}$$

3. $f(x)$ 与 $g_n(x)$ 的误差表达式

定理 2 设 $f(x)$ 在 (a,b) 上有直到 $n+3$ 阶连续导数, $\forall x,x_0\in(a,b)$,则有

$$f(x)-g_n(x)\approx\frac{n+1}{2(n+2)(n+3)!}f^{(n+3)}(Y)(x-x_0)^{n+3}$$

其中 Y 在 x 与 x_0 之间.

证 将 $f^{(n+1)}\left(x_0+\frac{x-x_0}{n+2}\right)$ 按泰勒公式展开,并将余项写成积分形式,得

$$f^{(n+1)}\left(x_0+\frac{x-x_0}{n+2}\right)=f^{(n+1)}(x_0)+f^{(n+2)}(x_0)\frac{x-x_0}{n+2}+\int_{x_0}^{x_0+\frac{x-x_0}{n+2}}f^{(n+3)}(t)\left(x_0+\frac{x-x_0}{n+2}-t\right)\mathrm{d}t \tag{7}$$

把式(7)代入(5)中得

$$g_n(x)=Q_{n+2}(x)+\frac{(x-x_0)^{(n+1)}}{(n+1)!}\int_{x_0}^{x_0+\frac{x-x_0}{n+2}}f^{(n+3)}(t)\cdot\left(x_0+\frac{x-x_0}{n+2}-t\right)\mathrm{d}t$$

又 $f(x)$ 的 $n+2$ 阶泰勒公式为

$$f(x)=Q_{n+2}(x)+\frac{1}{(n+2)!}\int_{x_0}^{x}f^{(n+3)}(t)(x-t)\mathrm{d}t$$

于是

$$\begin{aligned}f(x)-g_n(x)=&\frac{1}{(n+2)!}\int_{x_0}^{x}f^{(n+3)}(t)(x-t)^{n+2}\mathrm{d}t-\\&\frac{(x-x_0)^{n+1}}{(n+1)!}\int_{x_0}^{x_0+\frac{x-x_0}{n+2}}f^{(n+3)}(t)\cdot\\&\left(x_0+\frac{x-x_0}{n+2}-t\right)\mathrm{d}t\\=&\int_{x_0}^{x_0+\frac{x-x_0}{n+2}}f^{(n+3)}(t)\left[\frac{(x-t)^{n+2}}{(n+2)!}-\right.\end{aligned}$$

$$\frac{(x-x_0)^{n+1}}{(n+1)!}\left(x_0+\frac{x-x_0}{n+2}-t\right)\Big]\mathrm{d}t+$$

$$\int_{x_0+\frac{x-x_0}{n+2}}^{x}\frac{1}{(n+2)!}f^{(n+3)}(t)(x-t)^{n+2}\mathrm{d}t$$

$$=\int_{x_0}^{x_0+\frac{x-x_0}{n+2}}\frac{1}{(n+1)!}f^{(n+3)}(t)g(t)\mathrm{d}t+$$

$$\int_{x_0+\frac{x-x_0}{n+2}}^{x}\frac{1}{(n+2)!}f^{(n+3)}(t)(x-t)^{n+2}\mathrm{d}t \quad (8)$$

其中

$$g(t)=\frac{(x-t)^{n+2}}{n+2}-\left(x_0+\frac{x-x_0}{n+2}-t\right)(x-x_0)^{n+1}$$

且 $g(x_0)=0, g'(t)>0$(或 $g'(t)<0$),故 $g(t)>0$(或 $g(t)<0$). 对式(8)的两个积分应用积分中值定理得

$$f(x)-g_n(x)=\frac{1}{(n+1)!}f^{(n+3)}(\lambda_1)\int_{x_0}^{x_0+\frac{x-x_0}{n+2}}g(t)\mathrm{d}t+$$

$$\frac{1}{(n+2)!}f^{(n+3)}(\lambda_2)\int_{x_0+\frac{x-x_0}{n+2}}^{x}(x-t)^{n+2}\mathrm{d}t$$

其中 λ_1 在 x_0 与 $x_0+\frac{x-x_0}{n+2}$ 之间,λ_2 在 $x_0+\frac{x-x_0}{n+2}$ 与 x 之间

$$\int_{x_0}^{x_0+\frac{x-x_0}{n+2}}g(t)\mathrm{d}t=\frac{(x-x_0)^{n+3}}{(n+2)(n+3)}-\frac{(x-x_0)^{n+3}}{2(n+2)^2}-$$

$$\frac{(n+1)^{n+3}(x-x_0)^{n+3}}{(n+2)(n+3)(n+2)^{n+3}}$$

于是有

$$f(x)-g_n(x)=\left[\frac{1}{(n+3)!}-\frac{1}{2(n+2)!\ (n+2)}\right]\cdot$$

$$f^{(n+1)}(\lambda_1)(x-x_0)^{n+3}+$$

$$\frac{(n+1)^{n+3}}{(n+3)!\,(n+2)^{n+3}}\cdot$$
$$[f^{(n+3)}(\lambda_2)-f^{(n+3)}(\lambda_1)]\cdot$$
$$(x-x_0)^{n+3}$$

由$f^{(n+3)}(x)$在x_0连续,知在x_0的充分小邻域内

$$f(x)-g_n(x)\approx\frac{n+1}{2(n+2)(n+3)!}f^{(n+3)}(\lambda_1)(x-x_0)^{n+3}$$

关于泰勒公式中拉格朗日型余项的再研究[①]

第二十八章

微分学中的著名的泰勒公式可叙述为:

设$f(x)$在$[a,x]$上具有直到$n-1$阶连续导数,在(a,x)内存在n阶导数,则存在$\xi\in(a,x)$,使得

$$f(x)=\sum_{k=0}^{n-1}\frac{1}{k!}f^{(k)}(a)(x-a)^{k}+\frac{1}{n!}f^{(n)}(\xi)(x-a)^{n} \tag{1}$$

这里

$$\frac{1}{n!}f^{(n)}(\xi)(x-a)^{n}=R_{n}(x)$$

称为拉格朗日型余项.

① 本章摘自《大学数学》,2008 年,第 24 卷,第 5 期.

当 $x \to 0$ 时，对于式(1)的中间点 ξ 的渐近性研究，Azpeitja 的结果可叙述为：

定理 1 设 $f^{(n+p)}(t)(n \geqslant 1, p \geqslant 1)$ 在 $[a,x]$ 上存在，在点 a 连续，又 $f^{(n+j)}(a)=0(1 \leqslant j < p)$，而且 $f^{(n+p)}(a) \neq 0$，则对于式(1)中 ξ 有

$$\lim_{x \to a^+} \frac{\xi - a}{x - a} = \binom{n+p}{n}^{-1/p} \tag{2}$$

分析 $f(x)$ 的条件，自然有一个问题：$f^{(n+p)}(a)$ 不存在时其结果又如何？

孙燮华通过定义点 a 在右 φ 导数，给出一个广义泰勒公式，张树义通过定义当 $t \to 0^+$ 时 $\psi(t)$ 的比较函数 $\varphi(t)$，给出一个包含前者的更广义泰勒公式. 他们对各自的广义泰勒公式的"中间点"ξ 渐近性研究，都得到了如上泰勒的定理结果的推广. 但是，不论是孙燮华的结果，还是张树义的（包含着孙燮华的）结果，对新引进概念需要的条件验证都有不方便的感觉. 云南师范大学数学学院的赵奎奇教授 2008 年注意到积分中值定理的"中间点"渐近性的方法，用其改造了的方法直接对泰勒公式进行研究，弱化了 $f^{(n+p)}(a)$ 存在的条件，得到几个易于验证的结果.

定理 2 若对满足上述泰勒公式中的 $f(t)$，存在常数 $A,B,p(A \neq 0, p > -1$ 且 $p \neq 0)$ 及在 $[a,x]$ 上单调的函数 $\varphi(t)$（存在 $\varphi'_+(a) \neq 0$），使得

$$\lim_{x \to a^+} \frac{f^{(n)}(x) - B}{|\varphi(x) - \varphi(a)|^p} = A$$

那么，式(1)中 ξ 满足

$$\lim_{x\to a^+}\frac{\varphi(\xi)-\varphi(a)}{x-a}=\binom{n+p}{n}^{-1/p}\varphi'_+(a) \qquad (3)$$

而且

$$\lim_{x\to a^+}\frac{\varphi(\xi)-\varphi(a)}{\varphi(x)-\varphi(a)}=\binom{n+p}{n}^{-1/p} \qquad (4)$$

这里

$$\binom{n+p}{n}=\frac{(n+p)(n+p-1)(n+p-2)\cdots(p+1)}{n!} \quad (p\in\mathbf{R})$$

证 这里只对 $\varphi(x)$ 为单调增加情况给出证明. 构造辅助函数

$$h(x)=\left(f(x)-\sum_{k=0}^{n-1}\frac{f^{(k)}(a)}{k!}(x-a)^k-\frac{B}{n!}(x-a)^n\right)\Big/(x-a)^{p+n}$$

应用洛必达法则及定理条件,有

$$\begin{aligned}\lim_{x\to a^+}h(x)&=\lim_{x\to a^+}\frac{f^{(n)}(x)-B}{(p+1)(p+2)\cdots(p+n)(x-a)^p}\\&=\frac{1}{n!\binom{n+p}{n}}\lim_{x\to a^+}\frac{f^{(n)}(x)-B}{|\varphi(x)-\varphi(a)|^p}\cdot\left(\frac{\varphi(x)-\varphi(a)}{x-a}\right)^p\\&=\frac{A}{n!\binom{n+p}{n}}(\varphi'_+(a))^p\end{aligned} \qquad (5)$$

另外,应用式(1)及定理条件,又有

$$\begin{aligned}\lim_{x\to a^+}h(x)&=\lim_{x\to a^+}\frac{f^{(n)}(\xi)-B}{n!\ (x-a)^p}\\&=\frac{1}{n!}\lim_{x\to a^+}\frac{f^{(n)}(\xi)-B}{|\varphi(\xi)-\varphi(a)|^p}\left(\frac{\varphi(\xi)-\varphi(a)}{x-a}\right)^p\end{aligned}$$

$$= \frac{A}{n!} \lim_{x \to a^+} \left(\frac{\varphi(\xi) - \varphi(a)}{x - a} \right)^p \tag{6}$$

所以，由式(5)(6)便知式(3)成立，而且应用上面已证可给出

$$\lim_{x \to a^+} \frac{\varphi(\xi) - \varphi(a)}{\varphi(x) - \varphi(a)} = \lim_{x \to a^+} \left(\frac{\varphi(\xi) - \varphi(a)}{x - a} \Big/ \frac{\varphi(x) - \varphi(a)}{x - a} \right)$$

$$= \binom{n+p}{n}^{-1/p}$$

即式(4).

下面的结果是定理2的一个特例，也是定理1(条件“$f^{(n+p)}(a)$存在”被弱化了)的推广情况.

定理3 设$f^{(n+p-1)}(t)$ $(n \geqslant 1, p \geqslant 1)$在$[a,x]$上连续，$f^{(n+p)}(t)$在$(a,x)$上存在. 又$f^{(n+j)}(a) = 0$ $(1 \leqslant j < p)$，而且存在常数A, λ $(A \neq 0, \lambda > -1)$，使得

$$\lim_{x \to a^+} \frac{f^{(n+p)}(x)}{(x-a)^{\lambda}} = A$$

则对于式(1)中ξ有

$$\lim_{x \to a^+} \frac{\xi - a}{x - a} = \binom{n+p+\lambda}{n}^{-1/(p+\lambda)} \tag{7}$$

证 应用洛必达法则及定理条件，有

$$\lim_{x \to a^+} \frac{f^{(n)}(x) - f^{(n)}(a)}{|x - a|^{p+\lambda}}$$

$$= \lim_{x \to a^+} \frac{f^{(n)}(x) + f^{(n)}(a)}{(x-a)^{p+\lambda}}$$

$$= \lim_{x \to a^+} \frac{f^{(n+1)}(x)}{(p+\lambda)(x-a)^{p+\lambda-1}}$$

$$\vdots$$

$$= \lim_{x\to a^+} \frac{f^{(n+p)}(x)}{(p+\lambda)(p+\lambda-1)\cdots(\lambda+1)(x-a)^{\lambda}}$$

$$= \frac{A}{(p+\lambda)(p+\lambda-1)\cdots(\lambda+1)}$$

$$\neq 0$$

据定理 2 便知式(7),即定理 3 得证.

此外,在定理 1 的条件下,类似定理 3 的证明,考虑极限

$$\lim_{x\to a^+} \frac{f^{(n)}(x)-f^{(n)}(a)}{|x-a|^p} = \frac{1}{p!} f^{(n+p)}(a) \neq 0$$

说明由定理 2 可推出定理 1.

最后给出一个例子,说明定理 1 失效而和定理 2 还能有结果的情况.

例 1 函数 $f(t)=2\sqrt{t}+4$ 在 $[0,x]$ $(x>0)$ 上,考虑 $n=1$,应用式(1),有 $2\sqrt{x}=\frac{x}{\sqrt{\xi}}$,故 $\lim\limits_{x\to a^+}\frac{\xi}{x}=\frac{1}{4}$. 此式不能用定理 1 导出. 但是,注意到 $\lim\limits_{x\to 0^+}\frac{f'(x)}{|x-0|^{-\frac{1}{2}}}=1\neq 0$,用定理 2 还可以导出

$$\lim_{x\to 0^+}\frac{\xi}{x} = \binom{1-1/2}{1}^2 = \left(\frac{1}{2}\right)^2 = \frac{1}{4}$$

一个广义的柯西型的泰勒公式[①]

第二十九章

微分中值定理是微分学的基本定理，在数学分析中占有非常重要的地位，是研究函数在某个区间内的整体性质的有力工具. 重庆理工大学数理学院的苏翃、赵振华，宜宾学院数学系的董建三位教授2009年将一阶微分形式的柯西中值定理推广到高阶微分形式的中值定理，得到了一个高阶导数形式的、广义的柯西型的泰勒公式.

定理1 若 $f^{(k)}(x)(k=1,2,\cdots,n)$ 与 $g^{(k)}(x)(k=1,2,\cdots,m)$ 分别在闭区间 $[a,b]$ 内连续.

(2) $f^{(n+1)}(x)$ 与 $g^{(m+1)}(x)$ 在 (a,b) 内存在，且 $g^{(m+1)}(x)\neq 0$，则在 (a,b) 内

① 本章摘自《数学的实践与认识》，2009年，第39卷，第21期.

至少存在一点 a,使得

$$\frac{f(b)-\sum_{k=0}^{n}\frac{f^{(k)}(a)}{k!}(b-a)^{k}}{g(b)-\sum_{k=0}^{m}\frac{g^{(k)}(a)}{k!}(b-a)^{k}} \tag{1}$$

$$=\frac{m!f^{(n+1)}(a)}{n!g^{(m+1)}(a)}(b-a)^{n-m}$$

其中

$$f^{(0)}(a)=f(a),g^{(0)}(a)=g(a)$$

证 设

$$P(t)=f(b)-\sum_{k=0}^{n}\frac{f^{(k)}(t)}{k!}(b-t)^{k}$$

$$Q(t)=g(b)-\sum_{k=0}^{m}\frac{g^{(k)}(t)}{k!}(b-t)^{k}$$

显然 $P(b)=Q(b)=0$,又令 $K=\frac{P(a)}{Q(a)}$,于是式(1)成为

$$P(b)-P(a)=\frac{m!\ f^{(n+1)}(a)}{n!\ g^{(m+1)}(a)}(b-a)^{n-m}[Q(b)-Q(a)]$$

作辅助函数

$$F(x)=P(x)-P(a)-K[Q(x)-Q(a)] \tag{2}$$

易知 $F(x)$ 在 $[a,b]$ 上连续,在 (a,b) 内可导,且

$$F(a)=0$$

$$F(b)=P(b)-P(a)-K[Q(b)-Q(a)]=0$$

由罗尔中值定理知,存在 $\xi\in(a,b)$,使得

$$F'(\xi)=\{p(x)-p(a)-K[Q(x)-Q(a)]\}'|_{x=\xi}=0 \tag{3}$$

即

$$p'(\xi)-KQ'(\xi)=0 \tag{4}$$

从而 $K=\dfrac{p'(\xi)}{Q'(\xi)}$，又

$$\begin{aligned}
p'(t) &= \left\{f(b)-\left[\sum_{k=1}^{n}\frac{f^{(k)}(t)}{k!}(b-t)^{k}+f(t)\right]\right\}' \\
&= -\left[\left(\sum_{k=1}^{n}\frac{f^{(k+1)}(t)}{k!}(b-t)^{k}-\right.\right. \\
&\qquad \left.\left.\sum_{k=1}^{n}\frac{f^{(k)}(t)}{(k-1)!}(b-t)^{k-1}\right)+f'(t)\right] \\
&= -\left[\left(\sum_{k=1}^{n}\frac{f^{(k+1)}(t)}{k!}(b-t)^{k}-\right.\right. \\
&\qquad \left.\left.\sum_{k=1}^{n-1}\frac{f^{(k+1)}(t)}{k!}(b-t)^{k}-f'(t)\right)+f'(t)\right] \\
&= -\frac{f^{(n+1)}(t)}{n!}(b-t)^{n}
\end{aligned} \tag{5}$$

同样有

$$Q'(t)=-\frac{g^{(m+1)}(t)}{m!}(b-t)^{m} \tag{6}$$

将式(5)(6)一起代入式(3)，得

$$\begin{aligned}
K &= \frac{-\dfrac{f^{(n+1)}(\xi)}{n!}(b-\xi)^{n}}{-\dfrac{g^{(m+1)}(\xi)}{m!}(b-\xi)^{m}} \\
&= \frac{m!\ f^{(n+1)}(\xi)}{n!\ g^{(m+1)}(\xi)}(b-\xi)^{n-m}
\end{aligned} \tag{7}$$

故

$$\frac{f(b)-\sum_{k=0}^{n}\frac{f^{(k)}(a)}{k!}(b-a)^k}{g(b)-\sum_{k=0}^{m}\frac{g^{(k)}(a)}{k!}(b-a)^k}$$

$$=\frac{m!\,f^{(n+1)}(\xi)}{n!\,g^{(m+1)}(\xi)}(b-\xi)^{n-m}$$

证毕.

定理中的式(1)将一阶微分形式的柯西中值定理推广到高阶导数形式,同时它也是泰勒中值定理的推广,于是得到了一个高阶导数形式、广义的柯西型的泰勒公式. 事实上:

(1)当定理中的 $g(x)=x,m=0$ 时,式(1)就变为

$$f(x)=\sum_{k=0}^{n}\frac{f^{(k)}(a)}{k!}(x-a)^k+\frac{f^{(n+1)}(\xi)}{n!}(x-\xi)^n(x-a) \tag{8}$$

若再令 $\xi=a+\theta(x-a)(0<\theta<1)$,式(8)又可写成

$$f(x)=\sum_{k=0}^{n}\frac{f^{(k)}(a)}{k!}(x-a)^k+\frac{(1-\theta)^n f^{(n+1)}[a+\theta(x-a)]}{n!}(x-a)^{n+1} \tag{9}$$

式(9)就是带有柯西型余项的泰勒公式;

(2)当定理中的 $m=n=0$ 时,式(1)就变为

$$\frac{f(b)-f(a)}{g(b)-g(a)}=\frac{f'(\xi)}{g'(\xi)} \tag{10}$$

这就是柯西中值定理.

所以说,我们得到的式(1)是柯西中值定理与泰勒中值定理的一个统一的高阶导数形式的推广定理.

泰勒公式及其余项的证明[①]

第三十章

一、引言

泰勒公式是由英国著名数学家泰勒于1712年提出来的，后来经过拉格朗日以及柯西等数学家的进一步完善，对数学理论的发展起到了非常重要的作用. 从目前来看，泰勒公式主要通过“无限逼近”的思想将一些比较复杂的函数转化为简单的函数，这对我们更好地解决一些数学难题提供了重要的工具. 广安职业技术学院的李勇教授2011年以泰勒公式为切入点，逐渐导入泰勒公式中的各种余项，并通过对泰勒公式的各种余项进行详细的证明，加深对泰勒公式的进一步理解，本章对于研究函数的形态具有一定的参考价值.

① 本章摘自《山西师范大学学报(自然科学版)》，2011年，第29卷.

二、泰勒公式各种余项及其意图

1. 泰勒公式的各种余项

目前来看，泰勒公式主要有三种不同形式的余项.

如果函数$f(x)$是区间$[a,b]$上的n阶连续可微函数，在区间$[a,b]$上可导$n+1$次，那么对于任意$x\in[a,b]$均有

$$f(x)=f(a)+\frac{f'(a)}{1!}(x-a)+\frac{f''(a)}{2!}(x-a)^2+\cdots+\frac{f^{(n)}(a)}{n!}(x-a)^n+R_n(x) \tag{1}$$

这里$R_n(x)$为$f(x)$的n次泰勒公式，又叫作泰勒余项. 并且进一步推出其他几种不同形式的余项

$$R_n(x)=o[(x-a)^n] \quad (x\to a)$$

称为皮亚诺型余项

$$R_n=\frac{f^{(n+1)}(\delta)}{(n+1)!}(x-a)$$

称为拉格朗日型余项，其中$a<\delta<x$

$$R_n(x)=\frac{1}{n!}\int_a^x f^{(n+1)}(t)(x-a)^t\mathrm{d}t$$

称为积分型余项.

2. 泰勒公式的主要含义

泰勒公式的意图是给一个函数，想办法用一个多项式去近似. 近似的方式是取定一个点，使得多项式和函数在此点附近充分接近，也就是函数值、一阶导数值、二阶导数值，……，n阶导数值都相同，n是这个多项式的次数. 近似总会有误差，误差就是所谓“余项”. 各种余项的含义都是对这个误差的估计，或者是这个

误差的表示方式.

三、泰勒公式的各种余项的证明

1. 带皮亚诺型余项泰勒公式的证明

设函数$f(x)$在点x_0处具有n阶导数,则有

$$f(x)=f(x_0)+f'(x_0)(x-x_0)+\frac{f''(x_0)}{2!}(x-x_0)^2+\cdots+\frac{f^{(n)}(x_0)}{n!}(x-x_0)^n+o[(x-x_0)^n] \tag{2}$$

证 记

$$P(x)=f(x_0)+f'(x_0)(x-x_0)+\frac{f''(x_0)}{2!}(x-x_0)^2+\cdots+\frac{f^{(n)}(x_0)}{n!}(x-x_0)^n \tag{3}$$

$$R(x)=f(x)-P(x) \tag{4}$$

可以明显得到,$R(x)$在点x_0处n阶可导,从而在x_0的邻域内$n-1$阶可导,且有

$$R(x_0)=R'(x_0)=R''(x_0)=\cdots=R^{(n)}(x_0)=0 \tag{5}$$

由于$R^{n-1}(x)$在点x_0处连续,所以

$$\lim_{x\to x_0}R^{(k)}(x)=0$$
$$(k=0,1,\cdots,n-1)$$

为证明式(2),必须证明$\lim\limits_{x\to x_0}\dfrac{R(x)}{x-x_0}=0$.

由前面分析可知该极限为“$\dfrac{0}{0}$”未定式,连续运用

$n-1$ 次洛必达法则得

$$\lim_{x\to x_0}\frac{R(x)}{(x-x_0)^n}=\lim_{x\to x_0}\frac{R'(x)}{n(x-x_0)^{n-1}}$$
$$\vdots$$
$$=\lim_{x\to x_0}\frac{R^{n-1}(x)}{n!\ (x-x_0)} \qquad (6)$$

注意到，$R^{n-1}(x_0)=0$，由导数定义可得

$$\lim_{x\to x_0}\frac{R^{n-1}(x)}{n!\ (x-x_0)}=\lim_{x\to x_0}\frac{R^{n-1}(x)-R^{n-1}(x_0)}{(x-x_0)}$$
$$=R^n(x_0)$$
$$=0$$

因此，$\lim\limits_{x\to x_0}\frac{R(x)}{(x-x_0)^n}=0$，定理得证.

2. 带拉格朗日型余项泰勒公式的证明

如果函数 $f(x)$ 在 $[a,b]$ 上存在直至 n 阶的连续导数 $f^{(n+1)}(a)$，那么 $\forall x,x_0\in[a,b]$ 至少存在一点 $\delta\in[a,b]$，使

$$f(x)=f(x_0)+\frac{f'(x_0)}{1!}(x-x_0)+\frac{f''(x_0)}{2!}(x-x_0)^2+\cdots+\frac{f^{(n)}(x_0)}{n!}(x-x_0)^n+R_n(x)$$

其中

$$R_n(x)=\frac{f^{(n+1)}(x_0)}{(n+1)!}(x-x_0)\quad (a<x_0<\delta<x)$$

证　$\forall x \in [a,b]$,得出

$$R_n(x)=f(x)-\left[f(x_0)-\frac{f'(x_0)}{1!}(x-x_0)-\frac{f''(x_0)}{2!}(x-x_0)^2-\cdots-\frac{f^{(n)}(x_0)}{n!}(x-x_0)^n\right] \quad (7)$$

由带皮亚诺型余项泰勒公式证明

$$R_n(x_0)=R'_n(x_0)=R''_n(x_0)=\cdots=R_n^{(n)}(x_0)=0 \quad (8)$$

$$R_n^{(n+1)}(x)=f^{(n+1)}(x)$$

若令 $\phi_n(x)=(x-x_0)^{n+1}$,可以得出

$$\phi_n(x_0)=\phi'_n(x_0)=\phi''_n(x_0)=\cdots=\phi_n^{(n)}(x_0)=0$$

$$\phi_n^{(n+1)}(x_0)=(n+1)! \quad (9)$$

则在区间$[x_0,x]$,$x\leqslant b$,连续应用柯西中值定理 $n+1$ 次,得出

$$\frac{R_n(x)}{\phi_n(x)}=\frac{R_n(x)-R_n(x_0)}{\phi_n(x)-\phi_n(x_0)}=\frac{R'_n(\delta_1)}{\phi'_n(\delta_1)}=\frac{R'_n(\delta_1)-R'_n(x_0)}{\phi'_n(\delta_1)-\phi'_n(x_0)}=\frac{R''_n(\delta_2)}{\phi''_n(\delta_2)}=\cdots=\frac{R_n^{(n)}(\delta_n)-R_n^{(n)}(x_0)}{\phi_n^{(n)}(\delta_n)-\phi_n^{(n)}(x_0)}-\frac{R_n^{(n+1)}(\delta)}{\phi_n^{(n+1)}(\delta)}=\frac{f^{(n+1)}(\delta)}{(n+1)!} \quad (10)$$

$$\delta=\delta_n+1 \quad (x_0<\delta<\delta_n<\cdots<\delta_2<\delta_1<x\leqslant b)$$

从而得到

$$R_n(x)=\frac{f^{(n+1)}(\delta)}{(n+1)!}(x-x_0)^{n+1} \tag{11}$$

其中

$$a<x_0<\delta<x\leqslant b$$

3. 带积分型余项泰勒公式的证明

若函数$f(x)$在点 x_0 的邻域 $U(x_0)$内存在连续的 $n+1$ 阶导数，则 $\forall x\in U(x_0)$，有

$$f(x)=f'(x_0)+\frac{f(x_0)}{1!}(x-x_0)+\frac{f''(x_0)}{2!}(x-x_0)^2+\cdots+\frac{f^{(n)}(x_0)}{n!}(x-a)^n+R_n(x)$$

其中

$$R_n(x)=\int_{x_0}^{x}\int_{x_0}^{x_1}\cdots\int_{x_0}^{x_n}f^{(n+1)}(x_{n+1})\,\mathrm{d}x_{n+1}\cdots\mathrm{d}x_2\mathrm{d}x_1$$

证 由牛顿-莱布尼兹公式得

$$f(x)-f(x_0)=\int_{x_0}^{x}f'(x_1)\,\mathrm{d}x_1$$

即

$$f(x)=f(x_0)+\int_{x_0}^{x}f'(x_1)\,\mathrm{d}x_1$$

同理

$$f'(x_1)=f'(x_0)+\int_{x_0}^{x_1}f''(x_2)\,\mathrm{d}x_2$$

$$f''(x_2)=f''(x_0)+\int_{x_0}^{x_2}f'''(x_3)\,\mathrm{d}x_3$$

$$\vdots$$

$$f^{(n)}(x_n)=f^{(n)}(x_0)+\int_{x_0}^{x_n}f^{(n+1)}(x_{n+1})\mathrm{d}x_{n+1}$$

从而有

$$\begin{aligned}
f(x)&=f(x_0)+\int_{x_0}^{x}f'(x_1)\mathrm{d}x_1\\
&=f(x_0)+\int_{x_0}^{x}\left[f'(x_0)+\int_{x_0}^{x_1}f''(x_2)\mathrm{d}x_2\right]\mathrm{d}x_1\\
&=f(x_0)+f'(x_0)(x-x_0)+\int_{x_0}^{x}\int_{x_0}^{x_1}f''(x_2)\mathrm{d}x_2\mathrm{d}x_1\\
&=f(x_0)+f'(x_0)(x-x_0)+\frac{f''(x_0)}{2!}(x-x_0)^2+\\
&\quad\int_{x_0}^{x}\int_{x_0}^{x_1}\int_{x_0}^{x_2}f'''(x_3)\mathrm{d}x_3\mathrm{d}x_2\mathrm{d}x_1\\
&=f(x_0)+\frac{f(x_0)}{1!}(x-x_0)+\\
&\quad\frac{f'(x_0)}{2!}(x-x_0)^2+\cdots+\\
&\quad\frac{f^{(n)}(x_0)}{n!}(x-x_0)^n+R_n(x)
\end{aligned}$$

定理得证.

关于泰勒公式的余项及泰勒级数的研究①

第三十一章

长春大学光华学院的许佰雁教授2011年利用泰勒公式的余项探讨了泰勒公式及其应用,最后又讨论了泰勒级数的展开条件,并给出了反例.

一、泰勒公式

1. 带有皮亚诺型余项的公式

设$f(x)$在x_0存在导数,则必有

$$\lim_{x\to x_0}\frac{f(x)-f(x_0)}{x-x_0}=f'(x_0)$$

即

$$\frac{f(x)-f(x_0)}{x-x_0}=f'(x_0)+\alpha$$

$$(\alpha\to 0,x\to x_0)$$

① 本章摘自《山西大同大学学报(自然科学版)》,2011年,第27卷,第6期.

$$f(x)=f(x_0)+f'(x_0)(x-x_0)+o(x-x_0)$$

此结论的反问题为:若

$$f(x)=f(x_0)+a(x-x_0)+o(x-x_0)$$

则必有 $f(x)$ 在 x_0 可导,且 $f'(x_0)=a$.

泰勒公式 设 $f(x)$ 在 x_0 存在 n 阶导数,则在 x_0 附近有

$$\begin{aligned}f(x)&=f(x_0)+f'(x_0)(x-x_0)+\cdots+\\&\quad\frac{1}{n!}f^{(n)}(x_0)(x-x_0)^n+o[(x-x_0)^n]\\&=p_n(x)+o[(x-x_0)^n]\end{aligned}$$

证 仅以 $n=2$ 的情形为例证明.

因为

$$\begin{aligned}f(x)&=f(x_0)+f'(x_0)(x-x_0)+\\&\quad\frac{1}{2!}f''(x_0)(x-x_0)^2+r_2(x)\end{aligned}$$

则

$$\lim_{x\to x_0}\frac{r_2(x)}{(x-x_0)^2}$$

$$=\lim_{x\to x_0}\frac{f(x)-f(x_0)-f'(x_0)(x-x_0)-\frac{1}{2!}f''(x_0)(x-x_0)^2}{(x-x_0)^2}$$

上式为“$\frac{0}{0}$”型极限,运用洛必达法则知

$$\begin{aligned}\text{上式}&=\lim_{x\to x_0}\frac{f'(x)-f'(x_0)-f''(x_0)(x-x_0)}{2(x-x_0)}\\&=\lim_{x\to x_0}\frac{f''(x)-f''(x_0)}{2}\\&=0\end{aligned}$$

即

$$r_2(x)=o[(x-x_0)^2]$$

同理可证 n 时的情况,运用 n 次洛必达法则可知,余项为 $(x-x_0)^n$ 的高阶无穷小.

利用泰勒公式可以比较两个函数的大小.

例 1 证明 $\forall x>0$,有

$$x-\frac{x^2}{2}<\ln(1-x)<x$$

证 $\forall x>0$

$$\ln(1+x)=x-\frac{x^2}{2(1-\zeta_1)^2}<x$$

$$(0<\zeta_1<x)$$

又因为

$$\ln(1+x)=x-\frac{x^2}{2}+\frac{x^3}{3(1+\zeta_2)^2}>x-\frac{x^2}{2}$$

$$(0<\zeta_2<x)$$

所以 $\forall x>0, x-\frac{x^2}{2}<\ln(1+x)<x$.

关于带有皮亚诺型余项的泰勒公式做两点说明:

①$f(x)$ 在点 x_0 有一阶导数

$\Leftrightarrow f(x)=f(x_0)+f'(x_0)(x-x_0)+o(x-x_0)$

②$f(x)$ 在点 x_0 有 n 阶导数时

$$\Rightarrow f(x)=P_n(x)+o[(x-x_0)^n]$$

对于②反之不成立,即若 $f(x)$ 可表示为一个多项式与一个余项的和,则多项式中的函数未必就是 $f(x)$ 在点 x_0 的各阶导数值.

例 2 设 $f(x)$ 在 $x=0$ 附近有定义,且

$$f(x)=\begin{cases}D(x)\mathrm{e}^{-\frac{1}{x^2}}, x\neq 0\\ 0, x=0\end{cases}$$

$$D(x)=\begin{cases}1, x \text{ 为无理数}\\ 0, x \text{ 为有理数}\end{cases}$$

则

$$D(x)\mathrm{e}^{-\frac{1}{x^2}}=0+0+\cdots+0+o(x^n)$$

或

$$D(x)\mathrm{e}^{-\frac{1}{x^2}}=0+0+0+o(x^2)$$

$$r_2(x)=D(x)\mathrm{e}^{-\frac{1}{x^2}}$$

$$\frac{r_2(x)}{x^2}=\frac{D(x)\mathrm{e}^{-\frac{1}{x^2}}}{x}\xlongequal{x^2=y}D(x)\frac{-y}{\mathrm{e}^y}\to 0\quad(x\to 0)$$

所以此函数的余项为 $o(x^2)$，但

$$f'(0)=\lim_{x\to 0}\frac{D(x)\mathrm{e}^{-\frac{1}{x^2}}}{x-0}=\lim_{x\to 0}\frac{D(x)\mathrm{e}^{-\frac{1}{x^2}}}{x}=0$$

$f''(0)$不存在.

2. 带有拉格朗日型余项

拉格朗日中值定理 设 $f(x)$ 在 $[a,b]$ 上连续，在 (a,b) 内可导，则 $\exists\zeta\in(a,b)$，使得

$$f'(\zeta)=\frac{f(b)-f(a)}{b-a}$$

将上述定理推广到 $f(x)$ 在 $[x_0,x]$ 上连续，在 (x_0,x) 可导，则 $\exists\zeta\in(x_0,x)$，使得

$$f(x)=f(x_0)+f'(\zeta)(x-x_0)$$

若 $f(x)$ 在 I 上有 $n+1$ 阶导数，$x_0\in I$，$\forall x\in I$，有

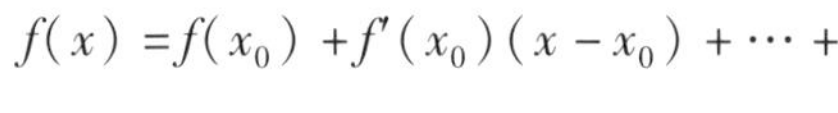

$$f(x)=f(x_0)+f'(x_0)(x-x_0)+\cdots+$$

$$\frac{f^{(n)}(x_0)}{n!}(x-x_0)^n+\frac{f^{(n+1)}(\zeta)}{(n+1)!}(x-x_0)^{n+1}$$

证 以 n 为例证明.

当 $n=1$ 时,$f(x)$ 在 $U(x_0)$ 上有二阶导数,有

$$f(x)=f(x_0)+f'(x_0)(x-x_0)+\frac{f''(\zeta)}{2!}(x-x_0)^2$$

因为必有

$$f(x)=f(x_0)+f'(x_0)(x-x_0)+R(x)$$

下证

$$R(x)=\frac{f^{(n)}(\zeta)}{2!}(x-x_0)^2$$

定义函数

$$F(x)=\begin{cases}f(x)-f(x_0)+f'(x_0)(x-x_0) & (x\neq x_0)\\ 0 & (x=x_0)\end{cases}$$

$$G(x)=\begin{cases}(x-x_0)^2 & (x\neq x_0)\\ 0 & (x=x_0)\end{cases}$$

$$\begin{aligned}\frac{R(x)}{(x-x_0)^2}&=\frac{f(x)-f(x_0)-f'(x_0)(x-x_0)}{(x-x_0)^2}\\&=\frac{F(x)-F(x_0)}{G(x)-G(x_0)}\\&=\frac{F'(\eta)}{G'(\eta)}\\&=\frac{f'(\eta)-f'(x_0)}{2(\eta-x_0)}\\&=\frac{f''(\zeta)}{2}\end{aligned}$$

（两次运用柯西中值定理）所以

$$R(x)=\frac{f''(\zeta)}{2}(x-x_0)^2$$

利用此形式泰勒公式可以求出函数的近似值.

例 3 计算 e 的近似值，使误差不超过 10^{-6}.

解 可以利用 e^x 在 $x-1$ 的泰勒公式，有

$$R_n(1)=\frac{e^{\theta}}{(n+1)!}<\frac{e}{(n+1)!}<\frac{3}{(n+1)!}$$

容易算出 $n=9$ 时，有 $R_9(1)<10^{-6}$，于是

$$e\approx 1+\frac{1}{1!}+\frac{1}{2!}+\cdots+\frac{1}{9!}\approx 2.718\ 281$$

二、泰勒级数

设 $f(x)\in C^{\infty}$（无穷次连续可微），当 $x_0=0$ 时，$f(0),f'(0),f''(0),\cdots,f^{(n)}(0),\cdots$均存在，则

$$f(x)=\sum_{n=0}^{\infty}\frac{f^{(n)}(0)x^n}{n!}$$

若收敛半径为 r，则：

(1) $f(x)=\sum\limits_{n=0}^{\infty}\frac{f^{(n)}(0)x^n}{n!}$ 在 $(-r,r)$ 上收敛（端点单独讨论），记为

$$s(x)=\sum_{n=0}^{\infty}\frac{f^{(n)}(0)x^n}{n!}$$

(2) $s(x)$ 是否等于 $f(x)$？不一定.

例 4 函数 $g(x)=\begin{cases}e^{-\frac{1}{x^2}},x\neq 0\\0,x=0\end{cases}$，我们可以证明 $g^{(n)}(0)=0(n>1)$，但其泰勒展开式为

$$g(x)\approx g(0)+\frac{g'(0)}{1!}x+\frac{g''(0)}{2!}x^2+\cdots+\frac{g^{(n)}(0)}{n!}x^n+\cdots$$

后者收敛于0，而$\forall x\in \mathring{U}(0)$，$g(x)\neq 0$. 说明函数$g(x)$存在泰勒级数，但不收敛于$g(x)$.

(3)$f(x)=s(x)=\sum\limits_{n=0}^{\infty}\frac{f^{(n)}(0)x^n}{n!}(x\in I)$成立的条件为拉格朗日型余项$R_n(x)\to 0(n\to\infty)$或$\exists M>0$，$\forall n>N$时，有$|f^{(n)}(x)|\leqslant M$.

(4)研究泰勒公式

$$f(x)=f(0)+\cdots+\frac{f^{(n)}(0)}{n!}x^n+R_n(x)$$

的余项$R_n(x)$.

对于$\forall x\in I$是否有$\lim\limits_{n\to\infty}R_n(x)=0$? 若成立，则有$f(x)=s(x)$.

事实上，若$\exists M>0$，$\forall n>N$时，有

$$|f^{(n)}(x)|\leqslant M$$

$$|R_n(x)|=\frac{|f^{(n+1)}(\zeta)|}{(n+1)!}|x|^{n+1}\leqslant M\frac{r^{n+1}}{(n+1)!}$$

由于$\lim\limits_{n\to\infty}\frac{r^{n+1}}{(n+1)!}=0$，可知$\lim\limits_{n\to\infty}R_n(x)=0$.

一个函数有无穷阶导数不一定可展成泰勒级数，反例同上.

一般的

$$u_1(x)+u_2(x)+\cdots+u_n(x)+\cdots=s(x)$$

$$u'_1(x)+u'_2(x)+\cdots+u'_n(x)+\cdots\neq s'(x)$$

只有当$\sum\limits_{n=1}^{\infty}u_n(x)$一致收敛时，等式$\sum\limits_{n=1}^{\infty}u'_n(x)=s'(x)$才成立.

但如果 $\sum_{n=1}^{\infty} a_n x^n$ 在$[-r,r]$内闭一致收敛，那么上式成立.

三、泰勒公式及级数的应用

例5 函数$f(x)\in C^2, f''(x)\neq 0$，若

$$f(x+h)=f(x)+hf'(x+\theta h)\quad (0<\theta<1)$$

证明 $\theta\to\frac{1}{2}(h\to 0)$.

证法1 由拉格朗日中值定理

$$f'(x+\theta h)=f'(x)+\theta hf''(x+\theta_1\theta h)\quad (0<\theta_1<1)$$

则

$$f(x+h)=f(x)+hf'(x)+\theta h^2 f''(x+\theta_1\theta h)$$

对$f(x+h)$直接泰勒展开得

$$f(x+h)=f(x)+hf'(x)+\frac{f''(x+\theta_2 h)}{2}h^2$$

所以

$$\theta f''(x+\theta_1\theta h)=\frac{f''(x+\theta_2 h)}{2}$$

当 $h\to 0$ 时，$f''(x)$连续，所以 $\theta=\frac{1}{2}$.

证法2 由于

$$f'(x+\theta h)=f'(x)+\theta hf''(x)+o(\theta h)$$

$$f(x+h)=f(x)+hf'(x)+\theta h^2 f''(x)+o(\theta h)h$$

对$f(x+h)$直接泰勒展开得

$$f(x+h)=f(x)+hf'(x)+\frac{f''(x)}{2}h^2+o(h^2)$$

所以

$$o(\theta h)h+\theta h^2 f''(x)=\frac{f''(x)}{2}h^2+o(h^2)$$

当 $h\to 0$ 时，$\theta=\frac{1}{2}$.

例 6　函数$\frac{\sin x}{x}$不存在用初等函数表示的原函数，但可利用泰勒级数表出.

解　因为

$$\sin x=x-\frac{x^3}{3!}+\frac{x^5}{5!}+\cdots+(-1)^n\frac{x^{2n+1}}{(2n+1)!}+\cdots$$

所以

$$\frac{\sin x}{x}=1-\frac{x^2}{3!}+\frac{x^4}{5!}+\cdots+(-1)^n\frac{x^{2n}}{(2n+1)!}+\cdots$$

$$\begin{aligned}\int_0^x\frac{\sin t}{t}\mathrm{d}t&=\int_0^x\sum_{n=1}^{\infty}\frac{(-1)^{n-1}t^{2n-2}}{(2n-1)!}\mathrm{d}t\\&=\sum_{n=1}^{\infty}\int_0^x\frac{(-1)^{n-1}t^{2n-2}}{(2n-1)!}\mathrm{d}t\\&=\sum_{n=1}^{\infty}(-1)^{n-1}\frac{x^{2n-1}}{(2n-1)!\,(2n-1)}\end{aligned}$$

泰勒公式的一种新证法[①]

第三十二章

陈飞翔、冯玉明、刘金魁的文章“证明微分中值问题的辅助多项式法”(《高等数学研究》,2010,13(5):30-31)通过几个典型实例介绍了用于证明微分中值问题的辅助多项式法,该方法简单高效,是解决微分中值定理相关证明问题的一把“利刃”. 不但如此,借鉴上述文章中的方法,福建农林大学计算机与信息学院的林鸿钊、李德新两位教授2013年给出了高等数学中泰勒公式的一种新的证明.

引理1 当 $n\geqslant 1$ 时,有

$$A_{n+1}=\begin{vmatrix} 1 & b & b^2 & \cdots & b^{n-1} & b^n \\ 1 & a & a^2 & \cdots & a^{n-1} & a^n \\ 0 & 1 & 2a & \cdots & (n-1)a^{n-2} & na^{n-1} \\ \vdots & \vdots & \vdots & & \vdots & \vdots \\ 0 & 0 & 0 & \cdots & (n-1)! & n!\,a \end{vmatrix}$$

① 本章摘自《高等数学研究》,2013年,第16卷,第5期.

$$= \prod_{k=1}^{n-1} k! \ (a-b)^n$$

证 依次将 A_{n+1} 的第 i 列乘以 $-a$ 加到第 $i+1$ 列 $(1 \leqslant i \leqslant n-1)$，并将其行列式按第 2 行展开，整理得到

$$\begin{aligned} A_{n+1} &= -(b-a)(n-1)! \cdot I_n \\ &= (a-b)(n-1)! \ A_n \end{aligned}$$

其中

$$I_n = \begin{vmatrix} 1 & b & b^2 & \cdots & b^{n-2} & b^{n-1} \\ 1 & a & a^2 & \cdots & a^{n-2} & a^{n-1} \\ 0 & 1 & 2a & \cdots & (n-2)a^{n-3} & (n-1)a^{n-2} \\ \vdots & \vdots & \vdots & & \vdots & \vdots \\ 0 & 0 & 0 & \cdots & (n-2)! & (n-1)! \ a \end{vmatrix}$$

利用上述递推关系得到

$$A_{n+1} = \prod_{k=2}^{n-1} k! \ (a-b)^{n-1} A_2$$

又因为

$$A_2 = \begin{vmatrix} 1 & b \\ 1 & a \end{vmatrix} = a - b$$

因此可得待证结论成立.

引理 2 当 $n \geqslant 1$ 时，有

B_{n+1}

$$
=\begin{vmatrix}
1 & b & b^2 & b^3 & \cdots & b^{n-1} & f(b) \\
1 & a & a^2 & a^3 & \cdots & a^{n-1} & f(a) \\
0 & 1 & 2a & 3a^2 & \cdots & (n-1)a^{n-2} & f'(a) \\
0 & 0 & 2 & 6a & \cdots & (n-1)(n-2)a^{n-3} & f''(a) \\
\vdots & \vdots & \vdots & \vdots & & \vdots & \vdots \\
0 & 0 & 0 & 0 & \cdots & (n-1)! & f^{(n-1)}(a)
\end{vmatrix}
$$

$$
=(-1)^n \prod_{k=1}^{n-1} k!\ I_n
$$

其中

$$
\begin{aligned}
I_n = & f(b)-f(a)-f'(a)(b-a)+\cdots- \\
& \frac{f^{(n-2)}(a)}{(n-2)!}(b-a)^{n-2}- \\
& \frac{f^{(n-1)}(a)}{(n-1)!}(b-a)^{n-1}
\end{aligned}
$$

证 将 B_{n+1} 按最后一列展开并整理,得到

$$
\begin{aligned}
B_{n+1} = & (-1)^{n+2} f(b) \prod_{k=1}^{n-1} k! + \\
& (-1)^{n+3} f(a) \prod_{k=1}^{n-1} k! + \\
& (-1)^{n+4} f'(a)(a-b) \prod_{k=2}^{n-1} k! + \cdots + \\
& (-1)^{2n+1} f^{(n-2)}(a)(n-1)! \cdot \\
& (a-b)^{n-2} \prod_{k=2}^{n-3} k! + \\
& (-1)^{2n+2} f^{(n-1)}(a)(a-b)^{n-1} \prod_{k=2}^{n-2} k! \\
= & (-1)^{n+2} \prod_{k=1}^{n-1} k! \Big[f(b)-f(a)-
\end{aligned}
$$

$$f'(a)(b-a)+\cdots+$$

$$(-1)^{2n-1}\frac{f^{(n-2)}(a)}{(n-2)!}(b-a)^{n-2}+$$

$$(-1)^{2n+1}\frac{f^{(n-1)}(a)}{(n-1)!}(b-a)^{n-1}\Big]$$

$$=(-1)^{n}\prod_{k=1}^{n-1}k!\ I_{n}$$

引理3 任给定义在$[a,b]$上的函数$f(x)$，都存在疑似n次多项式

$$P(x)=a_nx^n+a_{n-1}x^{n-1}+\cdots+a_1x+a_0$$

使得

$$P(a)=f(a),P(b)=f(b)$$

$$P^{(i)}(a)=f^{(i)}(a)\quad(1\leqslant i\leqslant n-1)$$

多项式的系数

$$a_n=\frac{I_n}{(b-a)^n}$$

证 依题意建立线性方程组

$$\begin{cases}a_0+a_1b+\cdots+a_nb^n=f(b)\\a_0+a_1a+\cdots+a_na^n=f(a)\\a_1+2a_2a+\cdots+na_na^{n-1}=f'(a)\\\qquad\qquad\vdots\\(n-1)!\ a_{n-1}+n!\ a_na=f^{(n-1)}(a)\end{cases}$$

注意到此方程组的系数行列式为A_{n+1}，利用克莱姆法则，即可解得

$$a_n=\frac{B_{n+1}}{A_{n+1}}$$

再由引理1和引理2，可得

$$a_n=\frac{(-1)^n\prod_{k=1}^{n-1}k!I_n}{\prod_{k=1}^{n-1}k!(a-b)^n}=\frac{I_n}{(b-a)^n}$$

引理 4　设$f(x)$存在n阶导数，且n次多项式

$$P(x)=a_nx^n+a_{n-1}x^{n-1}+\cdots+a_1x+a_0$$

满足

$$P(a)=f(a),P(b)=f(b)$$

$$P^{(i)}(a)=f^{(i)}(a)\quad(1\leqslant i\leqslant n-1)$$

则存在$\xi\in(a,b)$，使得

$$f^{(n)}(\xi)=n!\ a_n$$

证　构造辅助函数

$$F(x)=P(x)-f(x)$$

则有

$$F(a)=F(b)$$

在区间$[a,b]$上运用罗尔定理，可得

$$F'(\xi_1)=0\quad(a<\xi_1<b)$$

在区间$[a,\xi_1]$上函数$F'(x)$满足罗尔定理的条件，再次运用罗尔定理可得

$$F''(\xi_2)=0\quad(a<\xi_2<\xi_1)$$

重复操作$n-2$次，可得

$$F^{(n)}(\xi_n)=0\quad(a<\xi_n<\xi_{n-1})$$

也即

$$f^{(n)}(\xi_n)=P^{(n)}(\xi_n)=n!\ a_n$$

即$\xi=\xi_n$，即知待证结论成立.

定理 1（泰勒公式）　设$f(x)$在含点a的某开区间内有直到n阶的导数，求证：对区间内任一点b，存在ξ

（介于 a 和 b 之间）使得

$$f(b)=f(a)+f'(a)(b-a)+\cdots+\frac{f^{(n-1)}(a)}{(n-1)!}(b-a)^{n-1}+\frac{f^{(n)}(\xi)}{n!}(b-a)^{n}$$

证　由引理3，存在 n 次多项式

$$P(x)=a_nx^n+a_{n-1}x^{n-1}+\cdots+a_1x+a_0$$

使得

$$P(a)=f(a),P(b)=f(b)$$

$$P^{(i)}a=f^{(i)}(a)\quad(1\leqslant i\leqslant n-1)$$

且 $P(x)$ 的系数

$$a_i=\frac{I_i}{(b-a)^i}\quad(i=0,1,2,\cdots,n)$$

再由引理4，存在 $\xi\in(a,b)$，使得

$$f^{(n)}(\xi)=n!\ a_n=\frac{n!\ I_n}{(b-a)^n}$$

泰勒定理得证.

基于泰勒公式的数值积分公式的改进[①]

第三十三章

一、引言

数学分析中,积分值是通过找原函数的方法得到的,但找出一个函数的原函数并不是一件容易的事,并且函数的原函数不一定都存在.因此有必要研究数值积分.代数精确度是衡量数值积分公式优劣程度的标准,研究数值积分来校正公式,从而获得代数精确度较高的数值积分具有很重要的意义.

西华师范大学数学与信息学院的喻无瑕、陈豫眉两位教授2013年通过选取

① 本章摘自《内江师范学院学报》,2013年,第28卷,第8期.

低阶求积公式,根据函数在某点的泰勒展开式给出低阶求积公式相应的余项表达式. 再由代数精确度确定余项表达式中的参数,从而获得具有高阶代数精确度的数值积分公式. 徐玉庆等通过函数在端点的一阶泰勒展开式,获得了具有二阶代数精度的左矩形、右矩形改进公式和具有三阶代数精确度的中矩形改进公式. 本章进一步通过函数在端点的二阶泰勒展开式获得了具有三阶代数精确度的左矩形和右矩形改进公式. 此外,徐晓阳等给出的三阶代数精确度的改进梯形公式是通过构造余项获得的. 本章直接利用具有三阶代数精确度的左矩形和右矩形改进公式获得了具有三阶代数精确度的改进梯形公式.

在推导具有高阶代数精确度的数值积分公式中,将使用如下泰勒展开式:若$f(x)$在点 x_0 的某邻域内存在直至 $n+1$ 阶的连续偏导数,则

$$f(x)=f(x_0)+f'(x_0)(x-x_0)+\frac{f''(x_0)}{2!}(x-x_0)^2+\cdots+\frac{f^{(n)}(x_0)}{n!}(x-x_0)^n+R_n(x)$$

上式中 $R_n(x)$为拉格朗日型余项

$$R_n(x)=\frac{f^{(n+1)}(\varepsilon)}{(n+1)!}(x-x_0)^{n+1}$$

其中 ε 在 x 与 x_0 之间.

几个常用求积公式的代数精确度如下:

左矩形求积公式

$$\int_a^b f(x)\,\mathrm{d}x \approx f(a)(b-a)$$

具有零阶代数精确度.

右矩形求积公式

$$\int_a^b f(x)\,\mathrm{d}x \approx f(b)(b-a)$$

具有零阶代数精确度.

中矩形求积公式

$$\int_a^b f(x)\,\mathrm{d}x \approx f\left(\frac{a+b}{2}\right)(b-a)$$

具有一阶代数精确度.

梯形求积公式

$$\int_a^b f(x)\,\mathrm{d}x \approx \frac{f(a)+f(b)}{2}(b-a)$$

具有一阶代数精确度.

二、矩形求积公式的改进

1. 左矩形求积公式的改进

定理 1 若 $f \in C^1[a,b]$,则求积公式

$$\int_a^b f(x)\,\mathrm{d}x \approx f(a)(b-a) + \frac{f'\left(\frac{2a+b}{3}\right)}{2}(b-a)^2 \quad (1)$$

具有二次代数精确度.

证 若 $f \in C^1[a,b]$,将 f 在点 a 处进行一阶泰勒展开,则有

$$f(x) = f(a) + f'(\varepsilon)(x-a)$$

其中 ε 在 a 与 x 之间.

在区间 $[a,b]$ 上,对上式两端关于 x 积分,得

$$\int_a^b f(x)\mathrm{d}x = f(a)(b-a) + \frac{f'(\varepsilon)}{2}(b-a)^2 \qquad (2)$$

其中 $R \triangleq \frac{f'(\varepsilon)}{2}(b-a)^2$ 为左矩形求积公式余项的一种表达形式.

当 $f(x)=1$, 显然有 $R=0$, 对式(2), 左边 = 右边 = $b-a$ 成立; 当 $f(x)=x$, 有 $R\neq 0$, 由此可说明左矩形求积公式只有零阶代数精确度. 对式(2), 此时左边 = 右边 = $\frac{b^2-a^2}{2}$ 成立; 当 $f(x)=x^2$, $R=\varepsilon(b-a)^2\neq 0$, 若令左边 = 右边, 可解得 $\varepsilon=\frac{2a+b}{3}$, 代入式(2)即可得左矩形求积公式的具有两次代数精确度改进公式(1).

注 若令 $b=a+h$, 则所得的求积公式(2)正是胡支军的文章"数值积分公式的积分型余型"(《贵州大学学报》,1999,16(2):88-93)中的形式.

定理 2 若 $f\in C^2[a,b]$, 则求积公式

$$\int_a^b f(x)\mathrm{d}x \approx f(a)(b-a) + \frac{f'(a)}{2}(b-a)^2 + \frac{f''\left(\frac{3a+b}{4}\right)}{6}(b-a)^3 \qquad (3)$$

具有三次代数精确度.

证 $f\in C^2[a,b]$, 对 f 在点 a 处进行二阶泰勒展开, 则有

$$f(x)=f(a)+f'(a)(b-a)+\frac{f''(\varepsilon)}{2}(x-a)^2$$

其中 ε 在 a 与 x 之间.

在区间 $[a,b]$ 上,对上式两端关于 x 积分,得

$$\int_a^b f(x)\mathrm{d}x=f(a)(b-a)+\frac{f'(a)}{2}(b-a)^2+\frac{f''(\varepsilon)}{6}(b-a)^3 \tag{4}$$

其中

$$R\triangleq\frac{f'(a)}{2}(b-a)^2+\frac{f''(\varepsilon)}{6}(b-a)^3$$

为左矩形求积公式余项的一种表达式.

当 $f(x)=1$,对式(4),左边 = 右边 = $b-a$ 成立;当 $f(x)=x$,对式(4),左边 = 右边 = $\frac{b^2-a^2}{2}$ 成立;当 $f(x)=x^2$,对式(4),左边 = 右边 = $\frac{b^3-a^3}{3}$ 成立;当 $f(x)=x^3$,若左边 = 右边,可解得 $\varepsilon=\frac{a+3b}{4}$,代入式(4)即可得左矩形求积公式具有三次代数精确度的改进公式(3).

2. 右矩形求积公式的改进

定理 3 若 $f\in C^1[a,b]$,则求积公式

$$\int_a^b f(x)\mathrm{d}x\approx f(b)(b-a)-\frac{f'\left(\frac{a+2b}{3}\right)}{2}(b-a)^2 \tag{5}$$

具有两次代数精确度.

注 对$f(x)$在点b处作一阶泰勒展开,再由定理1的证明过程即可得改进公式(5).

若令$b=a+h$,则所得的求积公式式(6)正是文章"数值积分公式的积分型余项"中的形式.

定理 4 若$f\in C^2[a,b]$,则求积公式

$$\int_a^b f(x)\mathrm{d}x \approx f(b)(b-a)-\frac{f'(b)}{2}(b-a)^2+\frac{f''\left(\frac{a+3b}{4}\right)}{6}(b-a)^3 \tag{6}$$

具有三次代数精确度.

注 对f在点b处作二阶泰勒展开,再由定理2的证明过程即可得改进公式(6).

3. 中矩形求积公式的改进

定理 5 若$f\in C^2[a,b]$,则求积公式

$$\int_a^b f(x)\mathrm{d}x \approx f\left(\frac{a+b}{2}\right)(b-a)+\frac{f''\left(\frac{a+b}{2}\right)}{24}(b-a)^3 \tag{7}$$

具有三次代数精确度.

证 若$f\in C^2[a,b]$,对f在点处进行二阶泰勒展开,则有

$$f(x)=f\left(\frac{a+b}{2}\right)+f'\left(\frac{a+b}{2}\right)\left(x-\frac{a+b}{2}\right)+\frac{f''(\varepsilon)}{2}\left(x-\frac{a+b}{2}\right)^2$$

其中 ε 在 x 与 $\frac{a+b}{2}$ 之间.

在区间 $[a,b]$ 上,对上式两端关于 x 积分,得

$$\int_a^b f(x)\,dx = f\left(\frac{a+b}{2}\right)(b-a) + \frac{f''(\varepsilon)}{24}(b-a)^3 \tag{8}$$

其中 $R \triangleq f''(\varepsilon)\frac{(b-a)^3}{24}$ 为中矩形求积公式的余项的一种表达式.

当 $f(x)=1$,显然有 $R=0$,对式(6),左边 = 右边 $=b-a$;当 $f(x)=x$,显然有 $R=0$,对式(6),左边 = 右边 $=\frac{b^2-a^2}{2}$;当 $f(x)=x^2$,$R=\frac{(b-a)^3}{12}\neq 0$,由此可说明中矩形求积公式只有一阶代数精确度. 对式(8),此时左边 = 右边. 当 $f(x)=x^3$,若左边 = 右边,可得 $\varepsilon=\frac{a+b}{2}$,代入式(8)即可得中矩形求积公式的改进式(7),则此公式具有三次代数精确度.

三、梯形求积公式的改进

定理6 $f\in C^2[a,b]$,则有求积公式

$$\int_a^b f(x)\,dx \approx \frac{f(a)+f(b)}{2}(b-a) + \frac{f'\left(\frac{2a+b}{3}\right)-f'\left(\frac{a+2b}{3}\right)}{4}(b-a)^2 \tag{9}$$

具有三次代数精确度.

证 将改进左矩形求积公式(1)和改进右矩形求

积公式(5)左右两边同时相加,可得

$$2\int_a^b f(x)\mathrm{d}x \approx (f(a)+f(b))(b-a)+\frac{f'\left(\frac{2a+b}{3}\right)-f'\left(\frac{a+2b}{3}\right)}{2}(b-a)^2$$

即得到式(9).

当$f(x)=1$,左边 = 右边 = $b-a$;当$f(x)=x$,左边 = 右边 = $\frac{b^2-a^2}{2}$;当$f(x)=x^2$,右边 = $\frac{a^2+b^2}{2}(b-a)+\frac{a-b}{6}(b-a)^2=\frac{b^3-a^3}{3}$ = 左边. 当$f(x)=x^3$,右边 = $\frac{a^3+b^3}{2}(b-a)+\frac{(a+b)(a-b)}{4}(b-a)^2=\frac{b^4-a^4}{4}$ = 左边. 当$f(x)=x^4$,可求得左边≠右边. 因此,此改进梯形公式具有三阶代数精确度.

四、实例

$$\int_{0.5}^1\sqrt{x}=\frac{2}{3}x^{\frac{3}{2}}\Big|_{0.5}^{1}\approx 0.430\ 964\ 41$$

分别用左矩形,右矩形,中矩形和梯形公式及相应的改进公式对以上积分计算结果为

左矩形求积公式	0.353 553 39	$R=0.077\ 411\ 02$
改进左矩形求积公式(1)	0.430 099 96	$R=0.000\ 864\ 45$
改进左矩形求积公式(3)	0.431 400 81	$R=-0.000\ 436\ 40$
右矩形求积公式	0.500 000 00	$R=-0.069\ 035\ 59$
改进右矩形求积公式(5)	0.431 534 68	$R=-0.000\ 570\ 27$
改进右矩形求积公式(6)	0.431 105 57	$R=-0.000\ 141\ 16$

中矩形求积公式	0.433 012 70	$R=-0.002\ 048\ 29$
改进中矩形求积公式(7)	0.431 008 01	$R=-0.000\ 436\ 03$
梯形求积公式	0.426 776 70	$R=0.004\ 187\ 71$
改进梯形求积公式(9)	0.430 817 31	$R=0.000\ 147\ 10$

上述例子表明,数值积分的改进公式与原来的公式相比较,代数精确度提高了,且高代数精确度的改进公式比低代数精确度的改进公式提高的幅度更大.

五、总结

根据函数在某点的泰勒展开式,给出数值积分公式的余项表达式,再根据代数精确度的定义,进一步计算出具有高代数精确度的具体点的余项形式. 显然:给出的泰勒展开式阶越高,得到的改进数值积分公式的代数精确度越高. 此外,可根据已知的改进数值积分公式去构造具有更高阶代数精确度的改进数值积分公式.

多项式逼近可微函数的误差探讨与泰勒公式证明[1]

第三十四章

泰勒公式体现了“函数逼近”的重要思想,在科学计算中有着非常广泛的应用.黑龙江职业学院公共基础部的张春红教授2014年从误差产生的源头开始探讨,研究了带不同余项形式的泰勒公式,并给予证明,为今后泰勒公式在各领域应用的误差分析提供理论基础.

泰勒公式是大学数学中的重要知识,它有三种余项形式,即皮亚诺型、拉格朗日型、积分型.每一种形式的泰勒公式都有着相应的应用,因而泰勒公式的应用是广泛的.它在近似计算中的作用尤为突出,它将一些复杂函数近似地表示

① 本章摘自《黑龙江科学》,2014年,第5卷,第8期.

为简单的多项式,从而使问题简单化.因此,研究泰勒公式的各种余项形式有重要的意义.

一、用多项式逼近可微函数产生误差的探讨

我们知道,如果函数 f 在 x_0 处可微,那么在 x_0 的附近,可用线性函数(一次多项式)

$$P_1(x)=f(x_0)+f'(x_0)(x-x_0)$$

来近似表示 $f(x)$,即

$$f(x)\approx f(x_0)+f'(x_0)(x-x_0)$$

这个近似公式具有形式简单、计算方便的优点,但也存在着精度不高、误差无法估计的缺点.从几何上看,是由于这个近似公式是用曲线 $y=f(x)$ 在 $(x_0,f(x_0))$ 处的切线(直线)来代替该曲线得到的.我们自然会想到,用曲线来代替曲线比用直线代替曲线精度可能更高.在曲线中,比较简单的是关于 $x-x_0$ 的高次多项式所表示的曲线.

现在的问题:能否找到一个适当的 $x-x_0$ 的 $n(n>1)$ 次多项式来逼近 $f(x)$,并使误差为 $o(x-x_0)^n$ $(x\to x_n)$?如果能找到,$f(x)$ 应该满足什么条件?

为了回答上述问题,我们先看特殊的情况:$f(x)$ 是 x 的 n 次多项式,将它写为形式

$$f(x)=a_0+a_1(x-x_0)+a_2(x-x_0)^2+\cdots+a_n(x-x_0)^n$$

此时

$$f'(x)=a_1+2a_2(x-x_0)+\cdots+na_n(x-x_0)^{n-1}$$

$$f''(x)=2a_2+\cdots+n(n-1)a_n(x-x_0)^{n-2}$$

$$\vdots$$

$$f^{(n)}(x)=n!\ a_n$$

在上面格式中令 $x=x_0$,则得

$$a_0=f(x_0),a_1=f'(x_0),a_2=\frac{f''(x_0)}{2!},\cdots,a_n=\frac{f^{(n)}(x_n)}{n!}$$

于是

$$f(x)=f(x_0)+f'(x_0)(x-x_0)+\frac{f''(x_0)}{2!}(x-x_0)^2+\cdots+\frac{f^{(n)}(x_0)}{n!}(x-x_0)^n \tag{1}$$

这表明,如果$f(x)$是 x 的 n 次多项式,那么它必可表为式(1)的形式.

对于一般的$f(x)$(非 x 的多项式),它肯定不能表示为式(1)的形式.

假定$f(x)$在(a,b)内具有直到 $n+1$ 阶的导数,$x_0\in(a,b)$,作 $x-x_0$ 的 n 次多项式

$$P_n(x)=f(x_0)+f'(x_0)(x-x_0)+\frac{f''(x_0)}{2!}(x-x_0)^2+\cdots+\frac{f^{(n)}(x_0)}{n!}(x-x_0)^n$$

则

$$P_n(x_0)=f(x_0),P'_n(x_0)=f'(x_0),\cdots$$

$$P_n^{(n)}(x_0)=f^{(n)}(x_0)$$

即 n 次多项式 $P_n(x)$在 x_0 处与函数$f(x)$有相同的函数值,一阶导数值,直到 n 阶导数值.

若令

$$R_n(x)=f(x)-P_n(x)$$

则 $R_n(x)$即表示用 $P_n(x)$近似$f(x)$所产生的误差,若能证明

$$\lim_{x\to x_0}\frac{R_n(x)}{(x-x_0)^n}=0$$

则用 $P_n(x)\approx f(x)$时,其误差 $R_n(x)$当 $x\to x_0$ 时,是比 $x-x_0$ 高阶的无穷小量,这说明这种近似可靠性很高.

二、各种余项形式的泰勒公式证明

1. 皮亚诺型余项的泰勒公式

设函数f在(a,b)内具有直到 $n+1$ 阶导数,$x_0\in(a,b)$,则对任意 $x\in(a,b)$有

$$\begin{aligned}f(x)=&f(x_0)+f'(x_0)(x-x_0)+\\&\frac{f''(x_0)}{2!}(x-x_0)^2+\cdots+\\&\frac{f^{(n)}(x_0)}{n!}(x-x_0)^n+R_n(x)\end{aligned}\tag{2}$$

其中 $R_n(x)$满足

$$\lim_{x\to x_0}\frac{R_n(x)}{(x-x_0)^n}=0$$

证 设

$$\begin{aligned}R_n(x)&=f(x)-P_n(x)\\&=f(x)-[f(x_0)+f'(x_0)(x-x_0)+\\&\quad\frac{f''(x_0)}{2!}(x-x_0)^2+\cdots+\\&\quad\frac{f^{(n)}(x_0)}{n!}(x-x_0)^n]\end{aligned}$$

由于$f(x)$在(a,b)内具有 $n+1$ 阶导数,所以 $R_n(x)$也具有 $n+1$ 阶导数,而且显然有 $R_n(x_0)=0$,$R'_n(x_0)=$

$0, R''_n(x_0)=0, \cdots, R_n^{(n)}(x_0)=0$. 于是,由洛必达法则知

$$\lim_{x\to x_0}\frac{R_n(x)}{(x-x_0)^n}=\lim_{x\to x_0}\frac{R'_n(x)}{n(x-x_0)^{n-1}}=\cdots$$

$$=\lim_{x\to x_0}\frac{R_n^{(n)}(x)}{n!}=\frac{R_n^{(n)}(x_0)}{n!}=0$$

(因 $R_n^{(n)}(x)$ 在 x_0 处连续).

证毕.

式(2)称为 $f(x)$ 在 $x=x_0$ 处的 n 阶泰勒公式,$R_n(x)$ 称为泰勒公式的余项

$$P_n(x)=f(x_0)+f'(x_0)(x-x_0)+\cdots+\frac{f^{(n)}(x_0)}{n!}(x-x_0)^n$$

称为 $f(x)$ 在 $x=x_0$ 处的 n 阶泰勒多项式.

式(2)亦可表示为

$$f(x)=P_n(x)+o((x-x_0)^n) \qquad (3)$$

称式(3)为带皮亚诺型余项的泰勒公式.

2. 拉格朗日型余项的泰勒公式

若函数 f 在 $[a,b]$ 上存在直至 n 阶的连续导数,在 (a,b) 内存在 $n+1$ 阶导数,则对任意给定的 $x_0\in(a,b)$,至少存在一点 $\xi\in(a,b)$,使得

$$f(x)=f(x_0)+f'(x_0)(x-x_0)+\frac{f''(x-x_0)}{2!}(x-x_0)^2+\cdots+\frac{f^{(n)}(x_0)}{n!}(x-x_0)^n+$$

$$\frac{f^{(n+1)}(\xi)}{(n+1)!}(x-x_n)^{n+1}$$

ξ 在 x_0 与 x 之间. 这里

$$R_n(x)=\frac{f^{(n+1)}(\xi)}{(n+1)!}(x-x_0)^{n-1}$$

称为拉格朗日型余项,其中 ξ 在 x_0 与 x 之间.

证 令 $\varphi(x)=(x-x_0)^{n+1}$,则对 $x,x_0\in(a,b)$, $R_n(x)$与 $\varphi(x)$及它们的直到 $n-1$ 阶导数在$[x,x_0]$(或$[x_0,x]$)上均满足柯西定理条件,由于

$$R_n(x_0)=R'_n(x_0)=\cdots=R_n^{(n-1)}(x_0)=0$$

$$\varphi(x_0)=\varphi'(x_0)=\cdots=\varphi^{(n-1)}(x_0)=0$$

故$\frac{R_n(x)}{\varphi(x)}=\frac{R_n(x)-R_n(x_0)}{\varphi(x)-\varphi(x_0)}=\frac{R'_n(\xi_1)}{\varphi'(\xi_1)}$,$\xi_1$ 在 x 与 x_0 之间,再在$[\xi_1,x_0]$或($[x_0,\xi]$)上应用柯西定理

$$\frac{R'_n(\xi_1)}{\varphi'(\xi_1)}=\frac{R'_n(\xi_1)-R'_n(x_0)}{\varphi'(\xi_1)-\varphi'(x_0)}=\frac{R''_n(\xi_2)}{\varphi''(\xi_2)}$$

其中 ξ_2 在 ξ_1 与 x_0 之间,……,应用 n 次柯西定理得

$$\frac{R_n(x)}{\varphi(x)}=\frac{R_n^{(n)}(\xi_n)}{\varphi^{(n)}(\xi_n)}$$

ξ_n 在 ξ_{n-1}与 x_0 之间,由于

$$R_n^{(n)}(x)=f^{(n)}(x)-f^{(n)}(x_0)$$

又

$$\varphi^{(n)}(x)=(n+1)!\ (x-x_0)$$

故得

$$\frac{R_n(x)}{\varphi(x)}=\frac{R_n^{(n)}(\xi_n)}{\varphi^{(n)}(\xi_n)}=\frac{f^{(n)}(\xi_n)-f^{(n)}(x_0)}{(n+1)!\ (\xi_n-x_0)}$$

因为$f^{(n)}(x)$在(a,b)内可导,故由拉格朗日定理知

$$f^{(n)}(\xi_n)-f^{(n)}(x_0)=f^{(n+1)}(\xi)(\xi_n-x_0)$$

ξ 在 ξ_n 与 x_0 之间,故

$$\frac{R_n(x)}{\varphi(x)}=\frac{1}{(n+1)!}f^{(n+1)}(\xi)$$

ξ 在 x 与 x_0 之间,从而得到

$$R_n(x)=\frac{f^{(n+1)}(\xi)}{(n+1)!}(x-x_0)^{n+1}$$

ξ 在 x 与 x_0 之间,或

$$R_n(x)=\frac{f^{(n+1)}(x_0-\theta(x-x_0))}{(n+1)!}(x-x_0)^{n+1}\quad(0<\theta<1)$$

此时式(2)可表示为

$$\begin{aligned}f(x)=&f(x_0)+f'(x_0)(x-x_0)+\\&\frac{f''(x-x_0)}{2!}(x-x_0)^2+\cdots+\\&\frac{f^{(n)}(x_0)}{n!}(x-x_0)^n+\\&\frac{f^{(n+1)}(\xi)}{(n+1)!}(x-x_0)^{n+1}\end{aligned}\tag{4}$$

ξ 在 x_0 与 x 之间. 式(4)称为 $f(x)$ 的带拉格朗日型余项的泰勒公式.

3. 积分型余项的泰勒公式

如果函数 $f(x)$ 在含有 x_0 的某个开区间 (a,b) 内具有直到 $n+1$ 阶的导数,那么当 x 在 (a,b) 内时 $f(x)$ 可表示为 $x-x_0$ 的一个 n 次多项式与一个余项 $R_n(x)$ 之和

$$\begin{aligned}f(x)=&f(x_0)+f'(x_0)(x-x_0)+\\&\frac{f''(x_0)}{2!}(x-x_0)^2+\cdots+\end{aligned}$$

Taylor 公式

$$\frac{f^{(n)}(x_0)}{n!}(x-x_0)^n+R_n(x)$$

其中

$$R_n(x)=\int_{x_0}^{x}\int_{x_0}^{x_1}\cdots\int_{x_0}^{x_n}f^{(n+1)}(x_{n+1})\mathrm{d}x_{n+1}\cdots\mathrm{d}x_2\mathrm{d}x_1$$

证　由牛顿－莱布尼兹公式得

$$f(x)-f(x_0)=\int_{x_0}^{x}f'(x_1)\mathrm{d}x_1$$

即

$$f(x)=f(x_0)+\int_{x_0}^{x}f'(x_1)\mathrm{d}x_1$$

$$f'(x_1)-f'(x_0)=\int_{x_0}^{x_1}f''(x_2)\mathrm{d}x_2$$

$$f'(x_1)=f'(x_0)+\int_{x_0}^{x_1}f''(x_2)\mathrm{d}x_2$$

$$f''(x_2)-f''(x_0)=\int_{x_0}^{x_2}f'''(x_3)\mathrm{d}x_3$$

$$f''(x_2)=f''(x_0)+\int_{x_0}^{x_2}f'''(x_3)\mathrm{d}x_3$$

$$\vdots$$

$$f^{(n)}(x_n)=f^{(n)}(x_0)+\int_{x_0}^{x_n}f^{(n+1)}(x_{n+1})\mathrm{d}x_{n+1}$$

从而有

$$\begin{aligned}f(x)&=f(x_0)+\int_{x_0}^{x}f'(x_1)\mathrm{d}x_1\\&=f(x_0)+\int_{x_0}^{x}\left[f'(x_0)+\int_{x_0}^{x_1}f''(x_2)\mathrm{d}x_2\right]\mathrm{d}x_1\\&=f(x_0)+f'(x_0)(x-x_0)+\int_{x_0}^{x}\int_{x_0}^{x_1}f''(x_2)\mathrm{d}x_2\mathrm{d}x_1\\&=f(x_0)+f'(x_0)(x-x_0)+\end{aligned}$$

$$\int_{x_0}^{x}\int_{x_0}^{x_1}[f''(x_0)+\int_{x_0}^{x}f'''(x_3)]\mathrm{d}x_3\mathrm{d}x_2\mathrm{d}x_1$$

$$=f(x_0)+f'(x_0)(x-x_0)+\frac{f''(x_0)}{2!}(x-x_0)^2+$$

$$\int_{x_0}^{x}\int_{x_0}^{x_1}\int_{x_0}^{x_2}f'''(x_3)\mathrm{d}x_3\mathrm{d}x_2\mathrm{d}x_1$$

$$=f(x_0)+f'(x_0)(x-x_0)+$$

$$\frac{f''(x_0)}{2!}(x-x_0)^2+\cdots+$$

$$\frac{f^{(n)}(x_0)}{n!}(x-x_0)^n+R_n(x)$$

其中

$$R_n(x)=\int_{x_0}^{x}\int_{x_0}^{x_1}\int_{x_0}^{x_2}\cdots\int_{x_0}^{x_n}f^{(n+1)}(x_{n+1})\mathrm{d}x_{n+1}\cdots\mathrm{d}x_3\mathrm{d}x_2\mathrm{d}x_1$$

且由洛必达法则，有

$$\lim_{x\to x_0}\frac{R_n(x)}{(x-x_0)^n}$$

$$=\lim_{x\to x_0}\frac{\int_{x_0}^{x}\int_{x_0}^{x_1}\int_{x_0}^{x_2}\cdots\int_{x_0}^{x_n}f^{(n+1)}(x_{n+1})\mathrm{d}x_n\cdots\mathrm{d}x_3\mathrm{d}x_2\mathrm{d}x_1}{(x-x_0)^n}$$

$$=\lim_{x\to x_0}\frac{\int_{x_0}^{x}\int_{x_0}^{x_1}\cdots\int_{x_0}^{x_{n-1}}f^{n}(x_n)\mathrm{d}x_n\cdots\mathrm{d}x_2\mathrm{d}x_1}{n(x-x_0)^{n-1}}=\cdots$$

$$=\lim_{x\to x_0}\frac{\int_{x_0}^{x}f'(x_1)\mathrm{d}x_1}{n!}=0$$

即

$$R_n(x)=o((x-x_0)^n)$$

证毕.

从多项式逼近函数引出泰勒公式[1]

第三十五章

泰勒公式是以英国大数学家泰勒的名字命名的,首次出现在泰勒于 1715 年出版的著作《正和反的增量法》(*Methodus Incrementorum Directa et Inversa*)中.最初,泰勒并没有给出泰勒公式的余项表达式,也没有考虑泰勒级数的收敛性问题,这些问题后经皮亚诺、拉格朗日和柯西等人的深入研究才得以圆满解决.

泰勒公式是高等数学的重点和难点,具有十分重要的理论价值,在近似计算、极限计算、不等式证明、函数性态分析、行列式计算和级数敛散性判定等方面有着重要的应用.同时,泰勒公式也是数值分析中多项式插值、数值积分、数值微分及常微分方程数值解等数值算法的理论基础.

① 本章摘自《高师理科学刊》,2018 年,第 38 卷,第 2 期.

简单来说，泰勒公式就是在一点附近用多项式逼近函数，泰勒公式的余项就是多项式逼近函数的误差.泰勒公式比较抽象，难以理解，一直是高等数学教学的一个难点.究其原因，是因为初学者不太理解多项式逼近函数的思想，缺乏对泰勒公式的直观感受.赣南师范大学数学与计算机科学学院的徐会林、刘智广、肖中永三位教授2018年从多项式逼近函数的角度出发，引出泰勒公式及其余项，重点解释多项式逼近函数的思想及几何意义.

一、一次多项式逼近函数

由微分在近似计算中的应用可知，当函数 $y=f(x)$ 在点 x_0 处可导时，有

$$f(x)\approx f(x_0)+f'(x_0)(x-x_0)$$

误差是 $o(x-x_0)$. 若记

$$P_1(x)=f(x_0)+f'(x_0)(x-x_0),R_1(x)=o(x-x_0)$$

则有

$$f(x)=P_1(x)+R_1(x)$$

不难发现，一次多项式 $P_1(x)$ 在点 x_0 处与函数 $f(x)$ 有相同的函数值和一阶导数值，即

$$P_1(x_0)=f(x_0),P'_1(x_0)=f'(x_0)$$

一次多项式之所以能逼近函数，正是因为满足了这样的性质.以指数函数 $y=\mathrm{e}^x$ 为例，$x_0=0$ 时，$P_1(x)=1+x$（图1）.一次多项式逼近函数的几何意义就是用切线近似代替曲线.由图1可以看出，一次多项式近似函数的效果并不理想.为此，需要提高近似的精度，减小近似的误差.为提高精度，可以选择更高次的多项式逼近

函数;为减小误差,可以要求误差是当 $x \to x_0$ 时是更高阶的无穷小量.

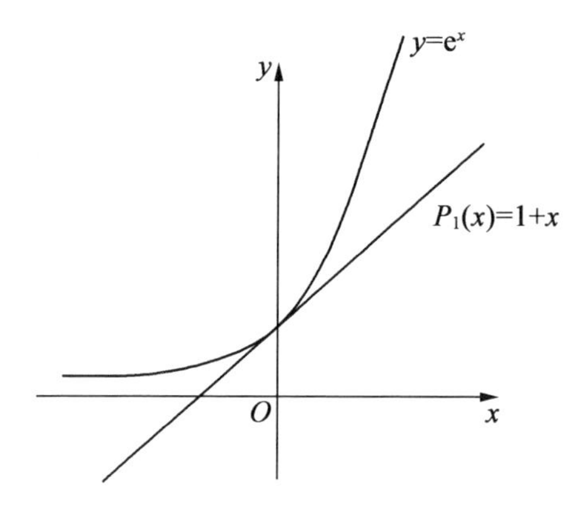

图 1 当 $x_0=0$ 时,指数函数 $y=e^x$ 与一次多项式 $P_1(x)=1+x$ 的图像

二、二次多项式逼近函数

逼近函数 $y=f(x)$ 的二次多项式 $P_2(x)$ 首先应保证一次多项式的精度,即满足一次多项式的性质

$$P_2(x_0)=f(x_0),P'_2(x_0)=f'(x_0)$$

其次,它的误差

$$R_2(x)=f(x)-P_2(x)$$

应该至少是 $o[(x-x_0)^2]$. 记

$$Q_2(x)=P_2(x)-P_1(x)$$

则

$$Q_2(x_0)=Q'_2(x_0)=0$$

这说明 x_0 是二次多项式 $Q_2(x)$ 的二重零点,即

$$Q_2(x)=a_2(x-x_0)^2$$

进而有

$$P_2(x)=P_1(x)+Q_2(x)=P_1(x)+a_2(x-x_0)^2$$

由

$$R_2(x)=o[(x-x_0)^2]$$

可知

$$\lim_{x\to x_0}\frac{R_2(x)}{(x-x_0)^2}=\lim_{x\to x_0}\frac{f(x)-P_1(x)-a_2(x-x_0)^2}{(x-x_0)^2}=0$$

故

$$\begin{aligned}a_2&=\lim_{x\to x_0}\frac{f(x)-P_1(x)}{(x-x_0)^2}\\&=\lim_{x\to x_0}\frac{f'(x)-P'_1(x)}{2(x-x_0)}\\&=\lim_{x\to x_0}\frac{f'(x)-f'(x_0)}{2(x-x_0)}\\&=\frac{f''(x_0)}{2!}\end{aligned}$$

因此,逼近函数$f(x)$的二次多项式为

$$P_2(x)=f(x_0)+f'(x_0)(x-x_0)+\frac{f''(x_0)}{2!}(x-x_0)^2$$

不难发现,二次多项式$P_2(x)$在点x_0处与函数$f(x)$有相同的函数值、一阶导数值及二阶导数值,即

$$P_2(x_0)=f(x_0),P'_2(x_0)=f'(x_0),P''_2(x_0)=f''(x_0)$$

这就是二次多项式逼近函数的性质. 仍以指数函数$y=\mathrm{e}^x$为例,当$x_0=0$时

$$P_2(x)=1+x+\frac{x^2}{2}$$

(图2),二次多项式逼近函数的几何意义就是用有相

同斜率和曲率的二次曲线近似代替曲线. 由图 2 可以看出,二次多项式近似函数的效果比一次多项式要好,但仍不理想. 为此,还要考虑更一般的 n 次多项式.

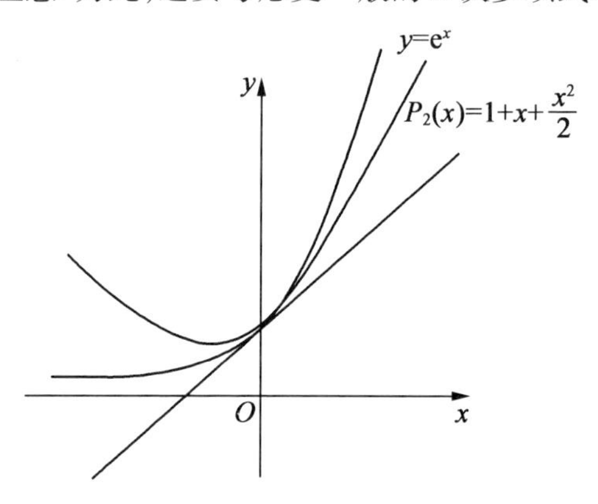

图 2　当 $x_0=0$ 时,指数函数 $y=e^x$ 与二次多项式

$P_2(x)=1+x+\frac{x^2}{2}$的图像

三、n 次多项式逼近函数

类似二次多项式的构造,逼近函数 $f(x)$ 的 n 次多项式 $P_n(x)$ 应满足

$$P_n(x_0)=f(x_0),P'_n(x_0)=f'(x_0),\cdots$$
$$P_n^{(n-1)}(x_0)=f^{(n-1)}(x_0)$$

且其误差

$$R_n(x)=f(x)-P_n(x)$$

应为 $o[(x-x_0)^n]$,记

$$Q_n(x)=P_n(x)-P_{n-1}(x)$$

因为 $P_n(x)$ 与 $P_{n-1}(x)$ 在点 x_0 处有相同的函数值和直到 $n-1$ 阶的导数值,所以

$$Q_n(x_0)=Q'_n(x_0)=\cdots=Q_n^{(n-1)}(x_0)=0$$

这说明 x_0 是 n 次多项式 $Q_n(x)$ 的 n 重零点,即

$$Q_n(x)=a_n(x-x_0)^n$$

进而有

$$P_n(x)=P_{n-1}(x)+Q_n(x)=P_{n-1}(x)+a_n(x-x_0)^n$$

递推可得

$$\begin{aligned}P_n(x)&=P_{n-2}(x)+a_{n-1}(x-x_0)^{n-1}+a_n(x-x_0)^n=\cdots\\&=P_2(x)+a_3(x-x_0)^3+\cdots+a_n(x-x_0)^n\end{aligned}$$

由

$$R_n(x)=o[(x-x_0)^n]$$

可知

$$\lim_{x\to x_0}\frac{R_n(x)}{(x-x_0)^n}=\lim_{x\to x_0}\frac{f(x)-P_{n-1}(x)-a_n(x-x_0)^n}{(x-x_0)^n}=0$$

故有

$$a_n=\lim_{x\to x_0}\frac{f(x)-P_{n-1}(x)}{(x-x_0)^n}$$

使用 $n-1$ 次洛必达法则,可得

$$\begin{aligned}a_n&=\lim_{x\to x_0}\frac{f^{(n-1)}(x)-P_{n-1}^{(n-1)}(x)}{n!\,(x-x_0)}\\&=\lim_{x\to x_0}\frac{f^{(n-1)}(x)-f^{(n-1)}(x_0)}{n!\,(x-x_0)}\\&=\frac{f^{(n)}(x_0)}{n!}\end{aligned}$$

因此,逼近函数 $f(x)$ 的 n 次多项式为

$$\begin{aligned}P_n(x)&=P_2(x)+a_3(x-x_0)^3+\cdots+a_n(x-x_0)^n\\&=f(x_0)+f'(x_0)(x-x_0)+\\&\quad\frac{f''(x_0)}{2!}(x-x_0)^2+\cdots+\end{aligned}$$

$$\frac{f^{(n)}(x_0)}{n!}(x-x_0)^n \tag{1}$$

不难验证，n 次多项式 $P_n(x)$ 在点 x_0 处与函数 $f(x)$ 有相同的函数值和直到 n 阶的导数值，即

$$P_n(x_0)=f(x_0), P'_n(x_0)=f'(x_0), \cdots$$

$$P_n^{(n)}(x_0)=f^{(n)}(x_0)$$

这就是 n 次多项式逼近函数的性质，n 次多项式之所以能逼近函数，正是因为满足了这样的性质. 仍以指数函数 $y=e^x$ 为例，当 $n=3, x_0=0$ 时

$$P_3(x)=1+x+\frac{x^2}{2}+\frac{x^3}{6}$$

（图 3）. 由图 3 可以看出，三次多项式近似函数的效果比一次和二次多项式好多了，但在远离点 x_0 的地方，近似效果仍然比较差.

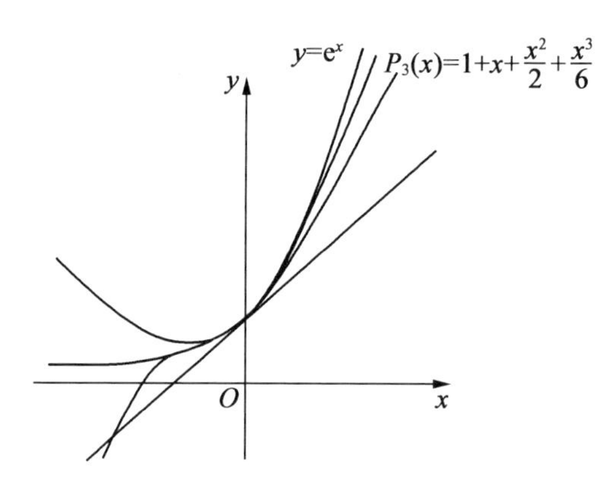

图 3　当 $x_0=0$ 时，指数函数 $y=e^x$ 与三次多项式 $P_3(x)=1+x+\frac{x^2}{2}+\frac{x^3}{6}$ 的图像

以正弦函数 $y=\sin x$ 为例，当 $x_0=0$ 时，给出了近似正弦函数的七次多项式 $P_7(x)$，十一次多项式 $P_{11}(x)$ 及十五次多项式 $P_{15}(x)$（图4）. 从中不难发现，多项式的次数越高，其近似函数的效果也越好，十五次多项式的图像几乎与正弦函数图像重合了.

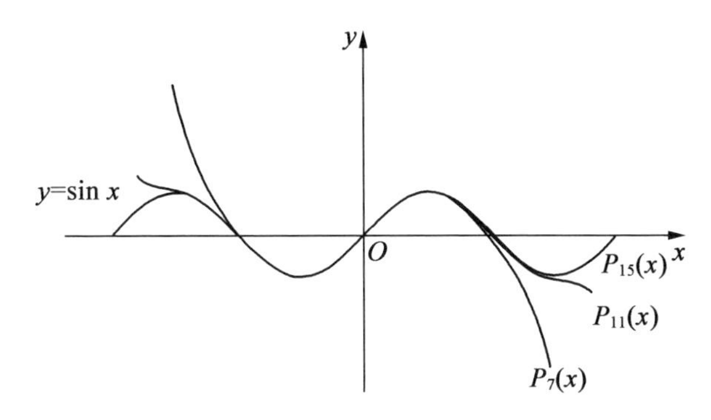

图4　当 $x_0=0, y=\sin x$ 和多项式 $P_7(x), P_{11}(x), P_{15}(x)$ 的图像

四、泰勒公式

由逼近函数 $f(x)$ 的 n 次多项式

$$P_n(x)=f(x_0)+f'(x_0)(x-x_0)+\frac{f''(x_0)}{2!}(x-x_0)^2+\cdots+\frac{f^{(n)}(x_0)}{n!}(x-x_0)^n$$

及其误差

$$R_n(x)=o[(x-x_0)^n]$$

可得到泰勒定理.

泰勒定理　若函数 $f(x)$ 在点 x_0 的某邻域内有定

义，且在点 x_0 处有 n 阶导数，则

$$\begin{aligned} f(x) &= P_n(x) + R_n(x) \\ &= f(x_0) + f'(x_0)(x-x_0) + \\ &\quad \frac{f''(x_0)}{2!}(x-x_0)^2 + \cdots + \\ &\quad \frac{f^{(n)}(x_0)}{n!}(x-x_0)^n + o[(x-x_0)^n] \end{aligned} \tag{2}$$

n 次多项式 $P_n(x)$ 称为函数 $f(x)$ 在点 x_0 处的 n 次泰勒公式，式(2)称为函数 $f(x)$ 在点 x_0 处的 n 阶泰勒公式

$$R_n(x) = o[(x-x_0)^n]$$

称为泰勒公式的皮亚诺型余项.

第三编

泰勒公式的应用

第三十六章 泰勒公式在无穷小(大)量阶的估计中的应用

西安通信学院的李宗成、李国两位教授 1994 年介绍了怎样利用泰勒公式估计无穷小(大)量的阶,从而得到判断正项级数和广义积分敛散性的一种简便方法.

众所周知,若 $f(x)$ 在点 $x=0$ 有直到 $n+1$ 阶连续导数,那么有

$$f(x)=f(0)+f'(0)x+\frac{f''(0)}{2!}x^2+\cdots+\frac{f^{(n)}(0)}{n!}x^n+R_n(x) \qquad (*)$$

$$R_n(x)=\frac{f^{(n+1)}(\xi)}{(n+1)!}x^{n+1} \quad (0<\xi<x)$$

式($*$)叫作泰勒公式,它是函数 $f(x)$ 在点 $x=0$ 附近关于 x 的幂级数展开式,$R_n(x)$

叫作拉格朗日型余项. 显然,当 $x \to 0$ 时,$R_n(x)$ 是关于 x^n 的高阶无穷小,因而当 $|x|$ 充分小时,余项可表示为

$$R_n(x)=o(x^n)$$

称为皮亚诺型余项. 例如

$$\mathrm{e}^x=1+\frac{x}{1!}+\frac{x^2}{2!}+\cdots+\frac{x^n}{n!}+o(x^n)$$

$$\sin x=x-\frac{x^3}{3!}+\frac{x^5}{5!}+\cdots+(-1)^{n-1}\frac{x^{2n-1}}{(2n-1)!}+o(x^{2n})$$

$$\cos x=1-\frac{x^2}{2!}+\frac{x^4}{4!}-\cdots+(-1)^{n-1}\frac{x^{2n}}{(2n)!}+o(x^{2n+1})$$

$$\ln(1+x)=x-\frac{x^2}{2}+\frac{x^3}{3}-\cdots+(-1)^{n-1}\frac{x^n}{n}+o(x^n)$$

$$(1+x)^n=1+ax+\frac{a(a-1)}{2!}x^2+\cdots+$$

$$\frac{a(a-1)\cdots(a-n+1)}{n!}x^n+o(x^n)$$

$$\arctan x=x-\frac{x^3}{3}+\frac{x^5}{5}-\cdots+(-1)^n\frac{x^{2n+1}}{2n+1}+o(x^{2n+1})$$

$$\arcsin x=x+\frac{1}{3}\cdot\frac{1}{2!}x^3+\frac{1}{5}\cdot\frac{3!!}{4!!}x^5+\cdots+$$

$$\frac{1}{2n+1}\cdot\frac{(2n-1)!!}{(2n)!!}x^{2n+1}+o(x^{2n+1})$$

$\varphi(x)=o^n(\psi(x))$ 表示函数 $\varphi(x)$ 和 $\psi(x)$ 在 $x\to a$ 的过程中是同阶的无穷小或无穷大,即

$$\lim_{x\to n}\frac{\varphi(x)}{\psi(x)}=K\quad(0<|K|<+\infty)$$

特别的,当 $x\to 0$ 时,若有

$$\varphi(x)=o^n(x^n)\quad(n>0)$$

则称 $\varphi(x)$ 为对于无穷小 x 是 n 阶无穷小;当 $x\to+\infty$

时,若有

$$\varphi(x)=o^{n}(x^{n})\quad(n>0)$$

则称 $\varphi(x)$ 为对于正无穷大 x 是 n 阶无穷大.

定理 1 对正项级数 $\sum\limits_{n=1}^{\infty}a_n$,若有 $a_n=o^{n}\left(\frac{1}{n^{p}}\right)$,则当 $p>1$ 时级数收敛,当 $p\leqslant 1$ 时级数发散.

利用比较判别法的极限形式和同阶无穷小的定义,可证明此结论.

例 1 讨论级数 $\sum\limits_{n=1}^{\infty}\left(\frac{1}{\sqrt{n}}-\sqrt{\ln\frac{n+1}{n}}\right)$的敛散性.

解 由

$$\begin{aligned}a_n&=\frac{1}{\sqrt{n}}-\sqrt{\ln\left(1+\frac{1}{n}\right)}\\&=\frac{1}{\sqrt{n}}-\left(\frac{1}{n}-\frac{1}{2n^{2}}+o\left(\frac{1}{n^{2}}\right)\right)^{\frac{1}{2}}\\&=\frac{1}{\sqrt{n}}-\frac{1}{\sqrt{n}}\left(1-\frac{1}{2n}+o\left(\frac{1}{n}\right)\right)^{\frac{1}{2}}\\&=\frac{1}{\sqrt{n}}-\frac{1}{\sqrt{n}}\left(1-\frac{1}{4n}+o\left(\frac{1}{2n}\right)\right)\\&=\frac{1}{4}n^{-\frac{3}{2}}+o(n^{-\frac{3}{2}})\end{aligned}$$

$$\lim_{n\to\infty}\frac{a_n}{n^{-\frac{3}{2}}}=\lim_{n\to\infty}\frac{\frac{1}{4}n^{-\frac{3}{2}}+o(n^{-\frac{3}{2}})}{n^{-\frac{3}{2}}}=\frac{1}{4}$$

即当 $n\to\infty$ 时,$a_n\to 0$ 且对$\frac{1}{n}$是$\frac{3}{2}$阶无穷小,由定理 2 可知原级数收敛.

例 2 讨论级数 $\sum_{n=1}^{\infty} n^p(\sqrt{n+1}-2\sqrt{n}+\sqrt{n-1})$ 的敛散性.

解 由

$$\begin{aligned}
a_n &= n^p(\sqrt{n+1}-2\sqrt{n}+\sqrt{n-1}) \\
&= n^p\sqrt{n}\left(\sqrt{1+\frac{1}{n}}+\sqrt{1-\frac{1}{n}}-2\right) \\
&= n^{p+\frac{1}{2}}\left(1+\frac{1}{2n}+\frac{\frac{1}{2}\left(\frac{1}{2}-1\right)}{2!}\frac{1}{n^2}+o\left(\frac{1}{n^2}\right)+\right. \\
&\quad \left. 1-\frac{1}{2n}+\frac{\frac{1}{2}\left(\frac{1}{2}-1\right)}{2!}\frac{1}{n!}+o\left(\frac{1}{n^2}\right)-2\right) \\
&= n^{p+\frac{1}{2}}\left(-\frac{1}{4}\frac{1}{n^2}+o\left(\frac{1}{n^2}\right)\right) \\
&= -\frac{1}{4}n^{p-\frac{3}{2}}+o(n^{p-\frac{3}{2}})
\end{aligned}$$

$$\lim_{n\to\infty}\frac{a_n}{n^{p-\frac{3}{2}}}=-\frac{1}{4}$$

故当$\frac{3}{2}-p>1$;即$p<\frac{1}{2}$时,级数收敛;当$\frac{3}{2}-p\leqslant 1$,即$p\geqslant\frac{1}{2}$时,级数发散.

例 3 讨论级数 $\sum_{n=1}^{\infty}\left(\sqrt[n]{a}-\sqrt{1+\frac{1}{n}}\right)(a>0)$ 的敛散性.

解 由

$$\begin{aligned}a_n &= e^{\frac{1}{n}\ln a} - \left(1+\frac{1}{n}\right)^{\frac{1}{2}}\\&=1+\frac{1}{n}\ln a+\frac{1}{2n^2}(\ln a)^2+o\left(\frac{1}{n}\right)-\\&\quad\left[1+\frac{1}{2n}-\frac{1}{8n^2}+o\left(\frac{1}{n^2}\right)\right]\\&=\left(\ln a-\frac{1}{2}\right)\frac{1}{n}+\left[\frac{1}{2}(\ln a)^2+\frac{1}{8}\right]\cdot\\&\quad\frac{1}{n^2}+o\left(\frac{1}{n^2}\right)\end{aligned}$$

当 $a\neq e^{\frac{1}{2}}$ 时，$a_n=0\cdot\left(\frac{1}{n}\right)$，原级数发散；当 $a=e^{\frac{1}{2}}$ 时，$a_n=o^n\left(\frac{1}{n^2}\right)$，原级数收敛.

定理2 设在$[a,+\infty)$上，$f(x)\geqslant 0$，且在任何有限区间$[a,A)$上$f(x)$可积，如果当$x\to+\infty$时，$f(x)=o^n\left(\frac{1}{x^p}\right)$，那么：$p>1$时，广义积分$\int_a^{+\infty}f(x)\mathrm{d}x$收敛；$p\leqslant 1$时，广义积分$\int_a^{+\infty}f(x)\mathrm{d}x$发散.

定理的正确性是显然的. 利用上面所给出的定义，容易得到：

推论1 $f(x)$满足条件：在$[a,+\infty)$上$f(x)\geqslant 0$，且在任何有限区间$[a,A)$上可积：

(1)若存在$p>1$，使$\lim\limits_{x\to+\infty}x^pf(x)=L(0\leqslant L<+\infty)$，则广义积分$\int_a^{+\infty}f(x)\mathrm{d}x$收敛.

(2)若$\lim\limits_{x\to+\infty}xf(x)=L(0<L\leqslant+\infty)$，则$\int_a^{+\infty}f(x)\mathrm{d}x$

发散.

利用此推论,可以方便地判断广义积分的敛散性.

例 4 判断积分 $\int_{1}^{+\infty}\left[\ln\left(1+\frac{1}{x}\right)-\frac{1}{1+x}\right]dx$ 的敛散性.

解 可得

$$\ln\left(1+\frac{1}{x}\right)=\frac{1}{x}-\frac{1}{2}\frac{1}{x^2}+o\left(\frac{1}{x^2}\right)$$

$$\frac{1}{1+x}=\frac{1}{x}\frac{1}{1+\frac{1}{x}}=\frac{1}{x}\left[1-\frac{1}{x}+o\left(\frac{1}{x}\right)\right]$$

$$=\frac{1}{x}-\frac{1}{x^2}+o\left(\frac{1}{x^2}\right)$$

$$f(x)=\ln\left(1+\frac{1}{x}\right)-\frac{1}{1+x}=\frac{1}{2x^2}+o\left(\frac{1}{x^2}\right)=o^n\left(\frac{1}{x^2}\right)$$

由定理 3 知原积分收敛.

例 5 判断积分 $\int_{1}^{+\infty}x^{a-1}e^{-x}dx$ 的敛散性.

解 可得

$$\lim_{x\to+\infty}x^2f(x)=\lim_{x\to+\infty}x^2x^{a-1}e^{-x}$$

$$=\lim_{x\to+\infty}\frac{x^{a+1}}{e^x}=0$$

对任何常数 a 均成立.

从而由推论 1 可知,对任何常数 a,原积分收敛.

例 6 证明积分 $\int_{1}^{+\infty}\frac{(e^{\frac{1}{x}}-1)^{\alpha}}{\left[\ln\left(1+\frac{1}{x}\right)\right]^{2\beta}}dx$,当 $\alpha-2\beta>1$ 时绝对收敛,当 $\alpha-2\beta\leqslant1$ 发散.

证 当 $x\to\infty$ 时

$$\left[\frac{e^{\frac{1}{x}}-1}{\frac{1}{x}}\right]^{\alpha}\sim 1,\left(\frac{\ln\left(1+\frac{1}{x}\right)}{\frac{1}{x}}\right)^{-2\beta}\sim 1$$

所以

$$f(x)=\left[\frac{e^{\frac{1}{x}}-1}{\frac{1}{x}}\right]^{\alpha}\left(\frac{\ln\left(1+\frac{1}{x}\right)}{\frac{1}{x}}\right)^{-2\beta}x^{2\beta-\alpha}\sim x^{2\beta-\alpha}$$

故当 $\alpha-2\beta>1$ 时积分绝对收敛，当 $\alpha-2\beta\leqslant 1$ 时积分发散.

从例题可以看出，利用阶的估计来判别某些极限过程的敛散性是方便的，而泰勒公式能够比较精确地估计出无穷小（大）量的阶.

泰勒公式的应用

第三十七章

一、导数的近似计算与误差分析

对于函数 $y=f(x)$，当 $f(x)$ 用表达式给出，并且 $f'(x)$ 不太复杂时，可以直接用 $f'(x)$ 的表达式求此函数的导数值. 但是在一些工程问题中，函数往往是用表格形式给出的(即所谓离散形式)，例如

x	x_0	x_1	$\cdots$	x_n
y	y_0	y_1	$\cdots$	y_n

$(x_k=x_0+kh)$

或者 $y_k=f(x_k)$ 易求而 $f'(x_k)$ 不易求，怎样求 $f'(x_k)$ 的近似值?

西北工业大学的孟雅琴，叶正麟两位教授对此进行了讨论，假定 $y=f(x)$ 在 $x=x_0$ 附近具有适当高阶的连续导数.

在学习导数概念时，遇到过三个极限式

$$\lim_{h\to 0}\frac{f(x_0+h)-f(x_0)}{h}=f'(x_0)$$

$$\lim_{h\to 0}\frac{f(x_0)-f(x_0-h)}{h}=f'(x_0)$$

$$\lim_{h\to 0}\frac{f\left(x_0+\frac{h}{2}\right)-f\left(x_0-\frac{h}{2}\right)}{h}=f'(x_0)$$

这里引入三个记号

$$\Delta y=f(x+h)-f(x)$$

$$\nabla y=f(x)-f(x-h)$$

$$\delta y=f\left(x+\frac{h}{2}\right)-f\left(x-\frac{h}{2}\right) \qquad (1)$$

把 Δy, ∇y, δy 分别叫作函数 $f(x)$ 在 x 处的、步长为 h 的一阶向前差分、一阶向后差分、一阶中心差分. 根据极限和无穷小的关系,下面三个式子分别成立

$$\frac{\Delta y}{h}=f'(x)+\alpha(h)$$

$$\frac{\nabla y}{h}=f'(x)+\beta(h)$$

$$\frac{\delta y}{h}=f'(x)+\delta(h) \qquad (2)$$

其中,$\alpha(h)$,$\beta(h)$,$\gamma(h)$都是 h 的函数,当 $h\to 0$ 时,它们都是无穷小. 因此当 $|h|$ 充分小时,可以用$\frac{\Delta y}{h}$,或$\frac{\nabla y}{y}$,或$\frac{\delta y}{h}$近似表示 $f'(x)$.

利用上述想法,当相当光滑的函数用离散数据形式给出时,就可以用下列方法求导数的近似值.

设已给 $x_k = x_0 + kh, k = 0,1,\cdots,n$($h > 0$,称为步长),及对应的函数值 $y_k = f(x_k), k = 0,1,\cdots,n$. 引入下面差分记号

$$\Delta y_k = y_{k+1} - y_k = f(x_k + h) - f(x_k)$$
$$(k = 0,1,\cdots,n-1) \tag{3}$$

$$\nabla y_k = y_k - y_{k-1} = f(x_k) - f(x_k - h)$$
$$(k = 1,2,\cdots,n) \tag{4}$$

$$\delta y_{k+\frac{1}{2}} = y_{k+1} - y_k = f\left(x_{k+\frac{1}{2}} + \frac{h}{2}\right) - f\left(x_{k+\frac{1}{2}} - \frac{h}{2}\right)$$

$$x_{k+\frac{1}{2}} = \frac{1}{2}(x_k + x_{k+1}) \quad (k = 1,2,\cdots,n) \tag{5}$$

于是有计算导数的近似公式

$$y'_k = f'(x_k) \approx \Delta y_k / h$$
$$(k = 0,1,\cdots,n-1(\text{不能用于表尾})) \tag{6}$$

$$y'_k = f'(x_k) \approx \nabla y_k / h$$
$$(k = 0,1,\cdots,n(\text{不能用于表头})) \tag{7}$$

$$y'_{k+\frac{1}{2}} = f'\left(\frac{x_k + x_{k+1}}{2}\right) \approx \delta y_{k+1} / h \tag{8}$$

这里有一个问题,这些近似公式的误差是多少?即如何用 h 来表示误差项 $\alpha(h),\beta(h),\gamma(h)$? 我们假定函数 $f(x)$ 在 $[x_0, x_n]$ 上的二阶导数连续,利用一阶泰勒公式

$$f(x + \Delta x) = f(x) + f'(x)\Delta x + \frac{1}{2}f''(\xi)(\Delta x)^2$$

ξ 介于 x 与 $x + \Delta x$ 之间,分别用 h, $-h$ 代入 Δx,可得下面二式

$$f'(x) = \frac{\Delta y}{h} - \frac{1}{2}f''(\xi_1)h \quad (x < \xi_1 < x + h) \tag{9}$$

$$f'(x) = \frac{\nabla y}{h} + \frac{1}{2}f''(\xi_2)h \quad (x-h<\xi_2<x) \quad (10)$$

等式右边第二项分别是 $\alpha(h)$ 和 $\beta(h)$，为表示 $\delta(h)$，设 $f(x)$ 的三阶导数连续. 令

$$F(t) = f\left(x+\frac{t}{2}\right) - f\left(x-\frac{t}{2}\right)$$

在 $t=0$ 处的二阶泰勒公式为

$$F(t) = F(0) + F'(0)t + \frac{1}{2}F''(0)t^2 + \frac{1}{6}F'''(\eta)t^3$$

$$(\eta \text{ 介于 } 0 \text{ 与 } t \text{ 之间})$$

易求得

$$F(0)=0, F'(0)=f'(x), F'''(0)=0$$

$$F''(\eta) = \frac{1}{8}\left[f'''\left(x+\frac{\eta}{2}\right) + f'''\left(x-\frac{\eta}{2}\right)\right]$$

对于区间 $\left[x-\frac{\eta}{2}, x+\frac{\eta}{2}\right]$ 上的连续函数 $f'''(u)$，由于

$$u = \frac{1}{2}\left[f'''\left(x+\frac{\eta}{2}\right) + f'''\left(x-\frac{\eta}{2}\right)\right]$$

必在两端点函数值 $f'''\left(x-\frac{\eta}{2}\right)$ 和 $f'''\left(x+\frac{\eta}{2}\right)$ 之间，于是必有

$$\xi_3 \in \left(x-\frac{\eta}{2}, x+\frac{\eta}{2}\right)$$

使 $f'''(\xi_3)=u$，因此

$$F'''(\eta) = \frac{1}{4}f'''(\xi_3)$$

令 $t=h$，则有

$$f\left(x+\frac{h}{2}\right) - f\left(x-\frac{h}{2}\right) = f'(x)h + \frac{1}{24}f'''(\xi_3)h^3$$

Taylor 公式

$$(\xi_3 \in \left(x-\frac{\eta}{2},x+\frac{\eta}{2}\right) \subset \left(x-\frac{h}{2},x+\frac{h}{2}\right))$$

于是有

$$f'(x)=\frac{\delta y}{h}-\frac{1}{24}f'''(\xi_3)h^2 \qquad (11)$$

现在可以估计近似计算式(6)(7)(8)的误差. 令

$$M_2=\max\{|f''(x)||x_0\leqslant x\leqslant x_n\}$$

$$M_3=\max\{|f'''(x)||x_0\leqslant x\leqslant x_n\}$$

由式(9)(10)(11)有误差估计式

$$\left|f'(x)-\frac{\Delta y}{h}\right|\leqslant\frac{1}{2}M_2h \qquad (12)$$

$$\left|f'(x)-\frac{\nabla y}{h}\right|\leqslant\frac{1}{2}M_2h \qquad (13)$$

$$\left|f'(x)-\frac{\delta y}{h}\right|\leqslant\frac{1}{24}M_3h^2 \qquad (14)$$

由此可得几点结论:

(1)步长 h 越小,误差越小,且 $h\to0$ 时,可以任意逼近.

(2)用 $\Delta y/h$ 或 $\nabla y/h$ 逼近 $f'(x)$时,误差界与 h 成正比,称逼近阶为(h 的)一阶;用 $\delta y/h$ 逼近 $f'(x)$时,误差界与 h^2 成正比,称逼近阶为(h 的)二阶. 易见,h 的次数越高,逼近程度越高,h^2 是比 h 高阶的无穷小($h\to0$).

那么,能否构造逼近阶更高的导数近似计算公式?答案是肯定的.

二、构造较高精度的导数近似公式

科学计算和工程计算中常常需要用若干点的函数

值计算一阶、二阶导数的近似值.这类近似公式可用泰勒公式进行构造.

1. 一阶导数近似公式的构造

我们试图用三点 $x, x+h, x+2h$ 处的函数值计算 $f'(x)$ 的近似值.为此设辅助函数

$$\varphi(t)=\alpha_0 f(x)+\alpha_1 f(x+t)+\alpha_2 f(x+2t) \quad (15)$$

其中,$\alpha_0, \alpha_1, \alpha_2$ 为待定常数.假定 $f(x)$ 的三阶导数存在,将 $\varphi(t)$ 展开为二阶麦克劳林公式,且令 $t=h$,即有

$$\varphi(h)=\varphi(0)+\varphi'(0)h+\frac{1}{2}\varphi''(0)h^2+\frac{1}{3!}\varphi''(\theta,h)h^3$$

$$(0\leqslant\theta<1) \quad (16)$$

其中各阶导数由式(15)可知分别为(注意 t 为自变量)

$$\begin{cases}\varphi(0)=(\alpha_0+\alpha_1+\alpha_2)f(x)\\ \varphi'(0)=(\alpha_1+2\alpha_2)f'(x)\\ \varphi''(0)=(\alpha_1+4\alpha_2)f''(x)\\ \varphi'''(t)=\alpha_1 f'''(x+t)+8\alpha_2 f'''(x+2t)\end{cases} \quad (17)$$

为使式(16)中 $f(x)$ 和 $f''(x)$ 消失,保留含 $f'(x)$ 的项,可令

$$\alpha_0+\alpha_1+\alpha_2=0, \alpha_1+2\alpha_2=1, \alpha_1+4\alpha_2=0$$

解此方程组得

$$\alpha_0=-\frac{3}{2}, \alpha_1=2, \alpha_2=-\frac{1}{2}$$

代入式(17)及(16),此时 $\varphi(0)=\varphi''(0)=0$,由式(16)解出 f' 得

$$f'(x)=\frac{-3f(x)+4f(x+h)-f(x+2h)}{2h}+$$

$$\frac{h^2}{3}[2f'''(x+2\theta_1 h)-f'''(x+\theta_1 h)] \quad (0<\theta<1)$$

(18)

这就是所谓的"三点公式",误差项含有因式 h^2,因此精度是关于步长 h 的二阶的. 读者可循此思路不难构造另两个"三点公式",即关于三点 $x-2h,x-h,x$ 处的一阶导数近似公式,和关于三点 $x-h,x,x+h$ 处的一阶导数近似公式.

2. 二阶导数近似公式的构造

其实,上述构造思路已启发我们如何用 $f(x)$, $f(x+h)$ 和 $f(x+2h)$ 表示 $f''(x)$ 的近似值:在式(17)的诸式中,令 $\alpha_0+\alpha_1+\alpha_2=0,\alpha_1+2\alpha_2=0,\alpha_1+4\alpha_2=1$,使得 $\varphi(h)$ 的麦克劳林展开式中 $f(x)$ 与 $f'(x)$ 消失,保留 $f''(x)$. 解得 $\alpha_0=\frac{1}{2},\alpha_1=-1,\alpha_2=\frac{1}{2}$,代入式(15)(16)及(17)中,再解出 $f''(x)$ 得

$$f''(x)=\frac{f(x)-2f(x+h)+f(x+2h)}{h^2}+\frac{h}{3}[f'''(x+\theta_2 h)-4f'''(x+2\theta_2 h)]$$

$$(0<\theta_2<1) \quad (19)$$

这里误差精度关于步长 h 是一阶的.

第三十八章 泰勒公式在函数凹凸性理论中的应用[①]

山东建筑工程学院基础部的黄福同教授1997年利用泰勒公式给出了函数凹凸性判别的一个简便证明,并由此给出了重要极限的简便证明.

定理1(泰勒中值定理) 如果函数$f(x)$在含有x_0的某个开区间(a,b)内具有直到$n+1$阶的导数,则当x在(a,b)内时,$f(x)$可以表示为$x-x_0$的一个n次多项式与一个余项$R_n(x)$之和

$$f(x)=f(x_0)+f'(x_0)(x-x_0)+\frac{f''(x_0)}{2}(x-x_0)^2+\cdots+$$

① 本章摘自《山东建筑工程学院学报》,1997年,第12卷,第3期.

$$\frac{f^{(n)}(x_0)}{n!}(x-x_0)^n+R_n(x) \tag{1}$$

其中

$$R_n(x)=\frac{f^{(n+1)}(\xi)}{(n+1)!}(x-x_0)^{n+1} \tag{2}$$

这里 ξ 是 x 与 x_0 之间的某个值.

定义 1 设 $f(x)$ 在 $[a,b]$ 上连续,如果对 (a,b) 内的任意两点 x_1,x_2 恒有

$$f\left(\frac{x_1+x_2}{2}\right)<\frac{f(x_1)+f(x_2)}{2} \tag{3}$$

则称 $f(x)$ 在 $[a,b]$ 上的图形是凹的;如果恒有

$$f\left(\frac{x_1+x_2}{2}\right)>\frac{f(x_1)+f(x_2)}{2} \tag{4}$$

则称 $f(x)$ 在 $[a,b]$ 上的图形是凸的.

定理 2(凹凸性判别定理) 设 $f(x)$ 在 $[a,b]$ 上连续,在 (a,b) 内具有一阶及二阶导数,那么:

(1)若在 (a,b) 内,$f''(x)>0$,则 $f(x)$ 在 $[a,b]$ 上的图形是凹的;

(2)若在 (a,b) 内,$f''(x)<0$,则 $f(x)$ 在 $[a,b]$ 上的图形是凸的.

证 情形(1):设 $x_1,x_2\in(a,b)$,且可假定 $x_1<x_2$,记 $x_0=\frac{x_1+x_2}{2}$,$x_2-x_0=h=x_0-x_1$,则

$$x_1=x_0-h,x_2=x_0+h$$

由泰勒公式知

$$f(x_1)=f(x_0-h)=f(x_0)-f'(x_0)h+\frac{1}{2}f''(\xi_1)(h^2)$$

$$(x_1 < \xi < x_0) \tag{5}$$

$$f(x_2) = f(x_0 + h) = f(x_0) - f'(x_0)h + \frac{1}{2}f''(\xi_2)(h^2)$$

$$(x_0 < \xi_2 < x_2) \tag{6}$$

$$f(x_1) + f(x_2) - 2f(x_0) = f(x_0 + h) + f(x_0 - h) - 2f(x_0) = \frac{1}{2}(f''(\xi_1) + f''(\xi_2))h^2 > 0 \tag{7}$$

因此

$$\frac{f(x_1) + f(x_2)}{2} > f(x_0) = f\left(\frac{x_1 + x_2}{2}\right)$$

所以$f(x)$在$[a,b]$上是凹的.

情形(2):若$f''(x) < 0$,从式(7)推出

$$\frac{f(x_1) + f(x_2)}{2} < f\left(\frac{x_1 + x_2}{2}\right)$$

所以$f(x)$在$[a,b]$上是凸的.

定理3 若$f(x)$二次可微,且$f''(x) > 0$,证明不等式

$$\frac{1}{n}\sum_{i=1}^{n} f(x_i) \geqslant f\left(\frac{1}{n}\sum_{i=1}^{n} x_i\right) \tag{8}$$

且等号成立当且仅当$x_1 = x_2 = \cdots = x_n$,并由此证明当$x_i > 0(i = 1, 2, \cdots, n)$时

$$\frac{x_1 + x_2 + \cdots + x_n}{n} \geqslant \sqrt[n]{x_1 x_2 \cdots x_n} \tag{9}$$

证 令$x_0 = \frac{1}{n}\sum_{i=1}^{n} x_i, x_i - x_0 = h_i$,则

$$x_i = x_0 + h_i \quad (i = 1, 2, \cdots, n)$$

由泰勒公式得

$$f(x_i)=f(x_0)+f'(x_0)h_i+\frac{1}{2}f''(\xi_i)h_i^2$$

$$\xi_i=x_0+\theta_i h_i \quad (i=1,2,\cdots,n)$$

$$\begin{aligned}\frac{1}{n}\sum_{i=1}^{n}f(x_i)&=f(x_0)+f'(x_0)\frac{1}{n}\sum_{i=1}^{n}h_i+\frac{1}{2n}\sum_{i=1}^{n}f''(\xi_i)h_i^2\\&=f(x_0)+\frac{1}{2n}\sum_{i=1}^{n}f''(\xi_i)h_i^2 \qquad (10)\end{aligned}$$

因为$f''(x)>0$,因此有

$$\frac{1}{n}\sum_{i=1}^{n}f(x_i)\geqslant f(x_0)=f\Big(\frac{1}{n}\sum_{i=1}^{n}x_i\Big)$$

即式(8)成立.

显然式(8)中等号成立的充分必要条件是

$$x_1=x_2=\cdots=x_n$$

再证式(9)成立. 因为 $x_i>0\,(i=1,2,\cdots,n)$,令 $f(x)=-\ln x$,则$f'(x)=-\frac{1}{x}$,$f''(x)=\frac{1}{x^2}>0$,由式(8)得

$$\begin{aligned}\frac{1}{n}\sum_{i=1}^{n}f(x_i)&=\frac{1}{n}\sum_{i=1}^{n}(-\ln x_i)=-\frac{1}{n}\sum_{i=1}^{n}\ln x_i\\&=-\frac{1}{n}\ln(x_1x_2\cdots x_n)\\&\geqslant f\left(\frac{1}{n}\sum_{i=1}^{n}x_i\right)=-\ln\left(\frac{1}{n}\sum_{i=1}^{n}x_i\right)\end{aligned}$$

因此有

$$\frac{1}{n}\ln(x_1x_2\cdots x_n)\leqslant\ln\left(\frac{1}{n}\sum_{i=1}^{n}x_i\right)$$

所以

$$\sqrt[n]{x_1x_2\cdots x_n}\leqslant\frac{1}{n}\sum_{i=1}^{n}x_i$$

即式(9)成立.

下面利用式(9)给出重要极限$\lim\limits_{n\to\infty}(1+\frac{1}{n})^n=\mathrm{e}$的证明.

令

$$x_n=\left(1+\frac{1}{n}\right)^n$$

(1)先证单调性

$$\begin{aligned}x_n&=(1+\frac{1}{n})^n\cdot 1\\&\leqslant\left(\frac{1+n(1+\frac{1}{n})}{n+1}\right)^{n+1}\\&=\left(1+\frac{1}{n+1}\right)^{n+1}=x_{n+1}\end{aligned}$$

因此$x_n\leqslant x_{n+1}$,$\{x_n\}$是单调增加的.

(2)证有界性

$$\begin{aligned}x_n\left(\frac{1}{2}\right)^2&=\left(1+\frac{1}{n}\right)^n\left(\frac{1}{2}\right)^2\\&\leqslant\left(\frac{n\left(1+\frac{1}{n}\right)+2\cdot\frac{1}{2}}{n+2}\right)^{n+2}\\&=1\end{aligned}$$

所以

$$0<x_n\leqslant 2^2=4$$

由结论(1)和(2)得,$\{x_n\}$是单调有界数列,由极限的判别准则知

$$\lim_{n\to\infty}x_n=\lim_{n\to\infty}\left(1+\frac{1}{n}\right)^n$$

存在且记为e.

泰勒公式在判定级数及广义积分敛散性中的应用[①]

第三十九章

中南工学院的马满军教授 1999 年探索了利用泰勒公式对无穷小量或无穷大量的阶进行估计,从而有效地判断正项级数及广义积分的敛散性.

一、引言

泰勒公式是微积分学中的一个重要内容,其在判断函数的增减性、凹凸性,近似计算,误差估计以及求极限等方面的应用在一般教材中都有比较详细的介绍,而在判断级数及广义积分的敛散性方面的应用则很少提及,它在这方面确实起着不可替代的作用.

① 本章摘自《数学理论与应用》,1999 年,第 19 卷,第 4 期.

二、在正项级数敛散性判定中的应用

1. 在正项级数敛散性判定中遇到的困难

在级数理论中,要判定一个正项级数 $\sum\limits_{n=0}^{\infty} a_n$ 是否收敛,只要能找到一个"比较简单"的级数 $\sum\limits_{n=1}^{\infty} b_n$(如 $b_n = \frac{1}{n^p}, p > 0$),若

$$\lim_{n \to +\infty} \frac{a_n}{b_n} = l \quad (b_n > 0) \tag{1}$$

则有:

①若 $0 < l < +\infty$,则级数 $\sum\limits_{n=1}^{\infty} a_n$ 与 $\sum\limits_{n=1}^{\infty} b_n$ 同敛散性;

②若 $l = 0$,则级数 $\sum\limits_{n=1}^{\infty} b_n$ 收敛,$\sum\limits_{n=1}^{\infty} a_n$ 一定收敛;

③若 $l = +\infty$,则级数 $\sum\limits_{n=1}^{\infty} b_n$ 发散. $\sum\limits_{n=1}^{\infty} a_n$ 一定发散. 在实际应用中最棘手的问题是如何去找 $\sum\limits_{n=1}^{\infty} b_n$(如 $\sum\limits_{n=1}^{\infty} \frac{1}{n^p}, p > 0$ 中的 p)使其正好符合上面的三个条件之一? 如果没有一个原则是很难找到恰当的 $\sum\limits_{n=1}^{\infty} b_n$($\sum\limits_{n=1}^{\infty} \frac{1}{n^p}, p > 0$ 中的 p 值)的,如:

选择 $p = 2$, $\sum\limits_{n=1}^{\infty} \frac{1}{n^p}$收敛,但式(1)中的 l 却为 $+\infty$;

选择 $p=1$，$\sum\limits_{n=1}^{\infty}\frac{1}{n^p}$发散，但式(1)中的 l 却为0.

以上两种情况都没法判断 $\sum\limits_{n=1}^{\infty}a_n$ 的敛散性.

2. 解决办法

利用泰勒公式研究序列无穷小量$\{a_n\}$的阶，然后与恰当的 b_n（如$\frac{1}{n^p}$，$p>0$）去相比，求出极限值 l 且使 $0<l<+\infty$，则可顺利地解决这类问题. 下面举例说明具体做法. 先给几个已知的函数泰勒展开式

$$\sin x=x-\frac{x^3}{3!}+\frac{x^5}{5!}-\cdots+(-1)^{n-1}\frac{x^{2n-1}}{(2n-1)!}+o(x^{2n}) \tag{2}$$

$$\ln(1+x)=x-\frac{x^2}{2}+\cdots+(-1)^{n-1}\frac{x^n}{n}+o(x^n) \tag{3}$$

$$(1+x)^{\alpha}=1+\alpha x+\cdots+\frac{\alpha(\alpha-1)\cdots(\alpha-n+1)}{n!}+o(x^n) \tag{4}$$

例1 讨论级数 $\sum\limits_{n=1}^{\infty}\frac{1}{n^p}\sin\frac{\pi}{n}$的敛散性.

解 利用式(2)得

$$a_n=\frac{1}{n^p}\sin\frac{\pi}{n}=\frac{1}{n^p}\left(\frac{\pi}{n}+o\left(\frac{\pi}{n^2}\right)\right)=\frac{\pi}{n^{p+1}}+o\left(\frac{\pi}{n^{p+2}}\right)$$

因此有

$$\lim_{n\to+\infty}\frac{a_n}{\frac{1}{n^{p+1}}}=\pi$$

即 $a_n\to0$ 是 $p+1$ 阶，$\sum\limits_{n=1}^{\infty}a_n$ 与 $\sum\limits_{n=1}^{\infty}\frac{1}{n^{p+1}}$同收敛性.

当 $p>0$ 时，$\sum_{n=1}^{\infty}\frac{1}{n^p}\sin\frac{\pi}{n}$ 收敛；当 $-1<p\leqslant 0$ 时 $\sum_{n=1}^{\infty}\frac{1}{n^p}\sin\frac{\pi}{n}$ 发散.

例 2 判断级数

$$\sum_{n=1}^{\infty} a_n=\sum_{n=1}^{\infty}\left(\frac{1}{\sqrt{n}}-\sqrt{\ln\left(1+\frac{1}{n}\right)}\right)$$

的敛散性.

解 利用式(3)及(4)有

$$\begin{aligned}a_n&=\frac{1}{\sqrt{n}}-\left(\frac{1}{n}-\frac{1}{2n^2}+o\left(\frac{1}{n^2}\right)\right)^{\frac{1}{2}}\\&=\frac{1}{\sqrt{n}}-\frac{1}{\sqrt{n}}\left(1-\frac{1}{2n}+o\left(\frac{1}{n}\right)\right)^{\frac{1}{2}}\\&=\frac{1}{\sqrt{n}}-\frac{1}{\sqrt{n}}\left(1-\frac{1}{4n}+o\left(\frac{1}{2n}\right)\right)\\&=\frac{1}{4}n^{-3/2}+o(n^{-3/2})\end{aligned}$$

因此有

$$\lim_{n\to\infty}\frac{a_n}{n^{-3/2}}=\frac{1}{4}$$

即 $a_n\to 0$ 时是 3/2 阶，与 $\sum_{n=1}^{\infty}\frac{1}{n^{3/2}}$ 同敛散性. 所以 $\sum_{n=1}^{\infty} a_n$ 收敛，因此可以看出，利用此法能有的放矢地求得 p 值，从而有效地对正项级数的敛散性做出判断.

三、在广义积分的敛散性中的应用

关于广义积分的敛散性判定有下列命题：设函数 $f(x)$ 定义在 $[a,+\infty)$ 上，且在任何的有限区间上可

积,则:

若

$$\lim_{n\to+\infty}\frac{|f(x)|}{\varphi(x)}=l \tag{5}$$

①若 $0\leqslant l<+\infty$,则 $\int_0^{+\infty}\varphi(x)\mathrm{d}x$ 收敛,可推出 $\int_0^{+\infty}|f(x)|\mathrm{d}x$ 也收敛,因而 $\int_0^{+\infty}f(x)\mathrm{d}x$ 收敛;

②若 $0<l\leqslant+\infty$,则由 $\int_0^{+\infty}\varphi(x)\mathrm{d}x$ 发散,可推出 $\int_0^{+\infty}|f(x)|\mathrm{d}x$ 也发散.

如何选择 $\varphi(x)$ 才能运用上面的结果?如选取:

$\varphi(x)=\frac{1}{x^p}$,$p>0$ 时怎样选取 p 值呢?通过研究函数无穷大量 $\varphi(x)$ 的阶就可以解决这类问题,下面通过举例予以说明.

例 3 研究广义积分 $\int_5^{+\infty}(\sqrt{x+1}+\sqrt{x-1}-2\sqrt{x})\mathrm{d}x$ 的敛散性.

解 由式(4)知

$$\sqrt{x+1}+\sqrt{x-1}-2\sqrt{x}=\sqrt{x}\left(\sqrt{1+\frac{1}{x}}+\sqrt{1-\frac{1}{x}}-2\right)$$

$$=\sqrt{x}(1+\frac{1}{2x}+\frac{\frac{1}{2}(\frac{1}{2}-1)}{2!}\frac{1}{x^2}+$$

$$o(\frac{1}{x^2})+1-\frac{1}{2x}+\frac{\frac{1}{2}(\frac{1}{2}-1)}{2!}\cdot$$

$$\frac{1}{x^2}+o(\frac{1}{x^2})-2)$$

$$=-\frac{1}{4}\frac{1}{x^{3/2}}+o(\frac{1}{x^2})$$

因此

$$\lim_{n\to+\infty}\frac{|\sqrt{x+1}+\sqrt{x-1}-2\sqrt{x}|}{\left|-\frac{1}{4}\frac{1}{x^{3/2}}\right|}=1$$

由于 $\int_5^{+\infty}\frac{1}{4x^{3/2}}\mathrm{d}x$ 收敛,则由上述命题中的①知原广义积分收敛.

对于在有限点处函数的极限值为∞的广义积分的敛散性判断也可用同样的办法.

例 4 广义积分 $\int_0^1\frac{x\sin x}{\sin x-x}\mathrm{d}x$ 是否收敛?

解 因为

$$\frac{x\sin x}{x-\sin x}=\frac{x(x-\frac{1}{3}!\ x^3+o(x^4))}{x-(x-\frac{1}{3}!\ x^3+o(x^4))}$$

$$=\frac{x^2(1-\frac{1}{6}x^2+o(x^3))}{\frac{1}{6}x^3+o(x^4)}$$

$$=(1-\frac{1}{6}x^2+o(x^3))\frac{6}{x}(1+o(x))$$

$$=\frac{6}{x}+o(x)$$

所以

$$\lim_{n\to0}\frac{x\sin x}{x-\sin x}\bigg/\frac{6}{x}=1$$

由 $\int_0^1\frac{6}{x}\mathrm{d}x$ 发散,知 $\int_0^1\frac{x\sin x}{x-\sin x}\mathrm{d}x$ 发散.

第四十章 泰勒公式在不等式中的应用[①]

在高等数学中常常要证明一些不等式,而证明不等式的方法很多.泰勒公式是微分中值定理——拉格朗日中值定理的推广,它除了在理论上的价值之外,在证明不等式时应用也很方便.在欲证明的不等式中(或题设中)含有一阶以上的导数一般可利用泰勒公式.特别在已知某点的函数值(或导数值),或已知函数的某阶导数有界以及已知函数的导数的正负时,用泰勒公式证明某些不等式较为简便.潍坊高等专科学校的陈明萌教授2000年用下述几例充分说明了这一点.

1. 已知某点的函数值

例1 设函数$f(x)$在$[a,b]$上具有

① 本章摘自《昌潍师专学报》,2000年,第19卷,第2期.

二阶导数，且$f(a)=f(b)=0$，并存在一点$c\in(a,b)$，使$f(c)>0$，证明至少存在一点$u\in(a,b)$，使$f''(u)<0$.

证 因为$f(x)$具有二阶导数，将$f(x)$在点c展开成为一阶泰勒展开式

$$f(x)=f(c)+f'(c)(x-c)+\frac{f''(\xi)}{2!}(x-c)^2 \tag{1}$$

其中ξ在x与c之间.

①当$f'(c)\leqslant 0$时，在式(1)中取$x=a$，得

$$f(a)=f(c)+f'(c)(a-c)+\frac{f''(\xi_1)}{2!}(a-c)^2 \tag{2}$$

其中ξ_1在a与c之间.

因为$f(a)=0$，$f(c)>0$（由已知），且$a<c$，$f'(c)\leqslant 0$（假设），所以由式(2)可得

$$f''(\xi_1)=-\frac{f(c)+f'(c)(a-c)}{(a-c)^2/2}<0$$

这里$\xi_1\in(a,c)$.

因为$(a,c)\subset(a,b)$，所以$\xi_1\in(a,b)$，故存在一点$\xi_1\in(a,b)$，使$f''(\xi_1)<0$.

②当$f'(c)\geqslant 0$时，在式(1)中取$x=b$，得

$$f(b)=f(c)+f'(c)(b-c)+\frac{f''(\xi_2)}{2!}(b-c)^2 \tag{3}$$

其中ξ_2在b与c之间，即$c<\xi_2<b$.

因为$f(b)=0$，$f(c)>0$（已知），$f'(c)\geqslant 0$（假设），$c<b$，所以由式(3)可得

$$f''(\xi_2) = -\frac{f(c)+f'(c)(b-c)}{(b-c)^2/2}<0$$

因为 $\xi_2 \in (c,b)$，而 $(c,b) \subset (a,b)$，所以 $\xi_2 \in (a, b)$，故存在一点 $\xi_2 \in (a,b)$，使 $f''(\xi_2)<0$. 综上所述，无论 $f'(c)$ 为正还是为负，至少存在一点 $u \in (a,b)$，使 $f''(u)<0$. 证毕.

2. 已知某点的导函数值

例 2 设函数 $f(x)$ 在区间 $[a,b]$ 上具有二阶导数，且 $f'(a)=f'(b)=0$，则在 (a,b) 内至少存在一点 ξ，使

$$|f''(\xi)| \geqslant 4\frac{|f(b)-f(a)|}{(b-a)^2}$$

成立.

证 将函数 $f(x)$ 在点 x_0 展开成为一阶泰勒公式

$$f(x)=f(x_0)+f'(x_0)(x-x_0)+\frac{f''(\xi)}{2!}(x-x_0)^2 \tag{4}$$

其中 ξ 在 x 与 x_0 之间，$x_0 \in [a,b]$，在式(4)中取 $x_0 = a, x=\frac{a+b}{2}$，则有

$$f\left(\frac{a+b}{2}\right)=f(a)+f'(a)\left(\frac{a+b}{2}-a\right)+\frac{f''(\xi_1)}{2!}\left(\frac{a+b}{2}-a\right)^2$$

因为由已知 $f'(a)=0$，所以

$$f\left(\frac{a+b}{2}\right)=f(a)+\frac{f''(\xi_1)}{2!}\left(\frac{b-a}{2}\right)^2 \quad \left(a<\xi_1<\frac{a+b}{2}\right) \tag{5}$$

在式(4)中取 $x_0=b,x=\frac{a+b}{2}$,又因为由已知 $f'(b)=0$,所以

$$f\left(\frac{a+b}{2}\right)=f(b)+\frac{f''(\xi_2)}{2!}\left(\frac{b-a}{2}\right)^2$$

$$\left(\frac{a+b}{2}<\xi_2<b\right) \tag{6}$$

式(6)减去式(5)并取绝对值

$$|f(b)-f(a)|=\frac{1}{8}(b-a)^2|f''(\xi_2)-f''(\xi_1)|$$

$$\leqslant\frac{1}{8}(b-a)^2[|f''(\xi_2)|+|f''(\xi_1)|]$$

取

$$|f''(\xi)|=\max\{|f''(\xi_1)|,|f''(\xi_2)|\} \quad (\xi\in(a,b))$$

则

$$|f(b)-f(a)|\leqslant\frac{1}{8}(b-a)^2\cdot 2|f''(\xi)|$$

$$=\frac{1}{4}(b-a)^2|f''(\xi)|$$

即

$$|f''(\xi)|\geqslant 4\frac{|f(b)-f(a)|}{(b-a)^2}$$

证毕.

3. 已知函数某阶导数的符号

例3 设 $f(x)$ 在 $(-\infty,+\infty)$ 上满足 $f''(x)>0$,证明

$$f\left(\frac{x_1+x_2+\cdots+x_n}{n}\right)\leqslant\frac{f(x_1)+f(x_2)+\cdots+f(x_n)}{n}$$

证 记

$$x_0=\frac{x_1+x_2+\cdots+x_n}{n}$$

则

$$nx_0=x_1+x_2+\cdots+x_n$$

将$f(x)$在x_0处展开成一阶泰勒公式

$$f(x)=f(x_0)+f'(x_0)(x-x_0)+\frac{f''(\xi)}{2!}(x-x_0)^2$$

ξ在x_0与x之间.

当$x=x_i(i=1,2,\cdots,n)$时,亦有

$$f(x_i)=f(x_0)+f'(x_0)(x_i-x_0)+\frac{f''(\xi_i)}{2!}(x_i-x_0)^2$$

ξ_i在x_0与x_i之间.

因为$f''(x)\geqslant 0$,所以有$f''(\xi_i)\geqslant 0$,故有

$$f(x_i)\geqslant f(x_0)+f'(x_0)(x_i-x_0)\quad(i=1,2,\cdots,n)$$

从而

$$\sum_{i=1}^{n}f(x_i)\geqslant nf(x_0)+f'(x_0)\sum_{i=1}^{n}(x_i-x_0)=nf(x_0)$$

(因为$\sum_{i=1}^{n}(x_i-x_0)=nx_0-nx_0=0$)于是,得

$$f(x_0)\leqslant\frac{1}{n}\sum_{i=1}^{n}f(x_i)=\frac{f(x_1)+f(x_2)+\cdots+f(x_n)}{n}$$

即

$$f\left(\frac{x_1+x_2+\cdots+x_n}{n}\right)\leqslant\frac{f(x_1)+f(x_2)+\cdots+f(x_n)}{n}$$

显然,当$x_1=x_2=\cdots=x_n$时,等号成立.

特别的,当$n=2$时,便得下列常用的不等式

$$f\left(\frac{x_1+x_2}{2}\right) \leqslant \frac{f(x_1)+f(x_2)}{2}$$

在几何上表示对于上凹曲线($f''(x) \geqslant 0$),位于区间$[x_1, x_2]$中点$\frac{x_1+x_2}{2}$处弦的纵坐标不小于曲线$f(x)$的纵坐标. 这个结论在证明不等式时很有用.

4. 已知函数的某阶导数有界

例 4 设$f(x)$在点x_0的某邻域内存在四阶导数,且$|f^{(4)}(x)| \leqslant M$,M是正常数,又$x_1 = x_0 - h$和$x_2 = x_0 + h$是该邻域内关于x_0对称的两点,试证明

$$\left|f''(x_0) - \frac{f(x_1)+f(x_2)-2f(x_0)}{h^2}\right| \leqslant \frac{M}{12}h^2$$

证 将$f(x)$在点x_0展开为三阶泰勒展开式

$$f(x) = f(x_0) + f'(x_0)(x-x_0) + \frac{f''(x_0)}{2!}(x-x_0)^2 + \frac{f'''(x_0)}{3!}(x-x_0)^3 + \frac{f^{(4)}(\xi)}{4!}(x-x_0)^4 \tag{7}$$

其中ξ在x与x_0之间. 在式(7)中分别取$x_0 = x_1$和$x = x_2$,可得

$$f(x_1) = f(x_0) + f'(x_0)(x_1-x_0) + \frac{f''(x_0)}{2!}(x_1-x_0)^2 + \frac{f'''(x_0)}{3!}(x_1-x_0)^3 + \frac{f^{(4)}(\xi_1)}{4!}(x_1-x_0)^4 \tag{8}$$

其中ξ_1在x_1与x_0之间

$$f(x_2) = f(x_0) + f'(x_0)(x_2-x_0) + \frac{f''(x_0)}{2!}(x_2-x_0)^2 + \frac{f'''(x_0)}{3!}(x_2-x_0)^3 + \frac{f^{(4)}(\xi_2)}{4!}(x_2-x_0)^4 \tag{9}$$

其中 ξ_2 在 x_2 与 x_0 之间.

式(8)加式(9)可得

$$f(x_1)+f(x_2)=2f(x_0)+h^2f''(x_0)+\frac{h^4}{24}f^{(4)}(\xi_1)+\frac{h}{24}f^{(4)}(\xi_2) \tag{10}$$

所以

$$f''(x_0)=\frac{f(x_1)+f(x_2)-2f(x_0)}{h^2}-\frac{h^2}{24}[f^{(4)}(\xi_1)+f^{(4)}(\xi_2)]$$

即

$$|f''(x_0)-\frac{f(x_1)+f(x_2)-2f(x_0)}{h^2}|=\frac{h^2}{24}|f^{(4)}(\xi_1)+f^{(4)}(\xi_2)|$$

又由已知

$$|f^{(4)}(x)|\leqslant M$$

故

$$\frac{h^2}{24}|f^{(4)}(\xi_1)+f^{(4)}(\xi_2)|\leqslant\frac{h^2}{24}[|f^{(4)}(\xi_1)|+|f^{(4)}(\xi_2)|]\leqslant\frac{h^2}{24}[M+M]=\frac{h^2}{12}M$$

证毕.

值得说明的是泰勒公式有时要结合其他知识一起使用. 如当证明的不等式中含有积分号时,一般利用定积分的性质结合使用泰勒公式等知识进行证明. 另外,

有些题目即使条件类似,但有的使用泰勒公式证明方便,有的则不方便.故泰勒公式的应用重在巧妙、合理,方可简便有效.

第四十一章 泰勒公式在判断级数及积分敛散性中的应用[①]

桂林电子工业学院计算科学与应用物理系的唐清干教授2002年通过应用泰勒公式对无穷小量或无穷大量的阶进行估计,从而简便有效地判定级数及广义积分的敛散性.

一、在正项级数敛散性判定中的应用

在级数敛散性理论中,要判定一个正项级数 $\sum_{n=1}^{\infty} a_n$ 是否收敛,通常找一个较简单的级数 $\sum_{n=1}^{\infty} b_n = \sum_{n=1}^{\infty} \frac{1}{n^p}(p>0)$,再由比较判定法来判定. 在实际应用中

① 本章摘自《桂林电子工业学院学报》,2002年,第22卷,第3期.

较困难的问题是如何选取恰当的 $\sum_{n=1}^{\infty}\frac{1}{n^p}$($p>0$ 中的 p 值)？例如：

(1)若 $p=2$,此时 $\sum_{n=1}^{\infty}\frac{1}{n^2}$收敛,但$\lim_{n\to\infty}\frac{a_n}{\frac{1}{n^2}}=+\infty$.

(2)若 $p=1$,此时 $\sum_{n=1}^{\infty}\frac{1}{n}$发散,但$\lim_{n\to\infty}\frac{a_n}{\frac{1}{n}}=0$.

这里我们无法判定 $\sum_{n=1}^{\infty}a_n$ 的敛散性. 为了有效地选取 $\sum_{n=1}^{\infty}\frac{1}{n^p}$中的 p 值,可以应用泰勒公式研究通项 $a_n\to 0(n\to\infty)$的阶,据此选取恰当的 p 值使$\lim_{n\to\infty}\frac{a_n}{\frac{1}{n^p}}=l$,并且保证 $0<l<+\infty$,再由比较判定法(极限形式)就可判定 $\sum_{n=1}^{\infty}a_n$ 的敛散性,下面举例说明之.

例 1 判定级数 $\sum_{n=1}^{\infty}(a^{\frac{1}{n}}+a^{-\frac{1}{n}}-2)(a>0)$的敛散性.

解 因为

$$a^x=\mathrm{e}^{x\ln a}=1+x\ln a+\frac{1}{2}\frac{1}{n^2}\ln^2 a+o(\frac{1}{n^2})$$

$$a^{\frac{1}{n}}=1+\frac{1}{n}\ln a+\frac{1}{2!}\frac{1}{n^2}\ln^2 a+o(\frac{1}{n^2})$$

$$a^{-\frac{1}{n}}=1-\frac{1}{n}\ln a+\frac{1}{2!}\frac{1}{n^2}\ln^2 a+o(\frac{1}{n^2})$$

所以

$$a_n=(a^{\frac{1}{n}}+a^{-\frac{1}{n}}-2)=\frac{1}{n^2}\ln^2 a+o(\frac{1}{n^2})$$

从而有$\lim\limits_{n\to\infty}\frac{a_n}{\frac{1}{n^2}}=\frac{1}{\ln^2 a}$，$a_n\to 0$ 是关于$(\frac{1}{n})$的 2 阶，即 $\sum\limits_{n=1}^{\infty}(a^{\frac{1}{n}}+a^{-\frac{1}{n}}-2)$与 $\sum\limits_{n=1}^{\infty}\frac{1}{n^2}$同收敛.

例 2 判定级数 $\sum\limits_{n=1}^{\infty}\left(\frac{1}{4\sqrt{n}}-\sqrt{\ln(1+\frac{1}{\sqrt{n}})}\right)$的敛散性.

解 由于

$$\ln(1+x)=x-\frac{1}{2!}x^2+o(x^2)$$

$$(1+x)^{\alpha}=1+\alpha x+o(x)$$

$$\begin{aligned}a_n&=\left(\frac{1}{\sqrt[4]{n}}-\sqrt{\ln(1+\frac{1}{\sqrt{n}})}\right)\\&=\frac{1}{\sqrt[4]{n}}-\left((\frac{1}{\sqrt{n}}-\frac{1}{2!}(\frac{1}{\sqrt{n}})^2+o((\frac{1}{\sqrt{n}})^2)\right)^{\frac{1}{2}}\\&=\frac{1}{\sqrt[4]{n}}-\frac{1}{\sqrt[4]{n}}(1-\frac{1}{2!}\frac{1}{\sqrt{n}}+o(\frac{1}{\sqrt{n}}))^{\frac{1}{2}}\\&=\frac{1}{4}\cdot\frac{1}{\sqrt{n}}+o(\frac{1}{\sqrt{n}})\end{aligned}$$

因此有

$$\lim_{n\to\infty}\frac{a_n}{\frac{1}{\sqrt{n}}}=\frac{1}{4}$$

故 $a_n \to 0$ 是关于$(\frac{1}{n})$的$\frac{1}{2}$阶,即 $\sum_{n=1}^{\infty} a_n$ 与 $\sum_{n=1}^{\infty} \frac{1}{\sqrt{n}}$同发散.

由例1,例2可以看出,通过此法能有效地确定p值,从而对级数 $\sum_{n=1}^{\infty} a_n$ 的敛散性做出判定.

二、在广义积分敛散性中的应用

在判定广义积分$\int_a^{+\infty} |f(x)| \mathrm{d}x$敛散性时,通常选取广义积分$\int_a^{+\infty} \frac{1}{x^p} \mathrm{d}x (p > 0)$进行比较,在此通过研究无穷小量$|f(x)|$ $(x \to +\infty)$的阶来有效地选择$\int_a^{+\infty} \frac{1}{x^p} \mathrm{d}x$中的$p$值,从而简便地判定$\int_a^{+\infty} |f(x)| \mathrm{d}x$的敛散性(注意到:如果$\int_a^{+\infty} |f(x)| \mathrm{d}x$收敛,则$\int_a^{+\infty} f(x) \mathrm{d}x$收敛).

例3 研究广义积分 $\int_4^{+\infty} (\sqrt{x+3} + \sqrt{x-3} - 2\sqrt{x}) \mathrm{d}x$ 的敛散性.

解 因为

$$(1+x)^{\alpha} = 1 + \alpha x + \frac{\alpha(\alpha-1)}{2!} x^2 + o(x^2)$$

$$\begin{aligned}|f(x)| &= |\sqrt{x+3} + \sqrt{x-3} - 2\sqrt{x}| \\ &= \sqrt{x}\left|(1+\frac{3}{x})^{\frac{1}{2}} + (1-\frac{3}{x})^{\frac{1}{2}} - 2\right| \\ &= \sqrt{x}\left|\left(1 + \frac{3}{2} \cdot \frac{1}{x} - \frac{9}{8} \cdot \frac{1}{x^2} + o(\frac{1}{x^2})\right) + \right.\end{aligned}$$

Taylor 公式

$$\left(1-\frac{3}{2}\cdot\frac{1}{x}-\frac{9}{8}\cdot\frac{1}{x^{2}}+o\left(\frac{1}{x^{2}}\right)\right)-2\,\Bigg|$$

$$=\left|-\frac{9}{4}\cdot\frac{1}{x^{3/2}}+o\left(\frac{1}{x^{3/2}}\right)\right|$$

所以

$$\lim_{x\to+\infty}\frac{|f(x)|}{\dfrac{1}{x^{3/2}}}=\frac{9}{4}$$

即 $|f(x)|\to 0$ 是 $\frac{1}{x}(x\to+\infty)$ 的 $\frac{3}{2}$ 阶，而 $\int_{4}^{+\infty}\frac{1}{x^{3/2}}\mathrm{d}x$ 收敛，故 $\int_{4}^{+\infty}|f(x)|\mathrm{d}x$ 收敛，从而 $\int_{4}^{+\infty}(\sqrt{x+3}+\sqrt{x-3}-2\sqrt{x})\mathrm{d}x$ 收敛.

例 4 广义积分 $\int_{0}^{1}\frac{x\sin x}{\arctan x-x}\mathrm{d}x$ 是否收敛？

解 因为

$$\sin x=x-\frac{1}{3!}x^{3}+o(x^{4})$$

$$f(x)=\frac{\sin x}{\arctan x-x}$$

$$=\frac{x\left(x-\frac{1}{3!}x^{3}+o(x^{4})\right)}{\left(x-\frac{1}{3}x^{3}+\frac{1}{5}x^{5}+o(x^{6})\right)-x}$$

$$=\left(1-\frac{1}{3}x^{2}+o(x^{2})\right)\cdot\left(-\frac{3}{x}\right)\left(1+o(x^{2})\right)$$

$$=-\frac{3}{x}+o(x^{2})$$

由于$\lim\limits_{x\to0^+}\dfrac{f(x)}{-\dfrac{3}{x}}=1$,故$f(x)$是$\dfrac{1}{x}(x\to0^+)$的一阶无穷大量,而$\displaystyle\int_0^1\frac{1}{x}\mathrm{d}x$发散,故$\displaystyle\int_0^1\frac{x\sin x}{\arctan x-x}\mathrm{d}x$也发散.

泰勒公式的行列式表示与应用[①]

第四十二章

函数的泰勒公式在数值计算中占有很重要的地位,华北电力大学计算科学与信息系的王贵保教授2003年借助于罗尔定理及函数的泰勒多项式的行列式表示,给出两个函数之间的泰勒公式的关系,借助于这种关系给出其应用.

定理1 令

$$D_n(x)=\begin{vmatrix} x^n & x^{n-1} & x^{n-2} & \cdots & x^2 & x & 1 \\ x_0^n & x_0^{n-1} & x_0^{n-2} & \cdots & x_0^2 & x_0 & 1 \\ nx_0^{n-1} & (n-1)x_0^{n-2} & (n-2)x_0^{n-3} & \cdots & 2x_0 & 1 & 0 \\ \vdots & \vdots & \vdots & & 0 & 0 & 0 \\ n! & (n-2)! & 0 & \cdots & 0 & 0 & 0 \end{vmatrix}$$

则有

$$D_n(x)=(-1)^{\frac{n(n-1)}{2}}1!\ 2!\ 3!\ \cdot\cdots\cdot(n-1)!\ (x-x_0)^n$$

① 本章摘自《张家口师专学报》,2003年,第19卷,第3期.

证 由

$$D_n(x_0)=D'_n(x_0)=D''_n(x_0)=\cdots=D_n^{(n-1)}(x_0)=0$$

可得

$$D_n(x)=A(x-x_0)^n$$

其中 A 为 x^n 的代数余子式，即

$$A=(-1)^{\frac{n(n-1)}{2}}1!\ 2!\ 3!\ \cdots(n-1)!$$

于是

$$D_n(x)=(-1)^{\frac{n(n-1)}{2}}1!\ 2!\ 3!\ \cdots(n-1)!\ (x-x_0)^n$$

定理 2 设函数 $f(x)$ 在 x_0 的某一邻域内有定义，在 x_0 处有 n 阶导数，则有

$$P_n(f,x,x_0)=f(x_0)+\frac{f'(x_0)}{1!}(x-x_0)+\frac{f''(x_0)}{2!}(x-x_0)^2+\cdots+\frac{f^{(n)}(x_0)}{n!}(x-x_0)^n=$$

$$\frac{(-1)^{\frac{(n-1)(n-2)}{2}}}{1!\ 2!\ \cdots n!}\cdot\begin{vmatrix}0 & x^n & x^{n-1} & \cdots & x^2 & x & 1\\ f(x_0) & x_0^n & x_0^{n-1} & \cdots & x_0^2 & x_0 & 1\\ f'(x_0) & nx_0^{n-1} & (n-1)x_0^{n-2} & \cdots & 2x_0 & 1 & 0\\ f''(x_0) & n(n-1)x_0^{n-2} & (n-1)(n-2)x_0^{n-3} & \cdots & 2! & 0 & 0\\ \vdots & \vdots & \vdots & & \vdots & \vdots & \vdots\\ f^{(n)}(x_0) & n! & 0 & \cdots & 0 & 0 & 0\end{vmatrix}$$

证 对 n 作归纳法，当 $n=1$ 时

$$P_1(f,x,x_0)=f(x_0)+\frac{f'(x_0)}{1!}(x-x_0)$$

$$=-f(x_0)\begin{vmatrix} x & 1 \\ 1 & 0 \end{vmatrix}+f'(x_0)\begin{vmatrix} x & 1 \\ x_0 & 1 \end{vmatrix}$$

$$=\frac{1}{1!}\begin{vmatrix} 0 & x & 1 \\ f(x_0) & x_0 & 1 \\ f'(x_0) & 1! & 0 \end{vmatrix}$$

设结论对 n 成立，令

$H_n(x)=$

$$\begin{vmatrix} 0 & x^n & x^{n-1} & x^{n-2} & \cdots & x^2 & x & 1 \\ f(x_0) & x_0^n & x_0^{n-1} & x_0^{n-2} & \cdots & x_0^2 & x_0 & 1 \\ f'(x_0) & nx_0^{n-1} & (n-1)x_0^{n-2} & (n-2)x_0^{n-3} & \cdots & 2x_0 & 1 & 0 \\ f''(x_0) & n(n-1)x_0^{n-2} & (n-1)(n-2)x_0^{n-3} & (n-2)(n-3)x_0^{n-4} & \cdots & 2! & 0 & 0 \\ \vdots & \vdots & \vdots & \vdots & & \vdots & \vdots & \vdots \\ f^{(n)}(x_0) & n! & 0 & 0 & \cdots & 0 & 0 & 0 \end{vmatrix}$$

即有

$$P_n(f,x,x_0)=\frac{(-1)^{\frac{(n-1)(n-2)}{2}}}{1!\ 2!\ \cdots n!}H_n(x)$$

把 $H_{n+1}(x)$ 按最后一行展开，由定理 1，有

$$\frac{(-1)^{\frac{n(n-1)}{2}}}{1!\ 2!\ \cdots n!\ (n+1)!}H_{n+1}(x)=\frac{(-1)^{\frac{n(n-1)}{2}}}{1!\ 2!\ 3!\ \cdots n!\ (n+1)!}\cdot$$

$$[(-1)^{n+4}f^{(n+1)}(x_0)D_{n+1}(x)+$$

$$(-1)^{n+5}(n+1)!\ H_n(x)]=$$

$$(-1)^{[\frac{n(n-1)}{2}+(n+4)+\frac{n(n+1)}{2}]}\frac{f^{(n+1)}(x_0)}{(n+1)!}(x-x_0)^{n+1}+$$

$$\frac{(-1)^{\frac{n(n-1)}{2}}(-1)^{n+5}}{1!\ 2!\ 3!\ \cdots n!}H_n(x)=$$

$$P_n(f,x,x_0)+\frac{f^{(n+1)}(x_0)}{(n+1)!}(x-x_0)^{n+1}=P_{n+1}(f,x,x_0)$$

由归纳法知结论成立.

定理3 若函数$f(x)$在x_0的某一邻域内有$n+1$阶导数,则

$$f(x)-P_n(f,x,x_0)=\frac{(-1)^{\frac{n(n+1)}{2}}}{1!\ 2!\ 3!\ \cdots n!}\cdot$$

$$\begin{vmatrix} f(x) & x^n & x^{n-1} & \cdots & x & 1 \\ f(x_0) & x_0^n & x_0^{n-1} & \cdots & x_0 & 1 \\ f'(x_0) & nx_0^{n-1} & (n-1)x_0^{n-2} & \cdots & 1 & 0 \\ f''(x_0) & n(n-1)x_0^{n-2} & (n-1)(n-2)x^{n-3} & \cdots & 0 & 0 \\ \vdots & \vdots & \vdots & & \vdots & \vdots \\ f^{(n)}(x_0) & n! & 0 & \cdots & 0 & 0 \end{vmatrix}$$

证 只须把上式等号右边的行列式的第一列写成

$$(f(x)+0,0+f(x_0),0+f'(x_0),0+f''(x_0),\\ 0+f'''(x_0),\cdots,0+f^{(n)}(x_0))^{\mathrm{T}}$$

的形式,再利用行列式的性质即可.

由定理3,令

$$F(f,n,x,x_0)=f(x)-P_n(f,x,x_0)$$

由行列式的性质可行.

推论1 $F(f,n,x_0,x_0)=F'(f,n,x_0,x_0)=F''(f,n,x_0,x_0)=\cdots=F^{(n)}(f,n,x_0,x_0)=0,F^{(n+1)}(f,n,x,x_0)=f^{(n+1)}(x)$.

定理4 设$f(x)$,$g(x)$在x_0的某一邻域内有直到$n+1$阶导数,且当$x\neq x_0$时,$F(g,n,x,x_0)$的1阶到n阶导数不为零,$g^{(n+1)}(x)\neq 0$,则在x_0的该邻域内有ζ,使得

$$\frac{F(f,n,x,x_0)}{F(g,n,x,x_0)}=\frac{f(x)-P_n(f,x,x_0)}{g(x)-P_n(g,x,x_0)}=\frac{f^{(n+1)}(\zeta)}{g^{(n+1)}(\zeta)}$$

证 为了方便起见,令

$$F(x)=F(f,n,x,x_0),G(x)=F(g,n,x,x_0)$$

由推论1可得

$$F(x_0)=F'(x_0)=F''(x_0)=\cdots=F^{(n)}(x_0)=0$$

$$G(x_0)=G'(x_0)=G''(x_0)=\cdots=G^{(n)}(x_0)=0$$

令

$$H(\eta)=F(\eta)-\frac{F(x)-F(x_0)}{G(x)-G(x_0)}[G(\eta)-G(x_0)]$$

有

$$H(x)=H(x_0)=F(x_0)=0$$

由罗尔定理,x与x_0之间有x_1,使得

$$\frac{F(x)}{G(x)}=\frac{F(x)-F(x_0)}{G(x)-G(x_0)}=\frac{F'(x_1)}{G'(x_1)}$$

令

$$H_1(\eta)=F'(\eta)-\frac{F'(x_1)-F'(x_0)}{G'(x_1)-G'(x_0)}[G'(\eta)-G'(x_0)]$$

有

$$H_1(x_1)=H_1(x_0)=F'(x_0)=0$$

于是在x_1与x_0之间有x_2,使得

$$\frac{F(x)}{G(x)}=\frac{F'(x_1)}{G'(x_1)}=\frac{F'(x_1)-F'(x_0)}{G'(x_1)-G'(x_0)}=\frac{F''(x_2)}{G''(x_2)}$$

令

$$H_2(\eta)=F''(\eta)-\frac{F''(x_2)-F''(x_0)}{G''(x_2)-G''(x_0)}[G''(\eta)-G''(x_0)]$$

有 $$H_2(x_2)=H_2(x_0)=F''(x_0)=0$$

于是在 x_2 与 x_0 之间有 x_3，使得

$$\frac{F(x)}{G(x)}=\frac{F'(x_1)}{G'(x_1)}=\frac{F''(x_2)}{G''(x_2)}=\frac{F''(x_2)-F''(x_0)}{G''(x_2)-G''(x_0)}$$

$$=\frac{F'''(x_3)}{G'''(x_3)}\cdots$$

一般的，由罗尔定理，在 x_{n-1} 与 x_0 之间有 x_n，使得

$$\frac{F(x)}{G(x)}=\frac{F'(x_1)}{G'(x_1)}=\frac{F''(x_2)}{G''(x_2)}=\cdots=\frac{F^{(n-1)}(x_{n-1})}{G^{(n-1)}(x_{n-1})}$$

$$=\frac{F^{(n-1)}(x_{n-1})-F^{(n-1)}(x_0)}{G^{(n-1)}(x_{n-1})-G^{(n-1)}(x_0)}=\frac{F^{(n)}(x_n)}{G^{(n)}(x_n)}$$

令

$$H_n(\eta)=F^{(n)}(\eta)-\frac{F^{(n)}(x_n)-F^{(n)}(x_0)}{G^{(n)}(x_n)-G^{(n)}(x_0)}\cdot$$

$$[G^{(n)}(\eta)-G^{(n)}(x_0)]$$

则在 x_n 与 x_0 之间有 ζ，使得

$$\frac{F(x)}{G(x)}=\frac{F'(x_1)}{G'(x_1)}=\frac{F''(x_2)}{G''(x_2)}=\cdots=\frac{F^{(n)}(x_n)}{G^{(n)}(x_n)}$$

$$=\frac{F^{(n+1)}(\zeta)}{G^{(n+1)}(\zeta)}=\frac{f^{(n+1)}(\zeta)}{g^{(n+1)}(\zeta)}$$

即

$$\frac{F(f,n,x,x_0)}{F(g,n,x,x_0)}=\frac{f(x)-P_n(f,x,x_0)}{g(x)-P_n(g,x,x_0)}=\frac{f^{(n+1)}(\zeta)}{g^{(n+1)}(\zeta)}$$

该定理建立了两个函数泰勒公式之间的关系.

推论 2 取 $g(x)=(x-x_0)^{n+1}$,可得 $f(x)$ 的带有拉格朗日型余项的泰勒公式

$$f(x)=P_n(f,x,x_0)+\frac{f^{(n+1)}(\zeta)}{(n+1)!}(x-x_0)^{n+1}$$

推论 3 取 $n=0$,可得柯西中值定理

$$\frac{f(x)-f(x_0)}{g(x)-g(x_0)}=\frac{f'(\zeta)}{g'(\zeta)}$$

推论 4 取 $n=0,g(x)=x$,可得拉格朗日中值定理.

推论 5 若 $f^{(i)}(x_0)=0,g^{(i)}(x_0)=0,i=0,1,2,\cdots,n$,则有

$$\lim_{x\to x_0}\frac{f(x)}{g(x)}=\lim_{x\to x_0}\frac{f^{(n+1)}(x)}{g^{(n+1)}(x)}$$

当 $n=0$ 时,为洛必达法则.

推论 6 取 $f(x)=\int_{x_0}^{x}h(x)\mathrm{d}x,g(x)=x,n=0$,可得积分中值定理

$$\int_{x_0}^{x}h(x)\mathrm{d}x=h(\zeta)(x-x_0)$$

第四十三章 泰勒公式在判定二元函数极限存在性中的应用[1]

南华大学数理学院的陈明教授2004年探索了利用泰勒公式对无穷小量的阶进行估计,从而有效地判断出二元函数极限的存在性.

一、引言

泰勒公式是微分学中的一个重要内容,其在函数的近似计算、误差估计、级数求和等方面的应用,一般教材中都有比较详细的介绍,而在判定二元函数的极限的存在性方面的应用却很少提起,它在这方面确实起着不可替代的作用.

① 本章摘自《数学理论与应用》,2004年,第24卷,第4期.

二、在判定二元函数极限存在性方面的应用

1. 在判别二元函数极限存在中所遇到的困难

在二元函数极限理论中：

（1）要判定一个二元函数的极限存在，其方法：$\forall X>0, \forall W>0$，当 $0<\sqrt{(x-x_0)^2+(y-y_0)^2}<W$ 时，恒有 $|f(x,y)-A|<X$.

（2）要判定二元函数 $f(x,y)$ 极限的不存在性，往往采用下述两种方法：

①构造趋于 $P_0(x_0,y_0)$ 的点列 $P_n(x_n,y_n)\in D$，使得 $\lim\limits_{n\to\infty} f(P_n)=\infty$，或构造趋于 P_0 的两个点列 $P_n(x_n, y_n)$ 及 $Q_n(x'_n,y'_n)$，使得 $\lim\limits_{n\to\infty} f(P_n)\neq\lim\limits_{n\to\infty} f(Q_n)$.

②构造通过点 $P_0(x_0,y_0)$ 的连续曲线 $L\subset D$，使得 $\lim\limits_{\substack{P(x,y)\to P_0\\ 沿L}} f(P_n)=\infty$ 或者构造通过点 P_0 的两条连续曲线 L_1 与 L_2，使得

$$\lim_{\substack{P(x,y)\to P_0\\ 沿L_1}} f(P_n)\neq\lim_{\substack{P(x,y)\to P_0\\ 沿L_2}} f(P_n)$$

在实际应用中最棘手的问题：怎样寻找这样的点列 L 或两条不同路径的曲线 L_1 与 L_2，使其符合上面的条件. 对于较简易的函数 $f(x,y)$ 在 $(0,0)$ 处的极限不存在性问题，常常用下法来解决.

①取 $y=kx$，求出 $x\to0, y\to0$ 时的极限；

②取 $y=kx^n$，求出 $x\to0, y\to0$ 时的极限；

③令 $x=r\cos\theta, y=r\sin\theta(0\leqslant r<+\infty)$，求出 $r\to0$ 时的极限等，再从求出的极限值与 k 或 θ 有关来得出这个二元函数的极限不存在，但以上各法均不能作为

解决这类问题的通用方法.

2. 解决办法

利用泰勒公式研究函数无穷小量的阶,则可顺利地解决这类问题. 下面举例说明具体做法. 先给出$P(x,y)\to P_0(x_0,y_0)$点的泰勒展开式

$$y=g(x_0)+g'(x_0)(x-x_0)+\frac{g''(x_0)}{2!}(x-x_0)^2+\cdots+\frac{g^{(n)}(x_0)}{n!}(x-x_0)^n+o((x-x_0)^n)$$
$$=a_0+a_1(x-x_0)+a_2(x-x_0)^2+\cdots+a_n(x-x_0)^n+o((x-x_0)^n)$$

特殊的,在点(0,0)处的泰勒展开式为

$$y=g(x)=g(0)+g'(0)x+\frac{g''(0)}{2!}x^2+\cdots+\frac{g^{(n)}(0)}{n!}x^n+o(x^n)$$
$$=a_1x+a_2x^2+\cdots+a_nx^n+o(x^n)$$

这里$g(0)=0$.

例1 求函数极限$\lim\limits_{\substack{x\to0\\y\to0}}\frac{x^3y+xy^4+x^2y}{x+y}$.

解 由

$$\lim_{\substack{x\to0\\y\to0}}\frac{x^3y+xy^4+x^2y}{x+y}=\lim_{x\to0}\frac{0}{x+0}=0$$

又

$$\lim_{\substack{x\to0\\y\to0}}\frac{x^3y+xy^4+x^2y}{x+y}$$
$$=\lim_{\substack{x\to0\\y=g(x)\to0}}\frac{x^3[a_1x+a_2x^2+o(x^2)]}{x+[a_1x+a_2x^2+o(x^2)]}+$$

$$\frac{x[a_1x+a_2x^2+o(x^2)]^4+x^2[a_1x+a_2x^2+o(x^2)]}{x+[a_1x+a_2x^2+o(x^2)]}$$

$$=\lim_{x\to 0}\frac{x^2[a_1x+a_2x^2+o(x^2)]+a_1^4x^4+o(x^4)+a_1x^2+a_2x^3+o(x^3)}{1+a_1+a_2x+a_3x^2+o(x^2)}$$

$$=\lim_{x\to 0}\frac{a_1x^2+(a_1+a_2)x^3+o(x^3)}{1+a_1+a_2x+a_3x^2+o(x^2)}$$

显然，当 $a_1=-1,a_2=0,a_3\neq 0$ 时

$$\lim_{\substack{x\to 0\\ y\to 0}}\frac{x^3y+xy^4+x^2y}{x+y}=-\frac{1}{a_3}\neq 0$$

故所求极限不存在.

特殊的，取 $a_1=-1,a_2=0,a_3=1$ 就是函数

$$y=-x+x^3$$

推得

$$\lim_{\substack{x\to 0\\ y\to 0}}\frac{x^3y+xy^4+x^2y}{x+y}=-1$$

故所求极限不存在.

这种方法适用于 $f(x,y)$ 为有理式的情况. 当 $f(x,y)$ 为其他形式时，可通过简单变形后再应用.

例 2 求 $f(x)=\begin{cases}\dfrac{(e^{2x}-1)\arctan(x^2+y^2)}{x^3y+xy^2}, & x\neq 0\\ 0, x=0\end{cases}$ 在点 $(0,0)$ 处的极限.

解 因

$$\lim_{\substack{x\to 0\\ y\to 0}}f(x)=0$$

$$\lim_{\substack{x\to 0\\ y\to 0}}f(x,y)$$

$$=\lim_{\substack{x\to 0\\ y\to 0}}\frac{[2x+4x^2+o(x^2)][x^2+y^2+o(x^2+y^2)]}{xy(x^2+y^2)}$$

$$=\lim_{\substack{x\to 0\\ y=g(x)\to 0}}\frac{[2x+4x^2+o(x^2)]\cdot\{x^2+[a_1x+a_2x^2+o(x^2)]^2+o(x^2)\}}{x[a_1x+a_2x^2+o(x^2)][x^2+a_1x+a_2x^2+o(x^2)]}$$

$$=\lim_{x\to 0}\frac{2[1+(a_1)^2]x^3+o(x^3)}{(a_1)^2x^3+o(x^3)}$$

$$=\frac{2[1+(a_1)^2]}{(a_1)^2}$$

故函数$f(x,y)$在点$(0,0)$处极限不存在.

泰勒公式的应用例举[1]

第四十四章

通常，当问题涉及二阶及二阶以上的导数时，可考虑用泰勒公式，这里关键在于选取函数 $f(x)$ 展开的阶次以及余项形式. 黄石理工学院的王三宝教授 2005 年列举了几例.

一、求极限

例 1 求极限 $\lim\limits_{x\to0}\dfrac{\cos x-\mathrm{e}^{\frac{-x^2}{2}}}{\sin^4 x}$.

解 因为分母的次数为 4，所以只要把 $\cos x,\mathrm{e}^{\frac{-x^2}{2}}$ 展开到 x 的 4 次幂即可

$$\cos x=1-\frac{1}{2!}x^2+\frac{1}{4!}x^4+o(x^4)$$

$$\mathrm{e}^{\frac{-x^2}{2}}=1-\frac{x^2}{2}+\frac{1}{2!}\left(-\frac{x^2}{2}\right)^2+o(x^4)$$

① 本章摘自《高等函授学报(自然科学版)》，2005 年，第 19 卷，第 3 期.

故

$$\lim_{x\to0}\frac{\cos x-e^{\frac{-x^2}{2}}}{\sin^4 x}$$

$$=\lim_{x\to0}\frac{\left(\frac{1}{4!}-\frac{1}{8}\right)x^4+o(x^4)}{x^4}=-\frac{1}{12}$$

二、判断敛散性

例2 设$f(x)$在点$x=0$的某一邻域内具有二阶连续导数,且$\lim\limits_{x\to0}\frac{f(x)}{x}=0$,证明级数$\sum\limits_{n=1}^{\infty}f(\frac{1}{n})$绝对收敛.

证 由$\lim\limits_{x\to0}\frac{f(x)}{x}=0$,又$f(x)$在$x=0$的邻域内具有二阶连续导数,可推出$f(0)=0,f'(0)=0$,将$f(x)$在$x=0$的邻域内展开成一阶泰勒公式

$$f(x)=f(0)+f'(0)x+\frac{1}{2!}f''(\zeta)x^2$$

$$=\frac{1}{2}f''(\zeta)x^2 \quad (1)$$

其中ζ在0与x之间.

又由题设,$f''(x)$在邻域内包含原点的一个小闭区间上连续,因此,$\exists M>0$,使得$|f''(x)|\leqslant M$,于是

$$|f(x)|=\left|\frac{1}{2}f''(\zeta)x^2\right|\leqslant\frac{M}{2}x^2$$

令

$$x=\frac{1}{n}$$

则

$$\left|f(\frac{1}{n})\right|\leqslant\frac{M}{2}\cdot\frac{1}{n^2}$$

因为 $\sum_{n=1}^{\infty}\frac{1}{n^2}$收敛,所以 $\sum_{n=1}^{\infty}f(\frac{1}{n})$绝对收敛.

三、确定无穷小的阶与表达式中的常数

例 3 已知:当 $x\to0$ 时,$e^x-\frac{1+ax}{1+bx}$相对于 x 是三阶无穷小,求 a,b 的值.

解 函数 e^x 与$\frac{1}{1+bx}$的三阶麦克劳林展开式为

$$e^x=1+x+\frac{x^2}{2!}+\frac{x^3}{3!}+o(x^3)$$

$$\frac{1}{1+bx}=1-bx+b^2x^2-b^3x^3+o(x^3)$$

$$\begin{aligned}e^x-\frac{1+ax}{1+bx}&=e^x-\frac{1}{1+bx}-\frac{ax}{1+bx}\\&=1+x+\frac{x^2}{2!}+\frac{x^3}{3!}-\\&\quad(1-bx+b^2x^2-b^3x^3)-\\&\quad(ax-abx^2+ab^2x^3)+o(x^3)\end{aligned}$$

由题意

$$1+b-a=0,\frac{1}{2}-b^2+ab=0$$

则 $a=\frac{1}{2},b=-\frac{1}{2}$.

例 4 已知:当 $x\to0$ 时,$3x-4\sin x+\sin x\cdot\cos x$ 与 x^n 为同阶无穷小,则 n 为何值?

解 由

$3x-4\sin x+\sin x\cdot\cos x$

$=3x-4\left(x-\frac{x^3}{3!}+\frac{x^5}{5!}+o(x^5)\right)+\frac{1}{2}\left(2x-\frac{(2x)^3}{3!}+\right.$

$$\frac{(2x)^5}{5!}) + o(x^5)$$

$$= 3x - 4x + \frac{4}{6}x^3 - \frac{x^5}{30} + x - \frac{4}{6}x^3 + \frac{16}{120}x^5 + o(x^5)$$

$$= \frac{1}{10}x^5 + o(x^5)$$

故 $n = 5$.

四、不等式证明

例 5 设 $f(x)$ 在 $[a,b]$ 上单调递增，且 $f''(x) > 0$，证明

$$(b-a)f(a) < \int_a^b f(x)\,\mathrm{d}x < (b-a)\frac{f(a)+f(b)}{2}$$

证 先证

$$(b-a)f(a) < \int_a^b f(x)\,\mathrm{d}x \tag{2}$$

由题设，对 $\forall x \in [a,b]$，当 $x > a$ 时

$$f(x) > f(a)$$

故

$$\int_a^b f(x)\,\mathrm{d}x > (b-a)f(a) \tag{3}$$

再证右边的不等式.

对 $\forall t \in [a,b]$，$f(x)$ 在点 x 处的泰勒展开式为

$$f(t) = f(x) + f'(x)(t-x) + \frac{1}{2!}f''(\zeta)(t-x)^2$$

其中 ζ 在 t 和 x 之间.

因为 $f''(\zeta) > 0$，所以

$$f(t) > f(x) + f'(x)(t-x) \tag{4}$$

将 $t = b, t = a$ 分别代入式(4)并相加得

$$f(b)+f(a)>2f(x)+(a+b)f'(x)-2xf'(x) \quad (5)$$

将式(5)的两边在$[a,b]$上积分,则

$$[f(b)+f(a)](b-a)>2\int_a^b f(x)\mathrm{d}x+$$

$$(a+b)\int_a^b f'(x)\mathrm{d}x-2\int_a^b xf'(x)\mathrm{d}x$$

则

$$[f(b)+f(a)](b-a)>2\int_a^b f(x)\mathrm{d}x$$

故

$$\int_a^b f(x)\mathrm{d}x<\frac{f(a)+f(b)}{2}(b-a) \qquad (6)$$

由式(3)和(6)知:不等式

$$(b-a)f(a)<\int_a^b f(x)\mathrm{d}x<(b-a)\frac{f(a)+f(b)}{2}$$

成立.

五、存在性证明

例6 若$f(x)$在$[0,1]$上有三阶导数,且$f(0)=f(1)=0$,$F(x)=x^3f(x)$,试证:在$(0,1)$内至少存在一个ζ使得$F'''(\zeta)=0$.

证 $F(x)$在$x=0$处的二阶泰勒展开式为

$$F(x)=F(0)+F'(0)x+\frac{1}{2!}F''(0)x^2+\frac{1}{3!}F'''(\zeta)x^3$$

因为

$$F'(x)=3x^2f(x)+x^3f'(x)$$
$$F''(x)=6xf(x)+6x^2f'(x)+x^3f''(x)$$

所以

$$F(0)=F'(0)=F''(0)=0$$

于是

$$F(x)=\frac{1}{3!}F'''(\zeta)x^3$$

又 $F(1)=f(1)=0$,所以$\frac{1}{3!}F'''(\zeta)=0$.

故 $F'''(\zeta)=0$.

六、确定函数的次数

例 7 $f(x)$在$(-\infty,+\infty)$内有连续的三阶导数,且满足方程

$$f(x+h)=f(x)+hf'(x+\theta h)$$
$$(0<\theta<1,\theta\text{ 与 }h\text{ 无关})\tag{7}$$

试证:$f(x)$是一次或二次函数.

证 问题在于证明:$f''(x)=0$ 或 $f'''(x)=0$. 为此将式(7)对 h 求导,注意 θ 与 h 无关,因为

$$f'(x+h)=f'(x+\theta h)+\theta hf''(x+\theta h)\tag{8}$$

从而

$$\frac{f'(x+h)-f'(x)+f'(x)-f'(x+\theta h)}{h}=\theta f''(x+\theta h)$$

令 $h\to0$,取极限,得

$$f''(x)-\theta f''(x)=\theta f''(x),f''(x)=2\theta f''(x)$$

当 $\theta\neq\frac{1}{2}$时,则 $f''(x)\equiv0$. $f(x)$为一次函数,若 $\theta=\frac{1}{2}$,由式(8)给出

$$f'(x+h)=f'\left(x+\frac{1}{2}h\right)+\frac{1}{2}hf''\left(x+\frac{1}{2}h\right)$$

此式两端同时对 h 求导,减去 $f''(x)$,除以 h. 然后令 $h\to0$ 取极限,即得 $f'''(x)=0$,故此时 $f(x)$为二次函数.

七、估值

例 8 设$f(x)$在$[0,1]$上有二阶导数，当$0\leqslant x\leqslant 1$时，$|f(x)|\leqslant 1$，$|f''(x)|<2$，试证：当$0\leqslant x\leqslant 1$时，$|f''(x)|\leqslant 3$.

证 由已知条件和泰勒公式，我们有

$$f(1)=f(x)+f'(x)(1-x)+\frac{1}{2}f''(\zeta)(1-x)^2$$

$$f(0)=f(x)+f'(x)(-x)+\frac{1}{2}f''(\eta)(-x)^2$$

从而有

$$f(1)-f(0)=f'(x)+\frac{1}{2}f''(\zeta)(1-x)^2-\frac{1}{2}f''(\eta)x^2$$

$$\begin{aligned}|f'(x)|&\leqslant|f(1)|+|f(0)|+\frac{1}{2}|f''(\zeta)|(1+x^2)+\\&\quad\frac{1}{2}|f''(\eta)|x^2\\&\leqslant 2+(1-x)^2+x^2\\&\leqslant 3\end{aligned}$$

八、计算积分

例 9 设$U(X)=u(x,y,z)$在点$X_0=(x_0,y_0,z_0)$附近有连续二阶偏导数，以$m(R)$表示$u(X)$在以X_0为心，R为半径的球面S'上的均值

$$m(R)=\frac{1}{4\pi R^2}\iint\limits_{S'}u(x,y,z)\,\mathrm{d}S$$

证明

$$\lim_{R\to 0^+}\frac{1}{R^2}[m(R)-u(X_0)]$$

$$= \frac{1}{6}[u''_{xx}(X_0) + u''_{yy}(X_0) + u''_{zz}(X_0)]$$

证 由题设条件,存在$\delta > 0$,当$|| X - X_0 || < \delta$时,u的二阶偏导数连续,于是由泰勒公式,当$|| X - X_0 || < \delta$时

$$u(X) = u(X_0) + [(x - x_0)\frac{\partial}{\partial x} + (y - y_0)\frac{\partial}{\partial y} + (z - z_0)\frac{\partial}{\partial z}]u(X_0) + \frac{1}{2}[(x - x_0)\frac{\partial}{\partial x} + (\partial - \partial_0)\frac{\partial}{\partial y} + (z - z_0)\frac{\partial}{\partial z}]$$

$$u[X_0 + O(X - X_0)] = u(X_0) + [(x - x_0)\frac{\partial}{\partial x} + (y - y_0)\frac{\partial}{\partial y} + (z - z_0)\frac{\partial}{\partial z}]u(X_0) + \frac{1}{2}[(x - x_0)\frac{\partial}{\partial x} + (y - y_0)\frac{\partial}{\partial y} + (z - z_0)\frac{\partial}{\partial z}]^2 u(X_0) + \varepsilon(X)$$

并且易证

$$\begin{aligned}\varepsilon(X) &= O((x - x_0)^2 + (y - y_0)^2 + (z - z_0)^2) \\ &= O(|| X - X_0 ||)^2\end{aligned}$$

又容易看出

$$\iint_{S'}(x - x_0)\mathrm{d}S = \iint_{S'}(y - y_0)\mathrm{d}S = \iint_{S'}(z - z_0)\mathrm{d}S = 0$$

$$\begin{aligned}&\iint_{S'}(x - x_0)(y - y_0)\mathrm{d}S \\ = &\iint_{S'}(y - y_0)(z - z_0)\mathrm{d}S\end{aligned}$$

$$= \iint_{S'} (z - z_0)(x - x_0) \mathrm{d}S$$
$$= 0$$

$$\iint_{S'} (x - x_0)^2 \mathrm{d}S = \iint_{S'} (y - y_0)^2 \mathrm{d}S$$
$$= \iint_{S'} (z - z_0)^2 \mathrm{d}S$$
$$= \frac{1}{3} \iint_{S'} [(x - x_0)^2 + (y - y_0)^2 + (z - z_0)^2] \mathrm{d}S$$
$$= \frac{R^2}{3} 4\pi R^2$$

由此可见

$$m(R) - u(X_0)$$
$$= \frac{1}{4\pi R^2} \iint_{S'} [u(X) - u(X_0)] \mathrm{d}S$$
$$= \frac{R^2}{6} [u''_{xx}(X_0) + u''_{yy}(X_0) + u''_{zz}(X_0)] + o(R^2)$$

命题获证.

此外,泰勒公式还广泛应用于凸函数的研究以及多元函数求极限等相关问题,这里就不一一列举了.

泰勒公式在 n 阶行列式计算中的应用①

第四十五章

一、引言

泰勒公式是高等数学中一个重要内容,在代数中,有关利用代数知识计算行列式的方法很多,但应用微分学的方法来计算行列式却很少提起,然而应用泰勒公式求解行列式确实有效,用泰勒公式求解如下行列式

$$D_n=\begin{vmatrix} x & b & b & \cdots & b \\ c & x & b & \cdots & b \\ c & c & x & \cdots & b \\ \vdots & \vdots & \vdots & & \vdots \\ c & c & c & \cdots & x \end{vmatrix}$$

① 本章摘自《内江师范学院学报》,2008 年,第 23 卷.

的一种方法.

内江师范学院数学与信息科学学院的刘瑜、陈美燕、于超、冯涛等四位教授2008年利用欧伯群在文章“泰勒公式巧解行列式”和齐成辉在文章“泰勒公式的应用”中的方法,并根据所求行列式的特点构造相应的行列式函数,从而求出了一类行列式的值,下面先给出泰勒定理.

二、相关定理

$f(x)$满足:

(1)在点 x_0 的某邻域$|x-x_0|<\delta$ 内有定义;

(2)在此邻域内有一直到 $n-1$ 阶连续导数$f'(x)$, $f''(x),\cdots,f^{(n-1)}(x)$;

(3)在 x_0 处有 n 阶导数$f^{(n)}(x_0)$.

那么,$f(x)$在 x_0 的邻域$|x-x_0|<\delta$ 内有泰勒展开式可表示为

$$f(x)=f(x_0)+f'(x_0)(x-x_0)+\frac{f''(x_0)}{2!}(x-x_0)^2+\cdots+\frac{1}{n!}f^{(n)}(x_0)(x-x_0)^n+o|x-x_0|^n$$

三、求 n 阶行列式的值

通过引入泰勒公式求如下行列式

$$A_n=\begin{vmatrix} b & \cdots & b & b & x \\ b & \cdots & b & x & c \\ b & \cdots & x & c & c \\ \vdots & & \vdots & \vdots & \vdots \\ x & \cdots & c & c & c \end{vmatrix}$$

可以把行列式 A_n 看作 x 的函数(一般是 x 的 n 次多项式),记 $g_n(x)=A_n$,按泰勒公式在 $x=b$ 处展开

$$g_n(x)=g_n(b)+\frac{g'_n(b)}{1!}(x-b)+\frac{g''_n(b)}{2!}(x-b)^2+\cdots+\frac{g_n^{(n-1)}(b)}{(n-1)!}(x-b)^{n-1}+\frac{g_n^{(n)}(b)}{n!}(x-b)^n$$

$$g_n(b)=\begin{vmatrix} b & b & \cdots & b & b & b \\ b & b & \cdots & b & b & c \\ b & b & \cdots & b & c & c \\ \vdots & \vdots & & \vdots & \vdots & \vdots \\ b & b & \cdots & c & c & c \\ b & c & \cdots & c & c & c \end{vmatrix}$$

$$=\begin{vmatrix} 0 & 0 & \cdots & 0 & 0 & b \\ 0 & 0 & \cdots & 0 & b-c & c \\ 0 & 0 & \cdots & b-c & 0 & c \\ \vdots & \vdots & & \vdots & \vdots & \vdots \\ 0 & b-c & \cdots & 0 & 0 & c \\ b-c & 0 & \cdots & 0 & 0 & c \end{vmatrix}$$

$$=(-1)^{\frac{n(n-1)}{2}}b(b-c)^{n-1}$$

根据行列式的求导法则,有

$$g'_n(x)=\begin{vmatrix}0&0&\cdots&0&0&1\\b&b&\cdots&b&x&c\\b&b&\cdots&x&c&c\\\vdots&\vdots&&\vdots&\vdots&\vdots\\b&x&\cdots&c&c&c\\x&c&\cdots&c&c&c\end{vmatrix}+$$

$$\begin{vmatrix}b&b&\cdots&b&b&x\\0&0&\cdots&0&1&0\\b&b&\cdots&x&c&c\\\vdots&\vdots&&\vdots&\vdots&\vdots\\b&x&\cdots&c&c&c\\x&c&\cdots&c&c&c\end{vmatrix}+\cdots+$$

$$\begin{vmatrix}b&b&\cdots&b&b&c\\b&b&\cdots&b&x&c\\b&b&\cdots&x&c&c\\\vdots&\vdots&&\vdots&\vdots&\vdots\\b&x&\cdots&c&c&c\\1&0&\cdots&0&0&0\end{vmatrix}$$

$$=(-1)_{n+1}ng_{n-1}(x)$$

类似的

$$\begin{aligned}g''_n(x)&=(-1)^{n+1}ng'_{n-1}(x)\\&=(-1)^{2n+1}n(n-1)g_{n-2}(x)\end{aligned}$$

$$\begin{aligned}g'''_n(x)&=(-1)^{n+1}ng''_{n-1}(x)\\&=(-1)^{2n+1}n(n-1)g''_{n-2}(x)\\&=(-1)^{3n}n(n-1)(n-2)g_{n-3}(x)\\&\vdots\end{aligned}$$

$$g_n^{(n-1)}(x)=(-1)^{\frac{n^2+3n-4}{2}}n!\ x$$
$$=(-1)^{\frac{n^2+3n-4}{2}}n!\ g_1(x)$$
$$g_n^{(n)}(x)=(-1)^{\frac{n(n+3)}{2}}n!$$

则有

$$g'_n(b)=(-1)^{n+1}ng_{n-1}(b)$$
$$=(-1)^{n+1}n(-1)^{\frac{(n-1)(n-2)}{2}}b(b-c)^{n-2}$$
$$=(-1)^{\frac{n(n-1)}{2}}nb(b-c)^{n-2}$$
$$g''_b=(-1)^{2n+1}n(n-1)g_{n-2}(b)$$
$$=(-1)^{n+1}ng_{n-1}(b)$$
$$=(-1)^{2n+1}n(n-1)(-1)^{\frac{(n-2)(n-3)}{2}}\cdot$$
$$b(b-c)^{n-3}$$
$$=(-1)^{\frac{n(n-1)}{2}}n(n-1)b(b-c)^{n-3}$$
$$\vdots$$
$$g_n^{(n)}(b)=(-1)^{\frac{n(n-1)}{2}}[n(n-1)\cdots 2]b$$
$$g_n^{(n)}(b)=(-1)^{\frac{n(n+3)}{2}}n!\ =(-1)^{\frac{n(n-1)}{2}}n!$$

代入 $g_n(x)$ 在 $x=b$ 处的泰勒展开式

$$g_n(x)=(-1)^{\frac{n(n-1)}{2}}b(b-c)^{n-1}+(-1)^{\frac{n(n-1)}{2}}\frac{nb(b-c)^{n-2}}{1!}$$
$$(x-b)+\left[\frac{n(n-1)b(b-c)^{n-3}}{2!}(x-b)^2\right]\cdot$$
$$(-1)^{\frac{n(n-1)}{2}}+\cdots+\frac{n!}{(n-1)!}b(b-1)^{n-1}\cdot$$
$$(-1)^{\frac{n(n-1)}{2}}+(-1)^{\frac{n(n-1)}{2}}\frac{n!}{n!}(x-b)^n$$
$$=(-1)^{\frac{n(n-1)}{2}}\left[b(b-c)^{n-1}+\frac{nb(b-c)^{n-2}}{1!}(c-b)+\right.$$

$$\frac{n(n-1)b(b-c)^{n-3}}{2!}(x-b)^2+\cdots+(x-b)^n\Bigg]$$

$$=(-1)^{\frac{n(n-1)}{2}}[C_n^0 b(b-c)^{n-1}+C_n^1 b(b-c)^{n-2}\cdot$$
$$(x-b)+C_n^2 b(b-c)^{n-3}(x-b)^2+\cdots+$$
$$C_n^{n-1}(x-b)^{n-1}b+C_n^n(x-b)^n]$$

当 $b=c$ 时,则

$$g_n(x)=\left[0+0+\cdots+\frac{n(n-1)!\ b}{(n-1)!}(x-b)^{n-1}+(x-b)^n\right]\cdot$$
$$(-1)^{\frac{n(n-1)}{2}}$$
$$=(-1)^{\frac{n(n-1)}{2}}(x-b)^{n-1}[x+(n-1)b]$$

当 $b\neq c$ 时,则

$$g_n(x)=(-1)^{\frac{n(n-1)}{2}}\Bigg[\frac{C_n^0 b(b-c)^{n+1}+C_n^1 b(b-c)^{n-2}(x-b)}{b-c}+\cdots+$$
$$\frac{C_n^{n-1}b(b-c)(x-b)^{n-1}C_n^n b(x-b)^n-C_n^n c(x-b)^n}{b-c}\Bigg]$$

$$=(-1)^{\frac{n(n-1)}{2}}\frac{b[C_n^0(b-c)^n+C'_n(b-c)^{n-1}(x-b)}{b-c}+\cdots+$$
$$\frac{C_n^n(x-b)^n]-c(x-b)^n}{b-c}$$

$$=(-1)^{\frac{n(n-1)}{2}}\frac{b(x-b+b-c)^n-c(x-b)^n}{b-c}$$

$$=(-1)^{\frac{n(n-1)}{2}}\frac{b(x-c)^n-c(x-b)^n}{b-c}$$

即

$$A_n=\begin{cases}(-1)^{\frac{n(n-1)}{2}}(x-b)^{n-1}[x+(n-1)b],\text{当 } b=c \text{ 时}\\(-1)^{\frac{n(n-1)}{2}}\dfrac{b(x-c)^n-c(x-b)^n}{b-c},\text{当 } b\neq c \text{ 时}\end{cases}$$

四、推广

若某一行列式行数$f_n(x)$的各阶导数都能化为上述$g_n(x)$的各阶导数的递推形式(其中$f_n(x)$是由行列式的主(次)对角线上元素变成x生成的),均可用此种方法求得.

形如

$$D_1=\begin{vmatrix} x & a & 0 & \cdots & 0 & 0 \\ b & x & a & \cdots & 0 & 0 \\ 0 & b & x & \cdots & 0 & 0 \\ \vdots & \vdots & \vdots & & \vdots & \vdots \\ 0 & 0 & 0 & \cdots & x & a \\ 0 & 0 & 0 & \cdots & b & x \end{vmatrix}$$

$$D_2=\begin{vmatrix} x & a & a & 0 & \cdots & 0 & 0 & 0 \\ b & x & a & a & \cdots & 0 & 0 & 0 \\ b & b & x & a & \cdots & 0 & 0 & 0 \\ 0 & b & b & x & \cdots & 0 & 0 & 0 \\ \vdots & \vdots & \vdots & \vdots & & \vdots & \vdots & \vdots \\ 0 & 0 & 0 & 0 & \cdots & x & a & a \\ 0 & 0 & 0 & 0 & \cdots & b & x & a \\ 0 & 0 & 0 & 0 & \cdots & b & b & x \end{vmatrix}$$

只要行列式函数的各阶导数较易计算,则应用泰勒公式计算行列式就非常便利.

泰勒公式的应用[①]

第四十六章

平顶山工业职业技术学院基础部的李清教授2008年从证明中值公式、证明不等式、计算极限、估计函数值等几个方面来探讨泰勒公式的应用.

一、证明中值公式

例1 设$f(x)$在$[a,b]$上有二阶导数,试证:$\exists c\in(a,b)$使得

$$\int_a^b f(x)\mathrm{d}x=(b-a)f\left(\frac{a+b}{2}\right)+\frac{1}{24}f''(c)(b-a)^3 \quad (1)$$

证 记$x_0=\dfrac{a+b}{2}$,在泰勒展开式

$$f(x)=f(x_0)+f'(x_0)(x-x_0)+\frac{1}{2}f''(\xi)(x-x_0)^2$$

① 本章摘自《科技资讯》,2008年,第34期.

两端同时取$[a,b]$上的积分,注意右端第二项积分为0,第三项的积分由于导数有界值性,第一积分中值定理成立:使得

$$\int_a^b f''(\xi)(x-x_0)^2\mathrm{d}x = f''(c)\int_a^b (x-x_0)^2\mathrm{d}x$$

$$=\frac{1}{12}f''(c)(b-a)^3$$

因此式(1)成立.

二、证明不等式

例2 设$f(x)$有二阶导数

$$f(x)\leqslant\frac{1}{2}[f(x-h)+f(x+h)] \tag{2}$$

试证$f''(x)\geqslant 0$.

证 由

$$f(x\pm h)=f(x)\pm f'(x)h+\frac{1}{2}f''(x)h^2+o(h^2)$$

二式相加,并除以h^2,注意式(2),有

$$f''(x)+o(1)\geqslant 0$$

令$h\to 0$取极限得$f''(x)\geqslant 0$.

三、导数的中值估计

例3 若$f(x)$在$[a,b]$上有二阶导数,$f'(a)=f'(b)=0$. 试证:$\exists\xi\in(a,b)$,使得

$$|f''(\xi)|\geqslant\frac{4}{(b-a)^2}|f(a)-f(b)|$$

证 (采用辅助函数)设

$$f(a)<f(b),c=\frac{a+b}{2}$$

①若$f(c)\geqslant\frac{f(a)+f(b)}{2}$,作辅助函数

$$F(x)=f(x)-\frac{k}{2}(x-a)^2\quad\left(k=4\frac{f(b)-f(a)}{(b-a)^2}\right)$$

(只要证明$\exists\xi\in(a,b)$,使得$F''(x)\geqslant0$即可.)因

$$F'(a)=0$$

$$\begin{aligned}F(c)&=f(c)-\frac{k}{2}\frac{(b-a)^2}{4}\\&\geqslant\frac{f(a)+f(b)}{2}-\frac{f(b)-f(a)}{2}\\&=f(a)\\&=F(a)\end{aligned}$$

所以

$$0\leqslant F(c)-F(a)=\frac{1}{2}F''(\xi)(c-a)^2\quad(\xi\in(a,c))$$

故

$$F''(\xi)\geqslant0$$

即

$$|f''(\xi)|\geqslant f''(\xi)\geqslant k=\frac{4}{(b-a)^2}|f(b)-f(a)|$$

②若$f(c)<\frac{f(a)+f(b)}{2}$,可作

$$F(x)=f(x)+\frac{k}{2}(x-b)^2$$

类似可证.

四、关于界的估计

例4 设$f(x)$在$[0,1]$上二阶可导,$0\leqslant x\leqslant1$时,$|f(x)|\leqslant1$,$|f''(x)|<2$.试证:当$0\leqslant x\leqslant1$时

$$|f'(x)| \leqslant 3$$

证 因为

$$f(1)=f(x)+f'(x)(1-x)+\frac{1}{2}f''(\xi)(1-x)^2$$

$$f(0)=f(x)+f'(x)(-1)+\frac{1}{2}f''(\eta)(-x)^2$$

所以

$$f(1)-f(0)=f'(x)+\frac{1}{2}f''(\xi)(1-x)^2-\frac{1}{2}f''(\eta)x^2$$

$$\begin{aligned}|f'(x)| &\leqslant |f(1)|+|f(0)|+\frac{1}{2}|f''(\xi)|(1-x)^2+\\ &\quad \frac{1}{2}|f''(\eta)|x^2\\ &\leqslant 2+(1-x)^2+x^2\\ &\leqslant 2+1\\ &=3\end{aligned}$$

五、函数方程中的应用

例5 设 $f(x)$ 在 $(-\infty,+\infty)$ 内有连续三阶导数,且满足方程

$$f(x+h)=f(x)+hf'(x+\theta h)$$
$$(0<\theta<1,\theta \text{ 与 } h \text{ 无关}) \tag{3}$$

试证:$f(x)$是一次或二次函数.

证 分析问题就在于证明:$f''(x)=0$ 或 $f'''(x)=0$. 为此将式(3)对 h 进行求导,注意 θ 与 h 无关. 我们有

$$f'(x+h)=f'(x+\theta h)+\theta hf''(x+\theta h) \tag{4}$$

从而

$$\frac{f'(x+h)-f'(x)+f'(x)-f'(x+\theta h)}{h}=\theta f''(x+\theta h)$$

令 $h\to 0$ 取极限,得

$$f''(x)-\theta f''(x)=\theta f''(x),f''(x)=2\theta f''(x)$$

若 $\theta\neq\frac{1}{2}$,由此知 $f'''(x)\equiv 0$,$f(x)$ 为一次函数:若 $\theta=\frac{1}{2}$,式(4)给出

$$f'(x+h)=f'(x+\frac{1}{2}h)+\frac{1}{2}hf''(x+\frac{1}{2}h)$$

此式两端同时对 h 求导,减去 $f'(x)$,除以 h,然后令 $h\to 0$ 取极限,即得 $f'''(x)\equiv 0$,$f(x)$ 为二次函数.

在一定条件下,证明某函数 $f(x)\equiv 0$ 的问题,我们称之为归零问题.

六、求解极限

例 6 设函数 $\varphi(x)$ 在 $[0,+\infty)$ 上二次连续可微,如果 $\lim\limits_{x\to+\infty}\varphi(x)$ 存在,且 $\varphi''(x)$ 在 $[0,+\infty)$ 上有界,试证:$\lim\limits_{x\to+\infty}\varphi'(x)=0$.

证 要证明 $\lim\limits_{x\to+\infty}\varphi'(x)=0$,即要证明:$\forall\varepsilon>0$,$\exists\Delta>0$,当 $x>\Delta$ 时,$|\varphi'(x)|<\varepsilon$. 利用泰勒公式,$\forall h>0$

$$\varphi(x+h)=\varphi(x)+\varphi'(x)h+\frac{1}{2}\varphi''(\xi)h^2$$

即

$$\varphi'(x)=\frac{1}{h}[\varphi(x+h)-\varphi(x)]-\frac{1}{2}\varphi''(\xi)h \quad (5)$$

记 $A=\lim\limits_{x\to+\infty}\varphi(x)$. 因 φ'' 有界,所以 $\exists M>0$,使得

$$|\varphi''(x)|\leqslant M \quad (\forall x\geqslant a)$$

故由式(5)知

$$|\varphi'(x)| \leqslant \frac{1}{h}(|\varphi(x+h)-A|+|A-\varphi(x)|)+\frac{1}{2}Mh^2 \tag{6}$$

$\forall \varepsilon>0$,首先可取 $h>0$ 充分小,使得$\frac{1}{2}Mh^2<\frac{\varepsilon}{2}$,然后将 h 固定. 因 $\lim\limits_{x\to+\infty}\varphi(x)=A$,所以$\exists \Delta>0$,当 $x>\Delta$ 时

$$\frac{1}{h}(|\varphi(x+h)-A|+|A-\varphi(x)|)<\frac{\varepsilon}{2}$$

从而由式(6)即得

$$|\varphi'(x)|<\frac{\varepsilon}{2}+\frac{\varepsilon}{2}=\varepsilon$$

例 7 设:(1)$f(x)$在$(x_0-\delta,x_0+\delta)$内是 n 阶连续可微函数,此处 $\delta>0$;

(2)当 $k=2,3,\cdots,n-1$ 时,有 $f^{(k)}(x_0)=0$,但 $f^{(n)}(x_0)\neq 0$;

(3)当 $0\neq|h|<\delta$ 时,有

$$\frac{f(x_0+h)-f(x_0)}{h}=f'(x_0+h\theta(h)) \tag{7}$$

其中,$0<\theta(h)<1$,证明$\lim\limits_{h\to 0}\theta(h)=\sqrt[n-2]{\frac{1}{n}}$.

证 我们要设法从式(7)中解出 $\theta(h)$. 为此,我们将式(7)左边的$f(x_0+h)$及右端的$f'(x_0+h\theta(h))$在 x_0 处展开. 注意条件(2),知$\exists \theta_1,\theta_2\in(0,1)$,使得

$$f(x_0+h)=f(x_0)+hf'(x_0)+\frac{h^n}{n!}f^{(n)}(x_0+\theta_1 h)$$

Taylor 公式

$$f'(x_0+h\theta(h))=f'(x_0)+\frac{h^{(n-1)}(\theta(h))^{n-1}}{(n-1)!}\cdot f^{(n)}(x_0+\theta_2 h\theta(h))$$

于是式(7)变成

$$f'(x_0)+\frac{h^{n-1}}{n!}f^{(n)}(x_0+\theta_1 h)$$
$$=f'(x_0)+\frac{h^{n-1}}{n!}f^{(n)}(x_0+\theta_2 h\cdot\theta(h))$$

从而

$$\theta(h)=\sqrt[n-1]{\frac{f^{(n)}(x_0+\theta_1 h)}{nf^{(n)}(x_0+\theta_2 h\theta(h))}}$$

因 $\theta_1,\theta_2,\theta(h)\in(0,1)$，利用 $f^{(n)}(x)$ 的连续性.

由此可得 $\lim\limits_{h\to 0}\theta(h)=\sqrt[n-1]{\frac{1}{n}}$.

泰勒公式在不等式和行列式中的应用[1]

第四十七章

泰勒公式是高等数学的一个重要内容,主要被用于判断函数的单调性、极值及求函数的极限. 兰州城市学院数学学院的张锐,甘肃省理工中等专业学校的杨海成两位教授2009年用它来证明不等式和求解行列式.

一、泰勒公式的介绍

设$f(x)$在含有x_0的开区间内有直到$n+1$阶导数,$f(x_0)$,$f'(x_0)$,$f''(x_0)$,$\cdots$,$f^{(n)}(x_0)$为已知,现在需要寻求一个n次的代数多项式$P_n(x)$,使得

$$P_n(x_0)=f(x_0)$$

① 本章摘自《数学教学研究》,2009年,第28卷,第10期.

$$P'_n(x_0)=f'(x_0)$$

$$\vdots$$

$$P_n^{(n)}(x_0)=f^{(n)}(x_0)$$

是不是可以用 $P_n(x)$ 来近似代替 $f(x)$？

设

$$P_n(x)=a_0+a_1(x-x_0)+\cdots+a_n(x-x_0)^n$$

由

$$P_n(x_0)=f(x_0)\Rightarrow a_0=f(x_0)$$

对 $P_n(x)$ 求关于 x 的一阶导数得

$$P'_n(x)=a_1+2a_2(x-x_0)+\cdots+na_n(x-x_0)^{n-1}$$

由

$$P'_n(x_0)=f'(x_0)\Rightarrow a_1=f'(x_0)$$

对 $P_n(x)$ 求关于 x 的二阶导数得

$$P''_n(x)=2a_2+3\times 2a_3(x-x_0)+\cdots+n(n-1)a_n(x-x_0)^{(n-2)}$$

由

$$P''_n(x)=f''(x_0)\Rightarrow a_2=\frac{1}{2!}f''(x_0)$$

$$\vdots$$

$$a_n=\frac{1}{n!}f^{(n)}(x_0)$$

这样就得到所求的代数多项式为

$$P_n(x)=f(x_0)+f'(x_0)(x-x_0)+\frac{f''(x_0)}{2!}(x-x_0)^2+\cdots+$$

$$\frac{f^{(n)}(x_0)}{n!}(x-x_0)^n \qquad (1)$$

式(1)称为函数$f(x)$在x_0处的n阶泰勒多项式.

因为$P_n(x)$只是$f(x)$的近似函数,所以二者之间肯定存在误差,我们不妨假设

$$R_n(x)=f(x)-P_n(x)$$

我们称其为$f(x)$和$P_n(x)$的误差函数,显然

$$R_n(x_0)=R'_n(x_0)=\cdots=R_n^{(n)}(x_0)=0$$

由柯西公式可得

$$\begin{aligned}\frac{R_n(x)}{(x-x_0)^{n+1}}&=\frac{R_n(x)-R_n(x_0)}{(x-x_0)^{n+1}-0}\\&=\frac{R'_n(\xi_1)}{(n+1)(\xi_1-x_0)^n}\\&=\frac{R'_n(\xi_1)-R'_n(x_0)}{(n+1)(\xi_1-x_0)^n-0}\\&=\frac{R''_n(\xi_2)}{(n+1)n(\xi_2-x_0)^{n-1}}\\&\vdots\\&=\frac{R_n^{(n+1)}(\xi)}{(n+1)!}\end{aligned}$$

其中ξ在x与x_0之间,而

$$R_n^{(n+1)}(x)=f^{(n+1)}(x)-0$$

即

$$R_n^{(n+1)}(x)=f^{(n+1)}(x)$$

从而有

$$f(x)=P_n(x)+R_n(x)$$

$$=P_n(x)+\frac{f^{(n+1)}(\xi)}{(n+1)!}(x-x_0)^{(n+1)} \tag{2}$$

其中ξ在x与x_0之间,式(2)称为函数$f(x)$关于$x-x_0$的n阶泰勒公式,其中余项

$$R_n(x)=\frac{f^{(n+1)}(\xi)}{(n+1)!}(x-x_0)^{(n+1)}$$

称为拉格朗日型余项. 特别的,当$n=0$时

$$R_0(x)=f'(\xi)(x-x_0)$$

即

$$f(x)-f(x_0)=f'(\xi)(x-x_0)$$

(ξ在x与x_0之间)就是我们熟悉的拉格朗日公式.

当$x_0=0$时

$$f(x)=f(0)+f'(0)x+\frac{f''(0)}{2!}x^2+\cdots+$$

$$\frac{f^{(n)}(0)}{n!}x^n+R_n(x)$$

称为函数$f(x)$的n阶麦克劳林公式,其中

$$R_n(x)=\frac{f^{(n+1)}(\theta x)}{(n+1)!}(x-x_0)^{(n+1)}$$

这里$0<\theta<1$.

若设$f(x)$在含有x_0的某个开区间(a,b)内有直到$n+1$阶导数,且$f^{(n+1)}(x)$在(a,b)内有界,那么对$\forall x\in(a,b)$,有

$$f(x)=f(x_0)+f'(x-x_0)+$$

$$\frac{f''(x_0)}{2!}(x-x_0)^2+\cdots+$$

$$\frac{f^{(n)}(x_0)}{n!}(x-x_0)^n+R_n(x)$$

其中

$$R_n(x)=o(x-x_0)^n$$

称为皮亚诺型余项.

二、泰勒公式的应用

泰勒公式是一种非常开放的数学公式,从而在解决数学计算及推理某些重要结论方面有很重要的应用,在实际应用中,我们大致可以分为以下几种类型:

1. 利用泰勒公式证明不等式

(1)利用泰勒公式证明一般不等式

针对类型 适用于题设中函数具有二阶和二阶以上导数,且最高阶导数的大小或上下界可知的命题.

证题思路 ①写出比最高阶导数低一阶的泰勒展开式;

②恰当选择等式两边 x 与 x_0(不要认为展开点一定以 x_0 为最合适,有时以 x 为佳);

③根据所给的最高阶导数的大小或界对展开式进行缩放.

例 1 设 $f(x)$ 在 $[0,1]$ 上的二阶导数连续,$f(0)=f(1)=0$,并且当 $x\in(0,1)$ 时,$|f''(x)|\leqslant A$,求证:$|f''(x)|\leqslant\frac{A}{2}, x\in(0,1)$.

证 因为 $f(x)$ 在 $[0,1]$ 上有二阶连续导数,所以 $f(x)$ 可以展开为一阶泰勒公式

$$f(x)=f(x_0)+f'(x_0)(x-x_0)+f''(\xi)\frac{(x-x)^2}{2!} \tag{3}$$

其中 ξ 在 x 与 x_0 之间.

取 $x=0, x_0=x$,则泰勒公式为

$$f(0)=f(x)+f'(x)(0-x)+ f''(\xi_1)\frac{(0-x_0)^2}{2!} \tag{4}$$

其中 $0<\xi_1<x\leqslant 1$.

因为 $f(1)=f(0)=0$,式(4)减去式(3)得

$$f'(x)=f(1)-f(0)+\frac{1}{2!}[f''(\xi_1)x^2-f''(\xi_2)(1-x)^2]$$

$$=\frac{1}{2!}[f''(\xi_1)x^2-f''(\xi_2)(1-x)^2]$$

又 $|f''(x)|\leqslant A, x\in(0,1)$,所以

$$|f'(x)|\leqslant\frac{A}{2}[x^2+(1-x)^2]=\frac{A}{2}(2x^2-2x+1)$$

而

$$0\leqslant x\leqslant 1, 2x^2-2x+1\leqslant 1$$

故

$$|f''(x)|\leqslant\frac{A}{2}$$

(2)利用泰勒公式证明定积分不等式

针对类型 已知被积函数 $f(x)$ 二阶或二阶以上可导,且又知最高阶导数的符号.

证题思路 直接写出 $f(x)$ 的泰勒展开式,然后根据题意对展开式进行缩放.

例 2 设 $f(x)$ 在 $[a,b]$ 上单调增加,且 $f''(x)>0$,证明

$$(b-a)f(a)<\int_a^b f(x)\mathrm{d}x<(b-a)\frac{f(a)+f(b)}{2}$$

证 由题意，对 $\forall x \in [a,b]$，当 $x>a$ 时，$f(x)>f(a)$，故

$$\int_a^b f(x)\mathrm{d}x > (b-a)f(a)$$

对 $\forall t \in [a,b]$，$f(t)$ 在点 x 处的泰勒展开式为

$$f(t)=f(x)+f'(x)(t-x)+\frac{1}{2!}f''(\xi)(t-x)^2$$

其中 ξ 在 t 与 x 之间.

因为 $f''(\xi)>0$，所以

$$f(t)>f(x)+f'(x)(t-x) \tag{5}$$

将 $t=b, t=a$ 分别带入式(5)并相加，得

$$f(b)+f(a)>2f(x)+(a+b)f'(x)-2xf'(x)$$

在 $[a,b]$ 上积分得

$$\begin{aligned}&[f(b)+f(a)](b-a)\\&>2\int_a^b f(x)\mathrm{d}x+(a+b)\int_a^b f'(x)\mathrm{d}x-2\int_a^b xf'(x)\mathrm{d}x\\&\Rightarrow 2[f(b)+f(a)](b-a)\\&>4\int_a^b f(x)\mathrm{d}x\end{aligned}$$

故
$$\int_a^b f(x)\mathrm{d}x<(b-a)\frac{f(a)+f(b)}{2}$$

综上可知

$$(b-a)f(a)<\int_a^b f(x)\mathrm{d}x<(b-a)\frac{f(a)+f(b)}{2}$$

2. 利用泰勒公式解行列式

我们求行列式时经常利用代数知识中的递推法、数学归纳法，其实泰勒公式也可以用于求解行列式，利

用泰勒公式计算行列式的主要思路:根据所求行列式的特点,构造相应的行列式函数,再把这个行列式函数按泰勒公式在某点展开,只要求出行列式函数的各阶导数值即可.

例 3 求下列 n 阶行列式的值

$$D_n=\begin{vmatrix} a & b & b & \cdots & b \\ c & a & b & \cdots & b \\ c & c & a & \cdots & b \\ \vdots & \vdots & \vdots & & \vdots \\ c & c & c & \cdots & a \end{vmatrix}$$

解 把行列式 D_n 看作关于 x 的函数,记

$$D_n(x)=\begin{vmatrix} x & b & b & \cdots & b \\ c & x & b & \cdots & b \\ c & b & x & \cdots & b \\ \vdots & \vdots & \vdots & & \vdots \\ c & c & c & \cdots & x \end{vmatrix}$$

则

$$D_n(x)=D_n(a)$$

将 $D_n(x)$ 在 $x=b$ 处按泰勒公式展开

$$D_n(x)=D_n(b)+\frac{D'_n(b)}{1!}(x-b)+\frac{D''_n(b)}{2!}(x-b)^2+\cdots+\frac{D_n^{(n)}(b)}{n!}(x-b)^n$$

其中

$$D_n(b)=\begin{vmatrix} b & b & b & \cdots & b \\ c & b & b & \cdots & b \\ c & c & b & \cdots & b \\ \vdots & \vdots & \vdots & & \vdots \\ c & c & c & \cdots & b \end{vmatrix}$$

第 $k-1$ 列乘以 (-1) + 第 k 列 $(k=n,n-1,\cdots,2)$ 得

$$D_n(b)=\begin{vmatrix} b & 0 & 0 & \cdots & 0 \\ c & b-c & 0 & \cdots & 0 \\ c & 0 & b-c & \cdots & 0 \\ \vdots & \vdots & \vdots & & \vdots \\ c & 0 & 0 & \cdots & b-c \end{vmatrix}$$

$$=b(b-c)^{n-1}$$

对 $D_n(x)$ 求各阶导数得

$$D'_n(x)=\begin{vmatrix} 1 & 0 & 0 & \cdots & 0 \\ c & x & b & \cdots & b \\ \vdots & \vdots & \vdots & & \vdots \\ c & c & c & \cdots & x \end{vmatrix}+$$

$$\begin{vmatrix} x & b & b & \cdots & b \\ 0 & 1 & 0 & \cdots & 0 \\ \vdots & \vdots & \vdots & & \vdots \\ c & c & c & \cdots & x \end{vmatrix}+$$

$$\begin{vmatrix} x & b & b & \cdots & b \\ c & x & b & \cdots & b \\ \vdots & \vdots & \vdots & & \vdots \\ 0 & 0 & 0 & \cdots & 1 \end{vmatrix}$$

各行列式分别按只有一个元素所在行展开得

$$D'_n(x)=nD_{n-1}(x)$$

类似的

$$D''_n(x)=nD'_{n-1}(x)$$

$$\vdots$$

$$D_n^{(n)}(x)=nD_{n-1}^{(n-1)}(x)$$

由递推关系还可以推出

$$D'_{n-1}(x)=(n-1)D_{n-2}(x)$$

$$\vdots$$

$$D'_2(x)=2D_1(x)$$

$$D'_1(x)=1\quad（因为 D_1(x)=x）$$

则

$$D'_n(b)=nD_{n-1}(b)=nb(b-c)^{n-2}$$

$$D''_n(b)=nD'_{n-1}(b)=n(n-1)D_{n-2}(b)$$

$$=n(n-1)b(b-c)^{n-3}$$

$$D'''_n(b)=nD''_{n-1}(b)=n(n-1)D'_{n-2}(b)$$

$$=n(n-1)(n-2)D_{n-3}(b)$$

$$=n(n-1)(n-2)b(b-c)^{n-4}$$

$$\vdots$$

$$D_n^{(n-1)}(b)=n(n-1)\cdots 2D_1(b)$$

$$=n(n-1)\cdots 2b$$

$$D_n^{(n)}(b)=n!$$

代入 $D_n(x)$ 在 $x=b$ 处的泰勒展开式得

$$D_n(x)=b(b-c)^{n-1}+\frac{nb(b-c)^{n-2}(x-b)}{1!}+$$

$$\frac{n(n-1)b(b-c)^{n-3}}{2!}+\cdots+$$

$$\frac{n(n-1)\cdots 2b}{(n-1)!}(x-b)^{n-1}+$$

$$(x-b)^{n}$$

若 $b=c$,则

$$D_n(x)=0+0+\cdots+0+nb(x-b)^{n-1}+(x-b)^{n}$$

$$=(x-b)^{n-1}[x+(n-1)b]$$

若 $b\neq c$,则

$$D_n(x)=\frac{b}{b-c}\Big[(b-c)^2+\frac{n}{1!}(b-c)^{n-1}(x-b)+$$

$$\frac{n(n-1)}{2!}(b-c)^{n-2}(x-b)^2+\cdots+(x-b)^n\Big]-$$

$$\frac{c}{b-c}(x-b)^n$$

$$=\frac{b}{b-c}[(b-c)+(x-b)]^n-\frac{c}{b-c}(x-b)^n$$

$$=\frac{b(x-c)^n-c(x-b)^n}{b-c}$$

令 $x=a$,得

$$D_n=\begin{cases}(a-b)^{n-1}[a+(n-1)b],\text{当 } b=c \text{ 时}\\ \dfrac{b(a-c)^n-c(a-b)^n}{b-c},\text{当 } b\neq c \text{ 时}\end{cases}$$

用泰勒公式研究实系数多项式函数的对称性[①]

第四十八章

文章“多项式函数对称性探微”(管宏斌,《中学数学研究》,2005(3):13-14),“导函数对称性的充要条件及应用”(郑定华,《数学通讯》,2009(9):42-43),“导函数和原函数在对称性上的联系”(支军,《中学数学杂志》,2008(7):20),“一般四次函数的对称性及其性质”(陶楚国,《数学通讯》,2005(7):30-32)研究了特殊实系数多项式函数的对称性,那么能否用泰勒公式研究实系数多项式函数的对称性呢?浙江省衢州第二中学的舒金根老师2011年就此作了一些探究.

① 本章摘自《中学数学研究》,2011年,第7期.

泰勒公式:如果函数$f(x)$在含有x_0的某个开区间(a,b)内具有直到$n+1$阶导数,则当x在区间(a,b)内时,有

$$f(x)=f(x_0)+f'(x_0)(x-x_0)+\frac{f''(x_0)}{2}(x-x_0)^2+\cdots+\frac{f^{(n)}(x_0)}{n!}(x-x_0)^n+R_n(x)$$

其中

$$R_n(x)=\frac{f^{(n+1)}(\xi)}{(n+1)!}(x-x_0)^{n+1}$$

(ξ介于x_0与x之间). 特别的,如果函数$f(x)$为n次实系数多项式,则有

$$f(x)=f(x_0)+f'(x_0)(x-x_0)+\frac{f''(x_0)}{2}(x-x_0)^2+\cdots+\frac{f^{(n)}(x_0)}{n!}(x-x_0)^n$$

当n为奇数时,设$n=2m+1(m\in\mathbf{N})$.

(1)若$f^{(2k)}(x_0)=0(k=1,2,\cdots,m)$,则

$$f(x)=f(x_0)+f'(x_0)(x-x_0)+\frac{f^{(3)}(x_0)}{3!}(x-x_0)^3+\cdots+\frac{f^{(2m+1)}(x_0)}{(2m+1)!}(x-x_0)^{2m+1}$$

由

$$f(x)=f'(x_0)x+\frac{f^{(3)}(x_0)}{3!}x^3+\cdots+$$

$$\frac{f^{(2m+1)}(x_0)}{(2m+1)!}x^{2m+1}$$

是奇函数得:函数

$$f(x)=f'(x_0)x+\frac{f^{(3)}(x_0)}{3!}x^3+\cdots+\frac{f^{(2m+1)}(x_0)}{(2m+1)!}x^{2m+1}$$

的图像关于$(0,0)$对称.

故有

$$f(x)=f(x_0)+f'(x_0)(x-x_0)+\frac{f^{(3)}(x_0)}{3!}(x-x_0)^3+\cdots+\frac{f^{(2m+1)}(x_0)}{(2m+1)!}(x-x_0)^{2m+1}$$

的图像关于$(x,f(x_0))$对称.

(2)若函数$y=f(x)$的图像为中心对称图形,设对称中心为(x_0,y_0),则$f(x_0+x)+f(x_0-x)=2y_0$对$x\in\mathbf{R}$恒成立.

因

$$f(x)=f(x_0)+f'(x_0)(x-x_0)+\frac{f''(x_0)}{2}(x-x_0)^2+\cdots+\frac{f^{(2m+1)}(x_0)}{(2m+1)!}(x-x_0)^{2m+1}$$

故有

$$f(x_0)+\frac{f''(x_0)}{2}x^2+\cdots+\frac{f^{(2m)}(x_0)}{(2m)!}x^{2m}=y_0$$

对$x\in\mathbf{R}$恒成立.从而,得$f^{(2k)}(x_0)=0(k=1,2,\cdots,m)$且$f(x_0)=y_0$.

综合(1)(2)得,实系数 $2m+1(m\in\mathbf{N})$ 次多项式函数 $f(x)$ 为中心对称图形的充要条件是 $f^{(2k)}(x_0)=0$ $(k=1,2,\cdots,m)$,$f(x_0)=y_0$,且对称中心为 (x_0,y_0).

当 n 为偶数时,设 $n=2m(m\in\mathbf{N}^*)$:

(1′)若 $f^{(2k-1)}(x_0)=0(k=1,2,\cdots,m)$,则

$$f(x)=f(x_0)+\frac{f''(x_0)}{2}(x-x_0)^2+\cdots+\frac{f^{(2m)}(x_0)}{(2m)!}(x-x_0)^{2m}$$

由

$$f(x)=f(x_0)+\frac{f''(x_0)}{2}x^2+\cdots+\frac{f^{(2m)}(x_0)}{(2m)!}x^{2m}$$

是偶函数,得函数

$$f(x)=f(x_0)+\frac{f''(x_0)}{2}x^2+\cdots+\frac{f^{(2m)}(x_0)}{(2m)!}x^{2m}$$

的图像关于直线 $x=0$ 对称.

故有

$$f(x)=f(x_0)+\frac{f''(x_0)}{2}(x-x_0)^2+\cdots+\frac{f^{(2m)}(x_0)}{(2m)!}(x-x_0)^{2m}$$

的图像关于直线 $x=x_0$ 对称.

(2′)若函数 $y=f(x)$ 的图像为轴对称图形,设对称轴方程为 $x=x_0$,则

$$f(x_0+x)=f(x_0-x)$$

对 $x\in\mathbf{R}$ 恒成立.

因

$$f(x)=f(x_0)+f'(x_0)(x-x_0)+$$

$$\frac{f''(x_0)}{2}(x-x_0)^2+\cdots+$$

$$\frac{f^{(2m)}(x_0)}{(2m)!}(x-x_0)^{2m}$$

故有

$$f'(x_0)x+\frac{f^{(3)}(x_0)}{3!}x^3+\cdots+\frac{f^{(2m-1)}(x_0)}{(2m-1)!}x^{2m-1}=0$$

对 $x\in\mathbf{R}$ 恒成立. 从而,有

$$f^{(2k-1)}(x_0)=0\quad(k=1,2,\cdots,m)$$

综合(1′)(2′)得:实系数 $2m(m\in\mathbf{N}^+)$ 次多项式函数 $f(x)$ 是轴对称图形的充要条件是 $f^{(2k-1)}(x_0)=0$ $(k=1,2,\cdots,m)$,且对称轴方程为 $x=x_0$.

综上,得:

定理 1 函数 $f(x)$ 为实系数 n 次多项式.

(1)当 $n=2m+1(m\in\mathbf{N})$ 时,函数 $f(x)$ 关于点 (x_0,y_0) 中心对称的充要条件是 $f^{(2k)}(x_0)=0(k=1,2,\cdots,m)$ 且 $f(x_0)=y_0$.

(2)当 $n=2m(m\in\mathbf{N}^*)$ 时,$f(x)$ 关于 $x=x_0$ 轴对称的充要条件是 $f^{(2k-1)}(x_0)=0(k=1,2,\cdots,m)$.

推论 1 实系数三次函数 $f(x)=a_0+a_1x+a_2x^2+a_3x^3(a_3\neq0)$ 关于点 $\left(-\frac{a_2}{3a_3},f\left(-\frac{a_2}{3a_3}\right)\right)$ 中心对称.

证 由

$$f(x)=a_0+a_1x+a_2x^2+a_3x^3$$

得

$$f''(x)=2a_2+6a_3x$$

设$f''(x)=0$,解得$x=-\dfrac{a_2}{3a_3}$.

由定理1知

$$f(x)=a_0+a_1x+a_2x^2+a_3x^3 \quad (a_3\neq 0)$$

关于点$\left(-\dfrac{a_2}{3a_3},f\left(-\dfrac{a_2}{3a_3}\right)\right)$中心对称.

推论2 实系数四次函数

$$f(x)=a_0+a_1x+a_2x^2+a_3x^3+a_4x^4 \quad (a_4\neq 0)$$

当且仅当满足

$$8a_4a_1+a_3=4a_4a_3a_2$$

时,其图像是轴对称图形,且对称轴方程是$x=-\dfrac{a_3}{4a_4}$.

证 由

$$f(x)=a_0+a_1x+a_2x^2+a_3x^3+a_4x^4 \quad (a_4\neq 0)$$

得

$$f'(x)=a_1+2a_2x+3a_3x^2+4a_4x^3$$

且

$$f^{(3)}(x)=6a_3+24a_4x$$

设$\begin{cases}f'(x)=0\\f^{(3)}(x)=0\end{cases}$,得$x=-\dfrac{a_3}{4a_4}$,且

$$8a_4a_1+a_3=4a_4a_3a_2$$

由定理1知

$$f(x)=a_0+a_1x+a_2x^2+a_3x^3+a_4x^4 \quad (a_4\neq 0)$$

当且仅当满足

$$8a_4a_1+a_3=4a_4a_3a_2$$

时,其图像是轴对称图形,且对称轴方程是$x=-\dfrac{a_3}{4a_4}$.

推论 3 实系数五次函数

$$f(x)=a_0+a_1x+a_2x^2+a_3x^3+a_4x^4+a_5x^5\quad (a_5\neq 0)$$

当且仅当满足

$$25a_5a_2+4a_4=15a_5a_4a_3$$

时,其图像是中心对称图形,且对称中心坐标是 $\left(-\frac{a_4}{5a_5},f(-\frac{a_4}{5a_5})\right)$.

证 由

$$f(x)=a_0+a_1x+a_2x^2+a_3x^3+a_4x^4+a_5x^5\quad (a_5\neq 0)$$

得

$$f''(x)=2a_2+6a_3x+12a_4x^2+20a_5x^3$$

且

$$f^{(4)}(x)=24a_4+120a_5x$$

设 $\begin{cases}f''(x)=0\\ f^{(4)}(x)=0\end{cases}$,得 $x=-\frac{a_4}{5a_5}$,且

$$25a_5a_2+4a_4=15a_5a_4a_3$$

由定理 1 知

$$f(x)=a_0+a_1x+a_2x^2+a_3x^3+a_4x^4+a_5x^5\quad (a_5\neq 0)$$

当且仅当满足

$$25a_5a_2+4a_4=15a_5a_4a_3$$

时,其图像是中心对称图形,且对称中心坐标是 $(-\frac{a_4}{5a_5},f(-\frac{a_4}{5a_5}))$.

第四十九章 应用泰勒公式分析常微分方程初值问题数值求解公式的精度[①]

泰勒公式是高等数学中的重要内容，从现有文献来看，对于一元函数泰勒公式及其应用的研究较多，而对于多元函数泰勒公式及其应用的研究较少. 临沂大学理学院的谢焕田教授 2011 年应用泰勒公式对常微分方程初值问题的数值求解公式进行精度分析，针对 3 种不同形式的精度分析问题给出详尽的思路分析与解答，从而加深理解泰勒公式在常微分方程数值方法中的应用.

一般的，常微分方程数值方法考虑的典型问题为

① 本章摘自《高师理科学刊》，2011 年，第 31 卷，第 1 期.

$$\begin{cases}\dfrac{\mathrm{d}y}{\mathrm{d}x}=f(x,y),x\in[a,b]\\ y(a)=y_0\end{cases}\tag{1}$$

其中,$y=y(x)$是未知函数,$y(a)=y_0$是初值条件,$f(x,y)$是给定的二元函数.

对于问题(1)的各种求解方法,考虑所给求解方法的局部截断误差,进而进行精度分析是常微分方程数值方法的重要内容,按由易至难的顺序精度分析问题有以下3种形式:

①证明所给方法至少是几阶方法;

②证明所给方法是几阶方法;

③求所给方法是几阶方法.

无论哪种形式的问题,泰勒公式在其求解过程中都起到了至关重要的作用,具有拉格朗日型余项的一元函数泰勒公式为

$$f(x)=f(x_0)+f'(x_0)(x-x_0)+\frac{f''(x_0)}{2!}(x-x_0)^2+\cdots+\frac{f^{(n)}(x_0)}{n!}(x-x_0)^n+\frac{f^{(n+1)}(\xi)}{(n+1)!}(x-x_0)^{n+1}$$

其中,ξ介于x_0与x之间.具有皮亚诺型余项的一元函数泰勒公式为

$$f(x)=f(x_0)+f'(x_0)(x-x_0)+\frac{f''(x_0)}{2!}(x-x_0)^2+\cdots+\frac{f^{(n)}(x_0)}{n!}(x-x_0)^n+o[(x-x_0)^n]$$

二元函数$z=f(x,y)$在点(x_0,y_0)的泰勒公式为

$$f(x,y)=\mathrm{d}^0z\Big|_{(x_0,y_0)}+\frac{1}{1!}\mathrm{d}^1z\Big|_{(x_0,y_0)}+$$

$$\frac{1}{2!}\mathrm{d}^2 z\Big|_{(x_0,y_0)}+\cdots+\frac{1}{n!}\mathrm{d}^n z\Big|_{(x_0,y_0)}+$$

$$\frac{1}{(n+1)!}\mathrm{d}^n z\Big|_{(x_0+\theta(x-x_0),y_0+\theta(y-y_0))}\cdot$$

$$\frac{n!}{r!\ (n-r)!}$$

其中

$$0<\theta<1,\mathrm{d}^n z\Big|_{(x_0,y_0)}=\sum_{k=0}^{n}\mathrm{C}_n^k\frac{\partial^n z}{\partial x^{n-k}\partial y^k}\Big|_{(x_0,y_0)}\cdot (x-x_0)^{n-k}(y-y_0)^k$$

考虑问题(1)的如下求解方法

$$\begin{cases}y_{n+1}=y_n+\dfrac{h}{4}(k_1+3k_2)\\ k_1=f(x_n,y_n)\\ k_2=f\left(x_n+\dfrac{2}{3}h,y_n+\dfrac{2}{3}hk_1\right)\end{cases}\qquad(2)$$

其中,h 为步长,则精度分析类型问题的 3 种形式为:

①证明方法(2)至少是二阶方法;

②证明方法(2)是二阶方法;

③求方法(2)是几阶方法.

由于问题③的难度最大,所以首先分 3 步详细求解方法(2)的阶数.

步骤 1:作局部化假设

$$y_n=y(x_n)$$

步骤 2:分析局部截断误差

$$R_{n+1}=y(x_{n+1})-y_{n+1}$$

由式(2)有

Taylor 公式

$$y_{n+1}=y_n+\frac{h}{4}\Big(f(x_n,y_n)+ \\ 3f\Big(x_n+\frac{2}{3}h,y_n+\frac{2}{3}hf(x_n,y_n)\Big)\Big) \tag{3}$$

将 $y(x_{n+1})$ 在 x_n 处进行泰勒展开得

$$y(x_{n+1})=y(x_n)+hy'(x_n)+\frac{h^2}{2!}y''(x_n)+ \\ \frac{h^3}{6!}y'''(x_n)+o(h^4) \tag{4}$$

将

$$f\Big(x_n+\frac{2}{3}h,y_n+\frac{2}{3}hf(x_n,y_n)\Big)$$

在 (x_n,y_n) 处进行泰勒展开得

$$f\Big(x_n+\frac{2}{3}h,y_n+\frac{2}{3}hf(x_n,y_n)\Big)=f(x_n,y_n)+ \\ \frac{2}{3}h\frac{\partial f(x_n,y_n)}{\partial x}+\frac{2}{3}hf(x_n,y_n)\frac{\partial f(x_n,y_n)}{\partial y}+ \\ \frac{2}{3}\Big[\Big(\frac{2}{3}h\Big)^2\frac{\partial^2 f(x_n,y_n)}{\partial x^2}+2\Big(\frac{2}{3}h\Big)^2 f(x_n,y_n)\frac{\partial^2 f(x_n,y_n)}{\partial x\partial y}+ \\ \Big(\frac{2}{3}hf(x_n,y_n)\Big)^2\frac{\partial^2 f(x_n,y_n)}{\partial y^2}\Big]+o(h^3) \tag{5}$$

应用方程 $y'(x)=f(x,y(x))$ 可得

$$y''(x)=\frac{\partial f(x,y(x))}{\partial x}+y'(x)\frac{\partial f(x,y(x))}{\partial y} \tag{6}$$

$$y'''(x)=\frac{\partial^2 f(x,y(x))}{\partial x^2}+2y'(x)\frac{\partial^2 f(x,y(x))}{\partial x\partial y}+ \\ (y'(x))^2\frac{\partial^2 f(x,y(x))}{\partial y^2}+$$

$$y''(x)\frac{\partial f(x,y(x))}{\partial y} \tag{7}$$

联立式(3)~(7)得

$$y_{n+1}=\frac{h^3}{6}y''(x_n)\frac{\partial f(x_n,y_n)}{\partial y}+o(h^2)$$

步骤3:根据局部截断误差,做出结论——由以上局部截断误差可知,方法(2)是二阶的.

以上给出了问题③的解答过程,对于问题②其证明过程完全类似于问题③的求解过程,但已知精度分析起来要容易许多;问题①与问题②相比虽仅仅多了“至少”二字,但其证明过程却要简单许多,具体地说,在式(4)中只须给出二阶泰勒公式,在式(5)中只须给出一阶泰勒公式,最后只须证明截断误差为$o(h^3)$即可.

对于常微分方程初值问题数值方法的精度分析,要根据问题的不同给出不同的分析思路和求解方法,这一现象在各类科研数学问题的研究中都是值得注意的.

论述利用泰勒公式求极限和利用等价无穷小的代换求极限及二者的关系[①]

第五十章

等价无穷小代换求极限和泰勒公式求极限有着密切的联系，为了理解二者的联系，中国地质大学江城学院基础课部陈丽教授2013年阐述了如何利用泰勒公式求极限.

下面举例说明利用泰勒公式求极限的方法.

例1 求极限$\lim\limits_{x\to 0}\frac{\sin x-x\cos x}{x^3}$.

分析 将$\sin x$和$x\cos x$分别按x的幂展开成三阶泰勒公式

$$\sin x=x-\frac{1}{3!}x^3+o(x^3)$$

① 本章摘自《数学学习与研究》,2013年,第15期.

$$x\cos x = x - \frac{x^3}{2!} + o(x^3)$$

将上两式代入原式，因为泰勒公式是恒等式，所以相当于把自己代进去了，结果当然不变，即

$$\lim_{x \to 0}\frac{\sin x - x\cos x}{x^3}$$

$$= \lim_{x \to 0}\frac{x - \frac{1}{3!}x^3 + o(x^3) - \left(x - \frac{1}{2!}x^3 + o(x^3)\right)}{x^3}$$

由于分母已经是一个简单的多项式，所以不用再做什么变换，分子整理得到

$$x - \frac{1}{3!}x^3 + o(x^3) - \left(x - \frac{1}{2!}x^3 + o(x^3)\right) = \frac{1}{3}x^3 + o(x^3)$$

这里要注意，第一个 $o(x^3)$ 和第二个 $o(x^3)$ 只是一个代号，二者不一定完全相等，所以相减后的结果不一定是 0，但可以肯定的是它们的差一定是 x^3 的高阶无穷小，所以将二者的差用 $o(x^3)$ 代替是可以的.

解 原式 $= \lim\limits_{x \to 0}\dfrac{\frac{1}{3}x^3 + o(x^3)}{x^3} = \dfrac{1}{3}.$

那为什么要将 $\sin x$ 和 $x\cos x$ 展开到三阶呢？理论上将这两项展开到任意阶的泰勒公式都可以，因为不管展开到几阶，它们都是恒等的，将自己代入原式当然没有任何问题. 比如也可以将 $\sin x$ 和 $x\cos x$ 多展开几阶，如

$$\sin x = x - \frac{1}{3!}x^3 + \frac{1}{5!}x^5 + o(x^5)$$

$$x\cos x = x - \frac{1}{2!}x^3 + \frac{1}{4!}x^5 + o(x^5)$$

代入得

$$\sin x - x\cos x = \frac{1}{3}x^3 + \frac{1}{5!}x^5 - \frac{1}{4!}x^5 + o(x^5)$$

$$原式 = \lim_{x\to 0}\frac{\frac{1}{3}x^3}{x^3} + \lim_{x\to 0}\frac{\frac{1}{5}x^5 - \frac{1}{4}x^5}{x^3} + \lim_{x\to 0}\frac{o(x^5)}{x^3}$$

$$= \frac{1}{3} + 0 + 0$$

$$= \frac{1}{3}$$

可以看到高于三次的项在求极限中没起到作用，相当于我们多做了无用功，也就是说展开到几阶由分母的最低次数来决定，以既能算出极限，又尽量少展开一些阶数为佳.

例 2 求极限$\lim\limits_{x\to 0}\frac{\cos x - e^{-\frac{x^2}{2}}}{x^2[x + \ln(1-x)]}$.

分析 该题中分子、分母均较复杂，于是考虑分子、分母同时用泰勒公式展开，因为

$$\cos x = 1 - \frac{1}{2!}x^2 + \frac{1}{4!}x^4 - \cdots + (-1)^n\frac{1}{(2n)!}x^{2n} + o(x^{2n})$$

$$e^{-\frac{x^2}{2}} = 1 + \left(-\frac{1}{2}x^2\right) + \frac{1}{2!}\left(-\frac{x^2}{2}\right)^2 + \cdots + \frac{1}{n!}\left(-\frac{x^2}{2}\right)^n + o(x^{2n})$$

$$x^2[x + \ln(1-x)] = -\frac{1}{2}x^4 - \frac{1}{3}x^5 - \cdots - \frac{1}{n}x^{n+2} + o(x^{n+2})$$

可见，分母的最低次数是 4，也就是说分子、分母

都只须展开到四阶即可. 熟练之后在展开之前可以事先对阶数做一个预测.

解 $\lim\limits_{x\to0}\dfrac{\cos x-\mathrm{e}^{-\frac{x^2}{2}}}{x^2[x+\ln(1-x)]}=\lim\limits_{x\to0}\dfrac{-\dfrac{1}{12}x^4+o(x^4)}{-\dfrac{1}{2}x^4+o(x^4)}=\dfrac{1}{6}.$

掌握了泰勒公式求极限的方法,那么我们再去看等价无穷小的代换求极限就很好理解了.

定理 1 设 α,β,γ,η 均是同一个变化过程中的无穷小,记号"lim"也是指这个变化过程中的极限,若 $\alpha\sim\gamma,\beta\sim\eta$,且 $\lim\dfrac{\gamma}{\eta}$存在,则 $\lim\dfrac{\beta}{\alpha}=\lim\dfrac{\gamma}{\eta}$.

这个定理表明,求两个无穷小之比的极限时,分子和分母都可以用等价无穷小来代替,因此,如果用来代替的无穷小选得恰当的话,可以使得计算简化.

例 3 求极限$\lim\limits_{x\to0}\dfrac{\ln(1+3x)}{\sin 5x}$.

解 当 $x\to0$ 时,$\ln(1+3x)\sim3x,\sin 5x\sim5x$,即

$$\lim_{x\to0}\frac{\ln(1+3x)}{\sin 5x}=\lim_{x\to0}\frac{3x}{5x}=\frac{3}{5}$$

我们来分析一下它的本质,$\ln(1+3x)$用 $3x$ 代换,其实是将 $\ln(1+3x)$ 按 x 的幂展开成了一阶泰勒公式,只不过将 $o(x)$省略掉了. $\sin 5x$ 用 $5x$ 代换,其实是将 $\sin 5x$ 按 x 展开成了一阶泰勒公式,将 $o(x)$省略后的结果. 那这个 $o(x)$能不能省略,现在我们不妨将它们都补上去看看是不是相同,即

$$\lim_{x\to 0}\frac{\ln(1+3x)}{\sin 5x}=\lim_{x\to 0}\frac{3x+o(x)}{5x+o(x)}=\lim_{x\to 0}\frac{3+\frac{o(x)}{x}}{5+\frac{o(x)}{x}}=\frac{3}{5}$$

这说明 $o(x)$ 此时是可以省略的,即等价无穷小的代换求极限的本质就是将分子和分母同时展开成一阶泰勒公式,然后将 $o(x)$ 省略掉. 理解了它的本质,就能明白为什么有的同学采用等价无穷小的代换求极限会产生错误的结果了,比如:

例 4 $\lim\limits_{x\to 0}\dfrac{\tan x-\sin x}{x^3}$.

有的同学会这样做:

解 因为当 $x\to 0$ 时,$\tan x\sim x$,$\sin x\sim x$,$x^3\sim x^3$,所以

$$原式=\lim_{x\to 0}\frac{x-x}{x^3}=0 \tag{1}$$

上题显然不等于零,而是等于$\frac{1}{2}$,有同学就开始疑惑了,我是用等价无穷小的代换做的呀,为什么就得不到正确的结果呢? 既然等价无穷小的代换本质就是展开成一阶泰勒公式,那么我们不妨用泰勒公式来解释这个做法错误的原因. 先将 $\tan x$ 和 $\sin x$ 分别用带有皮亚诺型余项的泰勒公式展开

$$\tan x=x+\frac{1}{3}x^3+o(x^3)$$

$$\sin x=x-\frac{1}{3!}x^3+o(x^3)$$

代入得

$$原式=\lim_{x\to 0}\frac{x+\frac{1}{3}x^3-x+\frac{1}{3!}x^3+o(x^3)}{x^3}=\frac{1}{2} \qquad (2)$$

式(1)的做法相当于将 $\tan x$ 和 $\sin x$ 展开成了一阶泰勒公式,即

$$\tan x=x+o(x),\sin x=x+o(x)$$

代入后把高阶无穷小 $o(x)$ 省略后的结果,现在把高阶无穷小还原进去,即

$$原式=\lim_{x\to 0}\frac{x+o(x)-x-o(x)}{x^3}=\lim_{x\to 0}\frac{o(x)}{x^3}$$

这个极限显然无法计算,因为 $o(x)$ 与 x^3 的大小关系并不明确,而式(1)的做法是将 $o(x)$ 省略掉,也就默认了它是比 x^3 高阶的无穷小,这是错误的根源,这时候 $o(x)$ 恰好是不能省略的. 这说明分子用一次多项式来逼近精确度不够,计算不出结果,解决的方法是将分子展开成更高阶的泰勒公式来计算,如做法(2).

关于泰勒公式及其应用的思考与讨论[1]

第五十一章

华北科技学院的苗文静、王昕两位教授2013年在泰勒公式的定理及用泰勒公式进行函数展开方法的基础上，归纳总结了泰勒公式在研究方程根的存在性和唯一性、求极限和证明一些等式与不等式等问题中应用的方法和技巧.

一、关于泰勒公式的两个定理及用泰勒公式进行函数展开的方法

定理1（带有拉格朗日型余项的泰勒公式） 假设函数 $y=f(x)$ 在点 x_0 的某个邻域内 $n+1$ 阶可微，则在此邻域内

① 本章摘自《哈尔滨师范大学自然科学学报》，2013年，第29卷，第5期.

$$f(x)=f(x_0)+f'(x_0)(x-x_0)+\frac{f''(x_0)}{2!}(x-x_0)^2+\cdots+\frac{f^{(n)}(x_0)}{n!}(x-x_0)^n+R_n(x)$$

其中

$$R_n(x)=\frac{f^{(n+1)}(\xi)}{(n+1)!}(x-x_0)^{n+1}$$

这里 ξ 是 x_0 与 x 之间的某个值.

特别的,若 $x_0=0$,则

$$f(x)=f(0)+f'(0)x+\frac{f''(0)}{2!}x^2+\cdots+\frac{f^{(n)}(0)}{n!}x^n+\frac{f^{(n+1)}(\theta x)}{(n+1)!}x^{n+1}$$

$$(0<\theta<1)$$

定理 2(带有皮亚诺型余项的泰勒公式) 假设函数 $y=f(x)$ 在 x_0 点 n 阶可微,则在 x_0 近旁有

$$f(x)=f(x_0)+f'(x_0)(x-x_0)+\frac{f''(x_0)}{2!}(x-x_0)^2+\cdots+\frac{f^{(n)}(x_0)}{n!}(x-x_0)^n+o(x-x_0)^n$$

特别的,若 $x_0=0$,则

$$f(x)=f(0)+f'(0)x+\frac{f''(0)}{2!}x^2+\cdots+\frac{f^{(n)}(0)}{n!}x^n+o(x^n)\quad(0<\theta<1)$$

应用上面定理,可以在 $x_0=0$ 附近将一些常用函数展开,利用这些函数展开式可以间接地将一些复合

函数泰勒展开.

例 1 求函数 $y=\ln\cos x$ 在 $x=0$ 附近的带有皮亚诺型余项的泰勒展开式(展开到 x^4 项).

解 利用

$$\cos x=1-\frac{1}{2!}x^2+\frac{1}{4!}x^4-\cdots+(-1)^m\frac{1}{(2m)!}x^{2m}+o(x^{2m})$$

和

$$\ln(1+x)=x-\frac{1}{2}x^2+\frac{1}{3}x^3-\cdots+(-1)^{n-1}\frac{1}{n}x^n+o(x^n)$$

将两式复合,即得

$$\begin{aligned}\ln\cos x&=\ln\left[1-\frac{1}{2!}x^2+\frac{1}{4!}x^4+o(x^4)\right]\\&=\ln\left\{1+\left[-\frac{1}{2!}x^2+\frac{1}{4!}x^4+o(x^4)\right]\right\}\\&=\left[-\frac{1}{2!}x^2+\frac{1}{4!}x^4+o(x^4)\right]-\\&\quad\frac{1}{2}\left[-\frac{1}{2!}x^2+\frac{1}{4!}x^4+o(x^4)\right]^2+\\&\quad o\left(\left[-\frac{1}{2!}x^2+\frac{1}{4!}x^4+o(x^4)\right]^2\right)\\&=-\frac{x^2}{2}-\frac{1}{12}x^4+o(x^4)\end{aligned}$$

二、应用泰勒公式证明根的存在性和唯一性

泰勒公式也可以用来证明某些函数的根的存在性和唯一性.

例2 设$f(x)$在$[a,+\infty)$上二阶可导,且$f(a)>0$,$f'(a)<0$,对$x\in[a,+\infty)$,$f''(x)\leqslant 0$,证明:$f(x)=0$在$[a,+\infty)$上存在唯一实根.

分析 这里的$f(x)$是抽象函数,直接讨论$f(x)=0$的根很困难,由题设$f(x)$在$[a,+\infty)$上二阶可导,且$f(a)>0$,$f'(a)<0$,可考虑将$f(x)$在点a处一阶泰勒展开,然后设法利用介值定理进行证明.

证 因为$f''(x)\leqslant 0$,所以$f'(x)$单调减少,又$f'(a)<0$,因此当$x>a$时,有$f'(x)<f'(a)<0$,故$f(x)$在$[a,+\infty)$上严格单调递减,在点a处一阶泰勒展开有

$$f(x)=f(a)+f'(a)(x-a)+\frac{f''(\xi)}{2!}(x-a)^2$$

$$(a<\xi<x)$$

由题设$f'(a)<0$,$f''(x)\leqslant 0$,于是有$\lim\limits_{x\to+\infty}f(x)=-\infty$,从而必存在$b>a$,使得$f(b)<0$,又因为$f(a)>0$,在$[a,b]$上应用连续函数的介值定理,即知至少存在$\xi\in(a,b)$,使得$f(\xi)=0$,由$f(x)$的严格单调性知$\xi$唯一,即方程有$f(x)$唯一的根.

三、泰勒公式在计算函数极限中的应用

对于待定型的极限问题,一般都采用洛必达法则来求,但对于一些求导比较烦琐,特别是需要多次使用洛必达法则的,泰勒公式往往是更为有效的极限工具.

例3 $\lim\limits_{x\to 0}\dfrac{6e^{-x^2}\sin x-x(6-7x^2)}{3\ln\dfrac{1+x}{1-x}-2x(3+x^2)}$.

分析 这个函数的极限可以利用洛必达法则来求,但必须要用六次洛必达法则,而且导数越求越复

杂,用泰勒公式就方便得多,当然是在 $x=0$ 处展开,余项选择皮亚诺型余项. 至于展开的阶数是几? 一般是考虑逐阶展开,展开一项,消去一项,直到消不去为止. 首先将分子上的函数 $6e^{-x^2}\sin x$ 进行展开,为此写出 e^{-x^2} 和 $\sin x$ 的泰勒展开式,e^{-x^2} 的第一项是 1,$\sin x$ 的第一项是 x,所以 $6e^{-x^2}\sin x$ 的第一项就是 $6x$,与后面的 $6x$ 正好消去,然后再展开一项,得到 $6e^{-x^2}\sin x$ 的前两项为 $6x-7x^3$,所以还要将它再展开一项,对于分母也是一样.

解 因为

$$e^x=1+x+\frac{x^2}{2!}+\frac{x^4}{4!}+o(x^4)$$

$$\sin x=x-\frac{x^3}{3!}+\frac{x^5}{5!}+o(x^6)$$

$$6e^{-x^2}\sin x=6x-7x^3+\frac{27}{40}x^5+o(x^5)$$

$$\begin{aligned}\ln\frac{1+x}{1-x}&=\ln(1+x)-\ln(1-x)\\&=2x+\frac{2}{3}x^3+\frac{2}{5}x^5+o(x^5)\end{aligned}$$

所以

$$原式=\lim_{x\to0}\frac{\frac{27}{40}x^5+o(x^5)}{\frac{6}{5}x^5+o(x^5)}=\frac{9}{16}$$

例 4 求极限

$$\lim_{x\to+\infty}\frac{x(\sqrt{x^2+1}+\sqrt{x^2-1})-2x^2}{1-2x^2+2x^2\cos\frac{1}{x}}$$

分析 此题同上题相同,也可以用洛必达法则来求,但是用洛必达法则需要用 4 次,而且越求越复杂,如果用泰勒公式能够大大简化计算. 为了方便使用泰勒公式,先进行换元,利用倒代换 $t=\frac{1}{x}$.

解 令 $t=\frac{1}{x}$,则

原式

$$=\lim_{t\to 0^+}\frac{\sqrt{1+t^2}+\sqrt{1-t^2}-2}{t^2-2+2\cos t}$$

$$=\lim_{t\to 0^+}\frac{\left[1+\frac{1}{2}t^2-\frac{1}{8}t^4+o(t^4)\right]+\left[1-\frac{1}{2}t^2-\frac{1}{8}t^4+o(t^4)\right]-2}{t^2-2+2\left[1-\frac{1}{2!}t^2+\frac{1}{4!}t^4+o(t^4)\right]}$$

$$=\lim_{t\to 0^+}\frac{-\frac{1}{4}t^4+o(t^4)}{\frac{1}{12}t^4+o(t^4)}$$

$$=-3$$

四、确定无穷小的阶与表达式中的常数

利用泰勒公式还可以确定一些表达式中的未知参数.

例 5 已知当 $x\to 0$ 时,$e^x-\frac{1+ax}{1+bx}$相当于 x 是三阶无穷小量,求 a,b 的值.

分析 根据题意,$e^x-\frac{1+ax}{1+bx}$是相对于 x 的三阶无穷小量,而 e^x 与$\frac{1+ax}{1+bx}$不是同类函数,如果将二者在 $x=0$ 处展开,然后合并同类项,看 a,b 分别为何值时能满足题意要求.

解 函数 e^x 与$\frac{1}{1+bx}$的三阶麦克劳林展开式为

$$e^x=1+x+\frac{x^2}{2!}+\frac{x^3}{3!}+o(x^3)$$

$$\frac{1}{1+bx}=1-bx+b^2x^2-b^3x^3+o(x^3)$$

所以

$$e^x-\frac{1+ax}{1+bx}=e^x-\frac{1}{1+bx}-\frac{ax}{1+bx}=$$

$$\left[1+x+\frac{x^2}{2!}+\frac{x^3}{3!}+o(x^3)\right]-\left[1-bx+b^2x^2-b^3x^3+o(x^3)\right]-$$

$$\left[ax-abx^2+ab^2x^3-ab^3x^4+o(x^3)\right]$$

由题意知 $1+b-a=0,\frac{1}{2}-b^2+ab=0$,则 $a=\frac{1}{2}$,$b=-\frac{1}{2}$.

例 6 已知当 $x\to 0$ 时,$3x-4\sin x+\sin x\cdot\cos x$ 与 x^n 为同阶无穷小,则 n 为何值?

解 因为

$$3x-4\sin x+\sin x\cdot\cos x=$$

$$3x-4\left[x-\frac{1}{3!}x^3+\frac{1}{5!}x^5+o(x^5)\right]+$$

$$\frac{1}{2}\left[2x-\frac{8}{3!}x^3+\frac{32}{5!}x^5+o(x^5)\right]=$$

$$3x-4x+\frac{4}{6}x^3-\frac{x^5}{30}+x-\frac{4}{6}x^3+$$

$$\frac{16}{120}x^5+o(x^5)=$$

$$\frac{1}{10}x^5+o(x^5)$$

所以 $n=5$.

五、利用泰勒公式证明不等式或等式

例 7 证明不等式

$$1+\frac{x}{2}-\frac{x^2}{8}<\sqrt{1+x}\quad (x>0)$$

分析 不等式左边是二次三项式,而右边是无理函数,两者没有明显的大小关系,这时可将 $\sqrt{1+x}$ 在 $x_0=0$ 处展开成二阶泰勒公式,然后与左边的二次三项式相比较,进而判断两者的大小关系.

证 设 $f(x)=\sqrt{1+x}$,因为

$$f(0)=1$$

$$f'(x)=\frac{1}{2}(1+x)^{-\frac{1}{2}},f'(0)=\frac{1}{2}$$

$$f''(x)=-\frac{1}{4}(1+x)^{-\frac{3}{2}},f''(0)=-\frac{1}{4}$$

$$f'''(x)=\frac{3}{8}(1+x)^{-\frac{5}{2}},f'''(x)=\frac{3}{8}$$

所以

$$\sqrt{1+x}=1+\frac{1}{2}x-\frac{1}{8}x^2+\frac{1}{16}(1+\theta x)^{-\frac{5}{2}}x^3\quad (0<\theta<1)$$

当 $x>0$ 时,余项

$$\frac{1}{16}(1+\theta)^{-\frac{5}{2}}x^3>0$$

所以

$$\sqrt{1+x}>1+\frac{x}{2}-\frac{x^2}{8}$$

六、利用泰勒公式进行近似计算

当不需要知道某些数值的精确值,而只须知道它的近似值时,泰勒公式就是一个很好的工具,利用泰勒公式求某些函数的近似计算式和一些数值的近似值,主要是通过利用函数的麦克劳林展开式得到函数的近似计算式为

$$f(x) \approx f(0) + f'(0)x + \frac{f''(0)}{2!}x^2 + \cdots + \frac{f^{(n)}(0)}{n!}x^n$$

余项为 $R_n(x)$,需要注意的是,泰勒公式是一种局部性质,因此在用它进行近似计算时,x 不能离 x_0 太远.

例 8 求 $\int_0^1 e^{-x^2}dx$ 的近似值,精确到 10^{-5}.

分析 因为定积分 $\int_0^1 e^{-x^2}dx$ 的被积函数不可积,因此可以用泰勒公式求其近似值.

解 在 e^x 的泰勒展开式中用 $-x^2$ 代替 x 得 e^{-x^2} 的泰勒展开式

$$e^{-x^2} = 1 - x^2 + \frac{x^4}{2!} + \cdots + \frac{(-1)^n x^{2n}}{n!} + \cdots$$

逐项积分得

$$\int_0^1 e^{-x^2}dx = \int_0^1 1dx - \int_0^1 x^2dx + \frac{1}{2}\int_0^1 x^4dx + \cdots$$

$$\frac{(-1)^n}{n!}\int_0^1 x^{2n}dx + \cdots$$

$$= 1 - \frac{1}{3} + \frac{1}{2} \times \frac{1}{5} + \cdots +$$

$$\frac{(-1)^n}{n!} \times \frac{1}{2n+1} + \cdots$$

上式为一个收敛的交错级数,由其余项

$$|R_n(x)|\leqslant 10^{-5}$$

在 $n=7$,因此

$$\int_0^1 \mathrm{e}^{-x^2}\mathrm{d}x\approx 0.746\ 836$$

当然,泰勒公式的应用还不仅仅有这些,如判断级数的敛散性、求行列式的值等也都可以用到泰勒公式.本章重点介绍了泰勒公式的几个常见的应用技巧,对怎样应用泰勒公式解题有了更深一层的认识,遇到不同的问题,只要注意分析,研究题设的条件及其形式特点,把握好处理原则,就能较好地掌握利用泰勒公式处理问题.

带有拉格朗日型余项的泰勒公式的应用探讨[①]

第五十二章

新疆农业大学的刘春奇,乌鲁木齐市第八十中学的秦霞两位老师 2013 年从纯数学方面说明了泰勒公式的应用,包括近似计算、求极限、求导数、判断级数以及广义积分的敛散性,证明一些等式和不等式.

带有拉格朗日型余项的泰勒公式:

若函数 f 在 $[a,b]$ 上存在直至 n 阶的连续导函数,在 (a,b) 内存在 $n+1$ 阶导函数,则对任意给定的 $x,x_0\in[a,b]$ 至少存在一点 $\xi\in(a,b)$,使得

① 本章摘自《数学学习与研究》,2013 年,第 1 期.

$$f(x)=f(x_0)+f'(x_0)(x-x_0)+\frac{f''(x_0)}{2!}(x-x_0)^2+\cdots+\frac{f^{(n)}(x_0)}{n!}(x-x_0)^n+\frac{f^{(n+1)}(\xi)}{(n+1)!}(x-x_0)^{n+1} \quad (1)$$

式(1)同样称为泰勒公式,它的余项为

$$R_n(x)=f(x)-T_n(x)=\frac{f^{(n+1)}(\xi)}{(n+1)!}(x-x_0)^{n+1}$$

$$\xi=x_0+\theta(x-x_0)\quad(0<\theta<1)$$

称为拉格朗日型余项.

所以式(1)又称为带有拉格朗日型余项的泰勒公式.

当 $n=0$ 时,式(1)即为拉格朗日中值公式

$$f(x)-f(x_0)=f'(\xi)(x-x_0)$$

所以,式(1)可以看作拉格朗日中值定理的推广.

当 $x_0=0$ 时,得到泰勒公式

$$f(x)=f(0)+f'(0)x+\frac{f''(0)}{2!}x^2+\cdots+\frac{f^{(n)}(0)}{n!}x^n+\frac{f^{(n+1)}(\theta x)}{(n+1)!}x^{n+1}\quad(0<\theta<1) \quad (2)$$

式(2)也称为(带有拉格朗日型余项的)麦克劳林公式.

下面介绍带有拉格朗日型余项泰勒公式的更加广

泛的应用.

一、近似计算

求$\int_0^1 e^{-\frac{x^2}{2}}$的近似值.

解 由

$$e^{-x^2}=1-x^2+\frac{x^4}{2!}+\cdots+(-1)^n\frac{x^{2n}}{n!}+\cdots$$

逐项积分得

$$\begin{aligned}\int_0^1 e^{-x^2}dx &= \int_0^1 1dx-\int_0^1 x^2dx+\int_0^1\frac{x^4}{2!}dx+\cdots+\\ &\quad(-1)^n\int_0^1\frac{x^{2n}}{n!}dx+\cdots\\ &=1-\frac{1}{3}+\frac{1}{2!}\cdot\frac{1}{5}-\cdots+\\ &\quad(-1)^n\frac{1}{n!}\cdot\frac{1}{2n+1}+\cdots\\ &=1-\frac{1}{3}+\frac{1}{10}-\frac{1}{42}+\frac{1}{216}-\frac{1}{1\ 329}+\\ &\quad\frac{1}{9\ 360}-\frac{1}{75\ 600}+\cdots\end{aligned}$$

上式右端为一个收敛的交错级数,由其余项 R_n 的估计式知

$$|R_7|\leqslant\frac{1}{75\ 600}<0.000\ 015$$

所以

$$\begin{aligned}\int_0^1 e^{-x^2}dx &\approx 1-\frac{1}{3}+\frac{1}{10}-\frac{1}{42}+\frac{1}{216}-\frac{1}{1\ 329}+\frac{1}{9\ 360}\\ &\approx 0.746\ 836\end{aligned}$$

二、证明等式和不等式

1. 设$f(x)$在$[a,b]$上的二阶导函数连续,求证:$\exists\xi\in(a,b)$,使得

$$f(b)=f(a)+f'\left(\frac{a+b}{2}\right)(b-a)+\frac{1}{24}f'''(\xi)(b-a)^3$$

证 设$F(x)=\int_a^x f(t)\mathrm{d}t$,则有

$$F(a)=0, F'(x)=f(x), F''(x)=f'(x), F'''(x)=f''(x)$$

令$c=\dfrac{a+b}{2}$,$F(x)$在$x_0=c$处的二阶泰勒公式为

$$F(x)=F'(c)+F'(c)(x-c)+\frac{F''(c)}{2!}(x-c)^2+\frac{F'''(\eta)}{3!}(x-c)^3$$

其中η在c与x之间.

将$x=b$,$x=a$分别代入上式然后相减得

$$F(b)-F(a)=2F'(c)\left(\frac{b+a}{2}\right)+\frac{1}{3!}[F'''(\xi_1)+F'''(\xi_2)]\cdot\left(\frac{b+a}{2}\right)^3\quad(a<\xi_1<c, c<\xi_2<b)$$

即

$$\int_a^b f(x)\mathrm{d}x=(b-a)f\left(\frac{a+b}{2}\right)+\frac{1}{24}(b-a)^3\left[\frac{f''(\xi_1)+f''(\xi_2)}{2}\right]$$

因f''连续,由介值性得,$\exists\xi\in(a,b)$,使得

$$f''(\xi)=\frac{f''(\xi_1)+f''(\xi_2)}{2}$$

即证.

2. 设函数$f(x)$在$[a,b]$上二阶可导

$$f'(a)=f'(b)=0$$

试证：$\exists\xi\in(a,b)$使得

$$|f''(\xi)|\geqslant\frac{4}{(b-a)^2}|f(b)-f(a)|$$

证　由泰勒公式，将$f\left(\frac{a+b}{2}\right)$分别在点$x=a,x=b$展开，即$\exists\xi,\eta,a<\xi<\frac{a+b}{2}<\eta<b$，使得

$$f\left(\frac{a+b}{2}\right)=f(a)+\frac{1}{2}f''(\xi)\left(\frac{b-a}{2}\right)^2$$

$$f\left(\frac{a+b}{2}\right)=f(b)+\frac{1}{2}f''(\eta)\left(\frac{b-a}{2}\right)^2$$

相减得

$$f(b)-f(a)+\frac{1}{8}[f''(\eta)-f''(\xi)](b-a)^2=0$$

故

$$\frac{4}{(b-a)^2}|f(b)-f(a)|\leqslant\frac{1}{2}(|f''(\xi)|+|f''(\eta)|)$$

$$\leqslant|f''(\zeta)|$$

其中

$$\zeta=\begin{cases}\xi,|f''(\xi)|\geqslant|f''(\eta)|\\\eta,|f''(\xi)|<|f''(\eta)|\end{cases}$$

3. 设函数$f(x)$在$(-\infty,+\infty)$上三阶可导，并且$f(x)$和$f'''(x)$在$(-\infty,+\infty)$上有界，求证：$f'(x)$和$f''(x)$也在$(-\infty,+\infty)$上有界.

证　因

$$f(x+h)=f(x)+hf'(x)+\frac{1}{2!}\cdot f''(x)\cdot h^2+\frac{1}{3!}\cdot f'''(\xi)\cdot h^3$$

分别取 $h=\pm 1$,得

$$f(x+1)=f(x)+f'(x)+\frac{1}{2!}\cdot f''(x)+\frac{1}{3!}\cdot f'''(\xi)$$

$$f(x-1)=f(x)-f'(x)+\frac{1}{2!}\cdot f''(x)-\frac{1}{3!}\cdot f'''(\eta)$$

两式相减得

$$f(x+1)-f(x-1)=2f'(x)+\frac{1}{3!}[f'''(\xi)+f'''(\eta)]$$

所以

$$2|f'(x)|\leqslant 2M_0+M_3 \quad (\forall x\in(-\infty,+\infty))$$

其中

$$M_k=\sup_{-\infty<x<+\infty}|f^{(k)}(x)| \quad (k=0,3)$$

同理两式相加得

$$|f''(x)|\leqslant 4M_0+\frac{1}{3}M_3 \quad (\forall x\in(-\infty,+\infty))$$

故 $f'(x)$ 和 $f''(x)$ 在 $(-\infty,+\infty)$ 上有界.

泰勒公式在解题中的应用[①]

第五十三章

一、引言

泰勒公式是数学分析中的主要内容之一，晋城职业技术学院教师教育系的岳素青、韩晶两位教授2013年讨论了带拉格朗日型余项和带皮亚诺型余项的泰勒公式在解题中的应用.

先给出泰勒公式的两种形式.

若 $f^{(n)}(x)$ 在 $[a, b]$ 上连续，$f^{(n+1)}(x)$ 在 (a,b) 内存在，则任意 $x, x_0 \in [a,b]$，$\exists \xi$ 在 x 与 x_0 之间，使得下式成立

$$f(x)=f(x_0)+f'(x_0)(x-x_0)+\cdots+\frac{1}{n!}f^{(n)}(x_0)(x-x_0)^n+R_n(x) \tag{1}$$

① 本章摘自《洛阳师范学院学报》，2013年，第32卷，第11期.

其中

$$R_n(x)=\frac{1}{(n+1)!}f^{(n+1)}(\xi)(x-x_0)^{n+1}$$

为拉格朗日型余项.

若$f(x)$在x_0处有n阶导数$f^{(n)}(x_0)$,则在x_0邻域内泰勒公式(1)成立,其中

$$R_n(x)=o((x-x_0)^n)\quad (\text{当 } x\to x_0)$$

为皮亚诺型余项.

若把x_0看成定点,x看成动点,则式(1)通过定点x_0处的函数值$f(x_0)$及导数值$f'(x_0),\cdots,f^{(n)}(x_0)$表达动点$x$处的函数值$f(x)$.当问题涉及2阶以上的导数时,通常可考虑用泰勒公式求解,这里关键在于选取函数f,点x_0,展开的阶数n以及余项形式,根据需要,x_0一般应选在有特点的地方,例如使某$f^{(i)}(x_0)=0$的地方等.

二、泰勒公式的应用

1. 证明等式

当等式中含有二阶或二阶以上的导数时,通常想到用泰勒公式来证明,当用题中所给函数的泰勒展开式证明遇到困难时,可以考虑借助辅助函数来证明.

例1 设$f(x)$在$[a,b]$上有二阶导数,试证$\exists c\in(a,b)$使得

$$\int_a^b f(x)\mathrm{d}x=(b-a)f\left(\frac{a+b}{2}\right)+\frac{1}{24}f''(c)(b-a)^3\quad(2)$$

证法1 设辅助函数

$$F(x)=\int_a^x f(t)\mathrm{d}t\quad (x\in[a,b])$$

在点 $x_0=\frac{a+b}{2}$ 处将 $F(x)$ 按泰勒公式展开，记 $h=\frac{b-a}{2}$，则

$$F(x_0+h)=F(x_0)+f(x_0)h+\frac{1}{2}f'(x_0)h^2+\frac{1}{6}f''(\xi)h^3$$

$$F(x_0-h)=F(x_0)-f(x_0)h+\frac{1}{2}f'(x_0)h^2-\frac{1}{6}f''(\xi)h^3$$

其中，$\xi,\eta\in(a,b)$，于是

$$\begin{aligned}\int_a^b f(x)\mathrm{d}x &= F(x_0+h)-F(x_0-h)\\ &=(b-a)f(x_0)+\\ &\quad\frac{(b-a)^3}{48}(f''(\xi)+f''(\eta))\end{aligned}\tag{3}$$

又因为存在 $c\in(a,b)$ 使得

$$f''(c)=\frac{f''(\xi)+f''(\eta)}{2}$$

代入式(3)即得所要证的式(2).

证法 2 记 $x_0=\frac{a+b}{2}$，在泰勒展开式

$$f(x)=f(x_0)+f'(x_0)(x-x_0)+\frac{1}{2}f''(\xi)(x-x_0)^2$$

两端同时取 $[a,b]$ 上的积分，注意到右端第二项积分为0，第三项的积分，由于第一积分中值定理成立，所以存在 $c\in(a,b)$，使得

$$\begin{aligned}\int_a^b f''(\xi)(x-x_0)^2\mathrm{d}x &= f''(c)\int_a^b(x-x_0)^2\mathrm{d}x\\ &=\frac{1}{12}f''(x)(b-a)^3\end{aligned}$$

因此式(2)成立.

2. 证明不等式

在前面已经提过,当遇到含有函数与高阶导数的题目时,易于用泰勒公式,但是在展开过程中,必须认真分析将哪个函数展开,以及在哪一点展开.

例2 设$f(x)$有二阶导数

$$f(x)\leqslant\frac{1}{2}[f(x-h)+f(x+h)]$$

试证$f''(x)\geqslant 0$.

证 在这一题中,将不把$f(x)$展开,而是把$f(x+h)$和$f(x-h)$展开

$$f(x+h)=f(x)+f'(x)h+\frac{1}{2}f''(x)h^2+o(h^2)$$

$$f(x-h)=f(x)-f'(x)h+\frac{1}{2}f''(x)h^2+o(h^2)$$

两式相加,并除以h^2,有

$$\begin{aligned}f(x+h)+f(x-h)&=2f(x)+f''(x)h^2+o(h^2)\\&\geqslant 2f(x)\end{aligned}$$

所以

$$f''(x)h^2+o(h^2)\geqslant 0$$

即

$$f''(x)+o(1)\geqslant 1$$

令$h\to 0$取极限得$f''(x)\geqslant 0$.

总之,证明这类问题时,究竟将函数在哪一点展成泰勒公式,要视问题的要求和具体情况而定.

此外,若$f(x)$在$[a,b]$上有连续的n阶导数,且

$$f(a)=f'(a)=\cdots=f^{(n-1)}(a)=0$$

$$f^{(n)}(x)>0 \quad (x\in(a,b))$$

则

$$f(x)=\frac{f^{(n)}(\xi)}{n!}(x-a)^n>0 \quad (x\in(a,b))$$

利用此结论,也可以证明一些不等式.

例 3 求证:$\frac{\tan x}{x}>\frac{x}{\sin x},x\in\left(0,\frac{\pi}{2}\right)$.

证 设辅助函数

$$f(x)=\sin x\tan x-x^2$$

因

$$f(0)=f'(0)=f''(0)=0$$

而

$$f'''(x)=4\sin x+\frac{11\sin^3 x}{\cos^2 x}+\frac{6\sin^5 x}{\cos^4 x}$$
$$=4\sin x+\frac{\sin^3 x(6+5\cos^2 x)}{\cos^4 x}$$

又因为 $x\in(0,\frac{\pi}{2})$,所以

$$f'''(x)>0$$

由上述结论可得

$$f(x)=\frac{f'''(\xi)}{3!}x^3>0$$

故 $f(x)>0,x\in(0,\frac{\pi}{2})$,原式得证.

3. 求一元函数的极限

在求极限时,若用泰勒公式再配合无穷小量代换,会使一些用其他方法比较复杂或难以求解的极限问题迎刃而解.

例 4　求$\lim\limits_{x\to 0}\dfrac{\cos x-\mathrm{e}^{-\frac{x^2}{2}}}{\sin^4 x}$.

解　可得

原式

$$=\lim_{x\to 0}\frac{1-\frac{1}{2!}x^2+\frac{1}{4!}x^4+o(x^4)-(1-\frac{x^2}{2}+\frac{1}{2!}(-\frac{x^2}{x})^2+o(x^4))}{x^4}$$

$$=\lim_{x\to 0}\frac{(\frac{1}{24}-\frac{1}{8})x^4+o(x^4)}{x^4}$$

$$=\lim_{x\to 0}\frac{-\frac{1}{12}x^4+o(x^4)}{x^4}$$

$$=-\frac{1}{12}$$

除此之外,还有很多这样的题,如

$$\lim_{x\to 0}\frac{x^2}{\sqrt[5]{1+5x}-(1+x)}$$

$$(\sqrt[5]{1+5x}=(1+5x)^{\frac{1}{5}}=1+x-2x^2+o(x^2))$$

和

$$\lim_{x\to 0}(1+\frac{1}{x^2}-\frac{1}{x^3}\ln\frac{2+x}{2-x})$$

$$(\ln\frac{2+x}{2-x}=\ln(1+\frac{x}{2})-\ln(1-\frac{x}{2}))$$

在做这类题目时,必须熟练掌握5个重要函数 e^x, $\sin x,\cos x,\ln(x+1),(1+x)^\alpha$ 在零点的泰勒展开式(即麦克劳林展开式),做这类题目时才能游刃有余.

4. 函数界的估计

若题目中含有函数和高阶导数，并且给出了某些一阶或高阶导数的界，在这类题目中，一般都没有给出函数$f(x)$的具体表达式. 因此，若直接从函数本身入手很难证明，但可以通过研究它的泰勒展开式来达到证明此题的目的.

例 5　设$f(x)$在$[0,1]$上具有二阶导数，当$0\leqslant x\leqslant 1$时，$|f(x)|\leqslant 1$，$|f''(x)|<2$，试证：当$0\leqslant x\leqslant 1$时，$|f'(x)|\leqslant 3$.

证　因为

$$f(1)=f(x)+f'(x)(1-x)+\frac{1}{2}f''(\xi)(1-x)^2$$

$$f(0)=f(x)+f'(x)(-x)+\frac{1}{2}f''(\eta)(-x)^2$$

$$f(1)-f(0)=f'(x)+\frac{1}{2}f''(\xi)(1-x)^2-\frac{1}{2}f''(\eta)(-x)^2$$

所以

$$\begin{aligned}|f'(x)|&\leqslant|f(1)|+|f(0)|+\frac{1}{2}|f''(\xi)|(1-x)^2+\frac{1}{2}|f''(\eta)|x^2\\&\leqslant 2+(1-x)^2+x^2\\&\leqslant 2+1\\&=3\end{aligned}$$

泰勒公式在判定交错级数敛散性中的应用①

第五十四章

交错级数作为一种重要的级数形式,审敛方法却很有限.多数高等数学和数学分析教材上仅介绍了莱布尼兹判别法,而它的应用条件比较严格,尤其是对于复杂通项,单调递减条件既不容易判断,又大多很难保证.于是为了克服这个问题,有不少学者对该方法提出了许多推广和改进,但大多只能针对具体级数计算判断,未考虑通项由抽象函数或复合函数构造的情况.

长江大学工程技术学院的范臣君教授2013年将泰勒公式引入交错级数的收

① 本章摘自《贵州大学学报(自然科学版)》,2013年,第30卷,第6期.

敛性判别中,利用它对交错级数通项进行展开,再逐项进行收敛性判别. 此种方法达到了很好的效果,成功解决了上述问题.

定理 1 设 $f(x)$ 在 $x=0$ 处的某领域内存在二阶连续导数,且 $f(0)=0$,则 $\sum_{n=1}^{\infty} f\left(\frac{(-1)^n}{n}\right)$ 收敛.

证 由泰勒公式有

$$f(x)=f(0)+f'(0)x+\frac{f''(\xi)}{2}x^2$$

其中 ξ 在 0 与 x 之间,于是

$$f\left(\frac{(-1)^n}{n}\right)=f(0)+f'(0)\cdot\frac{(-1)^n}{n}+\frac{1}{2}\cdot f''(\xi)\cdot\left(\frac{(-1)^n}{n}\right)^2$$

因为 $f(x)$ 在 $x=0$ 处的某邻域内存在二阶连续导数,所以交错级数 $\sum_{n=1}^{\infty} f'(0)\cdot\frac{(-1)^n}{n}$ 收敛, 正项级数

$$\sum_{n=1}^{\infty}\frac{1}{2}\cdot f''(\xi)\cdot\left(\frac{(-1)^n}{n}\right)^2$$

收敛.

又由已知 $f(0)=0$,则 $\sum_{n=1}^{\infty} f\left(\frac{(-1)^n}{n}\right)$ 为上述两收敛级数的和,故该级数收敛.

例 1 判断 $\sum_{n=1}^{\infty}\ln\left(1+\frac{(-1)^n}{n}\right)$ 的收敛性.

解法 1 令 $f(x)=\ln(1+x)$,则 $f(x)$ 在 $x=0$ 处某邻域内二阶连续可导,对 $f(x)$ 在 $x=0$ 处进行泰勒展开

$$f(x)=x-\frac{1}{2(1+\xi)^2}\cdot x^2$$

其中 ξ 在 0 与 x 之间. 于是,级数通项

$$\ln\left(1+\frac{(-1)^n}{n}\right)=\frac{(-1)^n}{n}-\frac{1}{2}\cdot(1+\xi)^{-2}\cdot\left(\frac{(-1)^n}{n}\right)^2$$

又因为交错级数 $\sum\limits_{n=1}^{\infty}\frac{(-1)^n}{n}$ 收敛,正项级数 $\sum\limits_{n=1}^{\infty}\left(\frac{(-1)^n}{n}\right)^2$ 也收敛,所以,级数 $\sum\limits_{n=1}^{\infty}\ln\left(1+\frac{(-1)^n}{n}\right)$ 收敛.

解法2 令 $f(x)=\ln(1+x)$,于是原级数可表示为 $\sum\limits_{n=1}^{\infty}f\left(\frac{(-1)^n}{n}\right)$. 又 $f(x)$ 在 $x=0$ 处的某邻域内存在二阶连续导数,且 $f(0)=0$,符合定理 1 条件,于是由定理 1 可知,级数收敛.

引理1 设 $\alpha>\frac{1}{2}$,则级数 $\sum\limits_{n=2}^{\infty}\frac{(-1)^n}{n^\alpha+(-1)^n}$ 是收敛的. 其中,当 $\frac{1}{2}<\alpha\leqslant1$ 时,该级数为条件收敛;当 $\alpha>1$ 时,该级数绝对收敛.

证 由泰勒公式有

$$(1+x)^{-1}=1-(1+\xi)^{-2}\cdot x$$

其中 ξ 在 0 与 x 之间,于是级数通项

$$\frac{(-1)^n}{n^\alpha+(-1)^n}=\frac{(-1)^n}{n^\alpha}\left(1+\frac{(-1)^n}{n^\alpha}\right)^{-1}$$

利用上式可得

$$\frac{(-1)^n}{n^\alpha+(-1)^n}=\frac{(-1)^n}{n^\alpha}\left(1+\frac{(-1)^n}{n^\alpha}\right)^{-1}$$

$$=\frac{(-1)^n}{n^\alpha}\left[1-(1+\xi)^{-2}\cdot\frac{(-1)^n}{n^\alpha}\right]$$

$$=\frac{(-1)^n}{n^\alpha}-\frac{1}{n^{2\alpha}}\cdot(1+\xi)^{-2}$$

由已知$\alpha>\frac{1}{2}$,则由$p-$级数的敛散性及比较判别法,可知$\sum\limits_{n=2}^{\infty}\frac{1}{n^{2\alpha}}$绝对收敛.又由莱布尼兹判别法可知,当$\frac{1}{2}<\alpha\leqslant1$时,级数$\sum\limits_{n=2}^{\infty}\frac{(-1)^n}{n^\alpha}$为条件收敛;当$\alpha>1$时,$\sum\limits_{n=2}^{\infty}\frac{(-1)^n}{n^\alpha}$绝对收敛.

而原级数为上述三级数之和,所以当$\frac{1}{2}<\alpha\leqslant1$时,级数为条件收敛;当$\alpha>1$时,绝对收敛.

定理 2 设$f(x)$在$[-1,1]$内二阶导数连续,且$f(0)=0$,则数项级数$\sum\limits_{n=2}^{\infty}f\left(\frac{(-1)^n}{n+(-1)^n}\right)$收敛,且$f'(0)=0$时,该级数为绝对收敛;且$f'(0)\neq0$时,该级数为条件收敛.

证 由泰勒公式有

$$f(x)=f(0)+f'(0)x+\frac{f''(\xi)}{2}x^2$$

其中ξ在0与x之间,于是

$$f\left(\frac{(-1)^n}{n+(-1)^n}\right)=f(0)+f'(0)\cdot\frac{(-1)^n}{n+(-1)^n}+\frac{f''(\xi)}{2}\cdot\left(\frac{(-1)^n}{n+(-1)^n}\right)^2$$

因为$f(x)$在$[-1,1]$内二阶导数连续,则有

$$\left|\frac{f''(\xi)}{2}\left(\frac{(-1)^n}{n+(-1)^n}\right)^2\right| \leqslant \frac{A}{2}\left(\frac{1}{n-1}\right)^2$$

其中$0 \leqslant A < +\infty$.

于是,当$f(0)=0$,且$f'(0)=0$时,有

$$\left|f\left(\frac{(-1)^n}{n+(-1)^n}\right)\right| = \left|\frac{f''(\xi)}{2}\left(\frac{(-1)^n}{n+(-1)^n}\right)^2\right| \leqslant \frac{A}{2}\left(\frac{1}{n-1}\right)^2$$

所以

$$\sum_{n=2}^{\infty} f\left(\frac{(-1)^n}{n+(-1)^n}\right)$$

为绝对收敛.

如果$f'(0) \neq 0$,由引理1可知级数

$$\sum_{n=2}^{\infty} f'(0) \cdot \frac{(-1)^n}{n+(-1)^n}$$

条件收敛.

于是,当$f(0)=0$,且$f'(0) \neq 0$时,级数

$$\sum_{n=2}^{\infty} f\left(\frac{(-1)^n}{n+(-1)^n}\right)$$

为条件收敛.

例2 判断

$$\sum_{n=1}^{\infty} \left[\left(1+\frac{(-1)^n}{n+(-1)^n}\right)^{\alpha} - 1\right]$$

的收敛性.

解法1 令$f(x)=(1+x)^{\alpha}-1$,对$f(x)$在$x=0$处进行泰勒展开

Taylor 公式

$$f(x)=\alpha x+\frac{\alpha(x-1)}{2}\cdot(1+\xi)^{\alpha-2}\cdot x^{2}$$

其中 ξ 在 0 与 x 之间. 于是,级数通项

$$\left(1+\frac{(-1)^{n}}{n+(-1)^{n}}\right)^{\alpha}-1=\alpha\cdot\frac{(-1)^{n}}{n+(-1)^{n}}+\frac{\alpha(\alpha-1)}{2}\cdot(1+\xi)^{\alpha-2}\cdot\left(\frac{(-1)^{n}}{n+(-1)^{n}}\right)^{2}$$

由于

$$\left(\frac{(-1)^{n}}{n+(-1)^{n}}\right)\leqslant\left(\frac{1}{n-1}\right)^{2}$$

于是级数

$$\sum_{n=1}^{\infty}\left(\frac{(-1)^{n}}{n+(-1)^{n}}\right)^{2}$$

收敛,又由引理 1 可知 $\sum\limits_{n=1}^{\infty}\frac{(-1)^{n}}{n+(-1)^{n}}$收敛,则

$$\sum_{n=1}^{\infty}\left[\left(1+\frac{(-1)^{n}}{n+(-1)^{n}}\right)^{\alpha}-1\right]$$

为上述两收敛级数的和,故收敛.

解法 2 令 $f(x)=(1+x)^{\alpha}-1$,于是原级数可表示为

$$\sum_{n=2}^{\infty}f\left(\frac{(-1)^{n}}{n+(-1)^{n}}\right)$$

又设 $f(x)$ 在 $[-1,1]$ 内二阶导数连续,且 $f(0)=0$,符合定理 2 的条件,又 $f'(0)\neq0$,于是由定理 2 可知,级数条件收敛.

第五十五章 对泰勒公式的理解及其广泛运用[①]

武警学院基础部的李秀林教授2014年利用泰勒公式讨论了七个问题,对泰勒公式的应用做了广泛系统的归纳和总结.

一、预备知识

定义1 若函数f在x_0存在n阶导数,则有

$$f(x)=f(x_0)+\frac{f'(x_0)}{1!}(x-x_0)+\frac{f''(x_0)}{2!}(x-x_0)^2+\cdots+\frac{f^{(n)}(x_0)}{n!}(x-x_0)^n+o((x-x_0)^n) \quad (1)$$

① 本章摘自《宿州教育学院学报》,2014年,第17卷,第5期.

这里 $o((x-x_0)^n)$ 为皮亚诺型余项，称式(1)为 f 在点 x_0 的泰勒公式.

当 $x_0=0$ 时，式(1)变成

$$f(x)=f(0)+\frac{f'(0)}{1!}x+\frac{f''(0)}{2!}x^2+\cdots+\frac{f^{(n)}(0)}{n!}x^n+o(x^n)$$

称上式为麦克劳林公式.

定义 2 设函数 f 在 x_0 某邻域内存在直至 $n+1$ 阶的连续导数，则

$$f(x)=f(x_0)+f'(x_0)(x-x_0)+\frac{f''(x_0)}{2!}(x-x_0)^2+\cdots+\frac{f^{(n)}(x_0)}{n!}(x-x_0)^n+R_n(x) \qquad (2)$$

这里 $R_n(x)$ 为拉格朗日型余项

$$R_n(x)=\frac{f^{(n+1)}(\xi)}{(n+1)!}(x+x_0)^{n+1}$$

其中 ζ 在 x 与 x_0 之间，称式(2)为 f 在 x_0 的泰勒公式，当 $x_0=0$ 时，式(2)变成

$$f(x)=f(0)+f'(0)x+\frac{f''(0)}{2!}x^2+\cdots+\frac{f^{(n)}(0)}{n!}x^n+R_n(x)$$

称此式为(带有拉格朗日型余项的)麦克劳林公式.

定理 1(介值定理) 设函数 f 在闭区间 $[a,b]$ 上连续，且 $f(a)\neq f(b)$，若 μ_0 为介于 $f(a)$ 与 $f(b)$ 之间的任何实数，则至少存在一点 $x_0\in(a,b)$，使得 $f(x_0)=\mu_0$.

二、泰勒公式具体应用

1. 求极限

利用泰勒公式把函数展开为幂级数,使得将原来函数的极限转化为类似多项式有理式的函数极限,从而简化计算.

例 1 求极限$\lim\limits_{x\to 0}\dfrac{\cos x-\mathrm{e}^{-\frac{x^2}{2}}}{2!}$.

分析 此极限为“$\dfrac{0}{0}$”型,用常规方法求解很困难,但将 $\cos x$ 和 $\mathrm{e}^{-\frac{x^2}{2}}$展开为幂级数,则问题迎刃而解.

解 因

$$\cos x=1-\frac{x^2}{2!}+\frac{x^4}{4!}+o(x^4)$$

$$\mathrm{e}^{-\frac{x^2}{2}}=1-\frac{x^2}{2}+\frac{(-\frac{x^2}{2})^2}{2}+o(x^4)$$

故

$$\cos x-\mathrm{e}^{-\frac{x^2}{2}}=(\frac{1}{4!}-\frac{1}{2^2\cdot 2!})x^4+o(x^4)$$

$$=-\frac{1}{12}x^4+o(x^4)$$

即

$$\lim_{x\to 0}\frac{\cos x-\mathrm{e}^{-\frac{x^2}{2}}}{2!}=\lim_{x\to 0}\frac{-\frac{1}{12}x^4+o(x^4)}{x^4}$$

$$=-\frac{1}{12}$$

2. 证明不等式

例 2 当时 $x \geqslant 0$，证明 $\sin x \geqslant x - \frac{1}{6}x^3$.

证 取

$$f(x) = \sin x - \frac{1}{6}x^3, x = 0$$

则 $f(0) = 0, f'(0) = 0, f^{(n)}(x) = 1 - \cos x, f''(0) = 0$ 代入泰勒公式，其中 $n = 3$，得

$$f(x) = 0 + 0 + 0 + \frac{1 - \cos \theta x}{3!}x^3$$

其中 $0 \leqslant \theta < 1$，故当 $x \geqslant 0$ 时，$\sin x \geqslant x - \frac{1}{6}x^3$.

说明：不等式含有多项式和其他初等函数，可构造辅助函数，利用此辅助函数的泰勒展开式，达到有效的证明.

3. 判别级数 $\sum_{n=1}^{\infty}\left(\frac{1}{\sqrt{n}} - \sqrt{\ln \frac{n+1}{n}}\right)$ 的敛散性

例 3 判断级数的敛散性.

分析 此级数通项由两部分组成，且很繁难，无从选择常规的判别方法，但若注意到 $\ln \frac{n+1}{n} = \ln(1 + \frac{1}{n})$ 可展开为 $\frac{1}{n}$ 的幂级数形式，则判敛容易进行.

解 因

$$\ln \frac{n+1}{n} = \ln(1 + \frac{1}{n}) = \frac{1}{n} - \frac{1}{2n^2} + \frac{1}{3n^3} - \frac{1}{4n^4} + \cdots < \frac{1}{n}$$

所以

$$\sqrt{\ln \frac{1}{n+1}} < \frac{1}{\sqrt{n}}$$

即

$$u_n = \frac{1}{\sqrt{n}} - \sqrt{\ln\frac{n+1}{n}} > 0$$

即此级数是正向级数.

又因为

$$\begin{aligned}\sqrt{\ln\frac{n+1}{n}} &= \sqrt{\frac{1}{n} - \frac{1}{2n^2} + \frac{1}{3n^2} + o(\frac{1}{n^3})} \\ &> \sqrt{\frac{1}{n} - \frac{1}{n^2} + \frac{1}{4n^3}} \\ &= \sqrt{\left(\frac{1}{\sqrt{n}} - \frac{1}{2n^{\frac{3}{2}}}\right)} \\ &= \frac{1}{\sqrt{n}} - \frac{1}{2n^{\frac{3}{2}}}\end{aligned}$$

所以

$$\begin{aligned}u_n &= \frac{1}{\sqrt{n}} - \sqrt{\ln\frac{n+1}{n}} < \frac{1}{\sqrt{n}} - \left(\frac{1}{\sqrt{n}} - \frac{1}{2n^{\frac{3}{2}}}\right) \\ &= \frac{1}{2n^{\frac{3}{2}}}\end{aligned}$$

又 $\sum\limits_{n=1}^{\infty} \frac{1}{2n^{\frac{3}{2}}}$收敛,故原级数收敛.

说明:对于某些级数,通项表达式比较复杂,用一般的判定方法无从下手,可利用泰勒公式进行化解,然后判定.

4. 证明根的唯一存在性

例 4 $f(x)$在$[a, +\infty)$上二阶可导,且$f(a)>0$,$f'(a)<0$ 对 $x\in(a, +\infty)$,$f'\leqslant 0$,证明:在$(a, +\infty)$,

$f(x)=0$ 存在唯一实根.

分析 因为$f(x)$是抽象函数,讨论$f(x)=0$的根很困难,由题设$f(x)$在$[a,+\infty)$上二阶可导且

$$f(a)>0, f'(a)<0$$

可考虑将$f(x)$在点a展开为泰勒级数,则可用介值定理证明.

证 由$f'(x)\leqslant 0$,所以$f'(x)$单调减少,又$f'(a)<0$,因此$x>a$时,$f'(x)<f'(a)<0$,故$f(x)$在$(a,+\infty)$上严格单调减少,在点a展开一阶泰勒公式有

$$f(x)=f(a)+f'(a)(x-a)+\frac{f'(\xi)}{2}(x-a)^2$$

$$(a<\xi<x)$$

由题设$f'(a)<0, f'(\xi)\leqslant 0$,从而必存在$b>a$,使得$f(b)<0$,又因为$f(a)>0$,在$[a,b]$上应用连续函数的介值定理,存在$x_0\in(a,b)$,使$f(x_0)=0$,由$f(x)$的严格单调性知$x_0$唯一,因此方程$f(x)=0$在$(a,+\infty)$内存在唯一实根.

5. 求函数的极值

例5 设f在x_0的某邻域$U(x_0;\delta)$内一阶可导,在$x=x_0$处二阶可导,且$f(x_0)=0, f''(x_0)\neq 0$.

(1)若$f''(x_0)<0$,则f在x_0取得极大值;

(2)若$f''(x_0)>0$,则f在x_0取得极小值.

证 由条件,可得f在x_0处的二阶泰勒公式

$$f(x)=f(x_0)+\frac{f'(x_0)}{1!}(x-x_0)+\frac{f''(x_0)}{2!}(x-x_0)^2+o((x-x_0)^2)$$

因为$f'(x)=0$,所以

$$f(x)-f(x_0)=\left[\frac{f''(x_0)}{2}+o(1)\right](x-x_0)^2 \quad (3)$$

又因$f''(x_0)\neq 0$,故存在正数$\delta'\leqslant\delta$,当$x\in U(x_0;\delta')$时,$\frac{1}{2}f''(x_0)$与$\frac{1}{2}f''(x_0)+o(1)$同号. 所以,当$f''(x_0)<0$时,式(3)取负值,从而对任意$x\in U(x_0;\delta')$有$f(x)-f(x_0)<0$,即f在x_0取得极大值,同样对$f''(x_0)>0$,可得f在x_0取得极小值.

6. 求高阶导数的值

分析 若$f(x)$泰勒展开式已知,其通项$(x-x_0)^n$的系数是$\frac{1}{n!}f^{(n)}(x_0)$,则可反过来求高阶导数的值,而不必按常规方法依次求导.

例6 求$f(x)=x^2e^x$在$x=1$处的高阶导数$f^{(100)}(1)$.

解 设$x=u+1$,则

$$f(x)=g(u)=(u+1)^2e^{(u+1)}$$
$$=(u+1)^2e^u\cdot e$$
$$f^{(n)}(1)=g^{(n)}(0)$$

e^u在$u=0$的泰勒公式为

$$e^u=1+u+\cdots+\frac{u^{98}}{98!}+\frac{u^{99}}{99!}+$$
$$\frac{u^{100}}{100!}+o(u^{100})$$

从而

$$g(u)=e(u^2+2u+1)(1+u+\cdots+$$

$$\frac{u^{98}}{98!}+\frac{u^{99}}{99!}+\frac{u^{100}}{100!}+o(u^{100}))$$

而 $g(u)$ 中的泰勒展开式中含 u^{100} 的项应为 $\frac{g^{100}(0)}{100!}u^{100}$，

从 $g(u)$ 的展开式知 u^{100} 的项为

$$e\left(\frac{1}{98!}+\frac{2}{99!}+\frac{1}{100!}\right)u^{100}$$

因此

$$\frac{g^{100}(0)}{100!}=e\left(\frac{1}{98!}+\frac{2}{99!}+\frac{1}{100!}\right)$$

$$g^{100}(0)=e\cdot 10\ 101$$

$$f^{100}(1)=g^{100}(0)=10\ 101e$$

7. 求行列式的值

例 7 求 n 阶行列式

$$D=\begin{vmatrix} x & y & y & \cdots & y \\ z & x & y & \cdots & y \\ z & z & x & \cdots & y \\ \vdots & \vdots & \vdots & & \vdots \\ z & z & z & \cdots & x \end{vmatrix} \tag{4}$$

分析 此行列式可看作 x 的 n 次多项式函数，记作 $f(x)$，把 $f(x)$ 在 z 处泰勒展开，可求得行列式的值.

解 记 $f_n(x)=D$，按泰勒公式在 z 处展开

$$f_n(x)=f(z)+\frac{f'_n(z)}{1!}(x-z)+\frac{f''_n(z)}{2!}(x-z)^2+\cdots+$$

$$\frac{f_n^{(n)}(x-z)}{n!}(x-z)^n \tag{5}$$

易知

$$D=\begin{vmatrix} z-y & 0 & 0 & \cdots & 0 & y \\ 0 & z-y & 0 & \cdots & 0 & y \\ 0 & 0 & z-y & \cdots & 0 & y \\ \vdots & \vdots & \vdots & & \vdots & \vdots \\ 0 & 0 & 0 & \cdots & z-y & y \\ 0 & 0 & 0 & \cdots & 0 & z-y \end{vmatrix}_{k阶} \tag{6}$$

$$=z(z-y)^{k-1}$$

由式(6)得,$f_k(z)=z(z-y)^{k-1}$,$k=1,2,\cdots,n$ 时都成立.

根据行列式求导的规则,有

$$f'_n(x)=nf_{n-1}(x),f'_{n-1}(x)=(n-1)f_{n-2}(x),\cdots$$

$$f'_2(x)=2f_1(x),f'_1(x)=1$$

(因为 $f_1(x)=x$),于是 $f_n(x)$ 在 $x=z$ 处的各阶导数为

$$f'_n(z)=f'_n(z)|_{x=z}=nf_{n-1}(z)=nz(z-y)^{n-2}$$

$$f''_n(z)=f''_n(z)|_{x=z}=nf'_{n-1}(z)=n(n-1)z(z-y)^{n-3}$$

$$\vdots$$

$$f_n^{n-1}(z)=f_n^{n-1}|_{x=z}=n(n-1)\cdots 2f_1(z)=n(n-1)\cdots 2z$$

$$f_n^{(n)}(z)=n(n-1)\cdots 2\cdot 1$$

把以上各导数代入式(5)中,有

$$\begin{aligned} f_n(x)=&z(z-y)^{n-1}+\frac{n}{1!}z(z-y)^{n-2}(x-z)+\\ &\frac{n(n-1)}{2!}z(z-y)^{n-2}\cdot(x-z)^2+\cdots+\\ &\frac{n(n-1\cdots 2)}{(n-1)!}z(x-z)^{n-1}+\\ &\frac{n(n-1)\cdots 2\cdot 1}{n!}(x-z)^n \end{aligned}$$

Taylor 公式

若 $z=y$,若

$$f_n(x)=(x-y)^{n-1}[x+(n-1)y]$$

若 $z\neq y$,有

$$f_n(x)=\frac{z(x-y)^n-y(x-z)^n}{z-y}$$

第五十六章 利用泰勒公式妙解未定式的极限[①]

一、引言

在函数极限运算中，未定式极限的计算始终为我们所重视，这是因为未定式极限的计算对于初学者来说是比较困难的，同时未定式极限又是考研中一个重要的考点.

对于未定式的极限，我们常用的方法是等价无穷小代换以及洛必达法则，但是等价无穷小代换在加、减运算中是不能用的. 另外，洛必达法则的实质是使分子、分母的无穷小的阶数同时降低一阶，

① 本章摘自《河南机电高等专科学校学报》，2014 年，第 22 卷，第 5 期.

如遇到分子、分母都是阶数较高无穷小的话必须进行多次洛必达法则，过程往往十分烦琐．这时若采用泰勒公式求解，会更简单、明了．河南机电高等专科学校的许雁琴教授2014年就如何使用泰勒公式计算未定式极限给出了对应的方法．

二、泰勒中值定理

泰勒中值定理：如果函数$f(x)$在含有x_0的某个开区间内具有直到$n+1$阶的导数，则对任一$x\in(a,b)$，有

$$f(x)=f(x_0)+f'(x_0)(x-x_0)+\frac{f''(x_0)}{2!}(x-x_0)^2+\cdots+\frac{f^{(n)}(x_0)}{n!}(x-x_0)^n+R_n(x) \tag{1}$$

注1　若

$$R_n(x)=\frac{f^{(n+1)}(\xi)}{(n+1)!}(x-x_0)^{n+1}$$

（ξ在x_0与x之间），则称为带有拉格朗日型余项的泰勒公式．

注2　若

$$R_n(x)=o[(x-x_0)^n]$$

则称为带有皮亚诺型余项的泰勒公式．

注3　当$x_0=0$时成为麦克劳林公式．

三、几个初等函数在$x_0=0$处的泰勒公式

（1）$e^x=1+x+\frac{x^2}{2!}+\cdots+\frac{x^n}{n!}+o(x^n)$；

（2）$\sin x=x-\frac{x^3}{3!}+\frac{x^5}{5!}+\cdots+(-1)^{n-1}\frac{x^{2n-1}}{(2n-1)!}+$

$o(x^{2n})$;

$$(3)\cos x=1-\frac{x^2}{2!}+\frac{x^4}{4!}+\cdots+(-1)^n\frac{x^{2n}}{(2n)!}+$$

$o(x^{2n+1})$;

$$(4)\ln(1+x)=x-\frac{x^2}{2}+\frac{x^3}{3}-\cdots+(-1)^{n-1}\frac{x^n}{n}+$$

$o(x^n)$;

$$(5)(1+x)^{\alpha}=1+\alpha x+\frac{\alpha(\alpha-1)}{2!}x^2+\cdots+$$

$$\frac{\alpha(\alpha-1)\cdots(\alpha-n+1)}{n!}x^n+o(x^n).$$

四、高阶无穷小的运算法则

当 $x\to 0$,则:

(1)$o(x^n)\pm o(x^n)=o(x^n)$;

(2)$o(x^m)\pm o(x^n)=o(x^k),k=\min\{m,n\}$;

(3)$o(kx^n)=o(x^n),k\neq 0$;

(4)$o(x^m)\cdot o(x^n)=o(x^{m+n})$;

(5)$x^m\cdot o(x^n)=o(x^{m+n})$.

在计算过程中,要注意高阶无穷小的运算与处理.例如,有限个 $o(x^k)(k>0)$ 的代数和仍为 $o(x^k)$,务必避免 $o(x^k)-o(x^k)=0$ 的错误.

五、利用泰勒公式求函数的极限

利用泰勒公式求极限的方法就是利用具有皮亚诺型余项的泰勒公式将函数展开后直接代入或经过变形后代入要求的极限中,使得原来的极限问题转化为多项式或有理分式的极限问题,这在计算未定式极限时是十分有效的.那么哪些情况下可考虑用泰勒公式来求极限呢？一般来说满足下列情况时可考虑用泰勒公式来求极限：

（1）用洛比达法则时，次数较高，且求导及化简过程较烦琐.

（2）分子或分母中有无穷小的差，且此差不容易转化为等价无穷小替代形式.

（3）所遇到的函数不难展开为泰勒公式.

当我们要用泰勒公式求极限时，首先需要考虑的关键问题是确定函数展开的阶数.

如果分母（或分子）是 n 阶，就将分子（或分母）展开为 n 阶麦克劳林公式. 如果分子、分母都需要展开，可分别展开到其同阶无穷小的阶数，即合并后的首个非零项的幂次的次数.

另外，在解决有些问题时，将泰勒公式和我们已熟知的等价无穷小替换方法相结合，可使解题过程进一步简化.

例 1　求极限$\lim\limits_{x\to 0}\dfrac{\cos x-\mathrm{e}^{-\frac{x^2}{2}}}{\sin x^4}$.

分析　此极限为$\dfrac{0}{0}$型未定式，可先用等价无穷小代换将 $\sin x^4$ 换成 x^4，若此时用洛必达法则至少要求 4 次导数且运算十分麻烦，现用泰勒公式将分子展开，再求极限就会简洁得多.

解　$\lim\limits_{x\to 0}\dfrac{\cos x-\mathrm{e}^{-\frac{x^2}{2}}}{\sin x^4}=\lim\limits_{x\to 0}\dfrac{\cos x-\mathrm{e}^{-\frac{x^2}{2}}}{x^4}$.

由于分母是 x 的 4 阶无穷小，所以分子 $\cos x$，$\mathrm{e}^{-\frac{x^2}{2}}$

只须展开到 4 阶

$$\cos x = 1 - \frac{1}{2!}x^2 + \frac{1}{4!}x^4 + o(x^4)$$

$$e^{-\frac{x^2}{2}} = 1 - \frac{x^2}{2} + \frac{1}{2!}\left(-\frac{x^2}{2}\right)^2 + o(x^4)$$

故

$$原式 = \lim_{x \to 0} \frac{1 - \frac{1}{2!}x^2 + \frac{1}{4!}x^4 - \left(1 - \frac{x^2}{2} + \frac{x^4}{8}\right) + o(x^4)}{x^4}$$

$$= \lim_{x \to 0} \frac{-\frac{x^4}{12} + o(x^4)}{x^4}$$

$$= -\frac{1}{12}$$

注意:当所展函数是所求极限中的分母(或分子)时,若已知分子(或分母)是 x 的 k 阶无穷小,则将函数展成 k 阶麦克劳林公式.

例 2 求极限 $\lim\limits_{x \to +\infty}\left[x - x^2 \ln\left(1 + \frac{1}{x}\right)\right]$.

分析 当 $x \to +\infty$ 时,这是一个 $\infty - 0 \cdot \infty$ 型极限,洛必达法则已经不适用了. 注意到这里 x 和 x^2 都是 x 的次幂形式,因此可利用泰勒公式将 $\ln(1 + \frac{1}{x})$ 展开,又由于 x 的指数最高为 2,所以可将 $\ln(1 + \frac{1}{x})$ 展开至 2 阶就可以了.

解 因为

$$\ln(1 + \frac{1}{x}) = \frac{1}{x} - \frac{1}{2}(\frac{1}{x})^2 + o(\frac{1}{x})^2$$

所以

$$原式=\lim_{x\to+\infty}\left\{x-x^{2}\left[\frac{1}{x}-\frac{1}{2}\left(\frac{1}{x}\right)^{2}+o\left(\frac{1}{x}\right)^{2}\right]\right\}$$

$$=\lim_{x\to+\infty}\left[\frac{1}{2}+o(1)\right]$$

$$=\frac{1}{2}$$

例 3 求极限 $\lim\limits_{x\to+\infty}(\sqrt[8]{x^{8}+x^{7}}-\sqrt[8]{x^{8}-x^{7}})$.

分析 这是一个$\infty-\infty$型未定式,首先把它变成可以利用泰勒公式的形式.

解 由

$$\sqrt[8]{x^{8}+x^{7}}-\sqrt[8]{x^{8}-x^{7}}$$

$$=x\left[\sqrt[8]{1+\frac{1}{x}}-\sqrt[8]{1-\frac{1}{x}}\right]$$

$$=\frac{\left(1+\frac{1}{x}\right)^{\frac{1}{8}}-\left(1-\frac{1}{x}\right)^{\frac{1}{8}}}{\frac{1}{x}}$$

$$\overset{令\frac{1}{x}=t}{=}\frac{(1+t)^{\frac{1}{8}}-(1-t)^{\frac{1}{8}}}{t}$$

这时

$$原式=\lim_{x\to0^{+}}\frac{(1+t)^{\frac{1}{8}}-(1-t)^{\frac{1}{8}}}{t}$$

这是一个$\frac{0}{0}$型的未定式,根据分母把分子用泰勒公式分成两部分.

因为

$$(1+t)^{\frac{1}{8}}=1+\frac{1}{8}t+o(t)$$

$$(1-t)^{\frac{1}{8}}=1-\frac{1}{8}t+o(t)$$

所以

$$(1+t)^{\frac{1}{8}}-(1-t)^{\frac{1}{8}}=\frac{1}{4}t+o(t)$$

于是

$$\text{原式}=\lim_{t\to0^+}\frac{\frac{1}{4}t+o(t)}{t}=\frac{1}{4}$$

例 4 求极限$\lim\limits_{x\to0}\frac{2(\cos x-1)+x^2}{x(x-\sin x)}$.

分析 若所展函数为两个以上函数的代数和,应分别展开到它们的系数消不掉的 x 次数最低的项为止,因为以后部分与此项比为高阶无穷小.

解 本题分子

$$2(\cos x-1)+x^2=2\cos x-2+x^2$$

用麦克劳林公式表示为

$$\begin{cases}2\cos x=2\left(1-\frac{x^2}{2!}+\frac{x^4}{4!}-\cdots\right)\\-2+x^2=-2+x^2\end{cases}$$

x^4 为系数消不去的最低项,故

$$\begin{aligned}\text{分子}&=\left[2-x^2+\frac{1}{12}x^4+o(x^4)\right]-2+x^2\\&=\frac{1}{12}x^4+o(x^4)\end{aligned}$$

同理

Taylor 公式

$$
\begin{aligned}
\text{分母} &= x(x-\sin x) = x^2 - x\sin x \\
&= x^2 - x\left(x - \frac{1}{3!}x^3 + o(x^3)\right) \\
&= \frac{1}{6}x^4 - o(x^4)
\end{aligned}
$$

从而

$$
\begin{aligned}
\text{原极限} &= \lim_{x\to 0}\frac{\frac{1}{12}x^4 + o(x^4)}{\frac{1}{6}x^4 - o(x^4)} \\
&= \lim_{x\to 0}\frac{\frac{1}{12} + \frac{o(x^4)}{x^4}}{\frac{1}{6} - \frac{o(x^4)}{x^4}} \\
&= \frac{1}{2}
\end{aligned}
$$

例 5　设

$$f(x) = \left[(1+x)^{\frac{1}{x}}\mathrm{e}^{-1}\right]^{\frac{1}{x}}$$

求$\lim\limits_{x\to 0} f(x)$.

解　取对数

$$
\begin{aligned}
\ln f(x) &= \frac{1}{x}\left[\ln(1+x)^{\frac{1}{x}} - 1\right] \\
&= \frac{\ln(1+x) - x}{x^2}
\end{aligned}
$$

由于

$$\ln(1+x) = x - \frac{1}{2}x^2 + o(x^2)$$

所以

$$\frac{\ln(1+x)-x}{x^2}=\frac{-\frac{1}{2}x^2+o(x^2)}{x^2}$$

$$=-\frac{1}{2}$$

因此 $$\lim_{x\to0}f(x)=\mathrm{e}^{\lim\limits_{x\to0}f(x)}=\mathrm{e}^{-\frac{1}{2}}$$

注意:我们知道等价无穷小替换的只能是对分子或分母的整体(或对分子、分母的因式进行替换),而对分子或分母中“+”“-”号连接的各部分不能替换.如上式分子 $\ln(1+x)-x$ 中 $\ln(1+x)$ 不能用 x 代替,但用 $x-\frac{1}{2}x^2$ 代替就不会产生问题.

六、结语

在极限计算中,对相关未定式,利用洛必达法则是一个较好的方法,但当函数形式不便于求导或需多次应用洛必达法则求其极限时,应用泰勒公式来求极限则能显示其巨大的优越性,使计算更加方便、快捷.

用泰勒公式解偏微分方程①

第五十七章

辽宁工业大学理学院的高杨、王贺元教授2015年利用广义泰勒公式,给出几类偏微分方程的一种新解法.

运用麦克劳林公式

$$f(x)=f(0)+f'(0)x+\frac{1}{2}f''(0)x^2+\cdots$$

可解一类偏微分方程.

例1 设 $u(x,t)$ 对 x 和 t 的高阶偏导数存在,求解变系数微分方程

$$\begin{cases} u_{tt}+tu_{xx}=x \\ u(x,0)=x^2 \\ u_t(x,0)=2x. \end{cases}$$

假设系统的解属于 C^∞.

解 对于所给方程,有

$$u_{tt}=-tu_{xx}+x$$

① 本章摘自《高等数学研究》,2015年,第18卷,第1期.

令 $t=0$,得

$$u_{tt}(x,0)=x$$

再在所给方程两端对 t 求偏导得

$$u_{ut}=-u_{xx}-tu_{xxt}$$

也即

$$u_{tu}(x,0)=-u_{xx}(x,0)-0=-2$$

同理可得

$$u_{uu}(x,0)=u_{utu}(x,0)=\cdots=0$$

根据麦克劳林公式的广义表达式得

$$u(x,t)=u(x,0)+u_t(x,0)t+\frac{1}{2}u_u(x,0)t^2+$$

$$\frac{1}{6}u_{ut}(x,0)t^3+\cdots$$

于是

$$u(x,t)=x^2+2xt+\frac{1}{2}xt^2-\frac{1}{3}t^3$$

容易验证上式满足所给方程及其初值条件.

例2 设 $u(x,t)$ 对 x 和 t 的高阶偏导数存在,求解微分方程

$$\begin{cases}u_{tt}-a^2(u_{xx}+u_{yy})=0\\ u|_{t=0}=x^3+x^2y\\ u_t|_{t=0}=0\end{cases}$$

解 广义地应用麦克劳林公式

$$u(x,y,t)=u(x,y,0)+u_t(x,y,0)t+\frac{1}{2}u_{tt}(x,y,0)t^2+$$

$$\frac{1}{6}u_{ttt}(x,y,0)t^3+\cdots \tag{1}$$

由所给方程得

$$u(x,y,0)=x^3+x^2y \tag{2}$$

$$u_t(x,y,0)=0$$

$$u_{tt}(x,y,0)=a^2[u_{xx}(x,y,0)+u_{yy}(x,y,0)] \tag{3}$$

在式(2)两端分别对 x,y 求两次偏导得

$$u_{xx}(x,y,0)=6x+2y$$

$$u_{yy}(x,y,0)=0$$

代入式(3)得

$$u_{tt}(x,y,0)=a^2(6x+2y)$$

在式(3)两端对 t 求两次偏导,可将 $u_{ttt}(x,y,0)$ 求出.同理式(1)中 $u(x,y,0)$ 对 t 的高阶偏导都可以一步一步按同样的方法递推求出,并有

$$u_{ttt}(x,y,0)=u_{tttt}(x,y,0)=\cdots=0$$

将以上各阶偏导数代入式(1)得

$$u(x,y,t)=x^3+x^2y+\frac{a^2}{2}(6x+2y)t^2$$

例3 设 $u(x,t)$ 对 x 和 t 的高阶偏导数存在,求解微分方程

$$\begin{cases}u_t-2u_{xx}=x\\u(x,0)=\mathrm{e}^{-x}\end{cases}$$

假设该系统的解属于 C^∞.

解 由所给方程得

$$u_t(x,0)=2u_{xx}(x,0)+x=2\mathrm{e}^{-x}+x$$

上式两端对 x 求两次偏导,或对 t 求导,分别得

$$u_{txx}(x,0)=2\mathrm{e}^{-x}$$

$$u_{tt}-2u_{xxt}=0$$

此处 $u_{txx}(x,0)=u_{xxt}(x,0)$. 所以有

$$u_{tt}(x,0)=2u_{xxt}(x,0)=2^2\mathrm{e}^{-x} \tag{4}$$

在所给方程两端对 t 求两次导,得

$$u_{ttt}(x,t)-2u_{xxtt}(x,t)=0$$

所以令 $t=0$,有

$$u_{ttt}(x,0)-2u_{xxtt}(x,0)=0 \tag{5}$$

再在式(4)两端对 x 求两次偏导,得

$$u_{ttxx}(x,0)=2^2\mathrm{e}^{-x}$$

代入式(5),得

$$u_{ttt}(x,0)=2u_{xxtt}(x,0)=2^3\mathrm{e}^{-x}$$

利用麦克劳林公式的广义表达式

$$u(x,t)=u(x,0)+u_t(x,0)t+\frac{1}{2}u_{tt}(x,0)t^2+\frac{1}{6}u_{ttt}(x,0)t^3+\cdots$$

由归纳可得

$$\begin{aligned}u(x,t)&=\mathrm{e}^{-x}+(2\mathrm{e}^{-x}+x)t+\mathrm{e}^{-x}\sum_{n=2}^{\infty}\frac{2^n}{n!}t^n\\&=\mathrm{e}^{-x}+(2\mathrm{e}^{-x}+x)t+\mathrm{e}^{-x}(\mathrm{e}^{2t}-2t-1)\\&=xt+\mathrm{e}^{2t-x}\end{aligned}$$

如果将上面的方法拓广一下,可以得到更一般的情况.

例 4 求解三维波动方程

$$\begin{cases}u_{tt}-a^2(u_{xx}+u_{yy}+u_{zz})=0\\u|_{t=0}=x^2+y^2z\\u_t|_{t=0}=1+y\end{cases}$$

假设该系统的解属于 C^∞.

解 由所给方程得

$$u_{tt}=a^2(u_{xx}+u_{yy}+u_{zz}) \tag{6}$$

也即

$$u_{tt}(x,y,z,0)=a^2[u_{xx}(x,y,z,0)+u_{yy}(x,y,z,0)+u_{zz}(x,y,z,0)] \tag{7}$$

而且

$$u(x,y,z,0)=x^2+y^2z$$

在上式两端分别对 x,y,z 求二次偏导得

$$u_{xx}(x,y,z,0)=2$$

$$u_{yy}(x,y,z,0)=2z$$

$$u_{zz}(x,y,z,0)=0$$

将以上三式代入式(7),得

$$u_{tt}(x,y,z,0)=a^2(2+2z)$$

在式(6)两端对 t 求偏导,得

$$u_{ttt}=a^2(u_{xxt}+u_{yyt}+u_{zzt}) \tag{8}$$

且由所给方程得

$$u_t(x,y,z,0)=1+y$$

上式两端分别对 x,y,z 求二次偏导,得

$$u_{txx}(x,y,z,0)=0$$

$$u_{tyy}(x,y,z,0)=0$$

$$u_{tzz}(x,y,z,0)=0$$

令 $t=0$,并将以上三式代入式(8),有

$$u_{ttt}(x,y,z,0)=0$$

同理可以求出

$$u_{tttt}|_{t=0}=u_{tttt}|_{t=0}=\cdots=0$$

由麦克劳林公式的广义表达式

$$u(x,y,z,t)=u(x,y,z,0)+u_t(x,y,z,0)t+\frac{1}{2}u_{tt}(x,y,z,0)t^2+\cdots$$

可得所给方程的解

$$u(x,y,z,t)=x^2+y^2z+(1+y)t+a^2(1+z)t^2$$

例5 求解微分方程

$$\begin{cases}u_t+tu_{xxx}=0\\u(0,x)=x-x^4\end{cases}$$

解 因为

$$u_{xxx}(0,x)=-4!\ x$$

$$u_t(0,x)=-tuxxx(0,x)=4!\ xt$$

$$u_{tt}(0,x)=-u_{xxx}(0,x)-tu_{txxx}(0,x)$$

这里 $u_{txxx}(0,x)=0$，于是

$$u_{tt}(0,x)=4!\ x$$

根据

$$u(t,x)=u(0,x)+tu_t(0,x)+\frac{1}{2}t^2u_{tt}(0,x)+\cdots$$

可得

$$u(t,x)=x-x^4+\frac{4!}{2}xt^2$$

利用泰勒公式证明函数图形凹凸性判定定理[①]

第五十八章

凹凸性揭示了函数在其某定义区间上任意两点间的曲线弧和过这两点的弦之间的上下位置关系,不同教材给出的定义有所差异.

定义1 设$f(x)$在区间I上连续,如果对I上任意两点x_1,x_2恒有

$$f\left(\frac{x_1+x_2}{2}\right)<\frac{f(x_1)+f(x_2)}{2}$$

那么称$f(x)$在I上的图形是上凹的(或凹弧);如果恒有

$$f\left(\frac{x_1+x_2}{2}\right)>\frac{f(x_1)+f(x_2)}{2}$$

① 本章摘自《高等数学研究》,2017年,第20卷,第5期.

那么称$f(x)$在I上的图形是上凸的(或凸弧).

如果函数$f(x)$在I内具有二阶导数,那么有下面的函数曲线凹凸性的判定定理.

定理1 设$f(x)$在$[a,b]$上连续,在(a,b)内具有1阶和2阶导数,那么:

(1)若在(a,b)内$f''(x)>0$,则$f(x)$在$[a,b]$上的图形是凹的;

(2)若在(a,b)内$f''(x)<0$,则$f(x)$在$[a,b]$上的图形是凸的.

定理1的证明方法较多,如两次使用拉格朗日中值定理的"升阶"法,用函数单调性及一次拉格朗日中值定理的"降阶"法等. 由于定理1是要证明不等式,可用的研究方法还有很多. 西南科技大学理学院的康晓蓉教授2017年给出利用泰勒公式证明函数图形凹凸性判定定理的简捷方法.

泰勒公式是微分中值定理,由英国数学家泰勒在1712年得到,其重要性约在50年后通过拉格朗日的研究才为大家所认识. 由于当时对公式的证明未考虑收敛性,故并不严密. 一个世纪后,柯西给出第一个较严密的证明. 随着复变函数的发展,公式得到了进一步的推广.

定理2 若$f(x)\in D^{(n+1)}(a,b)$,且$x_0\in(a,b)$,则$\forall x\in(a,b)$,有$f(x)$按$x-x_0$的幂展开的n阶泰勒公式

$$f(x)=\sum_{k=0}^{n}\frac{f^{(k)}(x_0)}{k!}(x-x_0)^k+R_n(x)$$

其中

$$R_n(x)=\frac{f^{(n+1)}(\xi)}{(n+1)!}(x-x_0)^{n+1}\quad(\xi\in(x_0,x))$$

称为公式的拉格朗日型余项. 当 $x\to x_0$ 时, $R_n(x)=o((x-x_0)^n)$ 称为公式的皮亚诺型余项.

定理2 称为泰勒中值定理. 当 $n=0$ 时,即为拉格朗日中值定理. 当 $x_0=0$ 时,泰勒公式称为麦克劳林公式. 泰勒公式应用很广泛,如求极限、证明不等式、无穷级数展开等. 应用泰勒公式解决问题的关键:根据题目确定公式的展开点 x_0,展开阶数 n 和余项 $R_n(x)$ 的形式.

下面利用泰勒公式证明定理1.

证 (1) $\forall x_1,x_2\in[a,b],x_1\neq x_2$,记 $x_0=\frac{x_1+x_2}{2}$,则 $x_0\in(a,b)$ 且 $x_0\neq x_i(i=1,2)$.

由泰勒公式: $\exists\xi_1,\xi_2\in(a,b)$

$$f(x_1)=f(x_0)+(x_1-x_0)f'(x_0)+\frac{1}{2}(x_1-x_0)^2f''(\xi_1)$$

$$f(x_2)=f(x_0)+(x_2-x_0)f'(x_0)+\frac{1}{2}(x_2-x_0)^2f''(\xi_2)$$

故

$$f(x_1)+f(x_2)=2f(x_0)+\frac{1}{2}\sum_{i=1}^{2}(x_i-x_0)^2f''(\xi_i)$$

又

$$\forall x\in(a,b),f''(x)>0\Rightarrow\frac{1}{2}\sum_{i=1}^{2}(x_i-x_0)^2f''(\xi_i)>0$$

所以

$$f(x_1)+f(x_2)>2f(x_0)=2f\left(\frac{x_1+x_2}{2}\right)$$

$$\Rightarrow f\left(\frac{x_1+x_2}{2}\right)<\frac{f(x_1)+f(x_2)}{2}$$

从而$f(x)$在$[a,b]$上的图形是凹的.

(2)同理可得.

注1 由于函数单调性的判断方法是以拉格朗日中值定理为依据的,故两次使用拉格朗日中值定理证明定理1的“升阶”法及用函数单调性及一次拉格朗日中值定理证明定理1的“降阶”法,在本质上具有一致性.显而易见,“降阶”法优于“升阶”法.拉格朗日中值定理是泰勒中值定理的特例,本章直接利用泰勒公式证明定理1的方法,充分结合了定理1的条件和泰勒公式的特点,确定出展开点$x_0=\frac{x_1+x_2}{2}$和展开阶数1及拉格朗日型余项,并且巧妙地将含有一阶导数的项化为0,使得定理1轻松得证.三种方法相比较,本章所用的方法具有思路简单,运算简便,书写简捷,简明、易学、易理解的优点,故而更佳,对大学生学习利用泰勒公式证明不等式也是很有帮助的.

注2 记$x_0=\frac{1}{n}\sum_{i=1}^{n}x_i$,利用泰勒公式可以证明如下题目.(证明略)

例1 (1)设函数$f(x)\in C[a,b]$,对$\forall x\in(a,b)$,有$f''(x)\geqslant 0$.证明:$\forall x_i\in[a,b]$,$i=1,2,\cdots,n$,有

$$f\left(\frac{1}{n}\sum_{i=1}^{n}f(x_i)\right)\leqslant \frac{1}{n}f\left(\sum_{i=1}^{n}f(x_i)\right)$$

（2）设函数 $f(x)\in C[a,b]$，$\forall x\in(a,b)$，有 $f''(x)\leqslant 0$，证明：$\forall x_i\in[a,b]$，$i=1,2,\cdots,n$，有

$$f\left(\frac{1}{n}\sum_{i=1}^{n}f(x_i)\right)\leqslant \frac{1}{n}f\left(\sum_{i=1}^{n}f(x_i)\right)$$

泰勒公式及其应用技巧[1]

第五十九章

黄河交通学院基础教学部的温少挺、阙凤珍两位教授2016年以例题的形式总结归纳泰勒公式的应用技巧,提高高等数学学习者对泰勒公式的应用能力与解题技巧.

一、泰勒公式

定理 1(带有皮亚诺型余项的泰勒公式) 若函数$f(x)$在点x_0处存在直至n阶导数,则在x_0的邻域内有

$$f(x)=f(x_0)+f'(x_0)(x-x_0)+\frac{f''(x_0)}{2!}(x-x_0)^2+\cdots+\frac{f^{(n)}(x_0)}{n!}(x-x_0)^n+o((x-x_0)^n) \quad (1)$$

① 本章摘自《数学学习与研究》,2016年,第23期.

特别的，当 $x_0=0$ 时，有

$$f(x)=f(0)+f'(0)+\frac{f''(0)}{2!}x^2+\cdots+$$

$$\frac{f^{(n)}(0)}{n!}x^n+o(x^n) \tag{2}$$

公式(2)也称为带有皮亚诺型余项的麦克劳林公式.

定理 2(带有拉格朗日型余项的泰勒公式)　若函数 $f(x)$ 在 $[a,b]$ 上存在直至 n 阶的连续导函数，在 (a,b) 内存在导数，则对任意给定的 $x,x_0\in[a,b]$，至少存在一点 $\xi\in(a,b)$，使得

$$f(x)=f(x_0)+f'(x_0)(x-x_0)+$$

$$\frac{f''(x_0)}{2!}(x-x_0)^2+\cdots+$$

$$\frac{f^{(n)}(x_0)}{n!}(x-x_0)^n+$$

$$\frac{f^{(n+1)}(\xi)}{(n+1)!}(x-x_0)^n+1 \tag{3}$$

特别的，当

$$x_0=0$$

$$f(x)=f(0)+f'(0)x+\frac{f''(0)}{2!}x^2+\cdots+$$

$$\frac{f^{(n)}(0)}{n!}x^n+\frac{f^{(n+1)}(\theta x)}{(n+1)!}x^{n+1}\quad(0<\theta<1) \tag{4}$$

公式(4)也称为带有拉格朗日型余项的麦克劳林公式.

说明　定理 1 中给出的带有皮亚诺型余项的泰勒公式是一种定性形式的余项，多用于计算函数极限、判

断级数的敛散性等,而定理 2 给出的带有拉格朗日型余项的泰勒公式是定量形式的余项,主要用于函数值的计算与函数性态的研究. 另外,在条件或结论中含有高阶导数时,也常利用泰勒公式来解决问题.

二、泰勒公式的应用及其技巧

1. 应用泰勒公式求函数的极限.

例 1　求极限$\lim\limits_{x\to 0}\dfrac{\cos x-\mathrm{e}^{-\frac{x^2}{2}}}{x^4}$.

解　本题为"$\dfrac{0}{0}$"型的未定式极限,可用洛必达法则求极限,但较为烦琐,而应用泰勒公式(2),并注意分母为 x^4,故取 $n=4$,则

$$\cos x=1-\frac{x^2}{2!}+\frac{x^4}{4!}+o(x^4)$$

$$=1-\frac{1}{2}x^2+\frac{1}{24}x^4+o(x^4)$$

$$\mathrm{e}^{-\frac{x^2}{2}}=1-\frac{x^2}{2!}+\frac{3}{4!}x^4+o(x^4)$$

$$=1-\frac{1}{2}x^2+\frac{1}{8}x^4+o(x^4)$$

所以

$$\cos x-\mathrm{e}^{-\frac{x^2}{2}}=-\frac{1}{12}x^4+o(x^4)$$

从而

$$\lim_{x\to 0}\frac{\cos x-\mathrm{e}^{-\frac{x^2}{2}}}{x^4}=\lim_{x\to 0}\frac{-\frac{1}{12}x^4+o(x^4)}{x^4}=-\frac{1}{12}$$

解题技巧　利用泰勒公式求极限一般采用皮亚诺

型余项的麦克劳林公式,当极限为分式时,一般要求将分子、分母展成同一阶的麦克劳林公式,进而通过比较求出极限.

2. 应用泰勒公式证明等式

例 2 证明:$\lim\limits_{n\to\infty} n\sin(2\pi en!) = 2\pi$.

证 令 $f(x) = e^x$,由泰勒公式(4),则

$$e^x = 1 + x + \frac{x^2}{2} + \cdots + \frac{x^n}{n!} + \frac{e^{\theta x}}{(n+1)!}x^{n+1} \quad (0<\theta<1)$$

当 $x=1$ 时,有

$$e = 1 + 1 + \frac{1}{2!} + \frac{1}{3!}\cdots + \frac{1}{n!} + \frac{e^{\theta_1}}{(n+1)!} \quad (0<\theta_1<1)$$

以及(比上式多去一项)

$$e = 1 + 1 + \frac{1}{2!} + \frac{1}{3!} + \cdots + \frac{1}{n!} + \frac{1}{(n+1)!} + \frac{e^{\theta_2}}{(n+2)!} \quad (0<\theta_2<1)$$

将两式作差得

$$\frac{e^{\theta_1}}{(n+1)!} = \frac{1}{(n+1)!} + \frac{e^{\theta_2}}{(n+2)!}$$

即

$$e^{\theta_1} = 1 + \frac{e^{\theta_2}}{n+2}$$

两边取极限得 $\lim\limits_{n\to\infty} e^{\theta_1} = 1$. 故

$$\begin{aligned} 2\pi en! &= 2\pi\left(1 + 1 + \frac{1}{2!} + \cdots + \frac{1}{n!} + \frac{e^{\theta_1}}{(n+1)!}\right)n! \\ &= 2\pi\left(1 + 1 + \frac{1}{2!} + \cdots + \frac{1}{n!}\right)n! + 2\pi\frac{e^{\theta_1}}{n+1} \end{aligned}$$

$$=2\pi k+2\pi\frac{e^{\theta_1}}{n+1}（其中 k 为一整数）$$

从而

$$\begin{aligned}\lim_{n\to\infty}n\sin(2\pi en!)&=\lim_{n\to\infty}n\sin\left(2\pi k+2\pi\frac{e^{\theta_1}}{n+1}\right)\\&=\lim_{n\to\infty}n\sin\frac{2\pi e^{\theta_1}}{n+1}\\&=\lim_{n\to\infty}n\frac{2\pi e^{\theta_1}}{n+1}\\&=2\pi\end{aligned}$$

3. 应用泰勒公式证明不等式

例 3 证明：当 $x\geqslant0$ 时，$\sin x\geqslant x-\frac{1}{6}x^3$.

证 令 $f(x)=\sin x-x+\frac{1}{6}x^3$，取 $x_0=0,n=2$，应用泰勒公式(4)得

$$f(x)=f(0)+f'(0)x+\frac{f''(0)}{2!}x^2+\frac{f'''(\theta x)}{3!}x^3\quad(0<\theta<1)$$

又

$$f(0)=0,f'(0)=\cos x-1+\frac{1}{2}x^2\Big|_{x=0}=0$$

$$f''(0)=x-\sin x|_{x=0}=0$$

$$f'''(x)=1-\cos x\geqslant0$$

故

$$f(x)=0+0+0+\frac{f'''(\theta x)}{6}x^3=\frac{f'''(\theta x)}{6}x^3$$

则当 $x\geqslant0$ 时，$f(x)\geqslant0$，即当 $x\geqslant0$ 时，$\sin x\geqslant x-\frac{1}{6}x^3$.

解题技巧 当所要证明的不等式是多项式与其他

初等函数的混合式时,常构造辅助函数并用其泰勒公式来代替,并进行适当放缩来证明不等式.

4. 应用泰勒公式进行近似计算

例4 计算 e 的值,使其误差不超过 10^{-6}.

解 令 $f(x)=e^x$,则由泰勒公式(4)

$$e^x = f(0)+f'(0)x+\frac{f''(0)}{2!}x^2+\cdots+\frac{f^{(n)}(0)}{n!}x^n+\frac{f^{(n+1)}(\theta x)}{(n+1)!}x^{n+1}$$

$$=1+x+\frac{1}{2!}x^2+\cdots+\frac{1}{n!}x^n+\frac{e^{\theta x}}{(n+1)!}x^{n+1}\quad(0<\theta<1)$$

取 $x=1$,则

$$e=1+1+\frac{1}{2!}+\cdots+\frac{1}{n!}+\frac{e^{\theta_1}}{(n+1)!}\quad(0<\theta<1)$$

而
$$R_n(1)=\frac{e^{\theta}}{(n+1)!}<\frac{3}{(n+1)!}$$

故当 $n=9$ 时,有

$$R_9(1)<\frac{3}{10!}=\frac{3}{3\ 628\ 800}<10^{-6}$$

从而

$$e\approx 1+1+\frac{1}{2!}+\frac{1}{3!}+\cdots+\frac{1}{9!}\approx 2.718\ 285$$

解题技巧 利用微分进行近似计算产生的误差较大,而泰勒公式(4)用 n 次多项式逼近函数,并构造了一个定量形式的余项,可以较好地对逼近误差进行估计与控制.

5. 应用泰勒公式判断级数的敛散性

例 5 判断 $\sum\limits_{n=1}^{\infty}\left[\frac{1}{n}-\ln\left(1+\frac{1}{n}\right)\right]$的敛散性.

解 令$f(x)=\ln(1+x)$,利用泰勒公式(2)

$$\ln(1+x)=x-\frac{1}{2}x^2+o(x^2)$$

取$x=\frac{1}{n}$,则

$$\ln\left(1+\frac{1}{n}\right)=\frac{1}{n}-\frac{1}{2n^2}+o\left(\frac{1}{n^2}\right)$$

故

$$\frac{1}{n}-\ln\left(1+\frac{1}{n}\right)=\frac{1}{2n^2}-o\left(\frac{1}{n^2}\right)<\frac{1}{n^2}$$

且$\frac{1}{n}-\ln\left(1+\frac{1}{n}\right)$为正项级数,而$\sum\limits_{n=1}^{\infty}\frac{1}{n^2}$收敛,由正项级数的比较判别法,故$\sum\limits_{n=1}^{\infty}\left[\frac{1}{n}-\ln\left(1+\frac{1}{n}\right)\right]$收敛.

解题技巧 当级数的通项包含不同类型的函数时,常利用泰勒公式将其通项转化为统一形式,再利用级数收敛的判定方法来判别敛散性.

6. 应用泰勒公式研究方程根的唯一存在性

例 6 设函数$f(x)$在$[a,+\infty)$上二阶可导,则$f(a)>0$,$f'(a)<0$,对$\forall x\in[a,+\infty)$,$f''(x)\leqslant 0$,证明:$f(x)=0$在$[a,+\infty)$上存在唯一的实根.

证 因为$f''(x)\leqslant 0$,$x\in[a,+\infty)$,故$f'(x)$在$[a,+\infty)$单调减少,又$f'(a)<0$,故$f'(x)<f'(a)<0$,$x\in[a,+\infty)$,从而,$f(x)$在$[a,+\infty)$上单调减少,又因为

$f(a)>0$,故要证$f(x)=0$在$[a,+\infty)$上存在唯一实根,只须证存在实数$b>0$,有$f(b)<0$即可. 由泰勒公式(3),当$x_0=a$时,存在$\xi\in(a,x)$,使

$$f(x)=f(a)+f'(a)(x-a)+\frac{f''(\xi)}{2!}(x-a)^2$$

因为$f''(x)\leqslant 0$,故$f''(\xi)\leqslant 0$,又$f'(x)<0$,故

$$\lim_{x\to+\infty}f(x)=\lim_{x\to+\infty}\left[f(a)+f'(a)(x-a)+\frac{f''(\xi)}{2!}(x-a)^2\right]$$
$$=-\infty$$

从而,一定存在$b(b>a)$,有$f(b)<0$,又$f(a)>0$,且$f(x)$在$[a,+\infty)$上连续,由闭区间上连续函数根的存在性定理知,$f(x)=0$在(a,b)上至少有一根,又$f(x)$在$[a,+\infty)$上单调减少,故$f(x)$在$[a,+\infty)$存在唯一实根,结论得证.

解题技巧 泰勒公式利用其可以在一点展开为多项式函数的优势来证明一些抽象函数的根的唯一存在性的问题.

泰勒公式在高等数学解题中的应用举例[①]

第六十章

贵州师范学院数学与计算机科学学院的邱克娥、彭长文两位教授2017年结合多年教学实践和大学生数学竞赛的研究,通过具体实例,总结了泰勒公式在高等数学解题中的几种常见应用,为广大学生提供借鉴.

一、泰勒公式

定理1 若函数$f(x)$在a存在n阶导数,则$\forall x \in U(a)$,有

$$f(x) = f(a) + \frac{f'(a)}{1!}(x-a) + \frac{f''(a)}{2!}(x-a)^2 + \cdots +$$

① 本章摘自《贵州师范学院学报》,2017年,第33卷,第6期.

$$\frac{f^{(n)}(a)}{n!}(x-a)^n+R_n(x) \qquad (1)$$

其中,$R_n(x)=o[(x-a)^n](x\to a)$是比$(x-a)^n$的高阶无穷小.式(1)称为函数$f(x)$在$a$的泰勒展开公式.特别的,当$a=0$时式(1)

$$f(x)=f(0)+\frac{f'(0)}{1!}x+\frac{f''(0)}{2!}x^2+\cdots+\frac{f^{(n)}(0)}{n!}x^n+o(x^n)$$

称为麦克劳林公式.

定理2 若二元函数$f(x,y)$在点$P(a,b)$的邻域G存在$n+1$阶连续的偏导数,则$\forall Q(a+h,b+k)\in G$,有

$$\begin{aligned}f(a+h,b+k)=&f(a,b)+\frac{1}{1!}(h\frac{\partial}{\partial x}+k\frac{\partial}{\partial y})f(a,b)+\\&\frac{1}{2!}(h\frac{\partial}{\partial x}+k\frac{\partial}{\partial y})^2f(a,b)+\cdots+\\&\frac{1}{n!}(h\frac{\partial}{\partial x}+k\frac{\partial}{\partial y})^nf(a,b)+\\&\frac{1}{(n+1)!}(h\frac{\partial}{\partial x}+k\frac{\partial}{\partial y})^{n+1}\cdot\\&f(a+\theta h,b+\theta k)\quad(0<\theta<1)\end{aligned} \qquad (2)$$

其中符号$(\frac{\partial}{\partial x})^i(\frac{\partial}{\partial y})^lf(a,b)$表示偏导数$\frac{\partial^{i+l}f}{\partial x^i\partial y^l}$在$P(a,b)$的值

$$(h\frac{\partial}{\partial x}+k\frac{\partial}{\partial y})^mf(a,b)=\sum_{i=0}^{m}\mathrm{C}_m^ih^ik^{m-i}\frac{\partial^m}{\partial x^i\partial y^{m-i}}f(a,b)$$

式(2)称为二元函数$f(x,y)$在点$P(a,b)$的泰勒公式.

在式(2)中,令 $a=0,b=0$,就得到二元函数 $f(x,y)$ 的麦克劳林公式(将 h 与 k 分别用 x 与 y 表示)

$$
\begin{aligned}
f(x,y)=&f(0,0)+\frac{1}{1!}\left(x\frac{\partial}{\partial x}+y\frac{\partial}{\partial y}\right)f(0,0)+\\
&\frac{1}{2!}\left(x\frac{\partial}{\partial x}+y\frac{\partial}{\partial y}\right)^2 f(0,0)+\cdots+\\
&\frac{1}{n!}\left(x\frac{\partial}{\partial x}+y\frac{\partial}{\partial y}\right)^n f(0,0)+\\
&\frac{1}{(n+1)!}\left(x\frac{\partial}{\partial x}+y\frac{\partial}{\partial y}\right)^{n+1}\cdot\\
&f(\theta x,\theta y)\quad(0<\theta<1)
\end{aligned}
$$

二、泰勒公式在高等数学解题中的应用举例

1. 泰勒公式在估计函数界上的应用

例 1(第六届全国大学生数学竞赛预赛) 设函数 $f(x)$ 在闭区间 $[0,1]$ 上有二阶导数,且有正常数 A,B 使得 $|f(x)|\leqslant A,|f'(x)|\leqslant B$. 证明:对于 $\forall x\in[0,1]$,有 $|f'(x)|\leqslant 2A+\frac{B}{2}$.

分析 使用泰勒公式求解函数最值,主要是确定将已知函数在哪一点进行泰勒展开,展开到哪一阶导数较为合适. 在本题中,我们已知函数 $f(x)$ 在 $[0,1]$ 有二阶导数且在 $[0,1]$ 上函数及二阶导函数都有最值,而结论是证明一阶导函数在 $[0,1]$ 有最值. 这自然让我们联想到将 $f(x)$ 在 x 处泰勒展开到二阶,并将点 0,1 代入展开式中,通过简单计算,本题得证.

证 由泰勒公式有

$$f(0)=f(x)+f'(x)(0-x)+\frac{f'(\xi)}{2}(0-x)^2$$

$$(\xi \in (0,x))$$

$$f(1)=f(x)+f'(x)(1-x)+\frac{f''(\eta)}{2}(1-x)^2$$

$$(\eta \in (x,1))$$

两式相减有

$$f'(x)=f(1)-f(0)-\frac{f''(\eta)}{2}(1-x^2)+\frac{f''(\xi)}{2}x^2$$

由 $|f(x)|\leqslant A$，$|f''(x)|\leqslant B$，有

$$|f'(x)|\leqslant 2A+\frac{B}{2}[(1-x)^2+x^2]$$

由于 $(1-x)^2+x^2$ 在闭区间 $[0,1]$ 的最大值为 1，所以有 $|f'(x)|\leqslant 2A+\frac{B}{2}$. 证毕.

例 2 设 $f(x,y)$ 在 $x^2+y^2\leqslant 1$ 上有连续的二阶导数，$f_{xx}^2+2f_{xy}^2+f_{yy}^2\leqslant M$. 若

$$f(0,0)=f_x(0,0)=f_y(0,0)=0$$

证明

$$\left|\iint\limits_{x^2+y^2\leqslant 1} f(x,y)\,\mathrm{d}x\mathrm{d}y\right|\leqslant \frac{\pi}{4}\sqrt{M}$$

分析 本题是关于抽象函数二重积分不等式的证明. 由不等式的左边可联想到积分的绝对值与绝对值积分的关系，从而去找 $|f(x,y)|$ 的估计. 根据题设将 $f(x,y)$ 在点 $(0,0)$ 泰勒展开到二阶，通过已知的不等式 $f_{xx}^2+2f_{xy}^2+f_{yy}^2\leqslant M$，将 $f(x,y)$ 的展开式处理成两个向量的积，从而通过积分估值将抽象函数的二重积分转化为我们熟知的简单函数的二重积分.

证 在点 $(0,0)$ 展开 $f(x,y)$，得

$$f(x,y)=\frac{1}{2}\left(x\frac{\partial}{\partial x}+y\frac{\partial}{\partial y}\right)^2 f(\theta x,\theta y)$$

其中 $\theta\in(0,1)$，记

$$(u,v,w)=\left(\frac{\partial^2}{\partial x^2},\frac{\partial^2}{\partial x\partial y},\frac{\partial^2}{\partial y^2}\right)^2 f(\theta x,\theta y)$$

则

$$f(x,y)=\frac{1}{2}(ux^2+2vxy+wy^2)$$

由于

$$|(u,\sqrt{2v},w)|=\sqrt{u^2+2v^2+w^2}\leqslant\sqrt{M}$$

以及

$$|(x^2,\sqrt{2}xy,y^2)|=x^2+y^2$$

于是有

$$|(u,\sqrt{2}v,w)(x^2,\sqrt{2}xy,y^2)|\leqslant\sqrt{M}(x^2+y^2)$$

即
$$|f(x,y)|\leqslant\frac{1}{2}\sqrt{M}(x^2+y^2)$$

从而

$$\left|\iint\limits_{x^2+y^2\leqslant 1} f(x,y)\,\mathrm{d}x\mathrm{d}y\right|\leqslant\frac{1}{2}\sqrt{M}\iint\limits_{x^2+y^2\leqslant 1}(x^2+y^2)\,\mathrm{d}x\mathrm{d}y$$
$$\leqslant\frac{\pi}{4}\sqrt{M}$$

2. 泰勒公式在求函数极限中的应用

例 3 计算极限$\lim\limits_{x\to 0}\left(1+\frac{1}{x^2}-\frac{1}{x^3}\ln\frac{2+x}{2-x}\right)$.

分析 该题可用洛必达法则求 4 次导数得结果，计算量较大. 若使用泰勒公式求解，计算将简便得多.

解 先做如下变换

$$\ln\frac{2+x}{2-x}=\ln\frac{1+\frac{x}{2}}{1-\frac{x}{2}}=\ln(1+\frac{x}{2})-\ln(1-\frac{x}{2})$$

由于$\frac{1}{x^3}\ln\frac{2+x}{2-x}$的分母为 x^3，所以由函数

$$y=\ln(1+x)$$

在点 0 的麦克劳林展开公式将

$$\ln(1+\frac{x}{2}),\ln(1-\frac{x}{2})$$

展开到 3 阶有

$$\begin{aligned}\ln\frac{2+x}{2-x}=&\left[\frac{x}{2}-\frac{1}{2}(\frac{x}{2})^2+\frac{1}{3}(\frac{x}{2})^3+o(x^3)\right]+\\&\left[\frac{x}{2}+\frac{1}{2}(\frac{x}{2})^2+\frac{1}{3}(\frac{x}{2})^3+o(x^3)\right]\\=&x+\frac{1}{12}x^3+o(x^3)\end{aligned}$$

于是

$$\begin{aligned}1+\frac{1}{x^2}-\frac{1}{x^3}\ln\frac{2+x}{2-x}&=1+\frac{1}{x^2}-\frac{1}{x^3}(x+\frac{1}{12}x^3)+\frac{o(x^3)}{x^3}\\&=1-\frac{1}{12}+\frac{o(x^3)}{x^3}\end{aligned}$$

即

$$\begin{aligned}\lim_{x\to0}(1+\frac{1}{x^2}-\frac{1}{x^3}\ln\frac{2+x}{2-x})&=\lim_{x\to0}(1-\frac{1}{12}+\frac{o(x^3)}{x^3})\\&=\frac{11}{12}\end{aligned}$$

注 在应用泰勒公式求解此类分母(或分子)含有 x^n 项的极限问题时，应注意在$\lim\limits_{x\to0}f(x)$中将$f(x)$的

非零因子项(乘或除项)用泰勒公式找到合适的高阶无穷小量,利用无穷小量的等价代换将原来极限转化为多项式或有理分式的极限,用四则运算先求出来,而加、减项不能代换. 了解这一原理,就能避免犯错.

例4 计算极限

$$\lim_{(x,y)\to(0,0)} \frac{\sin(x^2+y^2)+\cos(x^2+y^2)-1}{x^2+y^2}$$

分析 设

$$f(x,y)=\sin(x^2+y^2)+\cos(x^2+y^2)-1$$

由于$f(x,y)$在$\mathbf{R}^2$上存在任意阶连续偏导数且分母是x^2+y^2,故将$f(x,y)$在点$(0,0)$的麦克劳林公式展开到二阶,则该极限易得.

解 由

$$f_x(x,y)=2x\cos(x^2+y^2)-2x\sin(x^2+y^2)$$

$$f_x(0,0)=0$$

$$f_y(x,y)=2y\cos(x^2+y^2)-2y\sin(x^2+y^2)$$

$$f_y(0,0)=0$$

$$f_{xx}(x,y)=2\cos(x^2+y^2)-4x^2\sin(x^2+y^2)-2\sin(x^2+y^2)-4x^2\cos(x^2+y^2)$$

$$f_{xx}(0,0)=2$$

$$f_{xy}(x,y)=f_{yx}(x,y)=-4xy\sin(x^2+y^2)-4xy\cos(x^2+y^2)$$

$$f_{xy}(0,0)=f_{yx}(0,0)=0$$

$$f_{yy}(x,y)=2\cos(x^2+y^2)-4y^2\sin(x^2+y^2)-2\sin(x^2+y^2)-4y^2\cos(x^2+y^2)$$

$$f_{yy}(0,0)=2$$

即 $f(x,y)=(x^2+y^2)+R_2(x,y)$，其中

$$R_2(x,y)=-2\theta(x^2+y^2)^2[\sin(\theta^2x^2+\theta^2y^2)+\cos(\theta^2x^2+\theta^2y^2)]+\frac{4}{3}\theta^3(x^2+y^2)^3\cdot[\sin(\theta^2x^2+\theta^2y^2)-\cos(\theta^2x^2+\theta^2y^2)]\quad(0<\theta<1)$$

所以

$$\lim_{(x,y)\to(0,0)}\frac{\sin(x^2+y^2)+\cos(x^2+y^2)-1}{x^2+y^2}=\lim_{(x,y)\to(0,0)}\frac{(x^2+y^2)+R_2(x,y)}{x^2+y^2}=1$$

3. 泰勒公式在近似计算上的应用

例 5（第四届全国大学生数学竞赛预赛（非数学类））　求方程 $x^2\sin\frac{1}{x}=2x-501$ 的近似解，精确到 0.001.

分析　方程含有超越函数 $\sin\frac{1}{x}$，不能用初等函数的方法求解. 要求近似解，自然联想到将 $\sin\frac{1}{x}$ 用初等函数即多项式代替，亦即是将 $\sin\frac{1}{x}$ 用泰勒公式展开. 方程的右边是关于 x 的一次式，所以泰勒展开应使方程左边也为 x 的一次式，故将其在原点麦克劳林展开到一阶即可. 利用泰勒公式进行近似计算，可根据精确度的要求展开到适当的阶数.

解　由泰勒公式

$$\sin t=t-\frac{\sin(\theta t)}{2}t^2\quad(0<\theta<1)$$

另 $t=\dfrac{1}{x}$,得

$$\sin\frac{1}{x}=\frac{1}{x}-\frac{\sin\left(\frac{\theta}{x}\right)}{2}\left(\frac{1}{x}\right)^2$$

代入原方程得

$$x-\frac{1}{2}\sin\left(\frac{\theta}{x}\right)=2x-501$$

即

$$x=501-\frac{1}{2}\sin\left(\frac{\theta}{x}\right)$$

由此知 $x>500,0<\dfrac{\theta}{x}<\dfrac{1}{500}$,所以有

$$|x-501|=\frac{1}{2}\left|\sin\left(\frac{\theta}{x}\right)\right|\leqslant\frac{1}{2}\frac{\theta}{x}<\frac{1}{1\ 000}=0.001$$

即当 $x=501$ 即为满足题设条件的解.

例 6　求 $1.08^{3.96}$ 的近似值,精确到 10^{-4}.

分析　在近似计算中,当精确度要求较低时,我们常用线性逼近公式

$$f(x,y)\approx f(x_0,y_0)+f_x(x_0,y_0)(x-x_0)+\\f_y(x_0,y_0)(y-y_0)$$

也即是用全微分近似代替全增量,当精确度要求偏高时,常用高阶泰勒公式,且可根据精确度的要求确定泰勒展开式的阶数.

解　令 $f(x,y)=x^y$,通过计算二元函数在点(1,4)的泰勒展开式,有

$$x^y=1+4(x-1)+[6(x-1)^2+(x-1)(y-4)]+\\[4(x-1)^3+\frac{7}{2}(x-1)^2(y-4)]+$$

$$[(x-1)^4+\frac{13}{3}(x-1)^3(y-4)+$$

$$\frac{1}{2}(x-1)^2(y-4)^2]+\cdots$$

将 $x=1.08, y=3.96$ 代入得

$$1.08^{3.96}=1+(4\times0.08)+(6\times0.08^2-0.08\times0.04)+$$
$$(4\times0.08^3-\frac{7}{2}\times0.08^2\times0.04)+$$
$$[0.08^4-\frac{13}{3}\times0.08^3\times0.04+\frac{1}{2}\times$$
$$0.08^2\times0.04^2]+\cdots$$
$$=1+0.32+0.0352+0.001152+$$
$$0.000034026+\cdots$$

由于余项

$$|R_3|=0.000034026<10^{-4}$$

所以

$$1.08^{3.96}\approx1.356352$$

4. 泰勒公式在判断反常积分及级数敛散性上的应用

例 7 判断积分 $\int_0^{+\infty}[(1-\frac{\sin x}{x})^{-\frac{1}{3}}-1]\mathrm{d}x$ 是否收敛？是否绝对收敛？证明所述结论.

分析 主要判断瑕积分 $\int_0^1(1-\frac{\sin x}{x})^{-\frac{1}{3}}\mathrm{d}x$ 与无穷积分 $\int_1^{+\infty}[(1-\frac{\sin x}{x})^{-\frac{1}{3}}-1]\mathrm{d}x$ 的敛散性. 由于瑕积分的被积函数 $(1-\frac{\sin x}{x})^{-\frac{1}{3}}$ 在区间 $(0,1)$ 恒正，所以其收敛与绝对收敛是同一回事. 利用比较判别法，求极限

$\lim\limits_{x\to 0^+} x^{\lambda}(1-\frac{\sin x}{x})^{-\frac{1}{3}}$,通过 λ 的阶数和极限值判断其敛散性. 此时将$\frac{\sin x}{x}$在 $x=0$ 处泰勒展开是简单且有效的.

解 由

$$\int_0^{+\infty}\left[(1-\frac{\sin x}{x})^{-\frac{1}{3}}-1\right]\mathrm{d}x=$$

$$\int_0^1(1-\frac{\sin x}{x})^{-\frac{1}{3}}\mathrm{d}x-\int_0^1\mathrm{d}x+$$

$$\int_1^{+\infty}\left[(1-\frac{\sin x}{x})^{-\frac{1}{3}}-1\right]\mathrm{d}x$$

其中 $\int_0^1(1-\frac{\sin x}{x})^{-\frac{1}{3}}\mathrm{d}x$ 是以 $x=0$ 为瑕点的瑕积分,将$\frac{\sin x}{x}$在点 0 泰勒展开到二阶有

$$(1-\frac{\sin x}{x})^{-\frac{1}{3}}=\left[\frac{1}{3!}x^2+o(x^2)\right]^{-\frac{1}{3}}$$

该式与$\frac{1}{x^{\frac{2}{3}}}$同阶,由比较法则知,$\int_0^1\left|(1-\frac{\sin x}{x})^{-\frac{1}{3}}\right|\mathrm{d}x$ 收敛. 又因为当 $x\in(0,1)$时,$1-\frac{\sin x}{x}>0$,所以

$$\int_0^1\left|(1-\frac{\sin x}{x})^{-\frac{1}{3}}\right|\mathrm{d}x=\int_0^1(1-\frac{\sin x}{x})^{-\frac{1}{3}}\mathrm{d}x$$

收敛,即绝对收敛. 其次对积分

$$\int_1^{+\infty}\left[(1-\frac{\sin x}{x})^{-\frac{1}{3}}-1\right]\mathrm{d}x$$

由于 $x>1$ 时,$\left|\frac{\sin x}{x}\right|<1$,故利用$(1+x)^{\alpha}$ 的泰勒展开式有

Taylor 公式

$$\left(1-\frac{\sin x}{x}\right)^{-\frac{1}{3}}-1=\frac{1}{3}\ \frac{\sin x}{x}+o\left(\frac{1}{x^{2}}\right)$$

于是

$$\int_{1}^{+\infty}\left[\left(1-\frac{\sin x}{x}\right)^{-\frac{1}{3}}-1\right]\mathrm{d}x=\frac{1}{3}\int_{1}^{+\infty}\frac{\sin x}{x}\mathrm{d}x+\int_{1}^{+\infty}o\left(\frac{1}{x^{2}}\right)\mathrm{d}x$$

由狄利克雷判别法知

$$\int_{1}^{+\infty}\frac{\sin x}{x}\mathrm{d}x$$

条件收敛

$$\int_{1}^{+\infty}o\left(\frac{1}{x^{2}}\right)\mathrm{d}x$$

绝对收敛.故原积分条件收敛.

例 8 设 $a_n=\left(1-\frac{p\ln n}{n}\right)^{n}$,讨论 $\sum a_n$ 的敛散性.

分析 由

$$a_n=\mathrm{e}^{\ln\left(1-\frac{p\ln n}{n}\right)^{n}}=\mathrm{e}^{n\ln\left(1-\frac{p\ln n}{n}\right)}$$

而当 $n\to+\infty$ 时,$\frac{\ln n}{n}\to 0$,因此

$$\ln\left(1-\frac{p\ln n}{n}\right)\sim-\frac{p\ln n}{n}$$

从而可得到

$$a_n\sim\mathrm{e}^{n\left(-\frac{p\ln n}{n}\right)}=n^{-p}$$

证 利用 $\ln(1+x)$ 在 $x=0$ 处的泰勒展开式

$$\ln(1+x)=x-\frac{1}{2}x^{2}+o(x^{2})$$

有

$$\begin{aligned}a_n&=\mathrm{e}^{n\ln\left(1-\frac{p\ln n}{n}\right)}=\mathrm{e}^{n\left[-\frac{p\ln n}{n}+o\left(\left(\frac{p\ln n}{n}\right)^{\frac{3}{2}}\right)\right]}\\&=n^{-p}\cdot\mathrm{e}^{\left(o\left(\frac{p\ln n}{\sqrt{n}}\right)^{\frac{3}{2}}\right)}\sim n^{-p}\end{aligned}$$

(当 $n \to +\infty$ 时),即 $n \to +\infty$ 时,a_n 是$\frac{1}{n}$的 p 阶无穷小量,因此 $\sum a_n$ 当且仅当 $p>1$ 时收敛.

泰勒公式及其应用[1]

第六十一章

山东科技大学数学与系统科学学院的耿孝雪，山东科技大学电气与自动化工程学院的汪涌泉两位教授2017年指出在各类函数中，多项式函数是最简单的一种，因为多项式具有形式简单、易于计算等优点. 因此，用多项式来逼近函数是理论分析和近似计算的一个重要内容. 泰勒公式正是将一些复杂的函数近似地表示为简单的多项式函数.

一、泰勒公式

1. 泰勒局部公式

对于一般函数 f，设它满足：

(1) 函数 f 在点 x_0 的某邻域 $|x-x_0|<\varepsilon$ 内有定义；

① 本章摘自《数学学习与研究》，2017年，第4期.

(2)在$|x-x_0|<\varepsilon$内,函数f有一直到$n-1$阶的导函数$f'(x),\cdots,f^{(n-1)}(x)$;

(3)n阶导函数$f^{(n)}(x_0)$在点x_0处存在.

则多项式

$$T_n(x)=f(x_0)+\frac{f'(x_0)}{1!}(x-x_0)+\frac{f''(x_0)}{2!}(x-x_0)^2+\cdots+\frac{f^{(n)}(x_0)}{n!}(x-x_0)^n+o(|x-x_0|^n)$$

称为函数f在x_0处的泰勒多项式.

2. 泰勒公式

对于一般函数$f(x)$,设它满足:

(1)在闭区间$[a,b]$上有定义;

(2)在闭区间$[a,b]$上有连续的导函数$f'(x),\cdots,f^{(n-1)}(x)$;

(3)当$a<x<b$时,有有限值的导函数$f^{(n)}(x)$.

则

$$f(x)=\sum_{k=0}^{n-1}\frac{f^{(k)}(a)}{k!}(x-a)^k+R_n(x)\quad(a\leqslant x\leqslant b)$$

其中

$$R_n(x)=\frac{f^{(n)}[a+\theta(x-a)]}{n!}(x-a)^n\quad(0<\theta<1)$$

(拉格朗日型余项公式)或

$$R_n(x)=\frac{f^{(n)}(a+\theta_1(x-a))}{(n-1)!}(1-\theta_1)^{n-1}(x-a)^n\quad(0<\theta_1<1)$$

(柯西型余项公式).

3. 几个常用的泰勒展开式

从泰勒局部的公式中,令 $x_0=0$,可以得到以下几个常用的展开式:

(1) $e^x=1+x+\frac{x^2}{2!}+\cdots+\frac{x^n}{n!}+o(x^n)$;

(2) $\sin x=x-\frac{x^3}{3!}+\cdots+(-1)^{n-1}\frac{x^{2n-1}}{(2n-1)!}+o(x^{2n})$;

(3) $\cos x=1-\frac{x^2}{2!}+\cdots+(-1)^n\frac{x^{2n}}{(2n)!}+o(x^{2n+1})$;

(4) $(1+x)^\alpha=1+\alpha x+\frac{\alpha(\alpha-1)}{2!}x^2+\cdots+\frac{\alpha(\alpha-1)\cdots(\alpha-n+1)}{n!}x^n+o(x^n)$;

(5) $\ln(1+x)=x-\frac{x^2}{2}+\cdots+(-1)^{n-1}\frac{x^n}{n}+o(x^n)$.

二、泰勒公式的一些应用

1. 计算极限

例 1 求极限 $\lim\limits_{x\to0}\frac{\cos x-e^{-\frac{x^2}{2}}}{x^4}$.

分析 本题亦可用洛必达法则进行求解,但是比较烦琐,在这里应用泰勒公式求解,考虑到极限式的分母为 x^4,可以用麦克劳林公式表示极限的分子.

解 由

$$\cos x=1-\frac{x^2}{2}+\frac{x^4}{24}+o(x^5)$$

及 $$e^{-\frac{x^2}{2}}=1-\frac{x^2}{2}+\frac{x^4}{8}+o(x^5)$$

得 $$\cos x-e^{-\frac{x^2}{2}}=-\frac{x^4}{12}+o(x^5)$$

因而求得

$$\lim_{x\to 0}\frac{\cos x-e^{-\frac{x^2}{2}}}{x^4}=\lim_{x\to 0}\frac{-\frac{1}{12}x^4+o(x^5)}{x^4}$$

$$=-\frac{1}{12}$$

例 2 求极限$\lim\limits_{x\to\infty}\left[\left(x^3-x^2+\frac{x}{2}\right)e^{\frac{1}{x}}-\sqrt{x^6+1}\right]$.

解 $e^{\frac{1}{x}}$应展开至三阶.

$\sqrt{x^6+1}=x^3\sqrt{1+\frac{1}{x^6}}$中的$\sqrt{1+\frac{1}{x^6}}$也应按$(1+x)^\alpha$展开至含$\frac{1}{x^3}$的项即可

$$原式=\lim_{x\to\infty}\left\{\left(x^3-x^2+\frac{x}{2}\right)\left[1+\frac{1}{x}+\frac{1}{2!\ x^2}+\frac{1}{3!\ x^3}+o\left(\frac{1}{x^3}\right)\right]-x^3\left[1+o\left(\frac{1}{x^3}\right)\right]\right\}$$

$$=\lim_{x\to 0}\left[\frac{1}{6}+o\left(\frac{1}{x}\right)\right]$$

$$=\frac{1}{6}$$

2. 证明等式或不等式

例 3 证明:$\lim\limits_{n\to\infty}n\cdot\sin(2\pi en!)=2\pi$.

证 由泰勒公式,有

Taylor 公式

$$e = \sum_{k=0}^{n} \frac{1}{k!} + \frac{1}{(n+1)!} e^{\theta_n} \quad (0 < \theta_n < 1)$$

$$e = \sum_{k=0}^{n} \frac{1}{k!} + \frac{1}{(n+1)!} + \frac{1}{(n+2)!} e^{\theta_{n+1}} \quad (0 < \theta_{n+1} < 1)$$

将上述两式两边相减,得

$$e^{\theta_n} = 1 + \frac{1}{(n+2)} e^{\theta_{n+1}}$$

由

$$\lim_{n\to\infty} e^{\theta_n} = 1 + \lim_{n\to\infty} \frac{1}{(n+2)} e^{\theta_{n+1}} = 1$$

得

$$\lim_{n\to\infty} \theta_n = 0$$

故

$$\begin{aligned} 2\pi e n! &= 2\pi\left(1 + \frac{1}{1!} + \cdots + \frac{1}{n!} + \frac{1}{(n+1)!} e^{\theta_n}\right) n! \\ &= 2\pi + \frac{2\pi}{(n+1)} e^{\theta_n} \end{aligned}$$

$$k = n! \left(1 + \frac{1}{1!} + \cdots + \frac{1}{n!}\right)$$

则

$$n\sin(2\pi e n!) = n\sin\frac{2\pi}{n+1} e^{\theta_n} = 2\pi \frac{n}{n+1} e^{\theta_n} \frac{\sin\frac{2\pi}{n+1} e^{\theta_n}}{\frac{2\pi}{n+1} e^{\theta_n}}$$

于是

$$\lim_{n\to\infty} n\sin(2\pi e n!) = \lim_{n\to\infty} 2\pi e^{\theta_n} \frac{n}{n+1} \frac{\sin\frac{2\pi}{n+1} e^{\theta_n}}{\frac{2\pi}{n+1} e^{\theta_n}} = 2\pi$$

例 4 用泰勒公式证明

$$\frac{a+b+c}{3}\leqslant\sqrt{\frac{a^2+b^2+c^2}{3}}$$

证 设 $f(x)=x^2$,则

$$f'(x)=2x,f''(x)=2>0$$

$$f(x)=f(x_0)+f'(x_0)(x-x_0)+\frac{f''(\xi)}{2!}(x-x_0)^2$$

即

$$f(x)\geqslant f(x_0)+f'(x_0)(x-x_0)$$

取 $x=a$,得

$$a^2\geqslant x_0^2+2x_0(a-x_0),x=b$$

得 $$b^2\geqslant x_0^2+2x_0(b-x_0),x=c$$

得 $$c^2\geqslant x_0^2+2x_0(c-x_0)$$

将不等式两边相加,得

$$a^2+b^2+c^2\geqslant 3x_0^2+2x_0(a+b+c)-6x_0^2$$

取 $x_0=\frac{1}{3}(a+b+c)$,则 x_0 在 a,b,c 之间,故

$$a^2+b^2+c^2\geqslant 3x_0^2=3\left(\frac{a+b+c}{3}\right)^2$$

即 $$\frac{a+b+c}{3}\leqslant\sqrt{\frac{a^2+b^2+c^2}{3}}$$

3. 判断级数和积分的敛散性

例 5 判定 $\sum\limits_{n=1}^{\infty}\left(\frac{1}{n}-\ln\frac{n+1}{n}\right)$的敛散性.

解 令 $f(x)=\ln\frac{x+1}{x}$,则由泰勒公式,得

Taylor 公式

$$f(x)=\ln\frac{x+1}{x}=\ln\left(1+\frac{1}{x}\right)$$

$$=\frac{1}{x}-\frac{1}{2x^2}+o\left(\frac{1}{x^2}\right)$$

当 $x=n$ 时

$$\frac{1}{n}-\ln\frac{n+1}{n}=\frac{1}{2n^2}-o\left(\frac{1}{n^2}\right)$$

所以

$$\lim_{n\to\infty}\frac{\frac{1}{n}-\ln\frac{n+1}{n}}{\left(\frac{1}{n^2}\right)}=\lim_{n\to\infty}\frac{\frac{1}{2n^2}-o\left(\frac{1}{n^2}\right)}{\left(\frac{1}{n^2}\right)}=\frac{1}{2}>0$$

因为 $\sum\limits_{n=1}^{\infty}\frac{1}{n^2}$ 收敛，所以由比较判别法推得 $\sum\limits_{n=1}^{\infty}\left(\frac{1}{n}-\ln\frac{n+1}{n}\right)$ 收敛.

例 6 讨论无穷积分 $\int_1^{+\infty}\left(e^{\frac{1}{x}}-\frac{1}{x}-1\right)dx$ 的敛散性.

解 由

$$f(x)=e^{\frac{1}{x}}-\frac{1}{x}-1$$

$$=1+\frac{1}{x}+\frac{1}{2x^2}+o\left(\frac{1}{x^2}\right)-\frac{1}{x}-1$$

$$=\frac{1}{2x^2}+o\left(\frac{1}{x^2}\right)$$

则

$$\lim_{x\to\infty}\frac{f(x)}{\left(\frac{1}{x^2}\right)}=\lim_{x\to\infty}x^2f(x)$$

$$=\lim_{x\to\infty}x^2\left[\frac{1}{2x^2}+o\left(\frac{1}{x^2}\right)\right]$$

$$=\frac{1}{2}$$

由无穷积分敛散性比较判别法的推论知无穷积分 $\int_1^{+\infty}\left(e^{\frac{1}{x}}-\frac{1}{x}-1\right)dx$ 收敛.

4. 近似计算

例 7 计算 e 的值,使其误差不超过 10^{-6}.

解 由 e^x 的泰勒展开式,当 $x=1$ 时,有

$$e=1+1+\frac{1}{2!}+\frac{1}{3!}+\cdots+\frac{1}{n!}+\frac{e^{\theta}}{(n+1)!}\quad(0<\theta<1)$$

故
$$R_n(1)=\frac{e^{\theta}}{(n+1)!}<\frac{3}{(n+1)!}$$

当 $n=9$ 时,便有

$$R_9(1)<\frac{3}{10!}=\frac{3}{3\ 628\ 800}<10^{-6}$$

从而略去 $R_9(1)$ 而求得 e 的近似值为

$$e\approx1+1+\frac{1}{2!}+\frac{1}{3!}+\cdots+\frac{1}{9!}\approx2.718\ 285$$

从上述举例可以看出,泰勒公式在高等数学的很多方面都有着广泛的应用. 除了上面介绍的四种应用

外,还可以借助泰勒公式这一工具去研究函数的极值与凸性等.一般情况下,在一个命题中,除了函数 $f(x)$ 及其导数 $f'(x)$ 外,若还涉及二阶及以上的导数,那么可以考虑泰勒公式.

深入探讨泰勒公式的应用,对于我们解决一些复杂问题能起到事半功倍的效果,只要在解题的过程中注意分析并注重归纳总结,就能很好地运用泰勒公式.

泰勒公式在极值点偏移问题中的应用[①]

第六十二章

已知函数 $y=f(x)$ 是连续的函数, $f(x)$ 在区间 (x_1,x_2) 内只有一个极值点 x_0,且 $f(x_1)=f(x_2)$,由于函数 $f(x)$ 在极值点左右两边的增减速度不同,函数的图像会出现不对称性,即极值点 $x_0\neq\frac{x_1+x_2}{2}$. 邢发宝在其文章“极值点偏移的问题的处理策略”(《中学数学教学参考》,2014(7):19-22)中定义此类问题为极值点偏移问题,也可以称作准对称问题,其中 $x_1+x_2<2x_0$ 称为极值点右偏, $x_1+x_2>2x_0$ 称为极值点左偏.

① 本章摘自《中学数学(高中版)》,2017 年,第 11 期.

极值点偏移问题能较好地考查学生的逻辑推理能力、数形结合思想、函数方程思想及化归思想，所以近几年备受出题者的青睐，在高考题、模拟题中频繁出现，其中2016年高考全国I卷压轴题即为极值点偏移问题.

福建省厦门双十中学的张保成，广东省增城区高级中学的伍俊杰两位老师2017年应用泰勒公式给出了函数极值点偏移问题的另一个充分条件.

定理1 $f(x)$在定义域D内有二阶导数，$x=x_0$为$f(x)$的唯一极值点，$f'(x)$在x_0两侧异号，$T_2(x)$为$f(x)$在$x=x_0$处的二阶泰勒公式，记误差函数为$R_2(x)=f(x)-T_2(x)$，x_1,x_2为$f(x)=a$的两个不等实根，则有：

(1)若$R_2(x)f'(x)>0$，$\forall x\neq x_0$，则$x_1+x_2<2x_0$.

(2)若$R_2(x)f'(x)<0$，$\forall x\neq x_0$，则$x_1+x_2>2x_0$.

在给出定理的证明之前，我们先不加证明地给出泰勒公式.

泰勒公式 设函数$y=f(x)$在点x_0的某个领域内有定义，并在点x_0有n阶导数，$n\geqslant 1$，则在点x_0附近有下列展开

$$f(x)=f(x_0)+f'(x_0)(x-x_0)+\cdots+\frac{f^{(n)}(x_0)}{n!}(x-x_0)^n+o((x-x_0)^n)$$

在精确度要求不高的情况下，我们只用考虑用二次多项式逼近函数$y=f(x)$即可

$$f(x)=f(x_0)+f'(x_0)(x-x_0)+\frac{f''(x_0)}{2}(x-x_0)^2+o((x-x_0)^2)$$

在函数极值点偏移问题中,我们也将使用在极值点 x_0 处的二阶泰勒公式替代 $f(x)$,这是出于以下的考虑:因为 x_0 为极值点,$f'(x_0)=0$,二阶泰勒公式

$$T_2(x)=f(x_0)+f'(x_0)(x-x_0)+\frac{f''(x_0)}{2}(x-x_0)^2$$

$$=f(x_0)+\frac{f''(x_0)}{2}(x-x_0)^2$$

的图像恰为以 $x=x_0$ 为对称轴的抛物线,则对 $T_2(x)=a$ 的两个不等实根 x_3,x_4,有 $x_3+x_4=2x_0$. 如图 1 和 2 以 $T_2(x)$ 近似代替 $f(x)$,以 x_3+x_4 近似代替 x_1+x_2.

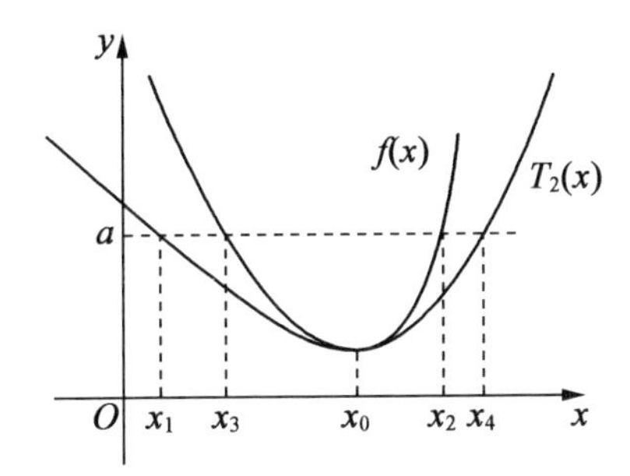

图 1　极值点右偏时,用泰勒公式逼近 $f(x)$

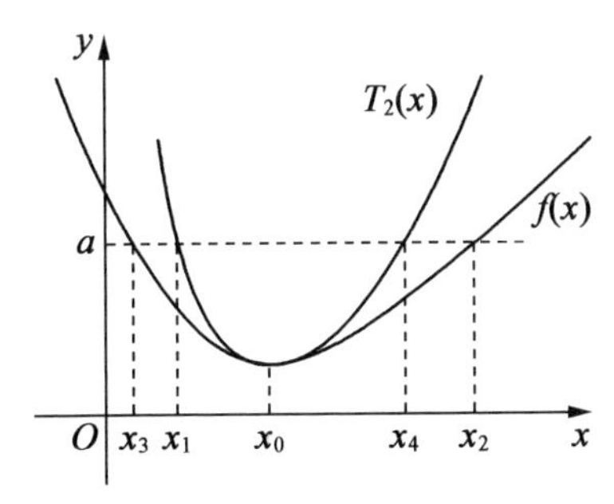

图 2　极值点左偏时,用泰勒公式逼近 $f(x)$

当然这样的代替是有误差的,只须根据误差的符号,判断 x_1+x_2 与 x_3+x_4 的大小关系,即可判断极值点偏移.

定理 1 的证明 当 $a>f(x_0)$ 时,$T_2(x)=a$ 必有两个不等实根 x_3,x_4,又因为

$$T_2(x)=f(x_0)+\frac{f''(x_0)}{2}(x-x_0)^2$$

关于 $x=x_0$ 对称,所以 $x_3+x_4=2x_0$,不妨设 $x_1<x_0<x_2,x_3<x_0<x_4$.

(1)若 $R_2(x)f'(x)>0,\forall x\neq x_0$,如图 3,不妨设当 $x<x_0$ 时,$f'(x)<0$.

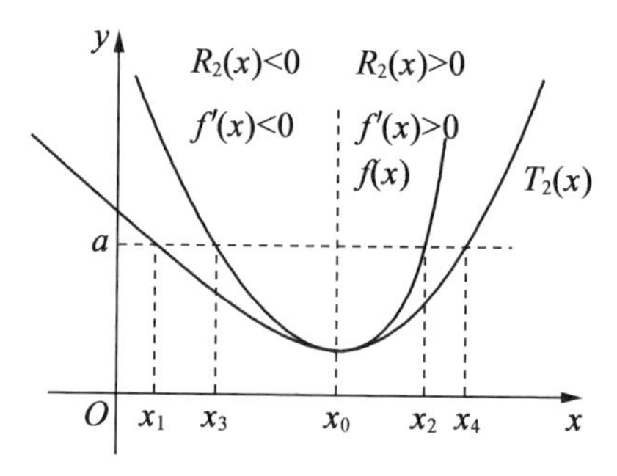

图 3 定理 1 证明的图示

一方面,当 $x<x_0$ 时,$R_2(x)<0$,即 $f(x)<T_2(x)$,则 $f(x_3)<T_2(x_3)=a=f(x_1)$,又 $f'(x)<0$,$f(x)$ 递减,则 $x_1<x_3<x_0$.

另一方面,当 $x>x_0$ 时,因 $f'(x)$ 在 x_0 两侧异号,故 $f'(x)>0$,$R_2(x)>0$,即 $f(x)>T_2(x)$,则 $f(x_4)>T_2(x_4)=a=f(x_2)$,又 $f'(x)>0$,$f(x)$ 递增,则 $x_4>x_2>x_0$.

综上所述

$$x_1 < x_3 < x_0 < x_2 < x_4, x_1 + x_2 < x_3 + x_4 = 2x_0$$

(2)若 $R_2(x)f'(x) < 0, \forall x \neq x_0$,同理可证 $x_1 + x_2 > 2x_0$.

以直代曲是处理函数问题的一种重要思想方法,很多函数难题可以用函数在某点处的切线近似代替函数本身来突破.而以曲代曲则是以直代曲的推广,本定理采用函数 $f(x)$ 在极值点 x_0 处的二阶泰勒公式 $T_2(x)$ 近似代替 $f(x)$,通过分析误差函数 $R_2(x) = f(x) - T_2(x)$ 得到了 $f(x)$ 发生极值点偏移的一个充分条件,利用该充分条件便可以轻松解决函数极值点偏移问题.

下面我们来看定理 1 的应用.

例 1(2016 年全国Ⅰ卷理科 21 题) 设函数

$$f(x) = (x-2)e^x + a(x-1)^2 \quad (a>0)$$

的两个零点为 x_1, x_2,求证:$x_1 + x_2 < 2$.

证 $f'(x) = (x-1)(e^x + 2a)$,则 $x_0 = 1$ 为 $f(x)$ 的极值点.又

$$f(1) = -e$$

$$f''(x) = xe^x + 2a$$

$$f''(1) = e + 2a$$

$$T_2 = f(1) + \frac{f''(1)}{2} \cdot (x-1)^2$$

$$= -e + \frac{e+2a}{2}(x-1)^2$$

$$R_2(x) = f(x) - T_2(x) = (x-2)e^x - \frac{e}{2} \cdot (x-1)^2 + e$$

$$R'_2(x)=(x-1)(e^x-e)$$

则 $\forall x\neq 1, R_2(x)f'(x)>0$，由定理 1 可得

$$x_1+x_2<2x_0=2$$

命题得证(表 1).

表 1

x	$(-\infty,1)$	1	$(1,+\infty)$
$x-1$	−	0	+
e^x-e	−	0	+
$R'_2(x)$	+	0	+
$R_2(x)$	递增，−	0	递增，+
$f'(x)$	−	0	+
$R_2(x)f'(x)$	+	0	+

例 2(2010 年天津卷理科 21 题)　已知函数

$$f(x)=xe^{-x}\quad (x\in\mathbf{R})$$

如果 $x_1\neq x_2$，且 $f(x_1)=f(x_2)$，证明

$$x_1+x_2>2$$

证　$f'(x)=(1-x)e^{-x}$，则 $x_0=1$ 为 $f(x)$ 的极值点. 又

$$f(1)=e^{-1}$$

$$f''(x)=(x-2)e^{-x}$$

$$f''(1)=-e^{-1}$$

$$T_2(x)=e^{-1}-\frac{e^{-1}}{2}(x-1)^2$$

$$R_2(x)=f(x)-T_2(x)=xe^{-x}+\frac{e^{-1}}{2}(x-1)^2-e^{-1}$$

$$R'_2(x)=(1-x)\cdot(e^{-x}-e^{-1})$$

则 $\forall x\neq 1$

$$R_2(x)f'(x)<0$$

由定理可得

$$x_1+x_2>2x_0=2$$

命题得证(表2).

表2

x	$(-\infty,1)$	1	$(1,+\infty)$
$1-x$	+	0	-
$e^{-x}-e^{-1}$	+	0	-
$R'_2(x)$	+	0	+
$R_2(x)$	递增, -	0	递增, +
$f'(x)$	+	0	-
$R_2(x)f'(x)$	-	0	-

2011年高考辽宁卷理科21题、2013年高考湖南卷文科21题等也均是极值点偏移问题,这类问题多数与指数函数或对数函数有关,应用以上定理能让解答的过程显得自然,同时我们也能更加深刻地认识到极值点偏移问题的本质.

泰勒公式在积分学中的应用[1]

第六十三章

泰勒公式是微积分学中的一个重要公式,在分析和研究数学问题方面有着重要的应用. 它不仅在理论上占有重要的地位,而且在计算、证明等方面有着广泛的应用. 广西民族师范学院数学与计算机科学学院的韦兰英教授 2018 年通过泰勒公式在积分学中的相关计算与证明等实例探讨泰勒公式应用的便捷性,这对体会泰勒公式的重要应用,开拓解题思路,有着重要的指导意义.

一、泰勒公式

若函数 $f(x)$ 在 x_0 的某邻域内存在直至 $n+1$ 阶的连续导数,则

① 本章摘自《教育现代化》,2018 年,第 44 期.

$$f(x)=f(x_0)+f'(x_0)(x-x_0)+\frac{f''(x_0)}{2!}(x-x_0)+\cdots+\frac{f^{(n)}(x_0)}{n!}(x-x_0)^n+R_n(x) \quad (1)$$

其中 $R_n(x)$ 为拉格朗日型余项

$$R_n(x)=\frac{f^{(n+1)}(\xi)}{(n+1)!}(x-x_0)^{n+1}$$

ξ 在 x 与 x_0 之间,称式(1)为 f 在 x_0 的泰勒公式.

当 $x_0=0$ 时,得到泰勒公式

$$f(x)=f(0)+f'(0)x+\frac{f''(0)}{2!}x^2+\cdots+\frac{f^{(n)}(0)}{n!}x^n+R_n(x)$$

称此式为(带有拉格朗日型余项的)麦克劳林公式.

二、泰勒公式在积分学中的应用

1. 在积分计算方面的应用

有理函数积分在积分学中占有重要地位,有理函数积分问题在理论上已得到解决,即任何有理函数的积分都可用初等函数表示. 但在具体积分时,需要先将有理函数分解成部分分式,一般采用待定系数法进行分解,在分解过程中有的计算起来较麻烦.

例 1 求不定积分 $\int\frac{x^3+2x+1}{(x-1)^4}\mathrm{d}x$.

分析 这是一个有理函数积分,但如果按照常规方法计算会非常麻烦,下面应用泰勒公式求解.

解 令 $f(x)=x^3+2x+1$,利用泰勒公式将 $f(x)$

在 $x=1$ 处展开

$$f(x)=4+5(x-1)+\frac{6}{2!}(x-1)^2+\frac{6}{3!}(x-1)^3$$

$$\begin{aligned}故原式 &= \int\frac{4}{(x-1)^4}dx+\int\frac{5}{(x-1)^3}dx+\\ &\int\frac{3}{(x-1)^2}dx+\int\frac{1}{x-1}dx\\ &=-\frac{4}{3(x-1)^3}-\frac{5}{2(x-1)^2}-\frac{3}{x-1}+\\ &\ln|x-1|+C\end{aligned}$$

对于形如$\frac{p(x)}{(x-x_0)^m}$的有理函数的积分，其中 $p(x)$ 是任意 n 次多项式，可应用泰勒公式将 $p(x)$ 在任意一点 $x_0\in\mathbf{R}$ 展成泰勒展开式再进行积分.

在积分计算中，有的被积函数的原函数不是初等函数，故无法用牛顿－莱布尼兹公式求出其精确值，这时应用泰勒公式将其展开再进行积分是一个行之有效的办法.

例 2 计算 $\int_0^1\frac{\ln(1+x)}{x}dx$.

解 利用泰勒公式将 $\ln(1+x)$ 展开

$$\ln(1+x)=x-\frac{x^2}{2}+\frac{x^3}{3}-\cdots$$

则

$$\begin{aligned}\int_0^1\frac{\ln(1+x)}{x}dx &= \int_0^1\frac{x-\frac{x^2}{2}+\frac{x^3}{3}-\cdots}{x}dx\\ &=\int_0^1\left(1-\frac{x}{2}+\frac{x^2}{3}-\cdots\right)dx\end{aligned}$$

$$=1-\frac{1}{2^2}+\frac{1}{3^2}-\cdots$$

$$=\frac{\pi^2}{12}$$

例 3 求积分 $\int_0^1 \frac{\sin x}{x}dx$ 的近似值.

解 考虑 $\sin x$ 的泰勒展开式

$$\sin x=x-\frac{x^3}{3!}+\frac{x^5}{5!}-\frac{\sin(\theta x+\frac{7\pi}{2})}{7!}x^7$$

$$\frac{\sin x}{x}=1-\frac{x^2}{3!}+\frac{x^4}{5!}-\frac{\sin(\theta x+\frac{7\pi}{2})}{7!}x^6$$

因为

$$\sin(\theta x+\frac{7\pi}{2})<1$$

所以

$$\int_0^1 \frac{\sin x}{x}dx>(x-\frac{x^3}{3\times3!}+\frac{x^5}{5\times5!}-\frac{x^7}{7\times7!})\Big|_0^1$$

故积分

$$\int_0^1 \frac{\sin x}{x}dx>1-\frac{1}{3\times3!}+\frac{1}{5\times5!}-\frac{1}{7\times7!}$$

$$\approx 1-\frac{1}{3\times3!}+\frac{1}{5\times5!}$$

$$\approx 0.946\ 1$$

2. 有关积分等式或不等式的证明

例 4 设 $f''(x)$ 在 $[1,3]$ 上连续,且 $f(2)=0$. 证明:至少存在一点 $\xi\in[1,3]$,使 $f''(\xi)=3\int_1^3 f(x)\,dx$.

证 将$f(x)$在$x=2$处展为一阶泰勒展开式，得到

$$f(x)=f(2)+f'(2)(x-2)+\frac{f''(\eta)}{2!}(x-2)^2 \quad (1)$$

η在2与x之间，是与x有关的量，利用推广的积分中值定理得

$$\int_1^3 f''(\eta)(x-2)^2\mathrm{d}x=f''(\xi)\int_1^3 (x-2)^2\mathrm{d}x=\frac{2}{3}f''(\xi)$$

$$(\xi\in[1,3]) \quad (2)$$

在式(1)两端积分，利用$f(2)=0$，$\int_1^3 (x-2)\mathrm{d}x=0$及式(2)得到

$$\int_1^3 f(x)\mathrm{d}x=\int_1^3 f'(2)(x-2)\mathrm{d}x+\frac{1}{2}\cdot\frac{2}{3}f''(\xi)=\frac{1}{3}f''(\xi)$$

即$f''(\xi)=3\int_1^3 f(x)\mathrm{d}x$，其中$\xi\in[1,3]$.

例5 设$f(x)$在$[a,b]$上有二阶导函数，且

$$f''(x)>0$$

证明

$$\int_a^b f(x)\mathrm{d}x=\int_a^b f(x)\mathrm{d}x\geqslant(b-a)f(\frac{a+b}{2})$$

证 将$f(x)$在$x_0=\frac{a+b}{2}$处展为一阶泰勒展开式，注意到

$$f''(x)>0$$

有

$$f(x)\geqslant f(\frac{a+b}{2})+f'(\frac{a+b}{2})(x-\frac{a+b}{2})$$

则

$$\int_a^b f(x)\,\mathrm{d}x\geqslant\int_a^b f(\frac{a+b}{2})\,\mathrm{d}x+\int_a^b f'(\frac{a+b}{2})(x-\frac{a+b}{2})\,\mathrm{d}x$$

由

$$\begin{aligned}\int_a^b f'(\frac{a+b}{2})(x-\frac{a+b}{2})\,\mathrm{d}x&=f'(\frac{a+b}{2})\int_a^b(x-\frac{a+b}{2})\,\mathrm{d}x\\&=f'(\frac{a+b}{2})\cdot\\&\quad\frac{1}{2}\Big[(x-\frac{a+b}{2})^2\Big]_a^b\\&=\frac{1}{2}f'(\frac{a+b}{2})\cdot\\&\quad\Big[(\frac{b-a}{2})^2-(\frac{a-b}{2})^2\Big]\\&=0\end{aligned}$$

故

$$\int_a^b f(x)\,\mathrm{d}x\geqslant\int_a^b f(\frac{a+b}{2})\,\mathrm{d}x=(b-a)f(\frac{a+b}{2})$$

例 6 设 $f(x)\in C[0,1]$ 且 $f''(x)>0$，证明

$$\int_0^1 f(x^2)\,\mathrm{d}x\geqslant f(\frac{1}{3})$$

证 由泰勒公式得

$$f(t)=f(\frac{1}{3})+f'(\frac{1}{3})(t-\frac{1}{3})+\frac{f''(\xi)}{2!}(t-\frac{1}{3})^2$$

其中 ξ 位于 $\frac{1}{3}$ 与 t 之间，所以对任何 $x\in(0,1)$，有

$f''(x)>0$,所以$f''(\xi)>0$,于是得

$$f(t)\geqslant f(\frac{1}{3})+f'(\frac{1}{3})(t-\frac{1}{3})$$

将 t 替换为 x^2,得

$$f(x^2)\geqslant f(\frac{1}{3})+f'(\frac{1}{3})(x^2-\frac{1}{3})$$

两边积分得

$$\begin{aligned}\int_0^1 f(x^2)\,\mathrm{d}x &\geqslant \int_0^1 f(\frac{1}{3})\,\mathrm{d}x+\int_0^1 f'(\frac{1}{3})(x^2-\frac{1}{3})\,\mathrm{d}x\\ &=f(\frac{1}{3})\end{aligned}$$

由以上例子可以看出,当题设中给出被积函数二阶及二阶以上导函数符号的信息时,可用泰勒展开式证明有关积分等式或不等式.

3. 反常积分敛散性的判别

反常积分是积分学中比较难掌握的内容,反常积分敛散性的判别是一项很重要且较难的工作,应用泰勒公式将被积函数展开后再判别反常积分的敛散性是比较简便的.

例 7 判别瑕积分 $\int_0^1 \frac{\mathrm{d}x}{\sqrt[3]{x(\mathrm{e}^x-\mathrm{e}^{-x})}}$ 的敛散性.

分析 $x=0$ 是被积函数的瑕点,由于

$$\begin{aligned}\sqrt[3]{x(\mathrm{e}^x-\mathrm{e}^{-x})} &= \sqrt[3]{x[1+x+o(x^2)-(1-x+o(x^2))]}\\ &= \sqrt[3]{x[2x+o(x^2)]}\\ &= x^{\frac{2}{3}}\cdot\sqrt[3]{2+o(x)}\end{aligned}$$

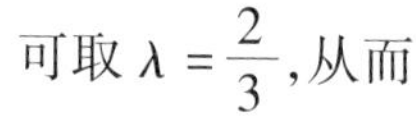

可取 $\lambda=\frac{2}{3}$,从而

$$\lim_{x\to 0^+} x^{\frac{2}{3}} \frac{1}{\sqrt[3]{x(\mathrm{e}^x-\mathrm{e}^{-x})}}=\frac{1}{\sqrt[3]{2}}$$

这里 $\lambda=\dfrac{2}{3}, d=\dfrac{1}{\sqrt[3]{2}}$,于是瑕积分 $\displaystyle\int_0^1 \frac{\mathrm{d}x}{\sqrt[3]{x(\mathrm{e}^x-\mathrm{e}^{-x})}}$收敛.

例8 讨论无穷积分 $\displaystyle\int_1^{+\infty}\left(\mathrm{e}^{\frac{1}{x}}-\frac{1}{x}-1\right)\mathrm{d}x$ 的敛散性.

分析 被积函数的形式较复杂,先用泰勒公式把它的形式化简,再考虑用无穷积分敛散性判别定理.

解 利用

$$\mathrm{e}^x=1+\frac{1}{x}+\frac{x^2}{2!}+\cdots+\frac{x^n}{n!}+o(x^n)$$

得

$$\begin{aligned}\mathrm{e}^{\frac{1}{x}}-\frac{1}{x}-1&=1+\frac{1}{x}+\frac{1}{2}\cdot\frac{1}{x^2}+o\left(\frac{1}{x^2}\right)-\frac{1}{x}-1\\&=\frac{1}{2}\cdot\frac{1}{x^2}+o\left(\frac{1}{x^2}\right)\end{aligned}$$

$$\lim_{x\to+\infty}\frac{\dfrac{1}{2x^2}+o\left(\dfrac{1}{x^2}\right)}{\dfrac{1}{x^2}}=\frac{1}{2}$$

所以无穷积分 $\displaystyle\int_1^{+\infty}\left(\mathrm{e}^{\frac{1}{x}}-\frac{1}{x}-1\right)\mathrm{d}x$ 收敛.

三、结束语

由例 1 ~8 可以看出,泰勒公式在积分学中有着很重要的应用. 深入探讨泰勒公式的应用,对于解决一些复杂的问题起到事半功倍的效果,在具体应用时,将函数展开到哪一项,要根据题目特点灵活运用.

数学建模:进制观点下的分类、距离与解析[①]

第六十四章

进制在计算机科学以及数学中起到非常重要的作用,在研究数据分类、数论甚至是解析函数时,进制的观点会带来很多惊人的现象,这在数学建模时非常值得注意.

一、如何利用二分类的分类器实现多分类

问题:如何利用若干二分类器的组合来实现 K 分类器? 其中 $K\in \mathbf{N}^*$, $K\geqslant 3$. 如果不考虑解决的效率,这个问题很平凡.

假设有一个平面内的数据点集 S,它是 K 个不相交的子集的并,即

① 本章作者为朱浩楠博士.

$$S=S_1\cup S_2\cup\cdots\cup S_K$$

$$S_i\cap S_j=\varnothing,i\neq j,i,j\in\{1,2,\cdots,K\}$$

我们可以训练 K 个二分类器 $f_i(x,y)$，使得给定 $(x,y)\in S$，$f_i(x,y)$ 可以区分 $(x,y)\in S_i$ 还是 $(x,y)\notin S_i$，其中 $i=1,2,\cdots,K$. 这样一来，对于任何数据 $(x,y)\in S$，只要依次用 $f_1(x,y),f_2(x,y),\cdots,f_K(x,y)$ 判断一遍，由于 $S_i\cap S_j=\varnothing$，于是判断结果中有且仅有一个 $i_0\in\{1,2,\cdots,K\}$，使得 $f_{i_0}(x,y)=\text{True}$. 于是向量函数

$$\boldsymbol{F}(x,y)=(f_1(x,y),f_2(x,y),\cdots,f_K(x,y))$$

的取值唯一确定了 (x,y) 的归类，这就是一个符合要求的 K 分类器.

但是如果加入一条要求：构造时所使用的二分类器尽可能的少，那么显然上面的构造方法并不是最优的.

我们以 $K=15$ 为例，实际上我们用下面的 4 个分类器就可以构造出符合要求的 15 分类器.

(1) 构造分类器 $f_1(x,y)$，使得

$$f_1(x,y)=\begin{cases}0,(x,y)\in S_1\cup S_2\cup S_3\cup S_4\cup S_5\cup S_6\cup S_7\cup_8\\1,(x,y)\in S_9\cup S_{10}\cup S_{11}\cup S_{12}\cup S_{13}\cup S_{14}\cup S_{15}\end{cases}$$

(2) 构造分类器 $f_2(x,y)$，使得

$$f_2(x,y)=\begin{cases}0,(x,y)\in S_1\cup S_2\cup S_3\cup S_4\cup S_9\cup S_{10}\cup S_{11}\cup S_{12}\\1,(x,y)\in S_5\cup S_6\cup S_7\cup S_8\cup S_{13}\cup S_{14}\cup S_{15}\end{cases}$$

(3) 构造分类器 $f_3(x,y)$，使得

$$f_3(x,y)=\begin{cases}0,(x,y)\in S_1\cup S_2\cup S_5\cup S_6\cup S_9\cup S_{10}\cup S_{13}\cup S_{14}\\1,(x,y)\in S_3\cup S_4\cup S_7\cup S_8\cup S_{11}\cup S_{12}\cup S_{15}\end{cases}$$

(4) 构造分类器 $f_4(x,y)$，使得

$$f_4(x,y)=\begin{cases}0,(x,y)\in S_1\cup S_3\cup S_5\cup S_7\cup S_9\cup S_{11}\cup S_{13}\cup S_{15}\cup S_{17}\\1,(x,y)\in S_2\cup S_4\cup S_6\cup S_8\cup S_{10}\cup S_{12}\cup S_{14}\cup S_{16}\end{cases}$$

最终所得的 15 分类器为向量函数

$$\boldsymbol{F}(x,y)=(f_1(x,y),f_2(x,y),f_3(x,y),f_4(x,y))$$

我们实验一下：如果$(x,y)\in S_7$，则根据$\boldsymbol{F}(x,y)$的构造，可知$\boldsymbol{F}(x,y)=(0,1,1,0)$；反之给定$\boldsymbol{F}(x,y)=(0,1,1,0)$，只有 S_7 中的点才满足这个结果.

而且读者不难发现，$7=2^2+2^1+1$，所以 $\boldsymbol{F}(x,y)=(0,1,1,0)$恰好为$7-1$在二进制下的表示.

这并非偶然，实际上可以验证，在上面的构造下，若$\boldsymbol{F}(x,y)=(a_3,a_2,a_1,a_0)$，则

$$(x,y)\in S_{i_0}\Leftrightarrow i_0-1=a_3\cdot 2^3+a_2\cdot 2^2+a_1\cdot 2^1+a_0\cdot 2^0$$

例如

$$\boldsymbol{F}(x,y)=(1,0,0,1)\Leftrightarrow(x,y)\in S_{10}$$

$$\boldsymbol{F}(x,y)=(1,0,1,0)\Leftrightarrow(x,y)\in S_{11}$$

这个构造方式其实基于图 1 的二分树形图，其中不同的颜色代表不同分类器.

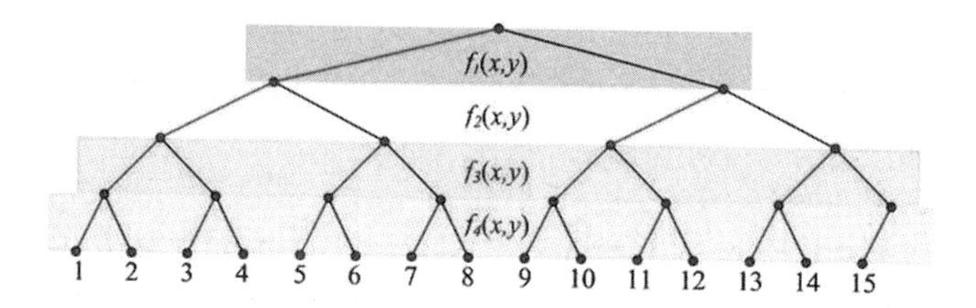

图 1　用二分类器构造 15 分类器的设计图，不同的颜色代表不同分类器

对于其他的 K 值($K\geqslant 3,K\in\mathbf{N}^*$)，可以类似地构造 K 分类器. 这样的构造方法使得最终只须$\lceil\log_2 K\rceil$个

二分类器,其中$\lceil x \rceil$代表对 x 向上取整. 我们不加证明地指出,这是使用分类器最少的分类方法.

其实类似的问题在计算机科学中屡见不鲜,例如:如何快速计算 $2^{2\,019}$? 如果每次乘以 2 这样算下去,需要做 2 018 次乘法运算,但是如果像下面这样计算,则只要计算 17 次乘法:

步骤 1:计算 $a=2^2$;

步骤 2:计算 $b=a^2$;

步骤 3:计算 $c=b^2$;

步骤 4:计算 $d=c^2$;

步骤 5:计算 $e=d^2$;

步骤 6:计算 $f=e^2$;

步骤 7:计算 $g=f^2$;

步骤 8:计算 $h=g^2$;

步骤 9:计算 $i=h^2$;

步骤 10:计算 $j=i^2$;

步骤 11:计算 $k=j\cdot i\cdot h\cdot g\cdot f\cdot e\cdot a\cdot 2$,此处需计算 7 次乘法.

由于

$$2\,019=1\,024+512+256+128+64+32+2+1$$

于是 $k=2^{2\,019}$.

但是这里需要指出,因为计算机的硬件构造,一个数字乘以 2 实际上只要将这个数字的二进制表达向左移一位即可,所以上面的"快速算法"虽然只有 17 步,但是每一步的计算代价其实都比较简单地乘以 2 要大,所以时间效率上并不是简单地提升了 $2\,019\div 17\approx$

118.8 倍. 而且使用这种算法需要存储 a,b,c,d,e,f,g,h,i,j 这些中间计算值,占用了更多的存储空间所以这本质上是空间换时间的一种方法.

作为计算思维的重要组成部分,我们必须清楚:在我们考虑一个问题的解决时,往往需要通盘考虑时间和空间. 物理和数学上都已经证明了时间不可孤立于空间存在,空间也不可以弧立于时间而存在. 树立正确的时空观,对我们理解一个问题的复杂程度和解决途径大有裨益.

二、同一个数在不同的进制下的表示,泰勒展开与零点阶数

在上文中我们已经见识到了进制的强大作用,这一小节从其他角度观察一些有趣的现象.

我们说一个实数 x 的 d 进制表达($d\in\mathbf{N}^*,d\geqslant 2$),其实是指 x 的如下展开形式

$$x=a_nd^n+a_{n-1}d^{n-1}+\cdots+a_0d^0-a_{-1}d^{-1}+a_{-2}d^{-2}+\cdots$$

其中,$a_i\in\{0,1,2,\cdots,d-1\}$,$i=n,n-1,n-2,\cdots,2,1,0,-1,-2,\cdots$,$n\in\mathbf{N}$,且 $a_n\neq 0$. 此时将序列

$$(a_na_{n-1}a_{n-2}\cdots a_2a_1a_0a_{-1}a_{-2}\cdots)_d$$

称为 x 的 d 进表示,记作$(x)_d$. 当没有混淆时,也记作 $a_na_{n-1}a_{n-2}\cdots a_2a_1a_0a_{-1}a_{-2}\cdots$ 或 x. 当 $a_i=0,i<0$ 时,称 x 为 d 进制整数. 实数在 d 进制下遵照从前到后的字典序可以形成一个序关系.

关于 d 进制表示有许多结论,下面列出了一些基本的,读者可以作为基础练习:

(1) $\forall d,d'\in\mathbf{N}^*,d,d'\geqslant 2$,$x$ 为 d 进制整数,当且

仅当 x 为 d'进制整数. 这意味着整数性在所有的进制下是统一的.

(2) $\forall d,d'\in \mathbf{N}^*, d,d'\geqslant 2$,在 d 进制下按照字典序$(x_1)_d<(x_2)_d$,当且仅当在 d'进制下按照字典序$(x_1)_{d'}<(x_2)_{d'}$. 这意味着进制的转换保持序关系,进而任意进制下的字典序关系和日常所说的实数大小关系相一致.

(3) $\forall d,d'\in \mathbf{N}^*, d,d'\geqslant 2$

$$(x)_d(y)_{d'}=(y)_d(x)_{d'}$$

这意味着

$$\frac{(x)_d}{(y)_d}=\frac{(x)_{d'}}{(y)_{d'}}=\left(\frac{x}{y}\right)_d=\left(\frac{x}{y}\right)_{d'}$$

进而 $+,-,\times,\div$ 四则运算关系在进制转化下不变.

(4) x 为有理数,当且仅当 x 在任意进制下均为有限小数或者无限循环小数.

(5)进制不等式:以 $l_d(x)$记正整数 x 的 d 进制表达的长度,对于 $\forall d_1,d_2\in \mathbf{N}^*, d_1,d_2\geqslant 2$,有

$$l_{d_1}(x)=\lfloor \log_{d_1}x+1\rfloor\in[\log_{d_1}x+1,\log_{d_1}x+2)$$

$$l_{d_2}(x)=\lfloor \log_{d_2}x+1\rfloor\in[\log_{d_2}x+1,\log_{d_2}x+2)$$

进而可得不等式链(称为“进制不等式”)

$$\ln d_1-2\ln d_2<\ln d_1\cdot l_{d_1}(x)-\ln d_2\cdot l_{d_2}(x)<2\ln d_1-\ln d_2$$

在高等数学里有一个重要的将充分光滑函数$f(x)$在局部展开为多项式函数的方法,叫作泰勒展开,也可以看作是$f(x)$在 $x-x_0$ 进制下的近似表达

$$f(x)=f(x_0)+\sum_{k=1}^{n}\frac{f^{(k)}(x_0)}{k!}(x-x_0)^k+o((x-x_0)^n)$$

x 在 x_0 附近，其中 $n\in\mathbf{N}^*$，$f^{(k)}(x)$ 表示 $f(x)$ k 阶导函数，$o((x-x_0)^n)$ 为 $(x-x_0)^n$ 的无穷小量，即

$$\lim_{x\to x_0}\frac{o((x-x_0)^n)}{(x-x_0)^n}=0$$

一个自然的问题是，类比于正整数 x 的 d 进制表达的长度 $l_d(x)$，$\log_{|x-x_0|}(|f(x)|)$ 表示什么呢？

为了搞清楚这个问题，我们设

$$g_{x_0}(x)=\log_{|x-x_0|}(f(x)),x\neq x_0$$

等价变形可得

$$g(x)=\frac{\ln(f(x)^2)}{\ln((x-x_0)^2)},x\neq x_0$$

当 $f(x_0)=0$，且 $f'(x_0)\neq 0$ 时，有

$$\lim_{x\to x_0}g(x)=\lim_{x\to x_0}\frac{\ln(f(x)^2)}{\ln((x-x_0)^2)}=\lim_{x\to x_0}\frac{\dfrac{f'(x)}{f(x)}}{\dfrac{1}{x-x_0}}$$

$$=\lim_{x\to x_0}\left(f'(x)\left(\frac{f(x)-f(x_0)}{x-x_0}\right)^{-1}\right)$$

$$=f'(x_0)\cdot\lim_{x\to x_0}f'(x)^{-1}$$

$$=1$$

当

$$f(x_0)=f'(x_0)=0,f''(x_0)\neq 0$$

$$\lim_{x\to x_0}g(x)=\lim_{x\to x_0}\left(\frac{\ln(f'(x)^2)}{\ln((x-x_0)^2)}\cdot\frac{\ln(f(x)^2)}{\ln(f'(x)^2)}\right)$$

$$=\lim_{x\to x_0}\frac{\ln(f'(x)^2)}{\ln((x-x_0)^2)}\cdot\lim_{x\to x_0}\frac{\ln(f(x)^2)}{\ln(f'(x)^2)}$$

$$=\lim_{x\to x_0}\frac{\ln(f(x)^2)}{\ln(f'(x)^2)}$$

$$=\lim_{x\to x_0}\frac{f'(x)/f(x)}{f''(x)/f'(x)}$$

$$=\frac{1}{f''(x_0)}\cdot\lim_{x\to x_0}\frac{(f'(x))^2}{f(x)}$$

$$=\frac{1}{f''(x_0)}\cdot\lim_{x\to x_0}\frac{2f'(x)f''(x)}{f'(x)}$$

$$=2$$

一般的,若 $f(x_0)=f'(x_0)=\cdots=f^{(k)}(x_0)=0$, $f^{(k+1)}(x_0)\neq 0$,则有

$$\lim_{x\to x_0}g(x)=\lim_{x\to x_0}\left(\frac{\ln(f^{(k)}(x)^2)}{\ln((x-x_0)^2)}\cdot\frac{\ln(f(x)^2)}{\ln(f^{(k)}(x)^2)}\right)$$

$$=\lim_{x\to x_0}\frac{\ln(f^{(k)}(x)^2)}{\ln((x-x_0)^2)}\cdot\lim_{x\to x_0}\frac{\ln(f(x)^2)}{\ln(f^{(k)}(x)^2)}$$

$$=\lim_{x\to x_0}\frac{\ln(f^{(k)}(x)^2)}{\ln((x-x_0)^2)}\cdot\lim_{x\to x_0}\frac{f'(x)/f(x)}{f^{(k+1)}(x)/f^{(k)}(x)}$$

$$=\lim_{x\to x_0}\frac{\ln(f^{(k)}(x)^2)}{\ln((x-x_0)^2)}\cdot\frac{1}{f^{(k+1)}(x_0)}\cdot$$

$$\lim_{x\to x_0}\frac{f'(x)\cdot f^{(k)}(x)}{f(x)}$$

$$=\lim_{x\to x_0}\frac{\ln(f^{(k)}(x)^2)}{\ln((x-x_0)^2)}\cdot\frac{1}{f^{(k+1)}(x_0)}\cdot$$

$$\lim_{x\to x_0}\frac{f''(x)\cdot f^{(k)}(x)+f'(x)\cdot f^{(k+1)}(x)}{f'(x)}$$

$$=\lim_{x\to x_0}\frac{\ln(f^{(k)}(x)^2)}{\ln((x-x_0)^2)}\cdot\frac{1}{f^{(k+1)}(x_0)}\cdot$$

$$\left[\lim_{x\to x_0}\frac{f''(x)\cdot f^{(k)}(x)}{f'(x)}+f^{(k+1)}(x_0)\right]$$

$$=\lim_{x\to x_0}\frac{\ln(f^{(k)}(x)^2)}{\ln((x-x_0)^2)}\cdot\frac{1}{f^{(k+1)}(x_0)}\cdot$$

$$\left[\lim_{x\to x_0}\frac{f'''(x)\cdot f^{(k)}(x)+f''(x)\cdot f^{(k+1)}(x)}{f''(x)}+\right.$$

$$\left.f^{(k+1)}(x_0)\right.$$

$$\vdots$$

$$=\lim_{x\to x_0}\frac{\ln(f^{(k)}(x)^2)}{\ln((x-x_0)^2)}\cdot\frac{1}{f^{(k+1)}(x_0)}\cdot$$

$$\left[\lim_{x\to x_0}\frac{f^{(k+1)}(x)f^{(k)}(x)}{f^{(k)}(x)}+k\cdot f^{(k+1)}(x_0)\right]$$

$$=\lim_{x\to x_0}\frac{\ln(f^{(k)}(x)^2)}{\ln((x-x_0)^2)}\cdot(k+1)$$

由上面的推导,根据数学归纳原理,可得结论

$$\lim_{x\to x_0}g(x)=\lim_{x\to x_0}\frac{\ln(f(x)^2)}{\ln((x-x_0)^2)}=N_f(x_0)$$

其中 $N_f(x_0)$ 表示函数 $f(x)$ 在 $x=x_0$ 处的“零点阶数”,即使得极限

$$\lim_{x\to x_0}f(x)\cdot(x-x_0)^{-k}\neq 0$$

的最小非负整数 k 的值. 进而可得 $\log_{|x-x_0|}(|f(x)|)$ 的意义为“$f(x)$ 在 $x=x_0$ 处的零点阶数”. 具体地说,即

$$\lim_{x\to x_0}\log_{|x-x_0|}(|f(x)|)=N_f(x_0)$$

这个结论在函数论中具有基础性的作用. 由此可见,进制的观点在数学的不同分支下大有可为.

图 2 给出了一些算例及图像.

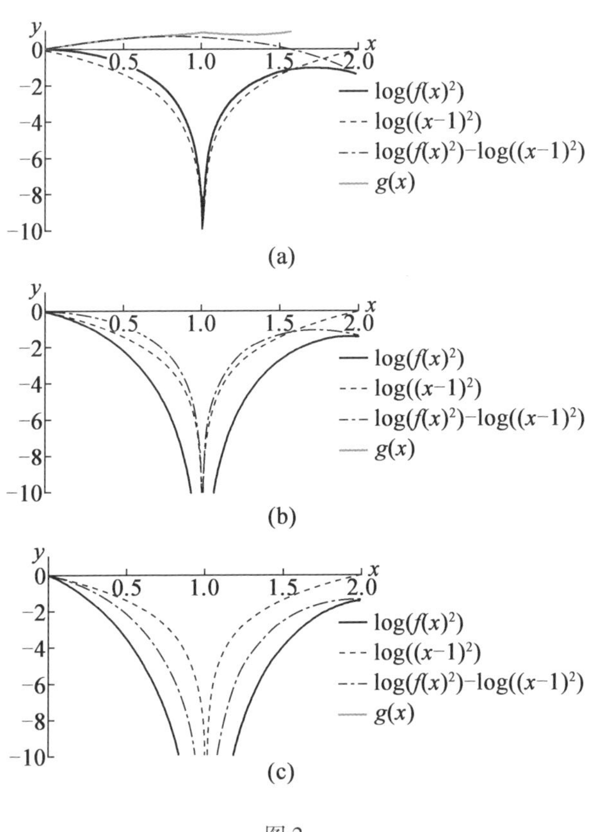

图 2

图 2(a)为

$$x_0=1, f(x)=(x-1)(\sin x+\cos x)$$

$$g(x)=\ln(f(x)^2)/\ln((x-1)^2)$$

时的 $f(x)$, $g(x)$, $y=\ln((x-1)^2)$ 及

$$y=\ln(f(x)^2)-\ln((x-1)^2)$$

函数图像,此时 $N_f(1)=1$;

图 2(b)为

$$x_0=1, f(x)=(x-1)^2(\sin x+\cos x)$$

$$g(x)=\ln(f(x)^2)/\ln((x-1)^2)$$

时的 $f(x)$, $g(x)$, $y=\ln((x-1)^2)$ 及

$$y=\ln(f(x)^2)-\ln((x-1)^2)$$

函数图像,此时 $N_f(1)=2$;

图 2(c)为

$$x_0=1, f(x)=(x-1)^3(\sin x+\cos x)$$

$$g(x)=\ln(f(x)^2)/\ln((x-1)^2)$$

时的 $f(x)$, $g(x)$, $y=\ln((x-1)^2)$ 及

$$y=\ln(f(x)^2)-\ln((x-1)^2)$$

函数图像,此时 $N_f(1)=3$.

三、d 进制距离

由于一个实数可以表示为进制下的一列有序数列,而序列之间的距离有不同的定义,所以这就反过来得到了实数之间一些“新距离”的定义. 具体来说,对于实数 x_1, x_2 和 $d\in\mathbf{N}^*$, $d\geqslant 2$,假设二者的 d 进制表示分别为

$$x_1=\sum_{k=-\infty}^{n}a_kd^k=(a_na_{n-1}a_{n-2}\cdots a_1a_0a_{-1}a_{-2}\cdots)_d$$

$$x_2=\sum_{k=-\infty}^{m}b_kd^k=(b_mb_{m-1}b_{m-2}\cdots b_1b_0b_{-1}b_{-2}\cdots)_d$$

定义 x_1 和 x_2 的 d - 进距离 $D_d(x_1,x_2)$ 为

$$D_d(x_1,x_2)=\sum_{k=-\infty}^{N}|a_k-b_k|d^k$$

其中 $N=\max\{m,n\}$，如果需要的话 $a_{n+1}=\cdots=a_N=0$ 或 $b_{m+1}=\cdots=b_N=0$（即不足 N 补零）.

上述定义的 d - 进距离和通常的实数距离不相等，因为并没有 $D_d(x_1,x_2)=|x_1-x_2|$，实际上

$$|x_1-x_2|=\left|\sum_{k=-\infty}^{N}(a_k-b_k)d^k\right|\leqslant D_d(x_1,x_2)$$

而且 $|x_1-x_2|<|x_1-x_3|$ 时，不见得有

$$D_d(x_1,x_2)<D_d(x_1,x_3)$$

例如：$x_1=(222)_4,x_2=(131)_4,x_3=(113)_4$，计算可得

$$|x_1-x_2|=1\times4^2+(-1)\times4+1=13$$

$$|x_1-x_3|=1\times4^2+1\times4-1=19$$

$$|x_1-x_2|<|x_1-x_3|$$

$$D_4(x_1,x_2)=1\times4^2+1\times4+1=21$$

$$D_4(x_1,x_3)=1\times4^2+1\times4+1=21$$

$$D_4(x_1,x_2)=D_4(x_1,x_3)$$

但容易证明 d - 进距离依然满足三角不等式，即

$$D_d(x_1,x_2)+D_d(x_2,x_3)\geqslant D_d(x_1,x_3)$$

只是其等号成立条件比较复杂. 图 3 和图 4 分别给出了二元函数 $D_3(x,y)$ 的函数图像及等温图，从中可以看到非常明显的分形（自相似）结构.

一系列开放的问题是：

(1)这个分形结构的分形维数是多少?

(2)不同进制 d 对应的分形维数相同还是不同?

(3)不同进制 d 下函数 $D_d(x,y)$ 的高等线的分布规律.

对这些问题的处理已超出本文内容,感兴趣的读者可参考相关文献.

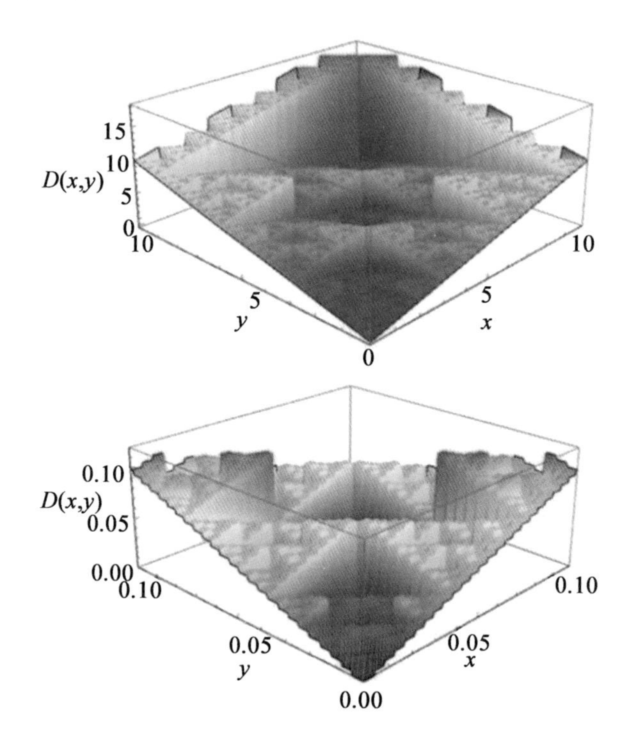

图 3 二元函数 $D_3(x,y)$ 在不同尺度下的函数图像,呈现出明显的分形(自相似)结构

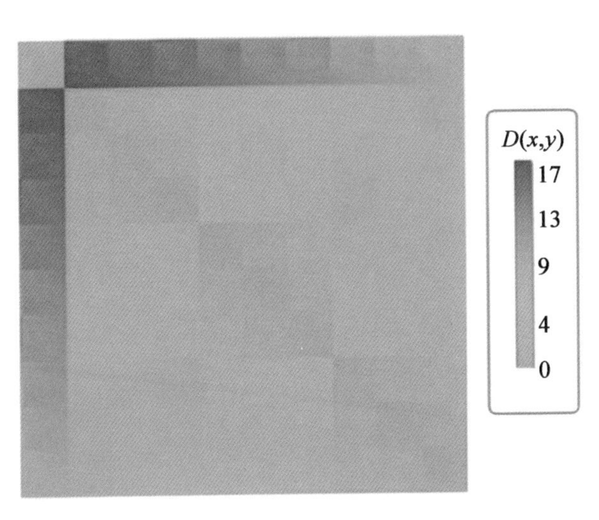

图4 二元函数 $D_3(x,y)$ 的等温图,其中 $x\in[0,10]$,$y\in[0,10]$,精度为0.05

第四编

泰勒公式的推广与拓展

第六十五章 关于泰勒公式的推广及其应用[①]

一、引言

设$f(x) \in C^{n-1}[a-\delta, a+\delta]$ $(\delta>0)$，且至少在开区间$(a-\delta, a+\delta)$内$f(x)$有n阶导数，则下述带有拉格朗日型余项的泰勒公式成立

$$f(x)=\sum_{k=0}^{n-1} \frac{f^{(k)}(a)}{k!}(x-a)^k+\frac{f^{(n)}(\xi)}{n!}(x-a)^n \quad (\forall x \in[a-\delta, a+\delta]) \tag{1}$$

这里ξ介于x与a之间. 当$x \to a$时，关于上述ξ的渐近性，Azpeitia在给$f(x)$增加

① 本章摘自《数学的实践与认识》，1995年，第4期.

一些较强的条件下建立了下面的定理.

定理 1 设 $f(x)\in C^{n+p-1}[a-\delta,a+\delta]$ $(\delta>0,n\geqslant 1,p\geqslant 1)$, $f^{(n+p)}(x)$ 在 $[a-\delta,a+\delta]$ 上存在且在 $x=a$ 处连续. 若 $f^{(n+j)}(a)=0(1\leqslant j\leqslant p)$, $f^{(n+p)}(a)\neq 0$, 则

$$\lim_{x\to a}\frac{\xi-a}{x-a}=\binom{n+p}{n}^{-\frac{1}{p}} \tag{2}$$

此处 ξ 由式(1)确定.

这里自然产生一个问题:当 $f^{(n+j)}(a)=0(1\leqslant j<p)$,但 $f^{(n+p)}(a)$ 不存在时有何结果? 中国计量学院的孙燮华教授 1993 年解决了上述问题,为此,要建立广义的泰勒公式,从而给出更为一般的关于中值 ξ 的渐近性的定理. 作为定理的特例,我们还将获得定理 1 的改进.

二、广义泰勒公式

孙燮华在文章"关于积分中值定理(Ⅱ)"(《中国计量学院学报》,1993(2):1-10)中引入了如下的导数的推广,设 $\phi(t)$ 是在 $[0,r]$ $(r>0)$ 上连续的严格单调增函数且在 $(0,r]$ 内任意次可微, $\phi(0)=0$. 记 $\varphi_0=1$. 假定下面的极限都存在

$$\lim_{x\to 0^+}\frac{t^k\phi^{(k)}(t)}{\phi(t)}=\varphi_k\quad(k=1,2,\cdots)$$

且有

$$C_n^{(\phi)}:=\sum_{k=0}^{n}(n-k)!\ (C_n^k)^2\varphi_k\neq 0\quad(n=0,1,\cdots)$$

我们称满足上式条件的函数 $\phi(t)$ 为 Φ 函数,简记 $\phi\in\Phi$.

定义 1 设 $\varphi\in\Phi$, 又设函数 $f(x)$ 在 $[a,a+\delta]$ $(\delta>0)$ 上有定义,若极限

$$\lim_{x\to a+0}\frac{f(x)-f(a)}{\phi(x-a)} \tag{3}$$

存在,则称极限(3)为函数$f(x)$在$x=a$处的右ϕ导数,记作$D_{\phi}^{+}f(a)$.类似的,若$f(x)$在$x=a$的左侧有定义且极限

$$\lim_{x\to a-0}\frac{f(a)-f(x)}{\phi(a-x)}$$

存在,则称此极限为$f(x)$在$x=a$处的左ϕ导数.

显然,函数

$$\phi(t)=t^{\alpha}(\ln\frac{1}{t})^{\beta}\quad(0<\alpha\leqslant 1,\beta\text{ 的实数})$$

是一个Φ函数,不难算得

$$\varphi_k=k!\binom{\alpha}{k}\quad(k=1,2,\cdots;\varphi_0=1) \tag{4}$$

$$\begin{aligned}C_n^{(\phi)}&=\sum_{k=0}^{n}(n-k)!\,(C_n^k)^2\varphi_k\\&=n!\binom{n+\alpha}{n}\neq 0\quad(n=1,2,\cdots)\end{aligned}$$

特别的,当$\alpha=1,\beta=0$时,上述单侧ϕ导数就是通常的单侧导数.现在给出带有皮亚诺型余项的广义泰勒公式.

定义 2(广义泰勒公式) 设函数$f(x)$在$[a,a+\delta](\delta>0)$上有直到n阶的导数,而$f^{(n)}(x)$在$x=a$处还有不等于零的右ϕ导数$D_{\phi}^{+}f^{(n)}(a)\neq 0$,则对$x\in[a,a+\delta]$成立

$$f(x)=\sum_{k=0}^{n}\frac{f_{+}^{(k)}(a)}{k!}(x-a)^k+$$

$$\frac{D_\phi^+ f^{(n)}(a)}{C_n^{(\phi)}}(x-a)^n\phi(x-a)+$$

$$o((x-a)^n\phi(x-a)) \qquad (5)$$

证 记

$$p_n^{(\phi)}(x)=\sum_{k=0}^{n}\frac{f_+^{(k)}(a)}{k!}(x-a)^k+$$

$$\frac{D_\phi^+ f^{(n)}(a)}{C_n^{(\phi)}}(x-a)^n\phi(x-a)$$

$$r_n(x)=f(x)-p_n^{(\phi)}(x)$$

注意到

$$(r_n(x))_+^{(k)}|_{x=a}=0 \quad (k=0,1,\cdots,n)$$

$$r_n^{(n)}(x)=f^{(n)}(x)-f_+^{(n)}(a)-\frac{D_\phi^+ f^{(n)}(a)}{C_n^{(\phi)}}\cdot$$

$$\sum_{i=0}^{n}(n-i)!\ (C_n^i)^2(x-a)^i\cdot$$

$$(\phi(x-a))^{(i)}$$

和

$$D_\phi^+ r_n^{(n)}(a)=0$$

对下面的极限用 n 次洛必达法则,得到

$$\lim_{x\to a+0}\frac{r_n(x)}{(x-a)^n\phi(x-a)}$$

$$=\lim_{x\to a+0}\frac{r_n^{(n)}(x)}{\sum_{i=0}^{n}(n-i)!(C_n^i)^2(x-a)^i(\phi(x-a))^{(i)}}$$

$$=\frac{D_\phi^+ r_n^{(n)}(a)}{C_n^{(\phi)}}$$

$$=0$$

即式(5)成立,证毕.

附注1 当 $\phi(t)=t$ 时,由式(4),$C_n^{(\phi)}=(n+1)$. 从而式(5)就是通常的带有皮亚诺型余项的泰勒公式.

例1 写出函数 $f(x)=\sin(x^{5/2}+2x+1)$ 相应于 $\phi(x)=x^{1/2}$ 在 $a=0$ 时的二阶广义泰勒展开式.

解 注意到

$$f'(0)=2\cos 1, f''(0)=-4\sin 1$$

$$D_\phi^+ f^{(2)}(0)=\frac{15}{4}\cos 1, C_2^{(\phi)}=2!\begin{pmatrix}2+\frac{1}{2}\\2\end{pmatrix}=\frac{15}{4}$$

我们得到,对 $x>0$

$$f(x)=\sin 1+\frac{2\cos 1}{1!}x-\frac{4\sin 1}{2!}x^2+x^{\frac{5}{2}}\cos 1+o(x^{\frac{5}{2}})\quad(x\to +0)$$

三、关于泰勒公式的余项

关于泰勒公式(1)余项中 ξ 的渐近性,我们有下面的更为一般的

定理2 设 $f(x)\in C^{n+p-1}[a,a+\delta](\delta>0,n\geqslant 1,p\geqslant 1)$,当 $p>1$ 时

$$f_+^{(n+j)}(a)=0\quad(1\leqslant j<p)$$

若对某函数 $\phi(t)\in\Phi$,函数 $f^{(n+p-1)}(x)$ 在 $x=a$ 处存在右 ϕ 导数且 $D_\phi^+ f^{(n+p-1)}(a)\neq 0$,则

$$\lim_{x\to a+0}\frac{(\xi-a)^{(p-1)}\phi(\xi-a)}{(x-a)^{p-1}\phi(x-a)}=\frac{n!\ C_{p-1}^{(\phi)}}{C_{n+p-1}^{(\phi)}}\qquad(6)$$

这里 ξ 由式(1)确定.

证 在式(1)中,对 $f^{(n)}(x)$ 用广义泰勒公式(5)

得

$$f(x)=\sum_{k=0}^{n-1}\frac{f_+^{(k)}(a)}{k!}(x-a)^k+\frac{(x-a)^n}{n!}\{f_+^{(n)}(a)+$$

$$\frac{D_\phi^+ f^{(n+p-1)}(a)}{C_{p-1}^{(\phi)}}(\xi-a)^{p-1}\phi(\xi-a)+$$

$$o((\xi-a)^{(p-1)}\phi(\xi-a))\}\quad(a<\xi<x)\quad(7)$$

另一方面,对函数$f(x)$用式(5)可得

$$f(x)=\sum_{k=0}^{n}\frac{f_+^{(k)}(a)}{k!}(x-a)^k+$$

$$\frac{D_\phi^+ f^{(n+p-1)}(a)}{C_{n+p-1}^{(\phi)}}(x-a)^{n+p-1}\phi(x-a)+$$

$$o((x-a)^{n+p-1}\phi(x-a))\quad(8)$$

比较式(7)和(8)推得式(6). 证毕.

令$\phi_\alpha(t)=t^\alpha(0<\alpha\leqslant 1)$,注意到式(4),得到

推论 1 设$f(x)\in C^{n+p-1}[a,a+\delta](\delta>0,p\geqslant 1,n\geqslant 1)$. 当$p>1$时

$$f_+^{(n+j)}(a)=0\quad(0<j<p)$$

若对$\phi_\alpha(t)=t^\alpha(0<\alpha\leqslant 1)$,有$D_\phi^+ f^{(n+p-1)}(a)\neq 0$,则

$$\lim_{x\to a+0}\frac{\xi-a}{x-a}=\left\{\frac{n!\ (p-1)!\ \binom{p-1+\alpha}{p-1}}{(n+p-1)!\ \binom{n+p-1+\alpha}{n+p-1}}\right\}^{\frac{1}{p-1+\alpha}}\quad(9)$$

附注 2 当$\alpha=1$时,由式(9)推出式(3). 但推论1删去了定理1的条件“$f^{(n+p)}(x)$在$x=a$处连续”. 因此,定理2推广并且改进了定理1.

例 2 设$g(x)=\sin(x^{5/2}+1)\in C^2$,在$[0,\delta](\delta>$

0)上成立一阶和二阶带有拉格朗日型余项的泰勒展开式

$$g(x)=\sin 1+\left[\frac{5}{2}\xi_1^{\frac{3}{2}}\cos(\xi_1^{\frac{5}{2}}+1)\right]x$$

$$(\xi_1\in(0,x)) \tag{10}$$

$$g(x)=\sin 1+\frac{1}{8}[15\xi_2^{\frac{1}{2}}\cos(\xi_2^{\frac{5}{2}}+1)-$$

$$25\xi_2^3\sin(\xi_2^{\frac{5}{2}}+1)]x^2$$

$$(\xi_2\in(0,x)) \tag{11}$$

试问：当 $x\to 0^+$ 时，ξ_1 和 ξ_2 的渐近性如何？

附注 3　注意到

$$g'(0)=g''(0)=0$$

但 $g'''(0)$ 不存在，从而定理 1 不适用.

解　对于 $\phi(t)=t^{1/2}$，易得

$$D_\phi^+g^{(2)}(0)=\frac{15}{4}\cos 1\neq 0$$

对 $n=1,p=2$，用式(9)得

$$\lim_{x\to 0^+}\frac{\xi_1}{x}=\left(\frac{2}{5}\right)^{\frac{2}{5}} \tag{12}$$

对 $n=2,p=1$ 得

$$\lim_{x\to 0^+}\frac{\xi_2}{x}=\left(\frac{8}{15}\right)^2 \tag{13}$$

验证　现在，我们直接验证式(12)和(13)的正确性. 我们有

$$\sin(x^{\frac{5}{2}}+1)-\sin 1=2\sin\left(\frac{1}{2}x^{\frac{5}{2}}\right)\cos\left(1+\frac{1}{2}x^{\frac{5}{2}}\right)$$

$$=x^{\frac{5}{2}}\cos\left(1+\frac{1}{2}x^{\frac{5}{2}}\right)+$$

$$o(x^{\frac{5}{2}}) \quad (x \to 0)$$

将上式代入式(10),经整理得

$$\cos\left(1+\frac{1}{2}x^{\frac{5}{2}}\right)+o(1)=\frac{5}{2}\left(\frac{\xi_1}{x}\right)^{\frac{3}{2}}\cos(\xi_1^{\frac{5}{2}}+1) \quad (x \to 0^+)$$

令 $x \to 0^+$,由上式立即推出式(12). 用类似的方法可得式(13).

第六十六章 泰勒公式的一种推广[①]

若函数$f(x)$在区间$[a,b]$上是m次连续可微的,则有

$$f(b)=f(a)+\sum_{n=1}^{m-1}\frac{(b-a)^n}{n!}f^{(n)}(a)+R_m \tag{1}$$

其中,余项

$$R_m=\frac{1}{(m-1)!}\int_a^b(b-x)^{m-1}f^{(m)}(x)\mathrm{d}x$$

这是大家熟悉的泰勒公式.

营口师范高等专科学校的孙贺琦教授1994年对此公式进行了一种推广,即有

定理1 在与公式(1)完全相同的条件下,有下式成立

① 本章摘自《数学通报》,1994年,第1期.

$$f(b)=f(a)+\sum_{n=1}^{m-1}\frac{1}{n!}[(t-a)^{n}f^{(n)}(a)-(t-b)^{n}f^{(n)}(b)]+R_{m} \tag{2}$$

其中,余项

$$R_{m}=\frac{1}{(m-1)!}\int_{a}^{b}(t-x)^{m-1}f^{(m)}(x)\mathrm{d}x$$

式(2)中的字母 t 是一个可以自由选取的参数(与 x 无关);它的引入使得我们应用式(2)时变得灵活方便.

显然,在式(2)中取 $t=b$,就可以直接得到通常的泰勒公式(1).

下面证明式(2).

证 由不定积分定义和分部积分法可得

$$\begin{aligned}f(u)+C&=\int f'(u)du=\int f'(u)\mathrm{d}(u-t)\quad(t\text{ 与 }u\text{ 无关})\\&=(u-t)f'(u)-\int(u-t)f''(u)\mathrm{d}(u-t)\\&=(u-t)f'(u)-\int f''(u)\mathrm{d}\frac{(u-t)^{2}}{2!}\\&=(u-t)f'(u)-\frac{(u-t)^{2}}{2!}f''(u)+\\&\quad\int\frac{(u-t)^{2}}{2!}f'''(u)\mathrm{d}(u-t)\\&=(u-t)f'(u)-\frac{(u-t)^{2}}{2!}f''(u)+\\&\quad\int f'''(u)\mathrm{d}\frac{(u-t)^{3}}{3!}\\&=(u-t)f'(u)-\frac{(u-t)^{2}}{2!}f''(u)+\end{aligned}$$

$$\frac{(u-t)^3}{3!}f'''(u)-\cdots+$$

$$(-1)^m\frac{(u-t)^{m-1}}{(m-1)!}f^{(m-1)}(u)+$$

$$\frac{(-1)^{m-1}}{(m-1)!}\int(u-t)^{m-1}f^{(m)}(u)\mathrm{d}u$$

再根据牛顿 - 莱布尼兹公式,有

$$f(b)-f(a)=\int_a^b f'(u)\mathrm{d}u$$

$$=\left[\sum_{n=2}^{m}\frac{(-1)^n}{(n-1)!}(u-t)^{n-1}f^{(n-1)}(u)\right]\Bigg|_a^b+$$

$$\frac{(-1)^{m-1}}{(m-1)!}\int_a^b(u-t)^{m-1}f^{(m)}(u)\mathrm{d}u$$

$$=\sum_{n=2}^{m}\frac{(-1)^n}{(n-1)!}[(b-t)^{n-1}f^{(n-1)}(b)-$$

$$(a-t)^{n-1}f^{(n-1)}(a)]+$$

$$\frac{(-1)^{m-1}}{(m-1)!}\int_a^b(u-t)^{m-1}f^{(m)}(u)\mathrm{d}u$$

再略加变形,得

$$f(b)-f(a)=\sum_{n=1}^{m-1}\frac{1}{n!}[(t-a)^nf^{(n)}(a)-$$

$$(t-b)^nf^{(n)}(b)]+$$

$$\frac{1}{(m-1)!}\int_a^b(t-x)^{m-1}f^{(m)}(x)\mathrm{d}x$$

这就是所要证明的式(2).

上述公式表明,区间$[a,b]$上的 m 阶连续可微函数$f(x)$,其中$[a,b]$上的增量可以用 a,b 两点之各阶导数为系数的一个多项式来近似表达.

作为推广的泰勒公式的一个应用,我们指出,由式(2)很容易推得下面的定理.

定理 2 设函数$f(x)$在区间$[a,b]$上有任意阶导数,且$|f^{(n)}(x)|\leqslant M$(M是正常数,$n=1,2,\cdots$),则$f(x)$在$[a,b]$上的增量有下面的无穷级数表达式

$$f(b)-f(a)=\sum_{n=1}^{\infty}\frac{(b-a)^n}{(2n)!!}[f^{(n)}(a)-(-1)^n f^{(n)}(b)] \tag{3}$$

我们来证明式(3).

证 在式(2)中令$t=\dfrac{a+b}{2}$,并注意$(n!)2^n=(2n)!!$ 得到

$$\begin{aligned}f(b)-f(a)=&\sum_{n=1}^{m-1}\frac{(b-a)^n}{(2n)!!}[f^{(n)}(a)-\\&(-1)^n f^{(n)}(b)]+\\&\frac{1}{(2m-2)!!}\int_a^b(a+b-2x)^{m-1}f^{(m)}(x)\mathrm{d}x\end{aligned}$$

其中

$$\begin{aligned}|R_m|=&\frac{1}{(2m-2)!!}\left|\int_a^b(a+b-2x)^{m-1}f^{(m)}(x)\mathrm{d}x\right|\\\leqslant&\frac{M}{(2m-2)!!}\left|\int_a^b(a+b-2x)^{m-1}\mathrm{d}x\right|\\=&\frac{M}{(2m-2)!!}\cdot\frac{(b-a)^m-(a-b)^m}{2m}\\=&\frac{M[(b-a)^m-(a-b)^m]}{(2m)!!}\\&\to 0\quad(m\to\infty)\end{aligned}$$

式(3)得证.

第六十七章 一种用泰勒公式代换求极限的方法[①]

运用等价无穷小代换方法求某些极限,往往可以减少计算量,使问题得以简化,但一般说来,这种方法仅限于求两个无穷小量是乘或除的极限,而对两个无穷小量非乘或非除的极限,以上方法不能奏效,例如对于形如

$$\lim_{x\to 0}\frac{f(x)\pm g(x)}{\phi(x)\pm\psi(x)}$$

(其中 $f(x)\pm g(x)\to 0,\phi(x)\pm\psi(x)\to 0,x\to 0$)类型的极限,则须慎重考虑. 为此,渭南师范专科学校的李怀琳教授 1995 年探讨了利用泰勒公式代换来寻求解决此类极限问题的一种有效方法.

① 本章摘自《渭南师专学报(自然科学版)》,1995 年,第 1 期.

考查极限$\lim\limits_{x\to0}\dfrac{\tan x-\sin x}{x^3}$.

正确解法

$$\begin{aligned}\lim_{x\to0}\frac{\tan x-\sin x}{x^3}&=\lim\frac{\sin x(1-\cos x)}{x^3\cdot\cos x}\\&=\lim_{x\to0}\frac{\sin x\cdot2\sin^2(x/2)}{x^3\cdot\cos x}\\&=\lim_{x\to0}\left(\frac{\sin x}{x}\cdot\frac{\sin^2(x/2)}{2(x/2)^2}\cdot\frac{1}{\cos x}\right)\\&=\frac{1}{2}\end{aligned}$$

错误解法:当 $x\to0$ 时

$$\tan x\sim x,\sin x\sim x$$

所以

$$\lim_{x\to0}\frac{\tan x-\sin x}{x^3}=\lim_{x\to0}\frac{x-x}{x^3}=\infty$$

此时得到的仍然是“$\dfrac{0}{0}$”型不定式,结果错误.

以上解法错在哪里?不妨分析如下:若注意到

$$\tan x=x+\frac{x^3}{3}+o(x^3)\tag{1}$$

$$\sin x=x-\frac{x^3}{3!}+o(x^3)\tag{2}$$

则
$$\tan x-\sin x=\frac{x^3}{2}+o(x^3)$$

所以

$$\lim_{x\to0}\frac{\tan x-\sin x}{x^3}=\lim_{x\to0}\frac{(x^3/2)+o(x^3)}{x^3}=\frac{1}{2}$$

由此可见,在错误解法中,将两个无穷小量的主部

代入差式中,略去的不是分母 x^3 的高阶无穷小,故运算结果错误.

而由式(1)与式(2)不难看出,将 $\tan x$ 和 $\sin x$ 在 $x=0$ 点展开到与分母同次幂的项后,再用 $x+\frac{x^3}{3}$代 $\tan x$,用 $x-\frac{x^3}{3!}$代 $\sin x$,此时差式中略去的是分母 x^3 的高阶无穷小,因而可以算得正确结果.

综上所述,可以得到求解极限

$$\lim_{x\to 0}\frac{f(x)\pm g(x)}{\varphi(x)\pm\psi(x)}$$

(其中 $f(x)\pm g(x)\to 0,\varphi(x)\pm\psi(x)\to 0,x\to 0$)

的一种新的有效方法,即泰勒公式代换法:

第一步,先将分母中各函数在 $x=0$ 点按泰勒公式展开到第 n 项,并以它代替各自的函数,合并同类项后的结果作为新的分母,而 n 是使新分母不为零的最小项数.

第二步,再将分子中各函数在 $x=0$ 点按泰勒公式展开到与新分母具有同次幂的项为止.同样以它们代替各自的函数,合并同类项的结果作为新的分子.

第三步,求解所得新分式的极限.

下面举例说明.

例 1 求极限 $\lim\limits_{x\to 0}\frac{\sin\alpha x-\sin\beta x}{x}$.

解 先看分母:x 的展开式是本身,为一项式.

再看分子:将 $\sin\alpha x-\sin\beta x$ 在 $x=0$ 处展开到 1 阶泰勒公式即可

$$\sin \alpha x=\alpha x+o(\alpha x)$$

$$\sin \beta x=\beta x+o(\beta x)$$

于是以 αx 代 $\sin \alpha x$,βx 代 $\sin \beta x$ 得到新分子为

$$\alpha x-\beta x=(\alpha-\beta) x$$

故原式 $=\lim\limits_{x \to 0} \dfrac{(\alpha-\beta) x}{x}=\alpha-\beta$.

例 2 求极限 $\lim\limits_{x \to 0} \dfrac{e^{x}+\sin x-1}{\ln(1+x)}$.

解 先看分母:只须展到一次项

$$\ln(1+a)=x+o(x)$$

新分母就是 x.

再看分子:由于新分母是一次项,所以分子各函数只须展到一次项

$$e^{x}=1+x+o(x)$$

$$\sin x=x+o(x)$$

以 $1+x$ 代 e^{x},x 代 $\sin x$,则新分子为

$$(1+x)+x-1=2x$$

故原式 $=\lim\limits_{x \to 0} \dfrac{2x}{x}=2$.

例 3 求极限 $\lim\limits_{x \to 0} \dfrac{\cos x-e^{-\frac{x^{2}}{2}}}{x^{4}}$.

解 因为分母是 x 的 4 阶无穷小,所以只须将分子中各函数展开到含 x^{4} 项即可

$$\cos x=1-\frac{x^{2}}{2!}+\frac{x^{4}}{4!}+o(x^{4})$$

$$e^{-\frac{x^{2}}{2}}=1+\left(-\frac{x^{2}}{2}\right)+\frac{1}{2!}\left(-\frac{x^{2}}{2}\right)^{2}+o\left[\left(-\frac{x^{2}}{2}\right)^{2}\right]$$

$$=1-\frac{x^2}{2}+\frac{x^4}{8}+o(x^4)$$

从而
$$\cos x-\mathrm{e}^{-\frac{x^2}{2}}=-\frac{x^4}{12}+o(x^4)$$

故

$$\lim_{x\to0}\frac{\cos x-\mathrm{e}^{-\frac{x^2}{2}}}{x^4}=\lim_{x\to0}\frac{-\frac{x^4}{12}+o(x^4)}{x^4}=-\frac{1}{12}$$

若将上述方法推广到

$$\lim_{x\to x_0}\frac{f(x)\pm g(x)}{\varphi(x)\pm\psi(x)}$$

$$(f(x)\pm g(x)\to0,\varphi(x)\pm\psi(x)\to0,x\to x_0)$$

的情形及分子、分母为多个函数代数和的情形,仍然正确.

关于泰勒公式的两个证明及柯西中值定理推广的猜想[①]

第六十八章

泰勒定理:如果$f(x)$在含有x_0的某个区间(a,b)内具有直到$n+1$阶的导数,则当x在(a,b)内时,$f(x)$可以表示为$x-x_0$的一个n次多项式与一个余项$R_n(x)$的和

$$f(x)=f(x_0)+f'(x_0)(x-x_0)+\frac{f''(x_0)}{2!}(x-x_0)^2+\cdots+\frac{f^{(n)}(x_0)}{n!}(x-x_0)^n+R_n(x) \quad (1)$$

其中

① 本章摘自《景德镇高专学报(自然科学版)》,1996 年,第 2 期.

$$R_n(x)=\frac{f^{(n+1)}(\xi)}{(n+1)!}(x-x_0)^{n+1}$$

$$(\xi\text{ 介于 }x_0\text{ 与 }x\text{ 之间}) \qquad (2)$$

一、第一个证明

将式(1)写成

$$f(x)=P_n(x)+R_n(x)$$

或

$$R_n(x)=f(x)-P_n(x) \qquad (3)$$

我们证明 $R_n(x)$ 如式(2)所示，或

$$\frac{R_n(x)}{(x-x_0)^{n+1}}=\frac{f^{(n+1)}(\xi)}{(n+1)!}$$

$$(\xi\text{ 介于 }x_0\text{ 与 }x\text{ 之间})$$

由式(1)的来源，有

$$R_n(x_0)=f(x_0)-P_n(x_0)=0$$

$$R'_n(x_0)=f'(x_0)-P'_n(x_0)=0$$

$$\vdots$$

$$R_n^{(n)}(x_0)=f^{(n)}(x_0)-P_n^{(n)}(x_0)=0$$

由定理假设可知 $R_n(x)$ 与 $(x-x_0)^{n+1}$ 在以 x 与 x_0 为端点的闭区间上满足柯西定理的条件，于是应用柯西定理可得：(在 $[x_0,x]$ 上)

$$\frac{R_n(x)}{(x-x_0)^{n+1}}=\frac{R_n(x)-R_n(x_0)}{(x-x_0)^{n+1}-(x_0-x_0)^{n+1}}$$

$$=\frac{R_n(x)-R_n(x_0)}{(x-x_0)^{n+1}}$$

$$=\frac{R'_n(\xi_1)}{(n+1)(\xi_1-x_0)^n}$$

$$(\xi_1\text{ 介于 }x_0\text{ 与 }x\text{ 之间})$$

再对两个函数 $R'_n(x)$ 与 $(n+1)n(x-x_0)^n$ 在 $[\xi_1,x_0]$ 的区间或 $[x_0,\xi_1]$ 上应用柯西定理

$$\frac{R'_n(x)}{(n+1)(x-x_0)^n}=\frac{R'_n(x)-R'_n(x_0)}{(n+1)(x-x_0)^n-0}$$

$$=\frac{R''_n(\xi_2)}{(n+1)n(\xi_2-x_0)^{n-1}}$$

(ξ_2 在 ξ_1,x_0 之间)

再对两个函数 $R''_n(x)$ 与 $(n+1)n(x-x_0)^{n-1}$ 在 $[\xi_2,x_0]$ 上应用柯西定理,……这样一直进行下去,经过 $n+1$ 次后得

$$\frac{R_n(x)}{(x-x_0)^{n+1}}=\frac{R_n^{n+1}(\xi)}{(n+1)!}$$

(ξ 介于 x_0 与 x 之间) (4)

由式(3)对 x 求 $n+1$ 阶导数,可得

$$R_n^{(n+1)}(x)=f^{(n+1)}(x)$$

这是因为 $p_n(x)$ 是 n 次多项式,求 $n+1$ 次导数结果是零. 因而有

$$R_n^{(n+1)}(\xi)=f^{(n+1)}(\xi)$$

代入式(4)即有

$$R_n(x)=\frac{f^{(n+1)}(\xi)}{(n+1)!}(x-x_0)^{n+1}$$

(ξ 介于 x_0 与 x 之间)

式(2)证毕. 式(1)称为泰勒公式. 特别当 $x_0=0$ 时式(1)成为

$$f(x)=f(0)+f'(0)x+\frac{f''(0)}{2!}x^2+\frac{f'''(0)}{3!}x^3+\cdots+$$

$$\frac{f^{(n)}(0)}{n!}x^n+\frac{f^{(n+1)}(\xi)}{(n+1)!}x^{n+1}$$

$$(\xi \text{在} 0 \text{与} x \text{之间}) \tag{5}$$

式(5)称为麦克劳林公式.

二、第二个证明

对式(5)中的拉格朗日型余式证明,条件同第一个证明.

作辅助函数

$$\varphi(t)=f(x)-f(t)-f'(t)(x-t)-\frac{f''(t)}{2!}x(x-t)^2-\cdots-\frac{f^{(n)}(t)}{n!}(x-t)^n$$

由假设容易看出 $\varphi(t)$ 在 $[0,x]$ 或 $[x,0]$ 上连续,且

$$\varphi(0)=f(x)-\left(f(0)+f'(0)x+\frac{f''(0)}{2!}x^2+\cdots+\frac{f^{(n)}(0)}{n!}x^n\right)$$

$$=R_n(x)$$

$$\varphi(x)=0$$

$$\varphi'(x)=-f'(t)-(f''(t)(x-t)-f'(t))-\left(\frac{f'''(t)}{2!}(x-t)^2-f''(t)(x-t)\right)-\cdots-\left(\frac{f(n+1)(t)}{n!}(x-t)^n-\frac{f^{(n)}(t)}{(n-1)!}(n-t)^{n-1}\right)$$

化简后得

$$\varphi'(t)=-\frac{f^{(n+1)}(t)}{n!}(x-t)^n$$

再引进一个辅助函数

$$\psi(t)=(x-t)^{(n+1)}$$

对 $\varphi(t)$ 和 $\psi(t)$ 利用柯西中值定理,可以得到

$$\frac{\varphi(x)-\varphi(0)}{\psi(x)-\psi(0)}=\frac{\varphi'(\xi)}{\psi'(\xi)}$$
$$(\xi \text{ 在 } 0 \text{ 与 } x \text{ 之间})$$

此时，有

$$\varphi(x)=0,\varphi(0)=R_n(x)$$
$$\psi(0)=x^{n+1},\psi(x)=0$$
$$\varphi'(\xi)=-\frac{f^{(n+1)}(\xi)}{n!}(x-\xi)^n$$
$$\psi'(\xi)=-(n+1)(x-\xi)^n$$

一起代入上式即得

$$\varphi(0)=R_n(x)=\frac{f^{(n+1)}(\xi)}{(n+1)!}x^{n+1}$$

ξ 在 0 与 x 之间. 式(5)证完.

还可写成

$$R_n(x)=\frac{f^{(n+1)}(\theta x)}{(n+1)!}x^{n+1}$$

其中 $$0<\theta<1$$

由于

$$\lim_{x\to 0}\frac{\frac{f^{(n+1)}(\theta x)}{(n+1)!}x^{n+1}}{x^n}=\lim_{x\to 0}\frac{f^{(n+1)}(\theta x)}{(n+1)!}\cdot x$$
$$=0$$

所以 $R_n(x)$ 是 x^n 的高阶的无穷小，因而当 $|x|$ 充分小时余项又可表示为

$$R_n(x)=o(x^n)$$

当 $n=0$ 时，式(1)就成为

$$f(x)=f(x_0)+f'(\xi)(x-x_0)\quad(\xi \text{ 在 } 0 \text{ 与 } x \text{ 之间})$$

这正好是拉格朗日定理，因此泰勒定理是拉格朗日定

理的推广,而后者是前者的特例.

我们把泰勒定理称为拉格朗日定理的高阶导数形式.

联想柯西中值公式

$$\frac{f(x)-f(x_0)}{g(x)-g(x_0)}=\frac{F'(\xi)}{g'(\xi)}\quad(x_0<\xi<x)\tag{6}$$

它的高阶导数形式应该是

$$\frac{f(x)-f(x_0)-f'(x_0)(x-x_0)-\frac{f''(x_0)}{2!}(x-x_0)^2-\cdots-\frac{f^{(n)}(x_0)}{n!}(x-x_0)^n}{g(x)-g(x_0)-g'(x_0)(x-x_0)-\frac{g''(x_0)}{2!}(x-x_0)^2-\cdots-\frac{g^{(n)}(x_0)}{n!}(x-x_0)^n}$$

$$=\frac{f^{(n+1)}(\xi)}{g^{(n+1)}(\xi)}\quad(x_0<\xi<x)\tag{7}$$

特别当 $n=0$ 时,式(7)就成为式(6),相信式(7)应该是正确的,但对它的证明尚未完成,在此向读者征求式(7)的证明.

泰勒公式的推广[①]

第六十九章

沈阳大学基础部的张毅、潘东升,沈阳建筑工程学院的陈仲堂三位教授1999年将泰勒公式推广到了两个函数的和、差、商的形式.

如果对$f(x)$和$F(x)$在点x_0的某邻域内分别使用泰勒公式,则有

$$f(x)=f(x_0)+f'(x_0)(x-x_0)+\frac{f''(x_0)}{2!}(x-x_0)^2+\cdots+\frac{f^{(n)}(x_0)}{n!}(x-x_0)^n+\frac{f^{(n+1)}(\xi_1)}{(n+1)!}(x-x_0)^{n+1}$$

$$F(x)=F(x_0)+F'(x_0)(x-x_0)+\frac{F''(x_0)}{2!}(x-x_0)^2+\cdots+$$

① 本章摘自《沈阳大学学报》,1999年,第4期.

$$\frac{F^{(n)}(x_0)}{n!}(x-x_0)^n +$$

$$\frac{F^{(n+1)}(\xi_2)}{(n+1)!}(x-x_0)^{n+1}$$

将这两式移项,得

$$\begin{aligned}
&f(x)-f(x_0)-f'(x_0)(x-x_0)- \\
&\frac{f''(x_2)}{2!}(x-x_0)^2-\cdots- \\
&\frac{f^{(n)}(x_0)}{n!}(x-x_0)^n= \\
&\frac{f^{(n+1)}(\xi_1)}{(n+1)!}(x-x_0)^{n+1}
\end{aligned} \tag{1}$$

$$\begin{aligned}
&F(x)-F(x_0)-F'(x_0)(x-x_0)- \\
&\frac{F''(x_2)}{2!}(x-x_0)^2-\cdots- \\
&\frac{F^{(n)}(x_0)}{n!}(x-x_0)^n= \\
&\frac{F^{(n+1)}(\xi_2)}{(n+1)!}(x-x_0)^{n+1}
\end{aligned} \tag{2}$$

问题是,能否找到一个共同的 ξ,使得(1)(2)两式的两端经四则运算以后,分别得到如下几个等式

$$\begin{aligned}
&[f(x)-f(x_0)-f'(x_0)(x-x_0)- \\
&\frac{f''(x_0)}{2!}(x-x_0)^2-\cdots- \\
&\frac{f^{(n)}(x_0)}{n!}(x-x_0)^n]+ \\
&[F(x)-F(x_0)-F'(x_0)(x-x_0)-
\end{aligned}$$

$$\frac{F''(x_0)}{2!}(x-x_0)^2-\cdots-$$

$$\frac{F^{(n)}(x_0)}{n!}(x-x_0)^n]=$$

$$\frac{f^{(n+1)}(\xi)+F^{(n+1)}(\xi)}{(n+1)!}(x-x_0)^{n+1} \tag{3}$$

$$[f(x)-f(x_0)-f'(x_0)(x-x_0)-$$

$$\frac{f''(x_0)}{2!}(x-x_0)^2-\cdots-$$

$$\frac{f^{(n)}(x_0)}{n!}(x-x_0)^n]-$$

$$[F(x)-F(x_0)-F'(x_0)(x-x_0)-$$

$$\frac{F''(x_0)}{2!}(x-x_0)^2-\cdots-$$

$$\frac{F^{(n)}(x_0)}{n!}(x-x_0)^n]=$$

$$\frac{f^{(n+1)}(\xi)-F^{(n+1)}(\xi)}{(n+1)!}(x-x_0)^{n+1} \tag{4}$$

$$[f(x)-f(x_0)-f'(x_0)(x-x_0)-$$

$$\frac{f''(x_0)}{2!}(x-x_0)^2-\cdots-$$

$$\frac{f^{(n)}(x_0)}{n!}(x-x_0)^n]\cdot[F(x)-F(x_0)-$$

$$F'(x_0)(x-x_0)-\frac{F''(x_0)}{2!}(x-x_0)^2-\cdots-$$

$$\frac{F^{(n)}(x_0)}{n!}(x-x_0)^n]=$$

$$\frac{f^{(n+1)}(\xi)\cdot F^{(n+1)}(\xi)}{[(n+1)!]^2}(x-x_0)^{2(n+1)} \tag{5}$$

$$\frac{f(x)-f(x_0)-f'(x_0)(x-x_0)-\frac{f''(x_0)}{2!}(x-x_0)^2-\cdots-\frac{f^{(n)}(x_0)}{n!}(x-x_0)^n}{F(x)-F(x_0)-F'(x_0)(x-x_0)-\frac{F''(x_0)}{2!}(x-x_0)^2-\cdots-\frac{F^{(n)}(x_0)}{n!}(x-x_0)^n}=$$

$$\frac{f^{(n+1)}(\xi)}{F^{(n+1)}(\xi)} \tag{6}$$

事实上,式(5)不成立.因为若将式(5)右端取到一阶导数,且令 $x_0=a,x=b$,则应有

$$[f(b)-f(a)][F(b)-F(a)]=f'(\xi)F'(\xi)\cdot(b-a)^2$$

现在取 $f(x)=x^2,F(x)=\ln(x),[a,b]$ 取为 $[1,2]$,则

$$\begin{aligned}&[f(b)-f(a)]\cdot[F(b)-F(a)]\\&=(2^2-1^2)(\ln 2-\ln 1)=3\ln 2\end{aligned}$$

而 $f'(\xi)F'(\xi)(b-a)^2=2\xi\cdot\frac{1}{\xi}(2-1)^2=2$ 二者不相等,即在(1,2)内找不到 ξ,使得式(5)成立.

下面证明式(3)(4)(6)成立.

定理 1 设 $f(x),F(x)$ 在点 x_0 的某邻域 u 内具有直到 $n+1$ 阶的导数,则当 $x\in u$ 时,在 x_0,x 之间至少存在一点 ξ,使得式(3)成立.

证 设 $\varphi(x)=f(x)+F(x)$,显然 $\varphi(x)$ 满足泰勒公式的条件,则有

$$\begin{aligned}\varphi(x)=\varphi(x_0)+\varphi'(x_0)(x-x_0)+\\ \frac{\varphi''(x_0)}{2!}(x-x_0)^2+\cdots+\\ \frac{\varphi^{(n)}(x_0)}{n!}(x-x_0)^n+\end{aligned}$$

$$\frac{\varphi^{(n+1)}(\xi)}{(n+1)!}(x-x_0)^{n+1}$$

即

$$\begin{aligned}f(x)+F(x)=&[f(x_0)+F(x_0)]+\\&[f'(x_0)+F'(x_0)](x-x_0)+\\&\frac{f''(x_0)+F''(x_0)}{2!}(x-x_0)^2+\cdots+\\&\frac{f^{(n)}(x_0)+F^{(n)}(x_0)}{n!}(x-x_0)^n+\\&\frac{f^{(n+1)}(\xi)+F^{(n+1)}(\xi)}{(n+1)!}(x-x_0)^{n+1}\end{aligned}$$

移项并重新排序即得式(3),证毕.

类似的,只要设 $\varphi(x)=f(x)-F(x)$,即可证明式(4)成立.

定理 2 设 $f(x)$,$F(x)$ 在点 x_0 的某邻域 u 内具有直到 $n+1$ 阶的导数,且 $F(x)$ 在以 x_0,x 为端点的开区间内的各阶导数处处不为零,则在 x_0,x 之间至少存在一点 ξ,使得式(6)成立.

证 设

$$\begin{aligned}r_n(x)=&f(x)-f(x_0)-f'(x_0)(x-x_0)-\\&\frac{f''(x_0)}{2!}(x-x_0)^2-\cdots-\\&\frac{f^{(n)}(x_0)}{n!}(x-x_0)^n\end{aligned}$$

$$\begin{aligned}R_n(x)=&F(x)-F(x_0)-F'(x_0)(x-x_0)-\\&\frac{F''(x_0)}{2!}(x-x_0)^2-\cdots-\end{aligned}$$

$$\frac{F^{(n)}(x_0)}{n!}(x-x_0)^n$$

易知 $r_n(x)$,$R_n(x)$在 u 内具有直到 $n+1$ 阶导数,且

$$r_n(x_0)=r'_n(x_0)=\cdots=r_n^{(n)}(x_0)=0$$

$$R_n(x)=R'_n(x_0)=\cdots=R_n^{(n)}(x_0)=0$$

于是,经反复使用柯西中值定理,有

$$\begin{aligned}\frac{r_n(x)}{R_n(x)}&=\frac{r_n(x)-r_n(x_0)}{R_n(x)-R_n(x_0)}=\frac{r'_n(\xi_1)}{R'_n(\xi_1)}\\&=\frac{r'_n(\xi_1)-r'_n(x_0)}{R'_n(\xi_1)-R'_n(x_0)}=\frac{r''_n(\xi_2)}{R''_n(\xi_2)}\\&=\cdots=\frac{r_n^{(n)}(\xi_n)}{R_n^{(n)}(\xi_n)}=\frac{r_n^{(n)}(\xi_n)-r_n^{(n)}(x_0)}{R_n^{(n)}(\xi_n)-R_n^{(n)}(x_0)}\\&=\frac{r_n^{(n+1)}(\xi)}{R_n^{(n+1)}(\xi)}\end{aligned}$$

这里 ξ_1 在 x_0 与 x 之间,ξ_2 在 x_0 与 ξ_1 之间,……,ξ 在 x_0 与 ξ_n 之间,因而也在 x_0 与 x 之间.

注意到

$$r_n^{(n+1)}(x)=f^{(n+1)}(x),R_n^{(n+1)}(x)=F^{(n+1)}(x)$$

故有

$$r^{(n+1)}(\xi)=f^{(n+1)}(\xi),R_n^{(n+1)}(\xi)=F^{(n+1)}(\xi)$$

于是

$$\frac{r_n(x)}{R_n(x)}=\frac{f^{(n+1)}(\xi)}{F^{(n+1)}(\xi)}$$

将 $r_n(x)$与 $R_n(x)$代入即得式(6),证毕.

若取 $x_0=0$,$\xi=\theta x(0<\theta<1)$,则定理 2 可简化为如下的表式

$$\frac{f(x)-f(0)-f'(0)x-\frac{f''(0)}{2!}x^2-\cdots-\frac{f^{(n)}(0)}{n!}x^n}{F(x)-F(0)-F'(0)x-\frac{F''(0)}{2!}x^2-\cdots-\frac{F^{(n)}(0)}{n!}x^n}$$

$$=\frac{f^{(n+1)}(\theta x)}{F^{(n+1)}(\theta x)} \tag{7}$$

例 1 设函数 $y=f(x)$ 在 $x=0$ 的某邻域内具有 n 阶导数，且 $f(0)=f'(0)=\cdots=f^{(n-1)}(0)=0$，试证明

$$\frac{f(x)}{x^n}=\frac{f^{(n)}(\theta x)}{n!} \quad (0<\theta<1)$$

证 令 $F(x)=x^n$，因为

$$F'(x)=nx^{n-1}, F''(x)=n(n-1)x^{n-2}$$

$$\vdots$$

$$F^{(n-1)}(x)=n(n-1)\cdots 2x, F^{(n)}(x)=n!$$

所以

$$F(0)=F'(0)=\cdots=F^{(n-1)}(0)=0$$

于是据式(7)，有

$$\frac{f(x)}{x^n}=\frac{f(x)}{F(x)}=\frac{f(x)-f(0)-f'(0)x-\frac{f''(0)}{2!}x^2-\cdots-\frac{f^{(n-1)}(0)}{(n-1)!}x^{(n-1)}}{F(x)-F(0)-F'(0)x-\frac{F''(0)}{2!}x^2-\cdots-\frac{F^{(n-1)}(0)}{(n-1)!}x^{n-1}}$$

$$=\frac{f^{(n)}(\theta x)}{F^{(n)}(\theta x)}=\frac{f^{(n)}(\theta x)}{n!}$$

证毕.

用泰勒公式研究函数凹凸性的一种再拓广[①]

第七十章

在沈文国的文章“用泰勒公式研究函数凹凸性的一种拓广”(《兰州工业高等专科学校学报》,2001(4):4-8)中兰州工业高等专科学校基础学科部的沈文国教授2002年将几个一元函数凹凸性的结论推广到二元函数,得出:

定理1 设D是R_2中的一个点集,$F(x,y)$是定义在D上的具有二阶连续偏导数且

$$F''^2_{xy}-F''_{xx}\cdot F''_{yy}<0$$

成立的函数.

① 本章摘自《兰州工业高等专科学校学报》,2002年,第9卷,第3期.

①当$(x,y)\in D$时,$F''_{xx}>0$的充要条件是,对任意的$(x_1,y_1),(x_2,y_2)\in D$,都有

$$F\left(\frac{x_1+x_2}{2},\frac{y_1+y_2}{2}\right)<\frac{F(x_1,y_1)+F(x_2,y_2)}{2}$$

成立.

②当$(x,y)\in D$时,$F''_{xx}<0$的充要条件是,对任意的$(x_1,y_1),(x_2,y_2)\in D$,都有

$$F\left(\frac{x_1+x_2}{2},\frac{y_1+y_2}{2}\right)>\frac{F(x_1,y_1)+F(x_2,y_2)}{2}$$

成立.

定理 2　设D是R_2的一个点集,$F(x,y)$是定义在D上的具有二阶连续偏导数且

$$F''^2_{xy}-F''_{xx}\cdot F''_{yy}<0$$

成立的函数.

①当$(x,y)\in D$时,$F''_{xx}>0$的充要条件是,对任意$(x_i,y_i)\in D(i=1,\cdots,n)$都有

$$F\left(\frac{x_1+\cdots+x_n}{n},\frac{y_1+\cdots+y_n}{n}\right)$$
$$<\frac{F(x_1,\cdots,x_n)+F(y_1,\cdots,y_n)}{n}$$

成立.

②当$(x,y)\in D$时,$F''_{xx}<0$的充要条件是,对任意$(x_i,y_i)\in D(i=1,\cdots,n)$都有

$$F\left(\frac{x_1+\cdots+x_n}{n},\frac{y_1+\cdots+y_n}{n}\right)$$
$$>\frac{F(x_1,\cdots,x_n)+F(y_1,\cdots,y_n)}{n}$$

成立.

定理3 设 D 是 R_2 中的一个点集,$F(x,y)$ 是定义在 D 上的具有二阶连续偏导数且

$$F''^2_{xy}-F''_{xx}\cdot F''_{yy}<0$$

成立的函数.

①当 $(x,y)\in D$ 时,$F''_{xx}>0$ 的充要条件是,对任意的 $(x_i,y_i)\in D$,及任意 $t_i\in(0,+\infty)$ $(i=1,\cdots,n)$ 都有

$$F\left(\frac{t_1x_1+\cdots+t_nx_n}{t_1+\cdots+t_n},\frac{t_1y_1+\cdots+t_ny_n}{t_1+\cdots+t_n}\right)$$

$$<\frac{t_1F(x_1,y_1)+\cdots+t_nF(x_n,y_n)}{t_1+\cdots+t_n}$$

成立.

②当 $(x,y)\in D$ 时,$F''_{xx}<0$ 的充要条件是,对任意的 $(x_i,y_i)\in D$,及任意 $t_i\in(0,+\infty)$ $(i=1,\cdots,n)$ 都有

$$F\left(\frac{t_1x_1+\cdots+t_nx_n}{t_1+\cdots+t_n},\frac{t_1y_1+\cdots+t_ny_n}{t_1+\cdots+t_n}\right)$$

$$>\frac{t_1F(x_1,y_1)+\cdots+t_nF(x_n,y_n)}{t_1+\cdots+t_n}$$

成立.

进一步将它们推广到 n 元函数:

为了方便起见,先给出 n 元函数的简写式.

设 D 是 R_n 的一个点集,函数 $F(x_1,\cdots,x_n)$ 是定义在 D 上的一个具有二阶连续偏导数的 n 元函数,由多元泰勒公式得

Taylor 公式

$$F(x_1,\cdots,x_n)=F(x_1^0,\cdots,x_n^0)+\sum_{i=1}^{n}Fx_i(x_1^0,\cdots,x_n^0)\Delta x_i+\frac{1}{2!}\sum_{i,j=1}^{n}\frac{\partial^2F(\xi_1,\cdots,\xi_n)}{\partial x_i\partial x_j}\Delta x_i\Delta x_j$$

令

$$\boldsymbol{X}=(x_1,\cdots,x_n)$$

$$\Delta\boldsymbol{X}=(\Delta x_1,\cdots,\Delta x_n)$$

$$\Delta x_i=x_i-x_i^0\quad(i=1,\cdots,n;j=1,\cdots,n)$$

$$\boldsymbol{X}_k=(x_1^k,\cdots,x_n^k)\quad(k=0,1,\cdots,n)$$

$$\boldsymbol{\xi}=(\xi_1,\cdots,\xi_n)$$

$$DF(\boldsymbol{X}_0)=\left(\frac{\partial F(x_0)}{\partial x_1},\cdots,\frac{\partial F(x_0)}{\partial x_n}\right)$$

$$\boldsymbol{H}_F(\boldsymbol{\xi})=\begin{pmatrix}\frac{\partial^2F}{\partial x_1^2} & \cdots & \frac{\partial^2F}{\partial x_1\partial x_n}\\ \vdots & & \vdots\\ \frac{\partial^2F}{\partial x_n\partial x_1} & \cdots & \frac{\partial^2F}{\partial x_n^2}\end{pmatrix}$$

则上式可表示为

$$F(\boldsymbol{X})=F(\boldsymbol{X}_0)+DF(\boldsymbol{X}_0)(\Delta\boldsymbol{X})^{\mathrm{T}}+\frac{1}{2!}\Delta\boldsymbol{X}\boldsymbol{H}_F(\boldsymbol{\xi})\Delta\boldsymbol{X}^{\mathrm{T}}\tag{1}$$

其中 $\boldsymbol{H}_F(\boldsymbol{\xi})$ 称为 $F(\boldsymbol{X})$ 在点 $\boldsymbol{\xi}$ 上的 Hession 阵,以下定理中均用简写式,不另作说明.

现说明结果如下:

定理 4 设 D 是 R_n 中的一个点集,函数 $F(\boldsymbol{X})$ 是

定义在 D 上的具有二阶连续偏导数的函数:

①当 $X \in D$ 时,若 $\boldsymbol{H}_F(\boldsymbol{X})$ 是正定的,则对任意的 $\boldsymbol{X}_1,\boldsymbol{X}_2 \in D$ 都有

$$F\left(\frac{\boldsymbol{X}_1+\boldsymbol{X}_2}{2}\right)<\frac{F(\boldsymbol{X}_1)+F(\boldsymbol{X}_2)}{2}$$

成立.

②当 $X \in D$ 时,若 $\boldsymbol{H}_F(\boldsymbol{X})$ 是负定的,则对任意的 $\boldsymbol{X}_1,\boldsymbol{X}_2 \in D$ 都有

$$F\left(\frac{\boldsymbol{X}_1+\boldsymbol{X}_2}{2}\right)>\frac{F(\boldsymbol{X}_1)+F(\boldsymbol{X}_2)}{2}$$

成立.

定理 5 设 D 是 R_n 中的一个点集,函数 $F(\boldsymbol{X})$ 是定义在 D 上的具有二阶连续偏导数的函数:

①当 $\boldsymbol{X} \in D$ 时,若 $\boldsymbol{H}_F(\boldsymbol{X})$ 是正定的,则对任意的 $\boldsymbol{X}_i \in D(i=1,\cdots,n)$ 都有

$$F\left(\frac{\boldsymbol{X}_1+\cdots+\boldsymbol{X}_n}{n}\right)<\frac{F(\boldsymbol{X}_1)+\cdots+F(\boldsymbol{X}_n)}{n}$$

成立.

②当 $\boldsymbol{X} \in D$ 时,若 $\boldsymbol{H}_F(\boldsymbol{X})$ 是负定的,则对任意的 $\boldsymbol{X}_i \in D(i=1,\cdots,n)$ 都有

$$F\left(\frac{\boldsymbol{X}_1+\cdots+\boldsymbol{X}_n}{n}\right)>\frac{F(\boldsymbol{X}_1)+\cdots+F(\boldsymbol{X}_n)}{n}$$

成立.

定理 6 设 D 是 R_n 中的一个点集,函数 $F(\boldsymbol{X})$ 是定义在 D 上的具有二阶连续偏导数的函数:

①当 $\boldsymbol{X} \in D$ 时,若 $\boldsymbol{H}_F(\boldsymbol{X})$ 是正定的,则对任意的 $\boldsymbol{X}_i \in D$,及 $t_i \in \mathbf{R}^*(i=1,\cdots,n)$ 都有

$$F\left(\frac{t_1\boldsymbol{X}_1+\cdots+t_n\boldsymbol{X}_n}{t_1+\cdots+t_n}\right)<\frac{t_1F(\boldsymbol{X}_1)+\cdots+t_nF(\boldsymbol{X}_n)}{t_1+\cdots+t_n}$$

成立.

②当 $\boldsymbol{X}\in D$ 时,若 $\boldsymbol{H}_F(\boldsymbol{X})$ 是负定的,则对任意的 $\boldsymbol{X}_i\in D$,及 $t_i\in\mathbf{R}^*(i=1,\cdots,n)$ 都有

$$F\left(\frac{t_1\boldsymbol{X}_1+\cdots+t_n\boldsymbol{X}_n}{t_1+\cdots+t_n}\right)>\frac{t_1F(\boldsymbol{X}_1)+\cdots+t_nF(\boldsymbol{X}_n)}{t_1+\cdots+t_n}$$

成立.

以下仅给出定理 6 中①的证明,其余定理可同理证得.

证 ①令

$$\boldsymbol{X}_0=\frac{t_1\boldsymbol{X}_1+\cdots+t_n\boldsymbol{X}_n}{t_1+\cdots+t_n}$$

由多元函数泰勒公式得

$$F(\boldsymbol{X}_k)=F(\boldsymbol{X}_0)+DF(\boldsymbol{X}_0)(\Delta\boldsymbol{X})^{\mathrm{T}}+\frac{1}{2!}\Delta\boldsymbol{X}\boldsymbol{H}_F(\boldsymbol{\xi})\Delta\boldsymbol{X}^{\mathrm{T}}\quad(\boldsymbol{\xi}\in(\boldsymbol{X}_0,\boldsymbol{X}_k))\tag{2}$$

由已知 $\boldsymbol{H}_F(\boldsymbol{\xi})$ 是正定的,故

$$\frac{1}{2!}\Delta\boldsymbol{X}\boldsymbol{H}_F(\boldsymbol{\xi})\cdot\Delta\boldsymbol{X}^{\mathrm{T}}>0$$

由式(2)得

$$F(\boldsymbol{X}_k)>F(\boldsymbol{X}_0)+DF(\boldsymbol{X}_0)(\Delta\boldsymbol{X})^{\mathrm{T}}$$

对此式两端分别乘以 t_k 后相加(k 从 1 取到 n)得

$$t_1F(\boldsymbol{X}_1)+\cdots+t_nF(\boldsymbol{X}_n)>(t_1+\cdots+t_n)F(\boldsymbol{X}_0)+$$
$$DF(\boldsymbol{X}_0)(t_1\Delta\boldsymbol{X}_1+\cdots+t_n\Delta\boldsymbol{X}_n)=(t_1+\cdots+t_n)F(\boldsymbol{X}_0)+$$
$$DF(\boldsymbol{X}_0)[t_1\boldsymbol{X}_1+\cdots+t_n\boldsymbol{X}_n-(t_1+\cdots+t_n)\boldsymbol{X}_0]$$

即

$$t_1F(\boldsymbol{X}_1)+\cdots+t_nF(\boldsymbol{X}_n)>(t_1+\cdots+t_n)F(\boldsymbol{X}_0)$$

故得

$$F\left(\frac{t_1\boldsymbol{X}_1+\cdots+t_n\boldsymbol{X}_n}{t_1+\cdots+t_n}\right)<\frac{t_1F(\boldsymbol{X}_1)+\cdots+t_nF(\boldsymbol{X}_n)}{t_1+\cdots+t_n}$$

成立.

带有皮亚诺型余项的泰勒公式的推广与应用[①]

第七十一章

1. 引言

在高等数学教材中,泰勒中值定理要求函数$f(x)$在开区间(a,b)内具有直到$n+1$阶导数,在该条件下带有皮亚诺型余项的泰勒公式成立.如果将该条件放宽,带有皮亚诺型余项的泰勒公式仍然成立.沈阳农业大学基础部的王倩教授2005年给出下面的定理.

定理1 若$f(x)$在点的某邻域$U(x_0)$内具有$n-1$阶连续导数,且$f^{(n)}(x_0)$存在,则对于该邻域内的任一点

① 本章摘自《沈阳建筑大学学报(自然科学版)》,2005年,第21卷,第6期.

x,都有

$$f(x)=f(x_0)+f'(x_0)(x-x_0)+\frac{f''(x_0)}{2!}(x-x_0)^2+\cdots+\frac{f^{(n)}(x_0)}{n!}(x-x_0)^n+o[(x-x_0)^n]$$

带有皮亚诺型余项的泰勒公式建立了函数$f(x)$与它的n阶导数之间的关系,在理论和实践中具有广泛的应用.

2. 判别函数的极值

应用带有皮亚诺型余项的泰勒公式,将函数极值的第二充分条件进行推广,借助高阶导数,可得到极值的另外一种判别法.

定理2 若$f(x)$在点x_0及邻域$U(x_0)$内具有n阶连续导数,且

$$f'(x_0)=f''(x_0)=\cdots=f^{(n-1)}(x_0)=0, f^{(n)}(x_0)\neq 0$$

(1)若为n奇数,则x_0不是极值点;

(2)若n为偶数,则当$f^{(n)}(x_0)<0$时,$f(x_0)$为极大值;当$f^{(n)}(x_0)>0$时,$f(x_0)$为极小值.

证 由已知条件及泰勒公式有

$$f(x)=f(x_0)+\frac{f^{(n)}(x_0)}{n!}(x-x_0)^n+o[(x-x_0)^n]$$

则

$$f(x)-f(x_0)=\frac{f^{(n)}(x_0)}{n!}\cdot(x-x_0)^n+o[(x-x_0)^n]$$

由于$f^{(n)}(x_0)\neq 0$,则存在点x_0的某一邻域$U(x_0)$,使

$x \in U(x_0)$时，式(1)等号右端由第一项符号决定.

(1)若 n 为奇数，在点 x_0 的某一邻域 $U(x_0)$内，当 $x < x_0$ 时，$(x-x_0)^n < 0$；

(2)若 n 为偶数且 $f^{(n)}(x_0) < 0$ 时，$f(x) - f(x_0) < 0$，即对一切 $x \in U(x_0)$有 $f(x) < f(x_0)$，故 $f(x_0)$为极大值，同理可证 $f^{(n)}(x_0) > 0$ 时，$f(x_0)$为极小值.

当 $x > x_0$ 时，$(x-x_0)^n > 0$，即在 x_0 的左右侧，式(1)右端变号，因此，x_0 不是极值点.

3. 判定函数拐点

利用高等数学教材中运用二阶导数的符号判定拐点，进一步可得到下面结论：

若 $f(x)$在点 x_0 及邻域 $U(x_0)$内具有三阶连续导数，且 $f''(x_0) = 0$，$f'''(x_0) \neq 0$，则$(x_0, f(x_0))$为曲线的拐点.

证　由导数定义有

$$f'''(x_0) = \lim_{x \to x_0} \frac{f''(x) - f''(x_0)}{x - x_0} = \lim_{x \to x_0} \frac{f''(x)}{x - x_0}$$

由于 $f'''(x_0) \neq 0$，不妨设 $f'''(x_0) > 0$，由极限的保号性，存在点 x_0 的某个去心邻域$\mathring{U}(x_0)$，当 $x \in \mathring{U}(x_0)$时，有$\frac{f''(x)}{x-x_0} > 0$.

即当 $x - x_0 > 0$ 时，$f''(x) > 0$；当 $x - x_0 < 0$ 时，$f''(x) < 0$.

因此点$(x_0, f(x_0))$为曲线的拐点.

由以上结论可得到更一般的情形：

定理3　若$f(x)$在点x_0及领域$U(x_0)$内具有n阶连续导数，且

$$f''(x_0)=f'''(x_0)=\cdots=f^{(n-1)}(x_0)=0,f^{(n)}(x)\neq 0$$

则：

(1)若n为偶数，则点$(x_0,f(x_0))$一定不是曲线的拐点；

(2)若n为奇数，则点$(x_0,f(x_0))$为曲线的拐点.

证　(1)令

$$g(x)=f''(x)$$
$$g'(x)=f'''(x)$$
$$\vdots$$
$$g^{(n-3)}(x)=f^{(n-1)}(x)$$

由条件

$$f''(x_0)=f'''(x_0)=\cdots=f^{(n-1)}(x_0)=0$$

可得

$$g(x_0)=g'(x_0)=\cdots=g^{(n-3)}(x_0)=0$$
$$g^{(n-2)}(x_0)=f^{(n)}(x_0)\neq 0$$

若n为偶数，则$n-2$为偶数，由定理2可知$g(x)$在点x_0处取得极值，也就是在点x_0取得极值，由极值定义，在点x_0的某个去心邻域内，对任一x，有

$$f''(x)>f''(x_0)\text{或}f''(x)<f''(x_0)$$

故$(x_0,f(x_0))$一定不是拐点.

(2)令

$$\varphi(x)=f'(x)$$

$$\varphi'(x)=f''(x)$$
$$\vdots$$
$$\varphi^{(n-2)}(x)=f^{(n-1)}(x)$$

由条件可得

$$\varphi'(x_0)=\varphi''(x_0)=\cdots=\varphi^{(n-2)}(x_0)=0$$
$$\varphi^{(n-1)}(x_0)\neq 0$$

若 n 为奇数，则 $n-1$ 为偶数，由定理 2 可知 $\varphi(x)=f'(x)$ 在点 x_0 取得极值，因此 $f''(x)$ 在点 x_0 两侧异号，故 $(x_0,f(x_0))$ 为拐点.

4. 算例

对于多次应用洛必达法则求未定式的极限问题，若运用带有皮亚诺型余项的泰勒公式会使计算更加简捷.

(1)求极值

$$\lim_{x\to+\infty}\left(\sqrt[3]{x^3+3x^2}-\sqrt[4]{x^4-2x^3}\right)$$

解　设 $x=\dfrac{1}{t}$，则当 $x\to+\infty$ 时，$t\to 0^+$ 有

$$\begin{aligned}
&\lim_{x\to+\infty}\left(\sqrt[3]{x^3+3x^2}-\sqrt[4]{x^4-2x^3}\right)\\
&=\lim_{t\to0^+}\left(\frac{\sqrt[3]{1+3t}-\sqrt[4]{1-2t}}{t}\right)\\
&=\lim_{t\to0^+}\left(\frac{1+t+o(t)-\left[1-\frac{1}{2}t+o(t)\right]}{t}\right)\\
&=\lim_{t\to0^+}\frac{\frac{3}{2}t+o(t)}{t}\\
&=\frac{3}{2}
\end{aligned}$$

(2)求函数$f(x)=x^4(x+2)^3$的极值和拐点.

解 由于

$$f'(x)=x^3(x+2)^2(7x+8)$$

所以$x=0,x=-2,x=-\frac{8}{7}$是函数的驻点,求$f(x)$的二阶导数为

$$f''(x)=6x^2(x+2)(7x^2+16x+8)$$

得

$$f''(0)=0,f''(-2)=0$$

及$f(-\frac{8}{7})<0$,所以$f(x)$在$x=-\frac{8}{7}$时取得极大值.

求三阶导数

$$f'''(x)=6x(35x^3+120x^2+120x+32)$$

有$f'''(0)=0,f'''(-2)>0$,由定理2,$n=3$为奇数,$f(x)$在$x=-2$不可能取得极值;由定理3得$(-2,0)$为曲线的拐点.

求四阶导数得

$$f^{(4)}(x)=24(35x^3+90x^2+60x+8)$$

有$f^{(4)}(0)>0$,由定理2,$n=4$为偶数,所以$f(x)$在$x=0$时取得极小值;由定理3得$(0,0)$一定不是曲线的拐点.

分数微积分下泰勒公式的一种推广①

第七十二章

三明学院数学与计算机科学系的孙贺琦教授2008年基于分数微积分理论，将分析学中的泰勒级数和泰勒公式推广于$f=(x-a)^{\nu}g, g\in C^{\omega}(I)$型函数，并对得到的分数幂级数的系数关系和余项作了分析.

若函数$f(x)$在区间$[a,x]$上是m次连续可微的，则有

$$f(x)=\sum_{n=0}^{m-1}\frac{f^{(n)}(a)}{n!}(x-a)^{n}+R_{m} \quad (1)$$

其中，积分型余项为

$$R_{m}(x)=\frac{1}{(m-1)!}\int_{a}^{x}(x-u)^{m-1}f^{(m)}(u)\mathrm{d}u$$

① 本章摘自《三明学院学报》，2008年，第25卷，第4期.

这是通常的泰勒公式.

符号约定:

①本文中涉及的阶乘函数$\mu!$都是广义的,即以Γ-函数来理解,在实分析中

$$\mu! = \Gamma(\mu+1) \quad (\mu \in \mathbf{R})$$

人们熟知

$$\Gamma(x) = \begin{cases} \int_0^{\infty} e^{-t} t^{x-1} dt, x > 0 \\ \frac{\Gamma(x+1)}{x}, x < 0, x = -1, -2, \cdots \end{cases}$$

$\Gamma(x)$在$x=0,-1,-2,\cdots$处无定义($\Gamma(x) \to \pm\infty$),这导致广义阶乘函数$\mu!$在$\mu=-1,-2,-3,\cdots$处无定义($\mu! \to \pm\infty$).

②按分数微积分理论,一个函数$f(x)$的α阶分数阶导函数$f^{(\alpha)}(x)$与其所在的邻域$x \in [a, a+\delta)$有关,应写成$f_a^{(\alpha)}(x)[={}_aD_x^{\alpha}f(x)]$;本章为简单明了,在不致引起混淆的情况下,写成$f^{(\alpha)}(x)$,这样与$f(x)$的整数阶导数$f^{(n)}(x)$就取得了表达形式上的一致.

引理1 设函数$h(x)=(x-a)^{\mu}$,$\mu \in \mathbf{R}$,$\mu \neq -1, -2, \cdots$,则$h(x)$在点a某邻域(应使$(x-a)^{\mu-n}$有意义,以下同)的n阶导函数为

$$h^{(n)}(x) = \frac{\mu!}{(\mu-n)!}(x-a)^{\mu-n} \quad (n=0,1,2,\cdots)$$

证 按普通的微积分求导法则,对$h(x)$连续求导n次,并应用阶乘函数立即可得上式.

引理2 设函数$h(x)=(x-a)^{\mu}$,$\mu \in \mathbf{R}$,$\mu \neq -1, -2, \cdots$;当α是非负实数时,$h(x)$在点a某邻域的α

阶导函数为

$$h^{(\alpha)}(x)=\frac{\mu!}{(\mu-\alpha)}(x-a)^{\mu-\alpha} \tag{2}$$

当 α 不是正整数和零时,它是函数 $h(x)$ 的分数阶导函数,简称为 $h(x)$ 的分数阶导数. 式(2)是分数微积分理论中的基本公式.

要注意的是,当 $\mu-\alpha=-1,-2,\cdots$ 时

$$|(\mu-\alpha)!|\to\infty$$

此时

$$\frac{\mu!}{(\mu-\alpha)!}\to 0$$

引理 3 设函数

$$h(x)=c_1(x-a)^{\mu_1}+c_2(x-a)^{\mu_2}$$

$x\in[a,a+\delta)$;$\mu_1,\mu_2\neq-1,-2,\cdots$;$c_1,c_2$ 为常数,则

$$h^{(\alpha)}(x)=c_1\frac{\mu_1!}{(\mu_1-\alpha)!}(x-a)^{\mu_1-\alpha}+c_2\frac{\mu_2!}{(\mu_2-\alpha)!}(x-a)^{\mu_2-\alpha} \tag{3}$$

式(3)是分数微积分的线性性质.

引理 4 设 α_1,α_2 是任意正实数,函数

$$h(x)=(x-a)^{\mu}\quad(x\in[a,a+\delta);\mu\neq-1,-2,\cdots)$$

则有

$$h^{(\alpha_1+\alpha_2)}(x)=\begin{cases}[h^{(\alpha_1)}(x)]^{(\alpha_2)}, & 当|(\mu-\alpha_1)!|\neq\infty\\ [h^{(\alpha_2)}(a)]^{(\alpha_1)}, & 当|(\mu-\alpha_2)!|\neq\infty\end{cases} \tag{4}$$

证 由式(2)可知

$$h^{(\alpha_1+\alpha_2)}(x)=\frac{\mu!}{(\mu-\alpha_1-\alpha_2)!}(x-a)^{\mu-\alpha_1-\alpha_2}$$

而

$$[h^{(\alpha_1)}(x)]^{(\alpha_2)}=\left[\frac{\mu!}{(\mu-\alpha_1)!}(x-a)^{\mu-\alpha_1}\right]^{(\alpha_2)}$$

$$=\frac{\mu!}{(\mu-\alpha_1)!}\cdot\frac{(\mu-\alpha_1)!}{(\mu-\alpha_1-\alpha_2)!}\cdot(x-a)^{\mu-\alpha_1-\alpha_2}$$

$$=\frac{\mu!}{(\mu-\alpha_1-\alpha_2)!}(x-a)^{\mu-\alpha_1-\alpha_2}$$

即

$$h^{(\alpha_1+\alpha_2)}(x)=[h^{(\alpha_1)}(x)]^{(\alpha_2)}$$

当$|(\mu-\alpha_1)!|\neq\infty$.

同理可证明

$$h^{(\alpha_1+\alpha_2)}(x)=[h^{(\alpha_2)}(x)]^{(\alpha_1)}$$

当$|(\mu-\alpha_2)!|\neq\infty$.

引理4说明,对于分数微积分下的求导运算,“指数律”是有条件成立的.

在以上引理的基础上,本文推出以下结果,这些结果包含了通常的泰勒级数和泰勒展开作为其特例.

定理1 设函数$f(x)$在点a某邻域I可以表示为$(x-a)^{\nu}(0\leqslant\nu<1)$与一个实解析函数之乘积,则:

①$f(x)$在该邻域可展为如下正实数幂级数(按分数微积分的语言习惯,以下简称为“正分数幂级数”)

$$f(x)=\sum_{n=0}^{\infty}\frac{f^{(n+\nu)}(a)}{(n+\nu)!}(x-a)^{n+\nu}\quad(x\in I)\qquad(5)$$

②$f(x)$在该邻域有如下的“正分数幂”展开式

$$f(x)=\sum_{n=0}^{m}\frac{f^{(n+\nu)}(a)}{(n+\nu)!}(x-a)^{n+\nu}+R_{n+\nu}(x)\quad(x\in I)\tag{6}$$

其中，积分型余项

$$R_{m+\nu}(x)=\frac{(x-a)^{\nu}}{m!}\int_{a}^{x}(x-u)^{m}\left[\frac{f(u)}{(u-a)^{\nu}}\right]^{(m+1)}\mathrm{d}u$$

证 设$f(x)=(x-a)^{\nu}g(x)$，$g\in C^{\omega}(I)$，由于函数$g(x)$在点a有各阶导数，故有泰勒级数(绝对一致收敛)

$$g(x)=\sum_{n=0}^{\infty}\frac{g^{(n)}(a)}{n!}(x-a)^{n}\quad(x\in I)\tag{7}$$

及泰勒展开式

$$g(x)=\sum_{n=0}^{\infty}\frac{g^{(n)}(a)}{n!}(x-a)^{n}+r_{m}(x)\quad(x\in I)\tag{8}$$

其中，积分型余项

$$r_{m}(x)=\frac{1}{m!}\int_{a}^{x}(x-u)^{m}g^{(m+1)}(u)\mathrm{d}u$$

令

$$b_{n}=\frac{g^{(n)}(a)}{n!}\quad(n=0,1,2,\cdots)$$

由式(7)，可得

$$\begin{aligned}f(x)&=(x-a)^{\nu}g(x)\\&=\sum_{n=0}^{\infty}b_{n}(x-a)^{n+\nu}\\&=b_{0}(x-a)^{\nu}+b_{1}(x-a)^{1+\nu}+\\&\quad b_{2}(x-a)^{2+\nu}+\cdots+\\&\quad b_{n}(x-a)^{n+\nu}+\cdots\end{aligned}$$

根据引理2，引理3有

$$f^{(\nu)}(x)=b_0\frac{\nu!}{0!}(x-a)^0+b_1\frac{(1+\nu)!}{1!}(x-a)+$$

$$b_2\frac{(2+\nu)!}{2!}(x-a)^2+\cdots+$$

$$b_n\frac{(n+\nu)!}{n!}(x-a)^\nu+\cdots$$

令 $x=a$,得

$$f^{(\nu)}(a)=b_0\nu!$$

根据引理2,3,4,有

$$f^{(1+\nu)}(x)=\frac{\mathrm{d}}{\mathrm{d}x}f^{(\nu)}(x)$$

$$=b_1(1+\nu)!\ +$$

$$b_2\frac{(2+\nu)!}{1!}(x-a)+\cdots+$$

$$b_n\frac{(n+\nu)!}{(n-1)!}(x-a)^{n-1}+\cdots$$

令 $x=a$,得

$$f^{(1+\nu)}(a)=b_1(1+\nu)!$$

$$\vdots$$

$$f^{(n+\nu)}(x)=b_n(n+\nu)!\ +b_{n+1}(n+1+\nu)!\ (x-a)+\cdots$$

令 $x=a$,得

$$b_n=\frac{f^{(n+\nu)}(a)}{(n+\nu)!}\quad(n=0,1,2,\cdots)$$

综上

$$f(x)=\sum_{n=0}^{\infty}\frac{f^{(n+\nu)}(a)}{(n+\nu)!}(x-a)^{n+\nu}\quad(x\in I)$$

易见,该级数也是绝对一致收敛的. 式(5)得证. 又,注意到

$$f(x)=(x-a)^{\nu}g(x)=\sum_{n=0}^{\infty}\frac{g^{(n)}(a)}{n!}(x-a)^{n+\nu}\quad(x\in I)$$

与式(5)比较得到

$$\frac{f^{(n+\nu)}(a)}{(n+\nu)!}=\frac{g^{(n)}(a)}{n!}\quad(n=0,1,2,\cdots)$$

下面证式(6).

由式(8)和上式可得

$$\begin{aligned}f(x)&=(x-a)^{\nu}g(x)\\&=\sum_{n=0}^{m}\frac{g^{(n)}(a)}{n!}(x-a)^{n+\nu}+\\&\quad(x-a)^{\nu}r_m(x)\\&=\sum_{n=0}^{m}\frac{f^{(n+\nu)}(a)}{(n+\nu)!}(x-a)^{n+\nu}+(x-a)^{\nu}r_m(x)\end{aligned}$$

这就是说,$f(x)$的 $m+\nu$ 次正数幂展开的余项为

$$\begin{aligned}R_{n+\nu}(x)&=(x-a)^{\nu}r_m(x)\\&=\frac{(x-a)^{\nu}}{m!}\int_a^x(x-u)^m g^{(m+1)}(u)\mathrm{d}u\\&=\frac{(x-a)^{\nu}}{m!}\int_a^x(x-u)^m\left[\frac{f(u)}{(u-a)^{\nu}}\right]^{(m+1)}\mathrm{d}u\end{aligned}$$

式(6)得证.

由证明过程还可见,$f(x)$的正分数幂的展开式是唯一的.

前面已证的定理 1 中的式(5)表明,一个函数展成(正)分数幂级数时,与函数展成泰勒级数有一致的规律:分数幂级数中的 $n+\nu$ 次"成份"$(x-a)^{n+\nu}$的系数正是函数在点 a 的 $n+\nu$ 阶导数值与$(n+\nu)!$ 之商,即$\frac{f^{(n+\nu)}(a)}{(n+\nu)!}$. 这一点可以看作是分数阶导数的一个

直观解释.

在定理1的证明过程中,显然同时得到了下面一个关于系数关系的重要定理.

定理2 若函数$f(x)$在点a某邻域I上可表为$f(x)=(x-a)^{\nu}g(x)$,其中$0\leqslant\nu<1$,$g(x)\in C^{\omega}(I)$,则有关系

$$\frac{f^{(n+\nu)}(a)}{(n+\nu)!}=\frac{g^{(n)}(a)}{n!}\quad(n=0,1,2\cdots)\tag{9}$$

在式(6)的证明过程中,如果在函数$g(x)$的展开式(8)中,$r_m(x)$取成拉格朗日型余项

$$r_m(x)=\frac{g^{(m+1)}(\xi)}{(m+1)!}(x-a)^{m+1}\quad(a<\xi<x)$$

则通过与证明式(6)完全相同的推导过程,可以得到下面的定理.

定理3 在定理1的条件下,函数$f(x)$的正分数幂展开式(6)中的余项为

$$R_{m+\nu}(x)=\frac{(x-a)^{m+\nu+1}}{(m+1)!}\left[\frac{f(\xi)}{(\xi-a)^{\nu}}\right]^{(m+1)}$$

$$(a<\xi<x)\tag{10}$$

当$\nu=0$时,式(10)是$f(x)$的通常泰勒展开式中的拉格朗日型余项.

注意到$g(x)\in C^{\omega}(I)$,从而$g^{(m+1)}(x)$关于$x\in I$是连续的. 在I内的闭区间上,必有

$$|g^{(m+1)}(x)|\leqslant M\quad(\text{正常数})$$

即

$$\left|\left[\frac{f(x)}{(x-a)^{\nu}}\right]^{(m+1)}\right|=|g^{(m+1)}(x)|\leqslant M$$

此时,由式(10)又可得到

$$|R_{m+\nu}(x)| \leqslant \frac{|x-a|^{m+\nu+1}}{(m+1)!}M \tag{11}$$

它可以作为$f(x)$的正分数幂展开的一种误差界估计.

定理4 在定理1的条件下,当$x \to a$时,函数$f(x)$有如下的展开式

$$f(x) = \sum_{n=0}^{m} \frac{f^{(n+\nu)}(a)}{(n+\nu)!}(x-a)^{n+\nu} + o((x-a)^{m+\nu}) \tag{12}$$

证 这由式(6)和(11)立即可以推得. 当$\nu=0$时,式(12)正是具有皮亚诺型余项的通常泰勒公式. 式(12)中的余项可以强化为$o((x-a)^{m+1})$.

本章在分数微积分下,对通常泰勒级数和泰勒公式所做的推广,显然是针对特定的函数类. 该类函数可以表示为正分数幂$(x-a)^{\nu}$($0 \leqslant \nu < 1$,特殊情况下$\nu=0$)与一个点a邻域上的实解析函数之积. 这类函数当$0<\nu<1$时,在$x=a$处的一阶导数都不存在,但在分数微积分下却有了分数阶导数,并由此获得与通常的泰勒级数,泰勒展开式相一致的幂级数(分数幂级数)表达形式. 因此,应该说这是具有另一种解析性质的函数类(它们对每一个$\nu \in [0,1)$都形成一个子类). 本章给出的四个定理,对于有关这一类函数之性质和应用的研究,无疑具有重要意义.

泰勒公式的若干推广[①]

第七十三章

国防科技大学理学院数学与系统科学系的张新建教授2010年在分析泰勒公式结构特征的基础上讨论泰勒公式的推广,指出通过每一个线性微分算子和每一组线性泛函都可得到函数的类似于泰勒公式的表达式,通常的泰勒公式只是微分算子和线性泛函的特殊选取.并证明类似的结果可以推广到抽象的希尔伯特空间.

一、经典泰勒公式结构分析

对给定的区间$[a,b]$和正整数m,设函数空间

$$W_2^m[a,b]=\{f(t)\mid t\in[a,b],$$
$$f^{(m-1)}(t)\text{在}[a,b]\text{上绝对连续},$$
$$f^{(m)}(t)\in L^2[a,b]\}$$

① 本章摘自《高等数学研究》,2010年,第13卷,第1期.

其中 $L^2[a,b]$ 为 $[a,b]$ 上的平方可积函数空间. 由微积分学中的带积分型余项的泰勒公式知道,每个函数 $f(t)$ 可以写成

$$f(t)=\sum_{i=1}^{m} f^{(i-1)}(a)\frac{(t-a)^{i-1}}{(i-1)!}+\int_a^t \frac{(t-s)^{m-1}}{(m-1)!}f^{(m)}(s)\mathrm{d}s \tag{1}$$

首先分析上述泰勒公式的构成. 为此,记

$$\varphi_i(t)=\frac{(t-a)^{i-1}}{(i-1)!}\quad(i=1,2,\cdots,m)$$

$$g_0(t,s)=\frac{(t-s)_+^{m-1}}{(m-1)!}$$

其中

$$(t-s)_+^k=(t-s)^k\quad(t>s)$$

$$(t-s)_+^k=0\quad(t\leqslant s)$$

引入 m 阶微分算子 D^m

$$D^m f(t)=f^{(m)}(t)$$

再设 λ_i^0 是 $W_2^m[a,b]$ 空间上的一组线性泛函

$$\lambda_i^0 f=f^{(i-1)}(a) \tag{2}$$

则泰勒公式(1)可写为

$$f(t)=\sum_{i=1}^{m}(\lambda_i^0 f)\varphi_i(t)+\int_a^b g_0(t,s)D^m f(s)\mathrm{d}s \tag{3}$$

易知 $\lambda_i^0(i=1,2,\cdots,m)$ 是 D^m 的核空间

$$\ker D^m=\{f(t)\in W_2^m[a,b]\mid D^m f(t)=0\}$$

上一组线性无关的泛函,$\varphi_i(t)\ (i=1,2,\cdots,m)$ 是

$\ker D^m$的与$\lambda_i^0(i=1,2,\cdots,m)$对偶的基底，即

$$\lambda_i^0\varphi_j(t)=\delta_{ij}\quad(i,j=1,2,\cdots,m)\tag{4}$$

其中$\delta_{ij}=1(i=j),0(i\neq j)$，且$g_0(t,s)$满足

$$\lambda_i^0 g_0(\cdot,s)=0\quad(i=1,2,\cdots,m)$$

$$D^m g_0(\cdot,s)=\delta(s-\cdot)\tag{5}$$

上式中的$\delta(x)$是狄拉克函数，即对任意包含$x=0$在内的区间$[x_1,x_2]$，有

$$\int_{x_1}^{x_2}\delta(x)f(x)\mathrm{d}x=f(0)$$

记公式(3)中的泰勒余项为

$$r_m(t)=\int_b^a g_0(t,s)[D^m f(s)]\mathrm{d}s\tag{6}$$

则由上面的分析还可以知道式(3)中泰勒多项式和泰勒余项分别满足

$$\sum_{i=1}^m(\lambda_i^0 f)\varphi_i(t)\in\ker D^m$$

$$r_m(t)\in\ker\boldsymbol{\Lambda}^0\tag{7}$$

其中向量值算式

$$\boldsymbol{\Lambda}^0=(\lambda_1^0,\lambda_2^0,\cdots,\lambda_m^0)$$

二、多项式广义泰勒公式

式(3)－(7)提供了泰勒公式的一些结构信息，泰勒公式是由微分算子D^m和泛函$\lambda_i^0(1\leqslant i\leqslant m)$决定的. 若将公式(3)中的泛函$\lambda_i^0(1\leqslant i\leqslant m)$换成一般的线性泛函，泰勒公式(3)应有更一般的形式.

定理1 设$\lambda_i(i=1,2,\cdots,m)$是$W_2^m[a,b]$空间上任意一组线性泛函，在$\ker D^m$上线性无关，且与积分可交换秩序，则每个$f(t)\in W_2^m[a,b]$都可表示为

$$f(t) = \sum_{i=1}^{m} (\lambda_i f) x_i(t) + \left[r_m(t) - \sum_{i=1}^{m} (\lambda_i r_m) x_i(t) \right] \tag{8}$$

其中,$x_i(t)(i=1,2,\cdots,m)$是 $\ker D^m$ 的与 $\lambda_i^0(i=1,2,\cdots,m)$对偶的基底,即

$$x_i^{(m)}(t)=0$$

$$\lambda_i x_j(t)=\delta_{ij} \quad (i,j=1,2,\cdots,m) \tag{9}$$

证 由式(3)得

$$\lambda_j f = \sum_{i=1}^{m} (\lambda_i^0 f)(\lambda_j \varphi_i) + \int_a^b \lambda_j g_0(\cdot,s) D^m f(s)\,\mathrm{d}s \tag{10}$$

$$(j=1,\cdots,m)$$

记矩阵

$$\boldsymbol{M}=(\lambda_i \varphi_j)_{m\times n}$$

由 $\lambda_i(i=1,2,\cdots,m)$在 $\ker D^m$ 上线性无关知 $\boldsymbol{M}$ 是可逆的. 再令

$$(x_1(t),x_2(t),\cdots,x_m(t)) = (\varphi_1(t),\varphi_2(t),\cdots,\varphi_m(t))\boldsymbol{M}^{-1} \tag{11}$$

则可以验证 $x_i(t)(i=1,2,\cdots,m)$满足式(9). 由式(10)得

$$\begin{pmatrix} \lambda_1^0 f \\ \lambda_2^0 f \\ \vdots \\ \lambda_m^0 f \end{pmatrix} = \boldsymbol{M}^{-1}\left[\begin{pmatrix} \lambda_1 f \\ \lambda_2 f \\ \vdots \\ \lambda_n f \end{pmatrix} - \int_a^b \begin{pmatrix} \lambda_1 g_0(\cdot,s) \\ \lambda_2 g_0(\cdot,s) \\ \vdots \\ \lambda_m g_0(\cdot,s) \end{pmatrix} (D_m f(s)\,\mathrm{d}s) \right]$$

将上式代入式(3),则可得到式(8). 证毕.

公式(8)可称为函数$f(t)$的多项式广义泰勒公式. 在式(8)中

$$\sum_{i=1}^{m}(\lambda_i f)x_i(t)$$

仍是多项式,称为$f(t)$的广义泰勒多项式

$$r_m(t)-\sum_{i=1}^{m}(\lambda_i r_m)x_i(t)$$

称为$f(t)$的广义泰勒余项. 若记

$$g(t,s)=g_0(t,s)-\sum_{i=1}^{m}[\lambda_i g_0(\cdot,s)]x_i(t)$$

则

$$r_m(t)-\sum_{i=1}^{m}(\lambda_i r_m)x_i(t)=\int_a^b g(t,s)D^m f(x)\mathrm{d}s \tag{12}$$

例1 设$a\leqslant t_1<t_2<\cdots<t_m\leqslant b$为$[a,b]$中的节点,$\lambda_i(i=1,2,\cdots,m)$是$W_2^m[a,b]$上的单重点插值线性泛函

$$\lambda_i f=f(t_i)\quad(i=1,2,\cdots,m)$$

则$\ker D^m$的与$\lambda_i(i=1,2,\cdots,m)$对偶的基底为拉格朗日插值基函数

$$L_j(t)=\prod_{i=1,i\neq j}^{m}\frac{t-t_j}{t_j-t_i}\quad(j=1,2,\cdots,m)$$

对应的多项式广义泰勒公式为

$$f(t)=\sum_{j=1}^{m}f(t_j)\prod_{i=1,i\neq j}^{m}\frac{t-t_j}{t_j-t_i}+$$

$$r_m(t) - \sum_{i=1}^{m} r_m(t) L_i(t)$$

三、非多项式广义泰勒公式

将式(3)中的泛函 $\lambda_i^0(i=1,2,\cdots,m)$ 换成一般的线性泛函,得到多项式广义泰勒公式(8),公式中的第一部分仍是多项式. 这一节我们将算子 D^m 推广为任意线性微分算子 L,推广后泰勒公式中将不再是多项式.

设有 m 阶线性微分算子

$$\begin{aligned} L = D^m + a_{m-1}(t) D^{m-1} + \cdots + \\ a_1(t) D + a_0(t) \quad (t \in [a,b]) \end{aligned} \tag{13}$$

其中,$a_j(t) \in C^j[a,b]$,L 的零空间 $\ker L$ 为 $W_2^m[a,b]$ 的 m 维子空间.

设 $u_i(t)(i=1,2,\cdots,m)$ 是 $\ker L$ 的一组基,则由线性微分方程解的构造理论可知,任意函数

$$f(t) \in W_2^m[a,b]$$

都对应一组常数 $c_i(i=1,2,\cdots,m)$,使得

$$\begin{aligned} f(t) = \sum_{i=1}^{m} c_i u_i(t) + \\ \int_a^t \sum_{i=1}^{m} u_i(t) \frac{\Delta_i(s)}{|\boldsymbol{W}(s)|} [Lf(s)] \mathrm{d}s \end{aligned} \tag{14}$$

其中 $\boldsymbol{W}(t)$ 是以

$$(u_1^{(i-1)}(t), u_2^{(i-1)}(t), \cdots, u_m^{(i-1)}(t))$$

为第 i 行的 Wronskian 矩阵,$\Delta_i(t)$ 是位于 $\boldsymbol{W}(t)$ 的最后一行第 i 列元素的代数余子式.

若记 $\boldsymbol{W}(t)$ 的逆矩阵 $\boldsymbol{W}^{-1}(t)$ 的最后一列为

$$(\tilde{u}_1(t),\cdots,\tilde{u}_m(t))^{\mathrm{T}}$$

称它们为$(u_1(t),\cdots,u_m(t))$的伴随函数,则

$$\tilde{u}_i(t)=\frac{\boldsymbol{\Delta}_i(t)}{|\boldsymbol{W}(t)|}$$

设$(\nu_1(t),\cdots,\nu_m(t))$是 $\ker L$ 的另一组基,记其伴随函数为$(\tilde{\nu}_1(t),\cdots,\tilde{\nu}_m(t))$,易知

$$\sum_{j=1}^{m} u_i(t)\tilde{u}_i(s)=\sum_{j=1}^{m}\nu_i(t)\,\tilde{\nu}_i(t)$$

于是若令

$$G_0(t,s)=\sum_{j=1}^{m} u_i(t)\tilde{u}_i(s)(t-s)_+^0$$

则 $G_0(t,s)$是由微分算子 L 唯一确定的,且满足

$$\lambda_i^0 G_0(\cdot,s)=0$$

$$D^j G_0(t,s)|_{t=s}=\delta_{j-1,m-1}\quad(i=1,2,\cdots,m)$$

$$LG_0(\cdot,s)=\delta(s-\cdot)$$

其中 λ_i^0 是由式(2)定义的线性泛函,称 $G_0(t,s)$为 L 的格林函数.

由以上分析和式(14),得到下述定理.

定理 2 每个函数$f(t)\in W_2^m[a,b]$都可唯一地表示为

$$f(t)=\sum_{i=1}^{m}(\lambda_i^0 f)\psi(t)+\int_a^t G_0(t,s)[Lf(s)]\mathrm{d}s \qquad (15)$$

其中 $\psi(t)$满足

$$L\psi_j(t)=0,\lambda_i^0\psi_j(t)=\delta_{ij}$$
$$(i,j=1,2,\cdots,m)$$

当 $L=D^m$ 时,式(15)就是通常的泰勒公式(3),记余项

$$R_m(t)=\int_a^b G_0(t,s)[Lf(s)]\mathrm{d}s$$

则从式(15)出发,利用与定理1类似的证明方法,可以证明下述定理.

定理3 设 $\lambda_i(i=1,2,\cdots,m)$ 是 $W_2^m[a,b]$ 空间上任意一组线性泛函,在 $\ker L$ 上线性无关,且与积分可交换秩序,则每个 $f(t)\in W_2^m[a,b]$ 都可表示为

$$f(t)=\sum_{i=1}^m(\lambda_i f)z_i(t)+\left[R_m(t)-\sum_{i=1}^m(\lambda_i R_m)z_i(t)\right]\tag{16}$$

其中 $z_i(t)(i=1,2,\cdots,m)$ 是 $\ker L$ 的与 $\lambda_i(i=1,2,\cdots,m)$ 对偶的基底,即

$$Lz_i(t)=0,\lambda_i z_j(t)=\delta_j\quad(i,j=1,2,\cdots,m)\tag{17}$$

满足式(17)的对偶基可以通过 $\ker L$ 的任意一组基由式(11)得到.

以上讨论显示,王柔杯、伍卓群的《常微分方程讲义》(人民教育出版社,1978)中关于非齐次线性微分方程的通解公式可以看作通常的泰勒公式的推广,公式中对应的齐次方程通解的系数就是初值条件,满足任意定解条件的解由广义泰勒公式(16)确定.

四、在抽象希尔伯特空间中的推广

设 X,Y 均为抽象的希尔伯特空间. 设

$$T:X\to Y$$

为有界线性算子,T 的核空间记为 $\ker T$,设 $\ker T$ 为 X 的 m 维子空间.

定理 4 设 $\lambda_i(i=1,2,\cdots,m)$ 是空间 X 上的一组线性泛函,在 $\ker T$ 上线性无关,则由投影定理知每个 $x\in X$,可唯一地分解为

$$x=\sum_{j=1}^{m}(\lambda_j x)\alpha_j+\bar{x} \tag{18}$$

其中 $\alpha_i(i=1,2,\cdots,m)$ 和 $\bar{x}$ 分别满足

$$T\alpha_j=0,\lambda_i\alpha_j=\delta_{ij}\quad(i,j=1,2,\cdots,m) \tag{19}$$

$$\lambda_j\bar{x}=0(j=1,2,\cdots,m),Tx=T\bar{x} \tag{20}$$

证 设 $\varphi_1,\cdots,\varphi_m$ 为 $\ker T$ 的任一组基. 因 $\ker T$ 为闭子空间,则对每个 $x\in X$ 有唯一分解式

$$x=x_1+x_2 \tag{21}$$

其中 $x_1\in\ker T,x_2\in(\ker T)^{\perp}$,因为 $\lambda_1,\lambda_2,\cdots,\lambda_m$,在 $\ker T$ 上线性无关,则矩阵 $\boldsymbol{\Phi}=(\lambda_j\varphi_i)$(其中 i 为行标,j 为列标)是可逆的,将 $\boldsymbol{\Phi}$ 的第 j 列换为

$$(\varphi_1,\varphi_2,\cdots,\varphi_m)^{\mathrm{T}}$$

后记为 $\boldsymbol{\Phi}_j$,则

$$\alpha_j=\det\boldsymbol{\Phi}_j/\det\boldsymbol{\Phi}$$

(其中 det 表示取行列式,$\det\boldsymbol{\Phi}_j$ 表示按第 j 列展开)满足式(19),即为 $\ker T$ 的与 $\lambda_i(i=1,2,\cdots,m)$ 对偶的基底.

在式(21)中若设

$$x_1=\sum_{j=1}^{m}q_j\alpha_j$$

由式(19)可求得

$$q_j = \lambda_j x_1 \quad (j = 1, 2, \cdots, m)$$

令

$$\bar{x} = x_2 - \sum_{j=1}^{m} (\lambda_j x_1) \alpha_j$$

则式(18)成立,且式(20)成立. 证毕.

从式(18)出发,完全仿照定理 1 的证明,可以得到下述定理.

定理 5 设 $\mu_1, \mu_2, \cdots, \mu_m$ 是另一组在 ker T 上线性无关的泛函,$\beta_1, \beta_2, \cdots, \beta_m$ 是 ker T 的与 $\mu_j (j = 1, 2, \cdots, m)$ 对偶的基底,则每个 $x \in X$ 可唯一地表示为

$$x = \sum_{i=1}^{m} (\mu_i x) \beta_i + [\bar{x} - \sum_{i=1}^{m} (\mu_i \bar{x}) \beta_i] \qquad (22)$$

的形式,其中$\bar{x}$由式(18)确定.

式(18)和(22)是泰勒公式更一般的形式.

五、结论

对于一个给定的函数$f(t) \in W_2^m[a, b]$,由于线性微分算子 L 及 ker L 上线性无关泛函 $\lambda_i (i = 1, 2, \cdots, m)$ 的不同选取而可以得到$f(t)$的不同形式的广义泰勒公式;取特殊的线性微分算子和特殊的线性泛函就得到通常的泰勒公式;所有这些泰勒公式(包括抽象希尔伯特空间中的表达式(18)和式(22))都具有共同的结构特征:公式的第一部分属于 ker L,第二部分属于 ker $\boldsymbol{\Lambda}$,这里 $\boldsymbol{\Lambda} = (\lambda_1, \lambda_2, \cdots, \lambda_m)$ 为向量值泛函.

本章指出了非齐次线性微分方程的通解,甚至希尔伯特空间中的某类投影分解都可认为是泰勒公式的推广.

第七十四章 泰勒公式的推广及其应用[1]

一、泰勒公式的推广

定理1 若函数 $f(x)$ 在区间 $[a,b]$ 上是 m 次连续可微的,则有

$$f(b)=f(a)+\sum_{n=1}^{m-1}\frac{(b-a)^n}{n!}f^{(n)}(a)+R_n \tag{1}$$

其中

$$R_n=\frac{1}{(m-1)!}\int_a^b(b-x)^{m-1}f^{(m)}(x)\mathrm{d}x$$

这就是学习者所熟悉的泰勒公式.

江苏大学理学院的邓晓燕、陈文霞两位教授2012年对此公式进行了一种推广,即有下面的定理.

定理2 在与公式(1)完全相同的条件下,有下式成立

① 本章摘自《高等函授学报(自然科学版)》,2012年,第25卷,第1期.

$$f(b)=f(a)+\sum_{n=1}^{m-1}\frac{1}{n!}[(t-a)^{n}f^{(n)}(a)-(t-b)^{n}f^{(n)}(b)]+R_{n} \quad (2)$$

其中

$$R_{n}=\frac{1}{(m-1)!}\int_{a}^{b}(t-x)^{m-1}f^{(m)}(x)\mathrm{d}x$$

式中的字母 t 是一个可以自由选取的参数(与 x 无关),它的引入使得我们应用式(2)时变得灵活方便.在式(2)中取 $t=b$,就可以直接得到通常的泰勒公式(1).下面证明式(2).

证 由不定积分定义和分部积分法可得

$$f(u)+C=\int f'(u)\mathrm{d}u=\int f'(u)\mathrm{d}(u-t)$$

$(t$ 与 u 无关)

$$=(u-t)f'(u)-\int(u-t)f''(u)\mathrm{d}(u-t)$$

$$=(u-t)f'(u)-\int f''(u)\mathrm{d}\frac{(u-t)^{2}}{2!}$$

$$=(u-t)f'(u)-\frac{(u-t)^{2}}{2!}f''(u)+\int\frac{(u-t)^{2}}{2!}*\mathrm{d}(u-t)$$

$$=(u-t)*-\frac{(u-t)^{2}}{2!}f''(u)+\int*\mathrm{d}\frac{(u-t)^{3}}{3!}$$

$$=(u-t)f'(u)-\frac{(u-t)^{2}}{2!}f''(u)+$$

$$\frac{(u-t)^3}{3!}* - \cdots +$$

$$(-1)^m \frac{(u-t)^{m-1}}{(m-1)!} f^{(m-1)}(u) +$$

$$\frac{(-1)^{m-1}}{(m-1)!} \int (u-t)^{m-1} f^{(m)}(u) \mathrm{d}u$$

再根据牛顿－莱布尼兹公式，有

$$f(b)-f(a)=\int_a^b * \mathrm{d}u$$

$$=\left[\sum_{n=2}^{m} \frac{(-1)^n}{(n-1)!}(u-t)^{n-1} f^{(n-1)}(u)\right]_a^b +$$

$$\frac{(-1)^{m-1}}{(m-1)!} \int_a^b (u-t)^{m-1} f^{(m)} \mathrm{d}u$$

$$=\sum_{n=2}^{m} \frac{(-1)^n}{(n-1)!}\left[(b-t)^{n-1} f^{(n-1)}(b) -\right.$$

$$\left.(a-t)^{n-1} f^{(n-1)}(a)\right] +$$

$$\frac{(-1)^{m-1}}{(m-1)!} \int_a^b (u-t)^{m-1} f^{(m)}(u) \mathrm{d}u$$

略加变形，得

$$f(b)-f(a)=\sum_{n=1}^{m-1} \frac{1}{n!}\left[(t-a)^n f^{(n)}(a) -\right.$$

$$\left.(t-b)^n f^{(n)}(b)\right] +$$

$$\frac{1}{(m-1)!} \int_a^b (t-x)^{m-1} f^{(m)}(x) \mathrm{d}x$$

作为推广的泰勒公式的一个应用，易推得下面的定理.

定理 3　设函数 $f(x)$ 在区间 $[a,b]$ 上有任意阶导数，且 $|f^{(n)}x| \leqslant M$（M 是正常数 $n=1,2,\cdots$），则 $f(x)$ 在

$[a,b]$上的增量有下面的无穷级数表达式

$$f(b)-f(a)=\sum_{n=1}^{\infty}\frac{(b-a)^n}{(2n)!!}[f^{(n)}(a)-(-1)^nf^{(n)}(b)] \tag{3}$$

二、泰勒公式的应用

1. 在行列式计算中的应用

例 1　求下列行列式

$$A_n=\begin{vmatrix} b & \cdots & b & b & x \\ b & \cdots & b & x & c \\ b & \cdots & x & c & c \\ \vdots & & \vdots & \vdots & \vdots \\ x & \cdots & c & c & c \end{vmatrix}$$

解　可以把行列式 A_n 看作 x 的函数(一般是 x 的 n 次多项式),记 $g_n(x)=A_n$,按泰勒公式在 $x=b$ 处展开

$$g_n(x)=g_n(b)+\frac{g'_n(b)}{1!}(x-b)+\frac{g''_n(b)}{2!}(x-b)^2+\cdots+\frac{g_n^{(n)}(b)}{n!}(x-b)^n$$

$$g_n(b)=\begin{vmatrix} b & b & \cdots & b & b & b \\ b & b & \cdots & b & b & c \\ b & b & \cdots & b & c & c \\ \vdots & \vdots & & \vdots & \vdots & \vdots \\ b & b & \cdots & c & c & c \\ b & c & \cdots & c & c & c \end{vmatrix}$$

$$
=\begin{vmatrix} 0 & 0 & \cdots & 0 & 0 & b \\ 0 & 0 & \cdots & 0 & b-c & c \\ 0 & 0 & \cdots & b-c & 0 & c \\ \vdots & \vdots & & \vdots & \vdots & \vdots \\ 0 & b-c & \cdots & 0 & 0 & c \\ b-c & 0 & \cdots & 0 & 0 & c \end{vmatrix}
$$

$$
=(-1)^{\frac{n(n-1)}{2}}b(b-c)^{n-1}
$$

根据行列式的求导法则,有

$$
g'_n(x)=\begin{pmatrix} 0 & 0 & \cdots & 0 & 0 & 1 \\ b & b & \cdots & b & x & c \\ b & b & \cdots & x & c & c \\ \vdots & \vdots & & \vdots & \vdots & \vdots \\ b & x & \cdots & c & c & c \\ x & c & \cdots & c & c & c \end{pmatrix}+
$$

$$
\begin{pmatrix} b & b & \cdots & b & b & x \\ 0 & 0 & \cdots & 0 & 1 & 0 \\ b & b & \cdots & x & c & c \\ \vdots & \vdots & & \vdots & \vdots & \vdots \\ b & x & \cdots & c & c & c \\ 1 & 0 & \cdots & 0 & 0 & 0 \end{pmatrix}
$$

$$
=(-1)^{n-1}ng_{n-1}(x)
$$

类似的

$$
\begin{aligned} g''_n(x) &= (-1)^{n-1}ng'_{n-1}(x) \\ &= (-1)^{2n-1}n(n-1)g_{n-2}(x) \end{aligned}
$$

$$
\begin{aligned} g''_n(x) &= (-1)^{n-1}ng''_{n-1}(x) \\ &= (-1)^{2n-1}n(n-1)g'_{n-2}(x) \end{aligned}
$$

$$=(-1)^{3n}n(n-1)(n-2)g_{n-3}(x)\cdots$$

$$g_n^{(n-1)}(x)=(-1)^{\frac{n2-3n-4}{2}}n!\ g_1(x)$$

$$g_n^{(n)}x=(-1)^{\frac{n(n-3)}{2}}n!$$

$$g'_n(b)=(-1)^{n-1}ng_{n-1}(b)$$

$$=(-1)^{n-1}n(-1)^{\frac{(n-1)(n-2)}{2}}b(b-c)^{n-2}$$

$$=(-1)^{\frac{n(n-1)}{2}}nb(b-c)^{n-2}$$

$$g''_n(b)=(-1)^{2n-1}n(n-1)g_{n-2}(b)$$

$$=(-1)^{n-1}ng_{n-1}(b)$$

$$=(-1)^{2n-1}n(n-1)(n-1)^{\frac{(n-2)(n-3)}{2}}b(b-c)^{n-3}$$

$$=(-1)^{\frac{n(n-1)}{2}}n(n-1)b(b-c)^{n-3}$$

$$\vdots$$

$$g_n^{(n)}(b)=(-1)^{\frac{n(n-3)}{2}}n!\ =(-1)^{\frac{n(n-1)}{2}}n!$$

代入 $g_n(x)$ 在 $x=b$ 处的泰勒展开式

$$g_n(x)=(-1)^{\frac{n(n-1)}{2}}b(b-c)^{n-1}+(-1)^{\frac{n(n-1)}{2}}\frac{nb(b-c)^{n-2}}{1!}$$

$$(x-b)+\left[\frac{n(n-1)b(b-c)^{n-3}}{2!}(x-b)^2\right]$$

$$(-1)^{\frac{n(n-1)}{2}}+\cdots+\frac{n!}{(n-1)!}b(b-1)^{n-1}$$

$$(-1)^{\frac{n(n-1)}{2}}+(-1)^{\frac{n(n-1)}{2}}\frac{n!}{n!}(x-b)^n$$

$$=(-1)^{\frac{n(n-1)}{2}}\left[b(b-c)^{n-1}+\frac{nb(b-c)^{n-2}}{1!}(x-b)+\right.$$

$$\left.\frac{n(n-1)b(b-c)^{n-3}}{2!}(x-b)^2+\cdots+(x-b)^n\right]$$

$$=(-1)^{\frac{n(n-1)}{2}}[\mathrm{C}_n^0b(b-c)^{n-1}+$$

$$\mathrm{C}_n^1 b(b-c)^{n-2}(x-b)+$$

$$\mathrm{C}_n^2(b-c)^{n-3}(x-b)^2+\cdots+$$

$$\mathrm{C}_n^n(x-b)^n]$$

当 $b=c$ 时,则

$$g_n(x)=\left[0+0+\cdots+\frac{n(n-1)!\ b}{(n-1)!}(x-b)^{n-1}+\right.$$

$$\left.(x-b)^n\right]\cdot(-1)^{\frac{n(n-1)}{2}}$$

$$=(-1)^{\frac{n(n-1)}{2}}(x-b)^{n-1}[x+(n-1)b]$$

当 $b\neq c$ 时,则

$$g_n(x)=(-1)^{\frac{n(n-1)}{2}}\cdot$$

$$\left[\frac{\mathrm{C}_n^0 b(b-c)^n+\mathrm{C}_n^1 b(b-c)^{n-1}(x-b)+\cdots+\mathrm{C}_n^n(b-c)(x-b)^n}{b-c}\right]$$

$$=(-1)^{\frac{n(n-1)}{2}}\cdot$$

$$\frac{b[\mathrm{C}_n^0(b-c)^n+\mathrm{C}_n^1(b-c)^{n-1}(x-b)+\cdots+\mathrm{C}_n^n(x-b)^n]-c(x-b)^n}{b-c}$$

$$=(-1)^{\frac{n(n-1)}{2}}\cdot\frac{b(x-b+b-c)^n-c(x-b)^n}{b-c}$$

$$=(-1)^{\frac{n(n-1)}{2}}\cdot\frac{b(x-c)^n-c(x-b)^n}{b-c}$$

即

$$g_n(x)=\begin{cases}(-1)^{\frac{n(n-1)}{2}}(x-b)^{n-1}[x+(n-1)b],b=c\\(-1)^{\frac{n(n-1)}{2}}\dfrac{b(x-c)^n-c(x-b)^n}{b-c},b\neq c\end{cases}$$

2. 利用泰勒公式求某些微分方程的解

例 2 解微分方程

$$y'' + xy' + y = 0$$

解 $r(x) = x, s(x) = 1$ 可在 $x_0 = 0$ 的邻域内展成泰勒级数,故原方程有形如

$$y(x) = \sum_{n=0}^{\infty} a_n x^n \tag{4}$$

的幂级数解. 将式(4)及其导数代入原方程,得

$$\sum_{n=2}^{\infty} n(n-1)a_n x^{n-2} + x\sum_{n=1}^{\infty} na_n x^{n-1} + \sum_{n=0}^{\infty} a_n x^n = 0$$

$$(2a_2 + a_0) + \sum_{n=3}^{\infty} [n(n-1)a_n + (n-1)a_{n-2}]x^{n-2} = 0$$

令 x 的同次幂系数为零,得

$$2a_2 + a_0 = 0$$

$$3 \cdot 2a_3 + 2a_1 = 0$$

$$\vdots$$

$$n(n-1)a_n + (n-1)a_{n-2} = 0 \quad (n \geqslant 4)$$

从而

$$a_2 = -\frac{a_0}{2}, a_3 = -\frac{a_1}{3}, \cdots, a_n = -\frac{a_{n-2}}{n}$$

即有

$$a_{2n} = (-1)^n \cdot \frac{1}{2^n \cdot n!} a_0$$

$$a_{2n+1} = \frac{(-1)^n}{1 \cdot 3 \cdot \cdots \cdot (2n+1)} a_1 \quad (n \geqslant 1)$$

所以其通解为

$$y(x) = a_0 \sum_{n=0}^{\infty} \frac{1}{n!}\left[-\frac{x^2}{2}\right]^n + a_1 \sum_{n=0}^{\infty} \frac{(-1)^n}{1 \cdot 3 \cdot \cdots \cdot (2n+1)} x^{2n+1}$$

即

$$y(x)=a_0\mathrm{e}^{-\frac{x^2}{2}}+a_1\sum_{n=0}^{\infty}\frac{(-1)^n}{1\cdot 3\cdot\cdots\cdot(2n+1)}x^{2n+1}$$

三、全面的认识与了解

泰勒公式也称为泰勒中值定理,是高等数学课程的一个重要内容,不仅在理论分析方面有重要作用,应用也非常广泛. 但在高等数学课程中没有深入广泛的展开讨论,本章通过几个例子也仅仅说明其中的两方面的应用,还有很多其他方面的应用,以及二元函数的泰勒公式及其应用等很多内容可以展开进一步的总结讨论,从而对泰勒公式有一个全面的认识与了解.

基于对称偏导数的多元函数泰勒公式及可微性分析[1]

第七十五章

对称导数是导数的推广,它在数值分析、测度论等领域有着重要应用,许多学者对其进行过研究.

从现有的文献可以看出,大部分研究仅限于讨论一元或二元函数的对称导数理论及应用,对多元函数的研究相对较少.桂林理工大学理学院的张浩奇、伍欣叶、张浩敏三位教授2013年在上述研究的基础上引入多元函数的对称偏导数和对称可微的定义,讨论多元函数在对称偏导数下的泰勒公式及多元函数对称可微的充分条件和必要条件,并举例说明理论结果的意义.

① 本章摘自《广西科学院学报》,2013年,第29卷,第2期.

一、预备知识

我们类比普通导数意义下多元函数的偏导数、方向导数、可微及高阶偏导数的定义，得到多元函数在对称导数意义下的相应定义.

定义 1 设多元函数 $z=f(x^1,x^2,\cdots,x^m)$ 定义在 $P_0(x_0^1,x_0^2,\cdots,x_0^m)$ 的邻域 $U(P_0)\subset\mathbf{R}^m$ 内，$x^i=x_0^i$（常数），$i=1,2,\cdots,m$，若

$$\lim_{h^j\to 0}(f(x_0^1,x_0^2,\cdots,x_0^{j-1},x_0^j+h^j,x_0^{j+1},\cdots,x_0^m)-f(x_0^1,x_0^2,\cdots,x_0^{j-1},x_0^j-h^j,x_0^{j+1},\cdots,x_0^m))/2h^j$$

存在，则称此极限是多元函数 $z=f(x^1,x^2,\cdots,x^m)$ 在点 $P_0(x_0^1,x_0^2,\cdots,x_0^m)$ 关于 x^j 的对称偏导数，记作 $z_{x^j}^s(x_0^1,x_0^2,\cdots,x_0^m)$ 或 $f_{x^j}^s(x_0^1,x_0^2,\cdots,x_0^m)$ 或 $\dfrac{\tilde{\partial} z}{\tilde{\partial} x^i}$.

注 1 若多元函数 $z=f(x^1,x^2,\cdots,x^m)$ 在定义域 G（$G\subset\mathbf{R}^m$）上每一点 $P(x^1,x^2,\cdots,x^m)$ 都存在关于 $x^j(j=1,2,\cdots,m)$ 的对称偏导数，则称 $z_{x^j}^s(x^1,x^2,\cdots,x^m)$ 或 $f_{x^j}^s(x^1,x^2,\cdots,x^m)$ 或 $\dfrac{\tilde{\partial} z}{\tilde{\partial} x^i}$ 为多元函数 $z=f(x^1,x^2,\cdots,x^m)$ 在定义域 G 上关于 $x^j(j=1,2,\cdots,m)$ 的对称偏导函数.

定义 2 设多元函数

$$z=f(\boldsymbol{x}),\boldsymbol{x}=(x^1,x^2,\cdots,x^m)$$

在点 $\boldsymbol{M}\in\mathbf{R}^m$ 的邻域 $U(\boldsymbol{M})\subset\mathbf{R}^m$ 内有定义，$\boldsymbol{h}$ 是空间 $\mathbf{R}^m$ 中的单位向量，$t\in\mathbf{R}$. 若极限

$$\lim_{t\to 0^+}\frac{f(\boldsymbol{M}+t\boldsymbol{h})-f(\boldsymbol{M}-t\boldsymbol{h})}{2t}$$

存在,则称此极限为多元函数 $z=f(\boldsymbol{x})$ 在点 $\boldsymbol{M}$ 沿 $\boldsymbol{h}$ 方向的对称偏导数,记作 $f_n^s(\boldsymbol{M})$.

定义 3 设多元函数 $z=f(\boldsymbol{x}),\boldsymbol{x}=(x^1,x^2,\cdots,x^m)$ 在区域 $G(G\subset\boldsymbol{R}^m)$ 内有定义,$\boldsymbol{M}\in G$,若多元函数 $z=f(\boldsymbol{x})$ 在点 $\boldsymbol{M}$ 沿任意方向的对称导数都存在,则称函数 $z=f(\boldsymbol{x})$ 在点 $\boldsymbol{M}$ 对称可微.

注 2 若多元函数 $z=f(\boldsymbol{x}),\boldsymbol{x}=(x^1,x^2,\cdots,x^m)$ 在定义域 $G(G\subset\mathbf{R}^m)$ 上每一点都对称可微,则称多元函数 $z=f(\boldsymbol{x})$ 在定义域 G 上对称可微.

引理 1 若多元函数 $z=f(x^1,x^2,\cdots,x^m)$ 在区域 $G(G\subset\mathbf{R}^m)$ 上对称可微,一元函数 $x^i=x^i(t)\ (i=1,2,\cdots,m)$ 关于 $t\in\mathbf{R}$ 对称可导,则复合函数 $z=f[x^1(t),x^2(t),\cdots,x^m(t)]$ 关于 t 也对称可导,且

$$\frac{\tilde{\mathrm{d}}z}{\tilde{\mathrm{d}}t}=\sum_{i=1}^{m}\frac{\tilde{\partial}z}{\tilde{\partial}x^i}\cdot\frac{\tilde{\mathrm{d}}x^i}{\tilde{\mathrm{d}}t}$$

证 若给 t 以变量 Δt,则相应 $x^i(i=1,2,\cdots,m)$ 的改变量为

$$\Delta x^i=x^i(t+\Delta t)-x^i(t-\Delta t)\quad(i=1,2,\cdots,m)$$

由于多元函数 f 对称可微,故有

$$\Delta z=\sum_{i=1}^{m}\frac{\tilde{\partial}z}{\tilde{\partial}x^i}\cdot\Delta x^i+o\left(\sqrt{\sum_{i=1}^{m}(\Delta x^i)^2}\right)$$

即

$$\frac{\Delta z}{\Delta t}=\sum_{i=1}^{m}\frac{\tilde{\partial}z}{\tilde{\partial}x^i}\cdot\frac{\Delta x^i}{\Delta t}+\frac{o\left(\sqrt{\sum_{i=1}^{m}(\Delta x^i)^2}\right)}{\Delta t}$$

又因 $x^i = x^i(t)(i=1,2,\cdots,m)$ 关于 t 对称可导，故当 $\Delta t \to 0$ 时，也有 $\Delta x^i \to 0$. 于是

$$\lim_{\Delta t\to 0}\frac{o\left(\sqrt{\sum_{i=1}^{m}(\Delta x^i)^2}\right)}{\Delta t} = \lim_{\Delta t\to 0}\frac{o\left(\sqrt{\sum_{i=1}^{m}(\Delta x^i)^2}\right)}{\sqrt{\sum_{i=1}^{m}(\Delta x^i)^2}}\cdot \sqrt{\sum_{i=1}^{m}\left(\frac{\Delta x^i}{\Delta t}\right)^2} = 0$$

所以

$$\frac{\tilde{\mathrm{d}}z}{\tilde{\mathrm{d}}t} = \lim_{\Delta t\to 0}\frac{\Delta z}{\Delta t} = \sum_{i=1}^{m}\frac{\tilde{\partial} z}{\tilde{\partial} x^i}\cdot\frac{\tilde{\mathrm{d}}x^i}{\tilde{\mathrm{d}}t}$$

定义 4 设多元函数 $z=f(\boldsymbol{x})$，$\boldsymbol{x}=(x^1,x^2,\cdots,x^m)$ 对每个变量 $x^i(i=1,2,\cdots,m)$ 都有对称偏导数 $\frac{\tilde{\partial} f}{\tilde{\partial} x^j}$，那么此对称偏导数作为一个新函数 $\tilde{\partial}_i f(x^1,x^2,\cdots,x^m)$ 同样关于某个 $x^j(j=1,2,\cdots,m)$ 可以有对称偏导数 $\tilde{\partial}_j(\tilde{\partial}_i f)(\boldsymbol{x})$. 我们称 $\tilde{\partial}_j(\tilde{\partial}_i f)(\boldsymbol{x})$ 为多元函数 f 关于变量 x^i,x^j 的二阶对称偏导数，记作

$$\tilde{\partial}_{ji}f(\boldsymbol{x}) \text{或} \frac{\tilde{\partial}^2 f}{\tilde{\partial} x^j\,\tilde{\partial} x^i}(\boldsymbol{x})$$

根据以上二阶对称偏导数的定义，不妨假设已经定义 k 阶对称偏导数

$$\tilde{\partial}_{i_1 i_2\cdots i_k}f(\boldsymbol{x}) = \frac{\tilde{\partial}^k f}{\tilde{\partial} x^{i_1}\,\tilde{\partial} x^{i_2}\cdots\tilde{\partial} x^{i_k}}(\boldsymbol{x})$$

那么,运用数学归纳法得到 $k+1$ 阶对称偏导数

$$\tilde{\partial}_{ii_1i_2\cdots i_k}f(\boldsymbol{x})=\tilde{\partial}_i(\tilde{\partial}_{i_1i_2\cdots i_k}f)(\boldsymbol{x})$$

引理 2 若多元函数 $z=f(\boldsymbol{x}),\boldsymbol{x}=(x^1,x^2,\cdots,x^m)$ 关于 x^i,x^j 的二阶对称偏导数 $\tilde{\partial}_{ji}f(\boldsymbol{x})$ 和关于 x^j,x^i 的二阶对称偏导数 $\tilde{\partial}_{ij}f(\boldsymbol{x})$ 都在点 $\boldsymbol{x}_0=(x_0^1,x_0^2,\cdots,x_0^m)$ 连续,则 $\tilde{\partial}_{ji}f(\boldsymbol{x}_0)=\tilde{\partial}_{ij}f(\boldsymbol{x}_0)$.

引理 3 设一元函数 f 在 (a,b) 上有直到 $n-1$ 阶的连续对称导数,在 (a,b) 上存在 $f^{(n)}$, $x_0,x\in(a,b)$,则

$$f(x_0)+\frac{f^s(x_0)}{1!}(x-x_0)+\frac{f^s(x_0)}{2!}(x-x_0)^2+\cdots+$$
$$\frac{f^{(n-1)}(x_0)}{(n-1)!}(x-x_0)^{n-1}+\frac{f^{(n)}(x_2)}{n!}(x-x_0)^n$$
$$\leqslant f(x)\leqslant f(x_0)+\frac{f^s(x_0)}{1!}(x-x_0)+$$
$$\frac{f^{(2)}(x_0)}{2!}(x-x_0)^2+\cdots+$$
$$\frac{f^{(n-1)}(x_0)}{(n-1)!}(x-x_0)^{n-1}+\frac{f^{(n)}(x_1)}{n!}(x-x_0)^n$$

其中, $x_1,x_2\in(a,x_0)$, $f^{(n)}$ 表示 n 阶对称导数.

二、主要结果

定理 1 如果多元函数 $f(x)$ 在点 $\boldsymbol{x}=(x^1,x^2,\cdots,x^m)\in\mathbf{R}^m$ 的邻域 $U(\boldsymbol{x})\subset\mathbf{R}^m$ 上有定义,并且存在 n 阶连续的对称偏导数, $[\boldsymbol{x},\boldsymbol{x}+\boldsymbol{h}]\subset U(\boldsymbol{x})$,那么

$$\sum_{k=0}^{n-1}\frac{1}{k!}(h^1\tilde{\partial}_1+h^2\tilde{\partial}_2+\cdots+h^m\tilde{\partial}_m)^kf(\boldsymbol{x})+$$

$$\frac{1}{n!}(h^1\tilde{\partial}_1+h^2\tilde{\partial}_2+\cdots+h^m\tilde{\partial}_m)^n f(\boldsymbol{x}+\boldsymbol{h}_1)\leqslant$$

$$f(\boldsymbol{x}+\boldsymbol{h})\leqslant$$

$$\sum_{k=0}^{n-1}\frac{1}{k!}(h^1\tilde{\partial}_1+h^2\tilde{\partial}_2+\cdots+h^m\tilde{\partial}_m)^k f(\boldsymbol{x})+$$

$$\frac{1}{n!}(h^1\tilde{\partial}_1+h^2\tilde{\partial}_2+\cdots+h^m\tilde{\partial}_m)^n f(\boldsymbol{x}+\boldsymbol{h}_2) \qquad (1)$$

其中

$$f(\boldsymbol{x})=f(x^1,x^2,\cdots,x^m)$$

$$f(\boldsymbol{x}+\boldsymbol{h})=f(x^1+h^1,x^2+h^2,\cdots,x^m+h^m)$$

$$f(\boldsymbol{x}+\boldsymbol{h}_1)=f(x^1+h_1^1,x^2+h_1^2,\cdots,x^m+h_1^m)$$

$$f(\boldsymbol{x}+\boldsymbol{h}_2)=f(x^1+h_2^1,x^2+h_2^2,\cdots,x^m+h_2^m)$$

$$0<h_1^i,h_2^i<h^i \quad (i=1,2,\cdots,m)$$

证 对于辅助函数 $\varphi(t)=f(x+th)$，由已知条件知其定义在闭区间 $0\leqslant t\leqslant 1$ 上，并且存在 $n-1$ 阶连续的对称导数和 n 阶对称导数. 因此，由一元函数在对称导数下推广的泰勒公式（引理 3）可以得到

$$\sum_{k=0}^{n-1}\frac{\varphi^{(k)}(0)}{k!}t^k+\frac{\varphi^{(n)}(t_1)}{n!}t^n\leqslant\varphi(t)$$

$$\leqslant\sum_{k=0}^{n-1}\frac{\varphi^{(k)}(0)}{k!}t^k+\frac{\varphi^{(n)}(t_2)}{n!}t^n$$

其中，$t_1,t_2\in[0,1]$，$\varphi^{(k)}(t)$ 表示 k 阶对称导数. 于是，当 $t=1$ 时，有

$$\sum_{k=0}^{n-1}\frac{\varphi^{(k)}(0)}{k!}+\frac{\varphi^{(n)}(t_1)}{n!}\leqslant\varphi(1)\leqslant$$

$$\sum_{k=0}^{n-1}\frac{\varphi^{(k)}(0)}{k!}+\frac{\varphi^{(n)}(t_2)}{n!} \qquad (2)$$

$$\varphi(1)=f(x+h)=f(x^{1}+h^{1},x^{2}+h^{2},\cdots,x^{m}+h^{m})$$

$$\varphi(0)=f(x)=f(x^{1},x^{2},\cdots,x^{m})$$

再求 $\varphi^{s}(t),\varphi^{(2)}(t),\cdots,\varphi^{(k)}(t)$，即求复合函数 $f(x^{1}+th^{1},x^{2}+th^{2},\cdots,x^{m}+th^{m})$ 的高阶对称导数，由引理 1 及引理 2，有

$$\varphi^{s}(t)=(h^{1}\tilde{\partial}_{1}+h^{2}\tilde{\partial}_{2}+\cdots+h^{m}\tilde{\partial}_{m})f(\boldsymbol{x}+t\boldsymbol{h})$$

$$\begin{aligned}
&\varphi^{(2)}(t)\\
=&[\varphi^{s}(t)]^{s}\\
=&[(h^{1}\tilde{\partial}_{1}+h^{2}\tilde{\partial}_{2}+\cdots+h^{m}\tilde{\partial}_{m})f(\boldsymbol{x}+t\boldsymbol{h})]^{s}\\
=&h^{1}(h^{1}\tilde{\partial}_{1}+h^{2}\tilde{\partial}_{2}+\cdots+h^{m}\tilde{\partial}_{m})\tilde{\partial}_{1}f(\boldsymbol{x}+t\boldsymbol{h})+\\
&h^{2}(h^{1}\tilde{\partial}_{1}+h^{2}\tilde{\partial}_{2}+\cdots+h^{m}\tilde{\partial}_{m})\tilde{\partial}_{2}f(\boldsymbol{x}+t\boldsymbol{h})+\cdots+\\
&h^{m}(h^{1}\tilde{\partial}_{1}+h^{2}\tilde{\partial}_{2}+\cdots+h^{m}\tilde{\partial}_{m})\tilde{\partial}_{m}f(\boldsymbol{x}+t\boldsymbol{h})\\
=&h^{1}h^{1}\tilde{\partial}_{11}f(\boldsymbol{x}+t\boldsymbol{h})+\cdots+h^{1}h^{m}\tilde{\partial}_{1m}f(\boldsymbol{x}+t\boldsymbol{h})+\\
&h^{2}h^{1}\tilde{\partial}_{21}f(\boldsymbol{x}+t\boldsymbol{h})+\cdots+h^{2}h^{m}\tilde{\partial}_{2m}f(\boldsymbol{x}+t\boldsymbol{h})+\cdots+\\
&h^{m}h^{1}\tilde{\partial}_{m1}f(\boldsymbol{x}+t\boldsymbol{h})+\cdots+h^{m}h^{m}\tilde{\partial}_{mm}f(\boldsymbol{x}+t\boldsymbol{h})\\
=&(h^{1}\tilde{\partial}_{1}+h^{2}\tilde{\partial}_{2}+\cdots+h^{m}\tilde{\partial}_{m})^{2}f(\boldsymbol{x}+t\boldsymbol{h})
\end{aligned}$$

于是，由数学归纳法可得

$$\varphi^{(k)}(t)=(h^{1}\tilde{\partial}_{1}+h^{2}\tilde{\partial}_{2}+\cdots+h^{m}\tilde{\partial}_{m})^{k}f(\boldsymbol{x}+t\boldsymbol{h})$$

令 $t=0$，有

$$\varphi^{(k)}(0)=(h^{1}\tilde{\partial}_{1}+h^{2}\tilde{\partial}_{2}+\cdots+h^{m}\tilde{\partial}_{m})^{k}f(\boldsymbol{x})$$

将上述结果代入式(2)中，得

$$\sum_{k=0}^{n-1}\frac{1}{k!}(h^1\tilde{\partial}_1+h^2\tilde{\partial}_2+\cdots+h^m\tilde{\partial}_m)^k f(\boldsymbol{x})+$$
$$\frac{1}{n!}(h^1\tilde{\partial}_1+h^2\tilde{\partial}_2+\cdots+$$
$$h^m\tilde{\partial}_m)^n f(\boldsymbol{x}+\boldsymbol{h}_1)\leqslant f(\boldsymbol{x}+\boldsymbol{h})\leqslant$$
$$\sum_{k=0}^{n-1}\frac{1}{k!}(h^1\tilde{\partial}_1+h^2\tilde{\partial}_2+\cdots+h^m\tilde{\partial}_m)^k\cdot f(\boldsymbol{x})+$$
$$\frac{1}{n!}(h^1\tilde{\partial}_1+h^2\tilde{\partial}_2+\cdots+h^m\tilde{\partial}_m)^n f(\boldsymbol{x}+\boldsymbol{h}_2)$$

其中

$$f(\boldsymbol{x})=f(x^1,x^2,\cdots,x^m)$$
$$f(\boldsymbol{x}+\boldsymbol{h})=f(x^1+h^1,x^2+h^2,\cdots,x^m+h^m)$$
$$f(\boldsymbol{x}+\boldsymbol{h}_1)=f(x^1+h_1^1,x^2+h_1^2,\cdots,x^m+h_1^m)$$
$$f(\boldsymbol{x}+\boldsymbol{h}_2)=f(x^1+h_2^1,x^2+h_2^2,\cdots,x^m+h_2^m)$$
$$0<h_1^i,h_2^i<h^i\quad(i=1,2,\cdots,m)$$

定理 2　设多元函数 $z=f(x^1,x^2,\cdots,x^m)$ 在其定义域内某一点 $\boldsymbol{M}$ 处对称可微，则多元函数 f 在点 $\boldsymbol{M}$ 关于每个自变量的对称偏导数存在，即 $f^s_{x^j}(\boldsymbol{M})(j=1,2,\cdots,m)$ 存在.

定理 2 的证明由对称可微的定义（定义 3）易得.

定理 3　设多元函数 $z=f(x^1,x^2,\cdots,x^m)$ 的对称偏导数 $f^s_{x^j}(\boldsymbol{M})(j=1,2,\cdots,m)$ 在点 $\boldsymbol{M}$ 的某一领域 $U(\boldsymbol{M})\subset\mathbf{R}^m$ 内存在，且 $f^s_{x^j}(\boldsymbol{M})(j=1,2,\cdots,m)$ 在点 $\boldsymbol{M}$ 处它们都连续，则多元函数 $z=f(x^1,x^2,\cdots,x^m)$ 在该点对称可微.

证　设 $\boldsymbol{h}=(h^1,h^2,\cdots,h^m)$ 是 $\mathbf{R}^m$ 中任意方向的单

位向量,则

$$\lim_{t\to0^+}\frac{f(\boldsymbol{M}+t\boldsymbol{h})-f(\boldsymbol{M}-t\boldsymbol{h})}{2t}$$

$$=\lim_{t\to0^+}(f(x^1+th^1,x^2+th^2,\cdots,x^m+th^m)-f(x^1-th^1,x^2-th^2,\cdots,x^m-th^m))/2t$$

$$=\lim_{t\to0^+}[(f(x^1+th^1,x^2+th^2,\cdots,x^m+th^m)-f(x^1-th^1,x^2+th^2,\cdots,x^m+th^m))/2t+(f(x^1-th^1,x^2+th^2,\cdots,x^m+th^m)-f(x^1-th^1,x^2-th^2,\cdots,x^m+th^m))/2t+\cdots+(f(x^1-th^1,x^2-th^2,\cdots,x^m+th^m)-f(x^1-th^1,x^2-th^2,\cdots,x^m-th^m))/2t]$$

由 $f^s_{x^j}(M)(j=1,2,\cdots,m)$ 的存在性及连续性知上述极限存在,于是由对称可微的定义知函数在该点对称可微.

三、实例

例 1 讨论定义在空间 $\mathbf{R}^m$ 上的多元函数

$$f(x_0^1,x_0^2,\cdots,x_0^m)=|x_0^1+x_0^2+\cdots+x_0^m|$$

在点 $P_0(0,0,\cdots,0)$ 的偏导数与对称偏导数,在偏导数意义下的泰勒公式与在对称偏导数意义下的泰勒公式及其可微性与对称可微性.

解 事实上

$$\begin{aligned}f^s_{x^j}(0,0,\cdots,0)&=\lim_{h^j\to0}(f(0,0,\cdots,0,0+h^j,0,\cdots0,0)-f(0,0,\cdots,0,x_0^j-h^j,0,\cdots,0))/2h^j\\&=\lim_{h^j\to0}\frac{0}{2h^j}\\&=0\end{aligned}$$

即对称偏导数 $f^s_{x^j}(0,0,\cdots,0)(j=1,2,\cdots,m)$ 存在,而

$$\lim_{h^j\to 0}(f(0,0,\cdots,0,0+h^j,0,\cdots,0)-f(0,0,\cdots,0,0,0,\cdots,0))/h^j$$

$$=\lim_{h^j\to 0}\frac{|h^j|}{h^j}$$

$$=\begin{cases}\lim\limits_{h^j\to 0^+}\dfrac{|h^j|}{h^j}=\lim\limits_{h^j\to 0^+}\dfrac{h^j}{h^j}=1\\ \lim\limits_{h^j\to 0^-}\dfrac{|h^j|}{h^j}=\lim\limits_{h^j\to 0^+}\dfrac{-h^j}{h^j}=-1\end{cases}\quad(j=1,2,\cdots,m)$$

即偏导数$f'_{x^j}(0,0,\cdots,0)(j=1,2,\cdots,m)$不存在.根据定理1,我们不难发现例1中多元函数$f$在$P_0(0,0,\cdots,0)$能用对称偏导数意义下的泰勒公式展开,但由泰勒定理知,f在$P_0(0,0,\cdots,0)$不能用偏导数意义下的泰勒公式展开.再由定理3知,例1中多元函数f在点$P_0(0,0,\cdots,0)$是对称可微的,但由于其偏导数不存在,故多元函数f在点$P_0(0,0,\cdots,0)$不可微.

例1的结果表明,多元函数在某点偏导数不存在时,其对称偏导数可能存在;多元函数在某点不能用偏导数意义下的泰勒公式展开时,可能可以用对称偏导数意义下的泰勒公式展开;多元函数在某点不可微时,但有可能对称可微.

泰勒公式的推广[①]

第七十六章

泰勒公式是微积分学理论中最一般的情形,它建立了函数增量、自变量增量与各阶导数的关系,它可将一些复杂难以理解的函数近似地表示为简单易于理解的多项式函数. 掌握了泰勒公式可以对微分有更深刻的认识和理解. 泰勒公式在求函数极限、证明不等式、求近似值等方面有着很广的应用. 安顺学院数理学院的李俊、王艳丽两位教授 2014 年讨论了多元函数的泰勒公式,因为在后续学习和科研中多元函数泰勒公式有着广泛的应用.

1. 一元与二元函数泰勒公式

一元函数与二元函数泰勒公式在任意一本数学分析教科书中都能找到,此处

① 本章摘自《数学学习与研究》,2014 年,第 19 期.

略去证明过程.

定理1　设函数$f(x)$在含有x_0的某个邻域$[a,b]$内具有直到$n+1$阶的导数,则对$\forall x\in[a,b]$,有

$$f(x)=p_n(x)+R_{n+1}(x)$$
$$=\sum_{k=1}^{n}\frac{f^{(k)}(x_0)}{k!}(x-x_0)^k+R_{n+1}(x)$$
$$=f(x_0)+f'(x_0)(x-x_0)+\frac{f''(x_0)}{2!}(x-x_0)^2+\cdots+$$
$$\frac{f^{(n)}(x_0)}{n!}(x-x_0)^n+\frac{f^{(n+1)}(\xi)}{(n+1)!}(x-x_0)^n$$

其中ξ介于x与x_0之间.

定理2　若二元函数$f(x,y)$在点$P_0(x_0,y_0)$的某邻域$U(P_0)$内有直到$n+1$阶偏导数,则对$U(P_0)$内任意一点(x_0+h,y_0+k)有

$$f(x_0+h,y_0+k)$$
$$=f(x_0,y_0)+\left(h\frac{\partial}{\partial x}+k\frac{\partial}{\partial y}\right)f(x_0,y_0)+$$
$$\frac{1}{2!}\left(h\frac{\partial}{\partial x}+k\frac{\partial}{\partial y}\right)^2 f(x_0,y_0)+$$
$$\frac{1}{3!}\left(h\frac{\partial}{\partial x}+k\frac{\partial}{\partial y}\right)^3 f(x_0,y_0)+\cdots+$$
$$\frac{1}{n!}\left(h\frac{\partial}{\partial x}+k\frac{\partial}{\partial y}\right)^n f(x_0,y_0)+$$
$$\frac{1}{(n+1)!}\left(h\frac{\partial}{\partial x}+k\frac{\partial}{\partial y}\right)^{n+1}$$
$$f(x_0+\theta h,y_0+\theta k)$$
$$(0<\theta<1)$$

其中

$$\left(h\frac{\partial}{\partial x}+k\frac{\partial}{\partial y}\right)^m f(x_0,y_0)=\sum_{i=0}^{m}\mathrm{C}_m^i\frac{\partial^m}{\partial x^i\partial y^{m-i}}f(x_0,y_0)h^ik^{m-i}$$

2. 多元函数泰勒公式

定理 3 假设 $F:\mathbf{R}^n\to\mathbf{R}$ 在开凸集 S 内有直到 $k+1$ 阶偏导数，如果 $\boldsymbol{a}=(a_1,a_2,\cdots,a_n)\in S$ 且

$$\begin{aligned}\boldsymbol{x}&=\boldsymbol{a}+\boldsymbol{h}=(a_1,a_2,\cdots,a_n)+(h_1,h_2,\cdots,h_n)\\&=(a_1+h_1,a_2+h_2,\cdots,a_n+h_n)\in S\end{aligned}$$

则

$$\begin{aligned}F(\boldsymbol{x})&=F(\boldsymbol{a}+\boldsymbol{h})\\&=F(\boldsymbol{a})+\sum_{i=1}^{n}F_{x_i}(\boldsymbol{a})(x_i-a_i)+\\&\quad\frac{1}{2}\sum_{i,j=1}^{n}F_{x_ix_j}(\boldsymbol{a})(x_i-a_i)(x_j-a_j)+\cdots+\\&\quad\frac{1}{k!}\sum_{i_1\cdot i_2,\cdots,i_k=1}^{n}\cdot F_{x_{i_1}x_{i_2}\cdots x_{i_k}}(\boldsymbol{a})(x_{i_1}-a_{i_1})\cdot\\&\quad(x_{i_2}-a_{i_2})\cdots(x_{i_k}-a_{i_k})+R_{k+1}(x,a)\qquad(1)\end{aligned}$$

余项

$$\begin{aligned}R_{k+1}(\boldsymbol{x},\boldsymbol{a})=&\frac{1}{(k+1)!}\sum_{i_1,i_2,\cdots,i_{k+1}=1}^{n}F_{x_{i_1}x_{i_2}\cdots x_{i_k}}\cdot\\&(\boldsymbol{a}+\theta\boldsymbol{h})(x_{i_1}-a_{i_1})(x_{i_2}-a_{i_2})\cdot\cdots\cdot\\&(x_{i_{k+1}}-a_{i_{k+1}})\end{aligned}$$

这里 $0<\theta<1$.

证 令 $\boldsymbol{x}(t)=\boldsymbol{a}+t\boldsymbol{h}$. 构造函数

$$f(t)=F(\boldsymbol{x}(t))=F(\boldsymbol{a}+t\boldsymbol{h})$$

因为 F 有直到 $k+1$ 阶偏导数，所以 $F(\boldsymbol{x}(t))$ 对变量 t 有直到 $k+1$ 阶导数. 由定理 1，对函数 $f(t)$ 在 $t=0$ 点

处应用一元函数的泰勒公式,有

$$f(t)=f(0)+f'(0)t+\frac{f''(0)}{2!}t^2+\cdots+\frac{f^{(k)}(0)}{k!}t^n+\frac{f^{(k+1)}(\theta)}{(k+1)!}t^{n+1}\quad(0<\theta<1)$$

当 $t=1$ 时,有

$$f(1)=f(0)+f'(0)+\frac{f''(0)}{2!}+\cdots+\frac{f^{(k)}(0)}{k!}+\frac{f^{(k+1)}(\theta)}{(k+1)!}$$

显然,$f(0)=F(\boldsymbol{a})$,$f(1)=F(\boldsymbol{a}+\boldsymbol{h})=F(\boldsymbol{x})$,由复合函数求导法则

$$\begin{aligned}f'(t)&=\frac{\mathrm{d}}{\mathrm{d}t}F(\boldsymbol{x}(t))=\sum_{i=1}^{n}F_{x_i}(\boldsymbol{x}(t))\frac{\mathrm{d}x_i}{\mathrm{d}t}\\&=\sum_{i=1}^{n}F_{x_i}(\boldsymbol{x}(t))h_i\\&=\sum_{i=1}^{n}F_{x_i}(\boldsymbol{x}(t))(x_i-a_i)\end{aligned}$$

于是

$$f'(0)=\sum_{i=1}^{n}F_{x_i}(\boldsymbol{a})(x_i-a_i)$$

对 $f(t)$ 求二阶导数有

$$\begin{aligned}f''(t)&=\frac{\mathrm{d}}{\mathrm{d}t}\sum_{i=1}^{n}F_{x_i}(\boldsymbol{x}(t))h_i\\&=\sum_{i=1}^{n}\sum_{j=1}^{n}F_{x_ix_j}(\boldsymbol{x}(t))\frac{\mathrm{d}x_j}{\mathrm{d}t}h_i\\&=\sum_{i,j=1}^{n}F_{x_ix_j}(\boldsymbol{x}(t))h_jh_i\end{aligned}$$

于是

$$f''(0)=\sum_{i,j=1}^{n}F_{x_ix_j}(a)(x_i-a_i)(x_j-a_j)$$

这样重复下去，可得式(1)中左边前 $k+1$ 项都成立. 而对余项，因为

$$f^{(k+1)}(t)=\sum_{i_1,i_2,\cdots,i_{k+1}=1}^{n}F_{x_{i_1}x_{i_2}\cdots x_{i_k}}(x(t))h_{i_1}\cdots h_{i_{k+1}}$$

当 $t=\theta$ 时，$x(t)=a+\theta h$，于是有

$$f^{(k+1)}(\theta)=\sum_{i_1,i_2,\cdots,i_{k+1}=1}^{n}F_{x_{i_1}x_{i_2}\cdots x_{i_k}}(a+\theta h)\cdot (x_{i_1}-a_{i_1})(x_{i_2}-a_{i_2})\cdot\cdots\cdot (x_{i_{k+1}}-a_{i_{k+1}})$$

余项对应相等. 所以，式(1)成立. 证毕.

多元函数的泰勒公式比较复杂，如何使其具有比较熟知的一元函数泰勒公式的形式而便于记忆呢？这需要引入一些特殊的记法.

定义 1 一个由 n 重非负整数构成的组称为一个多重指数. 记为 $\boldsymbol{\alpha}=(\alpha_1,\alpha_2,\cdots,\alpha_n)$，其中 $\alpha_i\in\{0,1,2,\cdots\}$. 定义 $|\boldsymbol{\alpha}|=\alpha_1+\alpha_2+\cdots+\alpha_n$ 为 $\boldsymbol{\alpha}$ 的阶数，定义 $\boldsymbol{\alpha}!=\alpha_1!\ \alpha_2!\ \cdots\alpha_n!$ 为 $\boldsymbol{\alpha}$ 的阶乘. 对 $\boldsymbol{x}=(x_1,x_2,\cdots,x_n)\in\mathbf{R}^n$，定义 $\boldsymbol{x}$ 的 $\boldsymbol{\alpha}$ 次方为 $\boldsymbol{x}^\alpha=x_1^{\alpha_1}x_2^{\alpha_2}\cdots x_n^{\alpha_n}$. 对多元函数 F 的 $\boldsymbol{\alpha}$ 阶偏导数定义为

$$\partial^{\boldsymbol{\alpha}}F=\partial_1^{\alpha_1}\partial_2^{\alpha_2}\cdots\partial_n^{\alpha_n}=\frac{\partial^{|\boldsymbol{\alpha}|}}{\partial x_1^{\alpha_1}\partial x_2^{\alpha_2}\cdots\partial x_n^{\alpha_n}}$$

从上述定义可以看出，多重指数 $\boldsymbol{\alpha}$ 的阶数与 $\boldsymbol{x}^{\boldsymbol{\alpha}}$ 作为多项式的次数与 $\partial^{\boldsymbol{\alpha}}F$ 偏导数的阶数都相等. 在定理 2 二元函数的泰勒公式中，用到了 $(x_1+x_2)^k$ 的展开式，只不过这里次方都看成是偏导数的阶数. 下面要考虑 $(x_1+x_2+\cdots+x_n)^k$ 的形式.

引理1　对任意$\boldsymbol{x}=(x_1,x_2,\cdots,x_n)\in\mathbf{R}^n$和任意正整数$k$,则

$$(x_1+x_2+\cdots+x_n)^k=\sum_{|\boldsymbol{\alpha}|=k}\frac{k!}{\boldsymbol{\alpha}!}\boldsymbol{x}^{\boldsymbol{\alpha}}$$

证　(归纳法)当$k=2$时,由二项式定理展开

$$\begin{aligned}(x_1+x_2)^k&=\sum_{j=0}^{k}\frac{k!}{j!\ (k-j)!}x_1^j x_2^{k-j}\\&=\sum_{\alpha_1+\alpha_2=k}\frac{k!}{\alpha_1!\ \alpha_2}x_1^{\alpha_1}x_2^{\alpha_2}\\&=\sum_{|\boldsymbol{\alpha}|=k}\frac{k!}{\boldsymbol{\alpha}!}\boldsymbol{x}^{\boldsymbol{\alpha}}\end{aligned}$$

这里$\alpha_1=j,\alpha_2=k-j,\boldsymbol{x}=(x_1,x_2),\boldsymbol{\alpha}=(\alpha_1,\alpha_2)$,求和是对所有使得$|\boldsymbol{\alpha}|=k$的二重指数求和.假设对$n<N$成立,于是对$n=N-1$时,有

$$(x_1+x_2+\cdots+x_{N-1})^k=\sum_{|\boldsymbol{\beta}|=k}\frac{k!}{\boldsymbol{\beta}!}\tilde{\boldsymbol{x}}^{\boldsymbol{\alpha}}$$

这里$\tilde{\boldsymbol{x}}=(x_1,x_2,\cdots,x_{N-1})$,求和是对所有使得$|\boldsymbol{\beta}|=k$的$N-1$重指数求和,此时,考虑$(x_1+x_2+\cdots+x_{N-1}+x_N)^k$,由$k=2$时成立,得

$$\begin{aligned}(x_1+x_2+\cdots+x_{N-1}+x_N)^k&=((x_1+x_2+\cdots+x_{N-1})+x_N)^k\\&=\sum_{i+j=k}\frac{k!}{i!\ j!}(x_1+x_2+\cdots+\\&\quad x_{N-1})^i x_N^j\\&=\sum_{i+j=k}\frac{k!}{i!\ j!}\sum_{|\boldsymbol{\beta}|=i}\frac{i!}{\boldsymbol{\beta}!}\tilde{\boldsymbol{x}}^{\boldsymbol{\alpha}}x_N^j\end{aligned}$$

令$\boldsymbol{\alpha}=(x_1,x_2,\cdots,x_{N-1},j)$,显然$\boldsymbol{\alpha}!\ =\boldsymbol{\beta}!\ j!,\boldsymbol{x}^{\boldsymbol{\alpha}}=\tilde{\boldsymbol{x}}^{\boldsymbol{\alpha}}x_N^j$,这里$\boldsymbol{x}=(x_1,x_2,\cdots,x_{N-1},x_N)$.当$\boldsymbol{\beta}$取遍所有

$|\boldsymbol{\beta}|=k-j$ 的 $N-1$ 重指数且 j 取遍所有 0 到 k 的整数时 $\boldsymbol{\alpha}$ 取遍所有满足 $|\boldsymbol{\alpha}|=k$ 的 N 重指数,所以有

$$(x_1+x_2+\cdots+x_{N-1}+x_N)^k=\sum_{|\boldsymbol{\alpha}|=k}\frac{k!}{\boldsymbol{\alpha}!}\boldsymbol{x}^{\boldsymbol{\alpha}}$$

即 $n=N$ 时成立,原式得证.

结合多重指数的定义与多项之和的展开形式,下面给出形式比较简单的多元函数的泰勒公式.

定理 4 假设 $F:\mathbf{R}^n\to\mathbf{R}$ 在开凸集 S 内有直到 $k+1$ 阶偏导数,如果 $\boldsymbol{a}=(a_1,a_2,\cdots,a_n)\in S$ 且

$$\begin{aligned}\boldsymbol{x}&=\boldsymbol{a}+\boldsymbol{h}=(a_1,a_2,\cdots,a_n)+(h_1,h_2,\cdots,h_n)\\&=(a_1+h_1,a_2+h_2,\cdots,a_n+h_n)\in S\end{aligned}$$

则

$$F(\boldsymbol{x})=F(\boldsymbol{a}+\boldsymbol{h})=\sum_{|\boldsymbol{\alpha}|\leqslant k}\frac{\partial^{\boldsymbol{\alpha}}F(\boldsymbol{a})}{\boldsymbol{\alpha}!}\boldsymbol{h}^{\boldsymbol{\alpha}}+\boldsymbol{R}_{\boldsymbol{a},k+1}(\boldsymbol{h})$$

余项

$$R_{\boldsymbol{a},k+1}(\boldsymbol{h})=\sum_{|\boldsymbol{\alpha}|=k+1}\frac{\partial^{\boldsymbol{\alpha}}F(\boldsymbol{a}+\theta\boldsymbol{h})}{\boldsymbol{\alpha}!}\boldsymbol{h}^{\alpha}\quad(0<\theta<1)$$

证 令 $\boldsymbol{x}(t)=\boldsymbol{a}+t\boldsymbol{h}$. 构造函数

$$f(t)=F(\boldsymbol{x}(t))=F(\boldsymbol{a}+t\boldsymbol{h})$$

因为 F 有直到 $k+1$ 阶偏导数,所以 $F(\boldsymbol{x}(t))$ 对变量 t 有到 $k+1$ 阶导数,偏导数记为 ∇

$$f'(t)=\boldsymbol{h}\cdot\nabla(\boldsymbol{x}(t))=\boldsymbol{h}\cdot\nabla(\boldsymbol{a}+t\boldsymbol{h})$$

$$f_{(t)}^{(i)}=(\boldsymbol{h}\cdot\nabla)^j(\boldsymbol{x}(t))=(\boldsymbol{h}\cdot\nabla)^j(\boldsymbol{a}+t\boldsymbol{h})$$

其中

$$\boldsymbol{h}\cdot\nabla=h_1\frac{\partial}{\partial x_1}+h_2\frac{\partial}{\partial x_2}+\cdots+h_n\frac{\partial}{\partial x_n}$$

对函数 $f(t)$,由一元函数泰勒公式得

$$f(1)=\sum_{i=0}^{k}\frac{f^{(i)}(0)}{i!}1^{j}+\frac{f^{(k+1)}(\theta)}{(k+1)!}$$

于是有

$$F(\boldsymbol{x})=F(\boldsymbol{a})+\boldsymbol{h}=\sum_{i=0}^{k}\frac{(\boldsymbol{h}\cdot\nabla)^{(i)}F(\boldsymbol{a})}{i!}+R_{\boldsymbol{a},k+1}(\boldsymbol{h}) \tag{2}$$

由引理1

$$(\boldsymbol{h}\cdot\nabla)^{(i)}=\left(h_1\frac{\partial}{\partial x_1}+h_2\frac{\partial}{\partial x_2}+\cdots+h_n\frac{\partial}{\partial x_n}\right)^{(i)}$$

$$=\sum_{|\boldsymbol{\alpha}|=i}\frac{i!}{\boldsymbol{\alpha}!}\boldsymbol{h}^{\boldsymbol{\alpha}}\partial^{\boldsymbol{\alpha}}$$

这里次方都看成是导数的阶数,代入式(2)得

$$F(\boldsymbol{x})=F(\boldsymbol{a}+\boldsymbol{h})=\sum_{i=0}^{k}\sum_{|\boldsymbol{\alpha}|=i}\frac{i!}{\boldsymbol{\alpha}!}\frac{\partial^{\boldsymbol{\alpha}}F(\boldsymbol{a})}{i!}\boldsymbol{h}^{\boldsymbol{\alpha}}+R_{\boldsymbol{a},k+1}(\boldsymbol{h})$$

$$=\sum_{|\boldsymbol{\alpha}|\leqslant k}\frac{\partial^{\boldsymbol{\alpha}}F(\boldsymbol{a})}{\boldsymbol{\alpha}!}\boldsymbol{h}^{\boldsymbol{\alpha}}+R_{\boldsymbol{a},k+1}(\boldsymbol{h})$$

因为

$$(\boldsymbol{h}\cdot\nabla)^{(k+1)}=\sum_{|\boldsymbol{\alpha}|=k+1}\frac{(k+1)!}{\boldsymbol{\alpha}!}\boldsymbol{h}^{\boldsymbol{\alpha}}\partial^{\boldsymbol{\alpha}}$$

显然

$$R_{\boldsymbol{a},k+1}(\boldsymbol{h})=\sum_{|\boldsymbol{\alpha}|=k+1}\frac{\partial^{\boldsymbol{\alpha}}F(\boldsymbol{a}+\theta\boldsymbol{h})}{\boldsymbol{\alpha}!}\boldsymbol{h}^{\boldsymbol{\alpha}}\quad(0<\theta<1)$$

证毕.

下面通过一个具体例子进一步说明多元函数泰勒公式.

例1 求三元函数

$$f(x,y,z)=3+2x+x^2+y^2+2xyz+3y^2+x^3+z^4$$

在点(0,0,0)处二阶的泰勒公式.

解 由定理4

$$f(x)=\sum_{|\alpha|\leqslant k}\frac{\partial^{\alpha}f(\boldsymbol{a})}{\boldsymbol{\alpha}!}\boldsymbol{x}^{\alpha}+\boldsymbol{R}_{a,k+1}(\boldsymbol{x})$$

$$=f(\boldsymbol{a})+\sum_{j=1}^{3}\partial_j f(\boldsymbol{a})x_j+\frac{1}{2}\sum_{j=1}^{3}\partial_j^2 f(\boldsymbol{a})h_j^2+\sum_{1\leqslant j<k\leqslant 3}\partial_j\partial_k f(\boldsymbol{a})h_jh_k+\cdots$$

$$=f(0,0,0)+f_x(0,0,0)x++f_y(0,0,0)y+f_z(0,0,0)z+\frac{1}{2}(f_{xx}(0,0,0)x^2+f_{yy}(0,0,0)y^2+f_{zz}(0,0,0)z^2)+f_{xy}(0,0,0)xy+f_{yz}(0,0,0)yz+f_{zx}(0,0,0)zx+\cdots$$

$$=3+2x+0+0+\frac{1}{2}(2x^2+8y^2+0)+0+0+\cdots$$

$$=3+2x+x^2+4y^2+\cdots$$

第七十七章 牛顿 – 莱布尼兹公式与泰勒公式的拓展与应用①

上海师范大学数学研究所的韩茂安教授2015年探讨了牛顿–莱布尼兹公式和泰勒公式对含参数函数的拓展形式，并用来研究含参数函数的零点的个数和微分方程周期解的个数的判定问题.

一、基本定理

众所周知，牛顿–莱布尼兹公式是说，如果 $F:[a,b]\to\mathbf{R}$ 具有连续导数，则成立

$$\int_a^b F'(x)\mathrm{d}x=F(b)-F(a)$$

这一公式被誉为微积分学基本定理. 如

① 本章摘自《大学数学》,2015年,第31卷,第5期.

果设 $x=a+t(b-a)$，则上式成为

$$F(b)-F(a)=(b-a)\int_0^1 F'(a+t(b-a))\mathrm{d}t \quad (1)$$

现在我们对高阶可微函数应用式(1). 设 U 为 $x=0$ 的一邻域，一元函数 F 在 U 上有直到 r 阶的连续导数，$r\geqslant 1$，记为 $F\in C^r(U)$. 利用式(1)，可将函数 F 写为

$$F(x)=F(0)+xF_0(x) \quad (2)$$

其中

$$F_0(x)=\int_0^1 F'(tx)\mathrm{d}t \quad (x\in U)$$

令 $g(t,x)=F'(tx)$，则易见 g 为定义在 $[0,1]\times U$ 上的 C^{r-1} 类二元函数，利用数学分析中含参数积分的性质可知，积分 $\int_0^1 g(t,x)\mathrm{d}t$ 作为 x 的函数在区域 U 上是 C^{r-1} 类. 事实上，需要多次利用数学分析教材中的含参量积分的可微性定理才得到这一结论. 于是成立下面的引理.

引理 1 设 U 为 $x=0$ 的邻域，$F\in C^r(U)$，$r\geqslant 1$，则式(2)成立，其中

$$F_0\in C^{r-1}(U),F_0(0)=F'(0)$$

现设 m 为一自然数，$m\geqslant 0$，并设 $F\in C^{m+1}(U)$，则由带积分形式余项的泰勒公式可知

$$F(x)=\sum_{k=0}^{m}\frac{1}{k!}F^{(k)}(0)x^k+R_m(x) \quad (x\in U)$$

其中

$$R_m(x)=\frac{1}{m!}\int_0^x F^{(m+1)}(t)(x-t)^m\mathrm{d}t$$

同上,令 $t=sx$,可得 $R_m(x)=x^{m+1}\overline{R}(x)$,且

$$\overline{R}(x)=\frac{1}{m!}\int_0^1 F^{(m+1)}(tx)(1-t)^m\mathrm{d}t \qquad (3)$$

利用表达式(3),由含参量积分的连续性定理可知$\overline{R}\in C^0(U)$,且

$$\overline{R}(0)=\frac{1}{(m+1)!}F^{(m+1)}(0)$$

于是,证明了下述引理.

引理 2 设 U 为 $x=0$ 的邻域,$F\in C^{m+1}(U)$,$m\geqslant 0$,则有

$$F(x)=\sum_{k=0}^{m}\frac{1}{k!}F^k(0)x^k+x^{m+1}\overline{R}(x)$$

$$(\overline{R}\in C^0(U),x\in U)$$

且

$$\overline{R}(0)=\frac{1}{(m+1)!}F^{(m+1)}(0)$$

现在,把上述两个引理的结论拓展到多元函数.设有多元函数 $F(x,y)$,$x\in U$,$y\in D$,U 为 $x=0$ 的邻域,$D\subset\mathbf{R}^n$,$n\geqslant 1$.如果 $F\in C^r(U\times D)$,则 F 对应用引理 1 可得

$$F(x,y)=F(0,y)+xF_0(x,y) \qquad (4)$$

其中

$$F_0(x,y)=\int_0^1\frac{\partial F}{\partial x}(tx,y)\mathrm{d}t$$

与引理 1 类似,利用含参量积分的可微性知 $F_0\in C^{r-1}(U\times D)$.事实上,这里需要先建立含向量参数的积分之可微性定理,然后再多次利用这一定理得到这

一结论. 于是,证得下述定理.

定理1 设 $F\in C^r(U\times D)$,其中 U 为 $x=0$ 的邻域,$D\subset\mathbf{R}^n$,$n\geqslant 1$,则式(4)成立,其中

$$F_0\in C^{r-1}(U\times D),F_0(0,y)=\frac{\partial F}{\partial x}(0,y)$$

同理,利用引理2以及含参量积分的连续性定理知成立下述定理.

定理2 设 $F\in C^{m+1}(U\times D)$,U 为 $x=0$ 的邻域,$D\subset\mathbf{R}^n$,$n\geqslant 1$,$m\geqslant 0$,则有

$$F(x,y)=\sum_{k=0}^{m}\frac{1}{k!}\frac{\partial^k F}{\partial x^k}(0,y)x^k+x^{m+1}\overline{R}(x,y)$$

$$(\overline{R}\in C^0(U\times D))$$

且

$$\overline{R}(0,y)=\frac{1}{(m+1)!}\frac{\partial^{m+1}F}{\partial x^{m+1}}(0,y)$$

由上述论证易见,如果函数 F 是无穷次可微的,则上述定理对任意的 $m\geqslant 0$ 都成立,而且其中的函数 $\overline{R}(x,y)$ 也是无穷次可微的. 此外,定理2的结论尚未在其他文献中看到,尽管其证明不难,其结论也很容易理解和接受.

二、含参数函数根的个数

对正数 $\varepsilon>0$,令 $U=(-\varepsilon,\varepsilon)$,$D=\{\lambda\in\mathbf{R}^n\mid|\lambda-\lambda_0|<\varepsilon\}$,$\lambda_0\in\mathbf{R}^n$. 考虑定义于 $U\times D$ 上的函数 $F(x,\lambda)$. 主要结果如下.

定理3 设存在自然数 $m\geqslant 0$,使 $F\in C^{m+1}(U\times D)$,那么成立:

(1)如果

$$\frac{\partial^{m+1}F}{\partial x^{m+1}}(0,\lambda_0)\neq 0,\frac{\partial^{j}F}{\partial x^{j}}(0,\lambda_0)=0$$

$$(j=0,\cdots,m)$$

则存在 $\varepsilon_0\in(0,\varepsilon)$,使当 $|\lambda-\lambda_0|<\varepsilon_0$ 时,F 关于 x 在区间 $(-\varepsilon_0,\varepsilon_0)$ 上至多有 $m+1$ 个根.

(2)如果进一步设

$$\operatorname{rank}\frac{\partial(a_0,a_1,\cdots,a_m)}{\partial(\lambda_1,\lambda_2,\cdots,\lambda_n)}\bigg|_{\lambda=\lambda_0}=m+1$$

其中

$$a_k=\frac{1}{k!}\frac{\partial^k F}{\partial x^k}(0,\lambda)\quad(k=0,\cdots,m)$$

则对任意 $\delta\in(0,\varepsilon_0)$,都存在 λ 满足 $|\lambda-\lambda_0|<\varepsilon_0$,使函数 $F(x,\lambda)$ 关于 x 在区间 $(-\delta,\delta)$ 内出现 $m+1$ 个根,且均为单根. 此外,这 $m+1$ 个根可以全部是正根.

证 在研究平面系统 Hopf 分支中极限环的个数问题时需要用到上述两个结论(却并没有将它们专门写成定理的形式). 但以往都是对 C^∞ 函数来论述的(因为所讨论的平面系统都假定是 C^∞ 光滑的),上述结论则不要求 C^∞ 光滑,这一点与以往不同. 而对 C^∞ 光滑的情况,结论(1)可用反证法和罗尔定理来证,对结论(2),先用一次隐函数定理,然后有两种证法:一是逐次改变系数的符号使函数值不断变号,每变号一次就出现一个根;二是引入合适的参变量尺度变换,而后利用多项式和连续函数的性质,一下子获得 $m+1$ 个根. 这里我们提供一种新的证法,即用数学归纳法来证明.

首先证结论(1). 当 $m=0$ 时,由隐函数定理即知

结论成立. 假设已证结论对 $m=k-1$ 成立,现设结论(1)中条件对 $m=k$ 成立,欲证此时其结论也成立. 为此,用反证法. 如果其结论不成立,则存在当 $l\to\infty$ 时趋于零的点列 $\{\lambda_l-\lambda_0\}$ 与 $\{x_{jl}\}$,$j=1,2,\cdots,k+2$,使 $F(x,\lambda_l)$ 关于 x 有 $k+2$ 个根 $x_{1l}<x_{2l}<\cdots<x_{k+2,l}$,于是由罗尔定理易知 $\frac{\partial F}{\partial x}(x,\lambda_l)$ 关于 x 是 $k+1$ 个根 $\tilde{x}_{jl}\in(x_{jl},x_{j+l})$,$j=1,2,\cdots,k+1$. 另一方面,对函数 $\frac{\partial F}{\partial x}(x,\lambda)$ 应用归纳假设可知,存在 $\varepsilon>0$,使对 $|\lambda-\lambda_0|<\varepsilon$ 与 $|x|<\varepsilon$,$\frac{\partial F}{\partial x}$ 关于 x 至多有 k 个根,这是一个矛盾. 故结论(1)对 $m=k$ 成立. 即为所证.

再证结论(2). 利用定理 2 可知成立

$$F(x,\lambda)=\sum_{j=0}^{m}a_jx^j+x^{m+1}\overline{R}(x,\lambda)$$

$$(\overline{R}\in C^0(U\times D))\tag{5}$$

且

$$\overline{R}(0,\lambda)=\frac{1}{(m+1)!}\frac{\partial^{m+1}F}{\partial x^{m+1}}(0,\lambda)$$

由隐函数定理知道,结论(2)中的条件意味着式(5)中的系数 a_j 可取为自由参数. 因此,现设这 $m+1$ 个系数均为自由参数,并用归纳法来完成证明. 当 $m=0$ 时,式(5)成为

$$F(x,\lambda)=a_0+x\overline{R}(x,\lambda)\quad(\overline{R}\in C^0(U\times D))$$

且

$$\bar{R}(0,\lambda)=\frac{\partial F}{\partial x}(0,\lambda)$$

由于$\frac{\partial F}{\partial x}(0,\lambda_0)\neq 0$,且$\bar{R}$连续,则对一切充分小的$|x|$与$|\lambda-\lambda_0|$有

$$\frac{\partial F}{\partial x}(0,\lambda)>0$$

不妨设它为正,则存在$x_0>0$,使当$a_0=0$时

$$F(x_0,\lambda)>0$$

当$|x|\leqslant|x_0|$时

$$\frac{\partial F}{\partial x}(x,\lambda)>0$$

从而当$0<-a_0\ll 1$时

$$F(x_0,\lambda)>0,F(0,\lambda)=a_0<0$$

由F的连续性,对这样的a_0,必存在$\tilde{x}\in(0,\lambda)$使

$$F(\tilde{x},\lambda)=0,\frac{\partial F}{\partial x}(\tilde{x},\lambda)>0$$

即F有一个正的单根.

设已证结论对$m=k-1$成立,现设$m=k$,此时由(5)知

$$F(x,\lambda)=a_0+x\tilde{F}(x,\lambda)$$

$$\tilde{F}(x,\lambda)=\sum_{j=1}^{k}a_jx^{j-1}+x^k\bar{R}(x,\lambda)$$

对$\tilde{F}$利用归纳假设知,存在$a_1,\cdots,a_k$使$\tilde{F}$有k个正的单根,其最小者记为x_1. 注意到$F=0$等价于$\tilde{F}=-a_0/x$. 易见,存在$\varepsilon>0$,使当$|a_0|<\varepsilon_0$时平面曲线$y=\tilde{F}$与

$y=-a_0/x$ 在 $x>x_1/2$ 上必有 k 个简单交点,这些点的横坐标就是 F 的单根. 又因为 $\tilde{F}(0,\lambda)=a_1\neq 0$,于是当 $0<|a_0|\ll|a_1|$,且 $a_0a_1<0$ 时,F 在区间 $(0,x_1/2)$ 还有一个单根,于是,结论对 $m=k$ 成立,从而,定理得证.

作为一个简单应用,由上述定理可知,C^3 函数

$$F(x,\lambda)=\lambda_1+\lambda_2(x)+\lambda_3\cos x+\sin x+x^{10/3}$$

对 $\lambda_0=(0,-1,0)$ 附近的某些 $\lambda=(\lambda_1,\lambda_2,\lambda_3)$ 恰有 3 个正根.

三、一维周期系统周期解的分支

下面利用定理 1 与定理 3 讨论一维周期系统周期解的个数和分支. 首先引入几个基本概念. 考虑一维微分系统

$$\dot{x}=f(t,x) \tag{6}$$

其中函数 f 对一切 (t,x) 有定义,且 $f\in C^r$,$r\geqslant 1$. 如果存在常数 $T>0$,使得 f 关于 T 为周期的,则称微分方程 (6) 为 $T-$周期系统,简称为周期系统. 用 $x(t,x_0)$ 表示该系统满足 $x(0,x_0)=x_0$ 的解,则由微分方程基本理论和这个解关于初值 x_0 是 C^r. 解 $x(t,x_0)$ 关于 t 的定义区间可能是有限的,但在研究周期解的时候,总假设它对一切 t 都有定义,在这个假设下,引入映射 $P(x_0)=x(T,x_0)$,称其为系统(6)的 Poincaré 映射. 由解的存在唯一定理知解 $x(t,x_0)$ 关于 t 是周期的当且仅当其初值 x_0 是映射 P 的不动点,即 $P(x_0)=x_0$. 现设 P 有不动点 x_0^*,如果 $P'(x_0^*)\neq 1$,则称 $x(t,x_0^*)$ 是一双曲周期解或单重周期解,如果 $P'(x_0^*)=1$,且存在正整数 $2\leqslant k\leqslant r$,使

$$P(x_0)-x_0=p_k(x_0-x_0^*)^k+o(|x_0-x_0^*|^k),p_k\neq 0$$

则称 $x(l,x_0^*)$ 是 k 重周期解. 一般说来,周期解的重数是不易确定的,但在某些特殊情况下则是易知的,例如,可证下述引理.

引理 3 设存在 $1\leqslant k\leqslant r$,使当 $|x|$ 充分小时 T 周期系统(6)中的 f 满足

$$f(t,x)=a(t)x^k+o(|x|^k)$$

$$a_0=\int_0^T a(t)\mathrm{d}t\neq 0$$

则

$$P(x_0)-x_0=\begin{cases}(\mathrm{e}^{a_0}-1)x_0+o(x_0),k=1\\ a_0x_0^k+o(|x_0|^k),k\geqslant 2\end{cases}$$

从而零解 $x=0$ 为系统(6)的 k 重周期解.

证 由于解 $x(t,x_0)$ 关于初值 x_0 是 C^r,故对充分小的 $|x_0|$,它可写成

$$x(t,x_0)=\sum_{j=1}^{k}x_j(t)x_0^j+o(x_0^k)$$

其中 $x_1(0)=1,x_j(0)=0,j\geqslant 1$. 将上式代入系统(6)中,利用所设条件,易求得

$$x(t,x_0)=\begin{cases}\exp\left(\int_0^t a(t)\mathrm{d}t\right)x_0+o(x_0),k=1\\ x_0+\left(\int_0^t a(t)\mathrm{d}t\right)x_0^k+o(|x_0|^k),k\geqslant 2\end{cases}$$

由此即知结论成立.

下面给出方程(6)存在周期解族的条件.

引理 4 如果 T 周期系统(6)中的 f 满足

$$f(-t,x)=-f(t,x) \tag{7}$$

则其任一有界都是周期解. 特别,如果式(7)成立,且存在正数 $M>0$ 使对一切 (t,x) 都有

$$|f(t,x)|\leqslant M(1+|x|) \tag{8}$$

则系统(6)的一切解都是周期解.

证 如前,设 $x(t,x_0)$ 为系统(6)以 x_0 为初值的解,则由所设条件(7)知,$\tilde{x}(t)=x(-t,x_0)$ 也是系统(6)以 x_0 为初值的解,于是由解的唯一性知 $x(t,x_0)=x(-t,x_0)$. 如果这个解有界,则它对一切 t 有定义,特别有

$$x(T/2,x_0)=x(-T/2,x_0)$$

由解的唯一性又知

$$x(t+T,x_0)=x(t,x(T,x_0))$$

因此又有

$$x(T/2,x_0)=x(-T/2,x(T,x_0))$$

从而成立

$$x(-T/2,x_0)=x(-T/2,x(T,x_0))$$

于是必有

$$x_0=x(T,x_0)=P(x_0)$$

(因为对任意 t,$x(t,x_0)$ 关于 x_0 都是严格增加的.). 从而,这个解是周期的. 引理的后半部分利用常微分方程比较定理即得,因为任一周期线性方程的解都是有界的.

现考虑系统(6)的 T 周期扰动系统

$$\dot{x}=f(t,x)+f_1(t,x,\boldsymbol{\lambda})\quad(\boldsymbol{\lambda}\in\mathbf{R}^n,n\geqslant 1) \tag{9}$$

其中 f 与 f_1 关于 t 都是 T 周期的,都是 C^r 函数,且 $f_1(t,x,0)=0$. 系统(9)的 Poincaré 映射记为 $P(x_0,\boldsymbol{\lambda})$,令

$$F(x_0,\boldsymbol{\lambda})=P(x_0,\boldsymbol{\lambda})-x_0$$

称函数 F 为式(8)的后续函数或分支函数. 显然,分支函数关于 x_0 的根与式(9)的周期解是一一对应的,此外,由微分方程解对初值与参数的光滑性定理知,映射 P 与函数 F 都是 C^r 的. 可证下面的定理.

定理 4 设存在 $1\leqslant k\leqslant r$ 使得 $x=0$ 是系统(6)的 k 重周期解,则存在 $\varepsilon>0$,使得对一切 $|\boldsymbol{\lambda}|<\varepsilon$ 方程(9)在区域 $|\boldsymbol{x}|<\varepsilon$ 至多有 k 个周期解.

证 由假设知

$$F(x_0,0)=p_k x_0^k+o(x_0^k),p_k\neq 0$$

由此,利用定理 3 的结论(1)即得证明.

在具体应用中,可以利用定理 3 的结论(2)证明,C^k 系统的 k 重周期解在适当的 C^k 扰动下能够产生 k 个周期解,这里不再给出.

值得注意的是,定理 4 对系统的光滑性的要求已经降到最低. 为说明这一点,取 $k=r=1$,利用隐函数定理易见,C^1 系统的单重周期解在 C^1 扰动下只产生一个周期解. 然而,如果扰动不是 C^1 的,这一结论就不成立了. 例如

$$\dot{x}=x+\lambda_0+\lambda_1 x^{1/3}+\lambda_2 x^{2/3}$$

在 $x=0$ 的任意小邻域内都可以出现 3 个周期解.

下面考虑周期解族的扰动. 考虑 T 周期扰动系统

$$\dot{x}=f(t,x)+\varepsilon f_1(t,x,\lambda)\quad(\boldsymbol{\lambda}\in\mathbf{R}^n,n\geqslant 1)\quad(10)$$

其中 f 与 f_1 关于 t 都是 T 周期的,都是 C^r 函数,且 f 满足式(7)与(8),系统(10)的 Poincaré 映射记为 $P(x_0,\varepsilon,\boldsymbol{\lambda})$,后继函数为

$$F(x_0,\varepsilon,\boldsymbol{\lambda})=P(x_0,\varepsilon,\boldsymbol{\lambda})-x_0$$

由引理 4 知,$F(x_0,0,\boldsymbol{\lambda})=0$,由微分方程解对初值与参数的光滑依赖性定理知函数 F 关于$(x_0,\varepsilon,\boldsymbol{\lambda})$为 C^r 的,故由定理 1 可得下面定理.

定理 5 设 C^r 方程(10)满足式(7)(8),$r\geqslant1$,则

$$F(x_0,\varepsilon,\boldsymbol{\lambda})=\varepsilon\overline{F}(x_0,\varepsilon,\boldsymbol{\lambda})\quad(\overline{F}\in C^{r-1})$$

上述定理之结论好像是很显然的,但如果不利用定理 1 就难以给出其成立的理由. 对平面系统闭轨族的扰动分支,可给出类似的结果,此地不再详论.

我们来考虑一类较具体的方程,即

$$\dot{x}=\sin t+\varepsilon\Big[\sum_{j=0}^{k-1}b_ja_j(t)x^j+a_k(t)x^k+\varepsilon f_0(t,x)\Big]\tag{11}$$

其中 $a_j(t)$ 为 C^{k+1} 类 2π 周期函数, $j=0,1,\cdots,k$, $f_0(t,x)$ 为关于 t 为 2π 周期的 C^{k+1} 类函数. 记 $\boldsymbol{b}=(b_0,\cdots,b_{k-1})$,设 $x(t,x_0,\varepsilon,\boldsymbol{b})$ 为方程(11)的以 x_0 为初值的解,则易知

$$x(t,x_0,\varepsilon,\boldsymbol{b})=1-\cos t+x_0+\varepsilon x_1(t,x_0,\boldsymbol{b})+O(\varepsilon^2)$$

其中

$$x_1(t,x_0,\boldsymbol{b})=\sum_{j=0}^{k}b_j\int_0^t a_j(t)[1-\cos t+x_0]^j\mathrm{d}t$$

$$b_k=1$$

经整理,易知成立

$$x_1(t,x_0,\boldsymbol{b})=\sum_{j=0}^{k}\int_0^t\varphi_j(t,\boldsymbol{b})x_0^j\mathrm{d}t$$

其中

$$\varphi_0 = \sum_{j=0}^{k} b_j a_j(t)[1-\cos t]^j$$

$$\varphi_1 = \sum_{j=1}^{k} j b_j a_j(t)[1-\cos t]^{j-1}$$

$$\vdots$$

$$\varphi_{k-1} = b_{k-1}a_{k-1}(t) + k b_k a_k(t)[1-\cos t]$$

$$\varphi_k = b_k a_k(t)$$

令 $\lambda_j = \int_0^{2\pi} \varphi_j(t,\boldsymbol{b})\mathrm{d}t$,则有

$$\begin{aligned} x(2\pi, x_0, \varepsilon, \boldsymbol{b}) - x_0 &= \varepsilon \sum_{j=0}^{k} \lambda_j x_0^j + O(\varepsilon^2) \\ &= \varepsilon F_1(x_0, \varepsilon, \lambda) \end{aligned}$$

现在假设

$$\int_0^{2\pi} a_j(t)\mathrm{d}t \neq 0 \quad (j=1,\cdots,k) \tag{12}$$

则有 $\lambda_k \neq 0$,以及

$$\det \frac{\partial(\lambda_0,\lambda_1,\cdots,\lambda_{k-1})}{\partial(b_0,b_1,\cdots,b_{k-1})} \neq 0$$

则由上述讨论,利用定理 5 和定理 3 可知在条件(2)下,存在向量 $\boldsymbol{b}\in\mathbf{R}^k$ 使当 ε 充分小时方程(11)恰有 k 个 2π 周期解.

积分型余项的泰勒公式与分数阶导数[①]

第七十八章

泰勒公式用多项式函数来近似其他复杂函数. 由于多项式仅仅涉及加减和乘法,因此泰勒公式是设计各种数值方法及进行误差分析的重要工具. 在高等数学教学中,只介绍泰勒公式的皮亚诺型余项和拉格朗日型余项,它们从定性和定理的角度分别给出了用多项式近似复杂函数的误差,除此以外,泰勒公式的余项还可以表示为积分形式.

分数阶微积分是一种拟微分算子,往往同时包含微分和积分运算. 由于它具有遗传(时间分数阶)和非局部(空间

① 本章摘自《高等数学研究》,2017 年,第 20 卷,第 1 期.

分数阶)特性,因此可以对自然界各种反常扩散现象进行模拟,目前应用领域主要有黏弹性力学、流变学、分数控制系统及分数阶图像处理等.

西北工业大学理学院的袁占斌、王俊刚、聂玉峰、孙浩四位教授2017年给出积分型泰勒公式及其证明,并依据该泰勒公式给出分数阶导数最常用的两种定义及它们之间的关系.

一、高阶积分公式

对于函数$f(x)$,假设其某个原函数为$F_1(x)$,则它们之间满足

$$\frac{\mathrm{d}}{\mathrm{d}x}F_1(x)=f(x)$$

$$\int_{x_0}^{x} f(x)\,\mathrm{d}x=F_1(x)+c \tag{1}$$

这里c表示任意常数,上式可以看出积分和微分运算互为逆运算(相差一个任意常数). 引入积分算子I,即$(If)(x)=\int_{x_0}^{x} f(t)\,\mathrm{d}t$,由于有

$$\begin{aligned}\frac{\mathrm{d}}{\mathrm{d}x}[(If)(x)]&=\frac{\mathrm{d}}{\mathrm{d}x}\int_{x_0}^{x} f(t)\,\mathrm{d}t\\&=f(x)\\&=I^{-1}If(x)\end{aligned} \tag{2}$$

将微分运算视为积分运算的逆算子,即$\frac{\mathrm{d}}{\mathrm{d}x}:=I^{-1}$,并将各阶积分标注在数轴上,就得到如图1所示的整数阶微积分示意图,其中数字表示所求积分的阶数.

$$
\begin{array}{ccccccc}
-3 & -2 & -1 & 0 & 1 & 2 & 3 \\
I^{-3} & I^{-2} & I^{-1} & I^{0} & I & I^{2} & I^{3}
\end{array}
$$

各阶导数　　各阶积分

图 1　整数阶导数和积分示意图

若对 $F_1(x)$进行再一次积分

$$
\begin{aligned}
F_2(x) = (I^2 f)(x) &= \int_{x_0}^{x} F_1(x)\,\mathrm{d}s \\
&= \int_{x_0}^{x} \left(\int_{x_0}^{s} f(t)\,\mathrm{d}t \right) \mathrm{d}s \qquad (3)
\end{aligned}
$$

对上式交换积分次序,可得

$$
\begin{aligned}
F_2(x) &= \int_{x_0}^{x} \left(\int_{x_0}^{s} f(t)\,\mathrm{d}t \right) \mathrm{d}s \\
&= \int_{x_0}^{x} \left(\int_{s}^{x} f(s)\,\mathrm{d}t \right) \mathrm{d}s \\
&= \int_{x_0}^{x} (x-s) f(s)\,\mathrm{d}s
\end{aligned}
$$

类似的,可得

$$
F_3(x) = (I^3 f)(x) = \frac{1}{2!} \int_{x_0}^{x} (x-s)^2 f(s)\,\mathrm{d}s
$$

可以猜想高阶积分公式为

$$
F_n(x) = (I^n f)(x) = \frac{1}{(n-1)!} \int_{x_0}^{x} (x-s)^{n-1} f(s)\,\mathrm{d}s
$$

事实上,我们可以严格证明该公式是成立的,故给出下面的定理.

定理 1　当 $f(x) \in C[x_0, +\infty)$,则对 $\forall n \in \mathbf{N}$ 有

$$
(I^n f)(x) = \frac{1}{(n-1)!} \int_{x_0}^{x} (x-s)^{n-1} f(s)\,\mathrm{d}s \qquad (4)
$$

证 当 $n=1$ 时,式(4)显然成立.

假设 $n=k$ 时,该式成立,则当 $n=k+1$ 时

$$\begin{aligned}(I^{k+1}f)(x) &= \int_{x_0}^{x}(I^kf)(s)\mathrm{d}s\\ &=\frac{1}{(k-1)!}\int_{x_0}^{x}\int_{x_0}^{t}(t-s)^{k-1}f(s)\mathrm{d}s\mathrm{d}t\\ &=\frac{1}{(k-1)!}\int_{x_0}^{x}\int_{s}^{x}(t-s)^{k-1}f(s)\mathrm{d}t\mathrm{d}s\\ &=\frac{1}{(k-1)!}\int_{x_0}^{x}\int_{s}^{x}f(s)\mathrm{d}\frac{(t-s)^k}{k}\mathrm{d}s\\ &=\frac{1}{k!}\int_{x_0}^{x}[f(s)-(t-s)^k|_s^x]\mathrm{d}s\\ &=\frac{1}{k!}\int_{x_0}^{x}(x-s)^kf(s)\mathrm{d}s\end{aligned}$$

证明完毕.

二、积分型余项泰勒公式

经典的泰勒公式为

$$f(x)=f(x_0)+f'(x_0)(x-x_0)+\cdots+\frac{f^{(n)}(x_0)(x-x_0)^n}{n!}+R_n(x) \tag{5}$$

具体的,当 $n=0$ 时,$f(x)=f(x_0)+R_0(x)$,由牛顿-莱布尼兹公式可知

$$\begin{aligned}R_0(x)=f(x)-f(x_0) &= \int_{x_0}^{x}f'(t)\mathrm{d}t\\ &=(If')(x)\end{aligned}$$

进一步,当 $n=1$ 时

$$\begin{aligned}R_1(x) &= f(x)-[f(x_0)+f'(x_0)(x-x_0)]\\ &=\int_{x_0}^{x}f'(t)\mathrm{d}t-\int_{x_0}^{x}f'(x_0)\mathrm{d}t\end{aligned}$$

$$= \int_{x_0}^{x} \int_{x_0}^{t} f''(s)\,\mathrm{d}s\mathrm{d}t$$
$$= (I^2 f'')(x)$$

可以猜想当 $n=k$ 时,积分型的泰勒公式余项为

$$R_k(x) = (I^{k+1} f^{(k+1)})(x)$$
$$= \frac{1}{k!} \int_{x_0}^{x} (x-t)^k f^{(k+1)}(t)\,\mathrm{d}t$$

事实上,我们可以严格证明该余项是成立的,故给出下面的定理.

定理 2 当函数 $f(x)$ 有连续的 $n+1$ 阶导数,则对 $\forall n \in \mathbf{N}$ 有

$$f(x) = f(x_0) + f'(x_0)(x-x_0) + \cdots + \frac{f^{(n)}(x_0)(x-x_0)^n}{n!} + \frac{1}{n!}\int_{x_0}^{x} (x-t)^n f^{(n+1)}(t)\,\mathrm{d}t \tag{6}$$

证 当 $n=1$ 时,由前面的说明可知式(6)成立.

假设 $n=k$ 时,该式成立,则当 $n=k+1$ 时

$$R_{k+1}(x) = f(x) - \left[f(x_0) + f'(x_0)(x-x_0) + \frac{1}{k+1!} f^{(k+1)}(x_0)(x-x_0)^{k+1}\right]$$
$$= R_k(x) - \frac{1}{k+1!} f^{(k+1)}(x_0)(x-x_0)^{k+1}$$
$$= \frac{1}{k!}\int_{x_0}^{x} (x-t)^k f^{(k+1)}(t)\,\mathrm{d}t - \frac{1}{k+1!} f^{(k+1)}(x_0)(x-x_0)^{k+1}$$
$$\frac{1}{k!}\left[\int_{x_0}^{x} (x-t)^k f^{(k+1)}(t)\,\mathrm{d}t - \right.$$

$$\int_{x_0}^{x}(x-t)^k f^{(k+1)}(x_0)\,\mathrm{d}t\Big]$$

$$=\frac{1}{k+1!}\int_{x_0}^{x}(x-t)^{k+1}f^{(k+2)}(t)\,\mathrm{d}t$$

证明完毕.

三、泰勒公式导出分数阶导数

将式(4)的整数阶积分推广到正实数 α,可得到 α 阶左积分

$$(I_+^{\alpha}f)(x)=\frac{1}{\Gamma(\alpha)}\int_{x_0}^{x}(x-s)^{\alpha-1}f(s)\,\mathrm{d}s \qquad (7)$$

这里 $\Gamma(\alpha)$ 是阶乘运算在实数域的推广,其定义为 $\Gamma(\alpha)=\int_0^{\infty}t^{\alpha-1}\mathrm{e}^{-t}\mathrm{d}t$.

如果 $n-1<\alpha<n$,黎曼-柳维尔左导数

$$(D_+^{\alpha}f)(x)=\left(\frac{\mathrm{d}}{\mathrm{d}x}\right)^n(I_+^{n-\alpha}f)(x)$$

$$=\frac{1}{\Gamma(n-\alpha)}\cdot \qquad (8)$$

$$\left(\frac{\mathrm{d}}{\mathrm{d}_x}\right)^n\int_{x_0}^{x}(x-t)^{n-\alpha-1}f(t)\,\mathrm{d}t$$

上式可以理解为对 $f(x)$ 先求 n 阶导数后又进行了 $n-\alpha$ 阶积分.

对于多项式函数 $(x-x_0)^k$,$k\leqslant n-1$,$k\in\mathbf{N}$,代入式(8)可以得到求 α 阶左导数的计算公式

$$D_+^{\alpha}(x-x_0)^k=\frac{\Gamma(1+k)}{\Gamma(1+k-\alpha)}(x-x_0)^{k-\alpha}$$

结合上式对积分形式的泰勒公式(6)两边求 α 阶左导数可得到

Taylor 公式

$$(D_{+}^{\alpha}f)(x)=\sum_{k=0}^{n-1}\frac{f^{(k)}(x_0)}{\Gamma(1+k-\alpha)}(x-x_0)^{k-\alpha}+\frac{1}{\Gamma(n-\alpha)}\int_{x_0}^{x}(x-t)^{n-\alpha-1}f^{(n)}(t)\mathrm{d}t \tag{9}$$

此处需要注意,由于 $\alpha<n$,式(6)中多项式只展开到前 n 项,式(9)最后一项是对 $R_{n-1}(x)$ 求 α 阶左导数得到的,即

$$\begin{aligned}D_{+}^{\alpha}R_{n-1}(x)&=D_{+}^{\alpha}(I_{+}^{n}f^{(n)})(x)\\&=I_{+}^{-\alpha}(I_{+}^{n}f^{(n)})(x)\\&=(I_{+}^{n-\alpha}f^{(n)})(x)\\&=\frac{1}{\Gamma(n-\alpha)}\int_{x_0}^{x}(x-t)^{1-n+\alpha}f^{(n)}(t)\mathrm{d}t\end{aligned}$$

如果 $n-1<\alpha<n$,卡普托左导数定义为

$$\begin{aligned}({}^{C}D_{+}^{\alpha}f)(x)&=I_{+}^{n-\alpha}\left(\frac{\mathrm{d}^n}{\mathrm{d}x^n}f\right)(x)\\&=\frac{1}{\Gamma(n-\alpha)}\int_{x_0}^{x}(x-t)^{1-n+\alpha}f^{(n)}(t)\mathrm{d}t\end{aligned}$$

卡普托左导数与黎曼–柳维尔左导数的区别仅仅在于积分和求导先后次序不一样,结合卡普托左导数定义和式(9)可以看出它们之间的关系为

$$(D_{+}^{\alpha}f)(x)=({}^{C}D_{+}^{\alpha}f)(x)+\sum_{k=0}^{n}\frac{f^{(k)}(x_0)}{\Gamma(1+k-\alpha)}(x-x_0)^{k-\alpha} \tag{10}$$

卡普托右导数与黎曼–柳维尔右导数有非常类似的定义及结论,此处不再累述.

第五编

关于泰勒公式中间点的渐近性的若干研究

第七十九章 多元函数泰勒公式中间值 θ 的渐近性[①]

人们已十分熟悉下述定理：

一元函数泰勒定理 设：(1)$f'(x)$, $f''(x)$, $\cdots$, $f^{(n)}(x)$ 在闭区间 $[a,b]$ 上连续；

(2)$f^{(n+1)}(x)$ 在开区间 (a,b) 内存在，则对任何 $a<x\leqslant b$，至少存在一点 ξ $(a<\xi\leqslant x)$，使得

$$f(x)=f(a)+f'(a)(x-a)+\cdots+\frac{1}{n!}f^{(n)}(a)\cdot(x-a)^n+\frac{1}{(n+1)!}\cdot$$

① 本章摘自《攀枝花大学学报(自然科学版)》，1994 年，第 11 卷，第 1 期.

$$f^{(n+1)}(\xi)\cdot(x-a)^{n+1}$$

对于上面的定理 M. K. 格列本卡指出：若增加条件$f^{(n+2)}(a)\neq 0$，且$f^{(n+2)}(x)$在$U(a,\delta)$上存在，则有

$$\lim_{x\to a}\theta=\lim_{x\to a}\frac{\xi-a}{x-a}=\frac{1}{n+2}$$

上式表明：在区间长度趋于零时，展开到 n 阶的泰勒公式中的“中间值”ξ 的极限位置在 $a+\frac{1}{n+2}(x-a)$ 处，对于泰勒公式的特例拉格朗日定理

$$f(x)=f(a)+f'(\xi)(x-a)$$

则有$\lim\limits_{x\to a}\frac{\xi-a}{x-a}=\frac{1}{2}$，即 ξ 的极限位置在区间的中点，若泰勒公式展开到一阶时

$$f(x)=f(a)+f'(a)(x-a)+\frac{1}{2!}f''(\xi)\cdot(x-a)^2$$

则此时的“中间值”ξ 的极限位置为 $a+\frac{1}{3}(x-a)$，等等.

攀枝花大学基础部的李春辉教授 1994 年将以上结论推广到多元数的泰勒公式中去，得到下面的定理.

泰勒定理　设 n 元函数 $f(x_1,x_2,\cdots,x_n)$ 在点 $P_0(x_{10},x_{20},\cdots,x_{n0})$ 的邻域内有 $n+1$ 阶连续偏导数，则对此邻域内任意一点 $P(x_1,x_2,\cdots,x_n)$，则有

$$f(x_1,x_2,\cdots,x_n)=f(x_{10},x_{20},\cdots,x_{10})+$$
$$(\Delta x_1\frac{\partial}{\partial x_1}+\Delta x_2\frac{\partial}{\partial x_2}+\cdots+\Delta x_n\frac{\partial}{\partial x_n})\cdot$$
$$f(x_{10},x_{20},\cdots,x_{n0}+\frac{1}{2!}(\Delta x_1\frac{\partial}{\partial x_1}+$$

$$\Delta x_2 \frac{\partial}{\partial x_2}+\cdots+\Delta x_n \frac{\partial}{\partial x_n})^2 \cdot f(x_{10},$$

$$x_{20},\cdots,x_{n0})+\cdots+\frac{1}{n!}(\Delta x_1 \frac{\partial}{\partial x_1}+$$

$$\Delta x_2 \frac{\partial}{\partial x_2}+\cdots+\Delta x_n \frac{\partial}{\partial x_n})^n \cdot$$

$$f(x_{10},x_{20},\cdots,x_{n0})+\frac{1}{(n+1)!}\cdot$$

$$(\Delta x_1 \frac{\partial}{\partial x_1}+\Delta x_2 \frac{\partial}{\partial x_2}+\cdots+$$

$$\Delta x_n \frac{\partial}{\partial x_n})^{n+1} \cdot f(x_1+\theta\Delta x_1,x_2+$$

$$\theta\Delta x_2,\cdots,x_n+\theta\Delta x_n) \quad (*)$$

其中,$0<\theta<1,\Delta x_i=x_i-x_{i0}(i=1,2,\cdots,n)$.

如果设$f(x_1,x_2,\cdots,x_n)$在P_0处各个$n+2$阶偏导数连续,各偏导数为零,且

$$F(t)=f(x_{10}+\Delta x_1 t,x_{20}+\Delta x_2 t,\cdots,x_{n0}+\Delta x_n t)$$

则

$$f(x_1,x_2,\cdots,x_n)=F(1)$$

$$f(x_{10},x_{20},\cdots,x_{n0})=F(0)$$

且由一元函数泰勒公式中间值的渐近性,可得

$$F(1)=F(0)+F'(0)+\frac{1}{2!}F''(0)+\cdots+$$

$$\frac{1}{n!}F^{(n)}(0)+\frac{1}{(n+1)!}F^{(n+1)}(\xi)$$

由多元函数复合函数求导法则可得对于式(*)中的θ有$\lim\limits_{p\to p_0}\theta=\frac{1}{n+2}$.这就是多元函数泰勒公式中间

值的渐近性.

另外,给出一个对于一元函数条件加强的结论:

设 $F^{(n+p)}(t)(n\geqslant 1,p\geqslant 1)$ 在 t_0 的邻域内存在,且在 t_0 处连续,又

$$F^{(n+i)}(t_0)=0 \quad (1\leqslant i<p)$$

$$F^{(n+p)}(t_0)\neq 0$$

则对

$$F(t)=F(t_0)+F'(t_0)\cdot(t-t_0)+\cdots+\frac{1}{(n-1)!}F^{(n-1)}(t_0)\cdot(t-t_0)^{n-1}+\frac{1}{n!}F^{(n)}(\xi)\cdot(t-t_0)^n$$

所确定的号,成立

$$\lim_{t\to t_0}\frac{\xi-t_0}{t-t_0}=(\mathrm{C}_{n+p}^{n})^{\frac{1}{p}}$$

证 在给定条件下,$F^{(n)}(\xi)$ 在 t_0 与 ξ 之间又可展开到 P 阶,从而

$$\begin{aligned}F(t)&=F(t_0)+F'(t_0)\cdot(t-t_0)+\cdots+\frac{1}{(n-1)!}F^{(n-1)}(t_0)\cdot(t-t_0)^{(n-1)}+\frac{1}{n!}F^{(n)}(\xi)\cdot(t-t_0)^n\\&=F(t_0)+F'(t_0)\cdot(t-t_0)+\cdots+\frac{1}{(n-1)!}F^{(n-1)}(t_0)\cdot(t-t_0)^{(n-1)}+\end{aligned}$$

$$\frac{1}{n!}[F^{(n)}(t_0)+F^{(n+1)}(t_0)\cdot(\xi-t_0)+\cdots+$$

$$\frac{1}{p!}F^{(n-p)}(\xi_1)(\xi-t_0)^p]\cdot(t-t_0)^n$$

$$=F(t_0)+F'(t_0)\cdot(t-t_0)+\cdots+$$

$$\frac{1}{(n-1)!}F^{(n-1)}(t_0)\cdot(t-t_0)^{(n-1)}+$$

$$\frac{1}{n!}[F^{(n)}(t_0)+\frac{1}{p!}F^{(n+p)}(\xi)(\xi-t_0)^p]\cdot$$

$$(t-t_0)^n$$

其中,ξ_1 介于 t_0 与 ξ 之间,又因为

$$F(t)=F(t_0)+F'(t_0)\cdot(t-t_0)+\cdots+$$

$$\frac{1}{n!}F^{(n)}(t)\cdot(t-t_0)^n+$$

$$\frac{1}{(n+1)!}F^{(n+p)}(\xi_2)\cdot(t-t_0)^{(n+p)}$$

因为 $F^{(n+1)}(t_0)=\cdots=F^{(n+p+1)}(t_0)=0$,其中 ξ_2 介于 t_0 与 t 之间,所以由上面得

$$\frac{1}{n!\ p!}F^{(n+p)}(\xi_1)\cdot(\xi-t)^p=$$

$$\frac{1}{(n+p)!}F^{(n+p)}(\xi_2)\cdot(t-t_0)^p$$

即

$$\left(\frac{\xi-t_0}{t-t_0}\right)^p=\frac{n!\ p!}{(n+p)!}\cdot\frac{F^{(n+p)}(\xi_2)}{F^{(n+p)}(\xi_1)}$$

所以

$$\lim_{t \to t_0} \frac{\xi - t_0}{t - t_0} = \left[\frac{n!\ p!}{(n+p)!} \right]^{\frac{1}{p}}$$

（因为 $t \to t_0$ 时，$\xi_1 \to t_0, \xi_2 \to t_0$）

即
$$\lim_{t \to t_0} \frac{\xi - t_0}{t - t_0} = (C_{n+p}^{n})^{\frac{1}{p}}$$

证毕.

此结论也同样很容易推广到多元函数中去.

广义泰勒公式新证法及“中间点”的渐近性[①]

第八十章

武汉交通科技大学基础课部的查金茂教授1994年给出了广义泰勒公式的2种直接简单的新证法,并通过研究“中间点”的渐近性,得到了微积分中5个中值定理“中间点”渐近性的一个统一公式.

引理1(广义泰勒公式)　设函数$f(x),g(x)$,在$[a,b]$上具有$n-1$阶连续导数,在(a,b)内$f^{(n)}(x),g^{(n)}(x)$存在,$g^{(n)}(x)\neq 0$,则在(a,b)内至少存在一点ξ使得下式成立

① 本章摘自《武汉交通科技大学学报》,1994年,第18卷,第4期.

$$\frac{f(b)-\sum_{k=0}^{n-1}\frac{f^{(k)}(a)}{k!}(b-a)^k}{g(b)-\sum_{k=0}^{n-1}\frac{g^{(k)}(a)}{k!}(b-a)^k}=\frac{f^{(n)}(\xi)}{g^{(n)}(\xi)}$$

证法 1 设

$$\frac{f(b)-\sum_{k=0}^{n-1}\frac{f^{(k)}(a)}{k!}(b-a)^k}{g(b)-\sum_{k=0}^{n-1}\frac{g^{(k)}(a)}{k!}(b-a)^k}=\alpha \quad (常数)$$

则有

$$f(b)-ag(b)=\sum_{k=0}^{n-1}\frac{f^{(k)}(a)-\alpha g^{(k)}(a)}{k!}(b-a)^k \tag{1}$$

令

$$F(x)=f(a)-\alpha g(x)$$

对 $F(x)$ 在 $[a,b]$ 上应用泰勒中值定理得

$$F(b)=\sum_{k=0}^{n-1}\frac{F^{(k)}(a)}{k!}(b-a)^k+\frac{F^{(n)}(\xi)}{n!}(b-a)^n \quad (a<\xi<b)$$

即

$$f(b)-\alpha g(b)=\sum_{k=0}^{n-1}\frac{f^{(k)}(a)-\alpha g^{(k)}(a)}{k!}(b-a)^k+\frac{f^{(n)}(\xi)-\alpha g^{(n)}(\xi)}{n!}(b-a)^n \tag{2}$$

比较式(1)(2)得

$$f^{(n)}(\xi)-\alpha g^{(n)}(\xi)=0$$

即

$$\alpha=\frac{f^{(n)}(\xi)}{g^{(n)}(\xi)}$$

所以 $$\frac{f(b)-\sum\limits_{k=0}^{n-1}\frac{f^{(k)}(a)}{k!}(b-a)^k}{g(b)-\sum\limits_{k=0}^{n-1}\frac{g^{(k)}(a)}{k!}(b-a)^k}=\frac{f^{(n)}(\xi)}{g^{(n)}(\xi)}$$

证法2 设

$$\frac{f(b)-\sum\limits_{k=0}^{n-1}\frac{f^{(k)}(a)}{k!}(b-a)^k}{g(b)-\sum\limits_{k=0}^{n-1}\frac{g^{(k)}(a)}{k!}(b-a)^k}=\alpha \quad (\text{常数})$$

则有

$$f(b)-\sum_{k=0}^{n-1}\frac{f^{(k)}(a)}{k!}(b-a)^k-$$
$$\alpha\left[g(b)-\sum_{k=0}^{n-1}\frac{g^{(k)}(a)}{k!}(b-a)^k\right]=0$$

将上式中的 a 换为 t,考查函数

$$\varphi(t)=f(b)-\sum_{k=0}^{n-1}\frac{f^{(k)}(t)}{k!}(b-t)^k-$$
$$\alpha\left[g(b)-\sum_{k=0}^{n-1}\frac{g^{(k)}(t)}{k!}(b-t)^k\right]$$

显然 $\varphi(t)$ 在 $[a,b]$ 上连续,在 (a,b) 内可导,且 $\varphi(a)=\varphi(b)$,故由罗尔中值定理知,存在 $\xi\in(a,b)$ 使得 $\varphi'(\xi)=0$,即

$$-\frac{f^{(n)}(\xi)}{(n-1)!}(b-\xi)^{n-1}+\alpha\frac{g^{(n)}(\xi)}{(n-1)!}(b-\xi)^{n-1}=0$$

所以

$$\alpha=\frac{f^{(n)}(\xi)}{g^{(n)}(\xi)}$$

故

$$\frac{f(b)-\sum_{k=0}^{n-1}\frac{f^{(k)}(a)}{k!}(b-a)^k}{g(b)-\sum_{k=0}^{n-1}\frac{g^{(k)}(a)}{k!}(b-a)^k}=\frac{f^{(n)}(\xi)}{g^{(n)}(\xi)}$$

定理1 设

$$\frac{f(x)-\sum_{k=0}^{n-1}\frac{f^{(k)}(a)}{k!}(x-a)^k}{g(x)-\sum_{k=0}^{n-1}\frac{g^{(k)}(a)}{k!}(x-a)^k}=\frac{f^{(n)}(\xi)}{g^{(n)}(\xi)}$$

$$(\xi\in(a,x))$$

如果:

(1)$f^{(n+m)}(x),g^{(n+m)}(x)(n,m\geqslant 1)$在$(a,x)\subset[a,b]$内存在,且在点$a$处连续.

(2)$f^{(n+j)}(a)=g^{(n+j)}(a)=0$对任意$1\leqslant j\leqslant m$,$m\geqslant 2$成立.

(3)$f^{(n)}(a)g^{(n+m)}(a)-g^{(n)}(a)f^{(n+m)}(a)\neq 0$.

则对"中间点"ξ有

$$\lim_{x\to a}\frac{\xi-a}{x-a}=\binom{n+m}{n}^{-\frac{1}{m}}$$

证 由

$$\Phi(x)=f(x)-\sum_{k=0}^{n-1}\frac{f^{(k)}(a)}{k!}(x-a)^k$$

$$\psi(x)=g(x)-\sum_{k=0}^{n-1}\frac{g^{(k)}(a)}{k!}(x-a)^k$$

又由已知条件有

$$\Phi^{(i)}(a)=\psi^{(i)}(a)=0$$

$$(任意0\leqslant i\leqslant n-1)$$

$$\Phi^{(i)}(a)=f^{(i)}(a)=0,\psi^{(i)}(a)=g^{(i)}(a)=0$$

$$(任意\ n+1 \leqslant i \leqslant n+m-1)$$

$$\Phi^{(i)}(a)=f^{(i)}(a), \psi^{(i)}(a)=g^{(i)}(a)$$

$$(其中\ i=n, n+m)$$

作辅助函数

$$F(x)=\frac{\Phi(x)-\dfrac{f^{(n)}(a)}{g^{(n)}(a)}\psi(x)}{(x-a)^{n+m}} \tag{3}$$

对上式应用 $n+m$ 次洛必达法则得

$$\lim_{x \to a} F(x)=\frac{1}{(n+m)!}\left[f^{(n+m)}(a)-\frac{f^{(n)}(a)}{g^{(n)}(a)} g^{(n+m)}(a)\right] \tag{4}$$

又因为

$$\Phi(x)=\frac{f^{(n)}(\xi)}{g^{(n)}(\xi)} \psi(x) \quad (其中\ \xi \in(a, x))$$

代入式(1)得

$$F(x)=\frac{\dfrac{f^{(n)}(\xi)}{g^{(n)}(\xi)}-\dfrac{f^{(n)}(a)}{g^{(n)}(a)}}{(x-a)^{n+m}} \psi(x)$$

所以

$$\lim_{x \to a} F(x)=\lim_{x \to a}\left[\left(\frac{\xi-a}{x-a}\right)^{m} \frac{1}{g^{(n)}(\xi) g^{(n)}(a)^{n}} \cdot \frac{\psi(x)}{(x-a)^{n}} \cdot \frac{f^{(n)}(\xi) g^{(n)}(a)-f^{(n)}(a) g^{(n)}(\xi)}{(\xi-a)^{m}}\right]$$

又 $$\lim_{x \to a} \frac{1}{g^{(n)}(\xi) g^{(n)}(a)}=\left(\frac{1}{g^{(n)}(a)}\right)^{2}$$

应用 n 次洛必达法则又有

$$\lim_{x \to a} \frac{\psi(x)}{(x-a)^{n}}=\frac{\psi^{(n)}(a)}{n!}=\frac{g^{(n)}(a)}{n!}$$

再将$f^{(n)}(\xi)$,$g^{(n)}(\xi)$分别在a处展开为m次的泰勒公式得

$$f^{(n)}(\xi)=\sum_{k=0}^{m-1}\frac{f^{(n+k)}(a)}{k!}(\xi-a)^k+\frac{f^{(n+m)}(\xi_1)}{m!}(\xi-a)^m$$

$$g^{(n)}(\xi)=\sum_{k=0}^{m-1}\frac{g^{(n+k)}(a)}{k!}(\xi-a)^k+\frac{g^{(n+m)}(\xi_2)}{m!}(\xi-a)^m$$

其中,ξ_1,ξ_2均在a与ξ之间.

由于对所有$1\leqslant j<m$有

$$f^{(n+j)}(a)=g^{(n+j)}(a)=0$$

故

$$f^{(n)}(\xi)=f^{(n)}(a)+\frac{f^{(n+m)}(\xi_1)}{m!}(\xi-a)^m$$

$$g^{(n)}(\xi)=g^{(n)}(a)+\frac{g^{(n+m)}(\xi_2)}{m!}(\xi-a)^m$$

所以$m=1$时,此式显然成立,所以该两式中的m可取任何自然数

$$\lim_{x\to a}\frac{f^{(n)}(\xi)g^{(n)}(a)-g^{(n)}(\xi)f^{(n)}(a)}{(\xi-a)^m}$$

$$=\lim_{x\to a}\frac{1}{m!}[g^{(n)}(a)f^{(n+m)}(\xi_1)-f^{(n)}(a)g^{(n+m)}(\xi_2)]$$

$$=\frac{1}{m!}[g^{(n)}(a)f^{(n+m)}(a)-f^{(n)}(a)g^{(n+m)}(a)]$$

这样

$$\lim_{x\to a}F(x)=\lim_{x\to a}\left(\frac{\xi-a}{x-a}\right)^m\cdot\left(\frac{1}{g^{(n)}(a)}^2\right)\cdot\frac{g^{(n)}(a)}{n!}\cdot\frac{1}{m!}[g^{(n)}(a)f^{(n+m)}(a)-f^{(n)}(a)g^{(n+m)}(a)]$$

比较上式与式(4),并由

$g^{(n)}(a)\neq 0, f^{(n+m)}(a)g^{(n)}(a)-f^{(n)}(a)g^{(n+m)}(a)\neq 0$

得

$$\lim_{x\to a}\left(\frac{\xi-a}{x-a}\right)^m=\frac{n!\ m!}{(n+m)!}=\frac{1}{\mathrm{C}_{n+m}^n}$$

即

$$\lim_{x\to a}\frac{\xi-a}{x-a}=(\mathrm{C}_{n+m}^n)^{-\frac{1}{m}}=\binom{n+m}{n}^{-\frac{1}{m}}$$

推论 1　设 $f^{(n+m)}(a)(n\geqslant 1,m\geqslant 1)$ 在 $(a,x)\subset[a,b]$ 内存在，在点 a 处连续，又 $f^{(n+j)}(x)=0(1\leqslant j<m)$，且 $f^{(n+m)}(a)\neq 0$，那么由泰勒中值定理确定的 ξ 有

$$\lim_{x\to a}\frac{\xi-a}{x-a}=\binom{n+m}{n}^{-\frac{1}{m}}$$

只要取 $g(x)=(x-a)^n$，此时引理变为泰勒中值定理，因 $g^{(n)}(a)=n!, g^{(n+m)}(a)=0$，再由上述定理而得.

推论 2　设 $f(x),g(x)$，在 $(a,x)\subset[a,b]$ 内有直到二阶导数，$f''(x),g''(x)$ 在点 a 处连续，且 $g'(x)\neq 0$，$f''(a)g'(a)-f'(a)g''(a)\neq 0$，那么由柯西中值定理确定的 ξ 有

$$\lim_{x\to a}\frac{\xi-a}{x-a}=\frac{1}{2}$$

只要取 $n=m=1$，此时引理变为柯西中值定理，再由上述定理即得.

推论 3　设 $f'(x)$ 在 $(a,x)\subset[a,b]$ 内存在，在点 a 处连续，且 $f'(a)\neq 0$，那么由拉格朗日中值定理确定的 ξ 有

$$\lim_{x\to a}\frac{\xi-a}{x-a}=\frac{1}{2}$$

只要取 $n=m=1$,$g(x)=x$,此时引理变为拉格朗日中值定理,因 $g'(a)=1$,$g''(a)=0$,再由上述定理而得.

推论 4 设 $p'(x)$ 在 $(a,x)\subset[a,b]$ 内存在,在点 a 处连续,且 $p'(a)\neq 0$,那么由第一积分中值定理确定的 ξ 有

$$\lim_{x\to a}\frac{\xi-a}{x-a}=\frac{1}{2}$$

只要取 $n=m=1$,$f(x)=\int_a^x p(t)\mathrm{d}t$,$g(x)=x$,此时引理变为第一积分中值定理,因 $g''(a)=0$,$f''(a)=p'(a)$,再由上述定理而得.

推论 5 设 $p'(x)$,$q'(x)$ 在 $(a,x)\subset[a,b]$ 内连续,$q(x)$ 在 $[a,b]$ 上不变号,且 $p'(a)\neq 0$,$q(a)\neq 0$,那么由第一积分中值定理确定的形式确定的 ξ 有

$$\lim_{x\to a}\frac{\xi-a}{x-a}=\frac{1}{2}$$

只要取

$$n=m=1$$

$$f(x)=\int_a^x p(t)q(t)\mathrm{d}t$$

$$g(x)=\int_a^x q(t)\mathrm{d}t$$

此时引理变为第一积分中值定理的推广形式,因

$$f'(x)=p(x)q(x)$$

$$f''(x)=p'(x)q(x)+p(x)q'(x)$$

$$g'(x)=p'(x)$$
$$g''(x)=q'(x)$$

再由上述定理即得.

可见,定理1是微积分中的中值定理“中间点”渐近性的一个统一公式.

泰勒公式中 ξ 位置的确定[①]

第八十一章

Mera Ruben 在其文章"On the determination of the intermediate point in Taylor's theorem"(《美国数学月刊》,1992,99(1):56-58)中给出了 x 在确定情况下,求得计算函数 $f(x)$ 的泰勒公式中的 ξ 的近似值的方法,但对此近似值是否收敛于 ξ 并未证明,且对 ξ 作为 x 的函数 $\xi(x)$ 的各阶导数的存在性亦未给以明确的证明. 东南大学数学力学系的黄炳生教授 1995 年在 Mera Ruben 文章的条件下完成了这两方面的工作,证明了 $\xi(x)$ 可以展成收敛的泰勒级数. 这个结果揭示了 $\xi(x)$ 如普通函数一样,有良好的分析属性.

① 本章摘自《东南大学学报》,1995 年,第 25 卷,第 3 期.

主要结果及证明如下:

众所周知,当函数 $f(x)$ 在区间 $I=(a,b)$ 上具有直到 n 阶的导数,$x_0\in I$,则对于 $x\in I$ 有

$$
\begin{aligned}
f(x)=&f(x_0)+f'(x_0)(x-x_0)+\\
&\frac{f''(x_0)}{2!}(x-x_0)^2+\cdots+\\
&\frac{f^{(n-1)}(x_0)}{(n-1)!}(x-x_0)^{n-1}+\\
&\frac{f^{(n)}(\xi)}{n!}(x-x_0)^n
\end{aligned}
\tag{1}
$$

以往文献中规定 ξ 在 x_0 与 x 之间,但并未给出它的确切位置. 当然,若 $f(x)$ 为 x 的多项式,则式(1)中的 $f^{(n)}(\xi)$ 为 ξ 的多项式,故 ξ 的位置可由式(1)所确定的代数方程解得,这里不讨论这种情况.

定理 1 若 $f^{(n+1)}(x)$ 在 (a,x_0) 及 (x_0,b) 上各不变号,$f(x)$ 的泰勒级数在 I 上一致收敛,则式(1)中的 ξ 有

$$
\xi=\sum_{k=0}^{m-1}\frac{\xi^{(k)}(x_0)}{k!}(x-x_0)^k+\frac{\xi^{(m)}(\eta)}{m!}(x-x_0)^m \tag{2}
$$

其中 η 在 x 与 x_0 之间,$\xi^{(k)}(x_0)$ 由下面的式(5)不断求导、取极限求得;且式(2)的最后一项(余项)在

$$
|f^{(n)}(x)|<a^nM
$$

(a' 及 M 为与 n 无关的常数)及

$$
f^{(n+p)}(x_0)\neq 0
$$

(p 是使 $f^{(n+k)}(x_0)\neq 0$ 的第一个 k 值,k 为自然数)条件下趋于零(当 $m\to+\infty$).

此定理的证明通过以下的定理 2、定理 3 完成.

定理 2 在定理 1 的第一部分条件下,式(1)中的 ξ 是 x 的连续可微函数.

证 由于 $f^{(n+1)}(x)$ 在 (a,x_0) 与 (x_0,b) 上各不变号,所以 $f^{(n)}(x)$ 在 (a,x_0) 及 (x_0,b) 上单调,故泰勒公式(1)中的 ξ 唯一,从而 ξ 是 x 的函数,即有 $\xi=\xi(x)$,在式(1)中由于 $f^{(n)}$ 单调及其他各项连续,故 ξ 作为反函数也是连续的(在 (a,x_0) 及 (x_0,b) 上),又因为 ξ 在 x 与 x_0 之间,所以有 $\lim\limits_{x\to x_0}\xi(x)=x_0=\xi(x_0)$,可见 $\xi(x)$ 在 I 上连续.

对 $f(x)$ 及 $f^{(n)}(x)$ 使用泰勒公式有

$$f(x)=\sum_{k=0}^{n}\frac{f^{(k)}(x_0)}{k!}(x-x_0)^k+\frac{f^{(n+p)}(\tau)}{(n+p)!}(x-x_0)^{n+p} \tag{3}$$

$$f^{(n)}(\xi)=f^{(n)}(x_0)+\frac{f^{(n+p)}(\sigma)}{p!}(\xi-x_0)^p \tag{4}$$

其中 p 的意义见定理 1 的第二部分. 把式(3)(4)代入式(1)得

$$\frac{\xi-x_0}{x-x_0}=\left(\frac{n!\ p!}{(n+p)!}\right)^{\frac{1}{p}}\left(\frac{f^{(n+p)}(\tau)}{f^{(n+p)}(\sigma)}\right)^{\frac{1}{p}}$$

两边取极限 $\lim\limits_{x\to x_0}$,则得

$$\xi'(x)=\left(\frac{n!\ p!}{(n+p)!}\right)^{\frac{1}{p}}$$

由

$$f(x)=\sum_{k=0}^{\infty}\frac{f^{(k)}(x_0)}{k!}(x-x_0)^k$$

$$f(x)=\sum_{k=0}^{n-1}\frac{f^{(k)}(x_0)}{k!}(x-x_0)^k+\frac{f^{(n)}(\xi)}{n!}(x-x_0)^n$$

相减而得

$$f^{(n)}(\xi(x))=n!\sum_{k=n}^{\infty}\frac{f^{(k)}(x_0)}{k!}(x-x_0)^{k-n} \qquad (5)$$

显然等式右边在 I 上为无穷多次连续可微函数,所以左边亦然,记 $f^{(n)}$ 为 F,由条件 $F'(x)$ 在 (a,x_0) 及 (x_0,b) 上各不变号,所以 $F(x)$ 有反函数 F^{-1},且 F^{-1} 可微,记式(5)右边为 $\varphi(x)$,则式(5)为 $F(\xi(x))=\varphi(x)$,故 $\xi(x)=F^{-1}(\varphi(x))$. 因为 F^{-1} 及 φ 皆可微,所以 $\xi(x)$ 也可微.

直接由式(5)得

$$\begin{aligned}\frac{\mathrm{d}[f^{(n)}(\xi(x))]}{\mathrm{d}x}&=\frac{\mathrm{d}f^{(n)}(u)}{\mathrm{d}u}\xi'(x)\\&=f^{(n+1)}(u)\xi'(x)\\&=f^{(n+1)}(\xi(x))\xi'(x)\end{aligned}$$

当 $H(x)\cdot G(x)$ 及 $H(x)$ 皆可微,且 $H(x)$ 不为零,则 $G(x)=[H(x)G(x)]/H(x)$ 当然可微. 把此结构用于 $f^{(n+1)}(\xi(x))\xi'(x)$,知 $\xi'(x)$ 必可微,即 $\xi''(x)$ 存在. 故

$$\begin{aligned}[f^{(n)}(\xi(x))]''=&f^{(n+2)}(\xi(x))(\xi'(x))^2+\\&f^{(n+1)}(\xi(x))\cdot\xi''(x)\end{aligned}$$

即有

$$\begin{aligned}&[f^{(n)}(\xi(x))]''-f^{(n+2)}(\xi(x))\cdot(\xi'(x))^2\\=&f^{(n+1)}(\xi(x))\cdot\xi''(x)\end{aligned}$$

等式左边由式(5)及上述 $\xi''(x)$ 存在知可导,所以等式右边亦可导. 又 $f^{(n+1)}(\xi(x))$ 不为零,故再用 $H(x)\cdot G(x)$ 的结论知 $\xi''(x)$ 可导,即有 $\xi'''(x)$. 依次类推可知 $\xi^{(4)}(x)$,$\xi^{(5)}(x)$ 等存在.

$\xi^{(k)}(x_0)(k=1,2,\cdots)$的计算. 由式(5)对 x 求 $p+1$ 次导数,并使用以下公式,可求得 $\xi''(x_0)$

$$\frac{\mathrm{d}^N}{\mathrm{d}x^N}F(u(x))=\sum\frac{N!}{i!\ j!\ h!\ \cdots k!}\frac{\mathrm{d}^K F}{\mathrm{d}u^K}\left(\frac{u'}{1!}\right)^i\cdot\left(\frac{u''}{2!}\right)^j\left(\frac{u'''}{3!}\right)^k\cdots\left(\frac{u^{(l)}}{l!}\right)^k \tag{6}$$

$$i+2j+3h+\cdots+lk=N,K=i+j+h+\cdots+k$$

再求极限得

$$f^{(n+p+1)}(\xi(x_0))(\xi'(x_0))^{p+1}+\frac{(p+1)!}{(p-1)!}f^{(n+p)}[\xi(x_0)](\xi'(x_0))^{p-1}\frac{\xi''(x_0)}{2}+O$$
$$=\frac{n!\ (p+1)!}{(n+p+1)!}f^{(n+p+1)}(x_0)+O$$

由式(5)对 x 求 $p+2$ 次导数,再取极限$\lim\limits_{x\to x_0}$便可得 $\xi'''(x_0)$,依法可得 $\xi^{(4)}(x_0)$,$\xi^{(5)}(x_0)$,等等. 对 $\xi(x)$ 使用泰勒公式便有式(2).

定理 3 在定理 1 的第二部分条件 $|f^{(n)}(x)|<a^n M$ 及 $f^{(n+p)}(x_0)\neq 0$ 之下,式(2)的余项当 $m\to+\infty$ 时趋于零.

证 用式(1)

$$\frac{f^{(n)}(\xi(x))}{n!}(x-x_0)^n=f(x)-s_n(x)$$

对其两边求 m 阶导数,左边按式(6)展开,再经适当讨论即可得到式(2)的余项$\frac{\xi^{(m)}}{m!}(x-x_0)^m$,当 $m\to+\infty$ 时它趋于零,由此定理 1 中的 $\xi(x)$ 便可展成收敛的泰勒级数.

例 1　$f(x)=\sin x, I=(-\pi/2,\pi/2), x_0=0, n=5$. 显然它们已满足定理 1 的条件

$$\sin x = x - x^3/3! + \cos\xi/5!\ x^5$$

因 $\sin^{(5+1)}(0)=0, \sin^{(5+2)}(0)=-1\neq 0$, 故 $p=2$. 从而

$$\xi'(0)=[(5!\ 2!)/7!]^{1/2}=(\sqrt{21})^{-1}$$

式(5)为

$$\cos(\xi(x))=5!\ \left(\frac{1}{5!}-\frac{1}{7!}x^2+\frac{1}{9!}x^4-\frac{1}{11!}x^6+\frac{1}{13!}x^8-\cdots\right)$$

求 3 次导得

$$(\xi')^3\sin\xi-3\xi'\xi''\cos\xi+\xi''\sin\xi$$
$$=5!\ \left(\frac{4\cdot 3\cdot 2}{9!}x-\frac{6\cdot 5\cdot 4}{11!}x^3+\frac{8\cdot 7\cdot 6}{13!}x^5+\cdots\right)$$

令 $x\to 0$(注意 $\xi(0)=0$), 得 $-\frac{3}{\sqrt{2}}\xi''(0)=0$, 故

$$\xi'''(0)=0$$

对式(5)求 4 次导, 并令 $x\to 0$, 得

$$\xi'''(0)=\frac{\sqrt{21}}{2}\left[\frac{1}{(21)^2}-5!\ \frac{4\cdot 3\cdot 2}{9!}\right]$$
$$=\frac{\sqrt{21}}{2}\left(\frac{-5}{(21)^2\cdot 2}\right)$$

对式(5)求 5 次导, 并令 $x\to 0$, 得 $\xi^{(4)}(0)=0$, 故得

$$\xi(x)=\frac{1}{\sqrt{21}}x-\frac{5\sqrt{21}}{3!\ 4\cdot(21)^2}x^3+\cdots$$

关于广义泰勒公式“中间点”的渐近性[①]

第八十二章

近年来,不少文章讨论了微分中值定理“中间点”的渐近性质,得出了诸多有趣的结果. 太原市教育学院的贾计荣,太原大学的李宏远两位教授 1996 年讨论了广义泰勒公式“中间点”的渐近性质.

为叙述方便,广义泰勒公式叙述如下:

如果函数$f(x)$和$g(x)$在$[a,b]$上具有$n-1$阶连续导数,在(a,b)内$f^{(n)}(x)$与$g^{(n)}(x)$存在,且$g^{(n)}(x)\neq 0$,则对任何$x\in(a,b]$至少存在一点$\xi\in(a,x)$,使

① 本章摘自《山西师大学报(自然科学报)》,1996 年,第 10 卷,第 1 期.

$$\frac{f(x)-\sum_{k=0}^{n-1}\frac{f^{(k)}(a)(x-a)^k}{k!}}{g(x)-\sum_{k=0}^{n-1}\frac{g^{(k)}(a)(x-a)^k}{k!}}=\frac{f^{(n)}(\xi)}{g^{(n)}(\xi)} \quad (1)$$

注 ①在上述定理中,如果 $n=1$,就是柯西中值定理;②在上述定理中,令 $g(x)=(x-a)^n$ 就是泰勒公式.

下面先给出两个引理.

考查其"中间点"的渐近性质,可得如下结果:

定理1 设 $f(x)$ 与 $g(x)$ 在 $[a,b]$ 上满足广义泰勒公式的条件,如果 $f(x)-P_n(x)$ 与 $g(x)-Q_n(x)$ 分别是关于 $x-a$ 的 $n+\alpha-1$ 阶和 $n+\beta-1$ 阶无穷小($\alpha\neq\beta$),且 α,β 均不为0,则对式(1)中的"中间点"ξ 有

$$\lim_{x\to a^+}\frac{\xi-a}{x-a}=\left[\frac{(n+\beta-1)(n+\beta-2)\cdots(\beta+1)\beta}{(n+\alpha-1)(n+\alpha-2)\cdots(\alpha+1)\alpha}\right]^{\frac{1}{\alpha-\beta}} \quad (2)$$

其中

$$P_n(x)=\sum_{k=0}^{n-1}\frac{f^{(k)}(a)(x-a)^k}{k!}$$

$$Q_n(x)=\sum_{k=0}^{n-1}\frac{g^{(k)}(a)(x-a)^k}{k!}$$

证 因为 $f(x)-P_n(x)$ 与 $g(x)-Q_n(x)$ 分别是关于 $x-a$ 的 $n+\alpha-1$ 阶和 $n+\beta-1$ 阶无穷小,所以存在 $A\neq0,B\neq0$,使

$$\lim_{x\to a^+}\frac{f(x)-P_n(x)}{(x-a)^{n+\alpha-1}}=A$$

$$\lim_{x\to a^+}\frac{g(x)-Q_n(x)}{(x-a)^{n+\beta-1}}=B$$

得

$$A=\lim_{x\to a^+}\frac{f(x)-P_n(x)}{(x-a)^{n+\alpha-1}}=\lim_{x\to a^+}\frac{f'(x)-P'_n(x)}{(n+\alpha-1)(x-a)^{n+\alpha-2}}$$

$$=\lim_{x\to a^+}\frac{f''(x)-P''_n(x)}{(n+\alpha-1)(n+\alpha-2)(x-a)^{n+\alpha-3}}$$

$$\vdots$$

$$=\lim_{x\to a^+}\frac{f^{(n)}(x)}{(n+\alpha-1)(n+\alpha-2)\cdots\alpha(x-a)^{\alpha-1}}$$

所以

$$\lim_{x\to a^+}\frac{f^{(n)}(x)}{(x-a)^{\alpha-1}}=(n+\alpha-1)(n-\alpha-2)\cdots\alpha A \quad (3)$$

同理,得

$$\lim_{x\to a^+}\frac{g^{(n)}(x)}{(x-a)^{\beta-1}}=(n+\beta-1)(n+\beta-2)\cdots\beta B \quad (4)$$

由式(2)(3)(4)得

$$\frac{A}{B}=\frac{\lim\limits_{x\to a^+}\dfrac{f(x)-P_n(x)}{(x-a)^{n+\alpha-1}}}{\lim\limits_{x\to a^+}\dfrac{g(x)-Q_n(x)}{(x-a)^{\alpha-\beta-1}}}=\lim_{x\to a^+}\frac{f(x)-P_n(x)}{g(x)-Q_n(x)}\cdot\frac{(x-a)^{\beta}}{(x-a)^{\alpha}}$$

$$=\lim_{x\to a^+}\frac{f^{(n)}(\xi)}{g^{(n)}(\xi)}\cdot\frac{(x-a)^{\beta}}{(x-a)^{\alpha}}$$

$$=\lim_{x\to a^+}\frac{f^{(n)}(\xi)}{(\xi-a)^{\alpha-1}}\cdot\frac{(\xi-a)^{\beta-1}}{g^{(n)}(\xi)}\cdot\left(\frac{\xi-a}{x-a}\right)^{\alpha-\beta}$$

$$=\lim_{x\to a^+}\frac{f^{(n)}(\xi)}{(\xi-a)^{\alpha-1}}\cdot\lim_{x\to a^+}\frac{(\xi-a)^{\beta-1}}{g^{(n)}(\xi)}\cdot\lim_{x\to a^+}\left(\frac{\xi-a}{x-a}\right)^{\alpha-\beta}$$

$$=\frac{(n+\alpha-1)(n+\alpha-2)\cdots(\alpha+1)\alpha A}{(n+\beta-1)(n+\beta-2)\cdots(\beta+1)\beta B}\cdot$$

$$\lim_{x\to a^+}\left(\frac{\xi-a}{x-a}\right)^{\alpha-\beta}$$

所以

$$\lim_{x \to a^+} \frac{\xi - a}{x - a} = \left[\frac{(n+\beta-1)(n+\beta-2)\cdots\beta}{(n+\alpha-1)(n+\alpha-2)\cdots\alpha} \right]^{\frac{1}{\alpha-\beta}}$$

定理2 设$f(x)$与$g(x)$在$[a,b]$上满足广义泰勒公式的条件,且设$f(x)-P_n(x)$和$g(x)-Q_n(x)$均为$x-a$的$n+\beta-1$阶无穷小,记

$$\lim_{x \to a^+} \frac{f(x)-P_n(x)}{g(x)-Q_n(x)} = A(\neq 0)$$

如果$f(x)-P_n(x)-A[g(x)-Q_n(x)]$为$x-a$的$n+\alpha-1$阶无穷小,则广义泰勒公式中的中间点$\xi$有

$$\lim_{x \to a^+} \frac{\xi - a}{x - a} \left[\frac{(n+\beta-1)(n+\beta-2)\cdots\beta}{(n+\alpha-1)(n+\alpha-2)\cdots\alpha} \right]^{\frac{1}{\alpha-\beta}}$$

证 令$F(x)=f(x)-Ag(x)$,则由广义泰勒公式,存在$\xi_1 \in (a,x)$,使

$$\frac{F(x)-[P_n(x)-AQ_n(x)]}{g(x)-Q_n(x)} = \frac{F^{(n)}(\xi_1)}{g^{(n)}(\xi_1)} = \frac{f^{(n)}(\xi_1)}{g^{(n)}(\xi_1)} - A \tag{5}$$

又

$$\begin{aligned} \frac{F(x)-[P_n(x)-AQ_n(x)]}{g(x)-Q_n(x)} &= \frac{f(x)-P_n(x)}{g(x)-Q_n(x)} - A \\ &= \frac{f^{(n)}(\xi)}{g^{(n)}(\xi)} - A \end{aligned} \tag{6}$$

比较式(5)(6),故可取$\xi_1=\xi$,由于

$$\frac{F(x)-[P_n(x)-AQ_n(x)]}{(x-a)^{n+\beta-1}} = \frac{f(x)-P_n(x)}{(x-a)^{n+\beta-1}} - A\frac{g(x)-Q_n(x)}{(x-a)^{n+\beta-1}}$$

$$\to 0 \quad (x \to a^+)$$

又由条件知，$F(x)-[P_n(x)-AQ_n(x)]$是 $x-a$ 的$n+a-1$ 阶无穷小，可见 $\alpha>\beta$. 于是由定理 1

$$\lim_{x\to a^+}\frac{\xi-a}{x-a}=\lim_{x\to a^+}\frac{\xi_1-a}{x-a}=\left[\frac{(n+\beta-1)(n+\beta-2)\cdots\beta}{(n+\alpha-1)(n+\alpha-2)\cdots\alpha}\right]^{\frac{1}{\alpha-\beta}}$$

改进泰勒公式“中间点”的渐近性[1]

第八十三章

一、引言

许多文献讨论了微分中值定理“中间点”的渐近性，获得许多耐人回味的漂亮结果. 如果利用这种渐近性能改善泰勒公式吗？这种改善后的泰勒公式的“中间点”还有渐近性吗？北京建筑工程学院基础部的寿玉亭、谢国斌两位教授1997年讨论了这些问题.

二、先讨论一元函数微分中值定理“中间点”渐近性的递归性

定理 1（泰勒定理） 设 $f(x)$ 在区间

① 本章摘自《北京建筑工程学院学报》，1997年，第13卷，第2期.

$[x_0, x_0+h]$上有 n 阶导数,则在(x_0, x_0+h)内至少存在一点 ξ,使下式成立

$$f(x_0+h)=f(x_0)+\sum_{i=1}^{n-1}\frac{1}{i!}f^{(i)}(x_0)h^i+\frac{1}{n!}f^{(n)}(\xi)h^n \quad (1)$$

关于式(1)"中间点"ξ 的渐近性定理如下:

定理 2 设$f(x)$在$[x_0, x_0+h]$上有 $n+2$ 阶导数,且$f^{(n+2)}(x_0)\neq 0$,若 ξ 是由式(1)确定的中间点,则

$$\lim_{h\to 0}\frac{\xi-x_0}{h}=\frac{1}{n+1}$$

当 $n=1$ 时,式(1)便是拉格朗日中值定理

$$f(x_0+h)=f(x_0)+f'(\xi)h \quad (x_0<\xi<x_0+h) \quad (2)$$

这时有

$$\lim_{h\to 0}\frac{\xi-x_0}{h}=\frac{1}{2}$$

由上式知,当 h 很小时,$\frac{\xi-x_0}{h}\approx\frac{1}{2}$,因此,可以猜想,将 $\xi=x_0+\frac{1}{2}h$ 代入到式(2)右端,$f(x_0)+f'(x_0+\frac{h}{2})$应该是$f(x_0+h)$的一个很好的近似.

定理 3 设$f(x)$在$[x_0, x_0+h]$上有 $2m+1$ 阶连续导数,则在(x_0, x_0+h)内至少存在一点 ξ,使下式成立

$$f(x_0+h)=f(x_0)+\sum_{i=1}^{m}\frac{1}{(2i-1)!\ 4^{i-1}}\cdot f^{(2i-1)}(x_0+\frac{h}{2})h^{2i-1}+$$

$$\frac{f^{(2m+1)}(\xi)}{4^m(2m+1)!}h^{2m+1} \tag{3}$$

证 由 $2m+1$ 阶泰勒公式

$$f(x_0+\frac{h}{2}-\frac{h}{2})=f(x_0+\frac{h}{2})+f'(x_0+\frac{h}{2})\cdot\frac{h}{2}+\cdots+$$
$$\frac{f^{(2m)}(x_0+\frac{h}{2})}{(2m)!}(\frac{h}{2})^{2m}+$$
$$\frac{f^{(2m+1)}(\xi_1)}{(2m+1)!}(\frac{h}{2})^{2m+1} \tag{4}$$

及

$$f(x_0+\frac{h}{2}-\frac{h}{2})=f(x_0+\frac{h}{2})-f'(x_0+\frac{h}{2})\cdot\frac{h}{2}+\cdots+$$
$$\frac{f^{(2m)}(x_0+\frac{h}{2})}{(2m)!}(\frac{-h}{2})^{2m}+$$
$$\frac{f^{(2m+1)}(\xi_2)}{(2m+1)!}(-\frac{h}{2})^{2m+1} \tag{5}$$

其中,ξ_1,ξ_2 均在 (x_0,x_0+h) 中,计算式(4)-(5),有

$$f(x_0+h)=f(x_0)+\sum_{i=1}^{m}\frac{f^{(2i-1)}(x_0+\frac{h}{2})}{(2i-1)!\ 4^{i-1}}h^{2i-1}+$$
$$\frac{2}{(2m+1)!}[f^{(2m+1)}(\xi_1)+$$
$$f^{(2m+1)}(\xi_2)](\frac{h}{2})^{2m+1}$$

由介值定理有

$$f^{(2m+1)}(\xi_1)+f^{(2m+1)}(\xi_2)=2f^{(2m+1)}(\xi)$$

这里 ξ 在 ξ_1 和 ξ_2 之间,从而 $\xi\in(x_0,x_0+h)$. 因此

$$f(x_0+h)=f(x_0)+\sum_{i=1}^{m}\frac{f^{(2i-1)}(x_0+\frac{h}{2})}{(2i-1)!\ 4^{i-1}}h^{2i-1}+\frac{1}{(2m+1)!\ 4^m}f^{(2m+1)}(\xi)h^{2m+1}$$

证罢.

在式(3)中,令 $m=1,x_0=0$,可得

$$f(h)=f(0)+f'(\frac{h}{2})h+\frac{1}{3!\ 4}f''(\xi)h^3$$

$$(0<\xi<h) \qquad (6)$$

式(6)说明,用中间点 ξ 的趋近值 $x_0+\frac{h}{2}$ 代替式(2)右端的 ξ 时,确实得到了一个关于函数 $f(h)$ 的更好的近似式. 因为,由式(6)知,产生的误差

$$E=f(h)-[f(0)+f'(\frac{h}{2})h]=\frac{1}{3!\ 4}f'''(\xi)h^3$$

粗略地说,它仅是相同阶数泰勒多项式 $f(0)+f'(0)h+\frac{1}{2!}f''(0)h$ 所产生误差的 $\frac{1}{4}$.

不仅如此,如果将式(6)仍称为泰勒公式,ξ 称其为中间点,那么下面的定理将证明,这新的中间点 ξ 仍有渐近性,即 $\lim\limits_{h\to 0}\frac{\xi-x_0}{h}=\frac{1}{2}$;而且如果将 ξ 的趋近值 $x_0+\frac{h}{2}$ 代替式(6)中的 ξ,又得到了一个关于 $f(h)$ 的更好的近似式

$$f(h)\approx f(0)+f'(\frac{h}{2})h+\frac{1}{3!\ 4}f'''(\frac{h}{2})h^3$$

它产生的误差 $E=\frac{1}{5!\ 4^2}f^{(5)}(\xi)h^5$,这实际上是式(3)中当 $m=2,x_0=0$ 的特殊情况,由此,不难想象,这种渐近性呈现出了一种递推规律.

定理4 设 $f(x)$ 在 $[x_0,x_0+h]$ 有 $2m+4$ 阶连续导数,且 $f^{(2m+2)}(x_0)\neq 0$,ξ 为由式(3)确定的"中间点",则:

①$\lim\limits_{h\to 0}\frac{\xi-x_0}{h}=\frac{1}{2}$;

②记

$$Q=f(x_0)+\sum_{i=1}^{m}\frac{f^{(2i-1)}(x_0+\frac{h}{2})}{(2i-1)!\ 4^{i-1}}h^{2i-1}+\frac{f^{(2m+1)}(x_0+\frac{h}{2})}{(2m+1)!\ 4^{m}}h^{2m+1}$$

这时,至少存在一点 η,$0<\eta<h$,使下式成立

$$f(x_0+h)=Q+\frac{1}{(2m+3)!\ 4^{m+1}}f^{(2m+3)}(\eta)h^{2m+3}$$

证 ②实际上是式(3),只须将 m 换成 $m+1$.

①为了清楚,用归纳法.

设 $m=1$,式(3)成为

$$f(x_0+h)=f(x_0)+f'(x_0+\frac{h}{2})h+\frac{1}{3!\ 4}f'''(\xi)h^3 \tag{3$'$}$$

将

$$f(x_0+h)=f(x_0)+\sum_{i=1}^{3}\frac{1}{i!}f^{(i)}(x_0)h^i+$$

$$\frac{1}{4!}f^{(4)}(\sigma)h^4 \quad (x_0<\sigma<x_0+h)$$

$$hf'(x_0+\frac{h}{2})=h[f'(x_0)+f''(x_0)\frac{h}{2}+\frac{1}{2!}f'''(x_0)(\frac{h}{2})^2+$$

$$\frac{1}{3!}f^{(4)}(x_0)(\frac{h}{2})^3+o(h^3)]$$

及

$$\frac{h^3}{3!\ 4}f'''(\xi)=\frac{1}{3!\ 4}[f'''(x_0)+(\xi-x_0)f^{(4)}(\tau)]$$

$$(x_0<\tau<x_0+h)$$

代入式(3)′中,并化简得

$$\frac{1}{4!}f^{(4)}(\sigma)h^4=\frac{h^4}{3!\ 2^2}f^{(4)}(x_0)+o(h^4)+$$

$$(\xi-x_0)\frac{1}{3!\ 4}f^{(4)}(\tau)h^3$$

当$f^{(4)}(x)$的连续性及$f^{(4)}(x_0)\neq 0$,有

$$\lim_{h\to 0}\frac{\xi-x_0}{h}=\lim_{h\to 0}\frac{\frac{1}{4!}f^{(4)}(\sigma)-\frac{1}{3!\ 2^2}f^{(4)}(x_0)-o(1)}{\frac{1}{3!\ 4}f^{(4)}(\tau)}=\frac{1}{2}$$

现在证 m 是任意正整数时,定理成立.

将以下展开式代入式(3)

$$f(x_0+h)=\sum_{i=0}^{2m+1}f^{(i)}(x_0)\frac{1}{i!}h^i+$$

$$\frac{1}{(2m+2)!}f^{(2m+2)}(\sigma_1)h^{2m+2}$$

$$(x_0<\sigma_1<x_0+h)$$

$$f^{(2i-1)}(x_0+\frac{h}{2})=f^{(2i-1)}(x_0)+$$

$$\sum_{j=1}^{2(m-i)+3}\frac{1}{j!}f^{(2i-1+j)}(x_0)(\frac{h}{2})^j+$$

$$o(h^{2(m-i)+3})$$

$$(i=1,2,\cdots,m+1)$$

$$f^{(2m+1)}(\xi)=f^{(2m+1)}(x_0)+f^{(2m+2)}(\sigma_2)(\xi-x_0)$$

$$(x_0<\sigma_2<\xi)$$

得

$$\sum_{i=0}^{2m+1}f^{(i)}(x_0)\frac{h^i}{i!}+\frac{1}{(2m+2)!}f^{(2m+2)}(\sigma_1)h^{2m+2}$$

$$=f(x_0)+\sum_{i=1}^{m+1}\frac{h^{2i-1}}{(2i-1)!\ 4^{i-1}}\cdot$$

$$\left[\sum_{i=0}^{2(m-i)+3}\frac{f^{(2i-1+j)}(x_0)}{j!}(\frac{h}{2})^j+o(h^{2(m-i)+3})\right]+$$

$$\frac{h^{2m+1}}{(2m+1)!\ 4^m}(f^{(2m+1)}(x_0)+(\xi-x_0)f^{(2m+2)}(\sigma_2)) \tag{7}$$

将式(7)右边按 $h^j(0\leqslant j\leqslant 2m+1)$ 合并同类项,便是 $f(x_0+h)$ 的 $2m+1$ 阶泰勒多项式,由泰勒多项式系数的唯一性知,必可从式(7)两端消去上述各项. 若把有限个 $o(h^{2m+2})$ 之和仍记为 $o(h^{2m+2})$,则式(7)化为

$$\frac{f^{(2m+2)}(\sigma_1)}{(2m+2)!}h^{2m+2}=o(h^{2m+2})+\frac{f^{(2m+2)}(x_0)}{(2m+1)!\ 4^m\cdot 2}h^{2m+2}+$$

$$\frac{f^{(2m+2)}(x_0)}{(2m-1)!\ 3!\ 4^m\cdot 2}h^{2m+2}+$$

$$\frac{f^{(2m+2)}(x_0)}{(2m-3)!\ 5!\ 4^m\cdot 2}h^{2m+2}+\cdots+$$

$$\frac{f^{(2m+2)}(x_0)}{3!\ (2m-1)!\ 4^m\cdot 2}h^{2m+2}+$$

$$(\xi - x_0)\frac{f^{(2m+2)}(\sigma_2)}{(2m+1)!\ 4^m}h^{2m+2} \tag{8}$$

再利用泰勒多项式(更高一阶)的系数的唯一性,即有

$$\frac{1}{(2m+2)!} = \frac{1}{(2m+1)!\ 4^m \cdot 2} + \frac{1}{(2m-1)!\ 3!\ 4^m \cdot 2} + \cdots + \frac{1}{1!\ (2m+1)!\ 4^m \cdot 2} \tag{9}$$

把式(8)变形为

$$\frac{\xi - x_0}{h} = \left(\frac{f^{(2m+2)}(\sigma_1)}{(2m+2)!} - o(1) - \frac{f^{(2m+2)}(x_0)}{(2m+1)!\ 4^m \cdot 2} - \frac{f^{(2m+2)}(x_0)}{(2m-1)!\ 3!\ 4^m \cdot 2} - \cdots - \frac{f^{(2m+2)}(x_0)}{3!\ (2m-1)!\ 4^m \cdot 2}\right) \cdot \left(\frac{f^{(2m+2)}(\sigma_2)}{(2m+1)!\ 4^m}\right)^{-1}$$

利用式(9),求极限

$$\lim_{h \to 0} \frac{\xi - x_0}{h} = \frac{1}{2}$$

证罢.

上面所研究的,实际上是由对拉格朗日中值定理"中间点"的渐近性的讨论,得到了推广的泰勒公式(3),进而又给出了推广的泰勒公式"中间点"的渐近性. 下面我们把这种讨论扩展到更一般的泰勒公式中去.

定理5 设$f(x)$在$[x_0, x_0+h]$上有$n+4$阶导数,且$f^{(n+3)}(x_0) \neq 0$,则:

①在(x_0, x_0+h)内至少存在一点ξ,使

$$f(x_0+h)=Q+\frac{n}{2(n+1)(n+2)!}f^{(n+2)}(\xi)h^{n+2}$$

$$=f(x_0)+f'(x_0)+\cdots+\frac{f^{(n-1)}(x_0)}{(n-1)!}h^{n-1}+$$

$$\frac{f^{(n)}(x_0+\frac{h}{h+1})}{n!}h^n+$$

$$\frac{n}{2(n+1)(n+2)!}f^{(n+2)}(\xi)h^{n+2} \quad (10)$$

②$\lim\limits_{h\to 0}\frac{\xi-x_0}{h}=\frac{5n+7}{3(n+1)(n+3)}$.

证 ①利用余项为积分形式的泰勒公式

$$f(x)=f(x_0)+f'(x_0)(x-x_0)+\cdots+$$

$$\frac{f^{(n)}(x_0)}{n!}(x-x_0)^n+$$

$$\frac{1}{n!}\int_{x_0}^{x}f^{(n+1)}(s)(x-s)^n\mathrm{d}s$$

有

$$f(x_0+h)=f(x_0)+f'(x_0)h+\frac{1}{2!}f''(x_0)h^2+\cdots+$$

$$\frac{1}{(n+1)!}f^{(n+1)}(x_0)h^{n+1}+$$

$$\frac{1}{(n+1)!}\int_{x_0}^{x_0+h}f^{(n+2)}(t)(x_0+h-t)^{n+1}\mathrm{d}t$$

及

$$f^{(n)}(x_0+\frac{h}{n+1})=f^{(n)}(x_0)+f^{(n+1)}(x_0)\frac{h}{n+1}+$$

$$\int_{x_0}^{x_0+\frac{h}{n+1}}f^{(n+2)}(t)(x+\frac{h}{n+1}-t)\mathrm{d}t$$

将上面两个积分进行变量替换,令 $t=x_0+sh$,则

$$f(x_0+h)=f(x_0)+f'(x_0)h+\cdots+\frac{1}{(n+1)!}f^{(n+1)}(x_0)h^{(n+1)}+\frac{h^{n+2}}{(n+1)!}\int_0^1 f^{(n+2)}(x_0+sh)(1-s)^{n+1}\mathrm{d}s$$

$$f^{(n)}(x_0+\frac{h}{n+1})=f^{(n)}(x_0)+\frac{h}{h+1}f^{(n+1)}(x_0)+h^2\int_0^{\frac{1}{n+1}} f^{(n+2)}(x_0+sh)(\frac{1}{n+1}-s)\mathrm{d}s$$

这时

$$\begin{aligned}&f(x_0+h)-Q\\&=h^{n+2}\int_0^1 f^{(n+2)}(x_0+sh)\frac{1}{(n+1)!}(1-s)^{n+1}\mathrm{d}s-\\&\quad h^{n+2}\int_0^{\frac{1}{n+1}}\frac{1}{n!}f^{(n+2)}(x_0+sh)(\frac{1}{n+1}-s)\mathrm{d}s\\&=h^{n+2}\int_0^1 p(s)f^{(n+2)}(x_0+sh)\mathrm{d}s\end{aligned}$$

其中

$$p(s)=\begin{cases}\dfrac{(1-s)^{n+1}}{(n+1)!} & (\dfrac{1}{n+1}\leqslant s\leqslant 1)\\[2ex] \dfrac{(1-s)^{n+1}}{(n+1)!}-\dfrac{1}{n!}(\dfrac{1}{n+1}-s) & (0\leqslant s<\dfrac{1}{n+1})\end{cases}$$

易知 $p(s)$ 在 $[0,1]$ 上连续

$$p'(s)=\begin{cases}\dfrac{-(1-s)^{n}}{n!} & (\dfrac{1}{n+1}<s<1)\\[2ex] \dfrac{-(1-s)^{n+1}}{n!}+\dfrac{1}{n!} & (0<s<\dfrac{1}{n+1})\end{cases}$$

且 $p'(s)$ 在 $(0,\frac{1}{n+1})$ 内大于 0，在 $(\frac{1}{n+1},1)$ 内小于 0，并注意到 $p(0)=p(1)=0$，故 $p(s)$ 在 $[0,1]$ 上不变号（大于等于零），根据第一积分中值定理，有

$$f(x_0+h)-Q=h^{n+2}f^{(n+2)}(x_0+\theta h)\int_0^1 p(s)\mathrm{d}s$$

$$=h^{n+2}\cdot f^{(n+2)}(x_0+\theta h)\cdot\left[\int_0^{\frac{1}{n+1}}\left(\frac{(1-s)^{n+1}}{(n+1)!}-\frac{1}{n!}\left(\frac{1}{n+1}-s\right)\right)\mathrm{d}s+\int_{\frac{1}{n+1}}^1\frac{(1-s)^{n+1}}{(n+1)!}\mathrm{d}s\right]$$

$$=h^{n+2}\cdot f^{(n+2)}(x_0+\theta h)\cdot\left[\frac{1}{(n+2)!}-\frac{1}{(n+2)!}\left(\frac{n}{n+1}\right)^{n+2}-\frac{1}{2\cdot n!}\frac{1}{(n+1)^2}\right]+h^{n+2}\cdot f^{(n+2)}(x_0+\theta h)\cdot\frac{1}{(n+2)!}\left(\frac{n}{n+1}\right)^{n+2}$$

$$=h^{n+2}\cdot f^{(n+2)}(x_0+\theta h)\cdot\frac{1}{(n+1)!}\left(\frac{1}{n+2}-\frac{1}{2(n+1)}\right)$$

$$=h^{n+2}\cdot f^{(n+2)}(x_0+\theta h)\frac{n}{2(n+1)(n+2)!}$$

因为 $0<\theta<1$，故式(10)成立.

②将下面三个式子代入式(10)

$$f(x_0+h)=f(x_0)+f'(x_0)h+\cdots+\frac{1}{(n+2)!}f^{(n+2)}(x_0)h^{n+2}+\frac{1}{(n+3)!}f^{(n+3)}(\sigma_1)h^{n+3}$$

$$f^{(n)}\left(x_0+\frac{h}{n+1}\right)=f^{(n)}(x_0)+f^{(n+1)}(x_0)\frac{h}{n+1}+$$

$$\frac{1}{2!}f^{(n+2)}(x_0)\left(\frac{h}{n+1}\right)^2+$$

$$\frac{1}{3!}f^{(n+3)}(x_0)\left(\frac{h}{n+1}\right)^3+o(h^3)$$

$$f^{(n+2)}(\xi)=f^{(n+2)}(x_0)+f^{(n+3)}(\sigma_2)(\xi-x_0)$$

注意到

$$\frac{1}{(n+2)!}=\frac{1}{n!}\frac{1}{2!\ (n+1)^2}+\frac{n}{2(n+1)(n+2)!}$$

式(10)化为

$$h^{n+3}\frac{f^{(n+3)}(\sigma_1)}{(n+3)!}$$

$$=\frac{1}{3!}\frac{h^{n+3}}{(n+1)^3}f^{(n+3)}(x_0)\frac{1}{n!}+$$

$$\frac{1}{n!}o(h^{n+3})+$$

$$\frac{n}{(n+2)!\ 2(n+1)}(\xi-x_0)f^{(n+3)}(\sigma_2)h^{n+2}$$

因此

$$\frac{\xi-x_0}{h}=$$

$$\frac{\frac{1}{(n+3)!}f^{(n+3)}(\sigma_1)-\frac{1}{3!\ (n+1)^3\cdot n!}f^{(n+3)}(x_0)-\frac{1}{n!}o(1)}{\frac{1}{(n+2)!}\cdot\frac{n}{2(n+1)}f^{(n+3)}(\sigma_2)}$$

由 $f^{(n+3)}(x_0+h)$ 的连续性,故

$$\lim_{k\to 0}\frac{\xi-x_0}{h}=\frac{\frac{1}{(n+3)!}-\frac{1}{3!\ (n+1)^3\cdot n!}}{\frac{n}{2(n+1)(n+2)!}}$$

$$=\frac{5n+7}{3(n+1)(n+3)}$$

证罢.

三、现在把问题引入到对 n 元函数泰勒公式的讨论

设 n 元函数 $f:S\subset\mathbf{R}^n\to\mathbf{R}^1$,其中 S 为 $\mathbf{R}^n$ 中凸域记 $\boldsymbol{h}=(h_1,h_2,\cdots,h_n)$,$\boldsymbol{x}_0=(x_1^{(0)},x_2^{(0)},\cdots,x_n^{(0)})$,$\boldsymbol{x}=(x_1,x_2,\cdots,x_n)$,$\boldsymbol{h}^0=\frac{\boldsymbol{h}}{\|\boldsymbol{h}\|}$,以及 $\nabla=\left(\frac{\partial}{\partial x_1},\frac{\partial}{\partial x_2},\cdots,\frac{\partial}{\partial x_n}\right)^\tau$.这时 $(\boldsymbol{h}\nabla)^n f(\boldsymbol{x}_0)$ 表示函数 $f(\boldsymbol{x}_0+\boldsymbol{h})$ 在 $\boldsymbol{x}_0$ 点的 n 阶微分.

定理 6(n 元函数的泰勒定理) 设 $f:S\subset\mathbf{R}^n\to\mathbf{R}^1$,在凸域 S 内 $f(\boldsymbol{x})$ 有 $n+1$ 阶连续导数,且 $\boldsymbol{x}_0$ 及 $\boldsymbol{x}_0+\boldsymbol{h}\in S$,则在点 $\boldsymbol{x}_0$ 及 $\boldsymbol{x}_0+\boldsymbol{h}$ 的连线段内,至少存在一点 $\boldsymbol{x}_0+\theta\boldsymbol{h}(0<\theta<1)$,使下式成立

$$f(\boldsymbol{x}_0+\boldsymbol{h})=f(\boldsymbol{x}_0)+\sum_{i=1}^{n-1}\frac{1}{i!}(\boldsymbol{h}\nabla)^i f(\boldsymbol{x}_0)+\frac{1}{n!}(\boldsymbol{h}\nabla)^n f(\boldsymbol{x}_0+\theta\boldsymbol{h}) \qquad (11)$$

定理 7(“中间点”的渐近性定理)

若 $(\boldsymbol{h}^0\nabla)^{n+1}f(\boldsymbol{x}_0)\neq 0$,则由式(11)确定的“中间点”$\boldsymbol{x}_0+\theta\boldsymbol{h}$,必有

$$\lim_{\boldsymbol{h}\to\boldsymbol{0}}\frac{\|\boldsymbol{x}_0+\theta\boldsymbol{h}-\boldsymbol{x}_0\|}{\|\boldsymbol{h}\|}=\frac{1}{n+1}$$

说明 以下讨论的多元函数的极限均指“依一定方向趋近”,即 $\lim\limits_{\boldsymbol{h}\to\boldsymbol{0}}\frac{\boldsymbol{h}}{\|\boldsymbol{h}\|}$ 存在.

证 考虑变量为 θ 的一元函数 $(\boldsymbol{h}\nabla)^n f(\boldsymbol{x}_0+\theta\boldsymbol{h})$，并在 $[0,\theta]$ 上利用一元函数的微分中值定理，有

$$
\begin{aligned}
(\boldsymbol{h}\nabla)^n f(\boldsymbol{x}_0+\theta\boldsymbol{h}) &= (\boldsymbol{h}\nabla)^n f(\boldsymbol{x}_0)+(\boldsymbol{h}\nabla)\cdot \\
&\qquad (\boldsymbol{h}\nabla)^n f(\boldsymbol{x}_0+\theta\boldsymbol{h})\big|_{\theta=\tau}\cdot\theta \\
&= (\boldsymbol{h}\nabla)^n f(\boldsymbol{x}_0)+(\boldsymbol{h}\nabla)^{n+1}\cdot \\
&\qquad f(\boldsymbol{x}_0+\tau\boldsymbol{h})\cdot\theta \quad (0<\tau<\theta)
\end{aligned}
$$

将上式代入到式(11)中

$$
f(\boldsymbol{x}_0+\boldsymbol{h})=f(\boldsymbol{x}_0)+\sum_{i=1}^{n}\frac{1}{i!}(\boldsymbol{h}\nabla)^i f(\boldsymbol{x}_0)+\frac{\theta}{n!}(\boldsymbol{h}\nabla)^{n+1}f(\boldsymbol{x}_0+\tau\boldsymbol{h})
$$

再写出 $f(\boldsymbol{x}_0+\boldsymbol{h})$ 在 $\boldsymbol{x}_0$ 点的 n 阶泰勒公式

$$
f(\boldsymbol{x}_0+\boldsymbol{h})=f(\boldsymbol{x}_0)+\sum_{i=1}^{n}\frac{1}{i!}(\boldsymbol{h}\nabla)^i f(\boldsymbol{x}_0)+\frac{1}{(n+1)!}+(\boldsymbol{h}\nabla)^{n+1}f(\boldsymbol{x}_0+\lambda\boldsymbol{h})
$$

这里 $0<\lambda<1$，比较上面两式，有

$$
\frac{1}{(n+1)!}(\boldsymbol{h}\nabla)^{n+1}f(\boldsymbol{x}_0+\lambda\boldsymbol{h})=\frac{1}{n!}(\boldsymbol{h}\nabla)^{n+1}f(\boldsymbol{x}_0+\tau\boldsymbol{h})\cdot\theta
$$

所以

$$
\begin{aligned}
\theta &= \frac{1}{n+1}\frac{(\boldsymbol{h}\nabla)^{n+1}f(\boldsymbol{x}_0+\lambda\boldsymbol{h})}{(\boldsymbol{h}\nabla)^{n+1}f(\boldsymbol{x}_0+\tau\boldsymbol{h})} \\
&= \frac{1}{(n+1)!}\frac{\left(\frac{\boldsymbol{h}}{\|\boldsymbol{h}\|}\nabla\right)^{n+1}f(\boldsymbol{x}_0+\lambda\boldsymbol{h})}{\left(\frac{\boldsymbol{h}}{\|\boldsymbol{h}\|}\nabla\right)^{n+1}f(\boldsymbol{x}_0+\tau\boldsymbol{h})}
\end{aligned}
$$

由已知条件

$$
\lim_{\boldsymbol{h}\to\boldsymbol{0}}\frac{\|\boldsymbol{x}_0+\boldsymbol{h}-\boldsymbol{x}_0\|}{\|\boldsymbol{h}\|}=\lim_{\boldsymbol{h}\to\boldsymbol{0}}\theta=\frac{1}{n+1}
$$

证罢.

定理 8　设 $f:S\subset\mathbf{R}^n\to\mathbf{R}^1$，$S$ 为凸域，若 $f(x)$ 有 $n+4$ 阶连续偏导数，且

$$(\boldsymbol{h}^0\nabla)^{n+3}f(\boldsymbol{x}_0)\neq 0$$

记

$$Q=f(\boldsymbol{x}_0)+\sum_{i=1}^{n-1}\frac{1}{i!}(\boldsymbol{h}\nabla)^i f(\boldsymbol{x}_0)+\frac{1}{n!}(\boldsymbol{h}\nabla)^n f\left(\boldsymbol{x}_0+\frac{\boldsymbol{h}}{n+1}\right)$$

则：

①在 S 内至少存在一点 $\boldsymbol{x}_0+\eta\boldsymbol{h}$，使下式成立

$$f(\boldsymbol{x}_0+\boldsymbol{h})=Q+\frac{n}{2(n+1)(n+2)!}(\boldsymbol{h}\nabla)^{n+2}\cdot f(\boldsymbol{x}_0+\eta\boldsymbol{h})\quad(0<\eta<1)\tag{12}$$

②由式(12)确定的中间点 $\boldsymbol{x}_0+\eta\boldsymbol{h}$ 满足

$$\lim_{\boldsymbol{h}\to\boldsymbol{0}}\frac{\|\boldsymbol{x}_0+\eta\boldsymbol{h}-\boldsymbol{x}_0\|}{\|\boldsymbol{h}\|}=\lim_{\boldsymbol{h}\to\boldsymbol{0}}\eta=\frac{5n+7}{3(n+1)(n+3)}$$

（说明：显然约定 $\lim\limits_{\boldsymbol{h}\to\boldsymbol{0}}\frac{\boldsymbol{h}}{\|\boldsymbol{h}\|}$ 存在.）

证　①定义两个一元函数 $\varphi(t)=f(\boldsymbol{x}_0+t\boldsymbol{h})$ 及

$$\varphi_1(t)=(\boldsymbol{h}\nabla)^n f\left(\boldsymbol{x}_0+\frac{\boldsymbol{h}}{N+1}t\right)\quad(t\in\mathbf{R}^1)$$

在 $t=0$ 点将这两个一元函数用泰勒公式（积分型余项）展开

$$\varphi(t)=\varphi(0)+\sum_{i=1}^{n+1}\frac{1}{i!}\varphi^{(i)}(0)t^i+\frac{1}{(n+1)!}\int_0^t\varphi^{(n+2)}(s)(t-s)^{n+1}\mathrm{d}s$$

$$\varphi_1(t)=\varphi_1(0)+\varphi'_1(0)t+\int_0^t \varphi''_1(s)(t-s)\mathrm{d}s$$

这时

$$f(\boldsymbol{x}_0+\boldsymbol{h})=\varphi(1)=f(\boldsymbol{x}_0)+\sum_{i=1}^{n+1}\frac{1}{i!}(\boldsymbol{h}\nabla)^i f(\boldsymbol{x}_0)+\frac{1}{(n+1)!}\int_0^1(\boldsymbol{h}\nabla)^{n+2}f(\boldsymbol{x}_0+s\boldsymbol{h})\cdot(1-s)^{n-1}\mathrm{d}s$$

$$\begin{aligned}&(\boldsymbol{h}\nabla)^n f\left(\boldsymbol{x}_0+\frac{\boldsymbol{h}}{n+1}\right)=\varphi_1(1)\\&=(\boldsymbol{h}\nabla)^n f(\boldsymbol{x}_0)+(\boldsymbol{h}\nabla)((\boldsymbol{h}\nabla)^n f(\boldsymbol{x}_0+\frac{\boldsymbol{h}}{n+1}t))\cdot\frac{1}{n+1}\Big|_{t=1}+\int_0^1(\boldsymbol{h}\nabla)^{n+2}\cdot f(\boldsymbol{x}_0+\frac{\boldsymbol{h}}{n+1}s)(\frac{1}{n+1})^2\cdot(1-s)\mathrm{d}s\\&=(\boldsymbol{h}\nabla)^n f(\boldsymbol{x}_0)+\frac{1}{n+1}(\boldsymbol{h}\nabla)^{n+1}\cdot f(\boldsymbol{x}_0)+\int_0^{\frac{1}{n+1}}(\boldsymbol{h}\nabla)^{n+2}\cdot f(\boldsymbol{x}_0+s\boldsymbol{h})(\frac{1}{n+1}-s)\mathrm{d}s\end{aligned}$$

这最后的积分式子,用到了一次变量替换,因此

$$\begin{aligned}&f(\boldsymbol{x}_0+\boldsymbol{h})-Q\\&=\frac{1}{(n+1)!}\int_0^1(\boldsymbol{h}\nabla)^{n+2}f(\boldsymbol{x}_0+s\boldsymbol{h})(1-s)^{n+1}\mathrm{d}s-\end{aligned}$$

$$\frac{1}{n!}\int_0^{\frac{1}{n+1}}(\boldsymbol{h}\nabla)^{n+2}f(\boldsymbol{x}_0+s\boldsymbol{h})\left(\frac{1}{n+1}-s\right)\mathrm{d}s$$

$$=\frac{1}{n!}\int_0^{\frac{1}{n+1}}(\boldsymbol{h}\nabla)^{n+2}f(\boldsymbol{x}_0+s\boldsymbol{h})\left(\frac{(1-s)^{n+1}}{n+1}-\frac{1}{n+1}+s\right)\mathrm{d}s+$$

$$\frac{1}{(n+1)!}\int_{\frac{1}{n+1}}^{1}(\boldsymbol{h}\nabla)^{n+2}f(\boldsymbol{x}_0+s\boldsymbol{h})(1-s)^{n+1}\mathrm{d}s$$

令

$$\psi(t)=(\boldsymbol{h}\nabla)^{n+2}f(\boldsymbol{x}_0+t\boldsymbol{h})$$

$$g(s)=\frac{(1-s)^{n+1}}{n+1}-\frac{1}{n+1}+s$$

易证 $g(s)$ 在 $\left(0,\frac{1}{n+1}\right)$ 上恒有 $g(s)>0$,由第一积分中值定理,有

$$f(\boldsymbol{x}_0+\boldsymbol{h})-Q$$

$$=\frac{\psi(\eta_1)}{n!}\int_0^{\frac{1}{n+1}}\left(\frac{(1-s)^{n+1}}{n+1}-\frac{1}{n+1}+s\right)\mathrm{d}s+$$

$$\frac{\psi(\eta_2)}{(n+1)!}\int_{\frac{1}{n+1}}^{1}(1-s)^{n+1}\mathrm{d}s$$

$$=\frac{\psi(\eta_1)}{n!}\left(\frac{-(1-s)^{n+2}}{(n+1)(n+2)}-\frac{s}{n+1}+\frac{s^2}{2}\right)\Big|_0^{\frac{1}{n+1}}+$$

$$\frac{\psi(\eta_2)}{(n+1)!}\frac{-(1-s)^{n+2}}{n+2}\Big|_{\frac{1}{n+1}}^{1}$$

$$=\frac{\psi(\eta_1)}{n!}\left(\frac{n}{2(n+1)^2(n+2)}-\right.$$

$$\left.\frac{1}{(n+1)(n+2)}\left(\frac{n}{n+1}\right)^{n+2}\right)+$$

$$\frac{\psi(\eta_2)}{(n+1)(n+2)}\left(\frac{n}{n+1}\right)^{n+2}$$

$$=\frac{\psi(\eta_2)-\psi(\eta_1)}{n!\ (n+1)(n+2)}\left(\frac{n}{n+1}\right)^{n+2}+$$

$$\frac{n}{2n!\ (n+1)^2(n+2)}\psi(\eta_1)$$

$$=\frac{n}{2(n+2)!\ (n+1)}\left[(\psi(\eta_2)-\right.$$

$$\left.\psi(\eta_1))\frac{2}{\left(\frac{n+1}{n}\right)^{n+1}}+\psi(\eta_1)\right]$$

令 $T=\frac{(\psi(\eta_2)-\psi(\eta_1))\cdot 2}{\left(\frac{n+1}{n}\right)^{n+1}}+\psi(\eta_1)$，因为 $\left(1+\frac{1}{n}\right)^{n+1}\to \mathrm{e}$，故 $n>2$ 时，$0<\frac{2}{\left(1+\frac{1}{n}\right)^{n+1}}<1$. 下面将证明 T 的值在 $\psi(\eta_1)$ 与 $\psi(\eta_2)$ 之间，由于 $\psi(t)$ 的连续性，由介值定理，在 η_1 与 η_2 之间存在 η，使 $\psi(\eta)=T$，即

$$T=(\boldsymbol{h}\nabla)^{n+2}f(\boldsymbol{x}_0+\eta\boldsymbol{h})\quad(0<\eta<1)$$

若 $\psi(\eta_1)>\psi(\eta_2)$，则

$$T=\psi(\eta_1)-\frac{2}{\left(1+\frac{1}{n}\right)^{n+1}}(\psi(\eta_1)-\psi(\eta_2))<\psi(\eta_1)$$

且

$$T>\psi(\eta_1)-(\psi(\eta_1)-\psi(\eta_2))=\psi(\eta_2)$$

若 $\psi(\eta_2)>\psi(\eta_1)$，则显然 $T>\psi(\eta_1)$，且

$$T<(\psi(\eta_2)-\psi(\eta_1))+\psi(\eta_1)=\psi(\eta_2)$$

因此有

$$f(\boldsymbol{x}_0+\boldsymbol{h})-Q=(\boldsymbol{h}\nabla)^{n+2}f(\boldsymbol{x}_0+\eta\boldsymbol{h})\cdot \frac{n}{2(n+2)!\ (n+1)}\quad (0<\eta<1)$$

成立.

②将$f(\boldsymbol{x}_0+\boldsymbol{h})$展成$n+2$阶泰勒公式

$$f(\boldsymbol{x}_0+\boldsymbol{h})=f(\boldsymbol{x}_0)+\sum_{i=1}^{n+2}\frac{1}{i!}(\boldsymbol{h}\nabla)^i f(\boldsymbol{x}_0)+\frac{1}{(n+3)!}(\boldsymbol{h}\nabla)^{n+3}f(\boldsymbol{x}_0+\sigma_1\boldsymbol{h})\quad (0<\sigma_1<1)\tag{13}$$

将

$$\varphi_2(t)=(\boldsymbol{h}\nabla)^n f\left(\boldsymbol{x}_0+\frac{t}{n+1}\boldsymbol{h}^0\right)$$

在$t=0$点展成三阶泰勒公式(皮亚诺型余项)

$$\begin{aligned}\varphi_2(t)&=\varphi_2(0)+\varphi'_2(0)t+\varphi''_2\frac{t^2}{2!}+\varphi'''(0)\frac{t^3}{3!}+o(t^3)\\&=(\boldsymbol{h}\nabla)^n f(\boldsymbol{x}_0)+\left(\frac{\boldsymbol{h}^0}{n+1}\nabla\right)(\boldsymbol{h}\nabla)^n f(\boldsymbol{x}_0)t+\\&\quad\frac{t^2}{2!}\left(\frac{\boldsymbol{h}^0}{n+1}\nabla\right)^2(\boldsymbol{h}\nabla)^n f(\boldsymbol{x}_0)+\\&\quad\frac{t^3}{3!}\left(\frac{\boldsymbol{h}^0}{n+1}\nabla\right)^3(\boldsymbol{h}\nabla)^n f(\boldsymbol{x}_0)+o(t^3)\end{aligned}$$

所以

$$(\boldsymbol{h}\nabla)^n f\left(\boldsymbol{x}_0+\frac{\boldsymbol{h}}{n+1}\right)=\varphi_2(\|\boldsymbol{h}\|)=(\boldsymbol{h}\nabla)^n f(\boldsymbol{x}_0)+\sum_{i=1}^{3}\frac{1}{i!\ (n+1)^i}(\boldsymbol{h}\nabla)^{n+i}f(\boldsymbol{x}_0)+o(\|\boldsymbol{h}\|^3)\tag{14}$$

将

$$\varphi_3(\eta)=(\boldsymbol{h}\nabla)^{n+2}f(\boldsymbol{x}_0+\eta\boldsymbol{h})$$

用拉格朗日中值定理展开(在区间[0,η]上)

$$\begin{aligned}\varphi_3(\eta)&=(\boldsymbol{h}\nabla)^{n+2}f(\boldsymbol{x}_0)+(\boldsymbol{h}\nabla)((\boldsymbol{h}\nabla)^{n+2}\cdot\\&\quad f(\boldsymbol{x}_0+\sigma_2\boldsymbol{h}))(\eta-0)\\&=(\boldsymbol{h}\nabla)^{n+2}f(\boldsymbol{x}_0)+\\&\quad(\boldsymbol{h}\nabla)^{n+3}f(\boldsymbol{x}_0+\sigma_2\boldsymbol{h})\eta\end{aligned}\tag{15}$$

把式(13)(14)(15)代入式(12),化简后为

$$\frac{1}{(n+3)!}(\boldsymbol{h}\nabla)^{n+3}f(\boldsymbol{x}_0+\sigma_1\boldsymbol{h})=\frac{1}{3!\ (n+1)^3n!}\cdot$$

$$(\boldsymbol{h}\nabla)^{n+3}f(\boldsymbol{x}_0)+o(\|\boldsymbol{h}\|^{n+3})+$$

$$\frac{n\eta}{2(n+2)!\ (n+1)}(\boldsymbol{h}\nabla)^{n+3}f(\boldsymbol{x}_0+\sigma_2\boldsymbol{h})$$

因此有

$$\eta=\frac{\|\boldsymbol{x}_0+\eta\boldsymbol{h}-\boldsymbol{x}_0\|}{\|\boldsymbol{h}\|}=$$

$$\frac{\frac{1}{(n+3)!}(\frac{\boldsymbol{h}}{\|\boldsymbol{h}\|}\nabla)^{n+3}f(\boldsymbol{x}_0+\sigma_1\boldsymbol{h})-\frac{1}{n!\ 3!\ (n+1)^3}(\frac{\boldsymbol{h}}{\|\boldsymbol{h}\|}\nabla)^{n+3}f(\boldsymbol{x}_0)+o(1)}{\frac{1}{2(n+2)!\ (n+1)^2}(\frac{\boldsymbol{h}}{\|\boldsymbol{h}\|}\nabla)^{n+3}f(\boldsymbol{x}_0+\sigma_2\boldsymbol{h})}$$

注意到偏导的连续性及

$$(\boldsymbol{h}^0\nabla)^{n+3}f(\boldsymbol{x}_0)\neq 0$$

故

$$\lim_{\boldsymbol{h}\to\boldsymbol{0}}\eta=\frac{5n+7}{3(n+1)(n+3)}$$

证毕.

第八十四章 利用微分中值定理"中间点"的渐近性改进泰勒公式①

北京建筑工程学院数学教研室的谢国斌,北京农学院数学教研室的张苓两位教授 1997 年针对利用中值定理"中间点"的渐近性能改善泰勒公式,改善后的公式中间点是否还有渐近性进行了讨论. 由讨论这个问题出发,证明了用这种近似式产生的误差,优于用同阶泰勒多项式产生的误差,并给出这个误差的一个类似于泰勒公式余项的表达式. 然后研究了这种误差中的"中间点"的渐近性,给出了"中间点渐近性"的递归性的证明. 本章将讨论的结果推广到了多元泰勒公式.

① 本章摘自《北京工业大学学报》,1997 年,第 23 卷,第 4 期.

许多文献讨论了微分中值定理“中间点”的渐近性,获得许多耐人回味的漂亮结果.如果利用这种渐近性能改善泰勒公式,那么这种改善后的泰勒公式的中间点还有渐近性吗?本章将讨论这些问题.

定理 1(泰勒) 设$f(x)$在区间$[x_0,x_0+h]$上有n阶导数,则在(x_0,x_0+h)内至少存在一点ξ,使下式成立

$$f(x_0+h)=f(x_0)+\sum_{i=1}^{n-1}\frac{f^{(i)}(x_0)}{i!}h^i+\frac{f^{(n)}(\xi)}{n!}h^n \quad (1)$$

定理 2 设$f(x)$在$[x_0,x_0+h]$上有$n+2$阶导数,且$f^{(n+2)}(x_0)\neq 0$,若ξ是由式(1)确定的中间点,则

$$\lim_{h\to 0}\frac{\xi-x_0}{h}=\frac{1}{n+1}$$

当$n=1$时,式(1)便为拉格朗日中值定理

$$f(x_0+h)=f(x_0)+f'(\xi)h \quad (x_0<\xi<x_0+h) \quad (2)$$

这时有

$$\lim_{h\to 0}\frac{\xi-x_0}{h}=\frac{1}{2}$$

由上式知,当h很小时,$\frac{\xi-x_0}{h}\approx\frac{1}{2}$.因此,可以猜想,将$\xi=x_0+\frac{1}{2}h$代入到式(2)右端,$f(x_0)+f'\left(x_0+\frac{h}{2}\right)h$应该是$f(x_0+h)$的一个很好的近似.

定理 3 设$f(x)$在$[x_0,x_0+h]$有$2m+1$阶连续导数,则在(x_0,x_0+h)内至少存在一点ξ,使下式成立

$$f(x_0+h)=f(x_0)+\sum_{i=1}^{m}\frac{f^{(2i-1)}(x_0+\frac{h}{2})}{(2i-1)!\ 4^{i-1}}h^{2i-1}+\frac{1}{4^m(2m+1)!}f^{(2m+1)}(\xi)h^{2m+1} \quad (3)$$

证 由 $2m+1$ 阶泰勒公式

$$f(x_0+\frac{h}{2}+\frac{h}{2})=f(x_0+\frac{h}{2})+f'(x_0+\frac{h}{2})\frac{h}{2}+\cdots+\frac{f^{(2m)}(x_0+\frac{h}{2})}{(2m)!}(\frac{h}{2})^{2m}+\frac{f^{(2m+1)}(\xi_1)}{(2m+1!)}(-\frac{h}{2})^{2m+1} \quad (4)$$

$$f(x_0+\frac{h}{2}-\frac{h}{2})=f(x_0+\frac{h}{2})+f'(x_0+\frac{h}{2})\frac{h}{2}+\cdots+\frac{f^{(2m)}(x_0+\frac{h}{2})}{(2m)!}(-\frac{h}{2})^{2m}+\frac{f^{(2m+1)}(\xi_2)}{(2m+1)!}(-\frac{h}{2})^{2m+1} \quad (5)$$

其中，ξ_1,ξ_2 均在 (x_0,x_0+h) 中，由式(4)(5)，有

$$f(x_0+h)=f(x_0)+\sum_{i=1}^{m}\frac{f^{(2i-1)}(x_0+\frac{h}{2})}{(2i-1)!\ 4^{i-1}}h^{2i-1}+\frac{2}{(2m+1)!}[f^{(2m+1)}(\xi_1)+f^{(2m+1)}(\xi_2)]\cdot(\frac{h}{2})^{2m+1}$$

由介值定理

$$f^{(2m+1)}(\xi_1)+f^{(2m-1)}(\xi_2)=2f^{(2m+1)}(\xi)$$

这里 ξ 在 ξ_1,ξ_2 之间,从 $\xi\in(x_0,x_0+h)$,因此

$$f(x_0+h)=f(x_0)+\sum_{i=1}^{m}\frac{f^{(2i-1)}(x_0+\frac{h}{2})}{(2i-1)!\ 4^{i-1}}h^{2i-1}+\frac{1}{(2m+1)!}\frac{1}{4^m}f^{(2m+1)}(\xi)h^{2m+1}$$

证毕.

在式(3)中,令 $m=1,x_0=0$,可得

$$f(h)=f(0)+f'(\frac{h}{2})h+\frac{1}{3!\ 4}f'''(\xi)h^3\quad(0<\xi<h)\tag{6}$$

式(6)说明,用中间点 ξ 的趋近值 $\frac{h}{2}$ 代替左(2)右边的 ξ 时,确实得到了一个关于函数 $f(h)$ 更好的近似式. 因为,由式(6)知,产生的误差

$$E=f(h)-[f(0)+f'(\frac{h}{2})h]=\frac{1}{4\cdot 3!}f'''(\xi)h^3$$

粗略地说,它仅是相同阶数泰勒多项式

$$f(0)+f'(0)h+\frac{1}{2!}f''(0)h^2$$

所产生误差的 $\frac{1}{4}$.

不仅如此,如果将式(6)仍称为泰勒公式,ξ 称其为中间点,那么下面的定理将证明中间点 ξ 仍有渐近性,即

$$\lim_{h\to 0}\frac{\xi}{h}=\frac{1}{2}$$

而且如果将 ξ 的趋近值 $\frac{h}{2}$ 代替式(6)中的 ξ,又得到了

一个$f(h)$的更好的近似式

$$f(h)\approx f(0)+f'(\frac{h}{2})h+\frac{1}{3!\ 4}f'''(\frac{h}{2})h^3$$

它产生的误差是$\frac{1}{5!\ 4^2}f^{(5)}(\xi)h^5$,这实际上就是式(3)中当$m=2,x_0=0$的特殊情况.由此,不难想象,这种渐近性及近似性呈现了一种递推规律.

定理4 设$f(x)$在$[x_0,x_0+h]$有$2m+4$阶连续导数,且$f^{(2m+2)}(x_0)\neq 0$,ξ为由式(3)确定的"中间点",则:

①$\lim\limits_{h\to 0}\frac{\xi-x_0}{h}=\frac{1}{2}$.

②记

$$Q=f(x_0)+\sum_{i=1}^{m}\frac{f^{(2i-1)}(x_0+\frac{h}{2})}{(2i-1)!\ 4^{i-1}}h^{2i-1}+\frac{1}{(2m+1)!\ 4^m}f^{(2m+1)}(x_0+\frac{h}{2})h^{2m+1}$$

至少在(x_0,x_0+h)内存在一点η,使下式成立

$$f(x_0+h)=Q+\frac{1}{(2m+3)!\ 4^{m+1}}f^{(2m+3)}(\eta)h^{2m+3}$$

证 ②实际上是式(3),只须将m换成$m+1$.

①为了清楚,用归纳法.

设$m=1$,式(3)成为

$$f(x_0+h)=f(x_0)+f'(x_0+\frac{h}{2})h+\frac{1}{3!\ 4}f'''(\xi)h^3\quad(x_0<\xi<x_0+h)\tag{3)'$$

将

$$f(x_0+h)=f(x_0)+\sum_{i=1}^{3}\frac{1}{i!}f^{(i)}(x_0)h^i+\frac{1}{4!}f^{(4)}(\sigma)h^4\quad(x_0<\sigma<x_0+h)$$

及

$$hf'(x_0+\frac{h}{2})=h[f'(x_0)+f''(x_0)\frac{h}{2}+\frac{1}{2!}f'''(x_0)(\frac{h}{2})^2+\frac{f^{(4)}(x_0)}{3!}(\frac{h}{2})^3+o(h^3)]$$

$$\frac{h^3}{3!\ 4}f'''(3)=\frac{h^3}{3!\ 4}[f'''(x_0)+(\xi-x_0)f^{(4)}(\tau)]$$

$$(x_0<\tau<x_0+h)$$

代入式(3)′中,化简得

$$\frac{1}{4!}f^{(4)}(\sigma)h^4=\frac{h^4}{3!\ 2^3}f^{(4)}(x_0)+o(h^4)+(\xi-x_0)\frac{1}{3!\ 4}f^{(4)}(\tau)h^3$$

由$f^{(4)}(x)$的连续性,及$f^{(4)}(x_0)\neq 0$,有

$$\lim_{h\to 0}\frac{\xi-x_0}{h}=\lim_{h\to 0}\frac{\frac{1}{4!}f^{(4)}(\sigma)-\frac{1}{3!\ 2^3}f^{(4)}(x_0)-o(1)}{\frac{1}{3!\ 4}f^{(4)}(\tau)}=\frac{1}{2}$$

现在证 m 是任意正整数,定理成立.

将以下展开式代入式(3)

$$f(x_0+h)=\sum_{i=0}^{2m+1}f^{(i)}(x_0)\frac{1}{i!}h^i+\frac{1}{(2m+2)!}f^{(2m+2)}(\sigma_1)h^{2m+2}$$

$$(x_0<\sigma_1<x_0+h)$$

$$f^{(2i-1)}(x_0+\frac{h}{2})=f^{(2i-1)}(x_0)+\sum_{j=1}^{2(m-i)+3}\frac{1}{j!}f^{(2i-1+j)}(x_0)(\frac{h}{2})^i+o(h^{2(m-i)+3})$$

$$(i=1,2,\cdots,m+1)$$

$$f^{(2m+1)}(\xi)=f^{(2m+1)}(x_0)+f^{(2m+2)}(\sigma_2)\cdot(\xi-x_0)$$

$$(x_0<\sigma_2<\xi)$$

得

$$\sum_{i=0}^{2m+1}f^{(i)}(x_0)\frac{h^i}{i!}+\frac{f^{(2m+2)}(\sigma_1)}{(2m+2)!}h^{2m+2}$$
$$=f(x_0)+\sum_{i=1}^{m+1}\frac{h^{2i-1}}{(2i-1)!\ 4^{i-1}}[\sum_{j=0}^{2(m-i)+3}\frac{f^{(2i-1+i)}(x_0)}{j!}\cdot(\frac{h}{2})^j+o(h^{2(m-i)+3})]+\frac{h^{2m+1}}{(2m+1)!\ 4^m}(f^{(2m+1)}(x_0)+(\xi-x_0)f^{(2m+2)}(\sigma_2)) \tag{7}$$

若式(7)右边按 $h^j(0\leqslant j\leqslant 2m+1)$ 合并同类项,形成 $f(x_0+h)$ 的 $2m+1$ 阶泰勒多项式,由泰勒多项式系数的唯一性知,必可从式(7)两端消去上述各项,并把有限个 $o(h^{2m+2})$ 之和仍记为 $o(h^{2m+2})$,式(7)化为

$$\frac{f^{(2m+2)}(\sigma_1)}{(2m+2)!}h^{2m+2}=$$
$$o(h^{2m+2})+\frac{f^{(2m+2)}(x_0)}{(2m+1)!\ 4^m\cdot 2}h^{2m+2}+$$

$$\frac{f^{(2m+2)}(x_0)}{(2m-1)!\ 3!\ 4^m\cdot 2}h^{2m+2}+$$

$$\frac{f^{(2m+2)}(x_0)}{(2m-3)!\ 5!\ 4^m\cdot 2}h^{2m+2}+\cdots+$$

$$\frac{f^{(2m+2)}(x_0)}{3!\ (2m-1)!\ 4^m\cdot 2}h^{2m+2}+$$

$$(\xi-x_0)\frac{f^{(2m+2)}(\sigma_2)}{(2m+1)!\ 4^m\cdot 2}h^{2m+2} \tag{8}$$

再利用泰勒多项式(更高一阶)的系数的唯一性,即有

$$\frac{1}{(2m+2)!}=\frac{1}{(2m+1)!\ 4^m\cdot 2}+$$

$$\frac{1}{(2m-1)!\ 3!\ 4^m\cdot 2}+$$

$$\frac{1}{(2m-3)!\ 5!\ 4^m\cdot 2}+\cdots+$$

$$\frac{1}{1!\ (2m+1)!\ 4^m\cdot 2} \tag{9}$$

由式(8)有

$$\frac{\xi-x_0}{h}=[\frac{f^{(2m+2)}(\sigma_1)}{(2m+2)!}-o(1)-$$

$$\frac{f^{(2m+2)}(x_0)}{(2m+1)!\ 4^m\cdot 2}-$$

$$\frac{f^{(2m+2)}(x_0)}{(2m-1)!\ 3!\ 4^m\cdot 2}-\cdots-$$

$$\frac{f^{(2m+2)}(x_0)}{3!\ (2m-1)!\ 4^m\cdot 2}]/\frac{f^{(2m+2)}(\sigma_2)}{(2m+1)!\ 4^m\cdot 2}$$

利用式(9),求极限

$$\lim_{h\to 0}\frac{\xi - x_0}{h}=\frac{1}{2}$$

证毕.

上面所研究的实际上由对拉格朗日中值定理“中间点”的渐近性的讨论,得到了推广的泰勒公式(3),进而给出了推广的泰勒公式的“中间点”的渐近性,下面把这种讨论扩展到更一般的泰勒公式中去.

定理5 设$f(x)$在$[x_0,x_0+h]$上有$n+4$阶导数且$f^{(n+3)}(x_0)\neq 0$,则:

①在(x_0,x_0+h)内至少存在一点ξ,使

$$f(x_0+h)=f(x_0)+f'(x_0)h+\cdots+\frac{f^{(n-1)}(x_0)}{(n-1)!}h^{n-1}+\frac{f^{(n)}\left(x_0+\frac{h}{n+1}\right)}{n!}h^n+\frac{n}{2(n+1)(n+2)!}f^{(n+2)}(\xi)h^{n+2}$$

$$=Q+\frac{n}{2(n+1)(n+2)!}f^{(n+2)}(\xi)h^{n+2}\quad(10)$$

②$\lim\limits_{h\to 0}\frac{\xi-x_0}{h}=\frac{5n+7}{3(n+1)(n+3)}$.

证 ①利用余项为积分表达式的泰勒公式

$$f(x)=f(x_0)+f'(x_0)(x-x_0)+\cdots+\frac{f^{(n)}(x_0)}{n!}(x-x_0)^n+\frac{1}{n!}\cdot\int_{x_0}^{x}f^{(n+1)}(t)(x-t)^n\mathrm{d}t$$

有

$$f(x_0+h)=f(x_0)+f'(x_0)h+\frac{1}{2!}f''(x_0)h^2+\cdots+$$
$$\frac{1}{(n+1)!}f^{(n+1)}(x_0)h^{n+1}+\frac{1}{(n+1)!}\cdot$$
$$\int_{x_0}^{x_0+h}f^{(n+2)}(t)(x_0+h-t)^{n+1}\mathrm{d}t$$

及

$$f^{(n)}(x_0+\frac{h}{2})=f^{(n)}(x_0)+f^{(n+1)}(x_0)\frac{h}{n+1}+$$
$$\int_{x_0}^{x_0+\frac{h}{n+1}}f^{(n+2)}(t)(x_0+\frac{h}{n+1}-t)\mathrm{d}t$$

将上面两个积分进行变量替换，令 $t=x_0+sh$，则

$$f(x_0+h)=f(x_0)+f'(x_0)h+\cdots+$$
$$\frac{1}{(n+1)!}f^{(n+1)}(x_0)h^{n+1}+$$
$$\frac{h^{n+2}}{(n+1)!}\int_0^1 f^{(n+2)}(x_0+sh)(1-s)^{n+1}\mathrm{d}s$$

$$f^{(n)}(x_0+\frac{h}{n+1})=f^{(n)}(x_0)+\frac{h}{n+1}f^{(n+1)}(x_0)+$$
$$h^2\int_0^{\frac{1}{n+1}}f^{(n+2)}(x_0+sh)\cdot$$
$$(\frac{1}{n+1}-s)\mathrm{d}s$$

这时

$$f(x_0+h)-Q=h^{n+2}[\int_0^1 f^{(n+2)}(x_0+sh)\frac{1}{(n+1)!}\cdot$$
$$(1-s)^{n+1}\mathrm{d}s-$$

$$\int_0^{\frac{1}{n+1}} \frac{1}{n!} f^{(n+2)}(x_0+sh)\left(\frac{1}{n+1}-s\right)\mathrm{d}s\Big]$$

$$=h^{n+2}\int_0^1 f^{(n+2)}(x_0+sh)p(s)\,\mathrm{d}s$$

其中

$$p(s)=\begin{cases}\dfrac{(1-s)^{n+1}}{(n+1)!}, \dfrac{1}{n+1}\leqslant s\leqslant 1\\[2mm] \dfrac{(1-s)^{n+1}}{(n+1)!}-\dfrac{1}{n!}\left(\dfrac{1}{n+1}-s\right), 0\leqslant s\leqslant \dfrac{1}{n+1}\end{cases}$$

易知$p(s)$在$[0,1]$上连续

$$p'(s)=\begin{cases}\dfrac{-(1-s)^{n}}{n!}, \dfrac{1}{n+1}<s<1\\[2mm] -\dfrac{(1-s)^{n}}{n!}+\dfrac{1}{n!}, 0<s<\dfrac{1}{n+1}\end{cases}$$

且$p'(s)$在$(0,\frac{1}{n+1})$内大于0,在$(\frac{1}{n+1},1)$内小于0,并注意到$p(0)=p(1)=0$,故$p(s)$在$[0,1]$上不变号(大于等于0).根据第一积分中值定理,有

$$f(x_0+h)-Q=h^{n+2}f^{(n+2)}(x_0+\theta h)\int_0^1 p(s)\,\mathrm{d}s$$

$$=h^{n+2}\cdot f^{(n+2)}(x_0+\theta h)\Big[\int_0^{\frac{1}{n+1}}\Big(\frac{(1-s)^{n+1}}{(n+1)!}-\frac{1}{n!}\left(\frac{1}{n+1}-s\right)\Big)\mathrm{d}s+\int_{\frac{1}{n+1}}^1\frac{(1-s)^{n+1}}{(n+1!)}\mathrm{d}s\Big]$$

$$=h^{n+2}\cdot f^{(n+2)}(x_0+\theta h)\Big[\frac{1}{(n+2)!}-\frac{1}{(n+2)!}\left(\frac{n}{n+1}\right)^{n+2}-\frac{1}{2n!}\frac{1}{(n+1)^2}+\frac{1}{(n+2)!}\left(\frac{n}{n+1}\right)^{n+2}\Big]$$

$$=h^{n+2}\cdot f^{(n+2)}(x_0+\theta h)\cdot\frac{1}{(n+1)!}\left(\frac{1}{n+2}-\frac{1}{2(n+1)}\right)$$

$$=h^{n+2}\cdot f^{(n+2)}(x_0+\theta h)\frac{n}{(n+2)!\ 2(n+1)}$$

因为 $0<\theta<1$，故式(10)成立.

②将下面3个式子代入式(10)中

$$f(x_0+h)=f(x_0)+f'(x_0)h+\cdots+\frac{1}{(n+2)!}f^{(n+2)}(x_0)h^{n+2}+\frac{1}{(n+3)!}f^{(n+3)}(\sigma_1)h^{n+3}$$

$$f^{(n)}\left(x_0+\frac{h}{n+1}\right)=f^{(n)}(x_0)+f^{(n+1)}(x_0)\frac{h}{n+1}+\frac{1}{2!}f^{(n-2)}(x_0)\left(\frac{h}{n+1}\right)^3+\frac{1}{3!}f^{(n+3)}(x_0)\left(\frac{h}{n+1}\right)^3+o(h^3)$$

$$f^{(n+2)}(\xi)=f^{(n+2)}(x_0)+f^{(n+3)}(\sigma_3)(\xi-x_0)$$

注意到

$$\frac{1}{(n+2)!}=\frac{1}{n!}\ \frac{1}{2!\ (n+1)^2}+\frac{n}{2(n+1)(n+2)!}$$

式(10)化为

$$h^{n+3}\cdot\frac{f^{(n+3)}(\sigma_1)}{(n+3)!}=\frac{1}{3!}\ \frac{h^{n+3}}{(n+1)^3}f^{(n+3)}(x_0)\cdot\frac{1}{n!}+\frac{1}{n!}o(h^{n+3})+\frac{n}{(n+2)!\ 2(n+1)}\cdot(\xi-x_0)f^{(n+3)}(\sigma_2)h^2$$

$$\frac{\xi - x_0}{h} =$$

$$\frac{\frac{1}{(n+3)!}f^{(n+3)}(\sigma_1) - \frac{1}{3!\ (n+1)^3 \cdot n!}f^{(n+3)}(x_0) - \frac{1}{n!}o(1)}{\frac{1}{(n+2)!}\frac{n}{2(n+1)}f^{(n+3)}(\sigma_2)}$$

由$f^{(n+3)}(x_0+h)$的连续性,故

$$\lim_{h \to 0}\frac{\xi - x_0}{h} = \frac{\frac{1}{(n+3)!} - \frac{1}{3!\ (n+1)^3} \cdot \frac{1}{n!}}{\frac{n}{2(n+1)(n+2)!}}$$

$$= \frac{5n+7}{3(n+1)(n+3)}$$

证毕.

现在讨论多元函数的泰勒公式的相关问题.

设 n 元函数 $f: S \subset \mathbf{R}^n \to \mathbf{R}^1$,其中 S 为 $\mathbf{R}^n$ 中凸域,记

$$\boldsymbol{h} = (h_1, h_2, \cdots, h_n)^{\tau}$$

$$\boldsymbol{x}_0 = (x_1^{(0)}, x_2^{(0)}, \cdots, x_n^{(0)})^{\tau}$$

$$\boldsymbol{x} = (x_1, x_2, \cdots, x_n)^{\tau}$$

$$\boldsymbol{h}^{\circ} = \frac{1}{\|\boldsymbol{h}\|}\boldsymbol{h},\ \nabla = \left(\frac{\partial}{\partial x_1}, \frac{\partial}{\partial x_2}, \cdots, \frac{\partial}{\partial x_n}\right)$$

矩阵的叉积

$$\boldsymbol{A} \otimes \boldsymbol{B} = \begin{pmatrix} a_{11}\boldsymbol{B} & a_{12}\boldsymbol{B} & \cdots & a_{1n}\boldsymbol{B} \\ \vdots & \vdots & & \vdots \\ a_{m1}\boldsymbol{B} & a_{m2}\boldsymbol{B} & \cdots & a_{mn}\boldsymbol{B} \end{pmatrix}$$

约定同一个阶阵 $\boldsymbol{A}$ 的 $n(n \geqslant 2)$ 次叉积记为$(\otimes \boldsymbol{A})^n$,即$(\otimes \boldsymbol{A})^n = \boldsymbol{A} \otimes \boldsymbol{A} \otimes \cdots \otimes \boldsymbol{A}$,这样$(\otimes \nabla)^n f(\boldsymbol{x}_0)(\otimes \boldsymbol{h})^n$

表示 $f(\boldsymbol{x}_0+\boldsymbol{h})$ 在 $\boldsymbol{x}_0$ 点的 n 阶微分.

定理 6(n 元函数泰勒定理)　设 $f:S\subset\mathbf{R}^n\to\mathbf{R}^1$,在凸域 S 内 $f(x)$ 有 $n+1$ 阶连续偏导数,且

$$(\otimes\nabla)^{n+1}f(\boldsymbol{x}_0)(\otimes\boldsymbol{h}^\circ)^{n+1}\neq 0$$

又设 $\boldsymbol{x}_0$ 及 $\boldsymbol{x}_0+\boldsymbol{h}\in S$,则在点 $\boldsymbol{x}_0$ 与 $\boldsymbol{x}_0+\boldsymbol{h}$ 的连线段内,至少存在一点 $\boldsymbol{x}_0+\theta\boldsymbol{h}(0<\theta<1)$,使下式成立

$$\begin{aligned}f(\boldsymbol{x}_0+\boldsymbol{h})=&f(\boldsymbol{x}_0)+\nabla f(\boldsymbol{x}_0)\boldsymbol{h}+\\&\frac{1}{2!}(\otimes\nabla)^2f(\boldsymbol{x}_0)(\otimes\boldsymbol{h})^2+\cdots+\\&\frac{1}{(n-1)!}(\otimes\nabla)^{n-1}f(\boldsymbol{x}_0)(\otimes\boldsymbol{h})^{n-1}+\\&\frac{1}{n!}(\otimes\nabla)^nf(\boldsymbol{x}_0+\theta\boldsymbol{h})(\otimes\boldsymbol{h})^n\end{aligned}\tag{11}$$

定理 7(中间点渐近性定理)　由式(11)确定的"中间点"$\boldsymbol{x}_0+\theta\boldsymbol{h}$,必有

$$\lim_{\boldsymbol{h}\to\boldsymbol{0}}\frac{\|\boldsymbol{x}_0+\theta\boldsymbol{h}-\boldsymbol{x}_0\|}{\|\boldsymbol{h}\|}=\frac{1}{n+1}$$

说明:以下讨论的多元函数的极限均指"依一定向趋近",即 $\lim\limits_{\boldsymbol{h}\to\boldsymbol{0}}\dfrac{\boldsymbol{h}}{\|\boldsymbol{h}\|}$ 存在.

证　①考虑关于变量 θ 的一元函数

$$(\otimes\nabla)^nf(\boldsymbol{x}_0+\theta\boldsymbol{h})(\otimes\boldsymbol{h})^n$$

并在$[0,\theta]$上利用一元函数的微分中值定理,有

$$\begin{aligned}(\otimes\nabla)^nf(\boldsymbol{x}_0+\theta\boldsymbol{h})(\otimes\boldsymbol{h})^n=&(\otimes\nabla)^nf(\boldsymbol{x}_0)(\otimes\boldsymbol{h})^n+\\&(\otimes\nabla)^{n+1}f(\boldsymbol{x}_0+\tau\boldsymbol{h})\cdot\\&((\otimes\boldsymbol{h})^n\otimes(\theta\boldsymbol{h}))\end{aligned}$$

$$= (\otimes \nabla)^n f(\boldsymbol{x}_0)(\otimes \boldsymbol{h})^n + \theta(\otimes \nabla)^{n+1} f(\boldsymbol{x}_0 + \tau \boldsymbol{h})(\otimes \boldsymbol{h})^{n+1} \quad (0 < \tau < \theta)$$

将上式代入式(11)

$$f(x_0 + \boldsymbol{h}) = f(\boldsymbol{x}_0) + \nabla f(\boldsymbol{x}_0)\boldsymbol{h} + \sum_{i=2}^{n} \frac{1}{i!}(\otimes \nabla)^i f(\boldsymbol{x}_0)(\otimes \boldsymbol{h})^i + \frac{\theta}{n!}(\otimes \nabla)^{n+1} f(\boldsymbol{x}_0 + \tau \boldsymbol{h})(\otimes \boldsymbol{h})^{n+1}$$

再写出 $f(\boldsymbol{x}_0 + \boldsymbol{h})$ 的 n 阶泰勒公式

$$f(\boldsymbol{x}_0 + \boldsymbol{h}) = f(\boldsymbol{x}_0) + \nabla f(\boldsymbol{x}_0)\boldsymbol{h} + \sum_{i=1}^{n} \frac{1}{i!}(\otimes \nabla)^i f(\boldsymbol{x}_0)(\otimes \boldsymbol{h})^i + \frac{1}{(n+1)!}(\otimes \nabla)^{n+1} \cdot f(\boldsymbol{x}_0 + \lambda \boldsymbol{h})(\otimes \boldsymbol{h})^{n+1} \quad (0 < \lambda < 1)$$

由上面两式,有

$$\frac{1}{(n+1)!}(\otimes \nabla)^{n+1} f(\boldsymbol{x}_0 + \lambda \boldsymbol{h})(\otimes \boldsymbol{h})^{n+1} = \frac{\theta}{n!}(\otimes \nabla)^{n+1} f(\boldsymbol{x}_0 + \tau \boldsymbol{h})(\otimes \boldsymbol{h})^{n+1}$$

$$\theta = \frac{1}{n+1} \frac{(\otimes \nabla)^{n+1} f(\boldsymbol{x}_0 + \lambda \boldsymbol{h})(\otimes \frac{\boldsymbol{h}}{\|\boldsymbol{h}\|})^{n+1}}{(\otimes \nabla)^{n+1} f(\boldsymbol{x}_0 + \tau \boldsymbol{h})(\otimes \frac{\boldsymbol{h}}{\|\boldsymbol{h}\|})^{n+1}}$$

由已知条件

$$\lim_{\boldsymbol{h} \to \boldsymbol{0}} \frac{\|\boldsymbol{x}_0 + \theta \boldsymbol{h} - \boldsymbol{x}_0\|}{\|\boldsymbol{h}\|} = \lim_{\boldsymbol{h} \to \boldsymbol{0}} \theta = \frac{1}{n+1}$$

证毕.

定理 8 设$f:S\subset\mathbf{R}^n\to\mathbf{R}^1$,$S$为凸域,若$f(x)$有$n+4$阶连续偏导数,且

$$(\otimes\nabla)^{n+3}f(\boldsymbol{x}_0)(\otimes\boldsymbol{h}^{\circ})^{n+3}\neq0$$

记

$$Q=f(\boldsymbol{x}_0)+\nabla f(\boldsymbol{x}_0)\boldsymbol{h}+\sum_{i=2}^{n-1}(\otimes\nabla)^{n-1}f(\boldsymbol{x}_0)(\otimes\boldsymbol{h})^{n-1}+\frac{1}{n!}(\otimes\nabla)^{n}f(\boldsymbol{x}_0+\frac{1}{n+1}\boldsymbol{h})(\otimes\boldsymbol{h})^{n}$$

则:

①在S内至少存在一点$\boldsymbol{x}_0+\eta\boldsymbol{h}$,使下式成立

$$f(\boldsymbol{x}_0+\boldsymbol{h})=Q+\frac{n}{2(n+1)(n+2)!}(\otimes\nabla)^{n+1}\cdot f(\boldsymbol{x}_0+\eta\boldsymbol{h})(\otimes\boldsymbol{h})^{n+1}\quad(0<\eta<1)\tag{12}$$

②由式(12)确定的中间点$\boldsymbol{x}_0+\eta\boldsymbol{h}$满足

$$\lim_{\boldsymbol{h}\to\boldsymbol{0}}\frac{\|\boldsymbol{x}_0+\eta\boldsymbol{h}-\boldsymbol{x}_0\|}{\|\boldsymbol{h}\|}=\lim_{\boldsymbol{h}\to\boldsymbol{0}}\eta=\frac{5n+7}{3(n+1)(n+3)}$$

(说明,显然约定$\lim\limits_{\boldsymbol{h}\to\boldsymbol{0}}\dfrac{\boldsymbol{h}}{\|\boldsymbol{h}\|}$存在).

证 定义两个一元函数$\varphi(t)=f(\boldsymbol{x}_0+t\boldsymbol{h})$及

$$\varphi_1(t)=(\otimes\nabla)^nf(\boldsymbol{x}_0+\frac{\boldsymbol{h}}{n+1}t)(\nabla\boldsymbol{h})^n\quad(t\in\mathbf{R}^1)$$

在点$t=0$将这两个一元函数用泰勒公式(积分型余项)展开

$$\varphi(t)=\varphi(0)+\sum_{t=1}^{n+1}\frac{1}{i!}\varphi^{(i)}(0)t'+$$

$$\frac{1}{(n+1)!}\int_0^t \varphi^{(n+2)}(s)(t-s)^{n+1}\mathrm{d}s$$

$$\varphi_1(t)=\varphi_1(0)+\varphi'_1(0)+\int_0^1 \varphi''_1(s)(t-s)\mathrm{d}s$$

这时

$$f(\boldsymbol{x}_0+\boldsymbol{h})=\varphi(1)=f(\boldsymbol{x}_0)+\nabla f(\boldsymbol{x}_0)\boldsymbol{h}+\sum_{i=2}^{n+1}\frac{1}{i!}(\otimes\nabla)^i f(\boldsymbol{x}_0)(\otimes\boldsymbol{h})^i+\frac{1}{(n+1)!}\int_0^1(\otimes\nabla)^{n+2}\cdot f(\boldsymbol{x}_0+s\boldsymbol{h})(\otimes\boldsymbol{h})^{n+2}(1-s)^{n-1}\mathrm{d}s$$

$$(\otimes\nabla)^n f(\boldsymbol{x}_0+\frac{\boldsymbol{h}}{n+1}t)(\otimes\boldsymbol{h})^n$$

$$=\varphi_1(1)$$

$$=(\otimes\nabla)^n f(\boldsymbol{x}_0)(\otimes\boldsymbol{h})^n+(\otimes\nabla)^{n+1}f(\boldsymbol{x}_0)(\otimes\boldsymbol{h})^{n+1}\cdot\frac{1}{n+1}+\int_0^1(\otimes\nabla)^{n+2}f(\boldsymbol{x}_0+\frac{\boldsymbol{h}}{n+1}s)\cdot(\otimes\boldsymbol{h})^{n+2}(\frac{1}{n+1})^2(1-s)\mathrm{d}s$$

$$=(\otimes\nabla)^n f(\boldsymbol{x}_0)(\otimes\boldsymbol{h})^n+\frac{1}{n+1}(\otimes\nabla)^{n+1}f(\boldsymbol{x}_0)(\otimes\boldsymbol{h})^{n+1}+\int_0^{\frac{1}{n+1}}(\otimes\nabla)^{n+2}f(\boldsymbol{x}_0+s\boldsymbol{h})(\otimes\boldsymbol{h})^{n+2}(\frac{1}{n+1}-s)\mathrm{d}s$$

因此

$$f(\boldsymbol{x}_0+\boldsymbol{h})-Q$$

$$=\frac{1}{(n+1)!}\int_0^1(\otimes\nabla)^{n+2}f(\boldsymbol{x}_0+s\boldsymbol{h})\cdot$$
$$(\otimes\boldsymbol{h})^{n+2}(1-s)^{n+1}\mathrm{d}s-$$
$$\frac{1}{n!}\int_0^{\frac{1}{n+1}}(\otimes\nabla)^{n+2}f(\boldsymbol{x}_0+s\boldsymbol{h})(\otimes\boldsymbol{h})^{n+2}(\frac{1}{n+1}-s)\mathrm{d}s$$
$$=\frac{1}{n!}\int_0^{\frac{1}{n+1}}(\otimes\nabla)^{n+2}f(\boldsymbol{x}_0+s\boldsymbol{h})(\otimes\boldsymbol{h})^{n+2}(\frac{(1-s)^{n+1}}{n+1}-$$
$$\frac{1}{n+1}+s)\mathrm{d}s+\frac{1}{(n+1)!}\int_{\frac{1}{n+1}}^1(\otimes\nabla)^{n+2}f(\boldsymbol{x}_0+s\boldsymbol{h})\cdot$$
$$(\otimes\boldsymbol{h})^{n+2}(1-s)^{n+1}\mathrm{d}s$$

令

$$\psi(t)=(\otimes\nabla)^{n+2}f(\boldsymbol{x}_0+t\boldsymbol{h})(\otimes\boldsymbol{h})^{n+2}$$
$$g(s)=\frac{(1-s)^{n+1}}{n+1}-\frac{1}{n+1}+s$$

易证 $g(s)$ 在 $(0,\frac{1}{n+1})$ 上恒有 $g(s)>0$，由第一积分中值定理，上面式子有

$$f(x_0+h)-Q$$
$$=\frac{\psi(\eta_1)}{n!}\int_0^{\frac{1}{n+1}}(\frac{(1-s)^{n+1}}{n+1}-\frac{1}{n+1}+s)\mathrm{d}s+$$
$$\frac{\psi(\eta_2)}{(n+1)!}\int_{\frac{1}{n+1}}^1(1-s)^{n+1}\mathrm{d}s$$
$$=\frac{\psi(\eta_1)}{n!}(\frac{-(1-s)^{n+2}}{(n+1)(n+2)}-\frac{s}{n+1}+\frac{s^2}{2})\Big|_0^{\frac{1}{n+1}}+$$
$$\frac{\psi(\eta_2)}{(n+1)!}\frac{-(1-s)^{n+2}}{(n+2)}\Big|_{\frac{1}{n+1}}^1$$
$$=\frac{\psi(\eta_1)}{n!}(\frac{n}{2(n+1)^2(n+2)}-\frac{1}{(n+1)(n+2)}(\frac{n}{n+1})^{n+2})+$$

$$\frac{\psi(\eta_2)}{(n+1)!\ (n+2)}\left(\frac{n}{n+1}\right)^{n+2}$$

$$=\frac{\psi(\eta_2)-\psi(\eta_1)}{n!\ (n+1)(n+2)}\left(\frac{n}{n+1}\right)^{n+2}+$$

$$\frac{n}{2n!\ (n+1)^2(n+2)}\psi(\eta_1)$$

$$=\frac{n}{2(n+2)!\ (n+1)}[(\psi(\eta_2)-$$

$$\psi(\eta_1))\frac{2}{(\frac{n+1}{n})^{n+1}}+\psi(\eta_1)]$$

因为$(1+\frac{1}{n})^{n+1}\nearrow e$,故当$n>2$时

$$0<\frac{2}{\left(\frac{n+1}{n}\right)^{n+1}}<1$$

令

$$T=\frac{2(\psi(\eta_2)-\psi(\eta_1))}{\left(\frac{n+1}{n}\right)^{n+1}}+\psi(\eta_1)$$

下面证明T在$\psi(\eta_1)$与$\psi(\eta_2)$之间.

若

$$\psi(\eta_1)>\psi(\eta_2)$$

则

$$T=\psi(\eta_1)-(\psi(\eta_1)-\psi(\eta_2))\frac{2}{(1+\frac{1}{n})^{n+1}}<\psi(\eta_1)$$

又有

$$T>\psi(\eta_1)-(\psi(\eta_1)-\psi(\eta_2))=\psi(\eta_2)$$

若$\psi(\eta_2)>\psi(\eta_1)$,则,显然$T>\psi(\eta_1)$,且

$$T<\psi(\eta_2)-\psi(\eta_1)+\psi(\eta_1)=\psi(\eta_2)$$

由于$\psi(t)$的连续性,由介值定理,存在η在η_1,η_2之间使$\psi(\eta)=T$,因此有

$$f(\boldsymbol{x}_0+\boldsymbol{h})-Q=(\otimes\nabla)^{n+2}f(\boldsymbol{x}_0+\eta\boldsymbol{h})(\otimes\boldsymbol{h})^{n+2}\cdot\frac{n}{2(n+2)!\ (n+1)}\quad(0<\eta<1)$$

成立.

(2)将$f(\boldsymbol{x}_0+\boldsymbol{h})$展成$n+2$阶泰勒公式

$$f(\boldsymbol{x}_0+\boldsymbol{h})=f(\boldsymbol{x}_0)+\nabla f(\boldsymbol{x}_0)\boldsymbol{h}+\sum_{i=2}^{n+2}\frac{1}{i!}(\otimes\nabla)^i f(\boldsymbol{x}_0)(\otimes\boldsymbol{h})^i+\frac{1}{(n+3)!}(\otimes\nabla)^{n+3}f(\boldsymbol{x}_0+\sigma_1\boldsymbol{h})(\otimes\boldsymbol{h})^{n+3}\quad(0<\sigma_1<1)\tag{13}$$

再将

$$\phi_2(\|\boldsymbol{h}\|)=(\otimes\nabla)^n f\left(\boldsymbol{x}_0+\frac{\|\boldsymbol{h}\|}{n+1}\boldsymbol{h}^\circ\right)(\otimes\boldsymbol{h})^n=(\otimes\nabla)^n f\left(\boldsymbol{x}_0+\frac{\boldsymbol{h}}{n+1}\right)(\otimes\boldsymbol{h})^n$$

展成三阶泰勒公式(皮亚诺型余项)

$$\varphi_2(\|\boldsymbol{h}\|)=\varphi_2(o)+\varphi'_2(o)\|\boldsymbol{h}\|+\frac{1}{2!}\varphi''_2(o)\|\boldsymbol{h}\|^2+\frac{1}{3!}\varphi'''_2(o)\|\boldsymbol{h}\|^3+o(\|\boldsymbol{h}\|^3)$$
$$=(\otimes\nabla)^n f(\boldsymbol{x}_0)(\otimes\boldsymbol{h})^n+(\otimes\nabla)^{n+1}f(\boldsymbol{x}_0)\cdot$$

$$((\otimes\boldsymbol{h})^{n}\otimes\boldsymbol{h}^{\circ})\frac{\|\boldsymbol{h}\|}{n+1}+\frac{1}{2!}(\otimes\nabla)^{n+2}\cdot$$

$$f(\boldsymbol{x}_0)((\otimes\boldsymbol{h})^{n}\otimes(\otimes\boldsymbol{h}^{\circ})^{2})(\frac{\|\boldsymbol{h}\|}{n+1})^{2}+$$

$$\frac{1}{3!}(\otimes\nabla)^{n+2}f(\boldsymbol{x}_0)((\otimes\boldsymbol{h})^{n}\otimes(\otimes\boldsymbol{h}^{\circ})^{3})\cdot$$

$$(\frac{\|\boldsymbol{h}\|}{n+1})^{3}+o(\|\boldsymbol{h}\|^{3})$$

$$=\sum_{i=0}^{3}\frac{1}{i!\ (n+1)^{i}}(\otimes\nabla)^{n+1}f(\boldsymbol{x}_0)\cdot$$

$$(\otimes\boldsymbol{h})^{n+1}+o(\|\boldsymbol{h}\|^{3})\qquad(14)$$

将

$$\varphi_3(\eta)=(\otimes\nabla)^{n+2}f(\boldsymbol{x}_0+\eta\boldsymbol{h})(\otimes\boldsymbol{h})^{n+2}$$

用拉格朗日定理展开(在区间$[0,\eta]$上)

$$\begin{aligned}\varphi_3(\eta)&=(\otimes\nabla)^{n+2}f(\boldsymbol{x}_0)(\otimes\boldsymbol{h})^{n+2}+\\&\quad(\otimes\nabla)^{n+3}f(\boldsymbol{x}_0+\sigma_2\boldsymbol{h})\cdot\\&\quad((\otimes\boldsymbol{h})^{n+2}\otimes(\eta\boldsymbol{h}))\\&=(\otimes\nabla)^{n+2}f(\boldsymbol{x}_0)(\otimes\boldsymbol{h})^{n+2}+\\&\quad\eta(\otimes\nabla)^{n+3}f(\boldsymbol{x}_0+\sigma_2\boldsymbol{h})(\otimes\boldsymbol{h})^{n+3}\end{aligned}\qquad(15)$$

把式(13)~(15)代入到式(12),化简后为

$$\frac{1}{(n+3)!}(\otimes\nabla)^{n+3}f(\boldsymbol{x}_0+\sigma_1\boldsymbol{h})(\otimes\boldsymbol{h})^{n+3}=$$

$$\frac{1}{3!\ (n+1)^{3}\cdot n!}(\otimes\nabla)^{n+3}f(\boldsymbol{x}_0)(\otimes\boldsymbol{h})^{n+3}+$$

$$o(\|\boldsymbol{h}\|^{n+3})+\frac{\eta\boldsymbol{h}}{2(n+2)(n+1)^{2}}(\otimes\nabla)^{n+3}f(\boldsymbol{x}_0+$$

$$\sigma_2\boldsymbol{h})(\otimes\boldsymbol{h})^{n+3}$$

所以有

$$\begin{aligned}
\eta &= \frac{\| \boldsymbol{x}_0 + \eta \boldsymbol{h} - \boldsymbol{x}_0 \|}{\| \boldsymbol{h} \|} \\
&= \Big[\frac{1}{(n+3)!} (\otimes \nabla)^{n+3} f(\boldsymbol{x}_0 + \sigma_1 \boldsymbol{h}) (\otimes \boldsymbol{h})^{n+3} - \\
&\quad \frac{1}{n!\ 3!\ (n+1)^3} (\otimes \nabla)^{n+3} f(\boldsymbol{x}_0) (\otimes \boldsymbol{h})^{n+3} + \\
&\quad o(\| \boldsymbol{h} \|)^{n+3} \Big] / \\
&\quad \frac{n}{2(n+2)!\ (n+1)^2} (\otimes \nabla)^{n+3} f(\boldsymbol{x}_0 + \\
&\quad \sigma_2 \boldsymbol{h}) (\otimes \boldsymbol{h})^{n+3} \\
&= \Big[\frac{1}{(n+3)!} (\otimes \nabla)^{n+3} f(\boldsymbol{x}_0 + \sigma_1 \boldsymbol{h}) \cdot \\
&\quad \Big(\otimes \Big(\frac{\boldsymbol{h}}{\| \boldsymbol{h} \|}\Big)\Big)^{n+3} - \\
&\quad \frac{1}{n!\ 3!\ (n+1)^3} (\otimes \nabla)^{n+3} f(\boldsymbol{x}_0) \cdot \\
&\quad \Big(\otimes \Big(\frac{\boldsymbol{h}}{\| \boldsymbol{h} \|}\Big)\Big)^{n+3} + o(1) \Big] / \\
&\quad \frac{n}{2(n+2)!\ (n+1)^2} (\otimes \nabla)^{n+3} f(\boldsymbol{x}_0 + \sigma_2 \boldsymbol{h}) \cdot \\
&\quad \Big(\otimes \Big(\frac{\boldsymbol{h}}{\| \boldsymbol{h} \|}\Big)\Big)^{n+3}
\end{aligned}$$

注意到偏导连续性及$(\otimes \nabla)^{n+3} f(\boldsymbol{x}_0)(\otimes \boldsymbol{h}^{\circ})^{n+3} \neq 0$，故

$$\lim_{\boldsymbol{h} \to \boldsymbol{0}} \eta = \frac{5n+7}{3(n+1)(n+3)}$$

证毕.

泰勒公式中间点的渐近性态[①]

第八十五章

中国民航学院理学院的杨彩萍教授2001年用极限的方法证明了当区间长度趋于零时,泰勒公式中间点渐近性态的一个结果.

设函数$f(t)$在区间$[a,x]$或$[x,a]$内有直到n阶的导函数,则带有拉格朗日型余项的泰勒公式为

$$f(x)=f(a)+f'(a)(x-a)+\cdots+\frac{f^{(n-1)}(a)}{(n-1)!}(x-1)^{n-1}+\frac{1}{n!}f^{(n)}(Y_x)(x-a)^n \quad (1)$$

其中,Y_x为(a,x)或(x,a)内某一点.

当区间$[a,x]$或$[x,a]$的长度趋于零时,研究中间点Y_x的渐近性态,可得到如下结论.

① 本章摘自《天津工业大学学报》,2001年,第20卷,第4期.

定理 1 设 p 为某自然数,$f(t)$ 在$[a,x]$或$[x,a]$上有直到 $n+p$ 阶的导函数,且 $f^{(n+p)}(t)$ 在点 a 连续,$f^{(n+j)}(a)=0,1\leqslant j<p,f^{(n+p)}(a)\neq 0$,则

$$\lim_{x\to a}\frac{Y_x-a}{x-a}=\binom{n+p}{n}^{-\frac{1}{p}} \tag{2}$$

本章主要结果如下.

定理 2 设函数 $f(t)$ 在区间$[a,x]$或$[x,a]$有直到 n 阶的导函数,且存在某正实数 p,使得

$$\lim_{x\to a+0}\frac{f^{(n)}(x)-f^{(n)}(a)}{(x-a)^p}=A\neq 0$$

或

$$\lim_{x\to a-0}\frac{f^{(n)}(a)-f^{(n)}(x)}{(x-a)^p}=A\neq 0$$

则泰勒公式(1)中 Y_x 满足下式

$$\lim_{x\to a}\frac{Y_x-a}{x-a}=\left(\frac{n!}{(n+p)(n-1+p)\cdots(1+p)}\right)^{\frac{1}{p}} \tag{3}$$

证 不妨在区间$[a,x]$上讨论,令

$$h(x)=\frac{f(x)-f(a)-f'(a)(x-a)-\cdots-\frac{f^{(n)}(a)}{n!}(x-a)^n}{(x-a)^{n+p}}$$

反复用洛必达法则,可得

$$\begin{aligned}&\lim_{x\to a}h(x)\\&=\lim_{x\to a}\frac{f'(x)-f'(a)-\cdots-\frac{f^{(n)}(a)(x-a)^{n-1}}{(n-1)!}}{(n+p)(x-a)^{n-1+p}}\\&=\lim_{x\to a}\frac{f^{(n)}(x)-f^{(n)}(a)}{(n+p)(n-1+p)\cdots(1+p)(x-a)^p}\end{aligned}$$

$$=\frac{A}{(n+p)(n-1+p)\cdots(1+p)}\neq 0 \tag{4}$$

另一方面,由泰勒公式(1)得

$$\begin{aligned}\lim_{x\to a}h(x)&=\lim_{x\to a}\frac{\left[\frac{f^{(n)}(Y_x)}{n!}-\frac{f^{(n)}(a)}{n!}\right]}{(x-a)^{n+p}}\\&=\lim_{x\to a}\frac{f^{(n)}(Y_x)-f^{(n)}(a)}{n!\ (x-a)^p}\\&=\frac{1}{n!}\lim_{x\to a}\frac{f^{(n)}(Y_x)-f^{(n)}(a)}{(Y_x-a)^p}\lim_{x\to a}\left(\frac{Y_x-a}{x-a}\right)^p\\&=\frac{A}{n!}\lim_{x\to a}\left(\frac{Y_x-a}{x-a}\right)^p\end{aligned} \tag{5}$$

比较式(4)和式(5)得

$$\frac{1}{n!}\lim_{x\to a}\left(\frac{Y_x-a}{x-a}\right)^p=\frac{1}{(n+p)(n-1+p)\cdots(1+p)}$$

即

$$\lim_{x\to a}\left(\frac{Y_x-a}{x-a}\right)^p=\frac{n!}{(n+p)(n-1+p)\cdots(1+p)}$$

$$\lim_{x\to a}\left(\frac{Y_x-a}{x-a}\right)=\left[\frac{n!}{(n+p)(n-1+p)\cdots(1+p)}\right]^{\frac{1}{p}}$$

定理 2 是定理 1 的推广. 首先,当 p 为自然数,且 $f(x)$ 满足定理 1 的条件时,由洛必达法则必有

$$\begin{aligned}&\lim_{x\to a}\frac{f^{(n)}(x)-f^{(n)}(a)}{(x-a)^p}\\&=\lim_{x\to a}\frac{f^{(n+1)}(x)-f^{(n+1)}(a)}{p(x-a)^{p-1}}\\&\qquad\vdots\\&=\lim_{x\to a}\frac{f^{(n+p-1)}(x)-f^{(n+p-1)}(a)}{p!\ (x-a)}\end{aligned}$$

$$=\frac{f^{(n+p)}(a)}{p!}$$

$$\neq 0$$

从而,$f(x)$必满足定理 2 的条件,而此时显然式(2)与式(3)的右端是一致的. 其次,定理 2 包含了 p 为一般正实数时的更一般的结果.

第八十六章 n 元函数泰勒公式的中间点的极限[①]

近年来，一些科研工作者对泰勒公式及泰勒公式的“中间点”的极限进行了研究，并得出了一些有用的结论. 但这些结论都是建立在一元函数的基础上，并且只肯定了“中间点”的存在性，并没有给出其具体位置和确定其位置的方法. 吉首大学数学与计算机科学学院的王仙云教授2010年将一元函数的相关结果推广到 n 元函数，并求出了其中间点的极限值，推广了前人的研究结果.

一、相关引理

泰勒公式是数学分析中一个非常重要的公式，有着非常广泛的应用. 近年来，

① 本章摘自《湖南工业大学学报》，2010年，第24卷，第1期.

关于中值定理“中间点”的渐近性研究一直是人们感兴趣的课题之一. 但是研究者们仅考虑了一元函数的情形,本章将对经典的泰勒公式推广到多元函数的情形进行探讨,并考虑中值定理的中间点的极限问题. 为得出本章的研究结论,首先需要明了相关背景知识,即类似于一元函数的泰勒展开式,有引理 1.

引理 1 设 D 是 $\mathbf{R}^n$ 中的一个开集, $\boldsymbol{a}=(a_1,a_2,\cdots,a_n)$, $\boldsymbol{h}=(h_1,h_2,\cdots,h_n)$, 且 $[\boldsymbol{a},\boldsymbol{a}+\boldsymbol{h}]\subset D$. 若 f 在点 $\boldsymbol{a}$ 的邻域内有 $m+1$ 阶连续偏导数,则有式(1)成立,式中 $0<\theta<1$

$$f(a_1+h_1,a_2+h_2,\cdots,a_n+h_n)=f(a_1,a_2,\cdots,a_n)+\sum_{i=1}^{m-1}\frac{1}{i!}\left(h_1\frac{\partial}{\partial x_1}+h_2\frac{\partial}{\partial x_2}+\cdots+h_n\frac{\partial}{\partial x_n}\right)^i\cdot f(a_1,a_2,\cdots,a_n)+\frac{1}{m!}\left(h_1\frac{\partial}{\partial x_1}+h_2\frac{\partial}{\partial x_2}+\cdots+h_n\frac{\partial}{\partial x_n}\right)^m\cdot f(a_1+\theta h_1,a_2+\theta h_2,\cdots,a_n+\theta h_n) \tag{1}$$

二、主要结论

定理 1 令 $\boldsymbol{a}=(a_1,a_2,\cdots,a_n)\in\mathbf{R}^n$, $\boldsymbol{h}=(h_1,h_2,\cdots,h_n)\in\mathbf{R}^n$, $h_0=\max\limits_{1\leqslant i\leqslant n}h_i$. 令 U 为点 $\boldsymbol{a}$ 的邻域,且满足 $\boldsymbol{a}+\boldsymbol{h}\in U$. 若 $f(x_1,x_2,\cdots,x_n)$ 在邻域 U 内有 $m+1$ 阶连续的偏导数,且

$$\left(h_1\frac{\partial}{\partial x_1}+h_2\frac{\partial}{\partial x_2}+\cdots+h_n\frac{\partial}{\partial x_n}\right)^{m+1}f(a_1,a_2,\cdots,a_n)\neq 0$$

则式(1)中的 θ 满足: $\lim\limits_{h_0\to 0}\theta=\dfrac{1}{n+1}$.

证 由引理1可知,式(1)成立. 又由多元函数的中值定理知,存在$0<\theta'<1$,使得下式成立

$$\left(h_1\frac{\partial}{\partial x_1}+h_2\frac{\partial}{\partial x_2}+\cdots+h_n\frac{\partial}{\partial x_n}\right)^m f(a_1+\theta h_1,a_2+\theta h_2,\cdots,$$

$$a_n+\theta h_n)=\left(h_1\frac{\partial}{\partial x_1}+h_2\frac{\partial}{\partial x_2}+\cdots+h_n\frac{\partial}{\partial x_n}\right)^m\cdot$$

$$f(a_1,a_2,\cdots,a_n)+\left(\theta h_1\frac{\partial}{\partial x_1}+\theta h_2\frac{\partial}{\partial x_2}+\cdots+\theta h_n\frac{\partial}{\partial x_n}\right)\cdot$$

$$\left(h_1\frac{\partial}{\partial x_1}+h_2\frac{\partial}{\partial x_2}+\cdots+h_n\frac{\partial}{\partial x_n}\right)^m\cdot$$

$$f(a_1+\theta'\theta h_1,a_2+\theta'\theta h_2,\cdots,a_n+\theta'\theta h_n)=$$

$$\left(h_1\frac{\partial}{\partial x_1}+h_2\frac{\partial}{\partial x_2}+\cdots+h_n\frac{\partial}{\partial x_n}\right)^m\cdot$$

$$f(a_1,a_2,\cdots,a_n)+\theta\left(h_1\frac{\partial}{\partial x_1}+h_2\frac{\partial}{\partial x_2}+\cdots+h_n\frac{\partial}{\partial x_n}\right)^{m+1}$$

$$f(a_1+\theta'\theta h_1,a_2+\theta'\theta h_2,\cdots,a_n+\theta'\theta h_n)$$

结合式(1),有

$$f(a_1+h_1,a_2+h_2,\cdots,a_n+h_n)=f(a_1,a_2,\cdots,a_n)+$$

$$\sum_{i=1}^{m}\frac{1}{i!}\left(h_1\frac{\partial}{\partial x_1}+h_2\frac{\partial}{\partial x_2}+\cdots+h_n\frac{\partial}{\partial x_n}\right)^i\cdot$$

$$f(a_1,a_2,\cdots,a_n)+$$

$$\frac{1}{m!}\theta\left(h_1\frac{\partial}{\partial x_1}+h_2\frac{\partial}{\partial x_2}+\cdots+h_n\frac{\partial}{\partial x_n}\right)^{m+1}\cdot$$

$$f(a_1+\theta'\theta h_1,a_2+\theta'\theta h_2,\cdots,a_n+\theta'\theta h_n)\qquad(2)$$

同时,存在 $0<\theta''<1$,使得下式成立

$$
\begin{aligned}
&f(a_1+h_1,a_2+h_2,\cdots,a_n+h_n)=\\
&f(a_1,a_2,\cdots,a_n)+\\
&\sum_{i=1}^{m}\frac{1}{i!}\left(h_1\frac{\partial}{\partial x_1}+h_2\frac{\partial}{\partial x_2}+\cdots+h_n\frac{\partial}{\partial x_n}\right)^i\cdot\\
&f(a_1,a_2,\cdots,a_n)+\\
&\frac{1}{(m+1)!}\left(h_1\frac{\partial}{\partial x_1}+h_2\frac{\partial}{\partial x_2}+\cdots+h_n\frac{\partial}{\partial x_n}\right)^{m+1}\cdot\\
&f(a_1+\theta''h_1,a_2+\theta''h_2,\cdots,a_n+\theta''h_n)
\end{aligned}
\tag{3}
$$

由式(2)(3)可得

$$
\begin{aligned}
&\frac{1}{m!}\theta\left(h_1\frac{\partial}{\partial x_1}+h_2\frac{\partial}{\partial x_2}+\cdots+h_n\frac{\partial}{\partial x_n}\right)^{m+1}\\
&f(a_1+\theta'\theta h_1,a_2+\theta'\theta h_2,\cdots,a_n+\theta'\theta h_n)=\\
&\frac{1}{(m+1)!}\left(h_1\frac{\partial}{\partial x_1}+h_2\frac{\partial}{\partial x_2}+\cdots+h_n\frac{\partial}{\partial x_n}\right)^{m+1}\cdot\\
&f(a_1+\theta''h_1,a_2+\theta''h_2,\cdots,a_n+\theta''h_n)
\end{aligned}
$$

化简可得

$$
\begin{aligned}
&\theta\left(h_1\frac{\partial}{\partial x_1}+h_2\frac{\partial}{\partial x_2}+\cdots+h_n\frac{\partial}{\partial x_n}\right)^{m+1}\cdot\\
&f(a_1+\theta'\theta h_1,a_2+\theta'\theta h_2,\cdots,a_n+\theta'\theta h_n)\\
&=\frac{1}{m+1}\left(h_1\frac{\partial}{\partial x_1}+h_2\frac{\partial}{\partial x_2}+\cdots+h_n\frac{\partial}{\partial x_n}\right)^{m+1}\cdot\\
&f(a_1+\theta''h_1,a_2+\theta''h_2,\cdots,a_n+\theta''h_n)
\end{aligned}
$$

令 $h_0\to 0$,则

$$\lim_{h_0\to 0}\theta\left(h_1\frac{\partial}{\partial x_1}+h_2\frac{\partial}{\partial x_2}+\cdots+h_n\frac{\partial}{\partial x_n}\right)^{m+1}\cdot$$
$$f(a_1,a_2,\cdots,a_n)$$
$$=\frac{1}{m+1}\left(h_1\frac{\partial}{\partial x_1}+h_2\frac{\partial}{\partial x_2}+\cdots+h_n\frac{\partial}{\partial x_n}\right)^{m+1}\cdot$$
$$f(a_1,a_2,\cdots,a_n)$$

由于

$$\left(h_1\frac{\partial}{\partial x_1}+h_2\frac{\partial}{\partial x_2}+\cdots+h_n\frac{\partial}{\partial x_n}\right)^{m+1}f(a_1,a_2,\cdots,a_n)\neq 0$$

故有$\lim\limits_{h_0\to 0}\theta=\dfrac{1}{m+1}$. 证毕.

特别的,当 $m=1$ 时,由引理 1 和定理 1 可得 n 元函数的中值定理,以及中间点的极限值.

推论 1 设$f(x_1,x_2,\cdots,x_n)$在点$(a_1,a_2,\cdots,a_n)$的邻域 N 内有 2 阶连续的偏导数,且有

$$(a_1+h_1,a_2+h_2,\cdots,a_n+h_n)\in N$$

则存在$0<\theta<1$,使得

$$f(a_1+h_1,a_2+h_2,\cdots,a_n+h_n)-f(a_1,a_2,\cdots,a_n)$$
$$=\left(h_1\frac{\partial}{\partial x_1}+h_2\frac{\partial}{\partial x_2}+\cdots+h_n\frac{\partial}{\partial x_n}\right)\cdot$$
$$f(a_1+\theta h_1,a_2+\theta h_2,\cdots,a_n+\theta h_n)\qquad(4)$$

推论 2 设$f(x_1,x_2,\cdots,x_n)$在点$(a_1,a_2,\cdots,a_n)$的邻域 U 内有 2 阶连续的偏导数,且

$$\left(h_1\frac{\partial}{\partial x_1}+h_2\frac{\partial}{\partial x_2}+\cdots+h_n\frac{\partial}{\partial x_n}\right)^2 f(a_1,a_2,\cdots,a_n)\neq 0$$

则对式(4)中的 θ 有

$$\lim_{h_0\to 0}\theta=\frac{1}{2}$$

当 $n=1$ 时,由定理 1 和 2,可得下面的拉格朗日定理.

推论 3 设函数 $f(x)$ 在闭区间 $[a,b]$ 上连续,在开区间 (a,b) 可导,则存在一点 $\xi \in (a,b)$ 使得

$$f(b)-f(a)=f'(\xi)(b-a)$$

推论 4 设 $f(x)$ 在点 a 的某邻域有一阶连续导数,且 $f''(a)\neq 0$,则对上式中的 ξ 有

$$\lim_{x\to a}\frac{\xi-a}{x-a}=\frac{1}{2}$$

多元函数泰勒公式中间点的渐近性[①]

第八十七章

对于一元函数的泰勒公式：若函数 $f(x)$ 在点 a 的某邻域 $U(a)$ 上具有 $n+2$ 阶连续导数，$a+h\in U(a)$，则

$$f(a+h)=f(a)+f'(a)h+\cdots+\frac{f^{(n)}(a)}{n!}h^n+\frac{f^{(n+1)}(a+\theta h)}{(n+1)!}h^{n+1}$$

$0<\theta<1$ 中的 θ 满足 $\lim\limits_{h\to 0}\theta=\frac{1}{n+2}$.

同样，对一元函数的积分中值定理，在首届全国大学生数学竞赛决赛试题（数学类2010年）中有这样一道题：设函数 $f(x)$ 在区间 $[a,b]$ 上连续，由积分中值公式有

① 本章摘自《黔南民族师范学院学报》，2013年，第5期.

$$\int_a^x f(t)\,\mathrm{d}t=(x,a)f(\xi)\quad (a\leqslant\xi\leqslant x\leqslant b)$$

若导数$f'_+(a)$存在且非0，则$\lim\limits_{x\to a^+}\dfrac{\xi-a}{x-a}$的值等于多少？

上面的两个问题就是所谓微分中值定理与积分中值定理的中间点的渐近性问题，关于这方面的研究，近年来的成果较多. 但将一元函数微分中值定理的中间点的渐近性推广到多元函数上研究所得的结果并不多. 黔南民族师范学院数学系的刘文武、李顺异、岑燕斌三位教授2013年给出多元函数泰勒公式中间点的一个渐近性质，所得结果是一些已有结果的推广，为此先给出多元函数的泰勒公式.

定理 1（多元函数的泰勒公式） 若$f(x_1,x_2,\cdots,x_m)$在点$P_0(x_{10},x_{20},\cdots,x_{m0})$的某邻域$U(P_0)$有直到$n+1$阶连续的偏导函数，则对于$U(P_0)$内的任一点$(x_{10}+h_1,x_{20}+h_2,\cdots,x_{m0}+h_m)$，都存在$\theta\in(0,1)$，使得

$$\begin{aligned}
&f(x_{10}+h_1,\cdots,x_{m0}+h_m)=f(x_{10},\cdots,x_{m0})+\\
&\left(h_1\frac{\partial}{\partial x_1}+h_2\frac{\partial}{\partial x_2}+\cdots+h_m\frac{\partial}{\partial x_m}\right)f(x_{10},\cdots,x_{m0})+\cdots+\\
&\frac{1}{n!}\left(h_1\frac{\partial}{\partial x_1}+h_2\frac{\partial}{\partial x_2}+\cdots+h_m\frac{\partial}{\partial x_m}\right)^n f(x_{10},\cdots,x_{m0})+\\
&\frac{1}{(n+1)!}\left(h_1\frac{\partial}{\partial x_1}+h_2\frac{\partial}{\partial x_2}+\cdots+h_m\frac{\partial}{\partial x_m}\right)^{n+1}\cdot\\
&f(x_{10}+\theta h_1,x_{20}+\theta h_2,\cdots,x_{m0}+\theta h_m)
\end{aligned}\tag{1}$$

式(1)称为m元函数在点P_0的n阶泰勒公式. 式中

$$\left(h_1\frac{\partial}{\partial x_1}+h_2\frac{\partial}{\partial x_2}+\cdots+h_m\frac{\partial}{\partial x_m}\right)^k f(x_{10},x_{20},\cdots,x_{m0})$$

$$=\sum_{r_1+r_2+\cdots+r_m=k}\frac{k!}{r_1!\ r_2!\ \cdots r_m!}h_1^{r_1}h_2^{r_2}\cdots h_m^{r_m}\cdot$$

$$\frac{\partial^k}{\partial x_1^{r_1}\partial x_2^{r_2}\cdots\partial x_m^{r_m}}f(x_{10},x_{20},\cdots,x_{m0})$$

其中,$r_i\geqslant 0,i=1,2,\cdots,m$.

若在式(1)中只要求余项

$$R_n=o(\rho^n)\quad(\rho=\sqrt{h_1^2+h_2^2+\cdots+h_m^2})$$

则仅须f在$U(P_0)$内存在直到n阶连续偏导数,便有

$$f(x_{10}+h_1,x_{20}+h_2,\cdots,x_{m0}+h_m)=$$

$$f(x_{10},x_{20},\cdots,x_{m0})+$$

$$\sum_{k=1}^{n}\frac{1}{k!}\left(h_1\frac{\partial}{\partial x_1}+h_2\frac{\partial}{\partial x_2}+\cdots+h_m\frac{\partial}{\partial x_m}\right)^k\cdot$$

$$f(x_{10},x_{20},\cdots,x_{m0})+o(\rho^n)$$

在式(1)中,当$m=2$时即得二元函数的泰勒公式.当$n=0$时即得多元函数的中值公式.下面给出式(1)中当$\rho\to 0$时θ的极限.

定理2 若$f(x_1,x_2,\cdots,x_m)$在点$P_0(x_{10},x_{20},\cdots,x_{m0})$的某邻域$U(P_0)$有直到$n+1+p(p\geqslant 1)$阶连续的偏导函数,且

$$\frac{\partial n+1+j}{\partial x_1^{r_1}\partial x_2^{r_2}\cdots\partial x_m^{r_m}}f(x_{10},x_{20},\cdots,x_{m0})=0$$

$$(\sum_{i=1}^{m}r_i=n+1+j,j=1,2,\cdots,p-1)$$

且对任何$(h_1,h_2,\cdots,h_m)\neq(0,0,\cdots,0)$,有

$$\left(h_1\frac{\partial}{\partial x_1}+h_2\frac{\partial}{\partial x_2}+\cdots+h_m\frac{\partial}{\partial x_m}\right)^{n+1+p}\cdot$$
$$f(x_{10},x_{20},\cdots,x_{m0})\neq 0$$

则式(1)中的 θ 满足

$$\lim_{p\to 0}\theta=(\mathrm{C}_{n+1+p}^{p})^{-\frac{1}{p}}$$

证 取$(x_{10}+h_1,x_{20}+h_2,\cdots,x_{m0}+h_m)\in U(P_0)$，令 $\phi(t)=f(x_{10}+th_1,\cdots,x_{10}+th_m)$，则由已知应用复合函数的微分法有 $\phi(t)$ 在$[0,1]$上具有 $n+1+p$ 阶连续的导数，且

$$\phi^{(k)}(t)=\left(h_1\frac{\partial}{\partial x_1}+h_2\frac{\partial}{\partial x_2}+\cdots+h_m\frac{\partial}{\partial x_m}\right)^{k}\cdot$$
$$f(x_{10}+th_1,\cdots,x_{m0}+th_m)$$

由于式(1)等价于

$$\phi(1)=\phi(1)+\frac{1}{1!}\phi'(0)+\cdots+\frac{1}{n!}\phi^{(n)}(0)+$$
$$\frac{1}{(n+1)!}\phi^{(n+1)}(\theta)\tag{2}$$

又由已知有

$$\phi(1)=\phi(0)+\phi'(0)+\cdots+\frac{1}{(n+1)!}\phi^{(n+1)}(0)+$$
$$\frac{1}{(n+p+1)!}\phi^{(n+p+1)}(0)+o(\rho^{(n+p+1)})\tag{3}$$

故由式(2)(3)有

$$\frac{1}{(n+1)!}(\phi^{(n+1)}(\theta)-\phi^{(n+1)}(0))$$
$$=\frac{1}{(n+p+1)!}\phi^{(n+p+1)}(0)+o(p^{(n+p+1)})\tag{4}$$

又由于

$$\phi^{(n+1)}(\theta)=\phi^{(n+1)}(0)+\frac{1}{1!}\phi^{(n+2)}(0)\theta+\cdots+\frac{1}{p!}\phi^{(n+p+1)}(0)\theta^{p}+o(\rho^{n+p+1})$$

$$=\phi^{(n+1)}(0)+\frac{1}{p!}\phi^{(n+p+1)}(0)\theta p+o(\rho^{n+p+1}) \tag{5}$$

由式(4)(5)得

$$\frac{1}{(n+1)!\ p!}\phi^{n+p+1}(0)\theta^{p}=\frac{1}{(n+p+1)!}\phi^{n+p+1}(0)+o(p^{n+p+1})$$

即

$$\frac{1}{(n+1)!\ p!}\left(h_1\frac{\partial}{\partial x_1}+h_2\frac{\partial}{\partial x_2}+\cdots+h_m\frac{\partial}{\partial x_m}\right)^{n+p+1}\cdot f(x_{10},\cdots,x_{m0})\theta^{p}$$

$$=\frac{1}{(n+p+1)!}\cdot\left(h_1\frac{\partial}{\partial x_1}+h_2\frac{\partial}{\partial x_2}+\cdots+h_m\frac{\partial}{\partial x_m}\right)^{n+p+1}\cdot f(x_{10},\cdots,x_{m0})+o(\rho^{n+p+1}) \tag{6}$$

由式(6)得

$$\frac{1}{(n+1)!\ p!}\left(\frac{h_1}{p}\frac{\partial}{\partial x_1}+\frac{h_2}{p}\frac{\partial}{\partial x_2}+\cdots+\frac{h_m}{p}\frac{\partial}{\partial x_m}\right)^{n+p+1}\cdot f(x_{10},\cdots,x_{m0})\theta^{p}$$

$$=\frac{1}{(n+p+1)!}\cdot$$

$$\left(\frac{h_1}{p}\frac{\partial}{\partial x_1}+\frac{h_2}{p}\frac{\partial}{\partial x_2}+\cdots+\frac{h_m}{p}\frac{\partial}{\partial x_m}\right)^{n+p+1}\cdot$$

$$f(x_{10},\cdots,x_{m0})+o(1) \tag{7}$$

令

$$u_i=\frac{h_i}{\rho}\quad(i=1,2,\cdots,m)$$

$$F(u_1,\cdots,u_m)=\left(u_1\frac{\partial}{\partial x_1}+\cdots+u_m\frac{\partial}{\partial x_m}\right)^{n+p+1}f(x_{10},\cdots,x_{m0})$$

则

$$u_1^2+u_2^2+\cdots+u_m^2=1$$

令$(D=\{(u_1,u_2,\cdots,u_m)\mid u_1^2+\cdots+u_n^2=1\})$,于是由已知有 $F(u_1,\cdots,u_m)$在 D 上连续,且不为0,又 D 是一个连通的有界闭集,从而 $F(u_1,\cdots,u_m)$在 D 上恒大于0或恒小于0,不妨设 $F(u_1,\cdots,u_m)$在 D 上恒大于0. 于是有 $F(u_1,\cdots,u_m)\geqslant q>0,(u_1,\cdots,u_m)\in D$,所以

$$0<\frac{1}{F(u_1,\cdots,u_m)}\leqslant\frac{1}{q}$$

即$\frac{1}{F(u_1,\cdots,u_m)}$在 D 上是有界的. 故式(7)两边同除以 $F(u_1,\cdots,u_m)$,并令 $\rho\to0$,得

$$\frac{1}{(n+1)!\ p!}\lim_{p\to0}\theta^p=\frac{1}{(n+p+1)!}$$

即

$$\lim_{p\to0}\theta^p=\frac{p!\ (n+1)!}{(n+p+1)!}\text{或}\lim_{p\to0}\theta^p=(\mathrm{C}_{n+p+1}^p)^{-\frac{1}{p}}$$

证毕.

几点说明 ①在定理 2 中,当 $m=1$ 时,便得到一元函数的中间的渐近性定理:若 $f(x)$ 在 x_0 的某邻域内有直到 $n+1+p$ 阶导数,且

$$f^{(n+1+j)}(x_0)=0 \quad (j=1,\cdots,p-1)$$

对任意 $h\neq 0$ 都有

$$f^{(n+p+1)}(x_0)h^{n+p+1}\neq 0$$

即 $f^{(n+p+1)}(x_0)\neq 0$,则在泰勒公式

$$f(x_0+h)=f(x_0)+\sum_{i=1}^{n}\frac{1}{i!}f^{(i)}(x_0)h^i+\frac{1}{(n+1!)}f^{(n+1)}(x_0+\theta h)h^{n+1}$$

$$(\theta\in(0,1))$$

中有 $\lim\limits_{h\to 0}\theta=(\mathrm{C}_{n+p+1}^{p})^{-\frac{1}{p}}$.

②在定理 2 中,当 $n=0,p=1$ 时,对任意 $(h_1,h_2,\cdots,h_m)\neq(0,0,\cdots,0)$,有

$$\left(h_1\frac{\partial}{\partial x_1}+h_2\frac{\partial}{\partial x_2}+\cdots+h_m\frac{\partial}{\partial x_m}\right)^2 f(x_{10},x_{20},\cdots,x_{m0})\neq 0$$

等价于二次型 $(h_1,\cdots,h_m)\boldsymbol{H}_f(P_0)(h_1,\cdots,h_m)^{\mathrm{T}}$ 恒大于 0 或恒小于 0(其中 $\boldsymbol{H}_f(P_0)$ 为 $f(x_1,\cdots,x_m)$ 在点 P_0 的黑赛(Hesse)矩阵). 从而转换为判定矩阵 $\boldsymbol{H}_f(P_0)$ 是正定或负定矩阵.

③在定理 2 中,当 $n=0,p=1,m=2$ 时,即得苏化明、黄有度在文章“二元函数中值定理的注记”(《数学的实践与认识》,2008(22):236-238)和郑亚敏、李小娜在文章“二元函数中值定理中值点渐近性的定理刻

画”(《河南科学》,2009(10):1196-1199)中的结果.

④这时需要指出的是在定理 2 中,当 $m\geqslant 2$,$n\geqslant 1$,$p\geqslant 2$ 时,在 $(h_1,h_2,\cdots,h_m)\neq(0,0,\cdots,0)$ 时,有

$$\left(h_1\frac{\partial}{\partial x_1}+h_2\frac{\partial}{\partial x_2}+\cdots+h_m\frac{\partial}{\partial x_m}\right)^{(n+1+p)}\cdot f(x_{10},x_{20},\cdots,x_{m0})\neq 0$$

是无法验证的.

第八十八章 广义泰勒公式的渐近性质[①]

一、引言

自20世纪80年代美国学者Bernard Jacobson提出积分中值定理中间点的渐近性问题,Alfonso G. Azpeitia提出带拉格朗日型余项的泰勒中值定理中间点渐近性问题之后,微分中值定理"中间点"渐近性的问题成了数学界人士关注的一个热门课题.迄今,已有不少研究者对此作了探索,并得到许多有意义的结果.李宏远在文章"广义Taylor公式推论"(《顺德职业技术学院学报》,2003,1(1):80-81)中讨论了广义泰勒公式中间点的渐近性,但证明方法存在错误.浙江外国语学院科学技术学院的刘晴、傅新

① 本章摘自《浙江外国语学院学报》,2014年,第5期.

梅、李宏亮三位教授 2014 年对其进行修正，并得出新的结论.

二、广义泰勒公式

查金茂给出了广义泰勒公式，并利用泰勒定理，对其进行了证明. 为叙述方便，先给出广义泰勒公式：

设函数 $f(x)$，$g(x)$ 在 $[a,b]$ 上具有 $n-1$ 阶连续导数，在 (a,b) 内 $f^{(n)}(x)$，$g^{(n)}(x)$ 存在，$g^{(n)}(x)\neq 0$，则对于任何 $x\in(a,b)$ 至少存在一点 $\xi\in(a,x)$ 使得以下式子成立

$$\frac{f(x)-\sum_{k=0}^{n-1}\frac{f^{(k)}(a)(x-a)^k}{k!}}{g(x)-\sum_{k=0}^{n-1}\frac{g^{(k)}(a)(x-a)^k}{k!}}=\frac{f^{(n)}(\xi)}{g^{(n)}(\xi)} \tag{1}$$

李宏远研究讨论了广义泰勒公式中间点的渐近性，得到如下结果：设 $f(x)$，$g(x)$ 在 $[a,b]$ 上满足广义泰勒公式的条件，如果 $f(x)-P_n(x)$，$g(x)-Q_n(x)$ 分别是关于 $x-a$ 的 $n+\alpha-1$ 和 $n+\beta-1$ 阶无穷小($\alpha\neq\beta$)，且 α,β 均不为 0，则对式(1)中的中间点的 ξ 有

$$\lim_{x\to a^+}\frac{\xi-a}{x-a}=\left[\frac{(n+\beta-1)(n+\beta-2)\cdots(\beta+1)\cdot\beta}{(n+\alpha-1)(n+\alpha-2)\cdots(\alpha+1)\cdot\alpha}\right]^{\frac{1}{\alpha-\beta}}$$

其中

$$P_n(x)=\sum_{k=0}^{n-1}\frac{f^{(k)}(a)(x-a)^k}{k!}$$

$$Q_n(x)=\sum_{k=0}^{n-1}\frac{g^{(k)}(a)(x-a)^k}{k!}$$

引理 1 设 $f(x)$，$g(x)$ 在 (a,b) 内可导，$g'(x)\neq 0$，且 $\lim\limits_{x\to a^+}f(x)=\lim\limits_{x\to a^+}g(x)=0$，则 $\lim\limits_{x\to a^+}\frac{f(x)}{g(x)}$ 存在当且仅

当$\lim\limits_{x\to a^+}\frac{f'(x)}{g'(x)}$存在,进而在此情况下两极限相等.

实际上,这一引理的必要性是不真的.

定理1 设$f(x),g(x)$在$[a,b]$上满足广义泰勒公式的条件,存在不为零的常数A,B,p_1,p_2及在$[a,x]$上的函数$\varphi(x)$($\varphi'_+(a)\neq 0$),使

$$\lim_{x\to a^+}\frac{f^{(n)}(x)}{(\varphi(x)-\varphi(a))^{p_1}}=A$$

$$\lim_{x\to a^+}\frac{g^{(n)}(x)}{(\varphi(x)-\varphi(a))^{p_2}}=B \tag{2}$$

那么式(1)中ξ满足

$$\lim_{x\to a^+}\frac{\varphi(\xi)-\varphi(a)}{\varphi(x)-\varphi(a)}$$

$$=\left(\frac{(p_2+n)(p_2+n-1)\cdots(p_2+1)}{(p_1+n)(p_1+n-1)\cdots(p_1+1)}\right)^{\frac{1}{p_1-p_2}}$$

证 构造辅助函数

$$h(x)=\frac{f(x)-\sum\limits_{k=0}^{n-1}\frac{f^{(k)}(a)(x-a)^k}{k!}}{(x-a)^{p_1+n}}$$

$$c(x)=\frac{g(x)-\sum\limits_{k=0}^{n-1}\frac{g^{(k)}(a)(x-a)^k}{k!}}{(x-a)^{p_2+n}}$$

作n次洛必达法则,得

$$\lim_{x\to a^+}h(x)=\lim_{x\to a^+}\frac{f^{(n)}(x)}{(p_1+n)(p_1+n-1)\cdots(p_1+1)(x-a)^{p_1}}$$

$$=\frac{1}{(p_1+n)(p_1+n-1)\cdots(p_1+1)}\cdot$$

$$\lim_{x\to a^+}\frac{f^{(n)}(x)}{(\varphi(x)-\varphi(a))^{p_1}}\cdot$$

$$\lim_{x\to a^+}\left(\frac{\varphi(x)-\varphi(a)}{x-a}\right)^{p_1}$$

由式(2)得

$$\lim_{x\to a^+}h(x)=\frac{A}{(p_1+n)(p_1+n-1)\cdots(p_1+1)}\cdot\lim_{x\to a^+}\left(\frac{\varphi(x)-\varphi(a)}{x-a}\right)^{p_1}$$
$$=\frac{A}{(p_1+n)(p_1+n-1)\cdots(p_1+1)}\cdot(\varphi'_+(a))^{p_1}$$

同理

$$\lim_{x\to a^+}c(x)=\frac{B}{(p_2+n)(p_2+n-1)\cdots(p_2+1)}(\varphi'_+(a))^{p_2}$$

故

$$\lim_{x\to a^+}\frac{h(x)}{c(x)}=\frac{A\cdot(p_2+n)(p_2+n-1)\cdots(p_2+1)}{B\cdot(p_1+n)(p_1+n-1)\cdots(p_1+1)}\cdot(\varphi'_+(a))^{p_1-p_2}$$

又因为

$$\frac{h(x)}{c(x)}=\frac{f(x)-\sum_{k=0}^{n-1}\frac{f^{(k)}(a)(x-a)^k}{k!}}{g(x)-\sum_{k=0}^{n-1}\frac{g^{(k)}(a)(x-a)^k}{k!}}(x-a)^{p_2-p_1}$$

故由式(1)得

$$\lim_{x\to a^+}\frac{h(x)}{c(x)}=\lim_{x\to a^+}\frac{f^{(n)}(\xi)}{g^{(n)}(\xi)}(x-a)^{p_2-p_1}$$
$$=\lim_{x\to a^+}\frac{f^{(n)}(\xi)}{[\varphi(\xi)-\varphi(a)]^{p_1}}\frac{[\varphi(\xi)-\varphi(a)]^{p_2}}{g^{(n)}(\xi)}\cdot\left(\frac{\varphi(\xi)-\varphi(a)}{x-a}\right)^{p_1-p_2}$$

$$=\lim_{x\to a^+}\frac{f^{(n)}(\xi)}{[\varphi(\xi)-\varphi(a)]^{p_1}}\lim_{x\to a^+}\frac{[\varphi(\xi)-\varphi(a)]^{p_2}}{g^{(n)}(\xi)}\cdot$$

$$\lim_{x\to a^+}\left(\frac{\varphi(\xi)-\varphi(a)}{x-a}\right)^{p_1-p_2}$$

$$=\frac{A}{B}\lim_{x\to a^+}\left(\frac{\varphi(\xi)-\varphi(a)}{x-a}\right)^{p_1-p_2}$$

故

$$\lim_{x\to a^+}\frac{\varphi(\xi)-\varphi(a)}{x-a}$$

$$=\left(\frac{(p_2+n)(p_2+n-1)\cdots(p_2+1)}{(p_1+n)(p_1+n-1)\cdots(p_1+1)}\right)^{\frac{1}{p_1-p_2}}\cdot\varphi'_+(a)$$

因此

$$\lim_{x\to a^+}\frac{\varphi(\xi)-\varphi(a)}{\varphi(x)-\varphi(a)}=\lim_{x\to a^+}\frac{\dfrac{\varphi(\xi)-\varphi(a)}{x-a}}{\dfrac{\varphi(x)-\varphi(a)}{x-a}}$$

$$=\left(\frac{(p_2+n)(p_2+n-1)\cdots(p_2+1)}{(p_1+n)(p_1+n-1)\cdots(p_1+1)}\right)^{\frac{1}{p_1-p_2}}$$

上述定理需要满足 $\varphi'_+(a)\neq 0$,下面的定理取消了这个条件的限制.

定理 2　设 $f(x),g(x)$ 在 $[a,b]$ 上满足广义泰勒公式的条件,存在不为零的常数 A,B,p_1,p_2 及在 $[a,x]$ 上的二阶可微函数 $\varphi(x)$ 满足

$$\lim_{x\to a^+}\frac{\varphi(x)-\varphi(a)}{\varphi'(x)}\varphi''(x)=0\tag{3}$$

且

$$\lim_{x\to a^+}\frac{f^{(n)}(x)}{(\varphi(x)-\varphi(a))^{p_1}\varphi'(x)}=A$$

$$\lim_{x\to a^+}\frac{f^{(n)}(x)}{(\varphi(x)-\varphi(a))^{p_2}\varphi'(x)}=B \tag{4}$$

那么式(1)中ξ满足

$$\lim_{x\to a^+}\frac{\varphi(\xi)-\varphi(a)}{\varphi(x)-\varphi(a)}$$

$$=\left(\frac{(p_2+n)(p_2+n-1)\cdots(p_2+1)}{(p_1+n)(p_1+n-1)\cdots(p_1+1)}\right)^{\frac{1}{p_1-p_2}}$$

证 构造辅助函数

$$h(x)=\frac{f(x)-\sum_{k=0}^{n-1}\frac{f^{(k)}(a)(x-a)^k}{k!}}{(\varphi(x)-\varphi(a))^{p_1+n}}$$

$$c(x)=\frac{g(x)-\sum_{k=0}^{n-1}\frac{f^{(k)}(a)(x-a)^k}{k!}}{(\varphi(x)-\varphi(a))^{p_2+n}}$$

为了证明方便,设

$$P_n(x)=\sum_{k=0}^{n-1}\frac{f^{(k)}(a)(x-a)^k}{k!}$$

$$Q_n(x)=\sum_{k=0}^{n-1}\frac{g^{(k)}(a)(x-a)^k}{k!}$$

由洛必达法则有

$$\lim_{x\to a^+}h(x)$$

$$=\lim_{x\to a^+}\frac{f'(x)-P'_n(x)}{(p_1+n)(\varphi(x)-\varphi(a))^{p_1+n-1}\varphi'(x)}$$

$$=\lim_{x\to a^+}(f''(x)-P''_n(x))/$$

$$((p_1+n)(p_1+n-1)(\varphi(x)-\varphi(a))^{p_1+n-2}\varphi'(x)+$$

$$(p_1+n)(\varphi(x)-\varphi(a))^{p_1+n-1}\varphi''(x))$$

$$=\lim_{x\to a^+}(f''(x)-P''_n(x))/$$

$$((p_1+n)(\varphi(x)-\varphi(a))^{p_1+n-2}\varphi'(x)\cdot$$

$$(p_1+n-1+\frac{\varphi(x)-\varphi(a)}{\varphi'(x)}\varphi''(x)))$$

而由式(3)得

$$\begin{aligned}
&\lim_{x\to a^+}h(x)\\
&=\lim_{x\to a^+}(f''(x)-P''_n(x))/\\
&\quad((p_1+n)(p_1+n-1)(\varphi(x)-\varphi(a))^{p_1+n-2}\varphi'(x))\\
&=\lim_{x\to a^+}(f^{(3)}(x)-P_n^{(3)}(x))/\\
&\quad((p_1+n)(p_1+n-1)(p_1+n-2)(\varphi(x)-\varphi(a))^{p_1+n-3}\varphi'(x)+\\
&\quad(p_1+n)(p_1+n-1)(\varphi(x)-\varphi(a))^{p_1+n-2}\varphi''(x))\\
&=\lim_{x\to a^+}(f^{(3)}(x)-P_n^{(3)}(x))/\\
&\quad((p_1+n)(p_1+n-1)(\varphi(x)-\varphi(a))^{p_1+n-3}\cdot\\
&\quad\varphi'(x)((p_1+n-2)+\frac{\varphi(x)-\varphi(a)}{\varphi'(x)}\varphi''(x)))\\
&=\lim_{x\to a^+}(f^{(3)}(x)-P_n^{(3)}(x))/\\
&\quad((p_1+n)(p_1+n-1)(p_1+n-2)(\varphi(x)-\varphi(a))^{p_1+n-3}\varphi'(x))\\
&=\lim_{x\to a^+}f^{(n)}(x)/\\
&\quad((p_1+n)(p_1+n-1)\cdots(p_1+1)(\varphi(x)-\varphi(a))^{p_1}\varphi'(x))
\end{aligned}$$

由式(4)得

$$\lim_{x\to a^+}h(x)=\frac{A}{(p_1+n)(p_1+n-1)\cdots(p_1+1)}$$

同理

$$\lim_{x\to a^+}c(x)=\frac{B}{(p_2+n)(p_2+n-1)\cdots(p_2+1)}$$

故

$$\lim_{x\to a^+}\frac{h(x)}{c(x)}=\frac{A\cdot(p_2+n)(p_2+n-1)\cdots(p_2+1)}{B\cdot(p_1+n)(p_1+n-1)\cdots(p_1+1)}$$

又因为

$$\frac{h(x)}{c(x)}=\frac{f(x)-P_n(x)}{g(x)-Q_n(x)}(\varphi(x)-\varphi(a))^{p_2-p_1}$$

故由广义泰勒公式得

$$\begin{aligned}\lim_{x\to a^+}\frac{h(x)}{c(x)}&=\lim_{x\to a^+}\frac{f^{(n)}(\xi)}{g^{(n)}(\xi)}(\varphi(x)-\varphi(a))^{p_2-p_1}\\&=\lim_{x\to a^+}\frac{f^{(n)}(\xi)}{g^{(n)}(\xi)}(\varphi(\xi)-\varphi(a))^{p_2-p_1}\cdot\\&\quad\left(\frac{\varphi(\xi)-\varphi(a)}{\varphi(x)-\varphi(a)}\right)^{p_1-p_2}\\&=\lim_{x\to a^+}\frac{f^{(n)}(\xi)}{g^{(n)}(\xi)}\frac{(\varphi(\xi)-\varphi(a))^{p_2}}{(\varphi(\xi)-\varphi(a))^{p_1}}\cdot\\&\quad\left(\frac{\varphi(\xi)-\varphi(a)}{\varphi(x)-\varphi(a)}\right)^{p_1-p_2}\\&=\lim_{x\to a^+}\frac{f^{(n)}(\xi)}{(\varphi(\xi)-\varphi(a))^{p_1}\varphi'(\xi)}\cdot\\&\quad\lim_{x\to a^+}\frac{(\varphi(\xi)-\varphi(a))^{p_2}\varphi'(\xi)}{g^{(n)}(\xi)}\cdot\\&\quad\lim_{x\to a^+}\left(\frac{\varphi(\xi)-\varphi(a)}{\varphi(x)-\varphi(a)}\right)^{p_1-p_2}\\&=\frac{A}{B}\lim_{x\to a^+}\left(\frac{\varphi(\xi)-\varphi(a)}{\varphi(x)-\varphi(a)}\right)^{p_1-p_2}\end{aligned}$$

故

$$\lim_{x\to a^+}\frac{\varphi(\xi)-\varphi(a)}{\varphi(x)-\varphi(a)}$$

$$=\left(\frac{(p_2+n)(p_2+n-1)\cdots(p_2+1)}{(p_1+n)(p_1+n-1)\cdots(p_1+1)}\right)^{\frac{1}{p_1-p_2}}$$

注 ①若令 $\varphi(x)=(x-a)^n, n\geqslant 2, n\in\mathbf{Z}^*$, $\psi(x)=\cos(x-a)$,则

$$\lim_{x\to a^+}\varphi'(x)=\lim_{x\to a^+}\psi'(x)=0$$

且 $\varphi(x),\psi(x)$都满足式(3).

②若定理1中 φ 还满足 $\varphi''(x)$在$[a,a+\delta)$上连续,则定理1可由定理2推出.

关于泰勒公式中间点函数的可微性[①]

第八十九章

渤海大学数理学院的李丹、张树义两位教授利用比较函数概念,研究泰勒公式“中间点函数”的渐近性和可微性,在一定条件下,建立了泰勒公式“中间点函数”在点 a 处的一阶可微性和渐近性.获得的结果推广和改进了有关文献中的新近结果.

一、引言与预备知识

泰勒公式 设 a 和 b 是实数且 $a<b$, $f:[a,b]\to\mathbf{R}$. 如果函数 f 满足:(1)在 $[a,b]$ 上具有直至 $n-1$ 阶连续导数;(2)在 (a,b) 内存在 n 阶导数,则存在一

① 本章摘自《井冈山大学学报(自然科学版)》,2016 年,第 37 卷,第 6 期.

点 $c\in(a,b)$，使

$$f(b)-\sum_{k=0}^{n-1}\frac{f^{(k)}(a)}{k!}(b-a)^k=\frac{f^{(n)}(c)}{n!}(b-a)^n$$

下面我们指出泰勒公式“中间点”$c\in(a,b)$，不仅依赖区间端点，而且与 n 有关，当 n 取定以后，$c\in(a,b)$，仅依赖区间端点. 而且泰勒公式“中间点”唯一的充分条件是 $f^{(n)}(x)$ 是单射.

设 I 是 $\mathbf{R}$ 上一区间，$a\in I$ 是 I 上一点，函数 $f:I\to\mathbf{R}$，如果函数 f 在 I 上 n 次可微，则由泰勒公式，$\forall x\in I-\{a\}$，在以 a,x 为端点的开区间上，存在一点 c_x，使

$$f(x)-\sum_{k=0}^{n-1}\frac{f^{(k)}(a)}{k!}(x-a)^k=\frac{f^{(n)}(c_x)}{n!}(x-a)^n \quad (1)$$

如果 $f^{(n)}(x)$ 是单射的，则点 c_x 是唯一的，进而可以定义 $c:I-\{a\}\to I-\{a\}$ 为 $c(x)=c_x$，使得

$$f(x)-\sum_{k=0}^{n-1}\frac{f^{(k)}(a)}{k!}(x-a)^k=\frac{f^{(n)}(c(x))}{n!}(x-a)^n \quad (2)$$

如果 $f^{(n)}(x)$ 不是单射的，则使式(1)成立的点 c_x，一般说来不是唯一的. 如果对 $\forall x\in I-\{a\}$，可以在 a，x 为端点的开区间上选取一个 c_x，使式(1)成立. 那么就可以定义函数 $c:I-\{a\}\to I-\{a\}$ 为 $c(x)=c_x$，使式(2)成立.

定理 1 设 I 是 $\mathbf{R}$ 上一区间，$a\in I$ 是 I 上一点，函数 $f:I\to\mathbf{R}$. 如果函数 f 在 I 上 n 次可微，则存在一函数 $c:I-\{a\}\to I-\{a\}$，使得式(2)成立. 此外如果 $f^{(n)}(x)$

是单射的,则点 $c(x)$ 是唯一的.

因为 $\forall x \in I - \{a\}$

$$|c(x) - a| \leqslant |x - a|$$

所以

$$\lim_{x \to a} c(x) = a$$

于是可定义"中间点函数" $\bar{c}_1 : I \to I$ 为

$$\bar{c}_1(x) = \begin{cases} c(x) & (x \in I - \{a\}) \\ a & (x = a) \end{cases}$$

显然 $\bar{c}_1(x)$ 在点 $x = a$ 连续.

另一方面 Azpeitja 研究了泰勒公式"中间点"的渐近性质. 同时,Jacobson 建立积分中值定理的类似结果. 在这之后,一些作者研究各种中值定理"中间点"的渐近性质. Jacobson 研究了柯西中值定理"中间点"的渐近性与可微性. 伍建华、孙霞林、熊德之在文章"一类积分型中值定理的渐近性讨论"(《西南师范大学学报(自然科学版)》,2012,37(8):24-27)中研究了泰勒公式"中间点函数"的一阶可微性. 本章的目的是利用比较函数概念,研究泰勒公式"中间点函数"在点 a 处的性质,获得的结果丰富了数学分析中值定理理论.

定义 1 设 $\psi(x)$ 定义在半开区间 $(a,b]$ $(b > 0)$ 上,$\varphi(x)$ 在半开区间 $(a,b]$ 上存在 $m(m \geqslant 1)$ 阶导数且满足下列条件:

(1) $\lim\limits_{x \to a^+} [(x - a)^m \cdot \varphi(x)]^{(i)} = 0, i = 0, 1, 2, \cdots, m - 1$;

(2) $\lim\limits_{x\to a^+}(x-a)^i\cdot\varphi^{(i)}(x)/\varphi(x)=\lambda_{\varphi_i}$，$\lambda_{\varphi_i}$为常数，$i=0,1,2,\cdots,m,\lambda_{\varphi_0}=1$；

(3) $C_k^{(\varphi)}\overset{\text{def}}{=}\sum\limits_{i=0}^{k}(k-i)!\ (C_k^i)^2\lambda_{\varphi_i}\neq 0,k=1,2,\cdots,m.$

如果$\lim\limits_{x\to a^+}\psi(x)/\varphi(x)$存在非零极限，则称$\varphi(x)$是当$x\to a^+$时关于$\psi(x)$的比较函数，并称此非零极限为比较值，简称比值.

例1 在$(0,b](b>0)$上取$\varphi(x)=1/\sqrt{x}$，$\psi_1(x)=2+1/\sqrt{x}$，$\psi_2(x)=[\cos(\sqrt{x}+1)]/\sqrt{x}$，则容易验证$\varphi(x)$是当$x\to 0^+$时关于$\psi_1(x)$和$\psi_2(x)$的比较函数.

引理1 设$x>0$，$\varphi(t)=x^\alpha$，α为实数，$\alpha>-1$，$n\geqslant 1$，$\Gamma(\cdot)$为Gamma函数，则

$$\sum_{i=0}^{n}(n-i)!\ \cdot(C_n^i)^2\lambda_{\varphi_i}=\Gamma(n+\alpha+1)/\Gamma(\alpha+1)$$

其中

$$\begin{aligned}\lambda_{\varphi_i}&=\lim_{t\to 0^+}t^i\cdot\varphi^{(i)}(t)/\varphi(t)\\&=\begin{cases}1 & (i=0)\\ \alpha(\alpha-1)\cdots(\alpha-i+1) & (i=1,2,\cdots,n)\end{cases}\end{aligned}$$

容易证明下列引理成立.

引理2 设I是$\mathbf{R}$上一区间，$a\in I$是I的左端点.$H:I\to\mathbf{R}$在I上n阶可微，在半开区间$(a,b]\subset I$上存在n阶导数的函数$\varphi(x)$是当$x\to a^+$时关于$H^{(n)}(x)-H^{(n)}(a)$的比较函数且比值为A和

$$\tilde{H}(x)=\begin{cases}\dfrac{H(x)-\sum\limits_{k=0}^{n-1}\dfrac{H^{(k)}(a)}{k!}(x-a)^k-\dfrac{H^{(n)}(a)}{n!}(x-a)^n}{(x-a)^n\varphi(x)}\\ \qquad (x\in I-\{a\})\\ \dfrac{A}{C_n^{(\varphi)}}\quad (x=a)\end{cases}$$

则下列结论成立：

(1)$\tilde{H}(x)$在 I 上连续且

$$\tilde{H}(a)=\frac{A}{C_n^{(\varphi)}}$$

(2)当 $\varphi(x)\equiv x-a$ 时

$$\tilde{H}(a)=\frac{A}{C_n^{(x-a)}}=\frac{H^{(n+1)}(a)}{(n+1)!}$$

(3)$H(x)=\sum\limits_{k=0}^{n-1}\dfrac{H^{(k)}(a)}{k!}(x-a)^k+\dfrac{H^{(n)}(a)}{n!}(x-a)^n+\left(\dfrac{A}{C_n^{(\varphi)}}+\xi\right)(x-a)^n\varphi(x)$,其中 $\xi\to0(x\to a^+)$.

二、主要结果

定理 2 设 I 是 $\mathbf{R}$ 上一区间,$a\in I$ 是 I 的左端点,函数 $f:I\to\mathbf{R}$ 满足下列条件：

(1)函数 f 在 I 上有直至 n 阶导数；

(2)在 I 上存在 n 阶导数的函数 $\varphi(x)$ 是当 $x\to a^+$ 时关于 $f^{(n)}(x)-f^{(n)}(a)$ 的比较函数且比值为 A.

下列结论成立.

(1)存在实数 $\delta>0$,使 $(a,a+\delta)\subseteq I$,且 $\forall x\in(a,a+\delta)$,有 $\tilde{f}(x)\neq0$,其中

$$\tilde{f}(x)=\begin{cases}\dfrac{f(x)-\sum\limits_{k=0}^{n-1}\dfrac{f^{(k)}(a)}{k!}(x-a)^k-\dfrac{f^{(n)}(a)}{n!}(x-a)^n}{(x-a)^n\varphi(x)} \\ \quad (x\in(a,a+\delta)) \\ \dfrac{A}{C_n^{(\varphi)}} \quad (x=a)\end{cases}$$

(2)若再设 $\forall x\in(a,a+\delta)$，$(f^{(n)}(x))'$ 存在且非零，则对于任意 $x\in(a,a+\delta)$，存在唯一函数 $c:(a,a+\delta)\to(a,a+\delta)$，使

$$f(x)-\sum_{k=0}^{n-1}\frac{f^{(k)}(a)}{k!}(x-a)^k=\frac{f^{(n)}(c(x))}{n!}(x-a)^n \tag{3}$$

(3)函数 $\theta:(a,a+\delta)\to(0,1)$ 定义为

$$\theta(x)=\frac{c(x)-a}{x-a} \quad (x\in(a,a+\delta)) \tag{4}$$

有下列性质：

①对 $\forall x\in(a,a+\delta)$，有

$$f(x)-\sum_{k=0}^{n-1}\frac{f^{(k)}(a)}{k!}(x-a)^k=\frac{f^{(n)}(a+(x-a)\theta(x))}{n!}(x-a)^n \tag{5}$$

②存在极限

$$\lim_{x\to a^+}\frac{\varphi(a+(x-a)\theta(x))}{\varphi(x)}=\frac{n!}{C_n^{(\varphi)}}$$

证　(1)由定理条件和引理2，有

$$\lim_{x\to a^+}\tilde{f}(x)=\frac{A}{C_n^{(\varphi)}}\neq 0$$

因此存在一实数 $\delta>0$，使 $(a,a+\delta)\subseteq I$ 且 $\forall x\in(a,a+\delta)$，有 $\tilde{f}(x)\neq 0$.

(2) 因 $(f^{(n)}(x))'\neq 0$，所以 $\forall x\in(a,a+\delta)$，$f^{(n)}(x)$ 严格单调，从而 $f^{(n)}(x)$ 是单射，因此存在唯一函数 $c:(a,a+\delta)\to(a,a+\delta)$，使得式(3)成立.

(3) ①由式(3)和(4)即得证.

②由引理2，有

$$f(x)=\sum_{k=0}^{n-1}\frac{f^{(k)}(a)}{k!}(x-a)^k+\frac{f^{(n)}(a)}{n!}(x-a)^n+\left(\frac{A}{C_n^{(\varphi)}}+\xi_1\right)(x-a)^n\varphi(x) \quad (6)$$

其中 $\xi_1\to 0\ (x\to a^+)$. 由条件(2)，得

$$f^{(n)}(a+(x-a)\theta(x))=f^{(n)}(a)+(A+\xi_2)\cdot\varphi(a+(x-a)\theta(x)) \quad (7)$$

其中 $\xi_2\to 0\ (x\to a^+)$. 把式(6)和(7)代入式(5)，得

$$\frac{f^{(n)}(a)}{n!}(x-a)^n+\left(\frac{A}{C_n^{(\varphi)}}+\xi_1\right)(x-a)^n\varphi(x)=\frac{f^{(n)}(a)+(A+\xi_2)\varphi(a+(x-a)\theta(x))}{n!}(x-a)^n$$

进而有

$$\lim_{x\to a^+}\frac{\varphi(a+(x-a)\theta(x))}{\varphi(x)}=\frac{n!}{C_n^{(\varphi)}}$$

证毕.

在定理2中令 $\varphi(x)=(x-a)^\alpha$，并应用引理1可得如下推论1.

推论1 设 I 是 $\mathbf{R}$ 上一区间，$a\in I$ 是 I 的左端点，函数 $f:I\to\mathbf{R}$ 满足下列条件：

(1)函数f在I上有直至n阶导数;(2)存在实数$\alpha>0$,使

$$\lim_{x\to a^+}(f^{(n)}(x)-f^{(n)}(a))/(x-a)^{\alpha}=A$$

其中A是非零常数.

下列结论成立.

(1)存在一实数$\delta>0$,使$(a,a+\delta)\subseteq I$,且$\forall x\in(a,a+\delta)$,有$\tilde{f}(x)\neq 0$,其中

$$\tilde{f}(x)=\begin{cases}\dfrac{f(x)-\sum\limits_{k=0}^{n-1}\dfrac{f^{(k)}(a)}{k!}(x-a)^k-\dfrac{f^{(n)}(a)}{n!}(x-a)^n}{(x-a)^{n+\alpha}} \\ \quad (x\in(a,a+\delta)) \\ \dfrac{A\Gamma(\alpha+1)}{\Gamma(n+\alpha+1)} \quad (x=a)\end{cases}$$

(2)若再设$\forall x\in(a,a+\delta)$,$(f^{(n)}(x))'$存在且非零,则对于任意$x\in(a,a+\delta)$,存在唯一函数$c:(a,a+\delta)\to(a,a+\delta)$,使

$$f(x)-\sum_{k=0}^{n-1}\frac{f^{(k)}(a)}{k!}(x-a)^k=\frac{f^{(n)}(c(x))}{n!}(x-a)^n$$

(3)函数$\theta:(a,a+\delta)\to(0,1)$定义为$\theta(x)=\dfrac{c(x)-a}{x-a}$,$x\in(a,a+\delta)$,有下列性质:

①对$\forall x\in(a,a+\delta)$,有

$$f(x)-\sum_{k=0}^{n-1}\frac{f^{(k)}(a)}{k!}(x-a)^k$$
$$=\frac{f^{(n)}(a+(x-a)\theta(x))}{n!}(x-a)^n$$

②存在极限

$$\lim_{x\to a^+}\theta(x)=\left(\frac{n!\ \Gamma(\alpha+1)}{\Gamma(n+\alpha+1)}\right)^{1/\alpha}$$

(4)函数$\bar{c}$:$[a,a+\delta)\to[a,a+\delta)$定义为

$$\bar{c}(x)=\begin{cases}c(x) & (x\in(a,a+\delta))\\ a & (x=a)\end{cases}$$

在 $x=a$ 可微且

$$\bar{c}_n^{(i)}(a)=\left(\frac{n!\ \Gamma(\alpha+1)}{\Gamma(n+\alpha+1)}\right)^{1/\alpha}$$

在推论 1 中取 $\alpha=1$,可得如下推论 2.

推论 2 设 I 是 $\mathbf{R}$ 上一区间,$a\in I$ 是 I 的左端点,函数 $f:I\to\mathbf{R}$ 满足在 I 上有直至 $n+1$ 阶导数,且 $f^{(n+1)}(a)\neq 0$.

下列结论成立.

(1)存在一实数 $\delta>0$,使 $(a,a+\delta)\subseteq I$,且 $\forall x\in(a,a+\delta)$,有 $f^{(n+1)}(x)\neq 0$.

(2)对 $\forall x\in(a,a+\delta)$,存在唯一函数

$$c:(a,a+\delta)\to(a,a+\delta)$$

使

$$f(x)-\sum_{k=0}^{n-1}\frac{f^{(k)}(a)}{k!}(x-a)^k=\frac{f^{(n)}(c(x))}{n!}(x-a)^n$$

(3)函数 $\theta:(a,a+\delta)\to(0,1)$ 定义为 $\theta(x)=\dfrac{c(x)-a}{x-a}$,$x\in(a,a+\delta)$,有下列性质:

①对 $\forall x\in(a,a+\delta)$,有

$$f(x)-\sum_{k=0}^{n-1}\frac{f^{(k)}(a)}{k!}(x-a)^k$$

$$=\frac{f^{(n)}(a+(x-a)\theta(x))}{n!}(x-a)^n$$

②存在极限$\lim\limits_{x\to a^+}\theta(x)=\dfrac{1}{n+1}$.

(4)函数$\bar{c}$:$[a,a+\delta)\to[a,a+\delta)$定义为

$$\bar{c}(x)=\begin{cases}c(x) & (x\in(a,a+\delta))\\ a & (x=a)\end{cases}$$

在 $x=a$ 可微且

$$\bar{c}^{(1)}(a)=\frac{1}{n+1}$$

泰勒公式中中值位置的研究①

第九十章

微分学中著名的泰勒公式:若$f(x)$在包含x_0的开区间(a,b)内有$n+1$阶导数,则对$\forall x\in(a,b)$,有

$$f(x)=f(x_0)+f'(x_0)(x-x_0)+\frac{f''(x_0)}{2!}(x-x_0)^2+\cdots+\frac{f^{(n)}(x_0)}{n!}(x-x_0)^n+R_n(x) \quad (1)$$

其中

$$R_n(x)=\frac{f^{(n+1)}[x_0+\theta(x-x_0)]}{(n+1)!}\cdot(x-x_0)^{n+1}\quad(0<\theta<1)$$

式(1)称为泰勒公式,$R_n(x)$称为泰勒公

① 本章摘自《山东农业大学学报(自然科学版)》,2016 年,第 47 卷,第 1 期.

式的拉格朗日型余项. $\xi = x_0 + \theta(x - x_0)$ 在 x_0 和 x 之间,也称为泰勒公式的中值,θ 的取值决定了 ξ 在区间 (x, x_0) 或 (x, x_0) 中的位置. 下面的定理将给出 θ 极限取值的一个条件.

为了证明方便起见,下面给出带皮亚诺型余项的泰勒公式的条件结论:若 $f(x)$ 在点 $x_0 \in (a, b)$ n 阶可导,则对 $\forall x \in (a, b)$,有

$$f(x) = f(x_0) + f'(x_0)(x - x_0) + \frac{f''(x_0)}{2!}(x - x_0)^2 + \cdots + \frac{f^{(n)}(x_0)}{n!}(x - x_0)^n + o[(x - x_0)^n] \quad (2)$$

式(2)称为带皮亚诺型余项的泰勒公式,$o[(x - x_0)^n]$ 称为皮亚诺型余项.

山东农业大学信息科学与工程学院的王志武、李钧两位教授 2016 年给出下面的主要结论.

定理 1 若 $f(x)$ 在包含 x_0 的开区间 (a, b) 内有 $n+1$ 阶导数,且 $f^{(n+2)}(x_0)$ 存在,若 $f^{(n+2)}(x_0) \neq 0$,则对泰勒公式(1)中的 θ,有

$$\lim_{x \to x_0} \theta = \frac{1}{n+2}$$

证 $f(x)$ 在包含点 x_0 的开区间 (a, b) 内有 $n+1$ 阶导数,泰勒公式(1)显然成立,从而对 $\forall x \in (a, b)$,有

$$f(x) = f(x_0) + f'(x_0)(x - x_0) + \cdots + \frac{f^{(n)}(x_0)}{n!}(x - x_0)^n +$$

$$\frac{f^{(n+1)}[x_0+\theta(x-x_0)]}{(n+1)!}(x-x_0)^{n+1} \quad (3)$$

利用$f^{(n+1)}(x)$在点 x_0 可导及带皮亚诺型余项的泰勒公式,得

$$f^{(n+1)}[x_0+\theta(x-x_0)]=f^{(n+1)}(x_0)+f^{(n+2)}(x_0)\cdot\theta(x-x_0)+o(x-x_0) \quad (4)$$

将式(4)代入(3),得

$$f(x)=f(x_0)+f'(x_0)(x-x_0)+\cdots+\frac{f^{(n)}(x_0)}{n!}(x-x_0)^n+\frac{f^{(n+1)}(x_0)+f^{(n+2)}(x_0)\theta(x-x_0)+o(x-x_0)}{(n+1!)}\cdot(x-x_0)^{n+1}$$

整理得

$$f(x)=f(x_0)+f'(x_0)(x-x_0)+\cdots+\frac{f^{(n+1)}(x_0)}{(n+1)!}(x-x_0)^{n+1}+\frac{f^{(n+2)}(x_0)\theta(x-x_0)^{n+2}}{(n+1)!}+o(x-x_0)^{n+2}$$

因为,$f^{(n+2)}(x_0)\neq 0$,从而可解之

$$\theta=\frac{(n+1)!}{f^{(n+2)}(x_0)}\left(f(x)-(f(x_0)+f'(x_0)(x-x_0)+\cdots+\frac{f^{(n+1)}(x_0)}{(n+1!)}(x-x_0)^{n+1}+o(x-x_0)^{n+2})\right)/(x-x_0)^{n+2}$$

两边 $x\to x_0$ 求极限,有

$$\lim_{x \to x_0} \theta = \frac{(n+1)!}{f^{(n+2)}(x_0)} \lim_{x \to x_0} (f(x) - (f(x_0) + f'(x_0)(x - x_0) + \cdots + \frac{f^{(n+1)}(x_0)}{(n+1)!}(x - x_0)^{n+1})) / (x - x_0)^{n+2}$$

连续使用 $n+1$ 次洛必达法则，得

$$\lim_{x \to x_0} \theta = \frac{(n+1)!}{f^{(n+2)}(x_0)} \lim_{x \to x_0} \frac{f^{(n+1)}(x) - f^{(n+1)}(x_0)}{(n+2)!\ (x - x_0)}$$

注意到 $f^{(n+1)}(x)$ 在点 x_0 可导，得

$$\lim_{x \to x_0} \theta = \frac{(n+1)!}{f^{(n+2)}(x_0)} \frac{f^{(n+2)}(x_0)}{(n+2)!} = \frac{1}{n+2}$$

下面对该定理的结论予以讨论：

(1)该定理的几何意义是，若 $f(x)$ 在包含 x_0 的开区间 (a,b) 内有 $n+1$ 阶导数，且 $f^{(n+2)}(x_0)$ 存在，若 $f^{(n+2)}(x_0) \neq 0$，则在泰勒公式(1)中，当 $x \to x_0$ 时，中值点 $\xi = x_0 + \theta(x - x_0)$ 的极限位置为区间 (x, x_0) 或 (x_0, x) 中的 $\xi = x_0 + \frac{1}{n+2}(x - x_0)$ 点.

(2)当 $n=0$ 时，$f(x)$ 在包含 x_0 的开区间 (a,b) 可导，且 $f''(x_0)$ 存在，若 $f''(x_0) \neq 0$，则对 $\forall x \in (a,b)$，有

$$f(x) = f(x_0) + f'[x_0 + \theta(x - x_0)](x - x_0)$$

且

$$\lim_{x \to x_0} \theta = \frac{1}{2}$$

即，泰勒公式的中值点 $\xi = x_0 + \theta(x - x_0)$ 的极限位置位于区间 (x, x_0) 或 (x_0, x) 的中点位置.

最后需要说明的是，若 $f(x)$ 在包含 x_0 的开区间

(a,b)内有 $n+1$ 阶导数,且 $f^{(n+2)}(x_0)=0$,则定理的结论未必成立. 例如 $n=0, x_0=0$ 时,对于 $f(x)=x^3$,有

$$x^3=0+3(\theta x)^2 x$$

$\theta=\frac{\sqrt{3}}{3}$与$\lim\limits_{x\to 0}\theta=\frac{1}{2}$不符.

二元函数泰勒公式“中间点”的渐近估计式[①]

第九十一章

1982 年,Azpeitja 开始了关于中值定理“中间点”渐近性态的研究,证明了在区间$[a,x]$上的一元函数$f(x)$的泰勒公式“中间点”ξ,当$x\to a^+$时满足

$$\lim_{x\to a^+}\frac{\xi-a}{x-a}=\binom{n+p}{n}^{-1/p}$$

其中

$$f^{(n+j)}(a)=0\quad(1\leqslant j<p)$$

且

$$f^{(n+p)}(a)\neq 0$$

之后,关于这方面问题的研究取得了一些新进展,如张树义的文章“关于中值定理

① 本章摘自《鲁东大学学报(自然科学版)》,2016 年,第 32 卷,第 2 期.

‘中间点’渐近性的若干注记”(《烟台师范学院学报(自然科学版)》,1994,10(2):37-40)将其推广为

$$\lim_{x\to a^+}\frac{\xi-a}{x-a}=\left(\frac{n!\ \Gamma(\alpha+1)}{\Gamma(n+\alpha+1)}\right)^{1/\alpha}$$

其中 $\alpha>0$,并在其另一篇文章“中值定理‘中间点’的几个新的渐近估计式”(《烟台师范学院学报》(自然科学版),1995,11(2):109-111)中将其推广到广义泰勒公式的情形,即广义泰勒公式的“中间点”ξ,当 $x\to a^+$ 时,满足

$$\lim_{x\to a^+}\frac{\xi-a}{x-a}=\left(\frac{\Gamma(\alpha+1)\Gamma(n+\beta+1)}{\Gamma(\beta+1)\Gamma(n+\alpha+1)}\right)^{1/(\alpha-\beta)}$$

其中 $\alpha>-1,\beta>-1$ 且 $\alpha\neq\beta,\Gamma(\cdot)$ 为 Gamma 函数,渤海大学数理学院的万美玲、张树义两位教授 2016 年使用比较函数得到一元函数泰勒公式“中间点”新的渐近估计式. 本章利用比较函数,进一步讨论了二元函数泰勒中值公式“中间点”的渐近性态,建立了更为广泛的渐近估计式,从而统一和发展了已有文献的相应结果.

一、预备知识

设函数 $f(x,y)$ 在点 $A(x_0,y_0)$ 的某个邻域 G 内存在连续的 n 阶偏导数,则对于 G 内任意一点 $B(x_0+h,y_0+k)$,有

$$\begin{aligned}f(x_0+h,y_0+k)=&f(x_0,y_0)+\left(h\frac{\partial}{\partial x}+k\frac{\partial}{\partial y}\right)f(x_0,y_0)+\\&\frac{1}{2!}\left(h\frac{\partial}{\partial x}+k\frac{\partial}{\partial y}\right)^2f(x_0,y_0)+\cdots+\\&\frac{1}{(n-1)!}\left(h\frac{\partial}{\partial x}+k\frac{\partial}{\partial y}\right)^{n-1}f(x_0,y_0)+\end{aligned}$$

$$\frac{1}{n!}\left(h\frac{\partial}{\partial x}+k\frac{\partial}{\partial y}\right)^n f(x_0+\theta h,y_0+\theta k)$$

(1)

其中,$0<\theta<1$. 式(1)称为二元函数$f(x,y)$在点$A(x_0,y_0)$的泰勒中值公式.

记$\rho=\sqrt{h^2+k^2}$,$\boldsymbol{e}$ 表示向量 AB 的单位向量,设 $\boldsymbol{e}=(\cos\alpha,\sin\alpha)=\left(\frac{h}{\rho},\frac{k}{\rho}\right)$,则有

$$h=\rho\cos\alpha,k=\rho\sin\alpha$$

以"$\rho\underset{(e)}{\rightarrow}0$"表示点 $B(x_0+h,y_0+k)$沿 AB 连线趋向于点 $A(x_0,y_0)$.

定义 1　设 $\psi(t)$定义在半开区间$(0,b]$$(b>0)$上,$\varphi(t)$在半开区间$(0,b]$上存在 $m(m\geqslant 1)$阶导数且满足条件:

(1) $\lim\limits_{t\to 0^+}[t^m\varphi(t)]^{(i)}=0,i=0,1,\cdots,m-1$;

(2) $\lim\limits_{t\to 0^+}t^i\varphi^{(i)}(t)/\varphi(t)=\lambda_{\varphi_i}$,$\lambda_{\varphi_i}$为常数,$i=0,1,\cdots,m,\lambda_{\varphi_0}=1$;

(3) $C_k^{(\varphi)}\overset{\text{def}}{=}\sum\limits_{i=0}^{k}(k-i)!\ (C_k^i)^2\lambda_{\varphi_i}\neq 0,k=1,2,\cdots,m$,如果$\lim\limits_{t\to 0^+}\psi(t)/\varphi(t)$存在非零极限,则称 $\varphi(t)$是当 $t\to 0^+$时关于 $\psi(t)$的比较函数.

例 1　在$(0,x]$$(x>0)$上取

$$\varphi(t)=1/\sqrt{t}$$

$$\psi_1(t)=2+1/\sqrt{t}$$

$$\psi_2=\frac{1}{\sqrt{t}}\cos(\sqrt{t}+1)$$

则容易验证 $\varphi(t)$ 是当 $t\to0^+$ 时关于 $\psi_1(t)$ 和 $\psi_2(t)$ 的比较函数.

引理 1 设 $x>0,\varphi(t)=x^{\alpha}$, α 为实数, $\alpha>-1$, $n\geqslant1$, $\Gamma(\cdot)$ 为 Gamma 函数,则

$$\sum_{i=0}^{n}(n-i)!\cdot(C_n^i)\lambda_{\varphi_i}=\frac{\Gamma(n+\alpha+1)}{\Gamma(\alpha+1)}$$

其中

$$\begin{aligned}\lambda_{\varphi_i}&=\lim_{t\to0^+}t^i\varphi^{(i)}(t)/\varphi(t)\\&=\begin{cases}1 & (i=0)\\ \alpha(\alpha-1)\cdots(\alpha-i+1) & (i=1,2,\cdots,n)\end{cases}\end{aligned}$$

二、主要结果

对于二元函数泰勒中值公式中的“中间点” $(x_0+\theta h,y_0+\theta k)$ 的参数 θ,有如下结果.

定理 1 设函数 $f(x,y)$ 在点 $A(x_0,y_0)$ 的某个邻域 G 内有连续的 $n+p-1$ 阶偏导数, $B(x_0+h,y_0+k)$ 为 G 内的任意一点,又设在半开区间 $(0,\delta]$ $(\delta>0)$ 上存在具有 $n+p-1$ 阶导数的函数 $\varphi(\rho)$ 是当 $\rho\to0$ 时关于

$$\left(\frac{\partial}{\partial x}\cos\alpha+\frac{\partial}{\partial y}\sin\alpha\right)^{n+p-1}f(x_0+\rho\cos\alpha,y_0+\rho\sin\alpha)-$$

$$\left(\frac{\partial}{\partial x}\cos\alpha+\frac{\partial}{\partial y}\sin\alpha\right)^{n+p-1}f(x_0,y_0)$$

的比较函数. 当 $p>1$ 时

$$\left(\frac{\partial}{\partial x}\cos\alpha+\frac{\partial}{\partial y}\sin\alpha\right)^{(n+i)}f(x_0,y_0)=0\quad(1\leqslant i\leqslant p-1)$$

则关于二元函数泰勒中值公式中的“中间点” $(x_0+\theta h,y_0+\theta k)$ 的参数 θ,有如下渐近估计式

$$\lim_{\substack{\rho\to 0\\(e)}}\frac{\theta^{p-1}\varphi(\theta\rho)}{\varphi(\rho)}=\frac{n!\ C_{p-1}^{(\varphi)}}{C_{n+p-1}^{(\varphi)}} \tag{2}$$

证 由二元函数泰勒中值公式有

$$\begin{aligned}
f(x_0+h,y_0+k)=&f(x_0,y_0)+\left(h\frac{\partial}{\partial x}+k\frac{\partial}{\partial y}\right)f(x_0,y_0)+\\
&\frac{1}{2!}\left(h\frac{\partial}{\partial x}+k\frac{\partial}{\partial y}\right)^2 f(x_0,y_0)+\cdots+\\
&\frac{1}{(n-1)!}\left(h\frac{\partial}{\partial x}+k\frac{\partial}{\partial y}\right)^{n-1} f(x_0,y_0)+\\
&\frac{1}{n!}\left(h\frac{\partial}{\partial x}+k\frac{\partial}{\partial y}\right)^{n} f(x_0+\theta h,y_0+\theta k)\\
=&f(x_0,y_0)+\rho\left(\frac{\partial}{\partial x}\cos\alpha+\frac{\partial}{\partial y}\sin\alpha\right)\cdot\\
&f(x_0,y_0)+\frac{\rho^2}{2!}\left(\frac{\partial}{\partial x}\cos\alpha+\frac{\partial}{\partial y}\sin\alpha\right)^2\cdot\\
&f(x_0,y_0)+\cdots+\\
&\frac{\rho^{(n-1)}}{(n-1)!}\left(\frac{\partial}{\partial x}\cos\alpha+\frac{\partial}{\partial y}\sin\alpha\right)^{n-1}\cdot\\
&f(x_0,y_0)+\frac{\rho^n}{n!}\left(\frac{\partial}{\partial x}\cos\alpha+\frac{\partial}{\partial y}\sin\alpha\right)^{n}\cdot\\
&f(x_0+\theta\rho\cos\alpha,y_0+\theta\rho\sin\alpha)
\end{aligned} \tag{3}$$

其中,$0<\theta<1$. 由定理 1 的条件可设

$$\lim_{\substack{\rho\to 0\\(e)}}\left(\left(\frac{\partial}{\partial x}\cos\alpha+\frac{\partial}{\partial y}\sin\alpha\right)^{n+p-1}f(x_0+\rho\cos\alpha,y_0+\rho\sin\alpha)-\left(\frac{\partial}{\partial x}\cos\alpha+\frac{\partial}{\partial y}\sin\alpha\right)^{n+p-1}f(x_0,y_0)\right)/\varphi(\rho)=A\neq 0$$

为证式(2)成立,做辅助函数

$$h(\rho)=\left(f(x_0+h,y_0+k)-\sum_{k=0}^{n-1}\frac{1}{k!}\left(h\frac{\partial}{\partial x}+k\frac{\partial}{\partial y}\right)^k\cdot\right.$$

$$f(x_0,y_0)-\frac{1}{n!}\left(h\frac{\partial}{\partial x}+k\frac{\partial}{\partial y}\right)^n f(x_0,y_0)\Big)\Big/\rho^{n+p-1}\varphi(\rho)$$

其中，$h=\rho\cos\alpha$，$k=\rho\sin\alpha$. 注意到，当点 $B(x_0+h,y_0+k)$沿 AB 连线，即沿方向 $\boldsymbol{e}=(\cos\alpha,\sin\alpha)$趋于点 $A(x_0,y_0)$时 α 不变，由洛必达法则，有

$$\lim_{\substack{\rho\to 0\\(\boldsymbol{e})}} h(\rho)=\lim_{\substack{\rho\to 0\\(\boldsymbol{e})}}\Big(f(x_0+h,y_0+k)-\sum_{k=0}^{n-1}\frac{1}{k!}\left(h\frac{\partial}{\partial x}+k\frac{\partial}{\partial y}\right)^k\cdot$$

$$f(x_0,y_0)-\frac{1}{n!}\left(h\frac{\partial}{\partial x}+k\frac{\partial}{\partial y}\right)^n f(x_0,y_0)\Big)\Big/\rho^{n+p-1}\varphi(\rho)$$

$$=\frac{A}{C_{n+p-1}^{(\varphi)}} \tag{4}$$

注意到 $0<\theta<1$，当 $\rho\to 0$ 时，有 $\theta\rho\to 0$，于是由式(3)有

$$\lim_{\substack{\rho\to 0\\(\boldsymbol{e})}} h(\rho)=\frac{1}{n!}\Bigg(\lim_{\substack{\rho\to 0\\(\boldsymbol{e})}}\Bigg(\left(\frac{\partial}{\partial x}\cos\alpha+\frac{\partial}{\partial y}\sin\alpha\right)^n f(x_0+\theta\rho\cos\alpha,y_0+$$

$$\theta\rho\sin\alpha)-\left(\frac{\partial}{\partial x}\cos\alpha+\frac{\partial}{\partial y}\sin\alpha\right)^n f(x_0,y_0)\Bigg)\Big/$$

$$(\theta\rho)^{p-1}\varphi(\theta\rho)\Bigg)\cdot\frac{\theta^{p-1}\varphi(\theta\rho)}{\varphi(\rho)}$$

$$=\frac{A}{n!\ C_{p-1}^{(\varphi)}}\lim_{\substack{\rho\to 0\\(\boldsymbol{e})}}\frac{\theta^{p-1}\varphi(\theta\rho)}{\varphi(\rho)} \tag{5}$$

又由式(4)知 $\lim\limits_{\substack{\rho\to 0\\(\boldsymbol{e})}} h(\rho)$ 存在，故由式(5)知 $\lim\limits_{\substack{\rho\to 0\\(\boldsymbol{e})}}\dfrac{\theta^{p-1}\varphi(\theta\rho)}{\varphi(\rho)}$存在，且

$$\lim_{\substack{\rho\to 0\\(\boldsymbol{e})}} h(\rho)=\frac{A}{n!\ C_{p-1}^{(\varphi)}}\lim_{\substack{\rho\to 0\\(\boldsymbol{e})}}\frac{\theta^{p-1}\varphi(\theta\rho)}{\varphi(\rho)} \tag{6}$$

由式(4)(6)立得式(2). 证毕.

在定理 1 中取 $\varphi(\rho)=\rho^r$，$p=1$，并应用引理 1 立

得下面结论.

推论1　设函数$f(x,y)$在点$A(x_0,y_0)$的某个邻域G内有连续的n阶偏导数,$B(x_0+h,y_0+k)$为G内的任意一点,又设

$$\lim_{\substack{\rho\to 0\\(e)}}\left(\left(\frac{\partial}{\partial x}\cos\alpha+\frac{\partial}{\partial y}\sin\alpha\right)^n f(x_0+\rho\cos\alpha,y_0+\rho\sin\alpha)-\left(\frac{\partial}{\partial x}\cos\alpha+\frac{\partial}{\partial y}\sin\alpha\right)^n f(x_0,y_0)\right)/\rho^r=b$$

则关于二元函数泰勒中值公式中的“中间点”$(x_0+\theta h,y_0+\theta k)$的参数$\theta$,有如下渐近估计式

$$\lim_{\substack{\rho\to 0\\(e)}}\theta=\left(\frac{n!\ \Gamma(r+1)}{\Gamma(n+r+1)}\right)^{1/r}$$

其中,b为非零常数,r为正实数,$n\geqslant 1$.

由方向导数定义知

$$\lim_{\substack{\rho\to 0\\(e)}}\left(\left(\frac{\partial}{\partial x}\cos\alpha+\frac{\partial}{\partial y}\sin\alpha\right)^n f(x_0+\rho\cos\alpha,y_0+\rho\sin\alpha)-\left(\frac{\partial}{\partial x}\cos\alpha+\frac{\partial}{\partial y}\sin\alpha\right)^n f(x_0,y_0)\right)/\rho$$

$$=\frac{\partial}{\partial \boldsymbol{e}}\left(\left(\frac{\partial}{\partial x}\cos\alpha+\frac{\partial}{\partial y}\sin\alpha\right)^n f(x,y)\right)\Big|_{(x_0,y_0)}$$

设$f(x,y)$在点$A(x_0,y_0)$的某个邻域G内有连续$n+1$阶偏导数,由方向导数计算公式有

$$\frac{\partial}{\partial \boldsymbol{e}}\left(\left(\frac{\partial}{\partial x}\cos\alpha+\frac{\partial}{\partial y}\sin\alpha\right)^n f(x,y)\right)\Big|_{(x_0,y_0)}$$

$$=\cos\alpha\left(\frac{\partial}{\partial x}\cos\alpha+\frac{\partial}{\partial y}\sin\alpha\right)^n f_x(x_0,y_0)+\sin\alpha\left(\frac{\partial}{\partial x}\cos\alpha+\frac{\partial}{\partial y}\sin\alpha\right)^n f_y(x_0,y_0)$$

由郑茂玉的文章“二元函数微分中值定理‘中间点’的渐近性”(《南方冶金学院学报》,1992,13(4):332-337)中的引理有

$$\cos\alpha\left(\frac{\partial}{\partial x}\cos\alpha+\frac{\partial}{\partial y}\sin\alpha\right)^{n}f_{x}(x_0,y_0)+$$

$$\sin\alpha\left(\frac{\partial}{\partial x}\cos\alpha+\frac{\partial}{\partial y}\sin\alpha\right)^{n}f_{y}(x_0,y_0)$$

$$=\left(\frac{\partial}{\partial x}\cos\alpha+\frac{\partial}{\partial y}\sin\alpha\right)^{n+1}f(x_0,y_0)$$

于是在推论 1 中令 $r=1$ 便得到下面结论.

推论 2 设 $f(x,y)$ 在点 $A(x_0,y_0)$ 的某个邻域 G 内有连续的 $n+1$ 阶偏导数,$B(x_0+h,y_0+k)$ 为 G 内任意一点,又设

$$\left(\frac{\partial}{\partial x}\cos\alpha+\frac{\partial}{\partial y}\sin\alpha\right)^{n+1}f(x_0,y_0)\neq 0$$

则关于二元函数泰勒中值公式中的“中间点”$(x_0+\theta h,y_0+\theta k)$的参数 θ,渐近估计式$\lim\limits_{\substack{\rho\to 0\\(e)}}\theta=\dfrac{1}{n+1}$成立.

第九十二章 泰勒公式"中间点函数"的一个注记[①]

数学分析中的中值定理实际上是适合特定公式的某区间内的存在性定理,它只给出了"中间点"在某区间内的存在性,并没有指出"中间点"在区间内的数目、位置和求法. 我们通过对中值定理"中间点"渐近性的研究可以确定"中间点"在区间内的渐近位置,从而为近似计算提供一种有效和比较精确的计算方法,进一步通过定义中间点函数,再借助渐近性质,可以研究中值定理"中间点函数"的可微性. 因此,研究"中间点函数"的渐近性与可微性有一定理论意义,同

---

① 本章摘自《鲁东大学学报(自然科学版)》,2016 年,第 32 卷,第 4 期.

时也丰富了数学分析中的中值定理理论. Azpeitja 研究了泰勒公式"中间点"的渐近性质,证明了在区间[a, x]上的一元函数$f(t)$的泰勒公式"中间点"ξ满足

$$\lim_{x\to a^+}\frac{\xi-a}{x-a}=\binom{n+p}{n}^{-1/p}$$

其中

$$f^{(n+j)}(a)=0\quad(1\leqslant j<p)$$
$$f^{(n+p)}(a)\neq 0$$

此后,关于这方面问题的研究取得了一些新进展,如张树义将其推广为

$$\lim_{x\to a^+}\frac{\xi-a}{x-a}=\left(\frac{n!\ \Gamma(\alpha+1)}{\Gamma(n+\alpha+1)}\right)^{1/\alpha}$$

式中:$\alpha>0$,$\Gamma(\cdot)$为 Gamma 函数;万美玲、张树义使用比较函数讨论二元函数泰勒中值公式"中间点"的渐近性态,证明了泰勒中值公式中的中间点$(x_0+\theta h, y_0+\theta k)$的参数$\theta$满足更为广泛的渐近估计式

$$\lim_{\substack{\rho\to 0\\(e)}}\frac{\theta^{p-1}\varphi(\theta\rho)}{\varphi(\rho)}=\frac{n!\ C_{p-1}^{(\varphi)}}{C_{n+p-1}^{(\varphi)}}$$

另一方面,Duca 等研究了柯西中值定理"中间点函数"的性质,给出了柯西中值定理"中间点"唯一的充分条件,即$\frac{f'(x)}{g'(x)}$是单射,进而又证明了柯西中值定理"中间点函数"$\bar{c}(x)$在$x=a$可微且$\bar{c}^{(1)}(a)=1/2$. 渤海大学数理学院的赵美娜、张树义,锦州师范高等专科学校计算机系的郑晓迪两位教授 2016 年借助泰勒公式"中间点"的渐近性质,研究了泰勒公式"中间点函数"在点a处的一阶可微性,并举例说明了这些结果的有

效性与广泛性.

一、预备知识

泰勒公式 设 a 和 b 是实数且 $a<b$,$f:[a,b]\to\mathbf{R}$,如果函数 f 满足:(1)在 $[a,b]$ 上具有直至 $n-1$ 阶连续导数;(2)在 (a,b) 内存在 n 阶导数,则存在一点 $c\in(a,b)$,使

$$f(b)-\sum_{k=0}^{n-1}\frac{f^{(k)}(a)}{k!}(b-a)^k=\frac{f^{(n)}(c)}{n!}(b-a)^n$$

值得注意的是,泰勒公式"中间点" $c\in(a,b)$ 不仅依赖区间端点,而且与 n 有关,当 n 取定后 $c\in(a,b)$ 仅依赖区间端点.

下面给泰勒公式"中间点"唯一的充分条件为 $f^{(n)}(x)$ 是单射. 事实上,假设存在两个 $c_1,c_2\in(a,b)$,$c_1\neq c_2$,使得

$$f(b)-\sum_{k=0}^{n-1}\frac{f^{(k)}(a)}{k!}(b-a)^k=\frac{f^{(n)}(c_1)}{n!}(b-a)^n$$

$$f(b)-\sum_{k=0}^{n-1}\frac{f^{(k)}(a)}{k!}(b-a)^k=\frac{f^{(n)}(c_2)}{n!}(b-a)^n$$

据此有 $f^{(n)}(c_1)=f^{(n)}(c_2)$,因 $f^{(n)}(x)$ 是单射,因此 $c_1=c_2$,这与 $c_1\neq c_2$ 矛盾.

设 I 是 $\mathbf{R}$ 上一区间,$a\in I$ 是 I 上一点,函数 $f:I\to\mathbf{R}$,如果函数 f 在 I 上 n 次可微,则由泰勒公式,$\forall x\in I-\{a\}$,在以 a,x 为端点的开区间上,存在一点 c_x,使

$$f(x)-\sum_{k=0}^{n-1}\frac{f^{(k)}(a)}{k!}(x-a)^k=\frac{f^{(n)}(c_x)}{n!}(x-a)^n \quad (1)$$

如果 $f^{(n)}(x)$ 是单射的,则点 c_x 是唯一的,进而可以定

义 $c:I-\{a\}\to I-\{a\}$ 为 $c(x)=c_x$，使得

$$f(x)-\sum_{k=0}^{n-1}\frac{f^{(k)}(a)}{k!}(x-a)^k=\frac{f^{(n)}(c(x))}{n!}(x-a)^n \tag{2}$$

如果 $f^{(n)}(x)$ 不是单射的，则使式(1)成立的点 c_x 一般不是唯一的. 如果对 $\forall x\in I-\{a\}$，则在以 a,x 为端点的开区间上选取 c_x 使式(1)成立，则可以定义函数 $c:I-\{a\}\to I-\{a\}$ 为 $c(x)=c_x$，使式(2)成立.

定理 1 设 I 是 $\mathbf{R}$ 上一区间，$a\in I$ 是 I 上一点，函数 $f:I\to\mathbf{R}$，如果函数 f 在 I 上 n 次可微，则存在一函数 $c:I-\{a\}\to I-\{a\}$，使得式(2)成立；此外，如果 $f^{(n)}(x)$ 是单射的，则点 $c(x)$ 是唯一的.

因为 $\forall x\in I-\{a\}$

$$|c(x)-a|\leqslant|x-a|$$

所以

$$\lim_{x\to a}c(x)=a$$

于是可定义"中间点函数" $\bar{c}:I\to I$ 为

$$\bar{c}(x)=\begin{cases}c(x) & (x\in I-\{a\})\\ a & (x=a)\end{cases}$$

显然 $\bar{c}(x)$ 在点 $x=a$ 连续.

容易证明以下引理成立.

引理 1 设 I 是 $\mathbf{R}$ 上一区间，$a\in I$ 是 I 的左端点，$H:I\to\mathbf{R}$ 在 I 上 n 次可微且有

$$\lim_{x\to a^+}(H^{(n)}(x)-H^{(n)}(a))/(x-a)^{\alpha}=A$$

$$\tilde{H}(x)=\begin{cases}\dfrac{H(x)-\sum\limits_{k=0}^{n-1}\dfrac{H^{(k)}(a)}{k!}(x-a)^k-\dfrac{H^{(n)}(a)}{n!}(x-a)^n}{(x-a)^{n+\alpha}} \\ \quad (x\in I-\{a\}) \\ \dfrac{A\Gamma(\alpha+1)}{\Gamma(n+\alpha+1)} \quad (x=a)\end{cases}$$

其中 A 是一常数且 α 是正实数,则下列结论成立:

(1) $\tilde{H}(x)$ 在 I 上连续且

$$\tilde{H}(a)=\frac{A\Gamma(\alpha+1)}{\Gamma(n+\alpha+1)}$$

(2) 当 $\alpha=1$ 时

$$\tilde{H}(a)=\frac{A}{(n+1)!}=\frac{H^{(n+1)}(a)}{(n+1)!}$$

(3) $$H(x)=\sum_{k=0}^{n-1}\frac{H^{(k)}(a)}{k!}(x-a)^k+\frac{H^{(n)}(a)}{n!}(x-a)^n+\left(\frac{A\Gamma(\alpha+1)}{\Gamma(n+\alpha+1)}+\xi\right)(x-a)^{n+\alpha}$$

式中 $\xi\to 0(x\to a^+)$.

二、主要结果

定理2 设 I 是 R 上一区间, $a\in I$ 是 I 的左端点,函数 $f:I\to\mathbf{R}$ 满足条件:

(1) 函数 f 在 I 上有直至 n 阶导数;

(2) 存在实数 $\alpha>0$,使

$$\lim_{x\to a^+}\frac{f^{(n)}(x)-f^{(n)}(a)}{(x-a)^{\alpha}}=A$$

其中 A 是非零常数.

下列结论成立.

(1)存在一实数 $\delta>0$,使$(a,a+\delta)\subseteq I$,且$\forall x\in(a,a+\delta)$,有$\tilde{f}(x)\neq 0$,其中

$$\tilde{f}(x)=\begin{cases}\dfrac{f(x)-\sum\limits_{k=0}^{n-1}\dfrac{f^{(k)}(a)}{k!}(x-a)^k-\dfrac{f^{(n)}(a)}{n!}(x-a)^n}{(x-a)^{n+\alpha}} \\ \quad (x\in(a,a+\delta)) \\ \dfrac{A\Gamma(\alpha+1)}{\Gamma(n+\alpha+1)} \quad (x=a)\end{cases}$$

(2)若再设$\forall x\in(a,a+\delta)$,$f^{(n+1)}(x)$存在且非零,则对$\forall x\in(a,a+\delta)$,存在唯一函数 $c:(a,a+\delta)\to(a,a+\delta)$,使

$$f(x)-\sum_{k=0}^{n-1}\frac{f^{(k)}(a)}{k!}(x-a)^k=\frac{f^{(n)}(c(x))}{n!}(x-a)^n \tag{3}$$

(3)函数 $\theta:(a,a+\delta)\to(0,1)$定义为

$$\theta(x)=\frac{c(x)-a}{x-a}\quad(x\in(a,a+\delta)) \tag{4}$$

有下列性质:

①对$\forall x\in(a,a+\delta)$,有

$$f(x)-\sum_{k=0}^{n-1}\frac{f^{(k)}(a)}{k!}(x-a)^k=\frac{f^{(n)}(a+(x-a)\theta(x))}{n!}(x-a)^n \tag{5}$$

②存在极限

$$\lim_{x\to a^+}\theta(x)=\left(\frac{n!\ \Gamma(\alpha+1)}{\Gamma(n+\alpha+1)}\right)^{1/\alpha}$$

(4)函数$\bar{c}:[a,a+\delta)\to[a,a+\delta)$定义为

$$\bar{c}(x)=\begin{cases}c(x) & (x\in(a,a+\delta))\\ a & (x=a)\end{cases}$$

在 $x=a$ 可微且

$$\bar{c}^{(1)}(a)=\left(\frac{n!\ \Gamma(\alpha+1)}{\Gamma(n+\alpha-1)}\right)^{1/\alpha}$$

证 (1)由定理 2 条件和引理 1,有

$$\lim_{x\to a^+}\tilde{f}(x)=\frac{A\Gamma(\alpha+1)}{\Gamma(n+\alpha+1)}\neq 0$$

因此存在一实数 $\delta>0$,使 $(a,a+\delta)\subseteq I$ 且 $\forall x\in(a,a+\delta)$,有 $\tilde{f}(x)\neq 0$.

(2)因 $\forall x\in(a,a+\delta)$, $f^{(n+1)}(x)\neq 0$,所以 $\forall x\in(a,a+\delta)$, $f^{(n)}(x)$ 严格单调,从而 $f^{(n)}(x)$ 是单射,因此存在唯一函数 $c:(a,a+\delta)\to(a,a+\delta)$,使得式(3)成立.

(3)性质①由式(3)(4)即得证. 性质②由引理 1,有

$$f(x)=\sum_{k=0}^{n-1}\frac{f^{(k)}(a)}{k!}(x-a)^k+\frac{f^{(n)}(a)}{n!}(x-a)^n+\left(\frac{A\Gamma(\alpha+1)}{\Gamma(n+\alpha+1)}+\xi_1\right)(x-a)^{n+\alpha}\qquad(6)$$

式中 $\xi_1\to 0(x\to a^+)$. 由定理 2 条件(2),得

$$f^{(n)}(a+(x-a)\theta(x))=f^{(n)}(a)+(A+\xi_2)\cdot((x-a)\theta(x))^{\alpha}\qquad(7)$$

式中 $\xi_2\to 0(x\to a^+)$,把式(6)(7)代入式(5),得

$$\frac{f^{(n)}(a)}{n!}(x-a)^n+\left(\frac{A\Gamma(\alpha+1)}{\Gamma(n+\alpha+1)}+\xi_1\right)(x-a)^{n+\alpha}$$

$$=\frac{f^{(n)}(a)+(A+\xi_2)((x-a)\theta(x))^{\alpha}}{n!}(x-a)^n \qquad (8)$$

由式(8),有

$$\lim_{x\to a^+}\theta(x)=\left(\frac{A\Gamma(\alpha+1)}{\Gamma(n+\alpha+1)}\ \frac{n!}{A}\right)^{\frac{1}{\alpha}}=\left(\frac{n!\ \Gamma(\alpha+1)}{\Gamma(n+\alpha+1)}\right)^{\frac{1}{\alpha}}$$

(4)可由(3)推出.

定理 3 证毕.

注 由于结论(2)中的条件 $f^{(n+1)}(x)$ 存在且非零,只保证存在唯一函数 $c:(a,a+\delta)\to(a,a+\delta)$ 使式(3)成立,因此在定理 2 中如果 $\alpha=1$,则该条件可以用 $f^{(n+1)}(a)\neq 0$ 代替. 事实上,当 $\alpha=1$ 时,由引理 1 得

$$\tilde{f}(x)=\begin{cases}\dfrac{f(x)-\sum\limits_{k=0}^{n-1}\dfrac{f^{(k)}(a)}{k!}(x-a)^k-\dfrac{f^{(n)}(a)}{n!}(x-a)^n}{(x-a)^n} \\ \quad (x\in(a,a+\delta)) \\ \dfrac{f^{(n+1)}(a)}{(n+1)!} \quad (x=a)\end{cases}$$

进一步,如果函数 $f^{(n)}(x)$ 在 I 上可微,则由洛必达法则和导数的定义,有

$$\lim_{x\to a^+}\tilde{f}(x)=\lim_{x\to a^+}\frac{f(x)-\sum\limits_{k=0}^{n-1}\dfrac{f^{(k)}(a)}{k!}(x-a)^k-\dfrac{f^{(n)}(a)}{n!}(x-a)^n}{(x-a)^{n+1}}$$

$$=\frac{1}{(n+1)!}\lim_{x\to a^+}f^{(n+1)}(x)$$

$$=\frac{f^{(n+1)}(a)}{(n+1)!}$$

因此,若 $f^{(n+1)}(a)\neq 0$,则存在实数 $\delta>0$,使 $(a,a+\delta)\subseteq I$,对于任意 $x\in(a,a+\delta)$,有 $\tilde{f}(x)\neq 0$ 且

$f^{(n+1)}(x)\neq 0$. 因此,$f^{(n)}(x)$严格单调,从而$f^{(n)}(x)$是单射,于是当$\alpha=1$时由定理2可得如下结果.

定理3 设I是$\mathbf{R}$上一区间,$a\in I$是I的左端点,函数$f: I\to\mathbf{R}$满足在I上有直至$n+1$阶导数,且$f^{(n+1)}(a)\neq 0$.

下列结论成立.

(1)存在一实数$\delta>0$,使$(a,a+\delta)\subseteq I$且$\forall x\in(a,a+\delta)$,有$f^{(n+1)}(x)\neq 0$.

(2)对$\forall x\in(a,a+\delta)$,存在唯一函数$c:(a,a+\delta)\to(a,a+\delta)$,使

$$f(x)-\sum_{k=0}^{n-1}\frac{f^{(k)}(a)}{k!}(x-a)^k=\frac{f^{(n)}(c(x))}{n!}(x-a)^n$$

(3)函数$\theta:(a,a+\delta)\to(0,1)$定义为

$$\theta(x)=\frac{c(x)-a}{x-a}\quad(x\in(a,a+\delta))$$

有下列性质:

①对$\forall x\in(a,a+\delta)$,有

$$f(x)-\sum_{k=0}^{n-1}\frac{f^{(k)}(a)}{k!}(x-a)^k$$

$$=\frac{f^{(n)}(a+(x-a)\theta(x))}{n!}(x-a)^n$$

②存在极限$\lim\limits_{x\to a^+}\theta(x)=\dfrac{1}{n+1}$.

(4)函数$\bar{c}:[a,a+\delta)\to[a,a+\delta)$定义为

$$\bar{c}(x)=\begin{cases}c(x) & (x\in(a,a+\delta))\\ a & (x=a)\end{cases}$$

其中$x=a$可微且$\bar{c}^{(1)}(a)=\dfrac{1}{n+1}$.

下面举例说明本章结果的有效与广泛性.

例 1 函数 $f:I=[0,1]\to\mathbf{R}=(-\infty,+\infty)$ 定义为 $f(x)=x^{n+\frac{1}{2}}+x^{n+1}$, $\forall x\in[0,1]$. 显然 $\forall x\in(0,1)$, $f^{(n+1)}(x)\neq 0$,且

$$\lim_{x\to 0^+}\frac{f^{(n)}(x)}{x^{\frac{1}{2}}}=\frac{\Gamma(n+\frac{1}{2}+1)}{\Gamma(\frac{1}{2}+1)}=A$$

因此定理 2 的所有条件被满足,由定理 2 可知下列结论成立.

(1)存在一实数 $\delta>0$,使 $(0,\delta)\subseteq I$ 且 $\forall x\in(0,\delta)$,有 $\tilde{f}(x)\neq 0$,式中

$$\tilde{f}(x)=\begin{cases}\dfrac{f(x)}{x^{n+\frac{1}{2}}} & (x\in(0,\delta))\\[2ex] \dfrac{A\Gamma(\frac{1}{2}+1)}{\Gamma(n+\frac{1}{2}+1)} & (x=0)\end{cases}$$

(2)对于任意 $x\in(0,\delta)$,存在唯一函数 $c:(0,\delta)\to(0,\delta)$,使 $f(x)=\dfrac{f^{(n)}(c(x))}{n!}x^n$.

(3)函数 $\theta:(0,\delta)\to(0,1)$ 定义为 $\theta(x)=\dfrac{c(x)}{x}$, $x\in(0,\delta)$,有下列性质:

①对 $\forall x\in(0,\delta)$,有

$$f(x)=\frac{f^{(n)}(x\theta(x))}{n!}x^n$$

②存在极限

$$\lim_{x\to 0^+}\theta(x)=\left(\frac{n!\ \Gamma\left(\frac{1}{2}+1\right)}{\Gamma\left(n+\frac{1}{2}+1\right)}\right)^{\frac{1}{\frac{1}{2}}}=\left(\frac{n!\ \Gamma\left(\frac{3}{2}\right)}{\Gamma\left(n+\frac{3}{2}\right)}\right)^2$$

(4)函数$\bar{c}:[0,\delta)\to[0,\delta)$定义为

$$\bar{c}(x)=\begin{cases}c(x) & (x\in(0,\delta))\\ 0 & (x=0)\end{cases}$$

在 $x=0$ 可微且

$$\bar{c}^{(1)}(0)=\left(\frac{n!\ \Gamma\left(\frac{3}{2}\right)}{\Gamma\left(n+\frac{3}{2}\right)}\right)^2$$

因为 $a\in I$ 是区间 I 的左端点,因此本文涉及函数在点 a 的导数均为右导数. 显然可以把本章结果移植到其他中值定理上,如积分中值定理,广义泰勒中值定理等.

泰勒公式的再推广及其“中间点”的渐近性[1]

第九十三章

一、引言及主要引理

近年来,对泰勒公式的推广及其余项“中间点”的渐近性的研究有了一些进展,也得到了一些成果.陇南师范高等专科学院数学系的杜争光教授2018年通过构造辅助函数,对泰勒公式做了进一步的推广,得到了一个更具一般性的余项形式.通过讨论该余项“中间点”的渐近性,得到了一个具有一般性的结论,推广了渐近性已有的一些结论,可作为对已有结论的补充.

① 本章摘自《南阳师范学院学报》,2018年,第17卷,第3期.

引理 1 若函数$f(x)$在 a 的邻域 $U(a)$内存在$n+1$ 阶导数,函数 $g(x)$在 $U(a)$内存在 $m+1$ 阶导数,且 $\forall x\in U(a)$,$g^{(m+1)}(x)\neq 0$,则至少存在一点 $\xi\in U(a)$,使得

$$\frac{f(x)-\sum_{k=0}^{n}\frac{f^{(k)}(a)}{k!}(x-a)^{k}}{g(x)-\sum_{k=0}^{m}\frac{g^{(k)}(a)}{k!}(x-a)^{k}}=\frac{m!\ f^{(n+1)}(\xi)}{n!\ g^{(m+1)}(\xi)}(x-\xi)^{n-m} \tag{1}$$

引理 2 若函数$f(x)$在 a 的邻域 $U(a)$内存在$n+1$ 阶导数,且存在实数 $\alpha\geqslant 0$,对 $\forall x\in \overset{0}{U}(a)$有

$$\lim_{x\to a}\frac{f^{(n+1)}(x)}{(x-a)^{\alpha}}=A$$

则

$$\lim_{x\to a}\frac{f(x)-\sum_{k=0}^{n}\frac{f^{(k)}(a)}{k!}(x-a)^{k}}{(x-a)^{n+1+\alpha}}=\frac{A\Gamma(\alpha+1)}{\Gamma(n+2+\alpha)} \tag{2}$$

其中,$\Gamma(a)=\int_{0}^{+\infty}x^{\alpha-1}e^{-x}dx$ 是 Gamma 函数.

引理 3 若函数 $\varphi(x)$在 a 的邻域 $U(a)$内连续,且存在实数 $\beta\geqslant 0$,对 $\forall x\in \overset{0}{U}(a)$有

$$\lim_{x\to a}\frac{\varphi(x)}{(x-a)^{\beta}}=C$$

则

$$\lim_{x\to a}\frac{\int_{a}^{x}(x-t)^{m}\varphi(t)dt}{(x-a)^{m+1+\beta}}=B(m+1,\beta+1)C \tag{3}$$

其中，$B(p,q)=\int_0^1 x^{p-1}(1-x)^{q-1}\mathrm{d}x$ 是 Beta 函数.

二、主要结果

定理 1 若函数 $f(x)$ 在 a 的邻域 $U(a)$ 内存在 $n+1$ 阶导数，函数 $\varphi(x)$ 在 $U(a)$ 内连续，且 $\forall x\in \overset{0}{U}(a)$，$\varphi(x)\neq 0$，则对于 $\forall m\in\mathbf{N}$ 且 $m\leqslant n$，$\forall x\in \overset{0}{U}(a)$，至少存在一点 ξ 在 a 与 x 之间，有

$$f(x)=\sum_{k=0}^{n}\frac{f^{(k)}(a)}{k!}(x-a)^k+\frac{f^{(n+1)}(\xi)}{n!}\frac{\int_a^x (x-t)^m\varphi(t)\mathrm{d}t}{\varphi(\xi)}(x-\xi)^{n-m}\quad(4)$$

证 对于 $\forall m\in\mathbf{N}$ 且 $m\leqslant n$，$\forall x\in \overset{0}{U}(a)$（不妨设 $x>a$，对于 $x<a$ 的情形同理可证），构造函数

$$G(x)=\int_a^x (x-t)^m\varphi(t)\mathrm{d}t$$

由于函数 $\varphi(x)$ 在 $U(a)$ 连续，所以函数 $G(x)$ 在 $U(a)$ 存在 $m+1$ 阶导数，由积分上限函数的导数和含参积分的求导公式

$$G'(x)=\frac{\mathrm{d}}{\mathrm{d}x}\left(\int_a^x (x-t)^m\varphi(t)\mathrm{d}t\right)$$

$$=(x-x)^m\varphi(x)+\int_a^x\frac{\partial((x-t)^m\varphi(t))}{\partial x}\mathrm{d}t$$

$$=m\int_a^x (x-t)^{m-1}\varphi(t)\mathrm{d}t$$

$$G''(x)=m\frac{\mathrm{d}}{\mathrm{d}x}\left(\int_a^x (x-t)^{m-1}\varphi(t)\mathrm{d}t\right)$$

$$=m(m-1)\int_a^x (x-t)^{m-2}\varphi(t)\mathrm{d}t$$

一般的,有

$$G^{(k)}(x)=m(m-1)\cdots(m-k+1)\cdot$$

$$\int_a^x (x-t)^{m-k}\varphi(t)\mathrm{d}t \quad (k=1,2,\cdots,m)$$

$$G^{(m+1)}(x)=m!\ \varphi(x)$$

于是

$$G^{(k)}(a)=m(m-1)\cdots(m-k+1)\cdot$$

$$\int_a^a (a-t)^{m-k}\varphi(t)\mathrm{d}t$$

$$=0 \quad (k=1,2,\cdots,m)$$

代入引理 1 的式(1),便有

$$\frac{f(x)-\sum_{k=0}^{n}\frac{f^{(k)}(a)}{k!}(x-a)^k}{\int_a^x (x-t)^m\varphi(t)\mathrm{d}t}=\frac{f^{(n+1)}(\xi)}{n!\ \varphi(\xi)}(x-\xi)^{n-m}$$

整理

$$f(x)=\sum_{k=0}^{n}\frac{f^{(k)}(a)}{k!}(x-a)^k+\frac{f^{(n+1)}(\xi)}{n!}\cdot$$

$$\frac{\int_a^x (x-t)^m\varphi(t)\mathrm{d}t}{\varphi(\xi)}(x-\xi)^{n-m} \tag{5}$$

这里余项

$$R_n(x)=\frac{f^{(n+1)}(\xi)}{n!}\frac{\int_a^x (x-t)^m\varphi(t)\mathrm{d}t}{\varphi(\xi)}(x-\xi)^{n-m}$$

这是一个具有一般性的余项形式,注意到 m 和函数 $\varphi(x)$ 的任意性,便有如下推论.

推论 1 若函数$f(x)$在 a 的邻域 $U(a)$内存在$n+1$ 阶导数,则对于$\forall m\in\mathbf{N}$,且 $m\leqslant n$, $\forall x\in\overset{0}{U}(a)$,至少存在一点 ξ 在 a 与 x 之间,有

$$f(x)=\sum_{k=0}^{n}\frac{f^{(k)}(a)}{k!}(x-a)^k+\frac{f^{(n+1)}(\xi)}{(m+1)n!}(x-a)^{m+1}(x-\xi)^{n-m} \qquad (6)$$

这里

$$R_n(x)=\frac{f^{(n+1)}(\xi)}{(m+1)n!}(x-a)^{m+1}(x-\xi)^{n-m}$$

证 在式(5)中取 $\varphi(x)\equiv 1$,则

$$\begin{aligned}f(x)&=\sum_{k=0}^{n}\frac{f^{(k)}(a)}{k!}(x-a)^k+\frac{f^{(n+1)}(\xi)}{n!}\frac{\int_a^x(x-t)^m\mathrm{d}t}{1}(x-\xi)^{n-m}\\&=\sum_{k=0}^{n}\frac{f^{(k)}(a)}{k!}(x-a)^k+\frac{f^{(n+1)}(\xi)}{(m+1)n!}(x-a)^{m+1}(x-\xi)^{n-m}\end{aligned}$$

所以式(6)成立.

推论 2 若函数$f(x)$在 a 的邻域 $U(a)$内存在$n+1$ 阶导数,则对于$\forall x\in\overset{0}{U}(a)$,至少存在一点 ξ 在 a 与 x 之间,有

$$f(x)=\sum_{k=0}^{n}\frac{f^{(k)}(a)}{k!}(x-a)^k+\frac{f^{(n+1)}(\xi)}{(n+1)!}(x-a)^{n+1} \qquad (7)$$

这里,$R_n(x)=\frac{f^{(n+1)}(\xi)}{(n+1)!}(x-a)^{n+1}$是拉格朗日型余项.

证 在式(6)中取 $m=n$,可得式(7).

推论 3 若函数$f(x)$在 a 的邻域 $U(a)$内存在$n+1$ 阶导数,则对于$\forall x\in \overset{0}{U}(a)$,至少存在一点 ξ 在 a 与 x 之间,有

$$f(x)=\sum_{n=0}^{n}\frac{f^{(k)}(a)}{k!}(x-a)^k+\frac{f^{(n+1)}(\xi)}{(n+1)!}(x-a)(x-\xi)^n \tag{8}$$

这里,$R_n(x)=\frac{f^{(n+1)}(\xi)}{n!}(x-a)(x-\xi)^n$ 是柯西型余项.

证 在式(6)中取 $m=0$,可得式(8).

推论 4 若函数$f(x)$在 a 的邻域 $U(a)$内存在$n+1$ 阶导数,则对于$\forall p\in[0,+\infty)$且 $p\leqslant n$, $\forall x\in \overset{0}{U}(a)$,至少存在一点 ξ 在 a 与 x 之间,有

$$f(x)=\sum_{k=0}^{n}\frac{f^{(k)}(a)}{k!}(x-a)^k+\frac{f^{(n+1)}(\xi)}{n!\ p}(x-a)^p(x-\xi)^{n+1-p} \tag{9}$$

这里

$$R_n(x)=\frac{f^{(n+1)}(\xi)}{n!\ p}(x-a)^p(x-\xi)^{n+1-p}$$

是 Schlomilch-Roche 型余项.

证 式(6)中取 $m=p-1$,可得式(9).

推论 5 若函数$f(x)$在 a 的邻域 $U(a)$内存在$n+$

1 阶导数,则对于 $\forall m \in \mathbf{N}$ 且 $m \leqslant n$, $\forall x \in \overset{0}{U}(a)$,至少存在一点 ξ 在 a 与 x 之间,有

$$f(x)=\sum_{n=0}^{n}\frac{f^{(k)}(a)}{k!}(x-a)^{k}+\frac{\int_{a}^{x}(x-t)^{m}f^{(n+1)}(t)\mathrm{d}t}{n!}(x-\xi)^{n-m} \tag{10}$$

这里

$$R_{n}(x)=\frac{\int_{a}^{x}(x-t)^{m}f^{(n+1)}(t)\mathrm{d}t}{n!}(x-\xi)^{n-m}$$

这是广义积分型余项.

证 在式(6)中取 $\varphi(x)=f^{(n+1)}(x)$,可得式(10).

推论6 若函数 $f(x)$ 在 a 的邻域 $U(a)$ 内存在 $n+1$ 阶导数,则对于 $\forall x \in \overset{0}{U}(a)$,至少存在一点 ξ 在 a 与 x 之间,有

$$f(x)=\sum_{k=0}^{n}\frac{f^{(k)}(a)}{k!}(x-a)^{k}+\frac{\int_{a}^{x}(x-t)^{n}f^{(n+1)}(t)\mathrm{d}t}{n!} \tag{11}$$

这里

$$R_{n}(x)=\frac{\int_{a}^{x}(x-t)^{n}f^{(n+1)}(t)\mathrm{d}t}{n!}$$

这是积分型余项.

证 在式(10)中取 $m=n$,可得式(11).

综上所述,余项

$$R_n(x)=\frac{f^{(n+1)}(\xi)}{n!}\frac{\int_a^x (x-t)^m\varphi(t)\,\mathrm{d}t}{\varphi(\xi)}(x-\xi)^{n-m}$$

是泰勒公式余项的一个推广,是一个更具有一般性的余项形式.

下面讨论,由式(4)中余项 $R_n(x)$ 所确定的"中间点"ξ 的渐近性.

定理 2 若函数 $f(x)$ 在 a 的某邻域 $U(a)$ 内存在 $n+1$ 阶导数,函数 $\varphi(x)$ 在 $U(a)$ 内连续,$\forall x\in \overset{0}{U}(a)$,$\varphi(x)\neq 0$,且存在实数 $\alpha\geqslant 0,\beta\geqslant 0$,对 $\forall x\in \overset{0}{U}(a)$ 有

$$\lim_{x\to a}\frac{f^{(n+1)}(x)}{(x-a)^{\alpha}}=A$$

和

$$\lim_{x\to a}\frac{\varphi(x)}{(x-a)^{\beta}}=C$$

则对于 $\forall m\in \mathbf{N}$ 且 $m\leqslant n$,由式(4)所确定的"中间点"ξ 满足

$$\lim_{x\to a}\left(\frac{x-\xi}{x-a}\right)^{n-m}\left(\frac{\xi-a}{x-a}\right)^{\alpha-\beta}=\frac{B(n+1,\alpha+1)}{B(m+1,\beta+1)} \quad (12)$$

证 由于函数 $f(x)$ 在 $U(a)$ 内存在 $n+1$ 阶导数,对于实数 $\alpha\geqslant 0$ 和 $\forall x\in \overset{0}{U}(a)$,构造函数

$$H(x)=\frac{f(x)-\sum_{k=0}^{n}\frac{f^{(k)}(a)}{k!}(x-a)^k}{(x-a)^{n+1+\alpha}}$$

则一方面,由引理 2

$$\lim_{x\to a}H(x)=\lim_{x\to a}\frac{f(x)-\sum_{k=0}^{n}\frac{f^{(k)}(a)}{k!}(x-a)^{k}}{(x-a)^{n+1+\alpha}}$$

$$=\frac{A\Gamma(\alpha+1)}{\Gamma(n+2+\alpha)}\tag{13}$$

另一方面，由定理1（注意到 $x\to a$ 时 $\xi\to a$）

$$\lim_{x\to a}H(x)=\lim_{x\to a}\frac{f(x)-\sum_{k=0}^{n}\frac{f^{(k)}(a)}{k!}(x-a)^{k}}{(x-a)^{n+1+\alpha}}$$

$$=\lim_{x\to a}\frac{f^{(n+1)}(\xi)\int_{a}^{x}(x-t)^{m}\varphi(t)\mathrm{d}t(x-\xi)^{n-m}}{n!\varphi(\xi)(x-a)^{n+1+\alpha}}$$

$$=\frac{1}{n!}\lim_{x\to a}\frac{f^{(n+1)}(\xi)}{(\xi-a)^{\alpha}}\frac{(\xi-a)^{\beta}}{\varphi(\xi)}\cdot$$

$$\frac{\int_{a}^{x}(x-t)^{m}\varphi(t)\mathrm{d}t}{(x-a)^{m+1+\beta}}\frac{(x-\xi)^{n-m}}{(x-a)^{n-m}}\frac{(\xi-a)^{\alpha-\beta}}{(x-a)^{\alpha-\beta}}$$

$$=\frac{1}{n!}\lim_{\xi\to a}\frac{f^{(n+1)}(\xi)}{(\xi-a)^{\alpha}}\lim_{\xi\to a}\frac{(\xi-a)^{\beta}}{\varphi(\xi)}\cdot$$

$$\lim_{x\to a}\frac{\int_{a}^{x}(x-t)^{m}\varphi(t)\mathrm{d}t}{(x-a)^{m+1+\beta}}\cdot$$

$$\lim_{x\to a}\left(\left(\frac{x-\xi}{x-a}\right)^{n-m}\left(\frac{\xi-a}{x-a}\right)^{\alpha-\beta}\right)$$

$$=\frac{A}{n!}\frac{B(m+1,\beta+1)C}{C}\lim_{x\to a}\left(\left(\frac{x-\xi}{x-a}\right)^{n-m}\left(\frac{\xi-a}{x-a}\right)^{\alpha-\beta}\right)$$

$$=\frac{A}{n!}B(m+1,\beta+1)\lim_{x\to a}\left(\left(\frac{x-\xi}{x-a}\right)^{n-m}\left(\frac{\xi-a}{x-a}\right)^{\alpha-\beta}\right)\tag{14}$$

综合式(13)(14)，就有

$$\frac{A\Gamma(\alpha+1)}{\Gamma(n+2+\alpha)}=\frac{A}{n!}B(m+1,\beta+1)\cdot \lim_{x\to a}\left(\left(\frac{x-\xi}{x-a}\right)^{n-m}\left(\frac{\xi-a}{x-a}\right)^{\alpha-\beta}\right)$$

注意到 $\Gamma(n+1)=n!$ 和 $B(p,q)=\dfrac{\Gamma(p)\Gamma(q)}{\Gamma(p+q)}$,则有

$$B(m+1,\beta+1)\lim_{x\to a}\left(\left(\frac{x-\xi}{x-a}\right)^{n-m}\left(\frac{\xi-a}{x-a}\right)^{\alpha-\beta}\right)$$

$$=\frac{\Gamma(\alpha+1)\Gamma(n+1)}{\Gamma(n+2+\alpha)}=B(n+1,\alpha+1)$$

所以

$$\lim_{x\to a}\left(\frac{x-\xi}{x-a}\right)^{n-m}\left(\frac{\xi-a}{x-a}\right)^{\alpha-\beta}=\frac{B(n+1,\alpha+1)}{B(m+1,\beta+1)}$$

这是一个非常简明的结果,与杜争光的文章“微积分中值定理‘中间点’的渐近性的统一”(《湖南工程学院学报》,2012,22(3):60-62)的结果保持了一致,这是两个不同的问题,但其渐近性的结果却一致,这恰恰表明这一结果具有一般性和广泛性.

当 m,α 和 β 的取值不同时,就有一些特殊结论,这里仅举一例.

推论 7 若函数 $f(x)$ 在 a 的邻域 $U(a)$ 内存在 $n+1$ 阶导数,且存在实数 $\alpha\geqslant 0$,对 $\forall x\in \overset{0}{U}(a)$ 有

$$\lim_{x\to a}\frac{f^{(n+1)}(x)}{(x-a)^{\alpha}}=A$$

则由推论 2 的式(7)所确定的“中间点”ξ 满足

$$\lim_{x \to a}\left(\frac{\xi - a}{x - a}\right) = \left(\frac{(n+\beta+1)(n+\beta)\cdots(\beta+1)}{(n+\alpha+1)(n+\alpha)\cdots(\alpha+1)}\right)^{\frac{1}{\alpha-\beta}} \tag{15}$$

以上定理的结论，基本涵盖了近几年关于中值定理“中间点”渐近性方面的一些研究结果.

泛函泰勒公式“中间点”的渐近性[①]

第九十四章

一、引言与预备知识

关于中值定理“中间点”渐近性状态的研究，开始于 Azpeitja 在 1982 年的文章. Azpeitja 证明了在 $[a,x]$ 上的一元函数的泰勒公式

$$f(x)-\sum_{k=0}^{n-1}\frac{f^{(k)}(a)}{k!}(x-a)^{k}=\frac{f^{(n)}(\xi)}{n!}(x-a)^{n}$$

的“中间点”ξ，当 $x\to a^{+}$ 时满足

$$\lim_{x\to a^{+}}\frac{\xi-a}{x-a}=\left(\frac{n!\,p!}{(n+p)!}\right)^{1/p}$$

① 本章摘自《烟台大学学报(自然科学与工程版)》,2018 年,第 31 卷,第 3 期.

其中

$$f^{(n+j)}(a)=0 \quad (1\leqslant j<p)$$

且

$$f^{(n+p)}(a)\neq 0$$

同时,Jacobson 建立了积分中值定理的类似结果. 在这之后,关于这方面问题的研究取得了一些新进展,其中张树义的文章"关于中值定理'中间点'渐近性的若干注记"(《烟台师范学院学报(自然科学版)》,1994,10(2):105-110)将其推广为

$$\lim_{x\to a^+}\frac{\xi-a}{x-a}=\left(\frac{n!\ \cdot\Gamma(\alpha+1)}{\Gamma(n+\alpha+1)}\right)^{1/\alpha}$$

其中 $\alpha>0$,$\Gamma(\cdot)$为 Gamma 函数. 张树义的文章"中值定理'中间点'的几个新的渐近估计式"(《烟台师范学范学报(自然科学版)》,1995,11(2):109-111)将其推广到了广义泰勒公式的情形,即广义泰勒公式的"中间点"ξ,满足

$$\lim_{x\to a^+}\frac{\xi-a}{x-a}=\left(\frac{\Gamma(\alpha+1)\Gamma(n+\beta+1)}{\Gamma(\beta+1)\Gamma(n+\alpha+1)}\right)^{1/(\alpha-\beta)}$$

其中 $\alpha>-1$,$\beta>-1$. 张树义的文章"广义 Taylor 公式'中间点'一个更广泛的渐近估计式"(《数学的实践与认识》,2004,34(11):173-176)使用比较函数得到一元函数广义泰勒公式"中间点"新的渐近估计式. 万美玲、张树义的文章"二元函数 Taylor 公式'中间点'的渐近估计式"(《鲁东大学学报(自然科学版)》,2016,32(2):1-4)使用比较函数讨论二元函数泰勒中值公式"中间点"的渐近性态,建立了二元函数泰勒中值公式中的中间点$(x_0+\theta h,y_0+\theta k)$的参数 θ,满足如下更

为广泛的渐近估计式

$$\lim_{\substack{\rho\to 0\\(e)}}\frac{\theta^{p-1}\varphi(\theta\rho)}{\varphi(\rho)}=\frac{n!\ C_{p-1}^{(\varphi)}}{C_{n+p-1}^{(\varphi)}}$$

渤海大学数理学院的张树义、丛培根、张芯语三位教授2018年利用比较函数,在赋范线性空间中研究泰勒公式"中间点"的渐近性态,建立了新的更为广泛的渐近估计式,从而统一和发展了已有文献的相应结果.

这里需要指出的是我们通过对一元函数中值定理"中间点"渐近性的研究可以确定"中间点"ξ在(a,x)内的渐近位置,从而为近似计算提供一种有效和比较精确的计算方法.

设X是赋范线性空间,Ω表示X中的开凸集,f:$\Omega\to\mathbf{R}$是一泛函.对$x_0\in\Omega,h\in X$,记$L=\{x_0+th\mid 0\leqslant t\leqslant 1\}$和$L_1=\{x_0+th\mid 0<t\leqslant 1\}$.

有如下泰勒公式:

泰勒公式 设f在L上具有$n-1$阶连续F-导数,在L_1上具有n阶F-导数,则存在$\tau\in(0,t)$,$0<t\leqslant 1$,使得

$$f(x_0+th)=$$

$$\sum_{k=0}^{n-1}\frac{1}{k!}f^{(k)}(x_0)\boldsymbol{h}^{(k)}t^k+\frac{1}{n!}f^{(n)}(x_0+\tau h)\boldsymbol{h}^{(n)}t^n$$

其中$\boldsymbol{h}^{(k)}=(h,h,\cdots,h)$.

定义1 泛函f被称为在$x_0\in\Omega$是G_{α}-可微的,如果存在$\alpha\in(0,1]$,使得$\forall h\in X$,$\lim\limits_{t\to 0}\frac{f(x_0+th)-f(x_0)}{t^{\alpha}}$存在,用$D^{\alpha}f(x_0,h)$表示泛函$f$在$x_0$的$G_{\alpha}$-导数.

为了证明本章主要结果,需要引入下列比较函数概念.

定义 2 设 ψ 是 $L_1=\{x_0+th\mid 0<t\leqslant 1\}\subset\Omega$ 上泛函. 在 $(0,1]$ 上具有 $m(m\geqslant 1)$ 阶导数的实值函数 $\varphi(t)$ 被称为在 L_1 上关于 ψ 的比较函数,如果满足下列条件:

(1) $\lim\limits_{t\to 0}[t^m\cdot\varphi(t)]^{(i)}=0(i=0,1,2,\cdots,m-1)$;

(2) $\lim\limits_{t\to 0}\dfrac{t^i\cdot\varphi^{(i)}(t)}{\varphi(t)}=\lambda_{\varphi_i}$,其中 $\lambda_{\varphi_i}(i=0,1,2,\cdots,m)$ 是常数, $\lambda_{\varphi_0}=1$;

(3) $C_k^{(\varphi)}:=\sum\limits_{i=0}^{k}(k-i)!\cdot(\mathrm{C}_k^i)^2\lambda_{\varphi_i}\neq 0(k=1,2,\cdots,m)$;

(4) $\lim\limits_{t\to 0}\dfrac{\psi(x_0+th)}{\varphi(t)}$ 存在且非零.

注 1 如果 $\varphi(t)$ 在 $L_1=\{x_0+th\mid 0<t\leqslant 1\}$ 上是关于 $\psi(x_0+th)$ 的比较函数. 设

$$\lim_{t\to 0}\frac{\psi(x_0+th)}{\varphi(t)}=Q\neq 0$$

$$u(x_0,t,h)=\psi(x_0+th)-Q\varphi(t)$$

则

$$A(x_0+th):=\frac{u(x_0,t,h)}{\varphi(t)}\to 0\quad(t\to 0)$$

且

$$\psi(x_0+th)=(Q+A(x_0+th))\varphi(t)$$

注 2 如果定义 1 中 $D^\alpha f(x_0,h)\neq 0,\alpha\in(0,1]$,则 $\varphi(t)=t^\alpha$ 是关于 $f(x_0+th)-f(x_0)$ 的比较函数.

引理 1　设 $x>0,\varphi(x)=x^{\alpha},\alpha$ 为实数,$\alpha>-1$,$n\geqslant 1,\Gamma(\cdot)$ 为 Gamma 函数,则

$$\sum_{i=0}^{n}(n-i)!\ (C_n^i)^2\cdot\lambda_{\varphi_i}=\Gamma(n+\alpha+1)/\Gamma(\alpha+1)$$

其中

$$\lambda_{\varphi_i}=\lim_{x\to a^+}x^i\varphi^{(i)}(x)/\varphi(x)$$
$$=\begin{cases}1 & (i=0)\\ \alpha(\alpha-1)\cdots(\alpha-i+1) & (i=1,2,\cdots,n)\end{cases}$$

二、主要结果

定理 1　设 f 在 $L=\{x_0+th|0\leqslant t\leqslant 1\}\subset\Omega$ 上具有 $n+p-2$ 阶连续 F - 导数

$$f^{(n+i)}(x_0)h^{(n+i)}=0\quad(1\leqslant i\leqslant p-2)$$

在 $L_1=\{x_0+th|0<t\leqslant 1\}$ 上具有 $n+p-1$ 阶 F - 导数. 如果在半开区间 $(0,1]$ 具有 n 阶导数的函数 $\varphi(t)$ 在 L_1 上是关于 $f^{(n+p-1)}(x_0+th)h^{(n+p-1)}$ 的比较函数,则泰勒公式"中间点"$\xi=x_0+\tau h\in L_1$(其中 $\tau\in(0,t)$)满足

$$\lim_{x\to x_0}\left(\frac{\|\xi-x_0\|}{\|x-x_0\|}\right)^{p-1}\cdot\frac{\varphi(\|\xi-x_0\|/h)}{\varphi(\|x-x_0\|/h)}=\frac{n!\ C_{p-1}^{(\varphi)}}{C_{n+p-1}^{(\varphi)}}\tag{1}$$

其中,当 $p=1$ 时,$\varphi(t)$ 不是常数.

证　因 $\varphi(t)$ 是关于 $f^{(n+p-1)}(x_0+th)h^{(n+p-1)}$ 比较函数,有

$$\lim_{t\to 0}\frac{f^{(n+p-1)}(x_0+th)h^{(n+p-1)}}{\varphi(t)}=Q\neq 0$$

于是

$$f^{(n+p-1)}(x_0+th)h^{(n+p-1)}=(Q+A(x_0+th))\varphi(t)$$

其中$\lim\limits_{t\to 0}A(x_0+th)=0$. 因为

$$f^{(n+i)}(x_0)h^{(n+i)}=0\quad(0\leqslant i\leqslant p-2)$$

所以有

$$\begin{aligned}&\lim_{t\to 0}\frac{f^{(n)}(x_0+th)h^{(n)}-f^{(n)}(x_0)h^{(n)}}{t^{p-1}\varphi(t)}\\&=\lim_{t\to 0}\frac{f^{(n+p-1)}(x_0+th)h^{(n+p-1)}}{(t^{p-1}\varphi(t))^{(p-1)}}\\&=\frac{Q}{C_{p-1}^{(\varphi)}}\end{aligned}$$

令

$$B(x_0+th)=\frac{f^{(n)}(x_0+th)h^{(n)}-f^{(n)}(x_0)h^{(n)}}{t^{p-1}\varphi(t)}-\frac{Q}{C_{p-1}^{(\varphi)}}$$

则

$$f^{(n)}(x_0+th)h^{(n)}=f^{(n)}(x_0)h^{(n)}+\left(\frac{Q}{C_{p-1}^{(\varphi)}}+B(x_0+th)\right)t^{p-1}\varphi(t)$$

其中$\lim\limits_{t\to 0}B(x_0+th)=0$. 由泰勒公式有

$$f(x_0+th)=\sum_{k=0}^{n}\frac{1}{k!}f^{(k)}(x_0)h^{(k)}t^k+\frac{\frac{Q}{C_{p-1}^{(\varphi)}}+B(x_0+\tau h)}{n!}\tau^{p-1}\varphi(\tau)t^n$$

从而

$$\lim_{t\to 0}\frac{f(x_0+th)-\sum\limits_{k=0}^{n}\frac{1}{k!}f^{(k)}(x_0)h^{(k)}t^k}{t^{n+p-1}\varphi(t)}$$

$$=\lim_{t\to 0}\frac{\frac{Q}{C_{p-1}^{(\varphi)}}+B(x_0+\tau h)}{n!}\cdot\left(\frac{\tau}{t}\right)^{p-1}\frac{\varphi(\tau)}{\varphi(t)} \quad (2)$$

注意到 $\tau\to 0(t\to 0)$ 并结合

$$f^{(n+i)}(x_0)h^{(n+i)}=0 \quad (1\leqslant i\leqslant p-2)$$

有

$$\lim_{t\to 0}\frac{f^{(n)}(x_0+th)h^{(n)}-f^{(n)}(x_0)h^{(n)}}{(t^{n+p-1}\varphi(t))^{(n)}}=\frac{Q}{C_{n+p-1}^{(\varphi)}}$$

以及

$$\lim_{t\to 0}\frac{\frac{Q}{C_{p-1}^{(\varphi)}}+B(x_0+\tau h)}{n!}\left(\frac{\tau}{t}\right)^{p-1}\frac{\varphi(\tau)}{\varphi(t)}$$

$$=\lim_{t\to 0}\left(\frac{\tau}{t}\right)^{p-1}\frac{\varphi(\tau)}{\varphi(t)}\cdot\frac{Q}{n!\ C_{p-1}^{(\varphi)}}$$

据此由式(2),有

$$\lim_{t\to 0}\left(\frac{\tau}{t}\right)^{p-1}\frac{\varphi(\tau)}{\varphi(t)}=\frac{n!\ C_{p-1}^{(\varphi)}}{C_{n+p-1}^{(\varphi)}}$$

再取

$$\xi=x_0+\tau h, x=x_0+th$$

立刻推出式(1)成立. 证毕.

如果定理 1 中 $p=1,\varphi(t)\equiv K\neq 0$(其中 K 是常数),则定理 1 不再成立. 但因

$$\lim_{t\to 0}f^{(n)}(x_0+th)h^{(n)}=QK\neq 0$$

于是有下列结果.

定理2 在定理1中如果 $p=1,\varphi(t)\neq K\neq 0$,再设在(0,1]上具有 n 阶导数 $\psi(t)$ 在 L_1 上是关于 $f^{(n)}(x_0+th)h^{(n)}-QK$ 的比较函数,则泰勒公式“中间点”

$$\xi = x_0 + \tau h \in L_1 \quad (\text{其中 } \tau \in (0,t))$$

满足

$$\lim_{x \to x_0} \frac{\psi(\| \xi - x_0 \| / h)}{\psi(\| x - x_0 \| / h)} = \frac{n!}{C_n^{(\psi)}}$$

证 我们指出 $\psi(t) \neq \varphi(t)$. 事实上,如果

$$\psi(t) = \varphi(t) = K$$

则

$$\lim_{t \to 0} \frac{f^{(n)}(x_0 + th) h^{(n)} - QK}{\psi(t)}$$

$$= \lim_{t \to 0} \frac{f^{(n)}(x_0 + th) h^{(n)} - QK}{K}$$

$$= Q - Q = 0$$

矛盾. 由定义 2 有

$$\lim_{t \to 0} \frac{f^{(n)}(x_0 + th) h^{(n)} - QK}{\psi(t)} = d \neq 0$$

于是

$$f^{(n)}(x_0 + th) h^{(n)} - QK = (d + M(x_0 + th)) \psi(t)$$

其中$\lim\limits_{t \to 0} M(x_0 + th) = 0$. 由泰勒公式有

$$f(x_0 + th) = \sum_{k=0}^{n-1} \frac{1}{k!} f^{(k)}(x_0) h^{(k)} t^k + \frac{QK + (d + M(x_0 + \tau h)) \psi(\tau)}{n!} t^n$$

从而

$$\lim_{t \to 0} \frac{f(x_0 + th) - \sum\limits_{k=0}^{n-1} \frac{1}{k!} f^{(k)}(x_0) h^{(k)} t^k - \frac{QK}{n!} t^n}{t^n \psi(t)}$$

$$= \lim_{t \to 0} \frac{(d + M(x_0 + \tau h))}{n!} \cdot \frac{\psi(\tau)}{\psi(t)} \tag{3}$$

由于

$$\lim_{t\to 0}\frac{f^{(n)}(x_0+th)h^{(n)}-QK}{(t^n\psi(t))^{(n)}}=\frac{d}{C_n^{(\psi)}}$$

以及

$$\lim_{t\to 0}\frac{(d+M(x_0+\tau h))}{n!}\cdot\frac{\psi(\tau)}{\psi(t)}=\lim_{t\to 0}\frac{\psi(\tau)}{\psi(t)}\cdot\frac{d}{n!}$$

其中$\lim\limits_{\tau\to 0}M(x_0+\tau h)=0$. 据此由式(3),有

$$\lim_{t\to 0}\frac{\psi(\tau)}{\psi(t)}=\frac{n!}{C_n^{(\psi)}}$$

取$\xi=x_0+\tau h,x=x_0+th$,则

$$\lim_{x\to x_0}\frac{\psi(\|\xi-x_0\|/h)}{(\|x-x_0\|/h)}=\frac{n!}{C_n^{(\psi)}}$$

证毕.

在定理1和定理2中取$\varphi(t)=t^\alpha,\psi(t)=t^\beta$,并应用引理1可推出如下结果.

定理3 设f在$L=\{x_0+th\mid 0\leqslant t\leqslant 1\}\subset\Omega$上具有$n+p-2$阶连续$F$-导数

$$f^{(n+i)}(x_0)h^{(n+i)}=0\quad(1\leqslant i\leqslant p-2)$$

在$L_1=\{x_0+th\mid 0<t\leqslant 1\}$上具有$n+p-1$阶$F$-导数,如果

$$\lim_{t\to 0}\frac{f^{(n+p-1)}(x_0+th)h^{(n+p-1)}}{t^\alpha}=A$$

则泰勒公式“中间点”$\xi=x_0+\tau h\in L_1$(其中$\tau\in(0,t)$)满足

$$\lim_{x\to x_0}\frac{\|\xi-x_0\|}{\|x-x_0\|}=\left(\frac{n!\Gamma(p+\alpha)}{\Gamma(n+p+\alpha)}\right)^{1/(p+\alpha-1)}\qquad(4)$$

其中A为非零常数,α为实数,$\alpha>-1$.

定理 4　在定理 3 中如果 $p=1,\alpha=0$，再设

$$\lim_{t\to 0}\frac{f^{(n)}(x_0+th)h^{(n)}-A}{t^{\beta}}=B$$

则泰勒公式"中间点"

$$\xi=x_0+\tau h\in L_1\quad(\text{其中 }\tau\in(0,t))$$

满足

$$\lim_{x\to x_0}\frac{\|\xi-x_0\|}{\|x-x_0\|}=\left(\frac{n!\Gamma(\beta+1)}{\Gamma(n+\beta+1)}\right)^{1/\beta}$$

其中 β 为实数，$\beta>-1$.

下面给出例子说明本章结果的有效性和广泛性.

例 1　设 $f:\mathbf{R}^2\to\mathbf{R}$ 为

$$f(x)=\begin{cases}\dfrac{x_1^{\frac{3}{2}}x_2}{x_1^2+x_2^2} & (\boldsymbol{x}\neq\boldsymbol{\theta})\\ 0 & (\boldsymbol{x}=\boldsymbol{\theta})\end{cases}$$

我们讨论一阶泰勒公式"中间点"在 $\boldsymbol{x}_0=\boldsymbol{\theta}$ 的渐近性. 对 $\forall\boldsymbol{h}\in\mathbf{R}^2,\boldsymbol{h}\neq\boldsymbol{\theta},\boldsymbol{h}=(h_1,h_2),L_1=\{th\mid 0<t\leqslant 1\}$，有

$$f(t\boldsymbol{h})=\frac{t^{\frac{3}{2}}h_1^{\frac{3}{2}}h_2t}{t^2(h_1^2+h_2^2)}=\frac{t^{\frac{1}{2}}h_1^{\frac{3}{2}}h_2}{h_1^2+h_2^2}$$

取 $\varphi(t)=t^{-\frac{1}{2}}$，则 $\varphi(t)=t^{-\frac{1}{2}}$ 在 L_1 上是关于 $f'(t\boldsymbol{h})\boldsymbol{h}$ 比较函数. 由定理 1（$n=1,p=1,\varphi(t)=t^{-\frac{1}{2}}$），有

$$\lim_{x\to x_0}\frac{\|\boldsymbol{\xi}-\boldsymbol{x}_0\|}{\|\boldsymbol{x}-\boldsymbol{x}_0\|}=\left(\frac{C_0^{(\varphi)}}{C_1^{(\varphi)}}\right)^{-2}=\left(\frac{1}{-\frac{1}{2}+1}\right)^{-2}=\frac{1}{4}$$

泰勒公式余项的推广及其“中间点”的渐近性[①]

第九十五章

一、引言及主要引理

“泰勒公式是一元微分学的顶峰”，尽管夸张，但并不过分. 对于泰勒公式中的余项，一般教材中通常介绍的有四种：皮亚诺型余项、拉格朗日型余项、柯西型余项和积分型余项. 而《数学分析》《微积分》和《高等数学》等教材限于篇幅，对于拉格朗日型余项和皮亚诺型余项的介绍相对充分，应用范围也比较广泛，而对于其他余项介绍的则比较少见. 陇南师范高等专科学院的杜争光、蒲武军两位

① 本章摘自《齐齐哈尔大学学报(自然科学版)》，2018 年，第 34 卷，第 2 期.

教授 2018 年通过构造辅助函数,利用柯西中值定理,给出泰勒公式的一个新余项,该余项是拉格朗日型余项、柯西型余项和 Schlomilch-Roche 型余项的一个推广,是一个更具一般性的余项形式,并在此基础上讨论了“中间点”ξ 的渐近性.

杜争光的文章“广义 Caucly 中值定理‘中间点’的渐近性”(《数学的实践与认识》,2015,45(13):268-272)对广义柯西中值定理“中间点”ξ 的渐近性进行了讨论,得到了较好的结果. 为了讨论方便,现引述如下:

引理 1 若函数 $f(x)$ 在 $x=a$ 的某一邻域 $U(a)$ 内存在 $n+1$ 阶导数,且存在实数 $\alpha\geqslant 0$,对 $\forall x\in \overset{0}{U}(a)$ 有 $\lim\limits_{x\to a}\dfrac{f^{(n+1)}(x)}{(x-a)^{\alpha}}=A$,则

$$\lim_{x\to a}\frac{f(x)-T_n[f(x)]}{(x-a)^{n+1+\alpha}}=\frac{A\Gamma(\alpha+1)}{\Gamma(n+2+\alpha)}\qquad(1)$$

其中,$\Gamma(\alpha)=\int_0^{+\infty}x^{\alpha-1}\mathrm{e}^{-x}\mathrm{d}x$ 是 Gamma 函数

$$T_n[f(x)]=\sum_{k=0}^{n}\frac{f^{(k)}(a)}{k!}(x-a)^k$$

是函数 $f(x)$ 在点 a 的 n 次泰勒多项式.

二、主要结果

定理 1 若函数 $f(x)$ 在 $x=a$ 的某一邻域 $U(a)$ 内存在 $n+1$ 阶导数,则对于 $\forall m\in\mathbf{N}$ 且 $m\leqslant n$,$\forall x\in\overset{0}{U}(a)$,至少存在一点 ξ 在 a 与 x 之间,有

$$f(x)=\sum_{k=0}^{n}\frac{f^{(k)}(a)}{k!}(x-a)^{k}+\frac{f^{(n+1)}(\xi)}{(m+1)n!}(x-a)^{m+1}(x-\xi)^{n-m}\tag{2}$$

证 对于$\forall m\in\mathbf{N}$且$m\leqslant n$，$\forall x\in\overset{0}{U}(a)$（不妨设$x>a$，对于$x<a$的情形同理可证），构造函数

$$F(t)=f(x)-\sum_{k=0}^{n}\frac{f^{(k)}(t)}{k!}(x-t)^{k}$$

$$G(t)=(x-t)^{m+1}$$

这里t在a和x之间.

显然，函数$F(t)$和$G(t)$满足条件：

（1）在闭区间$[a,x]$上连续；

（2）在开区间(a,x)内可导，且对于$\forall t\in(a,x)$

$$G'(t)=-(m+1)(x-t)^{m}\neq 0$$

由柯西中值定理，至少存在一点$\xi\in(a,x)$，使得

$$\frac{F(x)-F(a)}{G(x)-G(a)}=\frac{F'(\xi)}{G'(\xi)}\tag{3}$$

而

$$F(x)=f(x)-\sum_{k=0}^{n}\frac{f^{(k)}(x)}{k!}(x-x)^{k}=0$$

$$F(a)=f(x)-\sum_{k=0}^{n}\frac{f^{(k)}(a)}{k!}(x-a)^{k}$$

$$G(x)=(x-x)^{m+1}=0$$

$$G(a)=(x-a)^{m+1}$$

$$F'(t)=\left(f(x)-\sum_{k=0}^{n}\frac{f^{(k)}(t)}{k!}(x-t)^{k}\right)'$$

$$=-\left(f(t)+\cdots+\frac{f^{(k)}(t)}{k!}(x-t)^{k}+\cdots+\right.$$

$$\left.\frac{f^{(n)}(t)}{n!}(x-t)^n\right)'$$

$$=-\left(f'(t)+\cdots+\frac{f^{(k+1)}(t)}{k!}(x-t)^k-\right.$$

$$\frac{f^{(k)}(t)}{(k-1)!}(x-t)^{k-1}+\cdots+\frac{f^{(n+1)}(t)}{n!}(x-t)^n-$$

$$\left.\frac{f^{(n)}(t)}{(n-1)!}(x-t)^{n-1}\right)$$

$$=-\frac{f^{(n+1)}(t)}{n!}(x-t)^n$$

$G'(t)=-(m+1)(x-t)^m$ 带入式(3),便有

$$\frac{-\left(f(x)-\sum\limits_{k=0}^{n}\frac{f^{(k)}(a)(x-a)^k}{k!}\right)}{-(x-a)^{m+1}}=\frac{-\frac{f^{(n+1)}(\xi)(x-\xi)^n}{n!}}{-(m+1)(x-\xi)^m}$$

整理

$$f(x)=\sum_{k=0}^{n}\frac{f^{(k)}(a)}{k!}(x-a)^k+$$

$$\frac{f^{(n+1)}(\xi)}{(m+1)n!}(x-a)^{m+1}(x-\xi)^{n-m}$$

这里余项

$$R_n(x)=\frac{f^{(n+1)}(\xi)}{(m+1)n!}(x-a)^{m+1}(x-\xi)^{n-m} \quad (4)$$

这是一个全新的余项,注意到 m 的任意性,便有如下特殊情形:

(1)当 $m=n$ 时

$$R_n(x)=\frac{f^{(n+1)}(\xi)}{(n+1)!}(x-a)^{n+1}$$

这是拉格朗日型余项;

(2)当 $m=0$ 时

$$R_n(x)=\frac{f^{(n+1)}(\xi)}{n!}(x-a)(x-\xi)^n$$

这是柯西型余项;

(3)当 $m=p-1$ 时

$$R_n(x)=\frac{f^{(n+1)}(\xi)}{n!\ p}(x-a)^p(x-\xi)^{n+1-p}$$

这便是 Schlomilch-Roche 型余项.

综合上述可见,式(4)是拉格朗日型余项、柯西型余项和 Schlomilch-Roche 型余项的一个推广,是一个更具一般性的余项形式.

下面讨论,由式(2)所确定的“中间点”ξ 的渐近性.

定理2 若函数 $f(x)$ 在 $x=a$ 的某一邻域 $U(a)$ 内存在 $n+1$ 阶导数,且存在实数 $\alpha\geqslant 0$,对 $\forall x\in \overset{0}{U}(a)$ 有 $\lim\limits_{x\to a}\frac{f^{(n+1)}(x)}{(x-a)^\alpha}=A$,则对于 $\forall m\in \mathbf{N}$ 且 $m\leqslant n$,由式(2)所确定的“中间点”ξ 满足

$$\lim_{x\to a}\left(\frac{x-\xi}{x-a}\right)^{n-m}\left(\frac{\xi-a}{x-a}\right)^\alpha=(m+1)B(n+1,\alpha+1) \tag{5}$$

其中,$B(p,q)=\int_0^1 x^{p-1}(1-x)^{q-1}\mathrm{d}x$ 是 Beta 函数(欧拉第一积分).

证 由于函数 $f(x)$ 在 $U(a)$ 内存在 $n+1$ 阶导数,对于实数 $\alpha\geqslant 0$,构造函数

$$\varphi(x)=\frac{f(x)-\sum\limits_{k=0}^{n}\frac{f^{(k)}(a)}{k!}(x-a)^k}{(x-a)^{n+1+\alpha}}$$

则一方面,由引理

$$\lim_{x\to a}\varphi(x)=\lim_{x\to a}\frac{f(x)-\sum_{k=0}^{n}\frac{f^{(k)}(a)}{k!}(x-a)^k}{(x-a)^{n+1+\alpha}}$$

$$=\frac{A\Gamma(\alpha+1)}{\Gamma(n+2+\alpha)} \tag{6}$$

另一方面,由定理1(注意到 $x\to a$ 时 $\xi\to a$)

$$\lim_{x\to a}\varphi(x)=\lim_{x\to a}\frac{f(x)-\sum_{k=0}^{n}\frac{f^{(k)}(a)}{k!}(x-a)^k}{(x-a)^{n+1+\alpha}}$$

$$=\lim_{x\to a}\frac{f^{(n+1)}(\xi)(x-a)^{m+1}(x-\xi)^{n-m}}{(m+1)n!(x-a)^{n+1+\alpha}}$$

$$=\frac{1}{(m+1)n!}\lim_{x\to a}\frac{f^{(n+1)}(\xi)(x-\xi)^{n-m}}{(x-a)^{n-m+\alpha}}$$

$$=\frac{1}{(m+1)n!}\lim_{x\to a}\frac{f^{(n+1)}(\xi)(x-\xi)^{n-m}}{(\xi-a)^{\alpha}(x-a)^{n-m}}\frac{(\xi-a)^{\alpha}}{(x-a)^{\alpha}}$$

$$=\frac{1}{(m+1)n!}\lim_{\xi\to a}\frac{f^{(n+1)}(\xi)}{(\xi-a)^{\alpha}}\lim_{x\to a}\left(\frac{x-\xi}{x-a}\right)^{n-m}\left(\frac{\xi-a}{x-a}\right)^{\alpha}$$

$$=\frac{A}{(m+1)n!}\lim_{x\to a}\left(\frac{x-\xi}{x-a}\right)^{n-m}\left(\frac{\xi-a}{x-a}\right)^{\alpha} \tag{7}$$

综合式(6)和式(7),就有

$$\frac{A\Gamma(\alpha+1)}{\Gamma(n+2+\alpha)}=\frac{A}{(m+1)n!}\lim_{x\to a}\left(\frac{x-\xi}{x-a}\right)^{n-m}\left(\frac{\xi-a}{x-a}\right)^{\alpha}$$

又由 $\Gamma(n+1)=n!$,则有

$$\lim_{x\to a}\left(\frac{x-\xi}{x-a}\right)^{n-m}\left(\frac{\xi-a}{x-a}\right)^{\alpha}=\frac{(m+1)n!\ \Gamma(\alpha+1)}{\Gamma(n+2+\alpha)}$$

$$=(m+1)\frac{\Gamma(n+1)\Gamma(\alpha+1)}{\Gamma((n+1)+(\alpha+1))}$$

注意到关系式 $B(p,q)=\dfrac{\Gamma(p)\Gamma(q)}{\Gamma(p+q)}$,上式可表示为

$$\lim_{x\to a}\left(\frac{x-\xi}{x-a}\right)^{n-m}\left(\frac{\xi-a}{x-a}\right)^{\alpha}=(m+1)B(n+1,\alpha+1)$$

基于定理2,当 m 和 α 的取值不同时,就有一些特殊情形.

推论1 设函数 $f(x)$ 在 a 的某一邻域 $U(a)$ 内存在 $n+1$ 阶导数,若存在 $\alpha>0$,对 $\forall x\in \overset{0}{U}(a)$ 有

$$\lim_{x\to a}\frac{f^{(n+1)}(x)}{(x-a)^{\alpha}}=A$$

则由式(2)所确定的"中间点"ξ 满足

$$\lim_{x\to a}\frac{\xi-a}{x-a}=((n+1)B(n+1,\alpha+1))^{\frac{1}{\alpha}}$$

证 在式(5)中,取 $m=n$ 即可得到推论1.

推论2 设函数 $f(x)$ 在 a 的某一邻域 $U(a)$ 内存在 $n+1$ 阶导数,若对 $\forall x\in \overset{0}{U}(a)$ 有

$$\lim_{x\to a}f^{(n+1)}(x)=A$$

则 $\forall m\in\mathbf{N}$ 且 $m<n$,由式(2)所确定的"中间点"ξ 满足

$$\lim_{x\to a}\frac{\xi-a}{x-a}=1-\left(\frac{m+1}{n+1}\right)^{\frac{1}{n-m}}$$

证 比较式(5),由于 $\alpha=0$ 和 $m<n$,于是式(5)可写为

$$\lim_{x\to a}\left(\frac{x-\xi}{x-a}\right)^{n-m}=(m+1)B(n+1,0+1)$$

$$=(m+1)\frac{\Gamma(n+1)\Gamma(1)}{\Gamma(n+2)}$$

$$=(m+1)\frac{\Gamma(n+1)}{(n+1)\Gamma(n+1)}$$

$$=\frac{m+1}{n+1}$$

所以

$$\lim_{x\to a}\frac{x-\xi}{x-a}=\left(\frac{m+1}{n+1}\right)^{\frac{1}{n-m}}$$

而

$$\frac{\xi-a}{x-a}=1-\frac{x-\xi}{x-a}$$

于是有

$$\lim_{x\to a}\frac{\xi-a}{x-a}=1-\left(\frac{m+1}{n+1}\right)^{\frac{1}{n-m}}$$

以上的定理2,推论1和推论2,基本涵盖了最近几年关于泰勒公式“中间点”渐近性方面的一些研究结果(只列一例,证明均略去).

推论3 函数$f(x)$在点a的某邻域$U(a)$内有直到$n+p$阶导数,$f^{(n+p)}(x)$在点a连续,且

$$f^{(n+p)}(a)\neq 0,f^{(n+k)}(a)=0\quad(k=1,2,\cdots,p-1)$$

则带拉格朗日型余项的泰勒公式

$$f(a+h)=f(a)+\frac{f'(a)}{1!}h+\frac{f''(a)}{2!}h^2+\cdots+$$

$$\frac{f^{(n-1)}(a)}{(n-1)!}h^{n-1}+$$

$$\frac{f^{(n)}(a+\theta h)}{n!}h^{n}$$

$\theta \in (0,1)$中，必成立

$$\lim_{h \to 0^{+}} \theta = \left(\frac{n!\ p!}{(n+p)!} \right)^{\frac{1}{p}}$$

由此可见，定理2是对现有泰勒公式“中间点”渐近性结果的一个推广.

广义柯西型泰勒公式“中间点”的渐近性[①]

第九十六章

陇南师范高等专科学校数信学院的刘红玉教授 2018 年研究了当区间长度趋于零时,广义的柯西型泰勒公式中间点的渐近性. 她得到了广义柯西型泰勒公式“中间点”渐近性的两个表达式,并对已有的渐近性结果进行了推广.

一、引言

近年来,对于中值定理“中间点”渐近性的研究取得了一些进展,并得到了一些重要结果. 苏翎、赵振华、董建的文章“一个广义的 Cauchy 型的 Taylor 公式”(《数学的实践与认识》,2009,39(21):214-216)讨论得到了一个高阶

① 本章摘自《绵阳师范学院学报》,2018 年,第 37 卷,第 5 期.

导数形式的、广义的柯西型泰勒公式,杜争光的文章“微积分中值定理的统一及推广”(《荆楚理工学院学报》,2011,26(2):34-36)得到了广义柯西中值定理“中间点”渐近性的一个表达式,并对已有的渐近性结果进行了推广.

引理1 若:

(1)$f^{(k)}(x)(k=1,2,\cdots,n)$与$g^{(k)}(x)(k=1,2,\cdots,m)$在区间$[a,b]$连续;

(2)$f^{(n+1)}(x)$与$g^{(m+1)}(x)$在区间$[a,b]$上存在,且$\forall x\in[a,b]$,$g^{(m+1)}(x)\neq 0$,则至少存在一点$\xi\in(a,b)$使得

$$\frac{f(b)-\sum\limits_{k=0}^{n}\frac{f^{(k)}(a)(b-a)^k}{k!}}{g(b)-\sum\limits_{k=0}^{m}\frac{g^{(k)}(a)(b-a)^k}{k!}}=\frac{m!f^{(n+1)}(\xi)}{n!g^{(m+1)}(\xi)}(b-\xi)^{n-m}\tag{1}$$

二、主要结果与证明

定理1 若:

(1)$f^{(k)}(x)(k=1,2,\cdots,n)$与$g^{(k)}(x)(k=1,2,\cdots,m)$在$U(a)$连续;

(2)$f^{(n+1)}(x)$与$g^{(m+1)}(x)$在$U(a)$存在,$\forall x\in U(a)$,$g^{(m+1)}(x)\neq 0$,且$g^{(m+1)}(x)$在点a连续;

(3)存在$\alpha>-1,\beta>-1$,使得

$$\lim_{x\to a}\frac{f^{(n+1)}(x)}{(x-a)^{\alpha}}=A\neq 0$$

$$\lim_{x\to a}\frac{g^{(m+1)}(x)}{(x-a)^{\beta}}=C\neq 0$$

则有

$$\lim_{x\to a}\frac{f(x)-\sum_{k=0}^{n}\frac{f^{(k)}(a)}{k!}(x-a)^{k}}{(x-a)^{n+1+\alpha}}=\frac{A}{\prod_{i=1}^{n+1}(i+\alpha)}$$

$$\lim_{x\to a}\frac{g(x)-\sum_{k=0}^{n}\frac{g^{(k)}(a)}{k!}(x-a)^{k}}{(x-a)^{m+1+\beta}}=\frac{C}{\prod_{i=1}^{m+1}(i+\beta)}$$

(2)

证 $f^{(k)}(x)(k=1,2,\cdots,n)$在$U(a)$连续且

$$\lim_{x\to a}\frac{f^{(n+1)}(x)}{(x-a)^{\alpha}}=A\neq 0$$

利用$n+1$次洛必达法则,有

$$\lim_{x\to a}\frac{f(x)-\sum_{k=0}^{n}\frac{f^{(k)}(a)}{k!}(x-a)^{k}}{(x-a)^{n+1+\alpha}}$$

$$=\lim_{x\to a}\frac{f(x)-f(a)-\frac{f'(a)}{1!}(x-a)-\frac{f''(a)}{2!}(x-a)^{2}-\cdots-\frac{f^{(n)}(a)}{n!}(x-a)^{n}}{(x-a)^{n+1+\alpha}}$$

$$=\lim_{x\to a}\frac{f'(x)-f'(a)-\frac{f'(a)}{1!}-\frac{f''(a)}{1!}(x-a)-\cdots-\frac{f^{(n)}(a)}{(n-1)!}(x-a)^{n-1}}{(n+1+\alpha)(x-a)^{n+\alpha}}$$

$$\vdots$$

$$=\lim_{x\to a}\frac{f^{(k)}(x)-f^{(k)}(a)-\frac{f^{(k+1)}(a)}{1!}(x-a)-\cdots-\frac{f^{(n)}(a)}{(n-k)!}(x-a)^{n-k}}{(n+1+\alpha)(n+\alpha)\cdots(n+\alpha-k)(x-\alpha)^{n+1+\alpha-k}}$$

$$\vdots$$

$$=\lim_{x\to a}\frac{f^{(n+1)}(x)}{(n+1+\alpha)\cdots(\alpha+1)(x-a)^{\alpha}}$$

$$=\lim_{x\to a}\frac{A}{(n+1+\alpha)(n+\alpha)\cdots(\alpha+1)}$$

$$=\frac{A}{\prod_{i=1}^{n+1}(i+\alpha)}$$

同理可证

$$\lim_{x\to a}\frac{g(x)-\sum_{k=0}^{n}\frac{g^{(k)}(a)}{k!}(x-a)^k}{(x-a)^{m+1+\beta}}=\frac{C}{\prod_{i=1}^{m+1}(i+\beta)}$$

定理2 若:

(1) $f^{(k)}(x)(k=1,2,\cdots,n)$ 与 $g^{(k)}(x)(k=1,2,\cdots,m)$ 在 $U(a)$ 连续;

(2) $f^{(n+1)}(x)$ 与 $g^{(m+1)}(x)$ 在 $U(a)$ 存在, $\forall x\in U(a)$, $g^{(m+1)}(x)\neq 0$, 且 $g^{(m+1)}(x)$ 在点 a 连续;

(3) 存在 $\alpha>-1,\beta>-1$, 使得

$$\lim_{x\to a}\frac{f^{(n+1)}(x)}{(x-a)^{\alpha}}=A\neq 0$$

$$\lim_{x\to a}\frac{g^{(m+1)}(x)}{(x-a)^{\beta}}=C\neq 0$$

则式(1)所确定的"中间点"ξ 满足

$$\lim_{x\to a}\left(\frac{x-\xi}{x-a}\right)^{n-m}\left(\frac{\xi-a}{x-a}\right)^{\alpha-\beta}=\frac{n!\prod_{i=1}^{m+1}(i+\beta)}{m!\prod_{n=1}^{n+1}(i+\alpha)} \quad (3)$$

证 构造辅助函数

$$F(x)=\frac{f(x)-\sum_{k=0}^{n}\frac{f^{(k)}(a)(x-a)^k}{k!}}{g(x)-\sum_{k=0}^{m}\frac{f^{(k)}(a)(x-a)^k}{k!}}(x-a)^{m+\beta-n-\alpha}$$

$$\lim_{x\to a}F(x)$$

$$=\lim_{x\to a}\frac{f(x)-\sum_{k=0}^{n}f^{(k)}(a)(x-a)^k}{g(x)-\sum_{k=0}^{m}\frac{f^{(k)}(a)(x-a)^k}{k!}}\cdot$$

$$(x-a)^{m+\beta-n-\alpha}$$

$$=\lim_{x\to a}\frac{\left[f(x)-\sum_{k=0}^{n}\frac{f^{(k)}(a)(x-a)^k}{k!}\right](x-a)^{m+\beta+1}}{(x-a)^{n+\alpha+1}\left[g(x)-\sum_{k=0}^{m}\frac{g^{(k)}(a)(x-a)^k}{k!}\right]}$$

$$=\frac{A}{C}\frac{\prod_{i=1}^{m+1}(i+\beta)}{\prod_{i=1}^{n+1}(i+\alpha)}\tag{4}$$

另一方面,由引理 1

$$\lim_{x\to a}F(x)=\lim_{x\to a}\frac{f(x)-\sum_{k=0}^{n}f^{(k)}(a)(x-a)^k}{g(x)-\sum_{k=0}^{m}\frac{f^{(k)}(a)(x-a)^k}{k!}}\cdot$$

$$(x-a)^{m+\beta-n-\alpha}$$

$$=\frac{m!\ f^{(n+1)}(\xi)}{n!\ g^{(m+1)}(\xi)}(x-\xi)^{n-m}\cdot$$

$$(x-a)^{m+\beta-n-a}$$

其中 ξ 介于 a 与 x 之间,当 $x\to a$,有 $\xi\to a$,于是

$$\lim_{x\to a} F(x)=\frac{m!\ f^{(n+1)}(\xi)}{n!\ g^{(m+1)}(\xi)}(x-\xi)^{n-m}(x-a)^{m+\beta-n-\alpha}$$

$$=\lim_{\xi\to a}\frac{m!\ f^{(m+1)}(\xi)(\xi-a)^{\beta}}{n!\ (\xi-a)^{\alpha}g^{(m+1)}(\xi)}\cdot$$

$$\lim_{x\to a}\left(\frac{x-\xi}{x-a}\right)^{n-m}\left(\frac{\xi-a}{x-a}\right)^{\alpha-\beta}$$

$$=\lim_{x\to a}\frac{m!\ A}{n!\ C}\left(\frac{x-\xi}{x-a}\right)^{n-m}\left(\frac{\xi-a}{x-a}\right)^{\alpha-\beta} \tag{5}$$

由式(4)和(5)

$$\lim_{x\to a}\left(\frac{x-\xi}{x-a}\right)^{n-m}\left(\frac{\xi-a}{x-a}\right)^{\alpha-\beta}=\frac{n!\prod_{i=1}^{m+1}(i+\beta)}{m!\prod_{i=1}^{n+1}(i+\alpha)}$$

定理3 若:

(1)$f^{(k)}(x)(k=1,2,\cdots,n)$ 与 $g^{(k)}(x)(k=1,2,\cdots,m)$ 在 $U(a)$ 连续;

(2)$f^{(n+1)}(x)$ 与 $g^{(m+1)}(x)$ 在 $U(a)$ 存在,$\forall x\in U(a)$,$g^{(m+1)}(x)\neq 0$,且 $g^{(m+1)}(x)$ 在 a 点连续;

(3) 存在 $\alpha>-1$,$\beta>-1$,使得

$$\lim_{x\to a}\frac{f^{(n+1)}(x)}{(x-a)^{\alpha}}=A\neq 0$$

$$\lim_{x\to a}\frac{g^{(m+1)(x)}}{(x-a)^{\beta}}=C\neq 0$$

则式(1)所确定的"中间点"ξ满足

$$\lim_{x\to a}\left(\frac{\xi-a}{x-a}\right)^{n-m+\alpha+\beta}=\left[\frac{(m+1)n!(m+1)!}{\prod_{n=1}^{n+1}(i+\alpha)\prod_{i=1}^{m+1}(i+\beta)}\right] \tag{6}$$

证 构造辅助函数

$$F(x)=\frac{\left[f(x)-\sum_{k=0}^{n}\frac{f^{(k)}(a)(x-a)^k}{k!}\right]\left[g(x)-\sum_{k=0}^{n}\frac{g^{(k)}(a)(x-a)^k}{k!}\right]}{(x-a)^{n+\alpha+m+\beta+2}}$$

$$\lim_{x\to a}F(x)=\lim_{x\to a}\frac{f(x)-\sum_{k=0}^{n}\frac{f^{(k)}(a)}{k!}(x-a)^k}{(x-a)^{n+1+\alpha}}\cdot$$

$$\lim_{x\to a}\frac{g(x)-\sum_{k=0}^{n}\frac{g^{(k)}(a)}{k!}(x-a)^k}{(x-a)^{(m+1+\beta)}}$$

$$=\frac{AC}{\prod_{i=1}^{n+1}(i+\alpha)\prod_{i=1}^{m+1}(i+\beta)}\tag{7}$$

另一方面,由引理 1 及泰勒公式

$$g(x)-\sum_{k=0}^{n}\frac{g^{(k)}(a)}{k!}(x-a)^k=\frac{g^{(m+1)}(\eta)}{(m+1)!}(x-a)^{m+1}$$

$$\lim_{x\to a}F(x)$$

$$=\lim_{x\to a}\frac{\frac{m!f^{(n+1)}(\xi)}{n!g^{(m+1)}(\xi)}(\xi-a)^{n-m}\left[g(x)-\sum_{k=0}^{m}\frac{f^{(k)}(a)(x-a)^k}{k!}\right]^2}{(x-a)^{n+\alpha+m+\beta+2}}$$

$$=\lim_{x\to a}\frac{\frac{m!f^{(n+1)}(\xi)}{n!g^{(m+1)}(\xi)}(\xi-a)^{n-m}\left[g(x)-\frac{g^{(m+1)}(\eta)(x-a)^{m+1}}{(m+1)!}\right]^2}{(x-a)^{n+\alpha+m+\beta+2}}\cdot$$

$$\lim_{x\to a}\frac{m!f^{(n+1)}(\xi)g^{(m+1)}(\xi)}{n![(m+1)!]^2(\xi-a)^{\alpha}(\xi-a)^{\beta}}\cdot$$

$$\left(\frac{g^{(m+1)}(\eta)(x-a)^{m+1}}{g^{(m+1)}(\xi)(x-a)^{m+1}}\right)^2\left(\frac{\xi-a}{x-a}\right)^{n-m+\alpha+\beta}\tag{8}$$

由 $\forall x\in U(a),g^{(m+1)}(x)\neq 0$,且 $g^{(m+1)}(x)$ 在点 a 连续,其中 ξ 介于 a 与 x 之间,η 介于 a 与 x 之间,当 $x\to a$,有 $\xi\to a,\eta\to a$,有

$$\lim_{x\to a}\frac{g^{(m+1)}(\eta)}{g^{(m+1)}(\xi)}=\frac{g^{(m+1)}(a)}{g^{(m+1)}(a)}=1$$

由式(8)及已知

$$\lim_{x\to a}\frac{f^{(n+1)}(x)}{(x-a)^{\alpha}}=A\neq 0$$

$$\lim_{x\to a}\frac{g^{(m+1)}(x)}{(x-a)^{\beta}}=C\neq 0$$

$$\lim_{x\to a}F(x)=\lim_{x\to a}\frac{m!\ f^{(n+1)}(\xi)g^{(m+1)}(\xi)}{n!\ [(m+1)!]^2(\xi-a)^{\alpha}(\xi-a)^{\beta}}\cdot \left(\frac{\xi-a}{x-a}\right)^{n-m+\alpha+\beta}$$

$$=\lim_{x\to a}\frac{m!\ AC}{n!\ [(m+1)!]^2}\left(\frac{\xi-a}{x-a}\right)^{n-m+\alpha+\beta}$$

$$=\lim_{x\to a}\frac{AC}{n!\ (m+1)(m+1)!}\left(\frac{\xi-a}{x-a}\right)^{n-m+\alpha+\beta} \tag{9}$$

由式(7)和(9)

$$\lim_{x\to a}\frac{AC}{n!\ (m+1)(m+1)!}\left(\frac{\xi-a}{x-a}\right)^{n-m+\alpha+\beta}$$

$$=\frac{AC}{\prod\limits_{i=1}^{n+1}(i+\alpha)\prod\limits_{i=1}^{m+1}(i+\beta)}$$

$$\lim_{x\to a}\left(\frac{\xi-a}{x-a}\right)^{n-m+\alpha+\beta}=\left[\frac{(m+1)n!(m+1)!}{\prod\limits_{i=1}^{n+1}(i+\alpha)\prod\limits_{i=1}^{m+1}(i+\beta)}\right]$$

线性赋范空间中的泰勒公式和极值的研究[1]

第九十七章

一、映射的泰勒公式

定理 1 如果从赋范空间 X 的点 $\boldsymbol{x}$ 的邻域 $U=U(\boldsymbol{x})$ 到赋范空间 Y 的映射 $f:U\to Y$ 在 U 中有直到 $n-1$ 阶(包括 $n-1$ 在内)的导数,而在点 $\boldsymbol{x}$ 处有 n 阶导数 $f^{(n)}(\boldsymbol{x})$,那么当 $\boldsymbol{h}\to\boldsymbol{0}$ 时,有

$$f(\boldsymbol{x}+\boldsymbol{h})=f(\boldsymbol{x})+f'(\boldsymbol{x})\boldsymbol{h}+\cdots+\frac{1}{n!}f^{(n)}(\boldsymbol{x})\boldsymbol{h}^n+o(|\boldsymbol{h}|^n)\tag{1}$$

等式(1)是各种形式的泰勒公式中的一种,这一次它确实是对非常一般的函

① 摘自《数学分析(第二卷)》(第 4 版),B. A. 卓里奇著,蒋铎,钱珮玲,周美珂,邝荣雨译,高等教育出版社,2011.

数类写出来的公式了.

我们用归纳法证明泰勒公式(1).

当 $n=1$ 时,由 $f'(\boldsymbol{x})$ 的定义,式(1)成立.

假设式(1)对 $n-1\in\mathbf{N}$ 成立.

于是根据有限增量定理,我们得到,当 $\boldsymbol{h}\to\mathbf{0}$ 时成立

$$|f(\boldsymbol{x}+\boldsymbol{h})-(f(\boldsymbol{x})+f'(\boldsymbol{x})\boldsymbol{h}+\cdots+\frac{1}{n!}f^{(n)}(\boldsymbol{x})\boldsymbol{h}^n|$$

$$\leqslant \sup_{0<\theta<1}\left\|f'(\boldsymbol{x}+\theta\boldsymbol{h})-(f'(\boldsymbol{x})+f''(\boldsymbol{x})(\theta\boldsymbol{h})+\cdots+\frac{1}{(n-1)!}f^{(n)}(\boldsymbol{x})(\theta\boldsymbol{h})^{n-1}\right\||\boldsymbol{h}|$$

$$=o(|\theta\boldsymbol{h}|^{n-1})|\boldsymbol{h}|$$

$$=o(|\boldsymbol{h}|^n)$$

这里我们不再继续讨论其他的,有时甚至是十分有用的泰勒公式形式.

二、内部极值的研究

我们将利用泰勒公式指出定义在赋范空间的开集上的实值函数在定义域内部取得局部极值的必要微分条件和充分微分条件. 我们将看到,这些条件类似于我们熟知的实变量的实值函数的极值的微分条件.

定理 2 设 $f:U\to\mathbf{R}$ 是定义在赋范空间 X 的开集 U 上的实值函数,且 f 在某个点 $\boldsymbol{x}\in U$ 的邻域有直到 $k-1\geqslant 1$ 阶(包括 $k-1$ 阶在内的)导映射,在点 $\boldsymbol{x}$ 本身有 k 阶导映射 $f^{(k)}(\boldsymbol{x})$.

如果 $f'(\boldsymbol{x})=0,\cdots,f^{(k-1)}(\boldsymbol{x})=0$ 且 $f^{(k)}(\boldsymbol{x})\neq 0$,那么为使 $\boldsymbol{x}$ 是函数 f 的极值点

必要条件:k 是偶数,$f^{(k)}(\boldsymbol{x})\boldsymbol{h}^k$ 是半定的[1].

充分条件:$f^{(k)}(\boldsymbol{x})\boldsymbol{h}^k$ 在单位球面$|\boldsymbol{h}|=1$ 上的值不为零;这时,如果在这个球面上

$$f^{(k)}(\boldsymbol{x})\boldsymbol{h}^k\geqslant\delta>0$$

那么 $\boldsymbol{x}$ 是严格局部极小点;如果

$$f^{(k)}(\boldsymbol{x})\boldsymbol{h}^k\leqslant\delta<0$$

那么 $\boldsymbol{x}$ 是严格局部极大点[2].

为了证明定理,我们考查函数 f 在点 $\boldsymbol{x}$ 邻域内的泰勒展开式. 由所作的假设可得

$$f(\boldsymbol{x}+\boldsymbol{h})-f(\boldsymbol{x})=\frac{1}{k!}f^{(k)}(\boldsymbol{x})\boldsymbol{h}^k+\alpha(\boldsymbol{h})|\boldsymbol{h}|^k$$

其中 $\alpha(\boldsymbol{h})$是实值函数,而且当 $\boldsymbol{h}\to\boldsymbol{0}$ 时,$\alpha(\boldsymbol{h})\to0$.

我们先证必要条件.

因为$f^{(k)}(\boldsymbol{x})\neq0$,所以有向量 $\boldsymbol{h}_0\neq\boldsymbol{0}$,使

$$f^{(k)}(\boldsymbol{x})\boldsymbol{h}_0^k\neq0$$

于是,对于充分接近于零的实参量 t

$$\begin{aligned}f(\boldsymbol{x}+t\boldsymbol{h}_0)-f(\boldsymbol{x})&=\frac{1}{k!}f^{(k)}(\boldsymbol{x})(t\boldsymbol{h}_0)^k+\alpha(t\boldsymbol{h}_0)|t\boldsymbol{h}_0|^k\\&=\left(\frac{1}{k!}f^{(k)}(\boldsymbol{x})\boldsymbol{h}_0^k+\alpha(t\boldsymbol{h}_0)|\boldsymbol{h}_0|^k\right)t^k\end{aligned}$$

括号内的表达式与$f^{(k)}(\boldsymbol{x})\boldsymbol{h}_0^k$ 同号.

为使 $\boldsymbol{x}$ 是极值点,当 t 变号时最后一个等式的左边(从而右边)必须不改变符号. 这只有当 k 为偶数时

---

① 这意味着形式$f^{(k)}(\boldsymbol{x})\boldsymbol{h}^k$ 不能取有不同符号的值,虽然可以存在某个 $\boldsymbol{h}\neq\boldsymbol{0}$ 使它变为零. 通常把等式$f^{(i)}(\boldsymbol{x})=0$ 理解为对任意向量 $\boldsymbol{h}$ 有$f^{(i)}(\boldsymbol{x})\boldsymbol{h}=0$.

② 原译者注:这里“严格”一词是译者加的.

才可能.

上述讨论表明,如果 $\boldsymbol{x}$ 是极值点,那么对于充分小的 t,差 $f(\boldsymbol{x}+t\boldsymbol{h}_0)-f(\boldsymbol{x})$ 的符号与 $f^{(k)}(\boldsymbol{x})\boldsymbol{h}_0^k$ 相同,因而在这种情况下不可能有两个向量 $\boldsymbol{h}_0,\boldsymbol{h}_1$,使 $f^{(k)}(\boldsymbol{x})$ 在它们上的取值有不同的符号.

我们转到极值充分条件的证明.为了确定起见,我们研究

$$f^{(k)}(\boldsymbol{x})\boldsymbol{h}^k\geqslant\delta>0,\text{当}|\boldsymbol{h}|=1$$

的情况.这时

$$\begin{aligned}f(\boldsymbol{x}+\boldsymbol{h})-f(\boldsymbol{x})&=\frac{1}{k!}f^{(k)}(\boldsymbol{x})\boldsymbol{h}^k+\alpha(\boldsymbol{h})|\boldsymbol{h}|^k\\&=\left(\frac{1}{k!}f^{(k)}(\boldsymbol{x})\left(\frac{\boldsymbol{h}}{|\boldsymbol{h}|}\right)^k+\alpha(\boldsymbol{h})\right)|\boldsymbol{h}|^k\\&\geqslant\left(\frac{1}{k!}\delta+\alpha(\boldsymbol{h})\right)|\boldsymbol{h}|^k\end{aligned}$$

又因 $\boldsymbol{h}\to\boldsymbol{0}$ 时,$\alpha(\boldsymbol{h})\to 0$,所以不等式的右端对于所有充分接近于零的向量 $\boldsymbol{h}\neq\boldsymbol{0}$ 均为正.因而对所有这些向量 $\boldsymbol{h}$

$$f(\boldsymbol{x}+\boldsymbol{h})-f(\boldsymbol{x})>0$$

即 $\boldsymbol{x}$ 是严格局部极小点.

严格局部极大点的充分条件可类似地验证.

注1 如果空间 X 是有限维的,那么以点 $\boldsymbol{x}\in X$ 为中心的单位球面 $S(\boldsymbol{x};1)$ 是 X 中的有界闭集,因而是紧集.这时,连续函数 $f^{(k)}(\boldsymbol{x})\boldsymbol{h}^k=\partial_{i_1\cdots i_k}f(\boldsymbol{x})\boldsymbol{h}^{i_1}\cdot\cdots\cdot\boldsymbol{h}^{i_k}$ (k-形式)在 $S(\boldsymbol{x};1)$ 上有最大值和最小值.如果最大值和最小值异号,那么函数 f 在点 $\boldsymbol{x}$ 没有极值.如果它们同号,那么像定理2所指出的,f 在点 $\boldsymbol{x}$ 有极值.在后

一种情况下,显然极值的充分条件可叙述为与它等价的形式:形式 $f^{(k)}(\boldsymbol{x})\boldsymbol{h}^k$ 是定的(正定的或负定的).

我们在研究 $\mathbf{R}^n$ 中的实值函数时所遇到的正是这种形式的极值条件.

注 2 像我们在函数 $f:\mathbf{R}^n\to\mathbf{R}$ 的例子所看到的那样,在极值的必要条件中所说的形式 $f^{(k)}(\boldsymbol{x})\boldsymbol{h}^k$ 的半定性还不是极值的充分条件.

注 3 实际上,在研究可微函数的极值时,通常只利用一阶微分或一阶和二阶微分. 如果根据所研究问题的意义,极值点的唯一性及极值的特性是显然的,那么在求极值点时就可只用一阶微分:求满足 $f'(\boldsymbol{x})=0$ 的点 $\boldsymbol{x}$.

三、一些例子

例 1 设 $L\in C^{(1)}(\mathbf{R}^3;\mathbf{R})$,而 $f\in C^{(1)}([a,b];\mathbf{R})$,换句话说

$$(u^1,u^2,u^3)\mapsto L(u^1,u^2,u^3)$$

是定义在 $\mathbf{R}^3$ 中的连续可微的实值函数,而 $x\mapsto f(x)$ 是定义在区间 $[a,b]\subset\mathbf{R}$ 上的光滑实值函数.

我们研究函数

$$F:C^{(1)}([a,b];\mathbf{R})\to\mathbf{R} \tag{2}$$

它由以下关系式给出

$$C^{(1)}([a,b];\mathbf{R})\ni f\mapsto F(f)$$
$$=\int_a^b L(x,f(x),f'(x))\,\mathrm{d}x\in\mathbf{R} \tag{3}$$

因此,函数(2)是定义在函数集 $C^{(1)}([a,b];\mathbf{R})$ 上的实泛函.

在物理学中,与运动密切相关的基本变分原理是众所周知的. 根据这些原理,在所有可能的运动中真实运动的特点是,它们总是沿着使某些泛函有极值的轨道进行. 与泛函的极值有关的问题是最优控制理论中的中心问题. 因此,寻求和研究泛函的极值是重要的独立课题,分析中以大量篇幅讨论这个课题的理论,这就是变分学. 为使读者对从数值函数的极值分析到寻求和研究泛函的极值的转变不感到突然,我们已做了某些工作. 但是我们不准备深入讨论变分法的专门问题,仅以泛函(3)为例说明上面讲过的微分法和局部极值研究的一般思想.

我们要证明泛函(3)是可微映射并求出它的微分.

首先指出,函数(3)可以看作由公式

$$F_1(f)(x)=L(x,f(x),f'(x)) \tag{4}$$

给出的映射

$$F_1:C^{(1)}([a,b];\mathbf{R})\to C([a,b];\mathbf{R}) \tag{5}$$

和映射

$$C([a,b];\mathbf{R})\ni g\mapsto F_2(g)=\int_a^b g(x)\,\mathrm{d}x\in\mathbf{R} \tag{6}$$

的复合.

由积分的性质,映射 F_2 显然是线性连续映射,因而它的可微性问题是明显的.

我们来证明 F_1 也是可微的,而且

$$F_1'(f)h(x)=\partial_2L(x,f(x),f'(x))h(x)+\partial_3L(x,f(x),f'(x))h'(x) \tag{7}$$

其中 $h \in C^{(1)}([a,b];\mathbf{R})$.

事实上,由有限增量定理的推论,在我们的情况下可得

$$\begin{aligned}
&|L(u^1+\Delta^1,u^2+\Delta^2,u^3+\Delta^3)-L(u^1,u^2,u^3)-\\
&\sum_{i=1}^{3}\partial_i L(u^1,u^2,u^3)\Delta^i|\\
\leqslant&\sup_{0<\theta<1}\|\partial_1 L(\boldsymbol{u}+\theta\boldsymbol{\Delta})-\partial_1 L(\boldsymbol{u}),\partial_2 L(\boldsymbol{u}+\theta\boldsymbol{\Delta})-\\
&\partial_2 L(\boldsymbol{u}),\partial_3 L(\boldsymbol{u}+\theta\boldsymbol{\Delta}-\partial_3 L(\boldsymbol{u})\|\cdot|\boldsymbol{\Delta}|\\
\leqslant&3\max_{\substack{0\leqslant\theta\leqslant1\\ i=1,2,3}}|\partial_i L(\boldsymbol{u}+\theta\boldsymbol{u})-\partial_i L(\boldsymbol{u})|\cdot\max_{i=1,2,3}|\boldsymbol{\Delta}^i|
\end{aligned}\tag{8}$$

其中 $\boldsymbol{u}=(\boldsymbol{u}^1,\boldsymbol{u}^2,\boldsymbol{u}^3)$, $\boldsymbol{\Delta}=(\boldsymbol{\Delta}^1,\boldsymbol{\Delta}^2,\boldsymbol{\Delta}^3)$.

如果记起 $C^{(1)}([a,b];\mathbf{R})$ 中函数 f 的范数 $|f|_{C^{(1)}}$ 是 $\max\{|f|_C,|f'|_C\}$(其中 $|f|_C$ 是函数在区间 $[a,b]$ 上的最大模),那么设 $u^1=x$, $u^2=f(x)$, $u^3=f'(x)$, $\Delta^1=0$, $\Delta^2=h(x)$ 和 $\Delta^3=h'(x)$,考虑到函数 $\partial_i L(u^1,u^2,u^3)$, $i=1,2,3$ 在 $\mathbf{R}^3$ 的有界子集上的一致连续性,从不等式(8)得到

$$\begin{aligned}
&\max_{a\leqslant x\leqslant b}|L(x,f(x)+h(x),f'(x)+h'(x))-\\
&L(x,f(x),f'(x))-\partial_2 L(x,f(x),f'(x))h(x)-\\
&\partial_3 L(x,f(x),f'(x))h'(x)|\\
=&o(|h|_{C^{(1)}})\\
&\qquad(\text{当}|h|_{C^{(1)}}\to0\text{ 时})
\end{aligned}$$

而这意味着等式(7)成立.

现在,根据复合映射的微分定理断定,泛函(3)确实可微,并且

$$F'(f)h = \int_a^b (\partial_2 L(x,f(x),f'(x))h(x) + \partial_3 L(x,f(x),f'(x))h(x))\mathrm{d}x \qquad (9)$$

经常把泛函(3)限制在那样一些函数 $f \in C^{(1)}([a,b];\mathbf{R})$ 的仿射空间上,它们在区间 $[a,b]$ 的端点取固定的值 $f(a)=A, f(b)=B$. 在这种情况下,切空间 $TC_f^{(1)}$ 中的函数 h 在区间 $[a,b]$ 的端点应该有零值. 考虑到这一点,在这种情况下,利用分部积分,显然可把等式(9)化为

$$F'(f)h = \int_a^b (\partial_2 L(x,f(x),f'(x)) - \frac{\mathrm{d}}{\mathrm{d}x}\partial_3 L(x,f(x),f'(x)h(x))\mathrm{d}x \qquad (10)$$

当然要预先假设 L 和 f 属于相应的函数类 $C^{(2)}$.

特别的,如果 f 是这个泛函的极值点(极值曲线),那么根据定理 2,对于任意使得 $h(a)=h(b)=0$ 的函数 $h \in C^{(1)}([a,b];\mathbf{R})$ 均有 $F'(f)h=0$. 由此,由式(10)不难推出,函数 f 应该满足欧拉-拉格朗日方程

$$\partial_2 L(x,f(x),f'(x)) - \frac{\mathrm{d}}{\mathrm{d}x}\partial_3 L(x,f(x),f'(x)) = 0 \qquad (11)$$

这是在变分学中被称为欧拉-拉格朗日方程的特殊的形式,现在研究具体的例子.

例 2 短程线问题.

在平面内连接两个固定点的曲线中,求长度最小的那条曲线.

在这种情况下,答案是显然的,宁愿把它作为对以

下推理的一个检验.

我们将认为,在平面上给出了笛卡儿坐标系,在该坐标系中不妨认为点(0,0)和(1,0)是给定的点. 我们只限于研究那些曲线,它们是在区间[0,1]的端点取零值的函数$f\in C^{(1)}([0,1];\mathbf{R})$的图像. 这种曲线的长度

$$F(f)=\int_0^1\sqrt{1+(f')^2(x)}\,\mathrm{d}x \tag{12}$$

依赖于函数f且是例 1 中所研究的那种类型的泛函. 在所给的情况下,函数乙有形式

$$L(u^1,u^2,u^3)=\sqrt{1+(u^3)^2}$$

因此,在这里极值的必要条件(11)归结为方程

$$\frac{\mathrm{d}}{\mathrm{d}x}\left(-\frac{f'(x)}{\sqrt{1+(f')^2(x)}}\right)$$

由它推出,在区间[0,1]上

$$\frac{f'(x)}{\sqrt{1+(f')^2(x)}}\equiv 常数 \tag{13}$$

因为函数$\frac{u}{\sqrt{1+u^2}}$是严格单调增的增函数[①],所以式(13)只有在$[a,b]$上$f'(x)\equiv$常数时才能成立. 这样一来,要求的光滑极值函数应是线性函数,其图形通过点(0,0),(1,0). 由此推出$f(x)\equiv 0$,于是我们得到,连接两个已知点的直线段为所求的曲线.

---

① 原译者注:原文为函数$\frac{u}{\sqrt{1+u^2}}$无处是常函数.

参考文献

[1]尹逊波,杨果俫.全国大学生数学竞赛辅导教程[M].2版.哈尔滨工业大学出版社,2013:201-206.

[2]陈兆斗,郑连存,王辉,等.大学生数学竞赛习题精讲[M].北京:清华大学出版社,2010:124-126.

[3]赵坤银,王国政.微积分Ⅰ[M].成都:西南财经大学出版社,2013:192-194.

[4]同济大学数学系.高等数学(上册)[M].6版.北京:高等教育出版社,2007.

[5]时统业,谢井,李鼎.论泰勒中值定理“中间点”的性质[J].大学数学,2012,28(4):120-123.

[6]李井刚,朱晓临,王子洁.一种基于随机 Taylor 展开式的随机微分方程数值解法[J].大学数学,2013,29(4):44-51.

[7]刘裔宏,许康,吴茂贵,等.普特南数学竞赛试题(1938—1980)[M].长沙:湖南科学技术出版社,1983.

[8]华东师范大学数学系.数学分析(上册)[M].4版.北京:高等教育出版社,2010.

[9]北京大学数学力学系.高等代数[M].北京:高等教育出版社,1978.

[10]牛彦. 数值积分中代数精度的讨论[J]. 沈阳大学学报,1998,10(4):109-111.

[11]同济大学数学系. 微积分:上册[M]. 2 版. 北京:高等教育出版社,2003:127.

[12]克莱因. 古今数学思想:第二册[M]. 上海:上海科学技术出版社,2002:165-168.

[13]朱永忠,郑苏娟,蒋国名,等. 高等数学:上册[M]. 北京:科学出版社,2008:117-123.

[14]王仁宏. 数值逼近[M]. 北京:高等教育出版社,1999:64-68.

[15]MOORE R E. Interval analysis[M]. New York:Prentice-Hall,1966.

[16]王德人,张连生,邓乃杨. 非线性方程的区间算法[M]. 上海:上海科学技术出版社,1987.

[17]胡承毅,徐山鹰,杨晓光. 区间算法简介[J]. 系统工程理论与实践,2004,4:59-62.

[18]王少辉. 区间函数的单调性[D]. 厦门:厦门大学嘉庚学院,2012.

[19]同济大学数学系. 高等数学[M]. 北京:高等教育出版社,2012.

[20]李心灿. 大学生数学竞赛试题解析选编[M]. 北京:机械工业出版社,2011.

[21]陈仲. 高等数学竞赛题解析教程[M]. 南京:东南大学出版社,2012.

[22]华东师范大学数学系. 数学分析(上、下册)[M]. 3 版. 北京:高等教育出版社,2001.

[23]刘玉琏. 数学分析讲义(上、下册)[M]. 5 版. 北京:高等教育出版社,2008.

[24]汪林. 数学分析中的问题和反例[M]. 昆明:云南科学技术出版社,1990.

[25]裴礼文. 数学分析中的典型问题与方法[M]. 北京:高等教育出版社,1993.

[26]陈纪修. 数学分析(上、下册)[M]. 2 版. 北京:高等教育出版社,2004.

[27]欧阳光中,朱学炎,金福临,等. 数学分析(上、下册)[M]. 3 版. 北京:高等教育出版社,2007.

[28]谢惠民,恽自求. 数学分析习题课讲义[M]. 北京:高等教育出版社,2004.

[29]常庚哲,史济怀. 数学分析教程(上、下册)[M]. 北京:高等教育出版社,2003.

[30]徐利治. 关于高等数学教育与教学改革的看法及建议[J]. 数学教育学报,2000,9(2):1-2.

[31]庄瓦金. 跨世纪高等代数教材改革的思考与实践[J]. 数学教育学报,2001,10(2):80-83.

[32]龚佃选,彭亚绵,郑石秋. 数值分析课程教学改革的实践与设想[J]. 数学学习与研究,2012(19):52-54.

[33]邵泽玲. 泰勒公式与含高阶导数的证明题[J]. 高等数学研究,2013(16):102-103.

[34]葛健芽,张跃平,沈利红. 再探柯西中值定理[J]. 金华职业技术学院,2007(2):81-84.

[35]武忠祥. 一类微分学问题的新方法[J]. 工科数

学,1998,14(2):168-169.
[36]陈飞翔,冯玉明,刘金魁. 证明微分中值问题的辅助多项式法[J]. 高等数学研究,2010,13(5):30-31.
[37]陈文灯,黄先开,曹显兵,等. 考研数学轻巧手册[M]. 北京:世界图书出版公司,2006:89-90.
[38]谢惠民,恽自求,易法槐,等. 数学分析习题课讲义:上册[M]. 北京:高等教育出版社,2003:214.
[39]孔祥凤. 二元函数微分学两个定理的推广[J]. 价值工程,2011(11):236.
[40]雒秋明. 方向导数定义的推广形式[J]. 河南广播电视大学学报,1997(1):22-24.
[41]范周田,彭娟,黄秋梅. 多元函数极值充分条件证明的一元方法[J]. 数学的实践与认识,2015(24):297-300.
[42]解永跃. 二元函数的极值点与一元函数的关系[J]. 上海电机技术高等专科学校学报,2003(1):25-27.
[43]郭大钧,等. 数学分析[M]. 济南:山东科学技术出版社,1985.
[44]江泽坚,等. 数学分析[M]. 北京:人民教育出版社,1978.
[45]费定晖,周学圣. 数学分析习题集解(二)[M]. 济南:山东科学技术出版社,1983.
[46]赵根榕. 在“数学分析”与“高等数学”课中如何引导学生独立思考[J]. 曲阜师院学报(自然科学

版),1985(1):58-60.

[47]张广梵. 关于微分中值定理的一个注记[J]. 数学的实践与认识,1988(1):87-89.

[48]江泽坚,等. 数学分析[M]. 北京:人民教育出版社,1978.

[49]曾慕蠡. 数学分析释义[M]. 北京:北京教育出版社,1993.

[50]邹承祖,齐东旭,孙玉柏. 数学分析习题课讲义[M]. 长春:吉林大学出版社,1986:133.

[51]AZPEITJA A G. On the Lagrange remainder of the Taylor formula[J]. Amer. Math. Monthly, 1982, 89(5):311-312.

[52]孙燮华. 关于 Taylor 公式的推广及其应用[J]. 数学的实践与认识,1995,19(4):86-89.

[53]张树义. 广义 Taylor 公式"中间点"一个更广泛的渐近估计式[J]. 数学的实践与认识, 2004, 34(11):173-176.

[54]赵奎奇. 积分中值定理中值研究的进一步结果[J]. 数学的实践与认识,2006,36(4):292-295.

[55]岑泳霆. 微分中值定理中辅助函数的探讨[J]. 数学通报,1984(1):48-49.

[56]徐利治. 数学分析的方法与例题选讲[M]. 北京:商务印书馆,1955.

[57]钱昌本. 高等数学解题过程的分析和研究[M]. 北京:科学出版社,1994.

[58]李腾. Taylor 公式及 Taylor 级数的进一步讨论

[J]. 齐齐哈尔大学学报,2012(5):18-19.

[59]邱维敦. Taylor 公式及其应用[J]. 龙岩学院学报,2010(2):43-44.

[60]王素芳,陶荣,张永胜. Taylor 公式在计算及证明中的应用[J]. 洛阳工业高等专科学校学报,2013(3):6-7.

[61]陈小春,刘学飞. 利用积分证明 Taylor 公式[J]. 数学的实践与认识,2011(6):24-25.

[62]朱永生,刘莉. 基于泰勒公式应用的几个问题[J]. 长春师范学院学报(自然科学版),2006,25(4):8.

[63]刘云,王阳,催春红. 浅谈泰勒公式的应用[J]. 和田师范专科学校学报,2008,28(1):7.

[64]北京大学几何与代数教研室代数小组. 高等代数[M]. 2 版. 北京:高等教育出版社,1991:83-89.

[65]王能超. 计算方法[M]. 北京:高等教育出版社,2005:47-48.

[66]朱磊. 数值积分的若干问题的研究[D]. 合肥:合肥工业大学,2007.

[67]王建珍. 关于代数精确度[J]. 晋东南师范专科学校学报,2003,20(2):4-6.

[68]薛峰,高尚. 数值积分的校正公式研究[J]. 信息技术,2011(7):30-32.

[69]朱永生,刘莉. 基于泰勒公式应用的几个问题[J]. 长春师范学院学报,2006,25(4):30-32.

[70]张明会,高婷婷. 一个数值积分公式的推广[J].

四川文理学院学报,2011,21(2):17-19.

[71]徐玉庆,牛蕾.基于更高代数精确度的求积公式的改进[J].数学教学研究,2009,28(8):63-66.

[72]赵庆华.数值积分校正公式[J].数学的实践与认识,2007,37(9):207-208.

[73]王成伟.关于右矩形公式的注记[J].北京服装学院学报(自然科学版),2007,27(2):52-56.

[74]苏化明,黄有度.中矩形公式与梯形公式的注记:英文[J].大学数学,2005,21(6):49-52.

[75]徐晓阳,陈露.两类数值积分公式的改进[J].科学技术与工程,2008,8(5):1294-1295.